实战从入门到精通(视频教学版)

Photoshop CC 中文版
实战从入门到精通
（视频教学版）

刘玉红　侯永岗　编著

清华大学出版社

北京

内 容 提 要

本书以零基础讲解为宗旨，用实例引导读者深入学习，采取“基础知识→核心技术→高级应用→综合案例”的讲解模式，深入浅出地讲解 Photoshop CC 图像制作与设计的各项技术及实战技能。

本书第 1 篇基础知识主要讲解 Photoshop CC 快速入门、文件与图像的基本操作、图像的简单编辑；第 2 篇核心技术主要讲解运用选区编辑图像、修饰和润色图像、绘制与填充图像、调整图像的颜色和色调、制作特效文字、创建与管理图层、图层的高级应用、路径与矢量工具、通道的使用；第 3 篇高级应用主要讲解蒙版的使用、使用滤镜制作特效、快速制作 3D 图像、制作视频与动画、图像的自动化处理等；第 4 篇综合案例主要讲解照片处理应用实战和网页设计应用实战。另外，本书 DVD 光盘中赠送了丰富的资源，诸如本书实例完整素材和结果文件、教学幻灯片、本书精品教学视频、Photoshop CC 常用快捷键速查手册、打造强大的 Photoshop、Photoshop 的好帮手、Photoshop CC 素材库、图像配色表、精彩网站配色方案赏析。

本书适合任何想学习 Photoshop CC 制作图像的人员，无论您是否从事计算机相关行业，无论您是否接触过 Photoshop CC，通过学习均可快速掌握用 Photoshop CC 制作图像的方法和技巧。

图书在版编目(CIP)数据

Photoshop CC中文版实战从入门到精通（视频教学版）/ 刘玉红，侯永岗编著.
—北京：清华大学出版社，2017
（实战从入门到精通：视频教学版）

ISBN 978-7-302-44829-7

Ⅰ.①P… Ⅱ.①刘… ②侯… Ⅲ.①图像处理软件 Ⅳ.①TP391.413

中国版本图书馆CIP数据核字（2016）第243989号

责任编辑：张彦青
封面设计：张丽莎
责任校对：吴春华
责任印制：宋　林
出版发行：清华大学出版社
　网　　址：http://www.tup.com.cn，http://www.wqbook.com
　地　　址：北京清华大学学研大厦A座　　**邮　　编**：100084
　社 总 机：010-62770175　　**邮　　购**：010-62786544
　投稿与读者服务：010-62776969，c-service@tup.tsinghua.edu.cn
　质量反馈：010-62772015，zhiliang@tup.tsinghua.edu.cn
　课件下载：http://www.tup.com.cn, 010-62791865
印 装 者：北京亿浓世纪彩色印刷有限公司
经　　销：全国新华书店
开　　本：190mm×260mm　　**印　　张**：34.25　　**字　　数**：830千字
（附DVD 1张）
版　　次：2017年1月第1版　　**印　　次**：2017年1月第1次印刷
印　　数：1～3000
定　　价：98.00 元

产品编号：069549-01

前 言

PREFACE

"实战从入门到精通（视频教学版）"系列图书是专门为职场办公初学者量身定做的一套学习用书，整套书涵盖办公、网页设计和动画设计等方面。整套书具有以下特点。

前沿科技

无论是 Office 办公，还是 Dreamweaver CC、Photoshop CC、Flash CC，我们都精选较为前沿或者用户群最大的领域推进，帮助大家认识和了解最新动态。

权威的作者团队

组织国家重点实验室和资深应用专家联手编著该套图书，融合了丰富的教学经验与优秀的管理理念。

学习型案例设计

以技术的实际应用过程为主线，全程采用图解和同步多媒体结合的教学方式，生动、直观、全面地剖析使用过程中的各种应用技能，从而降低难度并提升学习效率。

为什么要写这样一本书

Photoshop 主要处理由像素构成的数字图像，在图像、图形、文字、视频、出版等各方面均有广泛的应用和很大的市场需求。本书从零基础开始，无论读者是否从事计算机相关行业的工作，都能从本书中找到最佳的学习起点，循序渐进地完成学习过程。本书内容均以实例为主线，在此基础上适当扩展知识点，真正实现学以致用。所有实例的每一步操作，均配有对应的插图和注释，以便读者在学习过程中能够直观、清晰地看到操作过程和效果，提高学习效率。本书在每章的最后，以"疑难问题解答"的形式为读者解答学习中经常遇到的问题。

本书特色

▶ 零基础、入门级的讲解

无论您是否从事计算机相关行业，无论您是否接触过 Photoshop CC 和图像制作，都能从本书中找到最佳起点。

▶ 超多、实用、专业的范例和项目

本书在编排上遵循深入学习 Photoshop CC 图像制作技术的先后过程，从 Photoshop CC 的基本操作开始，侧重实战技能，使用简单易懂的实际案例进行分析和操作指导，让读者读起

来简明轻松，操作起来有章可循。

▶ 随时检测自己的学习成果

每章首页均提供了学习目标，以指导读者重点学习及学后检查。

本书中的“高效技能实战”板块，均根据本章内容精选而成，读者可以随时检测自己的学习成果和实战能力，做到融会贯通。

▶ 细致入微、贴心提示

本书在各章中使用了“注意”“提示”等小栏目，使读者在学习过程中能更清楚地了解相关操作、理解相关概念，并轻松掌握各种操作技巧。

▶ 专业创作团队和技术支持

本书由千谷网络科技实训中心提供技术支持。

您在学习过程中遇到任何问题，均可关注微信订阅号 zhihui8home 进行提问，专家人员会在线答疑。

“Photoshop CC 图像制作”学习最佳途径

本书以学习“Photoshop CC 图像制作”的最佳流程来分配章节，从最初的 Photoshop CC 基本操作开始，然后讲解图像制作的核心技术、高级应用、综合案例等。在本书的最后讲述了两个行业应用案例的设计过程，以便进一步提高大家的实战技能。

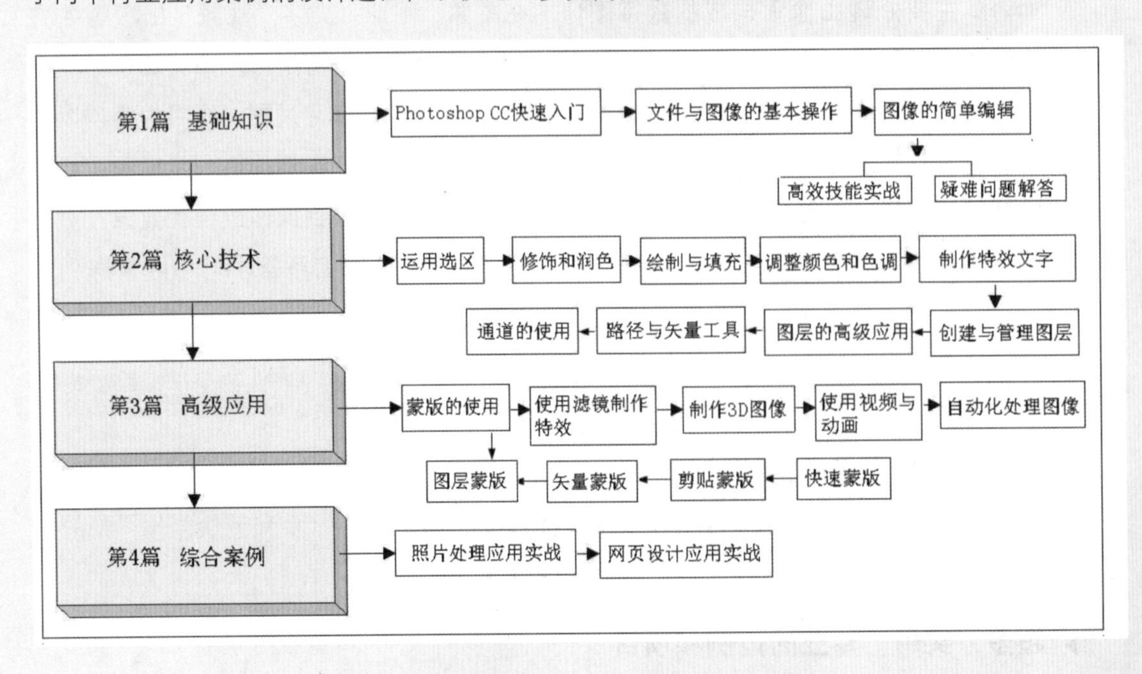

超值光盘

▶ 全程同步教学录像

涵盖本书所有知识点，详细讲解每个实例和项目的过程及技术关键点，比看书更轻松地掌握书中所有的 Photoshop CC 图像制作知识，而且扩展的讲解部分可以使读者得到比书中更多的收获。

▶ 超多容量王牌资源大放送

赠送大量王牌资源，包括本书实例完整素材和结果文件、教学幻灯片、本书精品教学视频、Photoshop CC 常用快捷键速查手册、打造强大的 Photoshop、Photoshop 的好帮手、Photoshop CC 素材库、图像配色表、精彩网站配色方案赏析。

读者对象

- ▶ 没有任何 Photoshop CC 基础的初学者。
- ▶ 有一定的 Photoshop 基础，想精通图像制作的人员。
- ▶ 有一定的图像制作基础，没有项目经验的人员。
- ▶ 正在进行毕业设计的学生。
- ▶ 大专院校及培训学校的老师和学生。

创作团队

本书由刘玉红和侯永岗编著，参加编写的人员还有刘玉萍、周佳、付红、李园、郭广新、王攀登、蒲娟、刘海松、孙若淞、王月娇、包慧利、陈伟光、胡同夫、梁云梁和周浩浩。在编写过程中，我们力尽所能地将最好的讲解呈现给读者，但也难免有疏漏和不妥之处，敬请不吝指正。若您在学习中遇到困难或疑问，或有任何建议，可写信至信箱：357975357@qq.com。

编 者

目录

CONTENTS

第1篇 基础知识

第1章 Photoshop CC快速入门

第2章 文件与图像的基本操作

第3章 图像的简单编辑

第 2 篇 核心技术

第4章 运用选区编辑图像

第5章 修饰和润色图像

第6章 绘制与填充图像

第7章 调整图像的颜色和色调

第8章 制作特效文字

第9章 创建与管理图层

第10章 图层的高级应用

第11章 路径与矢量工具

第12章 通道的使用

第3篇 高级应用

第13章 蒙版的使用

第14章 使用滤镜制作特效

第15章 快速制作3D图像

第16章 制作视频与动画

第17章 图像的自动化处理

第 4 篇 综合案例

第18章 照片处理应用实战

第19章 网页设计应用实战

第 1 篇 基础知识

Photoshop CC 快速入门

● **本章导读：**

Adobe Photoshop 简称为“PS”，是由 Adobe 公司开发的专业图像处理软件，是优秀设计师的必备工具之一。最新版本的 Photoshop CC 不仅为图形图像设计提供了一个更加广阔的发展空间，而且在图像处理中还有化腐朽为神奇的功能。本章将带领读者快速入门 Photoshop CC 软件。

● **学习目标：**

◎ 了解 Photoshop CC 的行业应用
◎ 掌握安装与卸载 Photoshop CC 的方法
◎ 掌握启动与退出 Photoshop CC 的方法
◎ 了解 Photoshop CC 的新增功能
◎ 了解 Photoshop CC 的学习方法

● **重点案例效果**

1.1 Photoshop CC的行业应用

Photoshop 是 Adobe 公司旗下最为出名的图像处理软件之一，多年来以其优异的品质和强大的功能成为业界标准，成为平面设计开发人员的必备工具，也成为 Web 开发等电脑应用的必备软件。如图 1-1 所示为 Photoshop CC 的启动界面。

图 1-1　Photoshop CC 的启动界面

Photoshop 作为专业的图形图像处理软件，被广泛地应用于平面设计、照片修复、广告摄影、影像创意、艺术文字、网页设计、建筑效果图后期修复、绘图、绘制或处理三维贴图、婚纱照片设计、视觉创意、图标制作、界面设计等领域。

1.1.1 在平面设计中的应用

平面设计是 Photoshop 应用最广泛的领域，无论是图书封面，还是在大街上看到的招贴、海报等，都需要用 Photoshop 对其图像进行处理。如图 1-2 所示为一个动物题材电影的宣传海报。

图 1-2　动物题材电影的宣传海报

1.1.2 在影楼摄影中的应用

Photoshop 具有强大的图像修复功能，可以快速修复破损的老照片，还可以修复照片上的斑点，以及人物的红眼等缺陷。另外，影像创意是 Photoshop 的特长，通过 Photoshop 的处理能将不同的对象组合在一起，创造出梦幻般的艺术效果，因此 Photoshop 被广泛应用于影楼摄影领域。如图 1-3 所示是一张经过 Photoshop 处理之后得到的艺术照片。

另外，当前很多影楼都使用 Photoshop 设计婚纱照片，通过 Photoshop 的设计能使婚纱照片更加唯美，也使得婚纱照片设计的处理成为一个新兴的行业。如图 1-4 所示是一张经过 Photoshop 处理后的婚纱照片。

图 1-3　经过 Photoshop 处理后的艺术照片

图 1-4　经过 Photoshop 处理后的婚纱照片

1.1.3 在广告设计中的应用

广告摄影作为一种对视觉要求非常严格的工作，其最终成品往往要经过 Photoshop 的修改才能得到满意的效果。另外，利用 Photoshop 可以使广告页面中的文字发生各种各样的变化，并利用这些艺术化处理后的文字为图像增强视觉效果。如图 1-5 所示为某款香水广告设计效果。

图 1-5　香水广告设计

1.1.4 在插图设计中的应用

由于 Photoshop 具有良好的绘画和调色功能，许多插画设计制作者往往使用铅笔绘制草图，然后使用 Photoshop 填色的方法绘制插画，效果如图 1-6 所示。除此以外，近些年来非常流行的像素画也多为设计师运用 Photoshop 创作出来的作品，如图 1-7 所示。

图 1-6　使用 Photoshop 填色的方法绘制的插画

图 1-7 像素画

1.1.5 在建筑制图中的应用

在制作建筑效果图时，人物与配景包括场景的颜色常常需要在 Photoshop 中增加并调整，对于建筑效果图后期的渲染，Photoshop 更是个有力的工具，它可以制作出在三维软件中无法得到的合适的材质，从而达到很好的渲染效果。如图 1-8 所示为使用 Photoshop 处理后的建筑效果图。

图 1-8 建筑效果图

1.1.6 在网页设计中的应用

Photoshop 在网页设计中的应用非常广泛。因为一个网页由若干部分组成，如 LOGO 标题栏、广告栏、文字等元素，要想使这些元素很好地组合在一起，需要事先在 Photoshop 中进行处理。如图 1-9 所示为使用 Photoshop 设计的网页的 Banner 效果。

图 1-9 网页的 Banner

1.1.7 在创意设计中的应用

视觉创意是设计师设计艺术的一个分支，此类设计通常没有明显的商业目的，但由于它为广大设计爱好者提供了广阔的设计空间，因此越来越多的设计爱好者从学习 Photoshop 开始，并进行具有个人特色与风格的视觉创意，如图 1-10 所示。

图 1-10 视觉创意设计

1.1.8 在图标设计中的应用

图标制作也是 Photoshop 的一个应用领域，虽然感觉上有点大材小用，但是用 Photoshop 制作的图标的确非常精美，如图 1-11 所示。

图 1-11 图标设计

1.1.9 在界面设计中的应用

界面设计是一个新兴的领域，已经受到越来越多的软件企业以及开发者的重视，虽然暂时还未成为一种全新职业，但相信不久一定会出现专业的界面设计职业。如图 1-12 所示为某系统的登录界面设计。

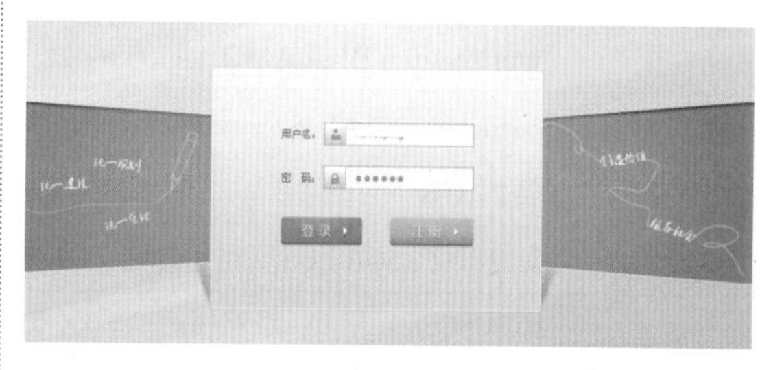

图 1-12 系统的登录界面设计

在实际应用过程中，Photoshop 还不止上面这些应用，目前在影视后期制作及二维动画制作中也会用到 Photoshop。如图 1-13 所示为二维动画效果。

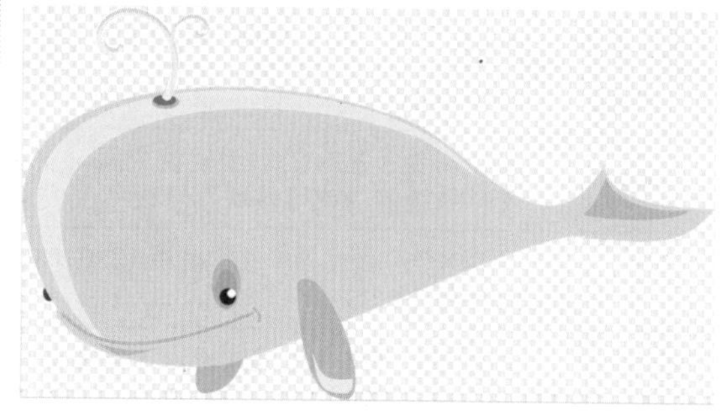

图 1-13 二维动画效果

1.2 安装与卸载Photoshop CC

在使用 Photoshop CC 之前，首先需要在计算机上安装该软件；如果不想再使用，可以从计算机中卸载该软件。本小节将介绍安装与卸载 Photoshop CC 的方法。

1.2.1 安装 Photoshop CC 的系统需求

Photoshop CC 既可以在 Windows 操作系统中运行，也可以在 Mac OS（苹果系列电脑专用）

操作系统中运行。由于两个系统不同，因此 Photoshop CC 的安装要求也不同，具体的需求请参考表 1-1 和表 1-2。

提示 若 Photoshop CC 安装在 32 位的 Windows 系统中，将无法使用视频功能。如果显存（Video Random Access Memory，VRAM）小于 512 MB，将无法使用 3D 功能。

表 1-1 Photoshop CC 在 Windows 操作系统中运行的系统需求

硬件名称	系统需求
CPU	Intel Pentium IV 或 AMD Athlon 64 处理器（2 GHz 或更快）
操作系统	Windows 7（装有 Service Pack 1）、Windows 8 或 Windows 8.1
内存	至少 1GB
硬盘	安装需要 2.5GB 的可用硬盘空间，安装过程中需要额外可用空间（无法在可移动存储设备上安装）
显卡	1024×768 显示器（推荐使用 1280×800），带有 OpenGL 2.0、16 位颜色和 512 MB VRAM（推荐使用 1 GB）
其他要求	必须连接网络并完成注册，才能激活软件、验证会员资格和访问在线服务

表 1-2 Photoshop CC 在 Mac OS 操作系统中运行的系统需求

硬件名称	系统需求
CPU	具有支持 64 位的多核 Intel 处理器
操作系统	Mac OS X v10.7、v10.8 或 v10.9
内存	至少 1GB
硬盘	安装需要 3.2GB 的可用硬盘空间，安装过程中需要额外可用空间（无法在使用区分大小写的文件系统的卷或可移动存储设备上安装）
显卡	1024×768 显示器（推荐使用 1280×800），带有 OpenGL 2.0、16 位颜色和 512 MB VRAM（推荐使用 1 GB）
其他要求	必须连接网络并完成注册，才能激活软件、验证会员资格和访问在线服务

1.2.2 安装 Photoshop CC

当用户的计算机系统符合需求后，就可以安装 Photoshop CC 软件了，具体的操作步骤如下。

步骤 1 在光驱中放入安装盘，双击安装文件图标，弹出【Adobe 安装程序】对话框，开始初始化安装程序，如图 1-14 所示。

图 1-14 初始化安装程序

步骤 2 初始化完成后，进入【欢迎】界面，在其中选择安装的类型，这里单击【安装】按钮，如图 1-15 所示。

图 1-15 【欢迎】界面

提示 若用户没有产品的序列号，可以单击【试用】按钮，这样即使不用序列号也可安装软件，有效试用期为 30 天。有效期结束后则需要输入序列号，否则将无法正常使用。

步骤 3 进入【需要登录】界面，单击【登录】按钮，然后输入 Adobe ID 和密码进行登录，如图 1-16 所示。若没有 ID，可以先注册再登录。

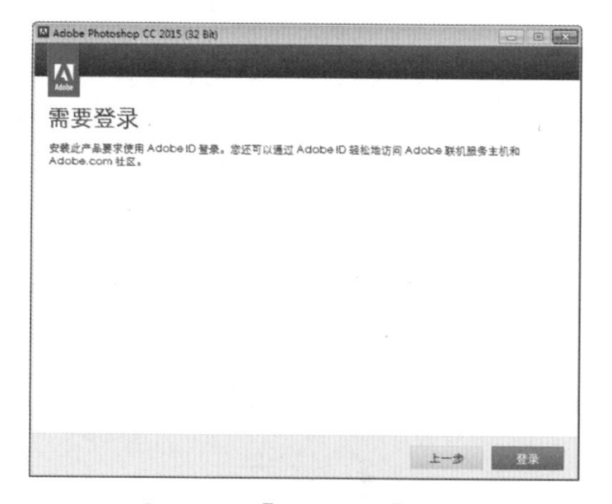

图 1-16　【需要登录】界面

步骤 4 登录成功后，进入【Adobe 软件许可协议】界面，在其中阅读相关的许可协议，然后单击【接受】按钮，如图 1-17 所示。

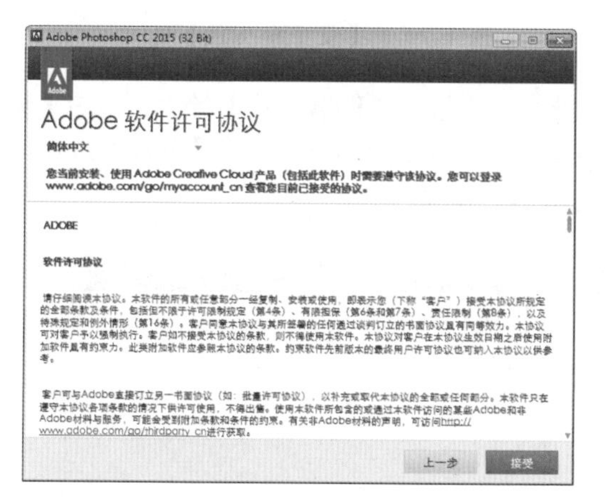

图 1-17　【Adobe 软件许可协议】界面

步骤 5 进入【序列号】界面，在【提供序列号】下面的文本框内输入有效的序列号，然后单击【下一步】按钮，如图 1-18 所示。

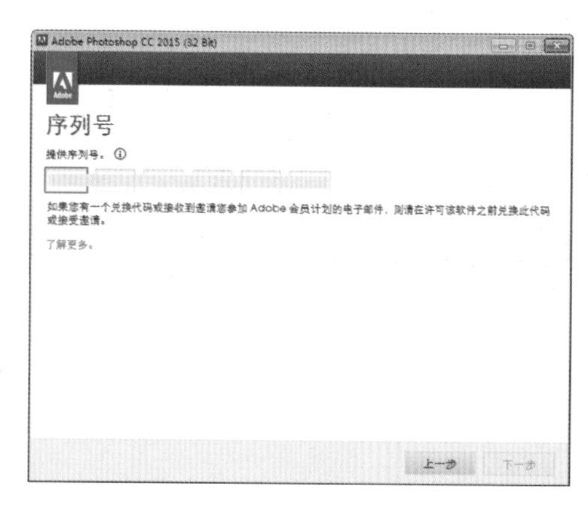

图 1-18　【序列号】界面

步骤 6 进入【选项】界面，在其中可以设置安装的路径，然后单击【安装】按钮，如图 1-19 所示。

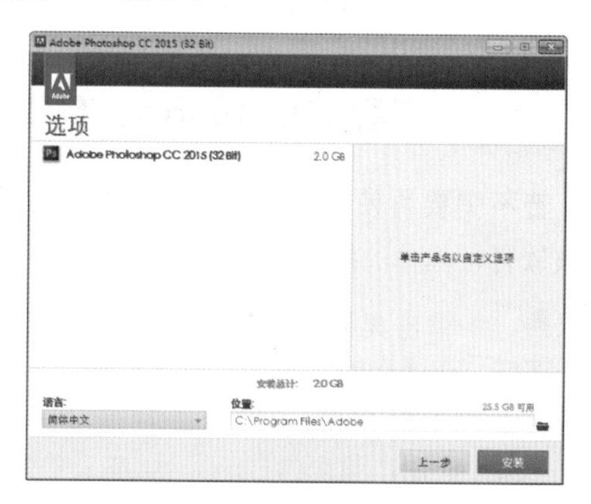

图 1-19　【选项】界面

步骤 7 进入【安装】界面，提示用户正在安装程序，并显示安装的进度，如图 1-20 所示。

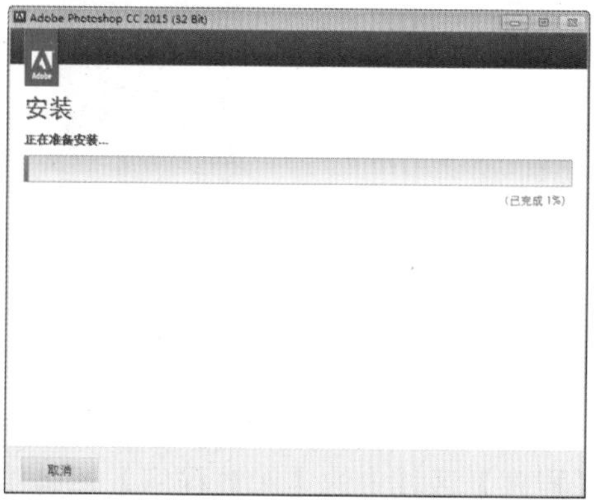

图 1-20　【安装】界面

步骤 8 安装完成后，进入【安装完成】界面，如图 1-21 所示，单击【关闭】按钮，Photoshop CC 即安装成功。

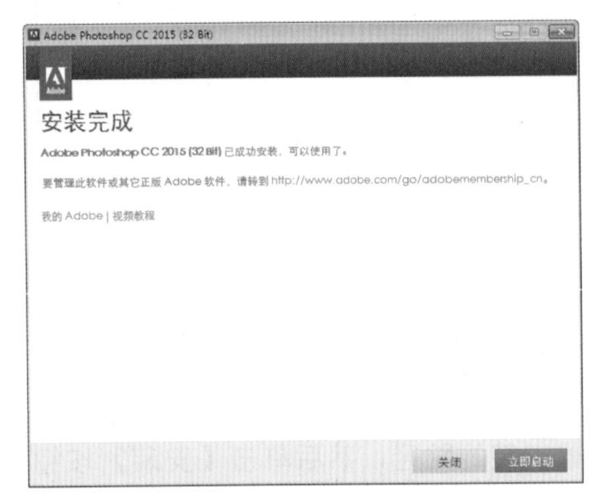

图 1-21　【安装完成】界面

1.2.3 卸载 Photoshop CC

若不需要再使用 Photoshop CC，可以卸载该软件，具体的操作步骤如下。

步骤 1 单击桌面左下角任务栏中的【开始】按钮，在弹出的菜单中选择【控件面板】命令，如图 1-22 所示。

图 1-22　选择【控件面板】命令

步骤 2 打开【控制面板】窗口，然后单击【程序】区域中的【卸载程序】超链接，如图 1-23 所示。

图 1-23　【控制面板】窗口

步骤 3 打开【程序和功能】窗口，在列表框中选择 Adobe Photoshop CC 2015（32 Bit）选项，单击上方的【卸载】按钮，如图 1-24 所示。

图 1-24　【程序和功能】窗口

步骤 4 进入【卸载选项】界面，选中【删除首选项】复选框，然后单击【卸载】按钮，如图 1-25 所示。

图 1-25　【卸载选项】界面

步骤 5　进入【卸载】界面，提示用户正在卸载程序，并显示卸载的进度，如图 1-26 所示。

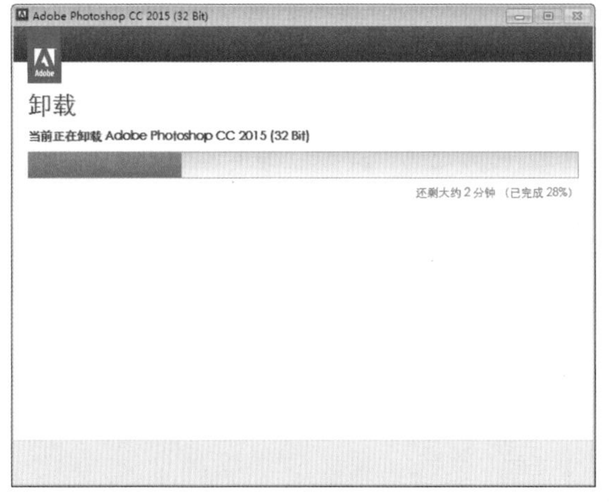

图 1-26　【卸载】界面

步骤 6　卸载完成后，进入【卸载完成】界面，如图 1-27 所示，单击【关闭】按钮，Photoshop CC 即卸载成功。

图 1-27　【卸载完成】界面

1.3 启动与退出Photoshop CC

掌握启动与退出软件的方法是学习软件应用的必要条件。本小节即详细介绍启动与退出 Photoshop CC 的方法。

1.3.1 启动 Photoshop CC

通常情况下，用户主要有 3 种方法启动 Photoshop CC，分别如下。

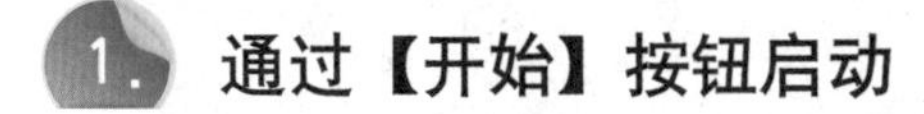

1. 通过【开始】按钮启动

单击桌面左下角任务栏中的【开始】按钮，在弹出的菜单中依次选择【所有程序】→ Adobe Photoshop CC 2015（32 Bit）命令，即可启动 Photoshop CC，如图 1-28 所示。

图 1-28　通过【开始】按钮启动

2. 通过桌面快捷方式图标启动

双击桌面上的 Photoshop CC 快捷方式图标，即可启动 Photoshop CC，如图 1-29 所示。

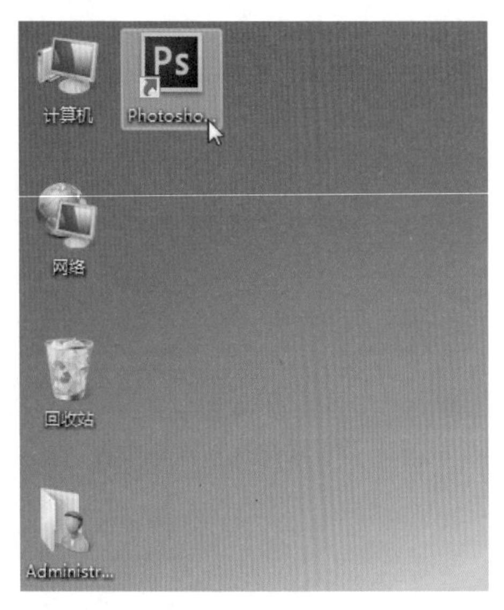

图 1-29　通过桌面快捷方式图标启动

提示 若桌面上没有 Photoshop CC 快捷方式图标，在【开始】菜单中选择 Adobe Photoshop CC 2015（32 Bit）命令，右击，在弹出的快捷菜单中依次选择【发送到】→【桌面快捷方式】命令，即可在桌面上添加 Photoshop CC 快捷方式图标，如图 1-30 所示。

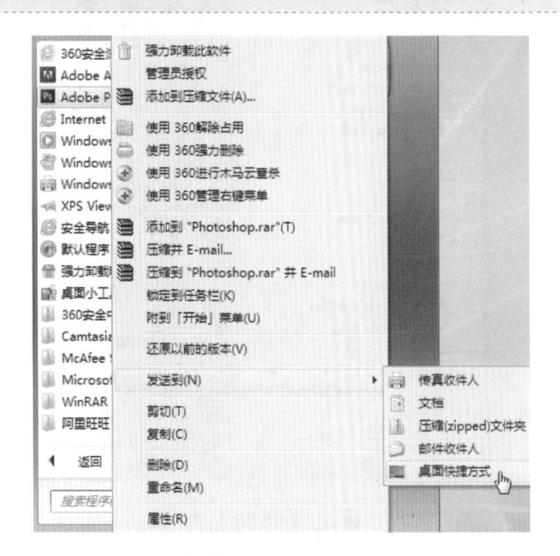

图 1-30　在桌面上添加快捷方式图标

3. 通过打开已存在的 psd 文档启动

在计算机中选择一个 PSD 格式的图像文件（扩展名为 .psd），双击该文件，即可启动 Photoshop CC，如图 1-31 所示。

图 1-31　通过打开 psd 文档启动

启动 Photoshop CC 时，启动界面如图 1-32 所示，稍等片刻，即可进入其工作界面，如图 1-33 所示。

图 1-32　启动界面

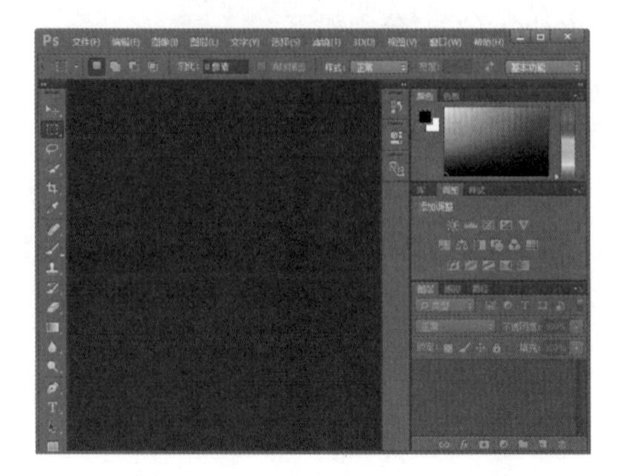

图 1-33　Photoshop CC 的工作界面

1.3.2 退出 Photoshop CC

通常情况下，用户主要有 5 种退出 Photoshop CC 的方法，分别如下。

1. 通过【关闭】按钮退出

该方法最为简单直接，在 Photoshop CC 工作界面中，单击右上角的【关闭】按钮 ×，即可退出 Photoshop CC，如图 1-34 所示。

图 1-34　通过【关闭】按钮退出

2. 通过【文件】菜单退出

在 Photoshop CC 的菜单栏中，依次选择【文件】→【退出】命令，即可退出 Photoshop CC，如图 1-35 所示。

图 1-35　通过【文件】菜单退出

3. 通过控制菜单图标退出

在 Photoshop CC 的工作界面中，单击左上角的 Ps 图标，在弹出的下拉菜单中选择【关闭】命令，即可退出 Photoshop CC，如图 1-36 所示。或者直接双击 Ps 图标，也可退出 Photoshop CC。

图 1-36　通过控制菜单图标退出

4. 通过任务栏退出

在桌面底部任务栏中，将光标定位在 Ps 图标处，右击，在弹出的快捷菜单中选择【关闭窗口】命令，即可退出 Photoshop CC，如图 1-37 所示。

图 1-37　通过任务栏退出

5. 通过组合键退出

在当前运行程序为 Photoshop CC 时，按 Alt+F4 组合键，即可退出 Photoshop CC。

提示 在退出 Photoshop CC 时，若打开的图像文件没有保存，程序将弹出一个对话框，提示用户是否保存所作的更改，单击【是】按钮，即可保存文件，并退出软件，如图 1-38 所示。

图 1-38　提示是否保存所作的更改

1.4 Photoshop CC的新增功能

Photoshop CC 为设计人员和数码摄影师推出了一些令人兴奋的新功能，包括画板的改进、移动应用程序设计的增强、液化滤镜的增强、从形状或文本图层复制 CSS 属性等。

1.4.1 多画板支持

Photoshop CC 的重要新增功能就是对多画板的支持，由于以前版本的 Photoshop 并不支持多画板，即使设计师们使用双显示器，也只能在一个画板中做图。从现在开始，多画板支持再也不是 Illustrator 和 Sketch 等设计软件的专利，大大方便了使用 Photoshop 的专业设计师的需求。如图 1-39 所示为包含多个画板的 Photoshop 文档。

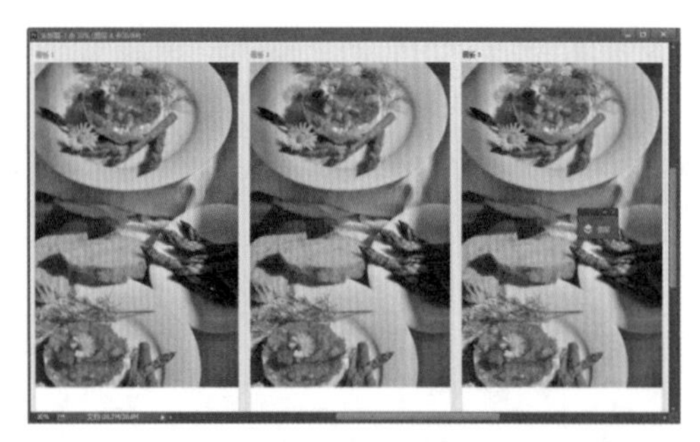

图 1-39　包含多个画板的 Photoshop 文档

1.4.2 增强的移动应用程序设计

深度优化的移动应用程序设计及空间设计功能，使 UI 设计师受益匪浅，UI 设计师们只需要在新建文档时设置文档的类型为"移动应用程序设计"，就可以打造自己的专属设计空间。如图 1-40 所示为 Photoshop CC 版本的【新建】对话框，在其中选择【移动应用程序设计】选项，然后根据需要选择画板大小就可以了。如图 1-41 所示为【画板大小】下拉列表。

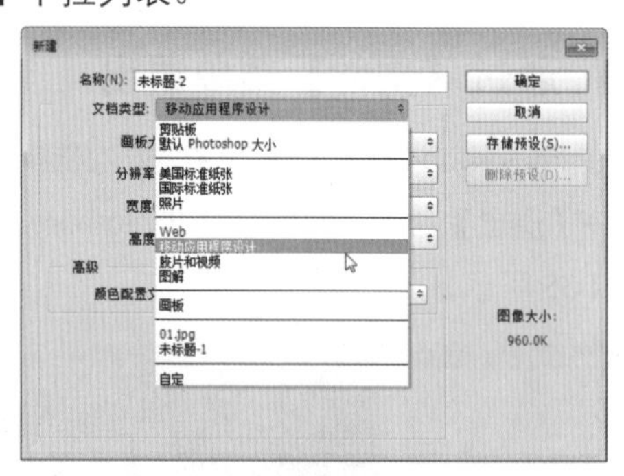

图 1-40　【新建】对话框

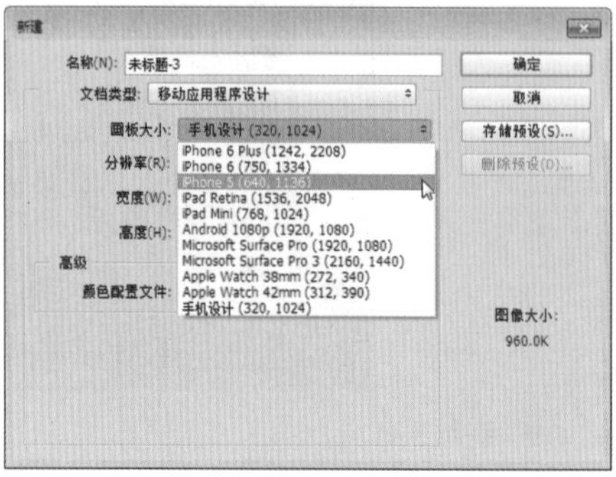

图 1-41　【画板大小】下拉列表

1.4.3 液化滤镜的增强

液化滤镜比早期版本的滤镜要快很多，液化滤镜现在支持智能对象，包括智能对象视频图层，并可被应用为智能滤镜。另外，增强了液化滤镜的重建工具功能，例如，用户按住 Alt 键并移动鼠标，重建工具会平滑选区，而不是缩小或删除它。如图 1-42 所示为【液化】对话框，在该对话框中，用户可以对图像进行液化处理。

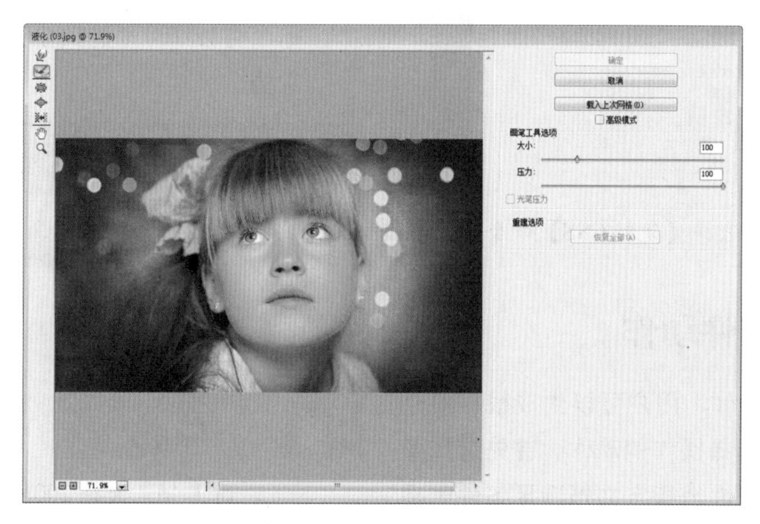

图 1-42 【液化】对话框

1.4.4 将模糊画廊效果应用为智能滤镜

模糊画廊中的摄影模糊效果现在支持智能对象，并且可以非破坏性地应用为智能滤镜，此功能也支持智能对象视频图层。如图 1-43 所示为模糊画廊的子菜单。

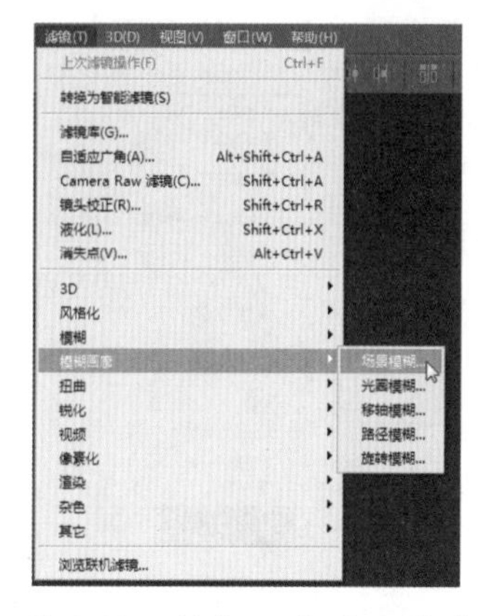

图 1-43 模糊画廊的子菜单

1.4.5 从形状或文本图层复制 CSS 属性

复制 CSS 可从形状或文本图层生成级联样式表（CSS）属性，这一功能会捕获形状或文本的大小、位置、填充颜色（包括渐变填充）、描边颜色和投影的值。对于文本图层，复制 CSS 还可以捕获字体系列、字体大小、字体粗细、行高、下划线、删除线、上标、下标和文本对齐的值。CSS 可以被复制到剪贴板并且可以粘贴到样式表中，在形状或文本图层上右击，在弹出的快捷菜单中选择【复制 CSS】命令，即可复制 CSS 属性，如图 1-44 所示。

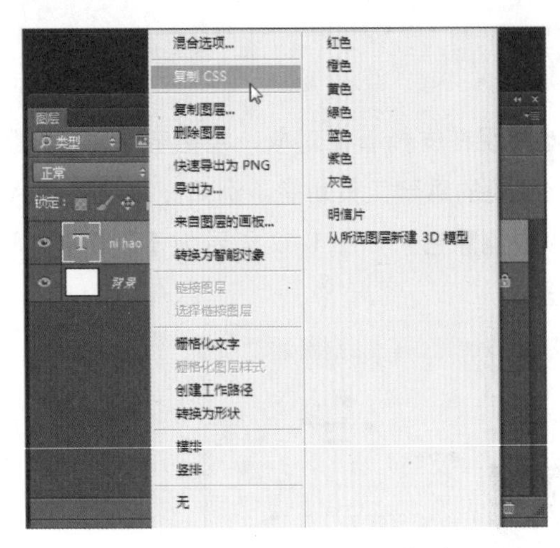

图 1-44　选择【复制 CSS】命令

1.4.6 条件动作

通过条件动作，用户可以生成根据多个不同条件之一选择操作的动作。首先选择条件，然后有选择性地指定文档满足条件时播放的动作，然后，有选择性地指定文档不满足条件时播放的动作。如图 1-45 所示为 Photoshop CC 的【动作】面板。

图 1-45　【动作】面板

1.4.7 高 dpi 显示支持

Photoshop CC 添加了对高 dpi 显示的支持，如 Retina 显示屏，在使用高分辨率的显示功能时，还能以原文档 200% 的大小查看文档。要以 200% 的大小查看文档，需要执行下列任一操作。

☆　选择【视图】→ 200% 命令，如图 1-46 所示。

☆　按住 Ctrl 键并单击缩放工具图标。

☆　按住 Shift 和 Ctrl 键并双击缩放工具图标，可以 200% 的大小查看所有打开的文档。

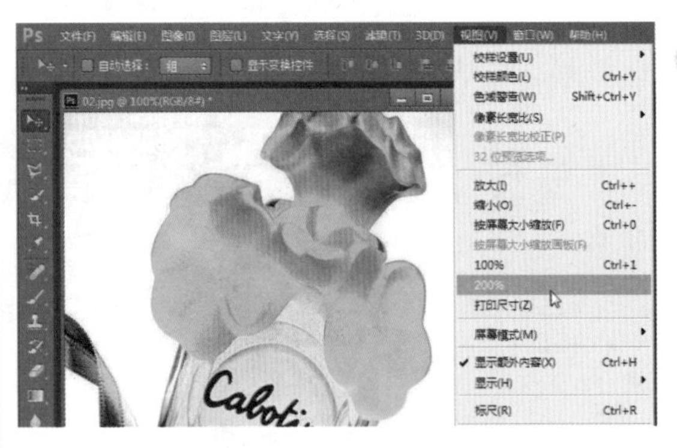

图 1-46　选择 200% 命令

1.4.8 全新的图像资源生成功能

Photoshop CC 可以从 PSD 文件的每一个图层中生成一幅图像。有了这项功能，Web 设计人员可以从 PSD 文件中自动提取图像资源，具体的方法是在 Photoshop CC 工作界面中选择【文件】→【导出】→【将图层导出到文件】命令，如图 1-47 所示。

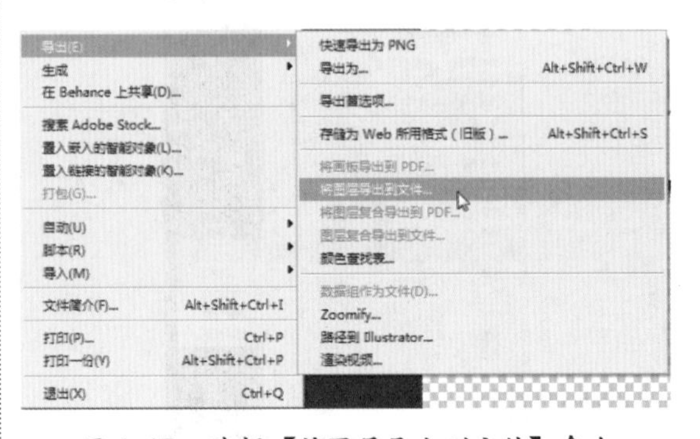

图 1-47　选择【将图层导出到文件】命令

1.4.9 全新的智能增加取样

Photoshop CC 的【图像大小】对话框中增加了保留细节功能，在放大低分辨率的图像时，可以保持细节和清晰度，使其具备优质的印刷效果。如图 1-48 所示为【图像大小】对话框，单击【自动】右侧的下拉按钮，在弹出的下拉列表中可以选择【保留细节（扩大）】选项。

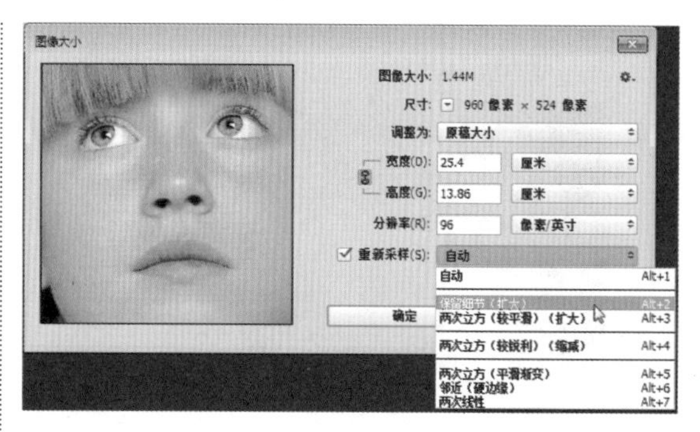

图 1-48 【图像大小】对话框

1.4.10 全新的防抖滤镜

用防抖滤镜可以处理因相机抖动而模糊的照片，不论是慢速快门还是长焦距造成的模糊，该滤镜都能精确分析其曲线以恢复清晰度，效果令人惊叹。如图 1-49 所示是因相机抖动而模糊的图片，如图 1-50 所示是应用防抖滤镜后的图片显示效果。

图 1-49 因相机抖动而模糊的图片

图 1-50 应用防抖滤镜后的效果

1.4.11 增强的 Camera Raw 功能

在 Photoshop CC 中，用户可以将 Camera Raw 作为滤镜使用，这就意味着用户能够使用它处理更多类型的文件，包括 PNG、TIFF 和 JPEG 等类型，甚至还可以使用它来编辑视频剪辑。另外，Camera Raw 支持图层功能，这样就可以以滤镜的形式应用到任意图层上，而不仅仅是处理单张照片。如图 1-51 所示为 Camera Raw 对话框。

Camera Raw 除增强了上述功能外，还新增了径向滤镜功能，利用该功能可以调整图片中特定区域的色温、色调、曝光、清晰度和饱和度等，从而突出图片中想要展示的主体。如图 1-52 所示为径向滤镜设置界面。

图 1-51　Camera Raw 对话框

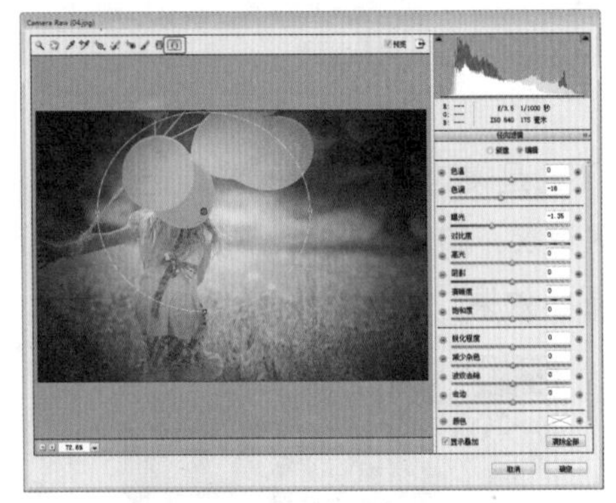

图 1-52　径向滤镜设置界面

1.4.12　全新的 3D 面板

Photoshop CC 的 3D 面板进行了重新设计，它仿效图层面板，被构建为具有根对象和子对象的层级模式，可以对 3D 对象进行复制、重新排序、编组和删除等操作。如图 1-53 所示为 3D 面板工作界面。

图 1-53　3D 面板工作界面

1.5　Photoshop CC的学习方法

学习 Photoshop CC 不是一朝一夕的事情，也不能急于求成，掌握下面的学习方法，可以让我们事半功倍。

1.5.1　使用帮助资源

Adobe 公司提供了 Photoshop 软件的帮助文件，选择【帮助】菜单中的【Photoshop 联机帮助】或【Photoshop 支持中心】命令，如图 1-54 所示，即可打开 Adobe 网站的帮助中心，在其中可以查看与 Photoshop 相关的帮助文件，如图 1-55 所示。

Adobe 提供的帮助文件非常强大，不仅包含电子资料，还有相关演示视频，这些文件就是很好的参考手册。

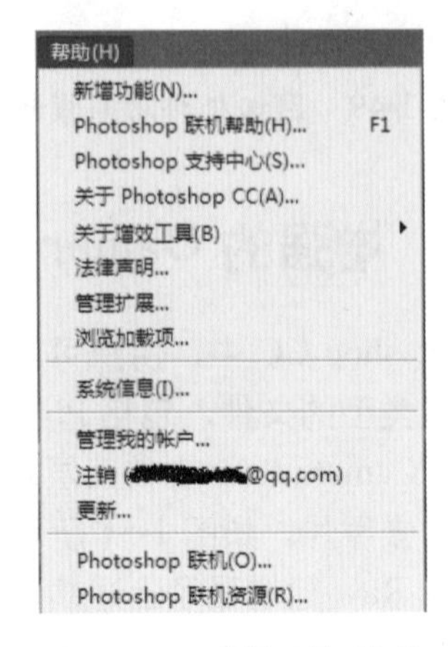

图 1-54　【帮助】菜单

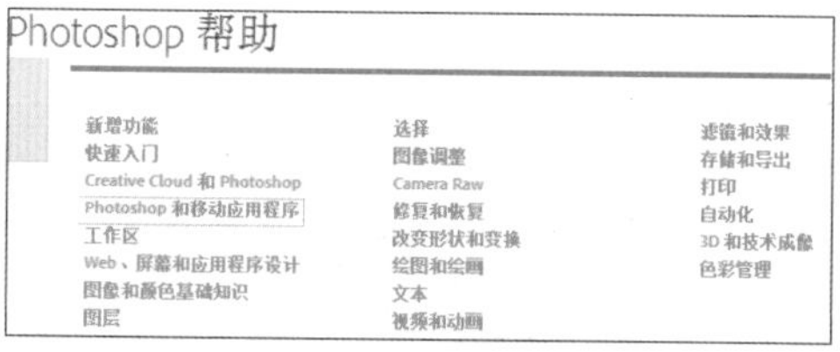

Photoshop 帮助
新增功能
快速入门
Creative Cloud 和 Photoshop
Photoshop 和移动应用程序
工作区
Web、屏幕和应用程序设计
图像和颜色基础知识
图层
选择
图像调整
Camera Raw
修复和恢复
改变形状和变换
绘图和绘画
文本
视频和动画
滤镜和效果
存储和导出
打印
自动化
3D 和技术成像
色彩管理

图 1-55 Adobe 网站的帮助中心

1.5.2 学习 Photoshop 的三大步骤

Photoshop 的学习是一个过程性和实践性的结合，下面介绍学习 Photoshop 的三大步骤。

(1) 熟悉阶段。熟悉 Photoshop 的工作界面，掌握每种工具的用法和用途。这会是一个非常枯燥的过程，但它也是成功学习 Photoshop 的关键。我们至少应该熟悉每种工具的位置、作用以及常用菜单命令的位置、用法，这样才能掌握基本的操作技能，为以后的学习打好基础。

(2) 实践阶段。这是一个非常重要的阶段，就是不断地操作，在操作中更加深入地了解每种工具的用途。此外，我们可以先参照教材的操作步骤练习，练习完成后，即可知道怎样可以做出相应的效果。当掌握后，还可以根据需要调整相关参数，设计出不一样的效果。换句话说，我们学习的只是教材中的方法，而不是教材中的作品。

(3) 创意阶段。经过不断的实践，我们也应该不断地总结，在一个效果实现的过程中，想法、理念以及想表现出来的内容才是最重要的。通过总结既能加深对 Photoshop 的理解，又能提高自己的艺术鉴赏能力和创意水平，现阶段就可以创造属于自己的作品了。多观察、多欣赏一些优秀的作品，培养自己的发散思维，每一个人都可以成为优秀的设计师。

1.6 高效技能实战

1.6.1 技能实战 1——自定义安装位置

在安装 Photoshop CC 软件时，系统会选择默认位置进行安装。我们也可以更改安装的位置。具体的操作步骤如下。

步骤 1 在安装过程中当进入【选项】界面时，单击右侧的【更改】按钮，如图 1-56 所示。

步骤 2 弹出【浏览文件夹】对话框，在其中选择 Photoshop CC 要安装的路径，然后单击【确定】按钮，即可更改安装的位置，如图 1-57 所示。

Adobe Photoshop CC 2015 (32 Bit)
选项
Adobe Photoshop CC 2015 (32 Bit)
2.0 GB
安装总计: 2.0 GB
语言:
简体中文
位置:
C:\Program Files\Adobe
上一步
安装

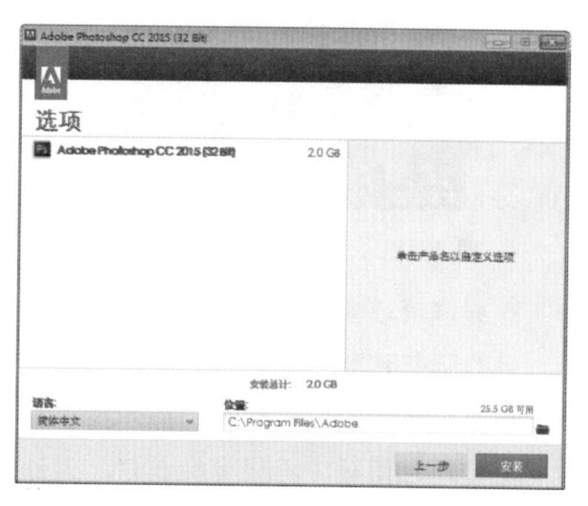

图 1-56 【选项】界面

图 1-57 【浏览文件夹】对话框

1.6.2 技能实战 2——切换屏幕工作模式

Photoshop 提供了 3 种屏幕模式：标准屏幕模式、带有菜单栏的全屏模式和全屏模式。用户主要有 3 种方法可切换这些屏幕模式，分别如下。

(1) 在工具箱中长按【屏幕模式】按钮，在弹出的工具组中进行切换，如图 1-58 所示。

(2) 选择【视图】→【屏幕模式】命令，在弹出的子菜单中进行切换。

(3) 按 F 快捷键进行切换。

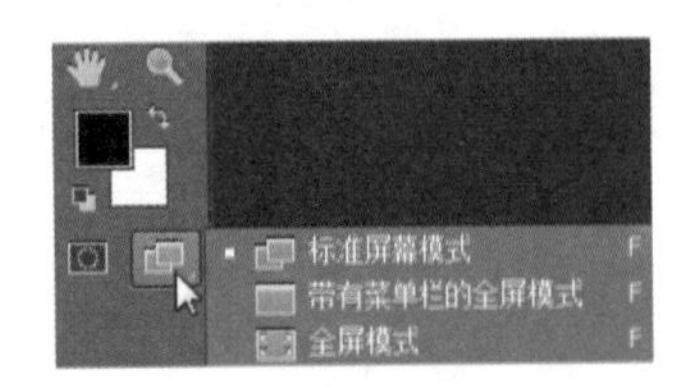

图 1-58 【屏幕模式】工具组

☆ 标准屏幕模式：默认模式，显示工作界面的所有元素，如图 1-59 所示。

☆ 带有菜单栏的全屏模式：显示菜单栏、工具箱和面板，不显示标题栏、滚动条和状态栏的全屏窗口，如图 1-60 所示。

图 1-59 标准屏幕模式

图 1-60 带有菜单栏的全屏模式

☆ 全屏模式：只显示黑色背景和图像的全屏窗口，如图 1-61 所示。

图 1-61 全屏模式

提示 在全屏模式下，按 Esc 键可以返回到主界面。

疑难问题解答

问题 1：怎样复位 Photoshop CC 的默认工作界面？

解答：在 Photoshop CC 的主窗口中选择【窗口】→【工作区】→【复位基本功能】命令，即可将其恢复到初始状态。但如果其他地方（比如菜单、工具箱）也变得混乱了，要想将其恢复到初始状态，则选择【窗口】→【工作区】→【基本功能（默认）】命令，即可将整个工作区恢复到初始状态。

问题 2：在使用 Photoshop 进行切图时，应注意哪些事项？

解答：图片应该是平均切，而不是大一块，小一块的，以免图片出现的速度不平衡。切图切得好不好，在我们打开这个站点时看到图片出来的先后顺序和速度是可以发觉的。

文件与图像的基本操作

● **本章导读：**

在使用 Photoshop CC 处理图像前，首先应了解文件与图像的基本操作，只有掌握了这些知识，在使用 Photoshop CC 处理图像时，才能做到得心应手。本章即为读者介绍文件与图像的基本操作，包括文件的基本操作、查看图像的方法和图像辅助工具的使用等。

● **学习目标：**

◎ 熟悉 Photoshop CC 的工作界面
◎ 掌握设置 Photoshop CC 工作区的方法
◎ 掌握文件的基本操作
◎ 掌握查看图像的方法
◎ 掌握图像辅助工具的使用方法
◎ 掌握载入预设资源的方法
◎ 掌握设置彩色菜单命令的方法

● **重点案例效果**

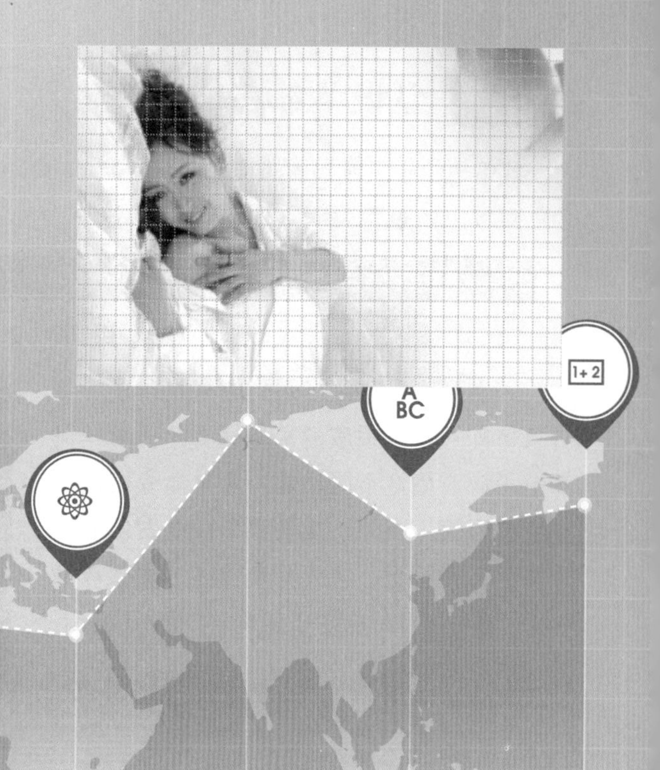

2.1 Photoshop CC的工作界面

Photoshop CC 的工作界面主要是由菜单栏、选项栏、工具箱、图像窗口、面板和状态栏等组成的，如图 2-1 所示。

图 2-1　Photoshop CC 的工作界面

2.1.1 认识菜单栏

菜单栏位于工作界面的顶部，包含 Photoshop CC 中所有的菜单命令，在菜单栏中共有 11 个主菜单，如图 2-2 所示。

图 2-2　菜单栏

每个菜单都包含一系列的菜单命令，单击菜单即可打开相应的菜单列表。在菜单列表中可以看到，不同功能的菜单命令之间有灰色分隔线。另外，某些菜单命令右侧有一个黑色三角标记，将光标定位在这类菜单命令上，即可打开相应的子菜单，如图 2-3 所示。

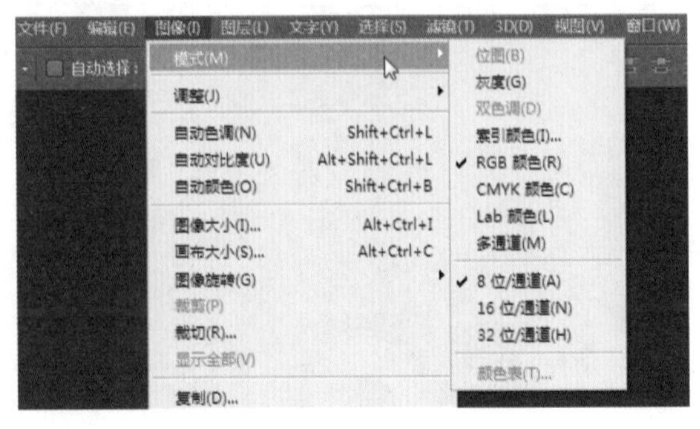

图 2-3　菜单命令的子菜单

提示　在菜单列表中有些菜单命令显示为灰色，表示在当前状态下不可用。如果菜单命令右侧出现省略号标记…，表示执行该命令后会弹出对话框。

2.1.2 认识选项栏

选项栏位于菜单栏的下方，主要用于设置工具箱中各个工具的参数。选择不同的工具，选项栏中的参数也不同。图 2-4 所示是选中【移动工具】时的选项栏。

图 2-4　移动工具的选项栏

> **提示** 选项栏右侧的【基本功能】按钮表示当前使用的工作区，在其下拉列表中可切换为其他的工作区。

图 2-5　使选项栏成为独立的组件

按住左键不放，拖动选项栏左侧的图标，可将其从工作界面中拖出，成为独立的组件，如图 2-5 所示。同理，将鼠标指针定位在选项栏左侧，按住左键将其拖动到菜单栏下方，当出现蓝色条时释放鼠标，即可重新将其固定到工作界面中。

2.1.3 认识工具箱

工具箱位于工作界面的左侧，包含用于编辑图像和元素的所有工具和按钮。单击工具箱顶部的按钮，可将工具箱变更为双排显示。图 2-6 列出了工具箱中各工具的名称。

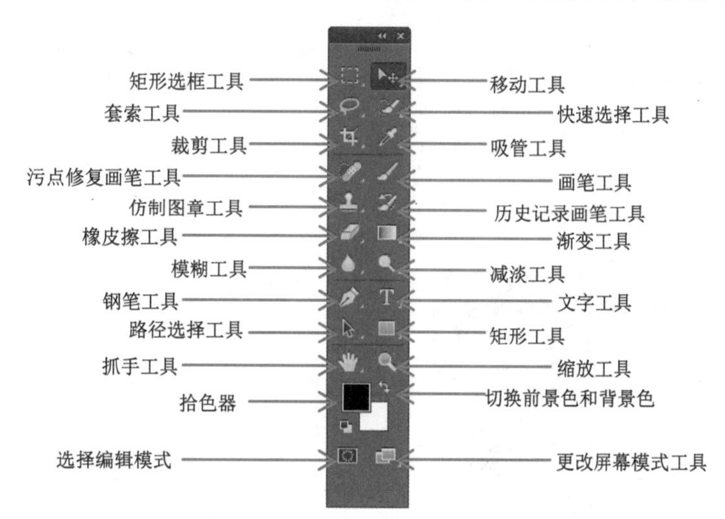

图 2-6　工具箱

若要选择工具，单击工具箱中的工具按钮即可。大多数工具的右下角有一个三角形图标，表明这是一个工具组，将鼠标指针定位在这类工具上，右击，或者按住左键不放，即可打开隐藏的工具组，如图 2-7 所示。

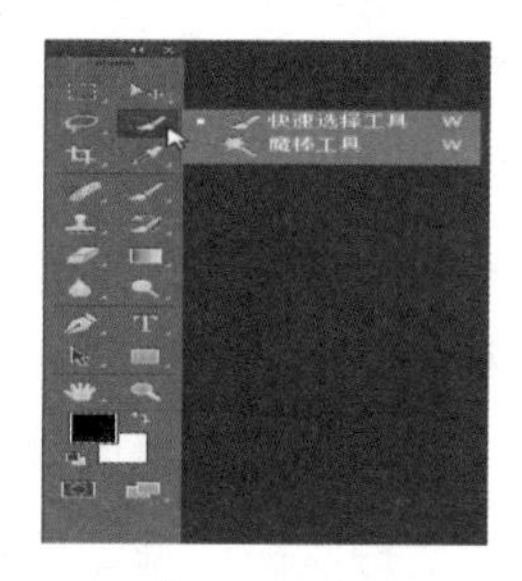

图 2-7　打开隐藏的工具组

提示 同选项栏的操作类似，拖动工具箱上方的图标，可将其从工作界面中拖出，成为独立的组件。若要重新固定到工作界面中，只需将其拖动到工作界面左侧，当出现蓝色条时释放鼠标即可。

2.1.4 认识图像窗口

图像窗口位于工作界面的中心位置，用于显示当前打开的图像文件，在其标题栏中还显示了文件的名称、格式、缩放比例和颜色模式等信息。

在 Photoshop 中打开一个图像文件时，就会创建一个图像窗口。若同时打开多个图像文件，则它们默认以选项卡的形式组合在一起，单击一个选项卡，即可将其设置为当前的操作窗口，如图 2-8 所示。

提示 当同时打开多个图像文件时，按 Ctrl+Tab 组合键，可按照前后顺序自动切换图像窗口；按下 Ctrl+Shift+Tab 组合键，可按照相反的顺序自动切换窗口。

图 2-8 将选中的图像文件设置为当前的操作窗口

拖动选项卡的标题栏，将其从选项卡中拖出，可使其成为浮动窗口，如图 2-9 所示。将鼠标指针定位在浮动窗口的四周或四角，当指针变为箭头形状时，拖动鼠标可调整窗口的大小，如图 2-10 所示。

图 2-9 使选项卡成为浮动窗口

图 2-10 调整窗口的大小

将鼠标指针定位在浮动窗口的标题栏，将其拖动到工作界面中图像窗口的右侧，此时出现一个蓝色条，如图 2-11 所示。释放鼠标，即可将浮动窗口固定在工作界面中，并且此时它与另一个图像窗口成为两个独立的模块，如图 2-12 所示。若将浮动窗口拖动到图像窗口的标题栏处，则这两个图像窗口会重新以选项卡的形式组合在一起。

图 2-11 将标题栏拖动到右侧会出现蓝色条

图 2-12 图像窗口与浮动窗口成为两个独立的模块

2.1.5 认识面板

面板位于工作界面的右侧，主要用于编辑图像、设置工具参数等。通常情况下，面板以选项卡的形式成组出现，如图 2-13 所示。

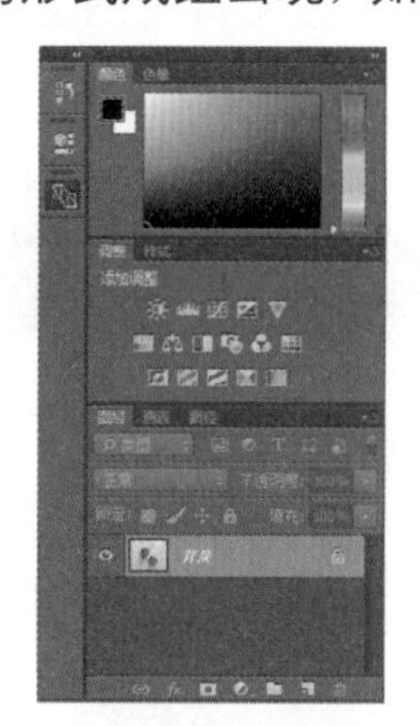

图 2-13 面板以选项卡的形式成组出现

单击面板右上角的▶▶按钮，可将其折叠起来，只显示各选项卡的名称，如图 2-14 所示。

图 2-14 将面板折叠起来

将鼠标指针定位在选项卡标题右侧的空白处，按住左键不放，拖动鼠标即可将其拖出，使其成为浮动面板，如图 2-15 所示。

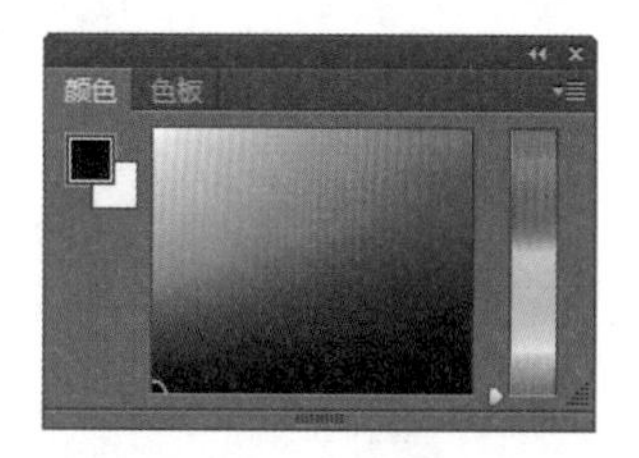

图 2-15 使面板成为浮动面板

用户还可根据需要自由地组合面板，例如，将鼠标指针定位在【调整】选项卡的标题处，将其拖动到另一个面板的标题栏中，当出现蓝色框时释放鼠标，即可将其与另一个面板组合起来，如图 2-16 所示。

图 2-16 组合面板

此外，用户还可将不同的浮动面板链接起来，使其成为一个整体。例如，将鼠标指针定位在【样式】面板的标题栏中，将其拖动到另一个面板的下方，此时会出现一个蓝色条，如图 2-17 所示。释放鼠标，即可将这两个面板链接起来，如图 2-18 所示。

图 2-17 出现一个蓝色条

图 2-18　链接浮动面板

单击面板右侧的按钮，将弹出下拉菜单，菜单中包含与当前面板相关的各种命令，如图 2-19 所示为【通道】下拉菜单。

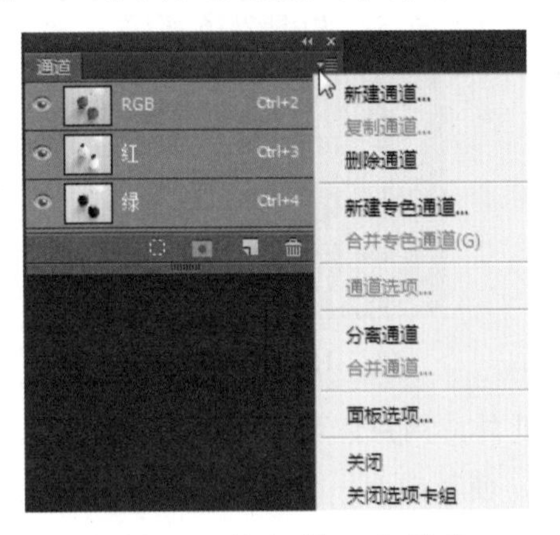

图 2-19　【通道】下拉菜单

将鼠标指针定位在选项卡的标题处，右击，弹出快捷菜单，在其中可以执行关闭选项卡或者选项卡组、折叠为图标等操作，如图 2-20 所示。

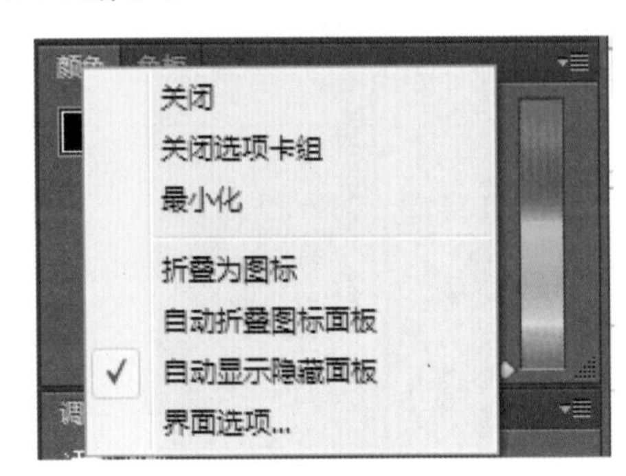

图 2-20　快捷菜单

提示 若面板未显示在工作界面中，在菜单栏中选择【窗口】菜单，然后在弹出的菜单中选择要打开的面板名称，即可打开相应的面板。

2.1.6 认识状态栏

状态栏位于工作界面的底部，主要用于显示当前图像的缩放比例、文档大小、效率、当前使用工具等信息，如图 2-21 所示。

图 2-21　状态栏

在状态栏中单击 100% 文本框，重新输入缩放比例，按 Enter 键确认，即可按照输入的比例缩放图像窗口中的图像，如图 2-22 所示。

图 2-22　缩放图像

将鼠标指针定位在状态栏中，按住左键不放，可以查看图像的宽高度、通道及分辨率等信息，如图 2-23 所示。

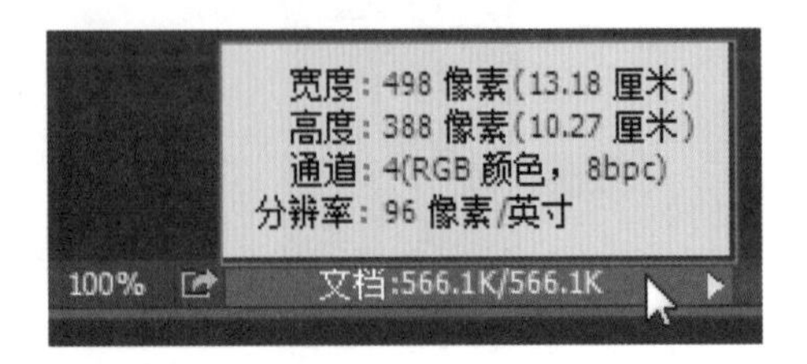

图 2-23　查看宽高度、通道及分辨率

此外，按住 Ctrl 键的同时，按住左键不放，还可以查看图像的拼贴宽高度等信息，如图 2-24 所示。

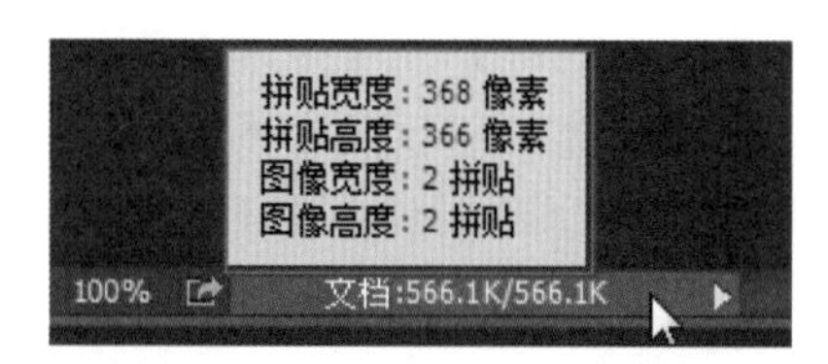

图 2-24　查看图像的拼贴宽高度

单击状态栏右侧的▶按钮，在弹出的下拉菜单中可以选择状态栏的具体显示内容，如图 2-25 所示。例如，选择【当前工具】命令，在状态栏中即会显示出当前使用的工具名称，如图 2-26 所示。

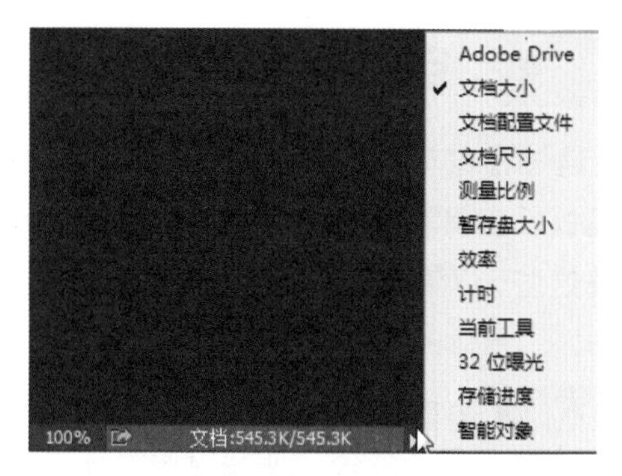

图 2-25　选择状态栏的具体显示内容

图 2-26　显示出当前使用的工具名称

状态栏中各菜单命令的含义如表 2-1 所示。

表 2-1　状态栏中各菜单命令的含义

命　令	含　义
Adobe Drive	显示文件的 Version Cue 工作组状态
文档大小	该项为默认选项，共显示有两组数据，前一组表示当前文档的所有图层合并后的文档大小，后一组表示所有未经压缩的内容（包括图层、通道等）的数据大小
文档配置文件	显示图像所使用的颜色配置文件的名称
文档尺寸	显示图像的尺寸
测量比例	显示文档的测量比例
暂存盘大小	显示有关处理图像的内存和 Photoshop 暂存盘信息，共显示有两组数据，前一组表示程序用来显示所有打开的图像的内存量，后一组表示可用于处理图像的总内存量。若前组数字大于后组数字，则系统将启用暂存盘作为虚拟内存来使用
效率	显示执行操作实际花费时间的百分比
计时	显示完成上一次操作所用的时间
当前工具	显示当前使用工具的名称
32 位曝光	用于调整预览图像，以便在电脑显示器上查看 32 位 / 通道高动态范围（HDR）图像的选项。注意，只有文档窗口中显示 HDR 图像时，该选项才可用
存储进度	显示保存文件时的存储进度
智能对象	显示若转换为智能对象，图片会丢失的数据量

2.2　设置Photoshop CC的工作区

在 Photoshop CC 中，工具箱、图像窗口、面板等元素的排列状态称为工作区。Photoshop 针对不同的任务，提供了多种预设的工作区。此外，用户还可根据个人习惯自定义工作区。

2.2.1 自定义工作区

通过【窗口】菜单可以显示或隐藏所需的面板、工具箱及选项栏等，然后拖动鼠标调整这些元素的位置，即可创建属于自己的工作区。具体的操作步骤如下。

步骤 1 选择【窗口】菜单，在弹出的菜单中选择所需的命令，使其前面呈现“√”标记，即可在工作界面中打开这些元素，如图 2-27 所示。

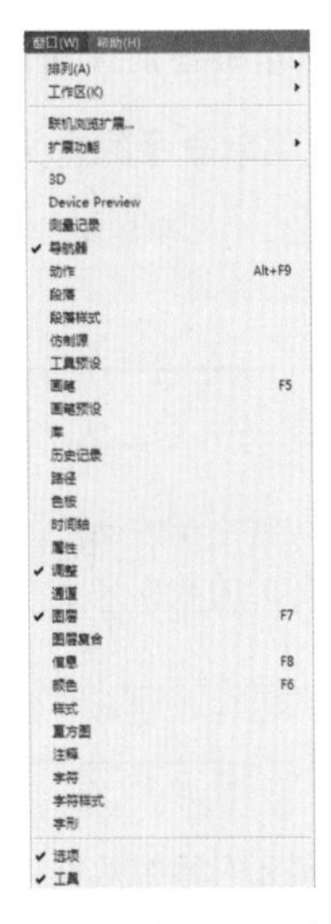

图 2-27　在工作界面中打开元素

步骤 2 将打开的面板分类组合起来，然后拖动鼠标调整面板和工具箱的位置，如图 2-28 所示。

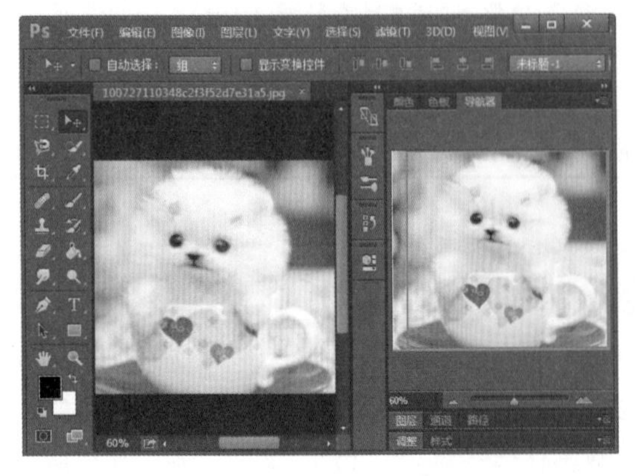

图 2-28　调整面板和工具箱的位置

步骤 3 选择【窗口】→【工作区】→【新建工作区】命令，弹出【新建工作区】对话框，在【名称】文本框中输入工作区的名称，并选中【键盘快捷键】和【菜单】复选框，表示将快捷键和菜单的当前状态也保存到工作区中，然后单击【存储】按钮，如图 2-29 所示。

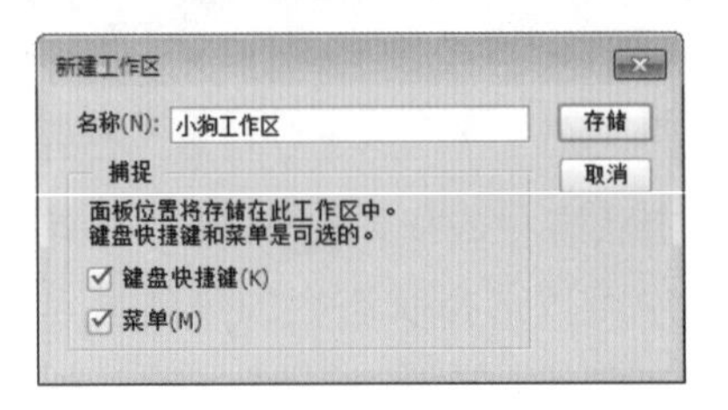

图 2-29　【新建工作区】对话框

步骤 4 调用工作区。选择【窗口】→【工作区】命令，在弹出的子菜单中可以看到自定义的工作区，选择该选项，即可将其切换为当前的工作区，如图 2-30 所示。

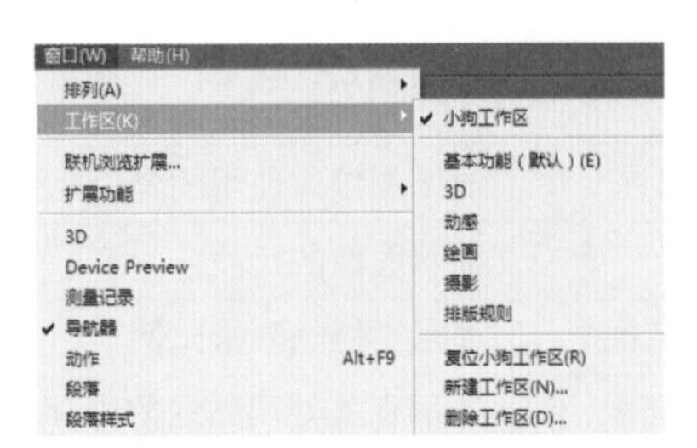

图 2-30　调用工作区

> **提示**　若要删除自定义的工作区，在子菜单中选择【删除工作区】命令即可。

2.2.2 使用预设工作区

Photoshop 提供了几种预设的工作区，以适用不同的任务。选择【窗口】→【工作区】命令，在弹出的子菜单中可以看到 3D、动感、绘画、摄影等类型的预设工作区，如图 2-31 所示。例如，如果要在图像中绘画，可使用绘画工作区，工作界面中就会显示与绘画相关的面板，如图 2-32 所示。

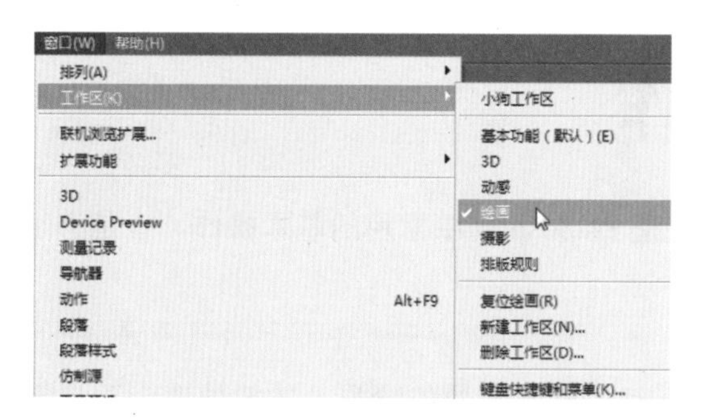

图 2-31　查看预设工作区

图 2-32　使用绘画工作区

此外，选择【基本功能（默认）】命令，可以恢复为 Photoshop 默认的工作区。若在工作区中误删除或移动了面板，选择【复位（工作区名称）】命令，可以恢复当前的工作区。

2.2.3 自定义快捷键

对于一些常用的快捷键和菜单命令，用户可根据自己的习惯进行自定义，以便在操作时更为方便快捷，具体的操作步骤如下。

步骤 1 在 Photoshop CC 工作界面中选择【编辑】→【键盘快捷键】命令，弹出【键盘快捷键和菜单】对话框，如图 2-33 所示。

步骤 2 切换到【键盘快捷键】选项卡，单击菜单命令前面的▶按钮，展开菜单列表，选择相应的命令，即可更改、添加或删除快捷键。例如，这里将【Photoshop 帮助】命令的快捷键由 F1 改为 F4，如图 2-34 所示。

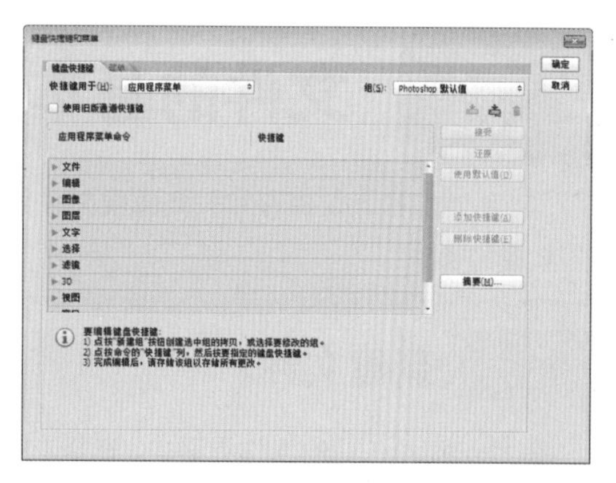

图 2-33　【键盘快捷键和菜单】对话框

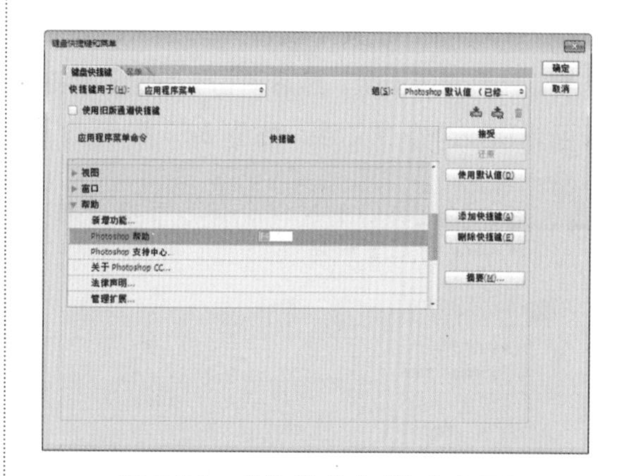

图 2-34　将快捷键由 F1 改为 F4

步骤 3 单击【确定】按钮，返回到工作界面中，选择【帮助】命令，在弹出的菜单中可以看到，此时【Photoshop 联机帮助】命令的快捷键已由 F1 变为 F4，如图 2-35 所示。

图 2-35　【Photoshop 联机帮助】命令的快捷键已由 F1 变为 F4

> **提示**　在【键盘快捷键和菜单】对话框中单击【使用默认值】按钮，可将快捷键恢复为原始状态；单击【添加快捷键】和【删除快捷键】按钮，可添加或删除快捷键。

2.3 文件的基本操作

新建、打开、保存和关闭图像文件等操作是 Photoshop 中常用的基本操作，也是必须掌握的操作。

2.3.1 新建文件

在 Photoshop CC 的工作界面中，选择【文件】→【新建】命令，弹出【新建】对话框，如图 2-36 所示。在其中设置文件名称、宽度、高度、分辨率等参数，然后单击【确定】按钮，即可新建一个空白文件，如图 2-37 所示。

> 提示　按 Ctrl+N 组合键，可以快速弹出【新建】对话框。

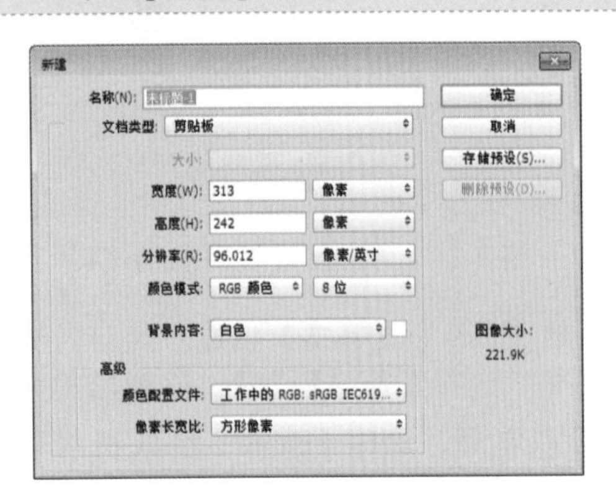

图 2-36　【新建】对话框

图 2-37　新建一个空白文件

由上可知，新建图像文件的方法很简单，但是新建图像文件时有许多参数需要设置，只有了解各参数的含义，才能快速创建出满足需求的文件。各参数的含义分别如下。

☆ 【名称】：用于设置新建文件的名称，“未标题 -1” 是 Photoshop 默认的名称。

☆ 【文档类型】和【大小】：该项提供了 Photoshop 预设的一些规范的文档尺寸，用户只需选择类型，即可快速创建符合需求的文档。例如在【文档类型】下拉列表中选择【国际标准纸张】选项，如图 2-38 所示。然后在【大小】下拉列表中选择 A6 选项，如图 2-39 所示，即可新建一个 A6 纸张大小的空白文件。

图 2-38　选择【国际标准纸张】选项

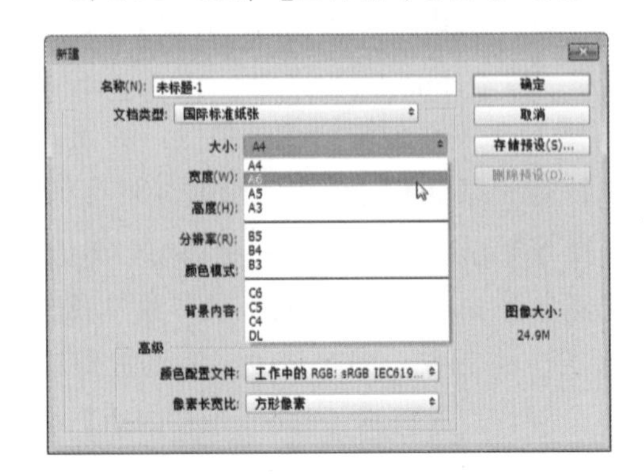

图 2-39　选择 A6 选项

☆　【宽度】和【高度】：分别用于设置新建文件的宽度和高度。默认以像素为单位，在其下拉列表框中还可选择其他的单位，包括英寸、厘米、毫米和点等。

提示　在制作图像的时候一般是以像素为单位，在制作印刷品的时候则是以厘米为单位。

☆　【分辨率】：用于设置新建文件的分辨率。默认以像素 / 英寸为单位，也可以像素 / 厘米为单位。

☆　【颜色模式】：用于设置新建文件的模式，包括位图、灰度、RGB 颜色、CMYK 颜色和 Lab 颜色等。

☆　【背景内容】：用于设置新建文件的背景内容，包括白色、背景色、透明和其他 4 种。白色为默认的颜色，如图 2-40 所示；背景色是使用工具箱中当前的背景色作为文件的背景颜色，如图 2-41 所示；透明是指透明背景，如图 2-42 所示；若选择【其他】选项，可以在弹出的【拾色器】对话框中自定义背景颜色。

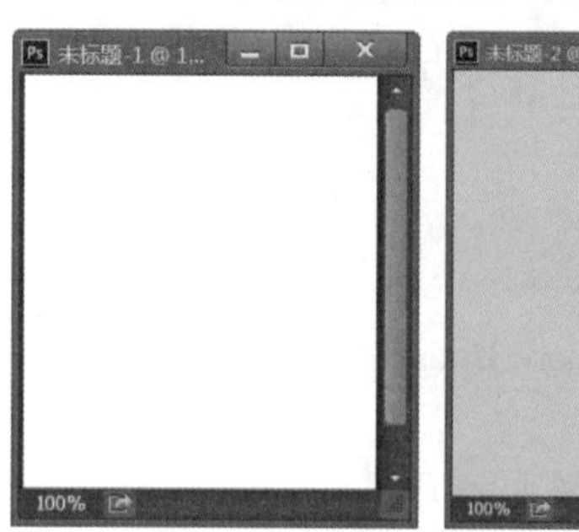

图 2-40　白色背景

图 2-41　将背景色作为背景颜色

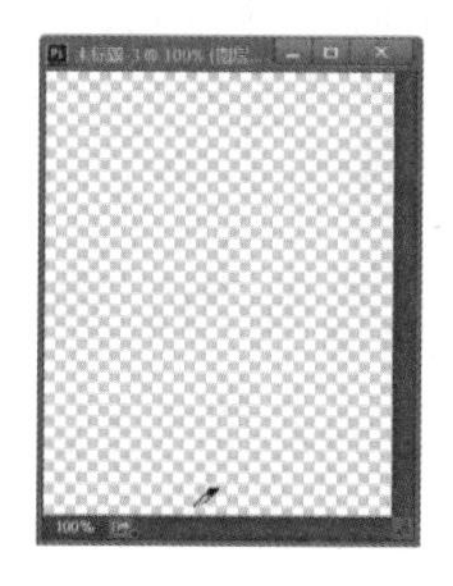

图 2-42　透明背景

☆　【颜色配置文件】：为了减少不同设备上图像的颜色偏差，需设置该项，默认选项为 RGB：sRGB IEC61966-2.3。

☆　【像素长宽比】：用于设置像素的长宽比，默认选项为方形像素，其他选项都是为了适用于视频的图像。因此，除非使用用于视频的图像，否则保持默认选项即可。

☆　【存储预设】：单击该按钮，弹出【新建文档预设】对话框，在【预设名称】文本框中输入名称，并选择要包含于存储预设中的选项，即可将在【新建】对话框中设置的高度、宽度和分辨率等参数保存为一个预设，如图 2-43 所示。保存完成后，当需要创建同样参数的文件时，在【文档类型】下拉列表中选择该预设选项即可，而无须重复设置，如图 2-44 所示。

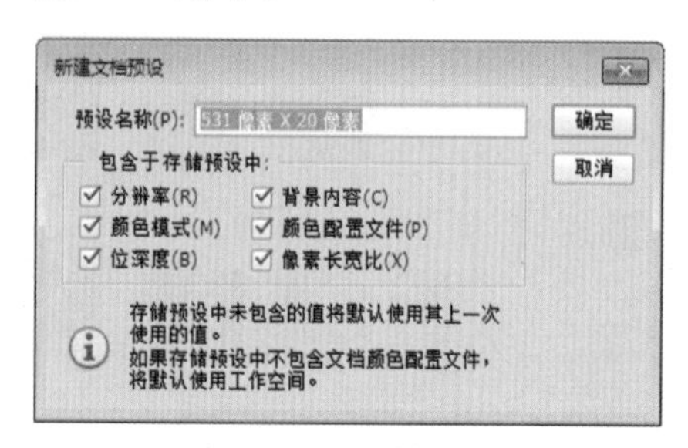

图 2-43　保存预设

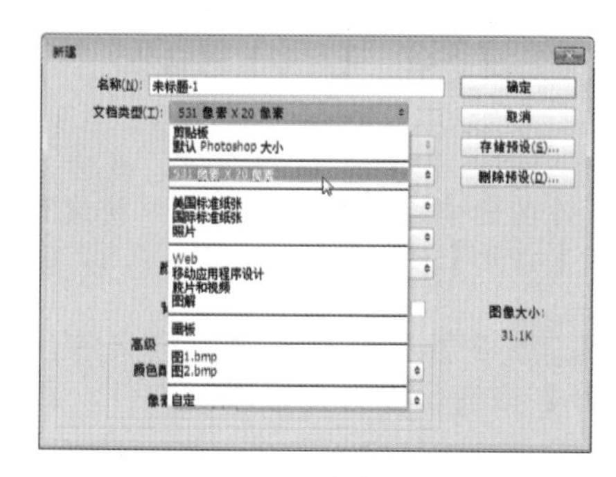

图 2-44　选择预设

☆　【删除预设】：选择预设的选项，然后单击该按钮，即可删除自定义的预设。

☆ 【图像大小】：显示了以当前设置的参数新建文件时，文件的实际大小。

2.3.2 打开文件

要在 Photoshop 中编辑图像，首先需要打开该图像文件，打开图像文件的方法有多种，下面分别介绍。

1. 通过【打开】命令打开文件

通过【打开】命令可以打开所有 Photoshop 支持的文件格式，如 psd、jpg、gif 等。但是使用该方法打开 esp、cdr 等格式的文件时会栅格化，并以 Photoshop 支持的格式打开。具体的操作步骤如下。

步骤 1 选择【文件】→【打开】命令，弹出【打开】对话框，如图 2-45 所示。

图 2-45 【打开】对话框

提示 按 Ctrl+O 组合键，或者在工作区的空白处双击，均可以快速弹出【打开】对话框。

步骤 2 在其中选择一个图像文件，单击【打开】按钮，或者直接双击文件，即可将其打开，如图 2-46 所示。

提示 若要同时打开多个文件，在【打开】对话框中按住 Ctrl 键不放，依次单击选中文件即可。

图 2-46 打开图像文件

2. 通过【在 Bridge 中浏览】命令打开文件

选择【文件】→【在 Bridge 中浏览】命令，将启动 Adobe Bridge 软件，在左侧的【文件夹】列表中选择图像文件所在的文件夹，然后在中间选择文件并双击，即可在 Photoshop 中将其打开，如图 2-47 所示。

图 2-47 在 Adobe Bridge 软件中打开图像文件

提示 Adobe Bridge 软件并不属于 Photoshop 的一部分，而是 Adobe 套装中的一员，主要用于管理文件和图片。通过 Bridge 软件，可以预览 Adobe 系列产品中的多种格式，而无须安装所有软件，并且还能实现批量重命名的功能。

3. 通过【打开为】命令打开文件

通过【打开为】命令可以限制文件打开的格式，即只能打开所设置的文件类型。另外，如果使用了与文件的实际格式不匹配的

扩展名存储文件，或者文件没有扩展名，导致 Photoshop 无法确定文件的正确格式，不能打开文件时，也可以使用【打开为】命令为其指定正确的格式，从而打开文件。具体的操作步骤如下。

步骤 1 选择【文件】→【打开为】命令，弹出【打开】对话框，如图 2-48 所示。

图 2-48 【打开】对话框

步骤 2 在其中选择图像文件，然后在【文件名】右侧的下拉列表框中选择正确的文件类型，单击【打开】按钮，即可将其打开，如图 2-49 所示。

> 提示 如果使用【打开为】命令不能打开文件，则可能是选取的格式类型与文件的实际格式不匹配，或者原文件已损坏。

图 2-49 打开图像文件

4. 通过【打开为智能对象】命令打开文件

通过【打开为智能对象】命令可以将图像作为智能对象打开，从而确保在缩放图片时不失真。

> 提示 智能对象是一个嵌入当前文档中的文件。在使用 Photoshop 处理图像时，如果把某个图像缩小后再拉大，可能会变得模糊不清，但无论对智能对象进行任何变形处理，效果始终和原始效果一样，即智能对象可以达到无损处理。

选择【文件】→【打开为智能对象】命令，弹出【打开】对话框，在其中选择图像文件，单击【打开】按钮，即可将其转换为智能对象打开，如图 2-50 所示。此时在【图层】面板中，图层缩览图右下角有一个图标，表示这是一个智能对象缩览图，如图 2-51 所示。

图 2-50 将图像文件转换为智能对象打开

图 2-51 图标

5. 打开近期打开过的文件

选择【文件】→【最近打开文件】命令，将弹出其子菜单，在其中保存了用户近期打开过的文件，选择一个文件即可将其打开，如图2-52所示。若要清除该子菜单，选择【清除最近的文件列表】命令即可。

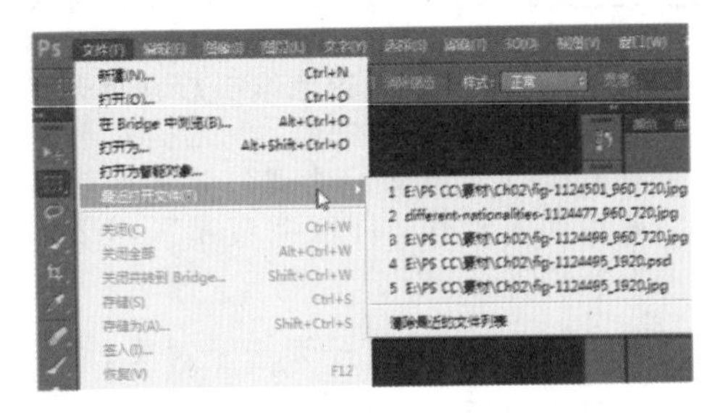

图2-52 打开近期打开过的文件

> 提示 软件默认最多能够保存20个近期打开过的文件，用户可在【首选项】对话框中修改该数量。

6. 通过快捷方式打开文件

若当前没有运行Photoshop软件，直接将图像文件拖到桌面上的Photoshop快捷方式图标上，即可启动Photoshop并打开图像文件，如图2-53所示。

图2-53 将图像拖动到快捷图标上打开图像文件

若运行了Photoshop软件，直接将图像文件拖动到Photoshop工作窗口中，可快速打开该文件，如图2-54所示。

图2-54 将图像拖动到工作窗口中打开图像文件

2.3.3 保存文件

对图像文件进行编辑后，需要将其保存下来。保存图像文件的方法有多种，下面分别介绍。

1. 通过【存储】命令保存文件

【存储】命令相当于其他软件的【保存】命令。当打开一个文件并对其进行编辑后，选择【文件】→【存储】命令，或者按Ctrl+S组合键，即可自动覆盖原有的文件，以同样的格式保存现有的文件，如图2-55所示。

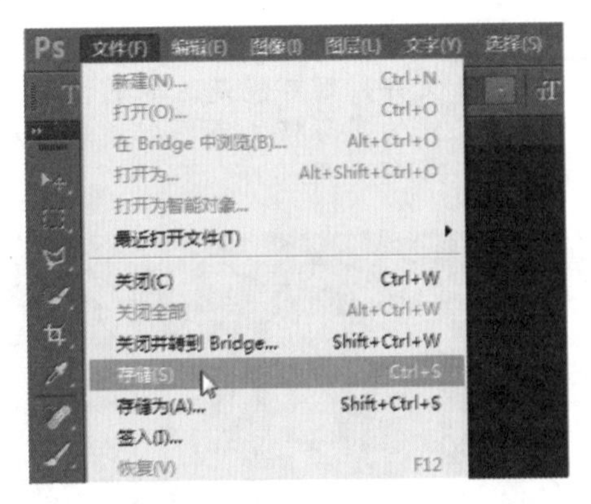

图2-55 选择【存储】命令

当新建一个文件并对其进行编辑后，选择【文件】→【存储】命令，将弹出【另存为】对话框，在其中选择文件存储的位置、名称、保存类型以及存储选项，如图2-56所示。

图 2-56　【另存为】对话框

在【另存为】对话框中单击【保存】按钮，将弹出【Photoshop 格式选项】对话框，选中【最大兼容】复选框，然后单击【确定】按钮，即可保存文件，如图 2-57 所示。

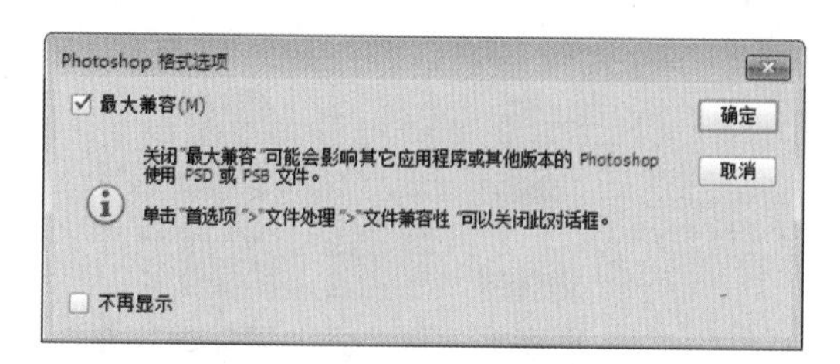

图 2-57　【Photoshop 格式选项】对话框

提示　若选中【最大兼容】复选框，那么将增加 PSD 文件的大小，会占用更多的硬盘空间；若不选中，那么以前的 Photoshop 版本将无法打开用新版本保存的 PSD 文件，用户可根据需要进行选择。

2. 通过【存储为】命令保存文件

【存储为】命令相当于其他软件的【另存为】命令，使用该命令可将文件保存为其他的格式或保存在其他位置。选择【文件】→【存储为】命令，如图 2-58 所示，将弹出【另存为】对话框，以后的操作与上面相同，这里不再赘述。

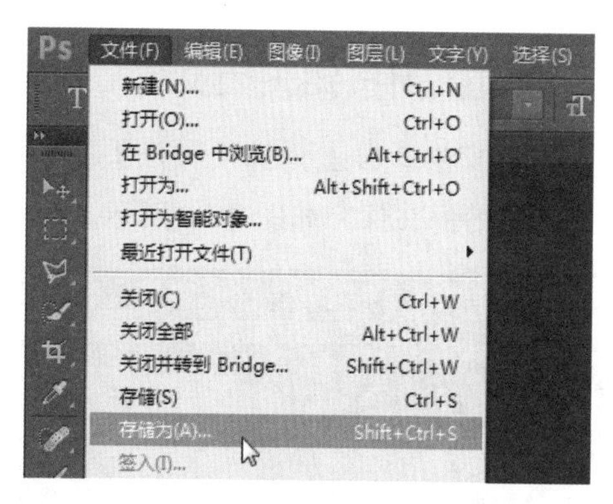

图 2-58　通过【存储为】命令保存文件

3. 通过【签入】命令保存文件

利用【签入】命令保存文件时，用户可以存储文件的不同版本以及各版本的注释。选择【文件】→【签入】命令，即可执行该操作。

2.3.4 关闭文件

用户主要有 3 种方法可关闭文件，下面分别介绍。

1. 通过命令关闭文件

选择【文件】→【关闭】命令，即可关闭当前的文件；若选择【关闭全部】命令，可同时关闭所有的文件；若选择【关闭并转到 Bridge】命令，可关闭当前的文件并打开 Adobe Bridge 软件，如图 2-59 所示。

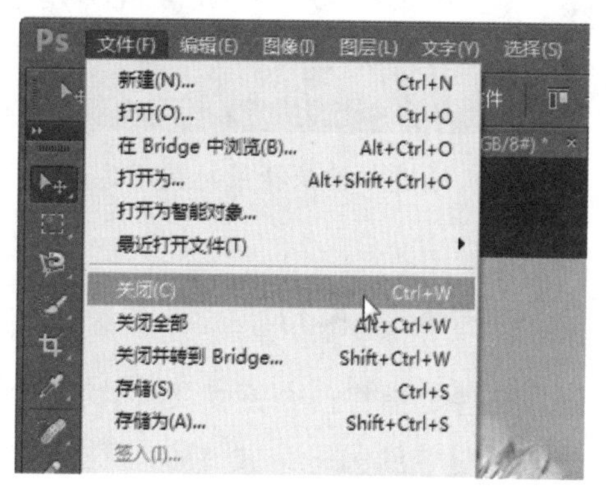

图 2-59　通过命令关闭文件

2. 通过关闭按钮关闭文件

单击图像窗口右上角的【关闭】按钮，即可关闭当前的文件，如图 2-60 所示。

图 2-60　通过【关闭】按钮关闭文件

3. 通过右键快捷菜单关闭文件

在图像窗口的标题栏上右击，在弹出的快捷菜单中选择【关闭】命令，即可关闭当前的文件；若选择【关闭全部】命令，可同时关闭所有的文件，如图 2-61 所示。

图 2-61　通过右键快捷菜单关闭文件

2.3.5 置入文件

置入文件是指将一个图像文件作为智能对象嵌入或链接到另一个文件中，下面以置入嵌入的智能对象为例进行介绍，具体的操作步骤如下。

步骤 1 打开随书光盘中的“素材\ch02\01.bmp”文件，如图 2-62 所示。

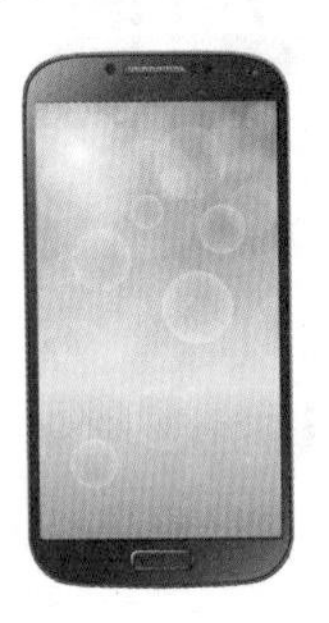

图 2-62　打开素材文件

步骤 2 选择【文件】→【置入嵌入的智能对象】命令，弹出【置入嵌入对象】对话框，在其中选择随书光盘中的“素材\ch02\02.jpg”文件，然后单击【置入】按钮，如图 2-63 所示。

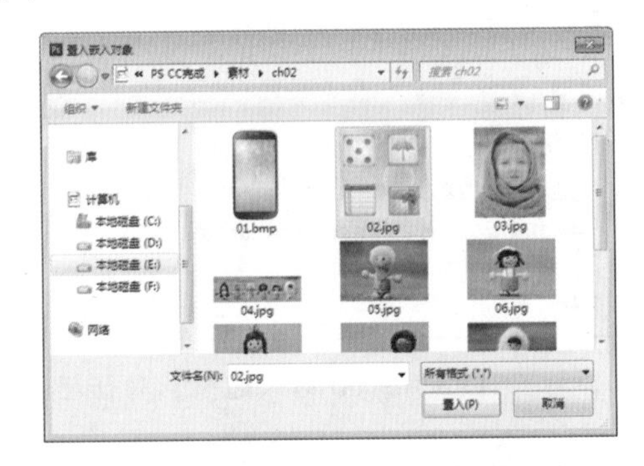

图 2-63　【置入嵌入对象】对话框

> **提示**　若选择【置入链接的智能对象】命令，会将文件作为链接的智能对象置入。

步骤 3 02 图像被置入 01 图像中，并在四周显示出定界框，如图 2-64 所示。

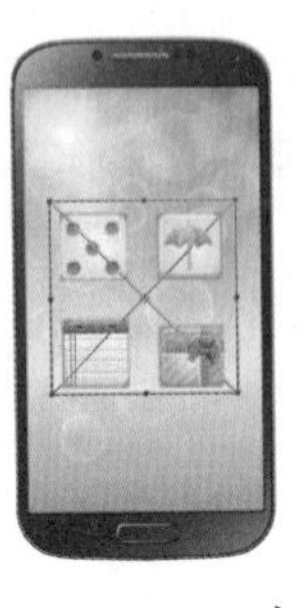

图 2-64　图像被置入素材文件中

步骤 4 将光标定位在四周的控制点上，当变为双向箭头时，按住 Shift 键不放，单击并拖动鼠标，等比例放大图像，设置完成后，按 Enter 键确认，如图 2-65 所示。

步骤 5 在【图层】面板中可以看到，图像缩览图右下角有一个▣图标，表示已成功将文件作为智能对象置入，如图 2-66 所示。

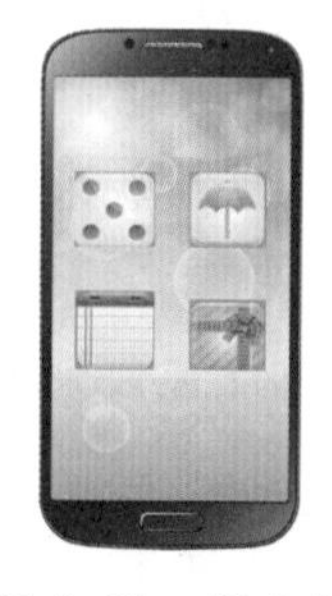

图 2-65 等比例放大图像

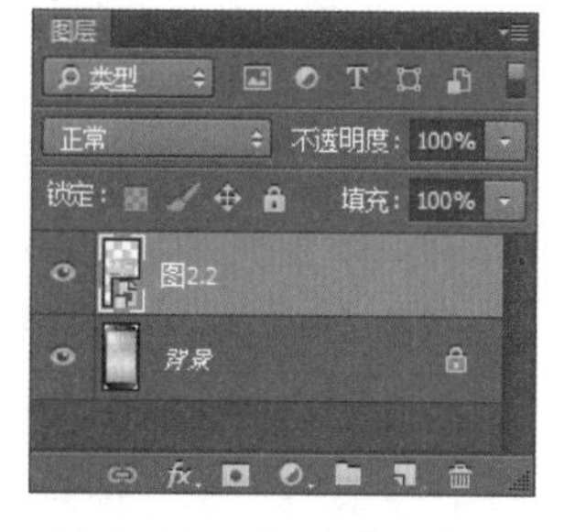

图 2-66 成功将文件作为智能对象置入

2.3.6 导出文件

选择【文件】→【导出】命令，通过弹出的子菜单即可将当前文件导出为其他格式的文件。还可将画板导出到 PDF，或者将图层导出到文件等，如图 2-67 所示。

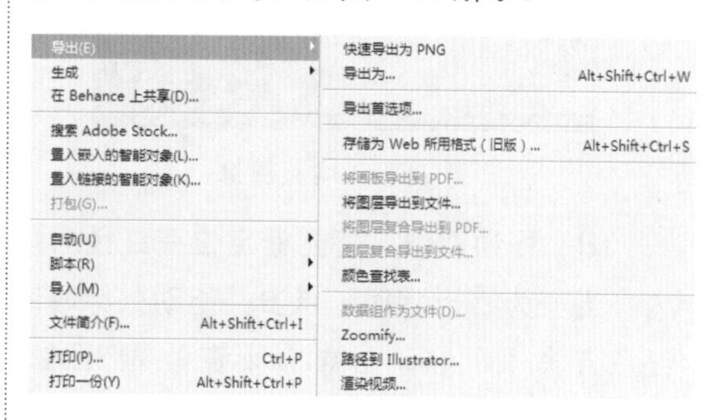

图 2-67 导出文件

2.4 查看图像

在编辑图像时，掌握查看图像的各种方法，包括放大或缩小图像窗口的显示比例、切换画面的显示区域等，有助于更好地观察和处理图像。

2.4.1 使用导航器查看图像

使用【导航器】面板可查看图像的缩览图，并控制图像窗口的缩放比例，如图 2-68 所示。在 Photoshop CC 的工作界面中，选择【窗口】→【导航器】命令，可以打开【导航器】面板，如图 2-69 所示。

(1) 缩放图像。在【导航器】面板底部，单击【缩小】按钮▲或【放大】按钮▲，拖动缩放小滑块▲，或者直接在 50% 文本框中输入缩放比例并按 Enter 键，均可以缩小或放大图像窗口，如图 2-70 所示。

图 2-68 【导航器】面板

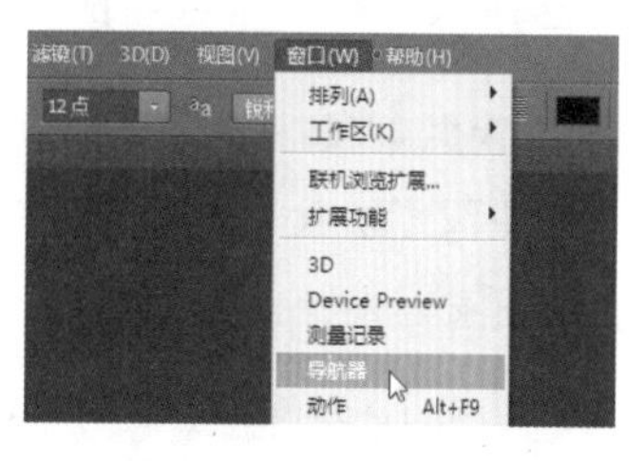

图 2-69 选择【窗口】→【导航器】命令

图 2-70　缩放图像

(2) 移动图像。将光标定位在红色方块内，当变为形状时，单击并拖动鼠标移动红色方块，即可移动图像，从而查看局部图像，如图 2-71 所示。

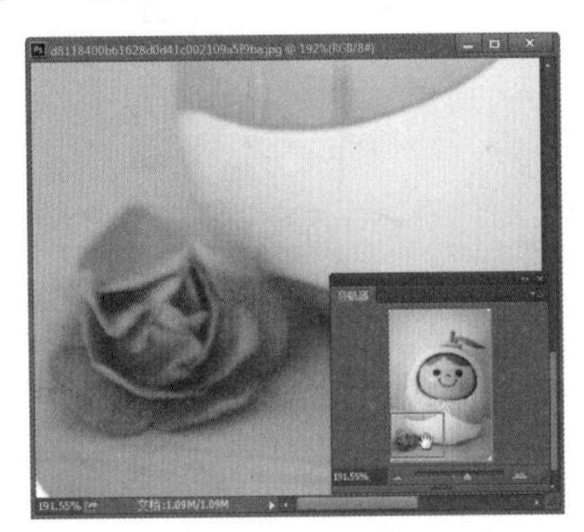

图 2-71　移动图像

2.4.2 使用缩放工具查看图像

使用缩放工具可直接在图像窗口中缩放图像。

1. 认识缩放工具的选项栏

图 2-72 所示是缩放工具的选项栏。

图 2-72　缩放工具的选项栏

选项栏中各参数的含义如下。

☆ 放大/缩小按钮：单击相应的按钮，可使鼠标指针处于放大或缩小状态。

☆ 【调整窗口大小以满屏显示】：选择该项可自动调整窗口的大小，使其以满屏显示。

☆ 【缩放所有窗口】：选择该项可同时缩放所有的图像窗口。

☆ 【细微缩放】：若选择该项，那么单击并向左侧或右侧拖动鼠标时，会以较快的、平滑的方式缩小或放大图像。若不选择该项，那么鼠标指针处于放大状态时，单击并拖动鼠标将绘制一个矩形框，释放鼠标后，矩形框内的图像会铺满整个窗口。

☆ 100%：若单击该按钮，图像窗口会以 100% 的比例显示。

☆ 【适合屏幕】：若单击该按钮，可在屏幕范围内最大化地显示完整的图像。

☆ 【填充屏幕】：若单击该按钮，可在屏幕范围内最大化地显示图像。

2. 使用缩放工具

(1) 放大图像。选择缩放工具，然后将鼠标指针定位在图像中，此时鼠标指针变为形状，单击即可放大图像。若按住左键不放，可以较慢的、平滑的方式逐渐放大图像，如图 2-73 所示。

图 2-73　放大图像

(2) 缩小图像。选择缩放工具后，按住 Alt 键不放，此时鼠标指针变为形状，

单击即可缩小图像。若同时按住 Alt 键和左键不放，可以较慢的、平滑的方式逐渐缩小图像，如图 2-74 所示。

图 2-74　缩小图像

> **提示**　在使用其他工具时，若按住 Alt 键不放，滚动滚轮也可以缩放图像。

2.4.3　使用抓手工具查看图像

使用抓手工具不仅可以缩放图像，还可以移动图像。

1. 认识抓手工具的选项栏

图 2-75 所示是抓手工具的选项栏。

图 2-75　抓手工具的选项栏

选项栏中各参数的含义如下。

☆ 【滚动所有窗口】：同时移动所有的图像窗口。

☆ 其他各项的含义与缩放工具相同，这里不再赘述。

2. 使用抓手工具

(1) 缩放图像。选择抓手工具后，按住 Ctrl 键不放，单击即可放大图像；按住 Alt 键不放，单击即可缩小图像。此外，与缩放工具类似，按住 Ctrl 键与左键或 Alt 键与左键不放，可以较慢的、平滑的方式放大或缩小图像；按住 Ctrl 键或 Alt 键不放，单击并向左侧 / 右侧拖动鼠标，会以较快的、平滑的方式缩小 / 放大图像。

(2) 移动图像。当图像放大到窗口只能显示局部图像时，将鼠标指针定位在图像中，当指针变为形状时，单击并拖动鼠标即可移动图像，如图 2-76 所示。

图 2-76　移动图像

> **提示**　在使用抓手工具以外的其他工具时，按住空格键不放，可以切换为抓手工具。

2.4.4　多角度查看图像

使用旋转视图工具可以旋转画布，以便从多个角度查看图像。

1. 认识旋转视图工具的选项栏

图 2-77 所示是旋转视图工具的选项栏。

图 2-77　旋转视图工具的选项栏

选项栏中各参数的含义如下。

☆ 【旋转角度】：在文本框中输入角度值，或者拖动中的指针，即可精确地旋转画布。

☆ 【复位视图】：单击该按钮，可将画布恢复到原始角度。

提示 按 Esc 键，或者双击工具箱中的【旋转视图工具】按钮，均可以恢复画布到原始角度。

☆ 【旋转所有窗口】：选择该项可同时旋转所有的图像窗口。

2. 使用旋转视图工具

下面使用旋转视图工具旋转画布，具体的操作步骤如下。

步骤 1 打开随书光盘中的“素材\ch02\03.jpg”文件，如图 2-78 所示。

图 2-78　打开素材文件

步骤 2 在工具箱中长按【抓手工具】按钮，在弹出的工具组中选择【旋转视图工具】选项，即可选择该工具，如图 2-79 所示。

图 2-79　选择旋转视图工具

提示 选择【图像】→【图像旋转】命令，通过弹出的子菜单也可旋转画布，如图 2-80 所示。

图像旋转(G)	180 度(1)
裁剪(P)	顺时针 90 度(9)
裁切(R)...	逆时针 90 度(0)
显示全部(V)	任意角度(A)...
复制(D)...	水平翻转画布(H)
应用图像(Y)...	垂直翻转画布(V)

图 2-80　通过【图像旋转】子菜单旋转画布

步骤 3 选择旋转视图工具后，鼠标指针会变为形状，在图像中单击将出现一个罗盘，如图 2-81 所示。

图 2-81　单击出现罗盘

步骤 4 按住左键不放并拖动鼠标可旋转罗盘，如图 2-82 所示。

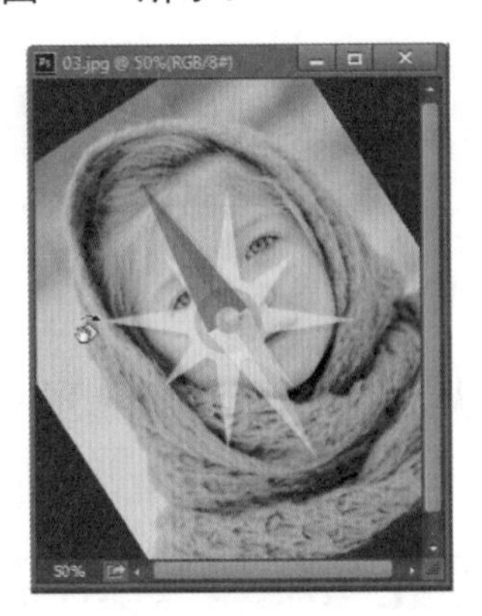

图 2-82　旋转罗盘

步骤 5 释放鼠标后，即可旋转画布，如图 2-83 所示。

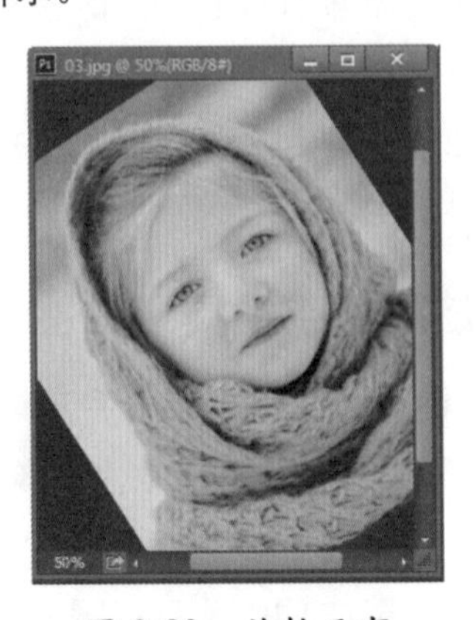

图 2-83　旋转画布

提示 旋转画布功能需要启用“图形处理器设置”才能正常使用，选择【编辑】→【首选项】→【性能】命令，在弹出的【首选项】对话框的【图形处理器设置】区域中选中【使用图形处理器】复选框即可，如图2-84所示。

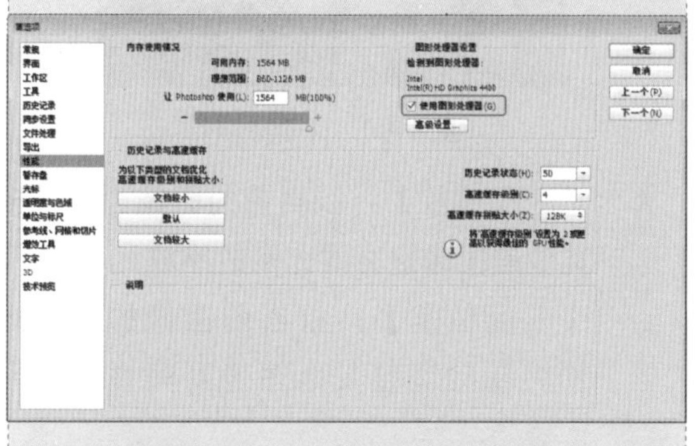

图2-84 【首选项】对话框

2.4.5 使用菜单栏缩放图像

选择【视图】命令，在弹出的菜单中选择【放大】、【缩小】或【按屏幕大小缩放】等命令也可以缩放图像，如图2-85所示。如图2-86所示是显示比例为100%的图像显示效果，如图2-87所示是显示比例为200%的图像显示效果。

提示 【打印尺寸】命令是指使图像按照实际的打印尺寸显示。

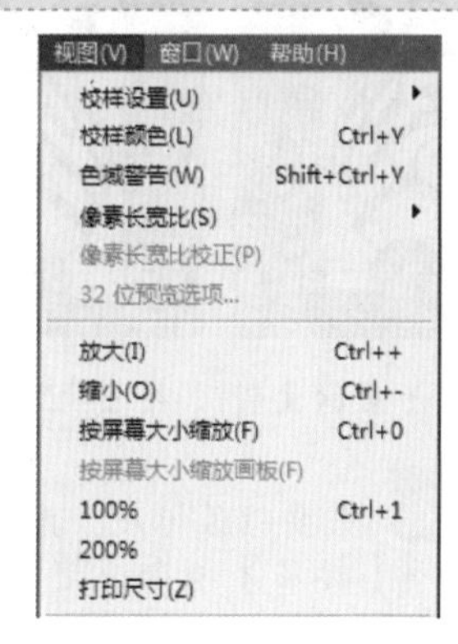

图2-85 使用【视图】菜单缩放图像

图2-86 显示比例为100%的效果

图2-87 显示比例为200%的效果

2.4.6 在多窗口中查看图像

若打开了多个图像窗口，选择【窗口】→【排列】命令，通过弹出的子菜单可以多样式地排列文档，如图2-88所示。

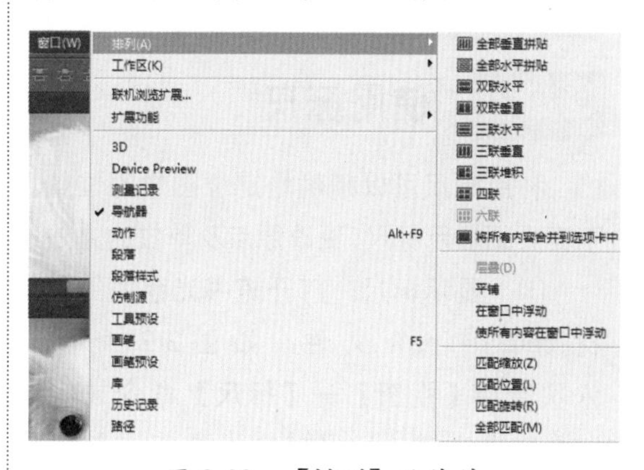

图2-88 【排列】子菜单

☆ 【全部垂直拼贴】：所有窗口以垂直拼贴的方式紧密地排列，如图2-89所示。

图 2-89　全部垂直拼贴排列

☆ 【将所有内容合并到选项卡中】：这是默认的排列方式，将窗口以选项卡的形式排列在一起。

☆ 【平铺】：以边靠边的方式排列窗口，如图 2-90 所示。

图 2-90　平铺排列

☆ 【匹配缩放】：以当前的图像为基础对其他的图像进行同比例的缩放。

☆ 【匹配位置】：以当前图像的显示位置为基础调整其他图像到同样的显示位置。

☆ 【匹配旋转】：以当前图像的旋转角度为基础旋转其他图像到同样的角度。

2.5 应用图像辅助工具

用户可以利用辅助工具更好地完成选择、定位或编辑图像的操作，从而提高操作的精确程度，提高工作效率。

2.5.1 使用标尺

利用标尺可以精确地定位图像的位置。下面介绍显示标尺、更改原点及单位的方法。

(1) 显示标尺。打开随书光盘中的“素材\ch02\04.jpg”文件，如图 2-91 所示。依次选择【视图】→【标尺】命令或者按 Ctrl+R 组合键，标尺就会出现在当前窗口的顶部和左侧，此时移动光标，标尺中将出现虚线，显示出图像某个点的精确位置，如图 2-92 所示。

图 2-91　打开素材文件

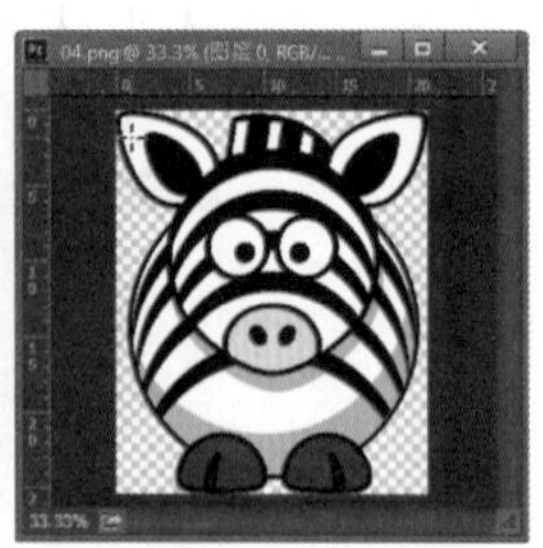

图 2-92　显示标尺

提示 若要隐藏标尺，再次选择【视图】→【标尺】命令或者按 Ctrl+R 组合键即可。

⑵ 更改原点位置。标尺的默认原点（标尺上的（0.0）标志）位于图像的左上角，若要更改原点位置，将鼠标指针定位在窗口的左上角，按住左键不放，向右下方拖动鼠标，此时出现十字线，如图 2-93 所示。到合适位置处释放鼠标，该点即被设置为原点的位置，如图 2-94 所示。

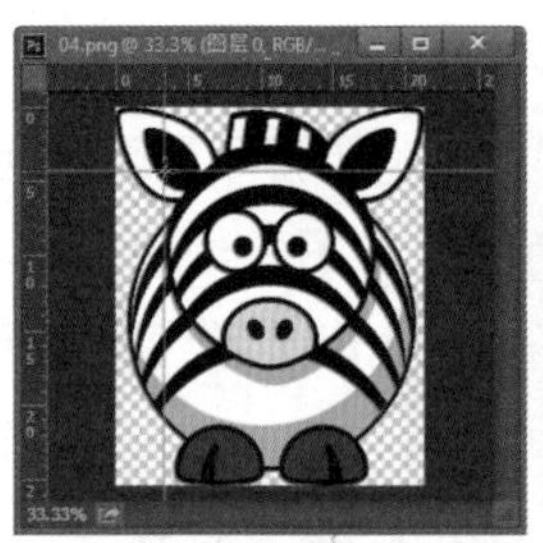

图 2-93 出现十字线　图 2-94 设置原点

提示 要恢复原点到默认的位置，只需在左上角双击鼠标即可。此外，标尺原点也是网格的原点，更改标尺原点的位置，网格原点的位置也会随之改变。

⑶ 更改标尺的单位。标尺的默认单位是厘米，若要更改标尺的单位，在标尺位置处右击，然后在弹出的快捷菜单中选择其他单位即可，如图 2-95 所示。

图 2-95 更改标尺的单位

2.5.2 使用网格

网格主要用于在操作中对齐对象，位于图像的最上层，不会被打印出来。下面介绍显示及自定义网格的方法。

⑴ 显示网格。打开随书光盘中的“素材\ch02\05.jpg”文件，如图 2-96 所示。选择【视图】→【显示】→【网格】命令，即可显示网格，如图 2-97 所示。

图 2-96 素材文件

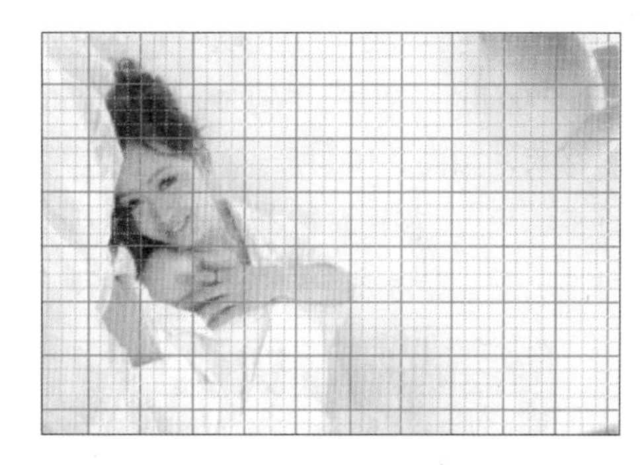

图 2-97 显示网格

⑵ 自定义网格。网格默认显示为黑色线条状，用户还可自定义网格的颜色、样式、间距等。依次选择【编辑】→【首选项】→【参考线、网格和切片】命令，弹出【首选项】对话框，如图 2-98 所示。在右侧的【网格】区域中即可自定义网格，自定义后的效果如图 2-99 所示。

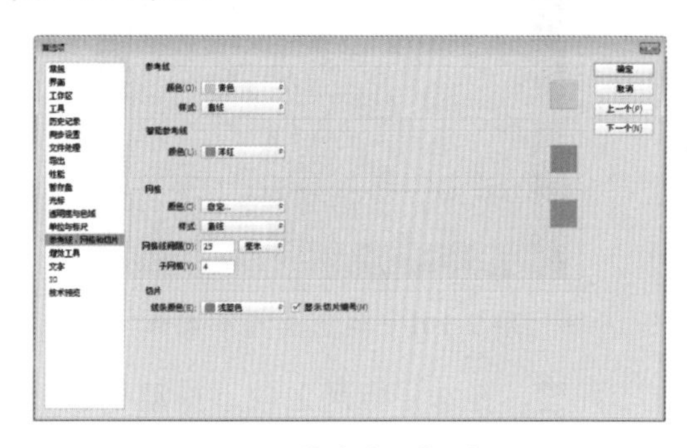

图 2-98 【首选项】对话框

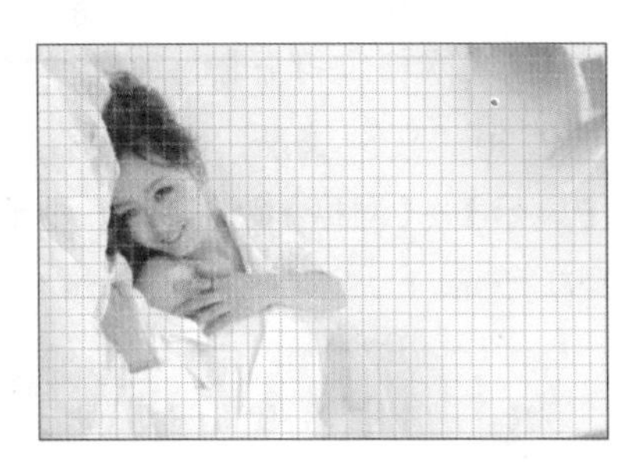

图 2-99　自定义网格后的效果

2.5.3 使用参考线

参考线是精确绘图时用来作为参考的线，不会被打印出来。下面将介绍创建、移动、锁定、隐藏及删除参考线的方法。

(1) 创建参考线。打开随书光盘中的“素材\ch02\06.jpg”文件，按 Ctrl+R 组合键，显示出标尺，如图 2-100 所示。将鼠标指针定位在垂直标尺上，按住左键不放，向右拖动鼠标，即可拖出垂直参考线，如图 2-101 所示。

图 2-100　显示出标尺

图 2-101　拖出垂直参考线

同理，在水平标尺上向下拖动鼠标，即可拖出水平参考线，如图 2-102 所示。

图 2-102　拖出水平参考线

使用同样的方法，在水平标尺和垂直标尺上还可拖出多条参考线，如图 2-103 所示。另外，按住 Shift 键不放并拖出参考线时，可使其与标尺刻度对齐。

图 2-103　拖出多条参考线

若要创建更为精确的参考线，依次选择【视图】→【新建参考线】命令，弹出【新建参考线】对话框，在其中选择取向并设置位置。例如这里选中【垂直】单选按钮，在【位置】文本框中输入“7”，然后单击【确定】按钮，如图 2-104 所示，即可创建出位于 7 厘米处的垂直参考线，如图 2-105 所示。

图 2-104　【新建参考线】对话框

图 2-105　创建出精确的垂直参考线

(2)　移动参考线。将鼠标指针定位在参考线上，此时指针变为箭头形状，拖动鼠标可移动其位置。

(3)　锁定参考线。为了避免在操作中移动参考线，可以将其锁定，依次选择【视图】→【锁定参考线】命令即可。

(4)　隐藏和显示参考线。按 Ctrl+H 组合键即可隐藏参考线，再按一次可显示出来。

(5)　删除参考线。将鼠标指针定位在参考线上，当指针变为箭头形状时，直接将其拖回标尺中，即可删除参考线。此外，依次选择【视图】→【清除参考线】命令，可同时删除所有的参考线。

2.5.4 使用对齐功能

对齐功能有助于精确地放置选区边缘、裁剪选框、切片、形状和路径等，使得移动物体或选取边界可以与参考线、网格、图层、切片或文档边界等进行自动定位。下面介绍启用和关闭对齐功能的方法。

(1)　启用对齐功能。依次选择【视图】→【对齐】命令，使其处于选中（√）状态，然后在【视图】→【对齐到】的子菜单中选择一个对齐项目，即可启用该对齐功能，如图 2-106 所示。

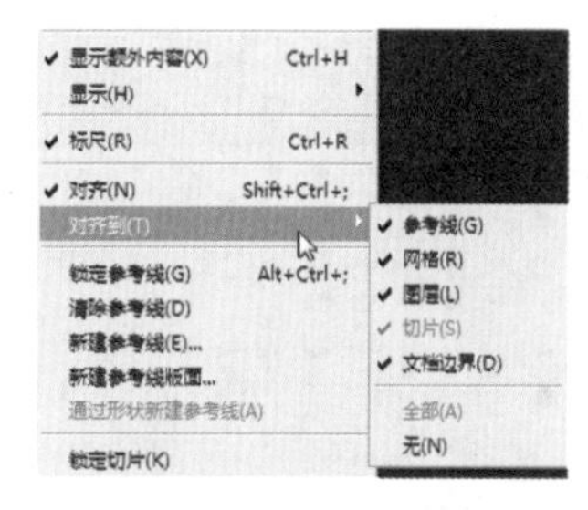

图 2-106　启用对齐功能

(2)　关闭对齐功能。再次选择【视图】→【对齐】命令，取消其前面的“√”标记，即可关闭全部的对齐功能。若只是取消某一个对齐功能，选择【视图】→【对齐到】子菜单中对应的对齐项目即可，如图 2-107 所示。

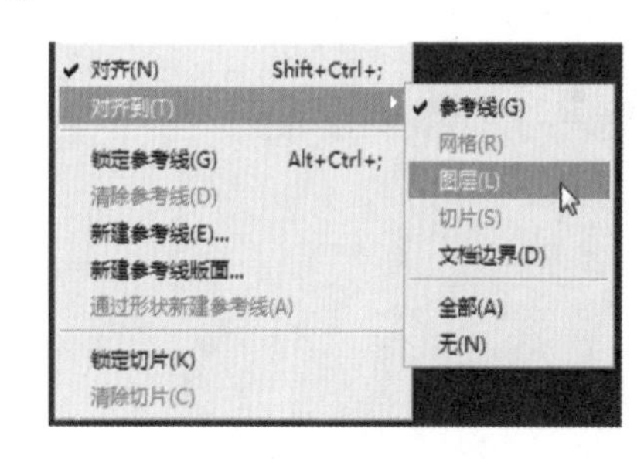

图 2-107　关闭对齐功能

2.6 高效技能实战

2.6.1 技能实战 1——载入预设资源

Photoshop 为画笔、色板、渐变、样式等预设类型提供了丰富的预设资源，使用这些预设资源，用户无须经过复杂的设置，即可直接应用。

但是在使用前，用户必须手动载入Photoshop提供的这些资源。此外，用户还可载入外部的资源，下面以载入渐变预设类型为例进行介绍。具体的操作步骤如下。

步骤 1 选择【编辑】→【预设】→【预设管理器】命令，弹出【预设管理器】对话框，如图2-108所示。

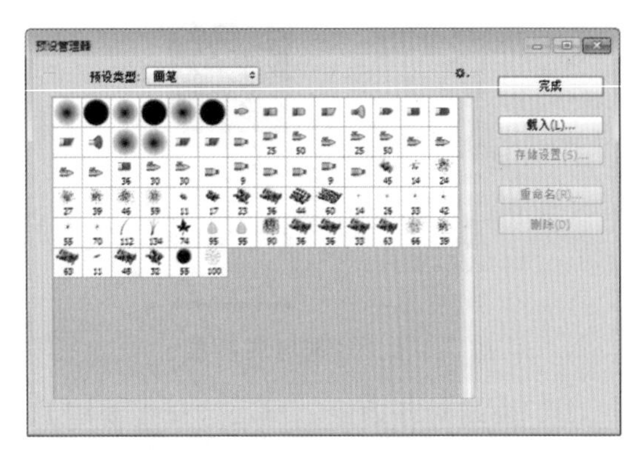

图2-108 【预设管理器】对话框

步骤 2 在【预设类型】下拉列表中选择需要载入的类型，这里选择【渐变】选项，如图2-109所示。

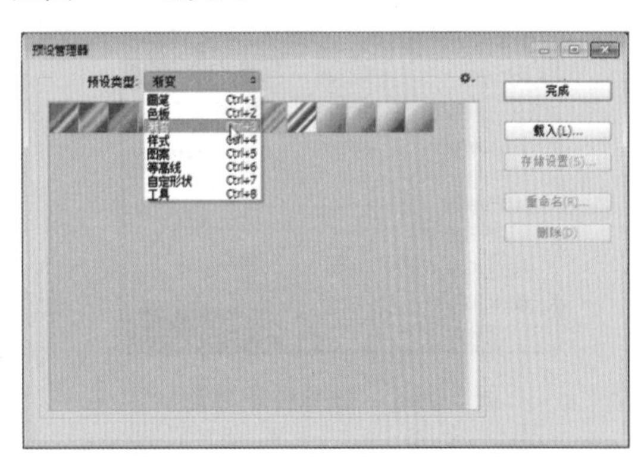

图2-109 选择【渐变】选项

步骤 3 单击右侧的 按钮，在弹出的下拉列表中选择Photoshop提供的一个资源库，例如这里选择【杂色样本】选项，如图2-110所示。

提示 在下拉列表中选择【复位渐变】选项，可将渐变预设恢复为默认的预设资源。

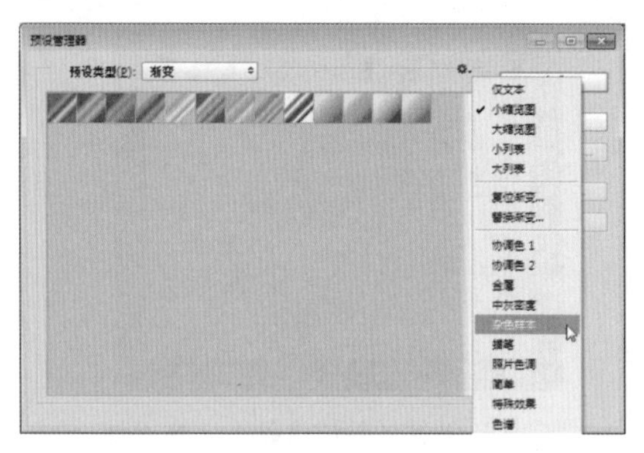

图2-110 选择【杂色样本】选项

步骤 4 弹出提示框，单击【追加】按钮，如图2-111所示。

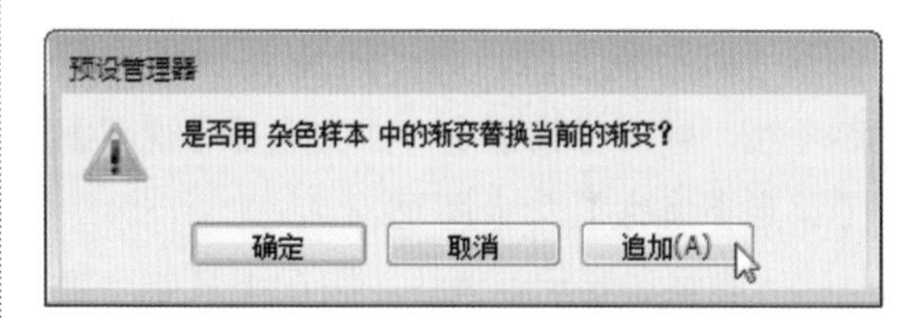

图2-111 单击【追加】按钮

步骤 5 即可载入Photoshop提供的“杂色样本”类型的渐变库预设，如图2-112所示。

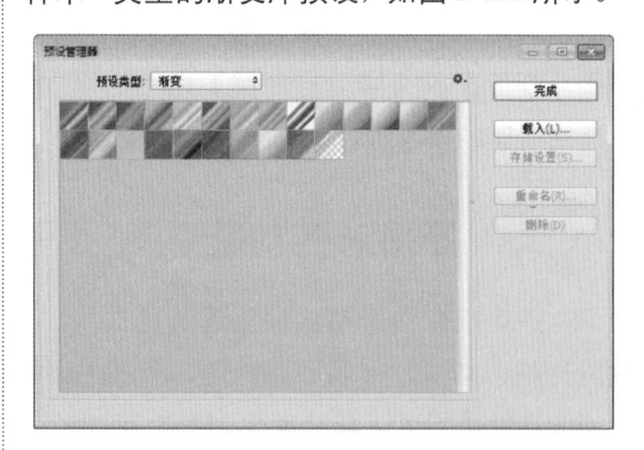

图2-112 载入“杂色样本”类型的渐变库预设

步骤 6 若要载入外部的预设资源，在【预设管理器】对话框中单击【载入】按钮，弹出【载入】对话框，在其中选择要载入的文件（后缀名为.grd），如图2-113所示。

步骤 7 单击【载入】按钮，即可载入外部的预设资源，如图2-114所示。

图 2-113　【载入】对话框

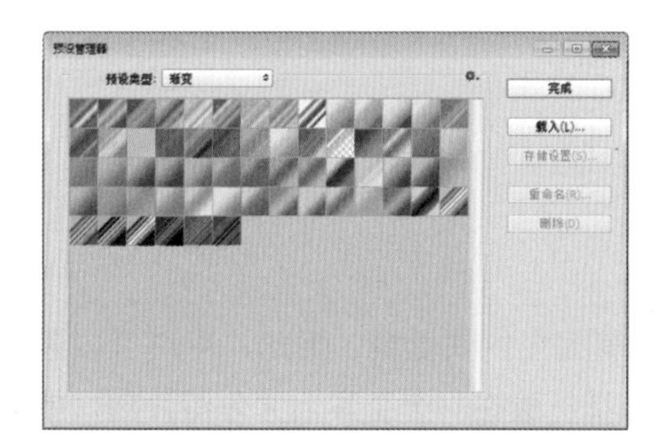

图 2-114　载入外部的预设资源

步骤 8 选择渐变工具，在选项栏中单击【预设资源】按钮，通过弹出的下拉列表可以看到，此时已成功载入预设资源，如图 2-115 所示。

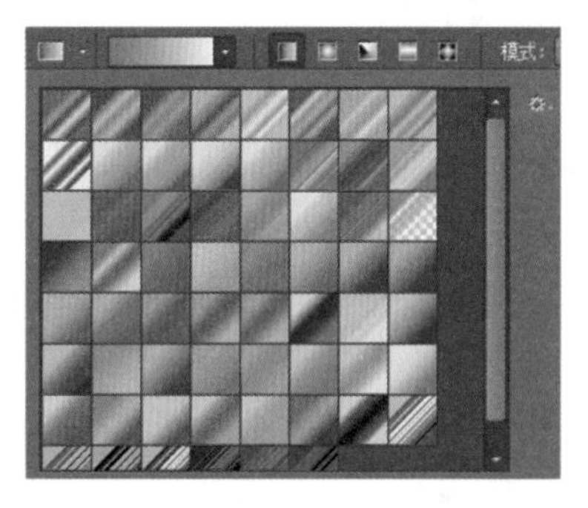

图 2-115　查看载入的预设资源

2.6.2 技能实战 2——设置彩色菜单命令

如果要经常用到某些菜单命令，可以将这些菜单命令设置为彩色，以便能够快速找到它们，具体的操作步骤如下。

步骤 1 选择【编辑】→【菜单】命令，弹出【键盘快捷键和菜单】对话框，切换到【菜单】选项卡，如图 2-116 所示。

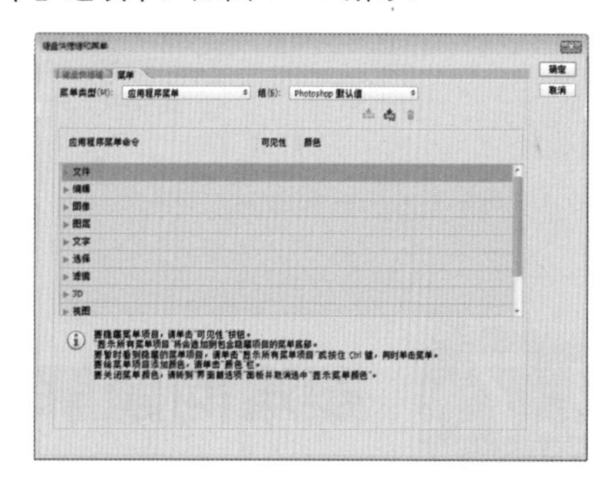

图 2-116　【菜单】选项卡

步骤 2 单击【应用程序菜单命令】下方列表框中菜单命令前面的▶按钮，可以显示、隐藏、删除或添加菜单，还能设置菜单的颜色。例如这里选择【打开】命令，在【颜色】下拉列表中选择【红色】选项，如图 2-117 所示。

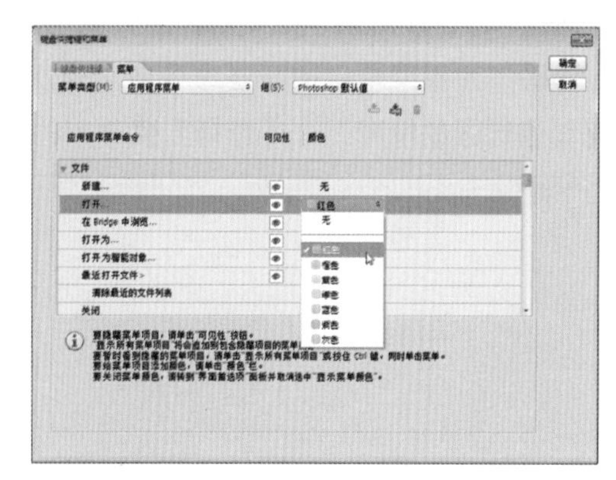

图 2-117　选择【红色】选项

提示

单击【可见性】栏中的按钮，可隐藏或显示菜单；单击上方的或按钮，可新建或删除菜单组。

步骤 3 单击【确定】按钮，返回到工作界面中，选择【文件】命令，在弹出的菜单中可以看到，此时【打开】命令已被标记为红色，如图 2-118 所示。

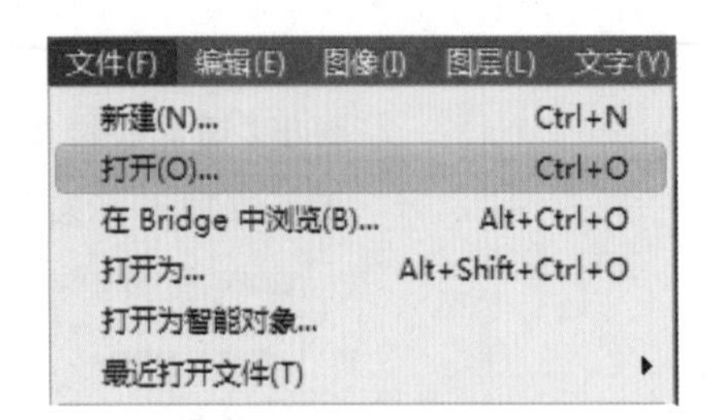

图 2-118 【打开】命令已被标记为红色

2.7 疑难问题解答

问题 1：怎样通过快捷键选择工具？

解答：在 Photoshop 的工具箱中，常用的工具都有相应的快捷键，因此，用户可以通过按快捷键来选择工具。如果要查看快捷键，可将鼠标指针放在一个工具上并停留片刻，就会显示工具名称和快捷键信息。选择某个工具后，若按 Shift+ 该工具的快捷键，可在该工具隐藏的工具组中循环选择各个隐藏的工具。如套索工具的快捷键为 L，那么按 Shift+L 组合键，可循环选择套索工具组隐藏的工具（多边形套索工具、磁性套索工具等）】。

问题 2：在使用菜单命令时，为什么有些命令是灰色不可用的？

解答：如果菜单中的某些命令显示为灰色，表示它们在当前状态下不能使用。例如，在没有创建选区的情况下，【选择】菜单中的多数命令都不能使用。

图像的简单编辑

- **本章导读：**

使用 Photoshop CC 打开图像或新建图像文件后，要想使图像符合用户的要求，就必须对图像进行编辑操作。本章将为读者介绍图像的简单编辑操作，包括移动和裁剪图像、修改图像的大小、变换与变形图像等。通过本章的学习，可使读者进一步了解图像的常用编辑方法，从而为后面的学习打下基础。

- **学习目标：**

◎ 掌握移动与修剪图像的方法
◎ 掌握修改图像和画布大小的方法
◎ 掌握复制与粘贴图像的方法
◎ 掌握变换与变形图像的方法
◎ 掌握恢复操作的方法
◎ 掌握【历史记录】面板的使用方法

- **重点案例效果**

3.1 图像的移动与裁剪

在处理图像时，如果图像的边缘有多余的部分，可以通过裁剪来修整图像。常见的裁剪图像的方法主要有 3 种：使用裁剪工具、使用【裁剪】命令和使用【裁切】命令，下面分别介绍。

3.1.1 移动图像

使用移动工具可以移动选区中的图像，该工具是最常用的工具之一。

1. 认识移动工具的选项栏

图 3-1 所示是移动工具的选项栏。

对齐图层按钮　　分布图层按钮

图 3-1　移动工具的选项栏

选项栏中各参数的含义如下。

☆ 【自动选择】：选择该项可设置要移动的内容是图层组还是图层。当文件中包含图层组时，在右侧选择【图层】选项表示自动选择当前的图层，选择【组】选项表示自动选择当前的图层所在的图层组。

☆ 【显示变换控件】：选择该项可设置在移动时对图像进行变换操作。

☆ 对齐图层按钮：当文件中包含两个或两个以上的图层时，通过各对齐图层按钮可对齐图层。

☆ 分布图层按钮：当文件中包含 3 个或 3 个以上的图层时，通过各分布图层按钮可分布图层。

☆ 【自动对齐图层】：单击该按钮，可自动对齐图层。

☆ 【3D 模式】：设置移动或缩放 3D 模型。

2. 使用移动工具移动图像

用户既可以在同一文档中移动图像或选区，也可以在不同的文档之间移动图像。具体的操作步骤如下。

步骤 1 打开随书光盘中的“素材 \ch03\01.jpg”文件，选择快速选择工具，在图像中单击并拖动鼠标创建一个选区，如图 3-2 所示。

图 3-2　创建选区

步骤 2 选择移动工具，在图像中单击并向左侧拖动鼠标，如图 3-3 所示。

图 3-3　向左侧拖动鼠标

步骤 3 释放鼠标，按Ctrl+D组合键，取消选区，即可在当前文档中移动选区，原来的位置显示为空白，如图3-4所示。

图3-4　移动选区

步骤 4 若要移动整个图像，直接选择移动工具，然后拖动鼠标移动图像即可，如图3-5所示。

图3-5　移动整个图像

步骤 5 若要在不同的文档之间移动图像或选区，首先打开随书光盘中的“素材\ch03\01.jpg”文件，然后在图中创建一个选区，选中小狗，如图3-6所示。

图3-6　创建选区

步骤 6 选择移动工具，单击并拖动鼠标将选区移动到另一文档的标题处，如图3-7所示。

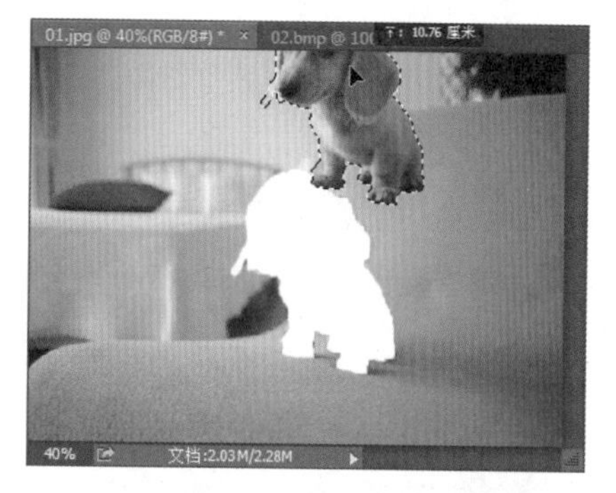

图3-7　将选区移动到另一文档的标题处

步骤 7 此时将切换到另一文档，在该文档合适位置处释放鼠标，即可将小狗移动到该文档中，如图3-8所示。

图3-8　将小狗移动到该文档中

提示 在同一文档中移动图像时，有时会弹出提示框，提示不能使用移动工具，因为图层已锁定，如图3-9所示。这是因为要移动的图像处于背景图层或者图层处于锁定状态，如图3-10所示。在【图层】面板中选择背景图层，按住Alt键并双击鼠标，即可在其中移动图像或选区，如图3-11所示。

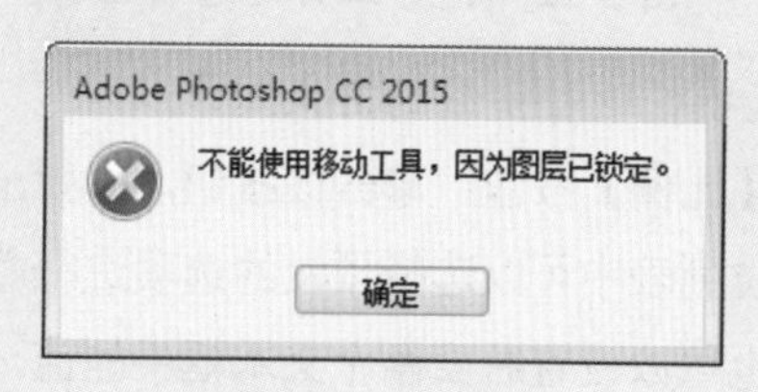

图3-9　提示框

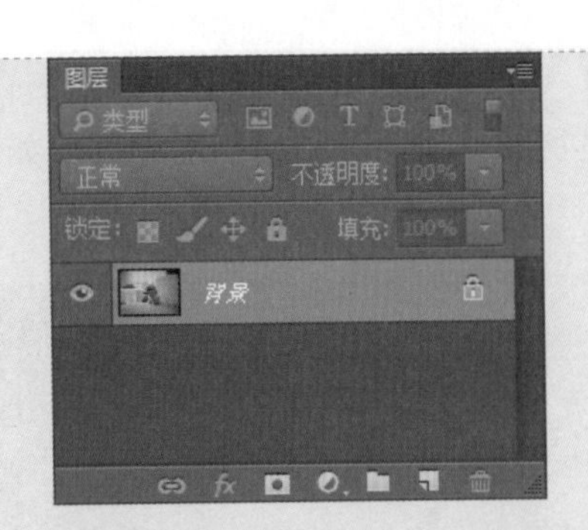

图 3-10　图像处于背景图层或图层处于锁定状态

图 3-11　将图层转换为普通图层

3.1.2 裁剪工具

使用裁剪工具，可以裁剪图像或选区周围多余的部分，还可以校正倾斜的图片。

注意 当文件中有多个图层时，使用裁剪工具会作用于所有的图层，而不只是裁剪当前的图层。

1. 认识裁剪工具的选项栏

图 3-12 所示是裁剪工具的选项栏。

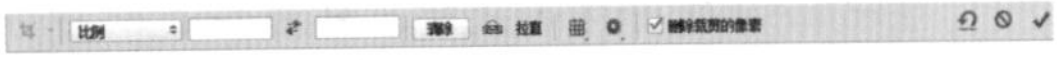

图 3-12　裁剪工具的选项栏

选项栏中各参数的含义如下。

☆ 【比例】按钮：单击该按钮，在弹出的下拉列表中可以选择预设的选项进行裁剪，也可以设置后面两个文本框中的值，从而自定义裁剪后的大小，如图 3-13 所示。

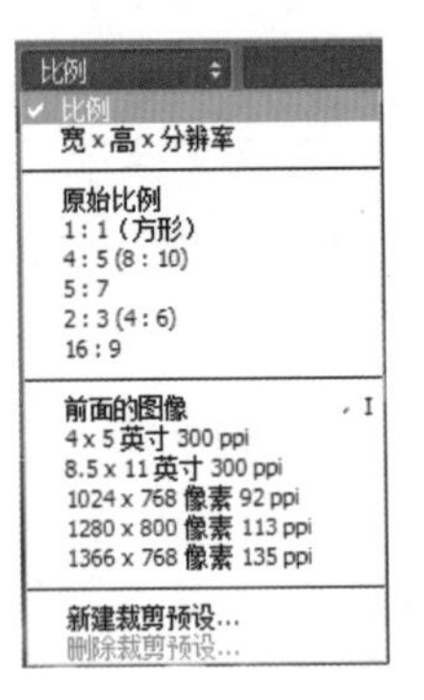

图 3-13　【比例】按钮的下拉列表

提示 默认情况下，裁剪后图像的分辨率与原始图像的分辨率相同。若选择【宽 × 高 × 分辨率】选项，可自定义裁剪后图像的大小和分辨率；若选择【原始比例】选项，裁剪时会始终保持图像原始的长宽比例；若选择【前面的图像】选项，裁剪时会使用上一个打开的图像的大小和分辨率；若选择【新建裁剪预设】选项，可创建一个裁剪预设。

☆ 【清除】按钮：单击该按钮，可清除前面两个文本框中设置的值。

☆ 【拉直】按钮：单击该按钮，在图像中单击并沿着建筑物拖动鼠标，即可拖出一条直线（如图 3-14 所示），使它与图像中的地平线或其他元素对齐，从而校正倾斜的图像，如图 3-15 所示。

图 3-14　在倾斜图像中拖出一条直线

图 3-15　校正倾斜的图像

☆ 【设置裁剪工具的叠加选项】按钮：单击该按钮，在弹出的下拉列表中可设置裁剪时的参考线，如图 3-16 所示。例如，图 3-17 和图 3-18 分别是选择【三等分】和【网格】选项时的参考线。

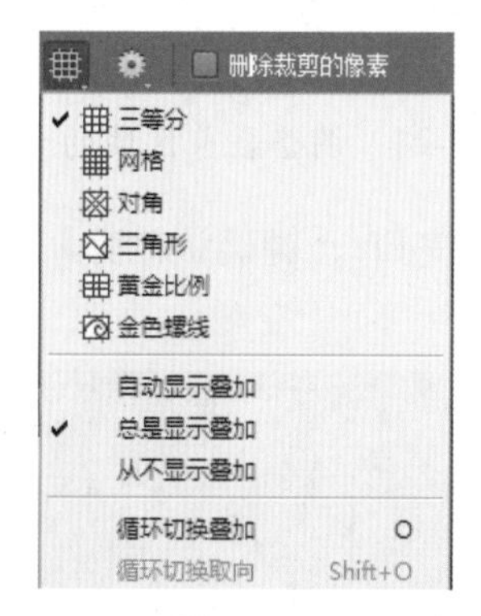

图 3-16　按钮的下拉列表

图 3-17　【三等分】参考线

图 3-18　【网格】参考线

☆ 【设置其他的裁剪选项】按钮：单击该按钮，在弹出的下拉列表中可设置其他的裁剪选项，例如是否显示裁剪区域、是否自动居中预览、是否启用裁剪屏蔽等，如图 3-19 所示。

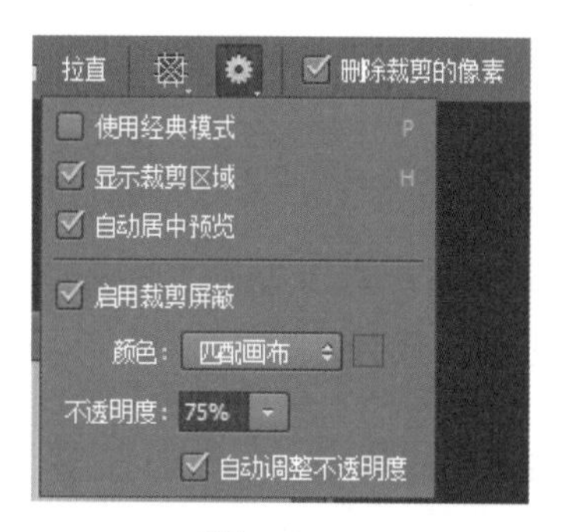

图 3-19　按钮的下拉列表

提示

当选中【启用裁剪屏蔽】复选框后，在【颜色】下拉列表中可设置屏蔽部分的颜色，如果在【颜色】下拉列表中选择【匹配画布】选项，效果如图 3-20 所示；若选择【自定】选项，可自定义颜色，如图 3-21 所示。

图 3-20　选择【匹配画布】的效果

图 3-21　自定义画布颜色后的效果

☆ 【删除裁剪的像素】复选框：选择该项可彻底删除被裁剪的区域，若不选择该项，那么裁剪后只是隐藏被裁剪的区域。

☆ 【复位】按钮：单击该按钮，在裁剪时可将图像的旋转角度、长宽比等恢复为原始状态。

☆ 【取消】/【确定】：这两个按钮只有在裁剪时才出现，单击【取消】按钮或者按 Esc 键，即可取消裁剪操作。单击【确定】按钮或者按 Enter 键，即可确定裁剪。

2. 使用裁剪工具裁剪图像

下面使用裁剪工具裁剪图像，具体的操作步骤如下。

步骤 1 打开随书光盘中的“素材\ch03\03.jpg”文件，如图 3-22 所示。

图 3-22　素材文件

步骤 2 选择裁剪工具，在图像中单击并拖动鼠标绘制一个矩形裁剪框，释放鼠标后即可创建裁剪区域，如图 3-23 所示。

图 3-23　创建裁剪区域

> **提示** 将鼠标指针定位在裁剪框的周围，当指针变为弯曲的箭头形状时，单击并拖动鼠标可旋转裁剪区域。

步骤 3 将鼠标指针定位在裁剪框的控制点上，当指针变为箭头形状时，单击并拖动鼠标可调整裁剪区域的大小，如图 3-24 所示。

图 3-24　调整裁剪区域的大小

步骤 4 按 Enter 键确认裁剪，最终效果如图 3-25 所示。

图 3-25　裁剪后的效果

3.1.3 透视裁剪工具

透视裁剪工具比普通的裁剪工具更为灵活，普通的裁剪工具只能裁剪出规则矩形的图片，而该工具可裁剪出不规则形状的图片，通常用于校正图像的透视效果，使其变为标准镜头中看到的效果。

1. 认识透视裁剪工具的选项栏

图 3-26 所示是透视裁剪工具的选项栏。

图 3-26　透视裁剪工具的选项栏

选项栏中各参数的含义如下。

☆ W 和 H 文本框：设置裁剪后图像的宽度和高度，按下中间的按钮，可以将这两个值互换。

☆ 【分辨率】文本框：设置裁剪后图像的分辨率。单击【像素 / 英寸】按钮，可设置分辨率的单位。

☆ 【前面的图像】按钮：单击该按钮，可设置裁剪后的图像与原始图像的尺寸和分辨率一致。若同时打开了两幅图像，首先在前一幅图像中单击该按钮，然后对后一幅图像进行裁剪，可裁剪出与前一幅图像相同的尺寸和分辨率。

☆ 【清除】按钮：单击该按钮，可清除前面文本框中的值。

☆ 【显示网格】复选框：选择该项可显示出网格。

2. 使用透视裁剪工具

下面使用透视裁剪工具校正透视图像，具体的操作步骤如下。

步骤 1 打开随书光盘中的“素材\ch03\04.jpg”文件，如图 3-27 所示。

图 3-27　素材文件

步骤 2 选择透视裁剪工具，在选项栏中设置裁剪后的宽度、高度和分辨率，如图 3-28 所示。

图 3-28　设置参数

步骤 3 在图像中单击并拖动鼠标绘制一个裁剪框，然后拖动各控制点调整裁剪框的形状，使其与建筑的边缘保持平行，如图 3-29 所示。

图 3-29　绘制并调整裁剪框

步骤 4 按 Enter 键确认裁剪，最终效果如图 3-30 所示。

图 3-30　裁剪后的效果

3.1.4 用【裁剪】命令裁剪

【裁剪】命令适合于在现有的选区上裁剪出矩形图像。当在图像中创建了选区，而不想再使用裁剪工具重新定位时，就可以使用【裁剪】命令直接裁剪图片，具体的操作步骤如下。

步骤 1 打开随书光盘中的“素材\ch03\05.jpg”文件，如图 3-31 所示。

图 3-31　素材文件

步骤 2 选择快速选择工具，在图像中单击并拖动鼠标创建一个选区，选中小狗，如图 3-32 所示。

图 3-32　创建选区选中小狗

步骤 3 选择【图像】→【裁剪】命令，即可保留一个包含选区的矩形图像，按 Ctrl+D 组合键取消选区的选择，如图 3-33 所示。

图 3-33　裁剪掉选区以外的图像

3.1.5 用【裁切】命令裁切

【裁切】命令是通过裁切周围的透明像素或者指定颜色的背景像素来裁剪图像。使用该命令裁剪图像的具体操作步骤如下。

步骤 1 打开随书光盘中的“素材\ch03\06.jpg”文件，如图 3-34 所示。

图 3-34　素材文件

步骤 2 选择【图像】→【裁切】命令，弹出【裁切】对话框，在【基于】选项区域选中【左上角像素颜色】单选按钮，在【裁切】选项区域选中全部的复选框，如图 3-35 所示。

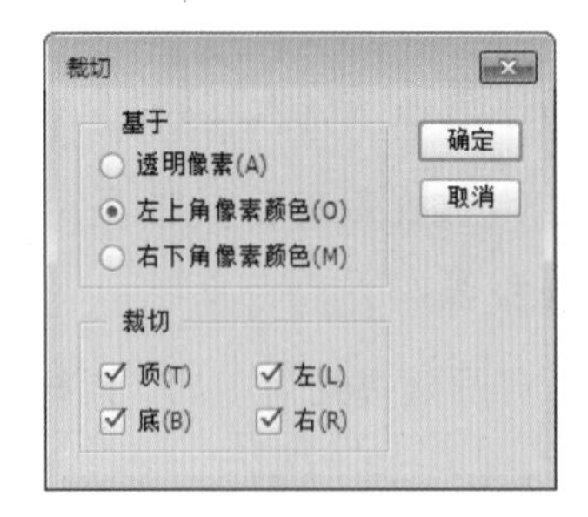

图 3-35　【裁切】对话框

步骤 3 单击【确定】按钮，即可将图像两侧的区域裁剪掉，如图 3-36 所示。

图 3-36　将图像两侧的区域裁剪掉

提示　在【基于】选项区域若选中【透明像素】单选按钮，表示裁剪掉图像边缘的透明区域；若选中【左上角像素颜色】或【右下角像素颜色】单选按钮，可裁剪掉图像中包含左上角或右下角像素颜色的区域。【裁切】选项区域用于设置要裁剪掉的图像区域。

3.2 调整图像和画布

用户拍摄的数码照片或是在网络上下载的图像可以有不同的用途，如可以将图像设置为计算机桌面背景、制作个人化的电子相册等，然后，如果图像的尺寸、分辨率等不符合要求，就需要调整图像或画布的大小、旋转画布等，将其调整到符合要求的状态。

3.2.1 查看图像信息

打开一个图像文件后，选择【文件】→【文件简介】命令，即可打开【图 3.1.jpg】对话框，在其中可以查看图像的基本信息、摄像机数据信息、原点信息、音频数据与视频数据信息等，如图 3-37 所示。另外，在该对话框中还可以为图像添加信息，例如，可以添加图像的作者、文档标题、版权公告等，添加完毕后，单击【确定】按钮即可，如图 3-38 所示。

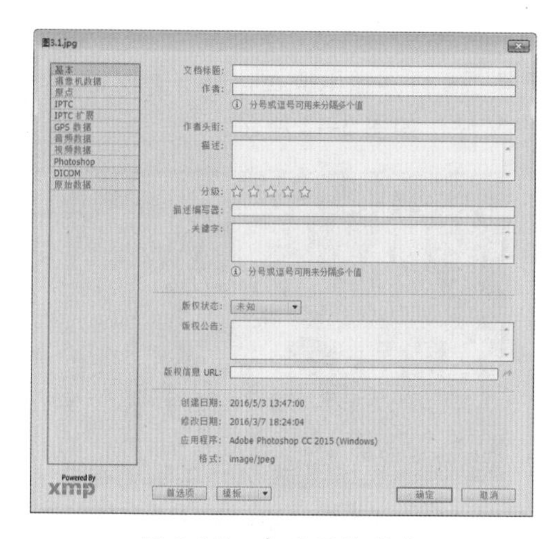

图 3-37　查看图像信息

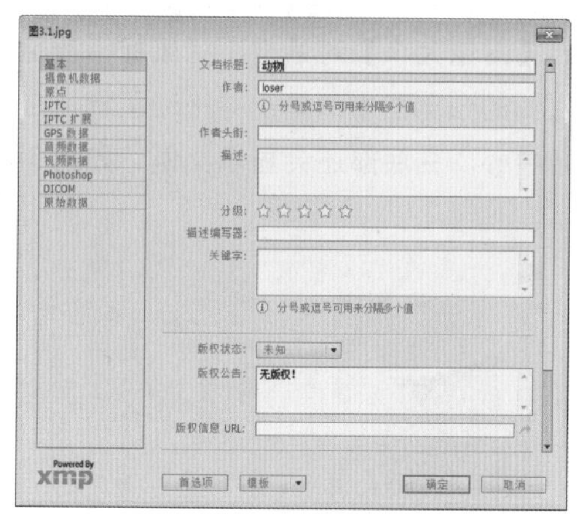

图 3-38　添加图像信息

3.2.2 调整图片的大小

在 Photoshop 中，可以使用【图像大小】对话框来调整图像的像素大小、打印尺寸和分辨率等信息。

> **提示**　在调整图像大小时，位图数据和矢量图数据会产生不同的结果。位图数据与分辨率有关，因此更改位图图像的像素大小可能导致图像品质和锐化程度损失。相反，矢量数据与分辨率无关，调整其大小不会降低图像边缘的清晰度。

1. 认识【图像大小】对话框

选择【图像】→【图像大小】命令，弹出【图像大小】对话框，如图 3-39 所示。

图 3-39　【图像大小】对话框

【图像大小】对话框中各参数的含义如下。

☆ 【图像大小】/【尺寸】：显示当前图像的大小和尺寸。单击【尺寸】右侧的按钮，通过弹出的下拉列表可设置将尺寸以不同的单位显示，例如百分比、英寸、厘米等。

☆ 【缩放样式】按钮：单击该按钮，在弹出的下拉列表中若选择【缩放样式】选项，那么在调整图像大小时会自动缩放图层样式的效果。

☆ 【调整为】：单击右侧的下拉按钮，在弹出的下拉列表中可选择预设的图像尺寸，也可自定义调整后的图像尺寸，如图 3-40 所示。

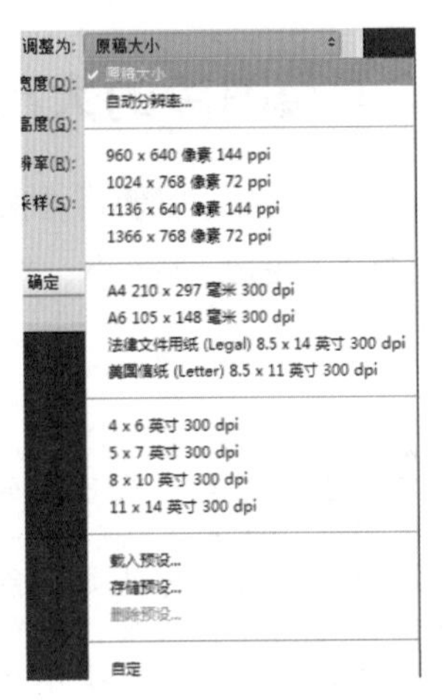

图 3-40 【调整为】下拉列表

☆ 【宽度】/【高度】文本框：用于设置图像的宽度和高度，单击左侧的按钮，使其处于选中状态，那么在修改时可保持宽高的比例不变，单击右侧的下拉按钮，可设置其单位。

☆ 【分辨率】文本框：用于设置图像的分辨率，在右侧可设置其单位。

☆ 【重新采样】复选框：选择该项，并单击右侧的下拉按钮，通过弹出的下拉列表可设置在调整图像时按比例调整图像中的像素总数，如图 3-41 所示。若不选择该项，无论是减小还是增大图像的尺寸，它的像素总数都不会改变（即图像的视觉大小看起来没有变化，画质也没有改变）。

重新采样(S): 自动
自动 Alt+1
保留细节（扩大） Alt+2
两次立方（较平滑）（扩大） Alt+3
两次立方（较锐利）（缩减） Alt+4
两次立方（平滑渐变） Alt+5
邻近（硬边缘） Alt+6
两次线性 Alt+7
确定

图 3-41 【重新采样】下拉列表

2. 使用【图像大小】对话框修改图片的大小

下面介绍如何修改图片的大小，具体的操作步骤如下。

步骤 1 打开随书光盘中的“素材\ch03\07.jpg”文件，如图 3-42 所示。

图 3-42 素材文件

步骤 2 选择【图像】→【图像大小】命令，弹出【图像大小】对话框，将鼠标指针定位在左侧的预览图中，单击并拖动鼠标，定位显示中心，在底部还会显示比例，如图 3-43 所示。

图 3-43 定位显示中心

步骤 3 选中【重新采样】复选框，在【宽度】文本框中输入“500”，按 Enter 键，此时可自动按比例调整图像的高度，如图 3-44 所示。

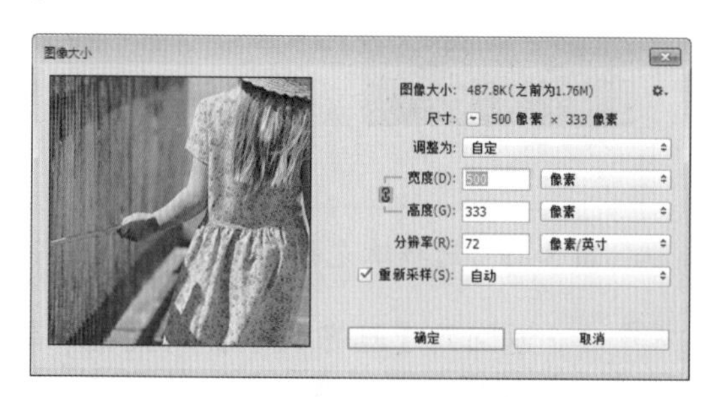

图 3-44　按比例调整图像的高度

> **提示** 当选中【重新采样】复选框并增大图像的尺寸时，会自动增加新的像素，图像的画质就会下降。

步骤 4 单击【确定】按钮，即可调整图像的大小，如图 3-45 所示。

图 3-45　调整图像的大小

3.2.3 调整画布的大小

画布是指整个文档的工作区域，修改画布的大小是通过【画布大小】对话框完成的。

1. 认识【画布大小】对话框

选择【图像】→【画布大小】命令，弹出【画布大小】对话框，如图 3-46 所示。

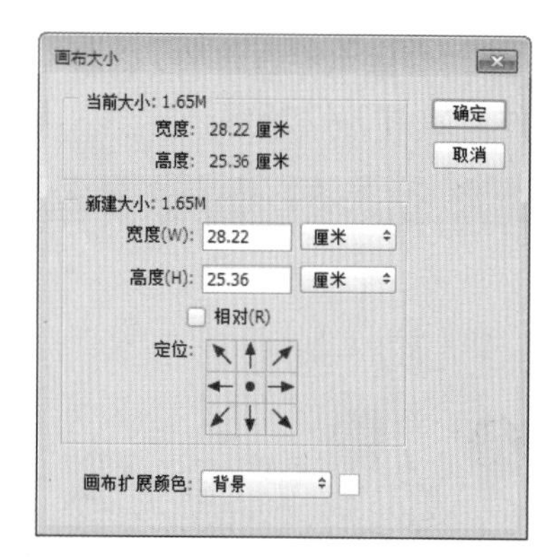

图 3-46　【画布大小】对话框

【画布大小】对话框中各参数的含义如下。

☆ 【当前大小】：显示了当前图像的大小和图像的实际尺寸。

☆ 【新建大小】：设置调整后画布的尺寸。通常情况下，画布尺寸和图像尺寸是一致的，当输入的值大于图像的实际尺寸时，会增大画布；相反，则会裁剪图像以减小画布。

☆ 【相对】复选框：若选择该项，那么在【宽度】和【高度】文本框中输入的值是在当前画布的基础上进行调整，若输入正值则增加画布，负值则减小画布。若不选择该项，那么文本框中输入的值就是调整后画布的实际尺寸。

☆ 【定位】：设置当前图像在新画布上的位置。

☆ 【画布扩展颜色】：设置填充新画布的颜色，可以是前景色或背景色。在右侧的下拉列表框中选择【其他】选项，还可自定义颜色。

2. 使用【画布大小】对话框修改画布的大小

下面介绍如何修改画布的大小，具体的操作步骤如下。

步骤 1 打开随书光盘中的“素材\ch03\08.jpg”文件，如图 3-47 所示。

图 3-47　素材文件

步骤 2 选择【图像】→【画布大小】命令，弹出【画布大小】对话框，在其中选中【相对】复选框，在【高度】和【宽度】文本框中分别输入“6”，然后在【画布扩展颜色】下拉列表框中选择【其他】选项，如图 3-48 所示。

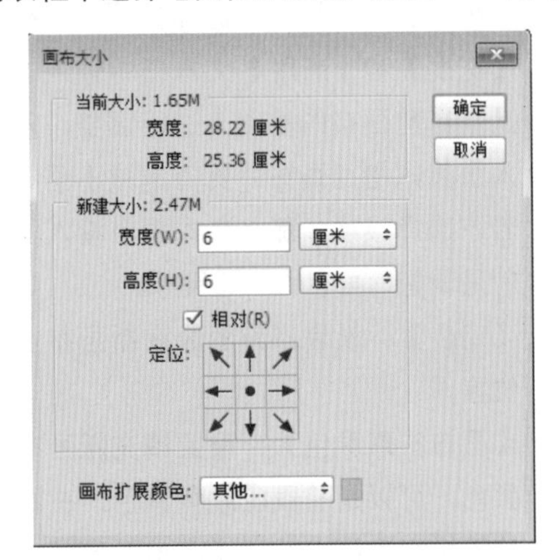

图 3-48　【画布大小】对话框

步骤 3 弹出【拾色器（画布扩展颜色）】对话框，在其中选择填充新画布的颜色，然后单击【确定】按钮，如图 3-49 所示。

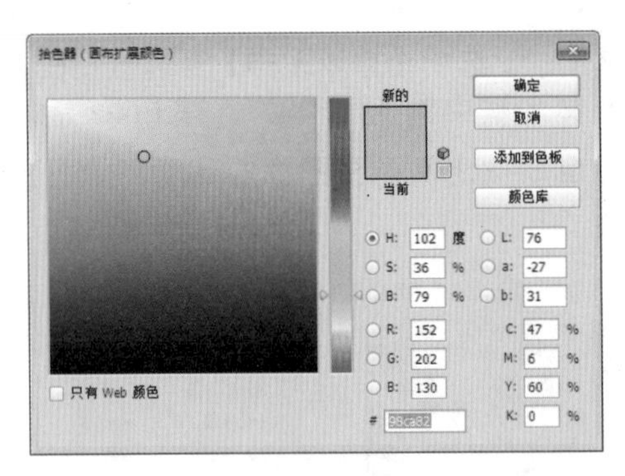

图 3-49　选择填充新画布的颜色

步骤 4 返回到【画布大小】对话框，单击【确定】按钮，即可增大画布的尺寸，如图 3-50 所示。

图 3-50　增大画布的尺寸

3.2.4 旋转图像与画布

选择【图像】→【图像旋转】命令，可以旋转画布，包括水平翻转画布、垂直翻转画布等。还可以使用【图像旋转】命令对图像进行 180 度、顺时针 90 度、逆时针 90 度以及任意角度的旋转，具体的操作步骤如下。

步骤 1 打开随书光盘中的“素材\ch03\08.jpg”文件，如图 3-51 所示。

图 3-51　素材文件

步骤 2 选择【图像】→【图像旋转】→【任意角度】命令，如图 3-52 所示。

图 3-52　选择【任意角度】命令

步骤 3 弹出【旋转画布】对话框，在【角度】文本框中输入旋转的角度，这里输入“60”，选中【度顺时针】单选按钮，如图 3-53 所示。

图 3-53　【旋转画布】对话框

步骤 4 单击【确定】按钮，返回到 Photoshop CC 工作界面，可以看到旋转后的效果，如图 3-54 所示。

图 3-54　图像顺时针旋转 60 度的效果

步骤 5 选择【图像】→【图像旋转】→【顺时针 90 度】命令，可以直接将图像顺时针旋转 90 度，如图 3-55 所示为图像顺指针旋转 90 度之后的显示效果。

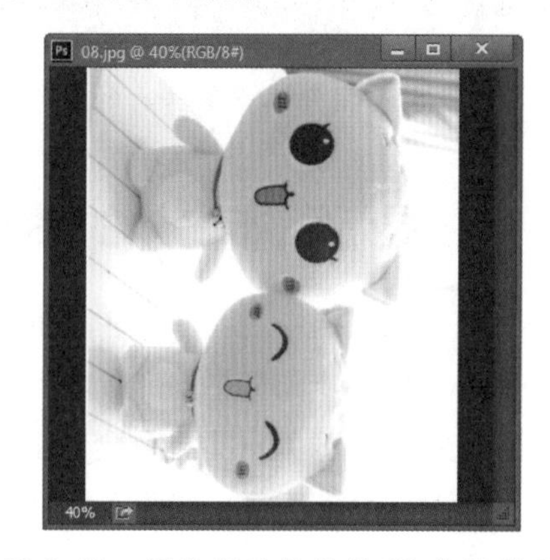

图 3-55　图像顺时针旋转 90 度的效果

步骤 6 选择【图像】→【图像旋转】→【水平翻转画布】命令，如图 3-56 所示。

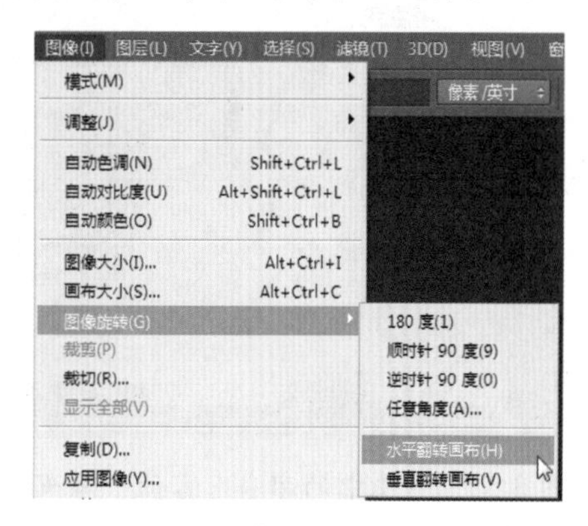

图 3-56　选择【水平翻转画布】命令

步骤 7 画布直接水平翻转，翻转后的图像显示效果如图 3-57 所示。

步骤 8 如果想要对画布进行垂直翻转，则可以选择【垂直翻转画布】命令，翻转之后的图像显示效果如图 3-58 所示。

图 3-57　图像水平翻转后的效果

图 3-58　图像垂直翻转后的效果

3.2.5 显示画布之外的图像

如果在图像文档中放置一个较大的图像文件，或者使用移动工具将一个较大的图像拖入到一个稍小文档时，图像中的部分内容就会位于画布之外，不会显示出来，如图 3-59 所示。这时可以选择【图像】→【显示全部】命令，Photoshop CC 会通过判断图像中的位置，自动扩大画布，显示全部图像，如图 3-60 所示。

图 3-59　图像中的部分内容位于画布之外

图 3-60　自动扩大画布显示全部图像

3.3 图像的拷贝与粘贴

使用【拷贝】、【剪切】、【粘贴】命令可以完成复制与粘贴任务，与其他程序不同的是，Photoshop 还可以对选区内的图像进行特殊的复制与粘贴操作，如在选区内粘贴图像，或清除选中的图像等。

3.3.1 复制文档

如果要基于图像的当前状态创建一个文档的副本，可以进行复制文档操作，具体操作步骤如下。

步骤 1 打开随书光盘中的“素材 \ch03\07.jpg”文件，如图 3-61 所示。

图 3-61　素材文件

步骤 2 选择【图像】→【复制】命令，打开【复制图像】对话框，在【为】文本框内可以输入新图像的名称，如图 3-62 所示。

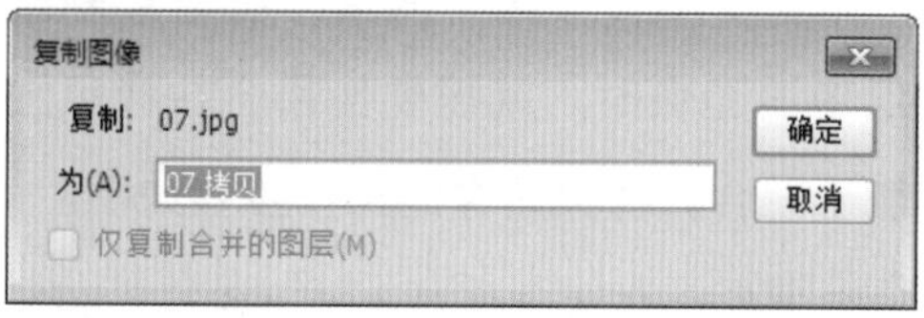

图 3-62　【复制图像】对话框

> **提示**　如果图像包含多个图层，则【仅复制合并的图层】复选框可用，选中该复选框后，复制后的图像将自动合并图层，如图 3-63 所示。

图 3-63　选中【仅复制合并的图层】复选框

步骤 3 单击【确定】按钮，完成文档的复制操作，如图 3-64 所示。

图 3-64　复制文档

> **提示**　在文档窗口顶部右击，在弹出的快捷菜单中选择【复制】命令，如图 3-65 所示，可以快速复制图像。Photoshop 会自动为新图像命名，即原图像名加“拷贝”二字，如图 3-66 所示。

图 3-65　选择【复制】命令

图 3-66　快速复制图像

3.3.2 拷贝图像

拷贝图像是复制图像的一种方法，不过，在拷贝图像之前，需要在图像中创建选区，拷贝图像的操作步骤如下。

步骤 1 打开随书光盘中的“素材\ch03\09.psd”文件，如图 3-67 所示。

图 3-67　素材文件

步骤 2 在图像中为需要拷贝的图像创建选区，如图 3-68 所示。

图 3-68　创建选区选择需要拷贝的图像

步骤 3 选择【编辑】→【拷贝】命令或按 Ctrl+C 快捷键，可以将选中的图像复制到剪贴板中，此时图像中的内容保持不变，如图 3-69 所示。

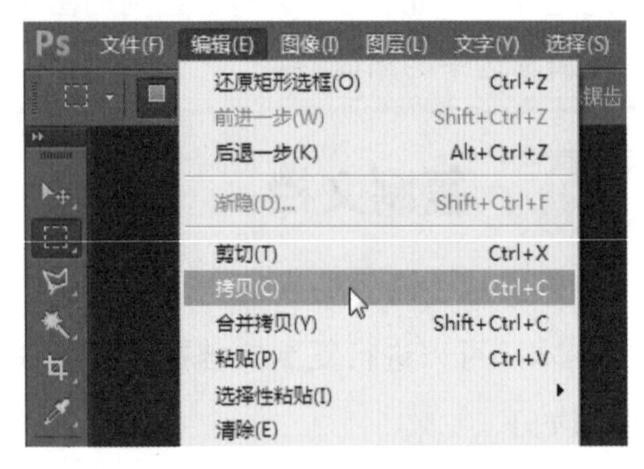

图 3-69　选择【拷贝】命令

> **注意**　如果图像文档中包含多个图层，在创建选区时一定要注意图层的选择，否则就会出现选择为空的现象，即在拷贝图像时出现如图 3-70 所示的信息提示框。

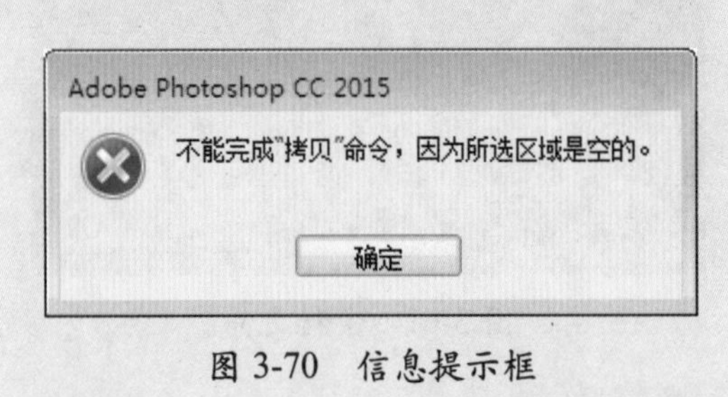

图 3-70　信息提示框

3.3.3 合并拷贝图像

如果文档包含多个图层，想要复制所有图层中的图像时，就需要使用合并拷贝图像功能了，合并拷贝图像的操作步骤如下。

步骤 1 打开随书光盘中的“素材\ch03\10.psd”文件，该文件包含多个图层，如图 3-71 所示。选中需要拷贝的图像，如图 3-72 所示。

步骤 2 选择【编辑】→【合并拷贝】命令，可以将所有可见图层中的图像复制到剪贴板

中，将合并拷贝后的图像粘贴到另一个文档中的效果如图 3-73 所示。此时合并后的图像在一个图层中，如图 3-74 所示。

图 3-71　文件中包含多个图层

图 3-72　选中需要拷贝的图像

图 3-73　合并拷贝后的图像效果

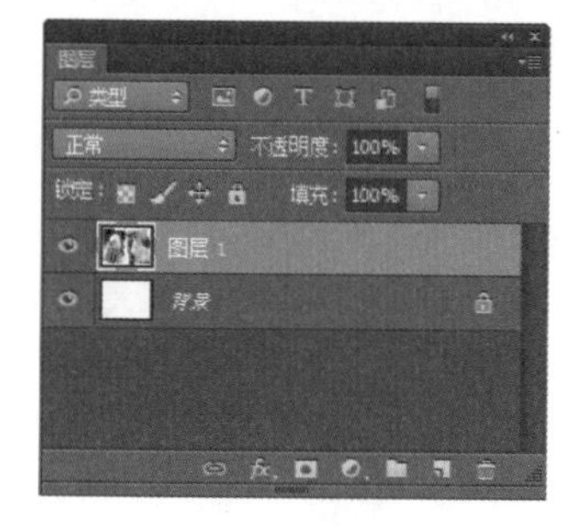

图 3-74　合并后的图像在一个图层中

3.3.4 剪切图像

通过剪切功能也可以复制图像，只是选中的图像从画面中被剪切掉了。剪切图像的操作步骤如下。

步骤 1 打开随书光盘中的“素材\ch03\09.psd”文件，如图 3-75 所示。

图 3-75　素材文件

步骤 2 在图像中为需要拷贝的图像创建选区，如图 3-76 所示。

图 3-76　创建选区选择需要拷贝的图像

步骤 3 选择【编辑】→【剪切】命令，如图 3-77 所示，可以将选中的图像从画面中剪切掉。剪切完成后的效果如图 3-78 所示。

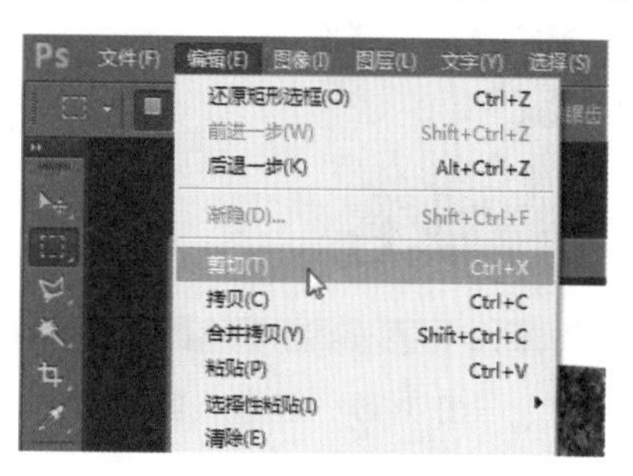

图 3-77　选择【剪切】命令

图 3-78　将选区从图像中剪切掉

3.3.5 粘贴与选择性粘贴图像

在图像中创建选区，如图 3-79 所示。复制或剪切图像后，选择【编辑】→【粘贴】命令，或按 Ctrl+V 快捷键，可以将选区中的图像粘贴到当前文档中，如图 3-80 所示。

图 3-79　创建选区

图 3-80　将图像粘贴到当前文档中

在复制或剪切图像后，可以使用【编辑】→【选择性粘贴】子菜单中的命令粘贴图像，如图 3-81 所示。

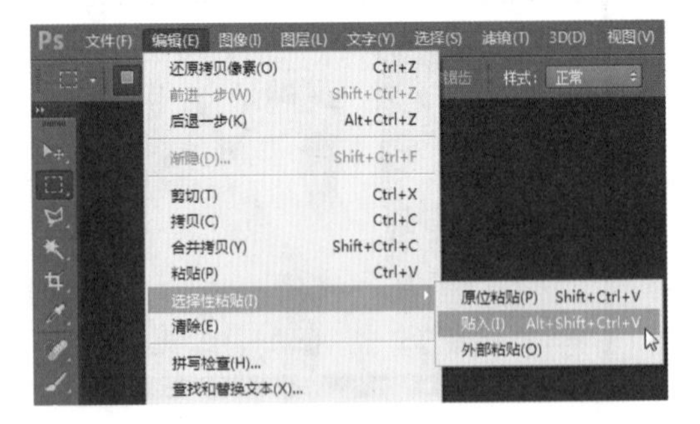

图 3-81　【选择性粘贴】子菜单

各个命令的含义如下。

☆　【原位粘贴】命令：将图像按照其原位粘贴到文档中。

☆　【贴入】命令：如果创建了选区，如图 3-82 所示，选择该菜单命令后，可以

将图像粘贴到选区内并自动添加蒙版，并将选区之外的图像隐藏，如图 3-83 和图 3-84 所示。

图 3-82　创建选区

图 3-83　图层上添加蒙版隐藏选区外的图像

图 3-84　选择【贴入】命令的效果

☆ 【外部粘贴】命令：如果创建了选区，选择该命令后，可以粘贴图像并自动创建蒙版，将选中的图像隐藏，如图 3-85 和图 3-86 所示。

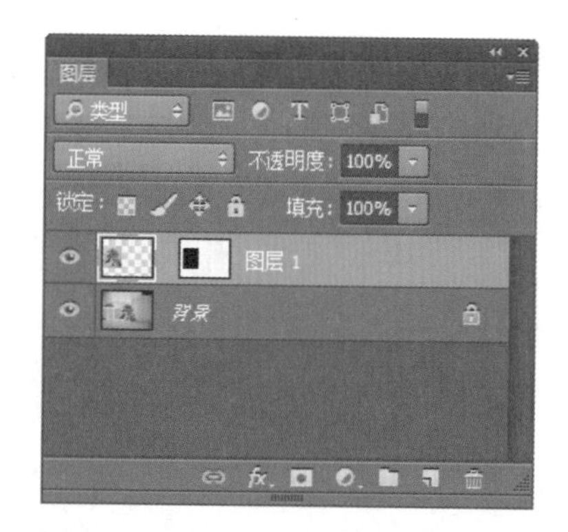

图 3-85　图层上添加蒙版隐藏选区

图 3-86　选择【外部粘贴】命令的效果

3.3.6 清除图像

在图像中创建选区后，如果选区内的内容需要清除，可以选择【编辑】→【清除】命令将其清除，具体的操作步骤如下。

步骤 1 打开随书光盘中的“素材\ch03\11.jpg”文件，在图像中创建选区，如图 3-87 所示。

图 3-87　创建选区

步骤 2 选择【编辑】→【清除】命令，即可将选中的图像清除，如图 3-88 所示。

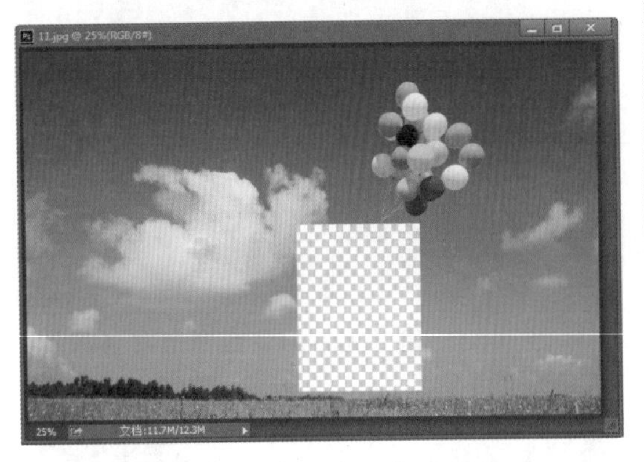

图 3-88　清除选区中的图像

提示 如果清除的是背景图层上的图像，如图 3-89 所示，则清除区域会填充背景色，如图 3-90 所示。

图层
类型
正常
不透明度: 100%
锁定:
填充: 100%
背景

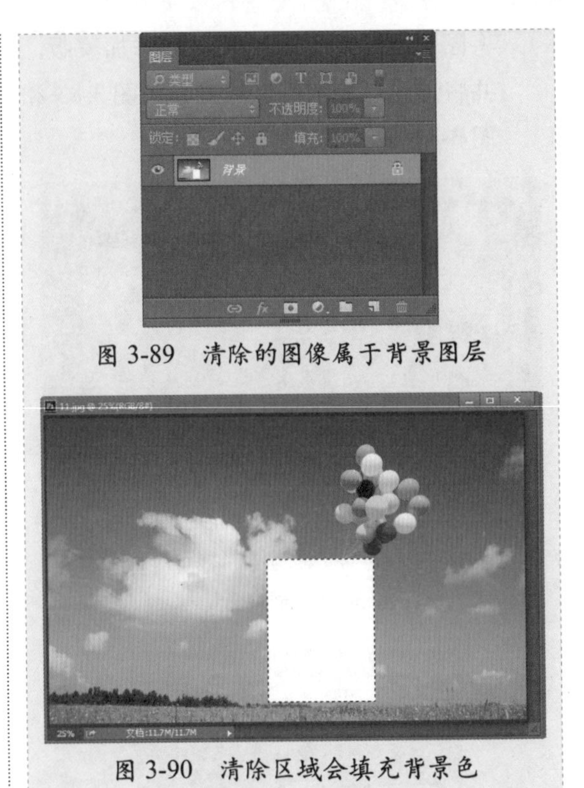

图 3-89　清除的图像属于背景图层

图 3-90　清除区域会填充背景色

3.4 图像的变换与变形

在 Photoshop 中，用户可以对图像、图层、选区、路径或矢量形状等对象进行变换与变形操作，例如缩放、旋转、扭曲等，这些操作都是通过【编辑】菜单下的【变换】子菜单完成的，如图 3-91 所示。执行这些命令后，都会在图像中出现一个定界框，定界框中央有一个中心点，四周是控制点，如图 3-92 所示。默认情况下，中心点位于对象的中心，它用于定义对象的变换中心，拖曳它可以移动其位置，拖曳控制点则可以进行变换操作。

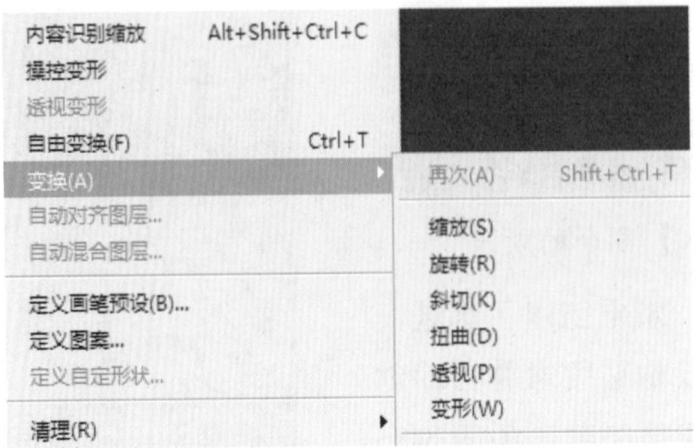

内容识别缩放 Alt+Shift+Ctrl+C
操控变形
透视变形
自由变换(F) Ctrl+T
变换(A)
自动对齐图层...
自动混合图层...
定义画笔预设(B)...
定义图案...
定义自定形状...
清理(R)
再次(A) Shift+Ctrl+T
缩放(S)
旋转(R)
斜切(K)
扭曲(D)
透视(P)
变形(W)

图 3-91　【编辑】菜单的【变换】子菜单

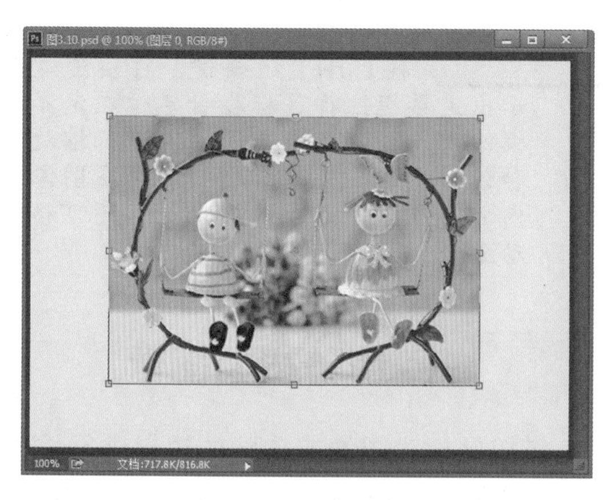

图 3-92　定界框

提示 在对图像进行变换与变形前，可先将其转换为智能对象，这样就可以对其反复变形，而不会出现失真或画质损失现象。另外，不能对背景图层的图像变形，只有先将其转换为普通图层，才能进行变形操作。

3.4.1 缩放与旋转图像

缩放与旋转图像是最常用的操作，具体的操作步骤如下。

步骤 1 打开随书光盘中的“素材\ch03\12.psd”文件，如图 3-93 所示。

图 3-93　素材文件

步骤 2 选择【编辑】→【变换】→【缩放】命令，此时图像周围会出现定界框。将鼠标指针定位在定界框四周的控制点上，当指针变为箭头形状时，单击并拖动鼠标即可缩放图像，如图 3-94 所示。

图 3-94　缩放图像

提示 按住 Shift 键不放，可同比例缩放图像。按住 Alt 键不放，可以图像中心或选区中心为基准点缩放图像。

步骤 3 选择【编辑】→【变换】→【旋转】命令，将鼠标指针定位在定界框四周的控制点上，当指针变为弯曲的箭头形状时，拖动鼠标可旋转图像，如图 3-95 所示。

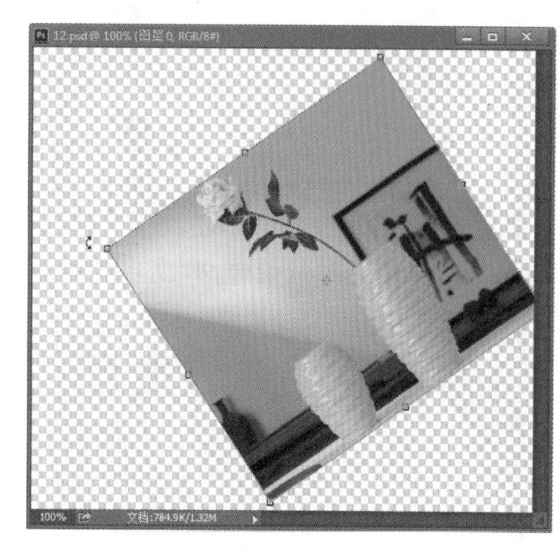

图 3-95　旋转图像

步骤 4 操作完成后，单击选项栏中的按钮，或者按 Enter 键，可确定操作，如图 3-96 所示。

图 3-96　按 Enter 键确定操作

步骤 5 如果选择【编辑】→【变换】子菜单中的【旋转 180 度】、【顺指针旋转 90 度】、【逆时针旋转 90 度】、【水平翻转】、【垂直翻转】等命令，可以直接对图像进行旋转，而不会显示定界框。如图 3-97 所示为图像逆时针旋转 90 度后的显示效果，如图 3-98 所示为图像垂直翻转后的显示效果。

图 3-97　图像逆时针旋转 90 度后的效果

图 3-98　图像垂直翻转后的效果

提示　按 Ctrl+T 组合键，可快速显示出定界框，将鼠标指针定位在定界框四周或控制点上，同样可进行缩放和旋转操作。将鼠标指针定位在图像内部，当指针变为 ▶ 形状时，还可移动图像。

3.4.2　斜切与扭曲图像

斜切是指对图像或选区的边界进行拉伸或压缩，而扭曲是指将图像或选区进行扭曲变形。斜切与扭曲图像的操作步骤如下。

步骤 1 打开随书光盘中的“素材\ch03\13.psd”文件，如图 3-99 所示。

图 3-99　素材文件

步骤 2 在【图层】面板中选择图层 0 作为进行操作的图层，如图 3-100 所示。

图 3-100　选择图层 0

步骤 3 选择【编辑】→【变换】→【斜切】命令，此时图像周围会出现定界框，将鼠标指针定位在四周中间的控制点上，当指针变为 或 形状时，拖动鼠标可沿水平或垂直方向斜切图像，如图 3-101 所示。

图 3-101　沿水平或垂直方向斜切图像

步骤 4 将鼠标指针定位在四周拐角处的控制点上，当指针变为▷形状时，拖动鼠标也可斜切图像，如图 3-102 所示。

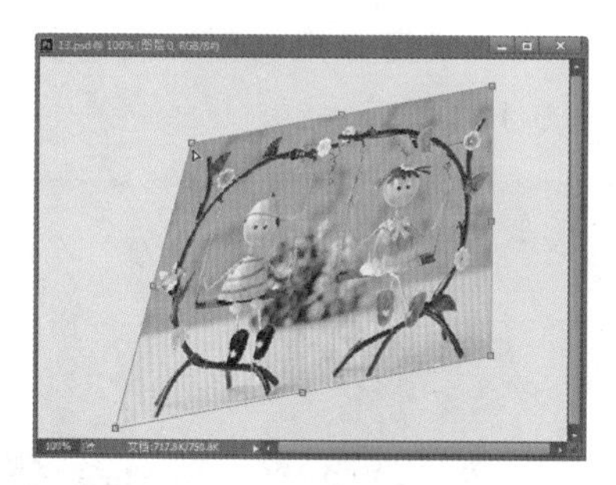

图 3-102　通过四周拐角处的控制点斜切图像

步骤 5 单击选项栏中的【取消】按钮⊘，可以取消变换，然后选择【编辑】→【变换】→【扭曲】命令，将鼠标指针定位在控制点上，当指针变为▷形状时，拖动鼠标可扭曲图像，如图 3-103 所示。

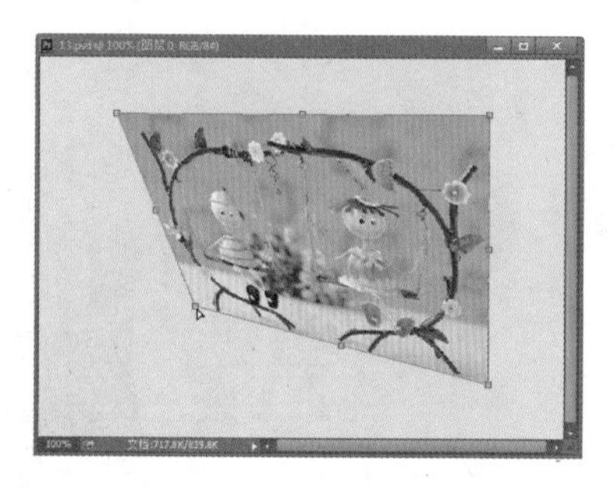

图 3-103　扭曲图像

提示　按 Ctrl+T 组合键显示出定界框，然后按住 Shift+Ctrl 组合键不放，将鼠标指针定位在控制点上，拖动鼠标可斜切图像；若按住 Ctrl 键不放，拖动鼠标可扭曲图像。

3.4.3 透视与变形图像

透视图像可以让图像看起来更有立体感和真实感，而变形图像可将图像或选区分割成块，从而对每个交点进行变形，下面分别介绍。

1. 透视图像

透视图像的具体操作步骤如下。

步骤 1 打开随书光盘中的“素材\ch03\14.psd”文件，如图 3-104 所示。

图 3-104　素材文件

步骤 2 选择【编辑】→【变换】→【透视】命令，此时图像周围会出现定界框，将鼠标指针定位在四周的控制点上，当指针变为▷形状时，单击并拖动鼠标可进行透视操作，如图 3-105 所示。

图 3-105　透视图像后的效果

2. 变形图像

在变形图像时，通过调整锚点和交点，或设置变形工具选项栏中的参数，可进行更为灵活的变形处理。下面通过变形为花瓶贴图，具体的操作步骤如下。

步骤 1 打开随书光盘中的“素材\ch03\15.psd”和“素材\ch03\16.jpg”文件，如图 3-106 和图 3-107 所示。

图 3-106　素材文件 15.psd

图 3-107　素材文件 16.jpg

步骤 2 选择移动工具，将“16.jpg”拖动到花瓶文件中，如图 3-108 所示。

图 3-108　将素材图片 16 拖动到另一素材文件中

步骤 3 此时将自动生成图层 1，如图 3-109 所示。

图 3-109　自动生成图层 1

步骤 4 按 Ctrl+T 组合键显示出定界框，将鼠标指针定位在四周的控制点上，按住 Shift 键不放，单击并拖动鼠标同比例缩小图片，如图 3-110 所示。

图 3-110　同比例缩小图片

步骤 5 单击选项栏中的按钮，进入变形状态，在左侧拖动锚点上的方向柄，使其与花瓶左侧贴齐，如图 3-111 所示。

图 3-111　图片与花瓶左侧贴齐

步骤 6 使用步骤 5 的方法，拖动其他的锚点以及交点，使图片覆盖住花瓶，如图 3-112 所示。

图 3-112　使图片覆盖住花瓶

步骤 7 在【图层】面板中选中图层 1，将混合模式设置为【深色】，如图 3-113 所示。

图 3-113　将图层 1 的混合模式设置为“深色”

步骤 8 设置完成后，按 Enter 键，最终效果如图 3-114 所示。

图 3-114　最终效果

3.4.4 内容识别缩放图像

内容识别缩放是指在缩放时会自动识别图像中重要的内容，例如人物、动物或建筑等，从而保护这些内容，不会使其出现变形，而主要影响其他不重要内容区域中的像素。

1. 认识内容识别缩放的工具选项栏

选择【编辑】→【内容识别缩放】命令，显示内容识别缩放的工具选项栏，如图 3-115 所示。

图 3-115　内容识别缩放的工具选项栏

选项栏中各参数的含义如下。

☆ 【数量】：设置内容识别缩放与常规缩放所占的比例。

☆ 【保护】：可以选择一个通道，以设置要保护的区域。

☆ 保护肤色：单击该按钮，可以保护图像中包含肤色的区域，使其不会变形。

其余参数的含义与变换的工具选项栏相同，这里不再赘述。

2. 使用内容识别缩放命令缩放图像

下面使用【内容识别缩放】命令在缩放图像的同时，保护图像中的重要内容不变形，具体的操作步骤如下。

步骤 1 打开随书光盘中的“素材\ch03\17.psd”文件，如图 3-116 所示。

图 3-116　素材文件

步骤 2 选择【编辑】→【内容识别缩放】命令，在选项栏中单击保护肤色按钮，然后将鼠标指针定位在定界框左侧的控制点上，向右侧拖动鼠标，此时图像变窄，但孩子的比例没有明显变化，如图 3-117 所示。

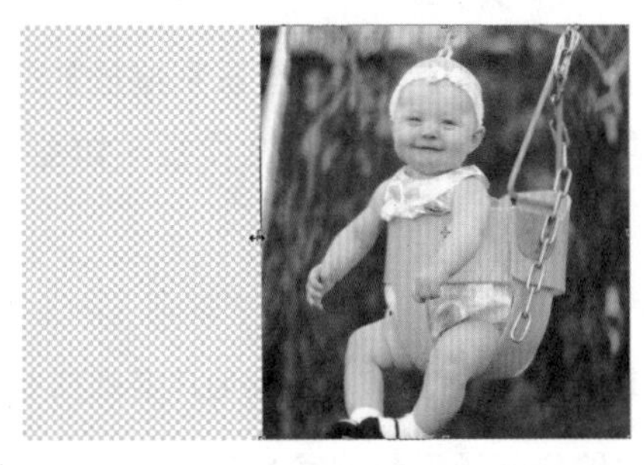

图 3-117　使用【内容识别缩放】命令后的效果

提示　图 3-118 是对图像进行普通缩放后的效果，可以看到，孩子已经明显变形。

图 3-118　普通缩放后的效果

对于有些图像，软件并不能自动识别其中重要的对象，即使单击了【保护肤色】按钮，在缩放时还是会产生变形，这时可以将重要对象创建为一个选区，并将其存储为通道，然后使用通道来保护图像。具体的操作步骤如下。

步骤 1 打开随书光盘中的“素材\ch03\18.psd”文件，如图 3-119 所示。

图 3-119　素材文件

步骤 2 选择快速选择工具，在女孩处单击并拖动鼠标，创建一个选区选中女孩，如图 3-120 所示。

图 3-120　创建选区选中女孩

步骤 3 在【通道】面板中单击底部的【将选区存储为通道】按钮，将选区保存为“Alpha1”通道，如图 3-121 所示。

图 3-121　将选区保存为“Alpha1”通道

步骤 4 选择【编辑】→【内容识别缩放】命令，在工具选项栏中设置【保护】为 Alpha1 通道，如图 3-122 所示。

图 3-122　设置【保护】为 Alpha1 通道

步骤 5 将鼠标指针定位在定界框左侧的控制点上，向右侧拖动鼠标，此时图像变窄，但选区内的孩子无丝毫变化，如图 3-123 所示。

图 3-123　缩放后的最终效果

提示　图 3-124 是对图像进行内容识别缩放，但可以看到，孩子的肤色区域没有明显变形，但身体部分已经严重变形。

图 3-124　没有使用通道保护图像的缩放效果

3.4.5 操控变形图像

Photoshop 提供的操控变形功能非常神奇，它可以随意扭曲图像，从而实现类似三维动作变形，例如将直立的双腿变得弯曲、将垂下的手臂抬起、将圆脸变成瓜子脸等。

1. 认识操控变形的工具选项栏

打开随书光盘中的“素材 \ch03\19.psd”文件，如图 3-125 所示。选择【编辑】→【操控变形】命令，进入操控变形状态，此时图像上将显示出网格，用户可在其中添加图钉，通过图钉即可变形图像，如图 3-126 所示。

图 3-125　图像文件

图 3-126　图像上显示出网格

图 3-127 所示是操控变形的工具选项栏。

图 3-127　操控变形的工具选项栏

选项栏中各参数的含义如下。

☆　【模式】：设置网格的弹性。【刚性】选项表示变形效果优，但缺少柔和的过渡；【正常】选项表示变形效果良好，过渡柔和；【扭曲】选项表示创建透视扭曲效果。

☆　【浓度】：设置网格的间距。【较少点】选项表示网格间距较大，网格点较少，如图 3-128 所示；【正常】选项表示网格间距适中，如图 3-129 所示；【较多点】选项表示网格间距较小，网格点较多，如图 3-130 所示。当网格点多时，可以在其中添加更多的图钉，从而完成更精细的变形。

图 3-128　网格点较少

图 3-129　网格间距适中

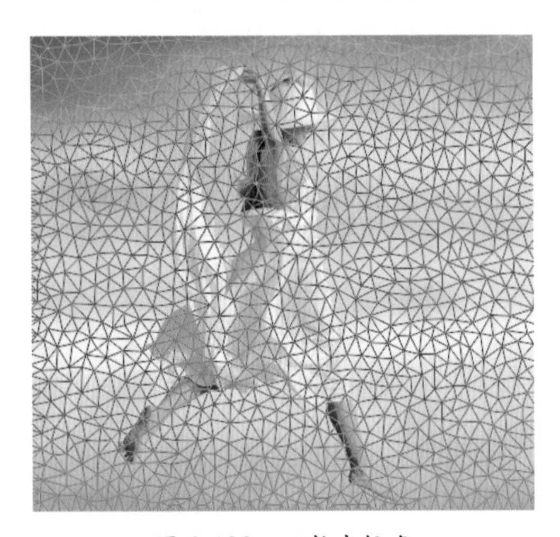

图 3-130　网格点较多

☆ 【扩展】：设置扩展或收缩变换的区域。当值越大时，变形后图像边缘越平滑。

☆ 【显示网格】复选框：选择该选项可显示网格，若不选择，则只会显示图钉。

☆ 【图钉深度】：设置图钉的堆叠顺序。单击或按钮，即可将图钉前移或后移一个顺序。

☆ 【旋转】：设置旋转的类型。【自动】选项表示在扭曲图像时自动对图像进行旋转；【固定】选项用于完成精确的旋转操作，只需在文本框中输入角度即可。

☆ 【移去所有图钉】按钮：单击该按钮，可删除所有图钉，将图像恢复为原始状态。

2. 使用【操控变形】命令变形图像

下面使用【操控变形】命令，改变女孩的跳跃姿势，具体的操作步骤如下。

步骤 1 打开随书光盘中的“素材\ch03\11.jpg”文件，如图 3-131 所示。

图 3-131　素材文件

步骤 2 选择快速选择工具，在女孩处单击并拖动鼠标，创建一个选区选中女孩和气球，如图 3-132 所示。

图 3-132　创建选区选中女孩和气球

步骤 3 选择【图层】→【新建】→【通过拷贝的图层】命令，为选区创建一个新图层，如图 3-133 所示。

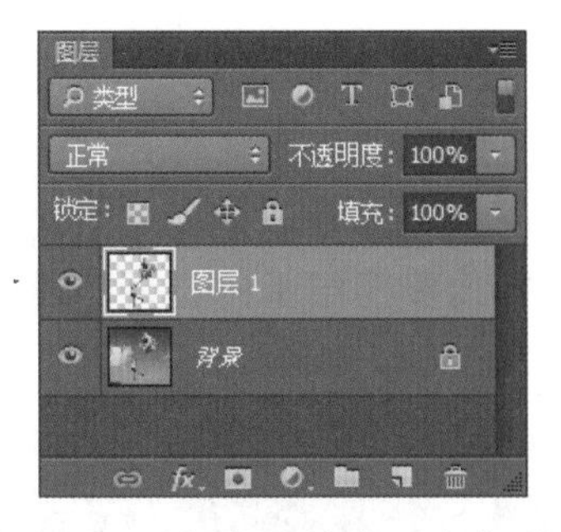

图 3-133　为选区创建一个新图层

步骤 4 为了防止在变形过程中画质受损，选择【图层】→【智能对象】→【转换为智能对象】命令，将新图层转换为智能对象，然后在【图层】面板中单击背景图层左侧的按钮，隐藏背景图层，如图 3-134 所示。

图 3-134　将新图层转换为智能对象并隐藏背景图层

步骤 5 选择缩放工具，在图像中单击，放大图像以便于操作变形，然后按住空格键不放，当指针变为抓手工具时，拖动图像，在窗口中显示出女孩的腿部，如图 3-135 所示。

图 3-135　放大图像显示出腿部

步骤 6 选择【编辑】→【操控变形】命令，在选项栏中设置【浓度】为【较多点】，并取消选中【显示网格】复选框，如图 3-136 所示。

图 3-136　设置选项栏中各参数

步骤 7 进入操控变形状态，在腿部关节处和脚处分别单击鼠标，新建 2 个图钉，单击关节处的图钉，在选项栏中设置【旋转】为【固定】，并在后面的文本框中输入旋转角度为 0，然后单击并向右上方拖动脚处的图钉，即可改变左腿的姿势，如图 3-137 所示。

图 3-137　改变左腿的姿势

步骤 8 在右腿关节处单击，新建一个图钉，然后拖动图钉，即可改变右腿的姿势，如图 3-138 所示。

图 3-138　改变右腿的姿势

步骤 9 在右侧小腿处单击，新建图钉，不断地调整各图钉的位置，改变小腿的姿势，如图 3-139 所示。

步骤 10 在选项栏中单击【确定】按钮，或者按 Enter 键，确定变形，然后在【图层】面板中单击背景图层左侧的按钮，显示出背景图层，并调整图层 1 的位置，最终效果如图 3-140 所示。

图 3-139　改变小腿的姿势

图 3-140　变形后的整体效果

提示　在操作过程中，若要删除某个图钉，单击图钉后按 Delete 键即可，或者按住 Alt 键不放，单击图钉也可将其删除。此外，按住 Alt 键不放，将鼠标指针定位在图钉的周围，当出现一个圆圈时，拖动鼠标可旋转图钉。

3.5 图像编辑的恢复

在编辑图像的过程中，如果某一步的操作出现了失误，或者对创建的效果不满意，就需要撤销操作，将图像还原为原来或上一步的状态。

3.5.1 还原与重做

选择【编辑】→【还原（后面通常带工具名称）】命令，或者按 Ctrl+Z 组合键，可以撤销对图像的最后一次操作，将图像还原到上一步的编辑状态，如图 3-141 所示。

若要取消上面的还原操作，选择【编辑】→【重做】命令，或者再次按 Ctrl+Z 组合键即可，如图 3-142 所示。注意，以上两种命令都只针对图像的最后一次操作。

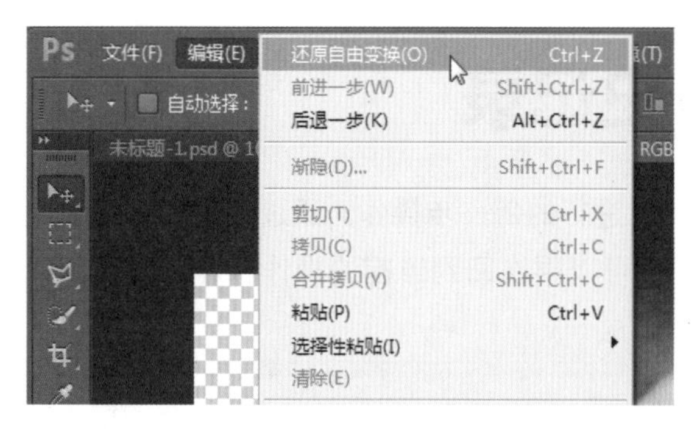

图 3-141　选择【还原（后面通常带工具名称）】命令

图 3-142　选择【重做（后面通常带工具名称）】命令

3.5.2　前进一步与后退一步

选择【编辑】→【后退一步】命令，或者按 Alt+Ctrl+Z 组合键，也可撤销最后一次操作，但若连续执行该命令，可以逐步撤销操作，如图 3-143 所示。

同理，选择【编辑】→【前进一步】命令，或者按 Shift+Ctrl+Z 组合键，可以恢复被撤销的操作，若连续执行该命令，可以逐步恢复操作，如图 3-144 所示。

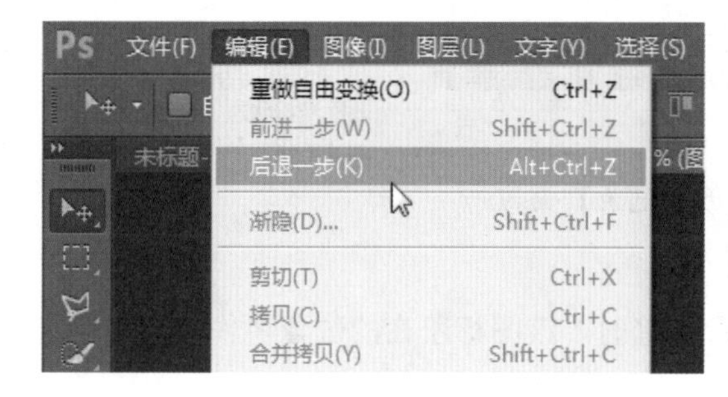

图 3-143　选择【后退一步】命令

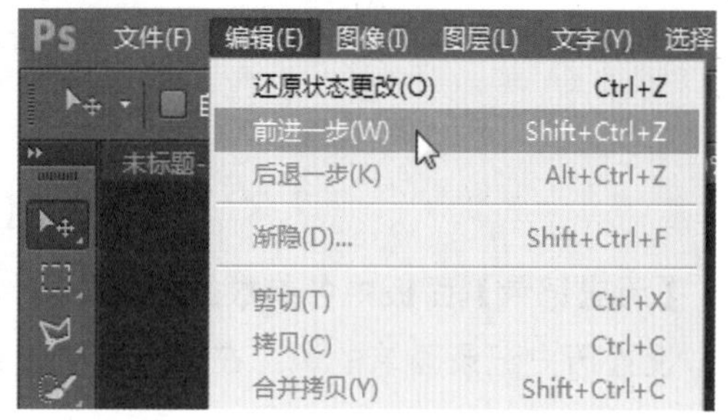

图 3-144　选择【前进一步】命令

3.5.3　恢复文件

选择【文件】→【恢复】命令，可以直接将文件恢复到最后一次保存的状态，如图 3-145 所示。

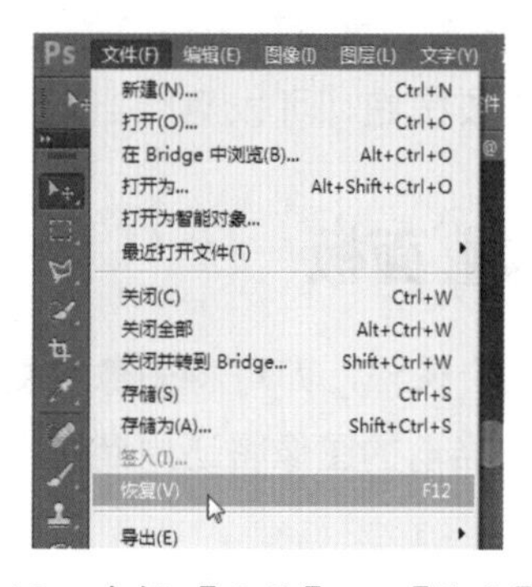

图 3-145　选择【文件】→【恢复】命令

3.6 图像编辑的历史记录

【历史记录】面板中记录了在 Photoshop 中进行的每一步操作。通过该面板，可以快速将图像还原到操作过程中的某一种状态，也可以再次回到当前的操作状态，还可以回到原始的状态。

3.6.1 认识【历史记录】面板

选择【窗口】→【历史记录】命令，就会弹出【历史记录】面板，如图 3-146 所示。

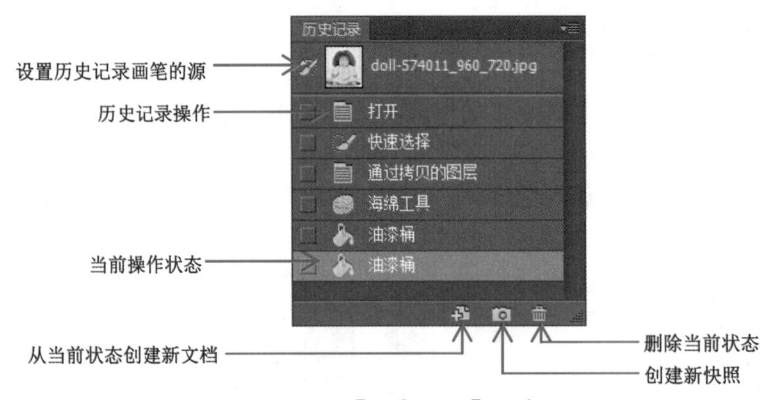

图 3-146 【历史记录】面板

【历史记录】面板中各参数的含义如下。

☆ 设置历史记录画笔的源：在使用历史记录画笔时，该图标所在的位置将作为历史画笔的源图像。

☆ 历史记录操作：被记录的操作命令。用户只需单击以选定某个操作，即可将图像恢复为相应的操作状态。

☆ 当前操作状态：图像当前所在的操作状态。

☆ 【从当前状态创建新文档】：单击该按钮，可以基于当前操作步骤中图像的状态创建一个新的文件。

☆ 【创建新快照】：单击该按钮，可以基于当前的图像状态创建快照。

☆ 【删除当前状态】：单击该按钮，可以删除当前选定的操作步骤及其后面的步骤。

3.6.2 使用【历史记录】面板

在【历史记录】面板中单击某个操作，即可将图像恢复为选定步骤的编辑状态。例如，选择【通过拷贝的图层】这一操作，当前的图像将还原到该操作步骤时的编辑状态，如图 3-147 所示。

图 3-147　选择【通过拷贝的图层】操作

将图像还原到某个编辑状态时，再次单击其他的操作步骤，同样可以恢复到该步骤时的编辑状态，如图 3-148 所示。

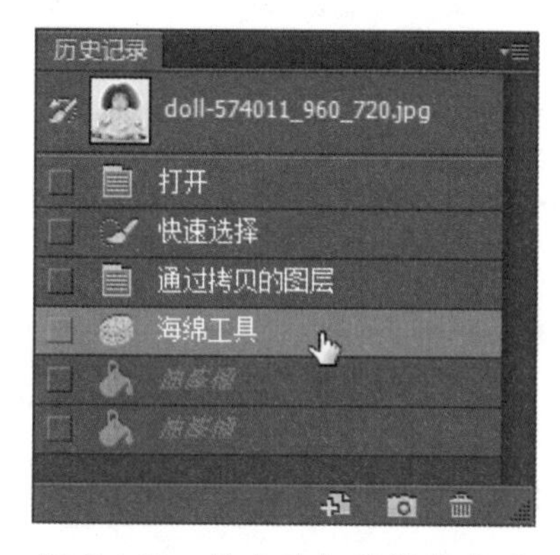

图 3-148　单击其他的操作步骤

注意　如果恢复到某个状态时，用户进行了其他的操作，那么该状态后面的操作步骤将被替换为新的操作步骤，如图 3-149 所示。

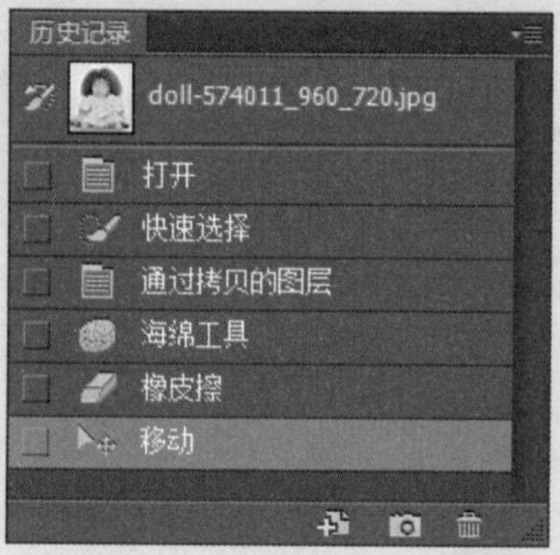

图 3-149　后面的操作步骤将被替换为新的步骤

此外，单击顶部的快照区，可恢复到最初打开时的状态，即使中途保存过文件也可以，如图 3-150 所示。

通常情况下，【历史记录】面板中只能存储 20 个历史记录操作。若要改变存储的数量，选择【编辑】→【首选项】→【性能】命令，弹出【首选项】对话框，在右侧的【历史记录状态】文本框中输入数值，即可改变面板中保存的操作数量，如图 3-151 所示。

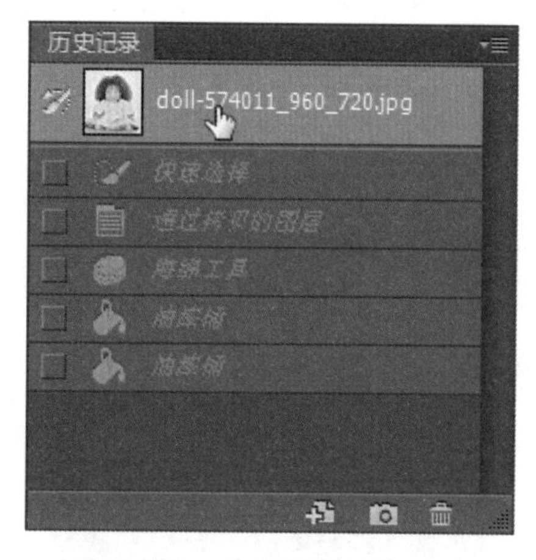

图 3-150　单击顶部的快照区

提示　保存的历史记录越多，所占用的内存就会越大。

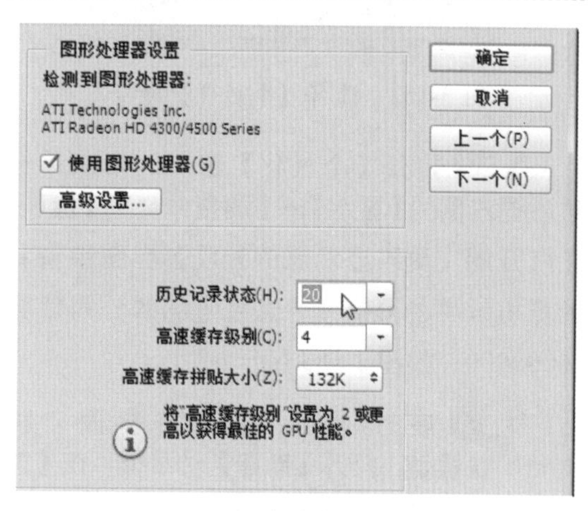

图 3-151　改变面板中保存的历史记录操作数量

3.7 高效技能实战

3.7.1 技能实战 1——将照片设置为桌面背景

很多人喜欢将照片或者是自己喜爱的图片设置为计算机桌面，但是常常会遇到一些难题，如照片要么太大，桌面显示不下；要么太小，不能铺满整个桌面；再或者能铺满整个桌面，但是图像出现变形。下面介绍一个方法，可以彻底解决这一难题，具体操作步骤如下。

步骤 1 在计算机桌面上右击，在弹出的快捷菜单中选择【个性化】命令，如图 3-152 所示。

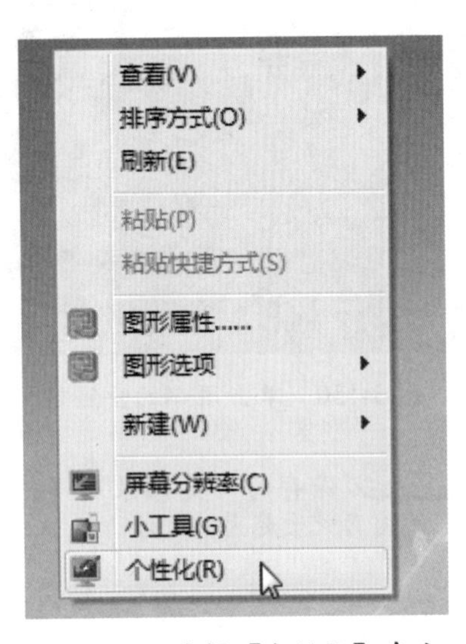

图 3-152　选择【个性化】命令

步骤 2 打开【个性化】窗口，依次单击对话框左侧的【显示】→【调整分辨率】选项，在打开的【更改显示器的外观】界面中查看计算机屏幕的分辨率，这台电脑的分辨率为 1600×900，如图 3-153 所示。

步骤 3 在 Photoshop CC 工作界面中按 Ctrl+N 快捷键，打开【新建】对话框，在【宽度】和【高度】文本框中输入前面看到的分辨率尺寸，文档的分辨率设置为 72 像素 / 英寸，如图 3-154 所示，这样就创建了一个与桌面大小相同的文档。

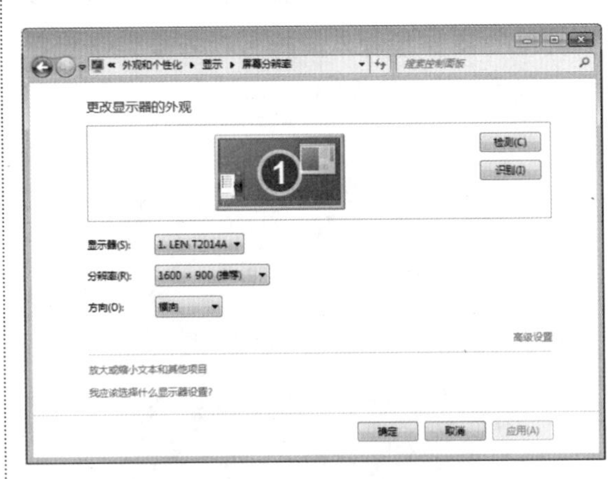

图 3-153　查看计算机屏幕的分辨率

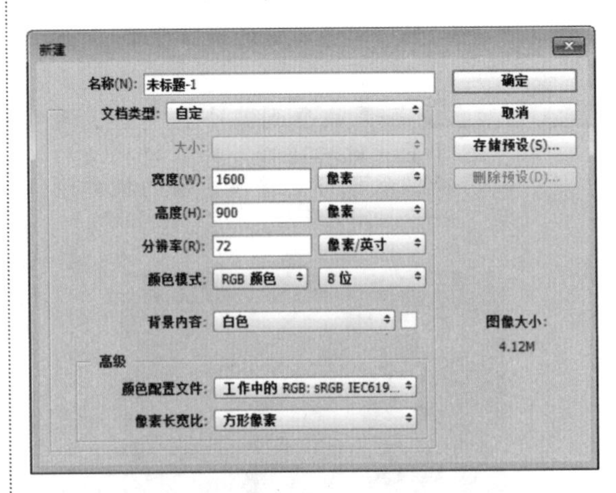

图 3-154　新建与桌面大小相同的文档

步骤 4 将要设置为桌面的照片打开，使用移动工具将其拖入新建的文档中，如图 3-155 所示。

图 3-155　将照片拖入新建的文档中

步骤 5 选中照片所在的图层，按 Ctrl+T 快捷键，变形图像，使图像铺满整个文件窗口，如图 3-156 所示。

图 3-156　使图像铺满整个文件窗口

步骤 6 按 Ctrl+E 快捷键合并图层，如图 3-157 所示。

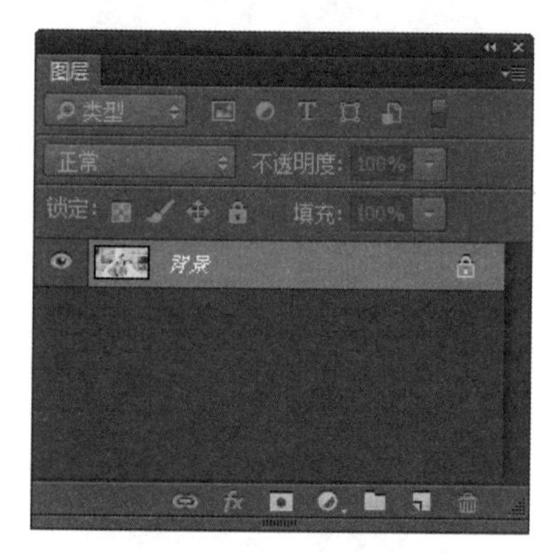

图 3-157　合并图层

步骤 7 按 Ctrl+S 快捷键，打开【另存为】对话框，在【文件名】文本框中输入文件的名称，将【保存类型】设置为 JPEG 格式，最后单击【保存】按钮，即可保存图像文件，如图 3-158 所示。

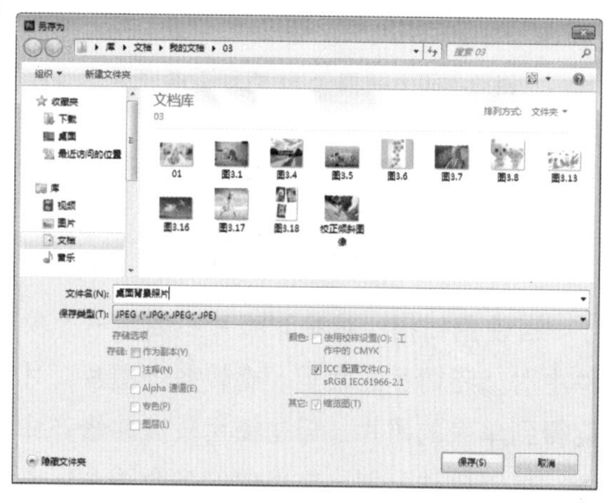

图 3-158　保存图像文件

步骤 8 在计算机中找到保存的照片，右击，在打开的快捷菜单中选择【设置为桌面背景】命令，如图 3-159 所示。

图 3-159　选择【设置为桌面背景】命令

步骤 9 这样就可以将照片设置为桌面背景了，由于是按照计算机屏幕的实际尺寸创建的桌面文档，因此，图像与屏幕完全契合，不会出现拉伸或扭曲现象，如图 3-160 所示。

图 3-160　将照片设置为桌面背景

3.7.2 技能实战 2——裁剪并修齐图像

当使用扫描仪将多张照片扫描在一个文件中时，还需手工裁剪、旋转各个图片，才能得到单张的照片。但是使用裁剪并修齐命令，可以自动识别出文件中的各个图片，并旋转使它们在水平和垂直方向上对齐，从而生成单张的图片。具体的操作步骤如下。

步骤 1 打开随书光盘中的“素材\ch03\20.jpg”文件，该文件中扫描了 3 张图片，如图 3-161 所示。

图 3-161　素材文件

步骤 2 选择【文件】→【自动】→【裁剪并修齐照片】命令，即可将 3 张照片从文件中拆分，生成单独的文件，如图 3-162 所示。

图 3-162　将 3 张照片从文件中拆分

步骤 3 选择【文件】→【存储为】命令，将分离出的文件分别保存，即可得到单张的照片。

提示　注意扫描时不要使照片重叠，每张照片之间应留出一些空隙，以便于精确裁剪。

3.8 疑难问题解答

问题 1：增加图像的分辨率能让图像变清晰吗？

解答：分辨率高的图像包含更多的细节。不过，如果一个图像的分辨率较低，细节也模糊，即使提高它的分辨率也不会使它变得清晰，这是因为，Photoshop 只能在原始数据的基础上进行调整，无法生成新的原始数据。

问题 2：图像旋转与变换命令有什么区别？

解答：图像旋转命令用于旋转整个图像，如果要旋转单个图层中的图像，则需要使用【编辑】→【变换】命令；如果要旋转选区，需要使用【选择】→【变换选区】命令。

核心技术

运用选区编辑图像

● **本章导读：**

在 Photoshop 中无论是绘图还是进行图像处理，图像的选取都是这些操作的基础，可以说大部分的操作都是在选区内完成的。因此，只有掌握了选取工具，能够灵活地使用这些工具创建出精确的选区，才能真正学好 Photoshop。本章将为读者详细介绍常用的选取工具以及选区的基本操作方法。

● **学习目标：**

◎ 了解选区
◎ 掌握选框工具组的用法
◎ 掌握套索工具组的用法
◎ 掌握快速选择和魔棒工具的用法
◎ 熟悉其他创建选区的方法
◎ 掌握选区的基本操作
◎ 掌握编辑选区的方法

● **重点案例效果**

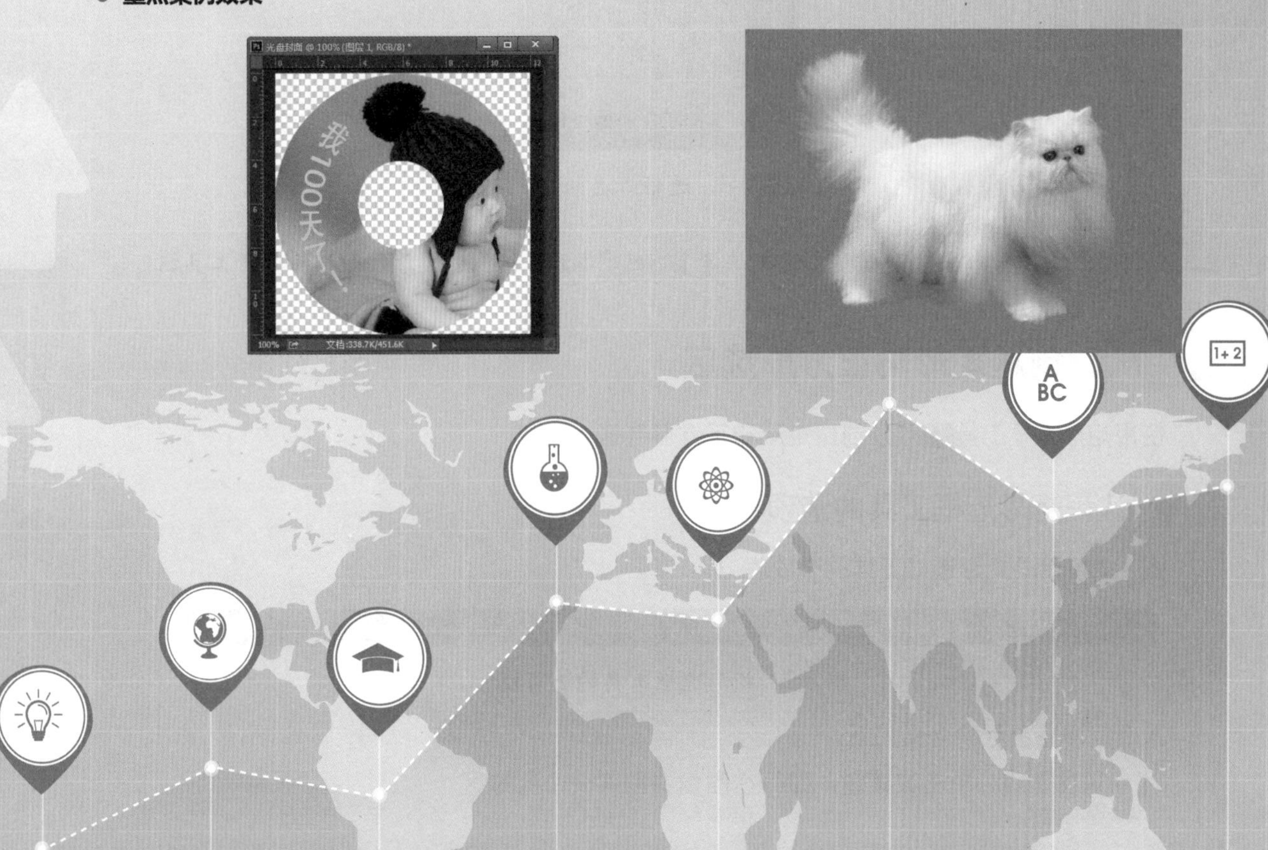

4.1 认识选区

选区是指使用选择工具和命令创建的可以限定操作范围的区域。一般情况下要想在Photoshop中绘图或者修改图像，首先要选取图像，然后就可以对被选取的区域进行操作了。这样即使误操作了选区以外的内容也不会破坏图像，因为Photoshop不允许对选区以外的内容进行操作。

灵活地使用多种选取工具可以创建出非常精确的选区，而运用选区对图像进行编辑可以变化出多种视觉效果，例如图像变形和透视效果等。掌握选取工具的使用是进行Photoshop操作的关键环节。

4.2 创建规则选区

使用选框工具组可以创建规则选区，该工具组共包含4个工具，分别是矩形选框工具、椭圆选框工具、单行选框工具和单列选框工具，如图4-1所示。

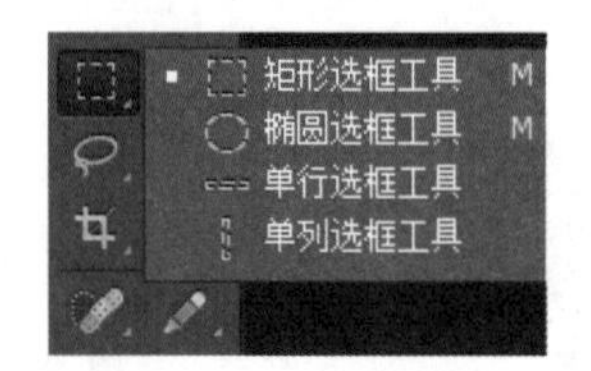

图 4-1　选框工具组

提示 在工具箱中按住【矩形选框工具】按钮不放，或者选中后右击，即可打开工具组。

4.2.1 创建矩形与正方形选区

使用矩形选框工具可以创建矩形和正方形选区。

1. 认识矩形选框工具的选项栏

图4-2所示是矩形选框工具的选项栏。

图 4-2　矩形选框工具的选项栏

选项栏中各参数的含义如下。

☆ 【新选区】：单击该按钮，即可在图像中创建一个新选区。

☆　【添加到选区】：单击该按钮，将在原有选区的基础上添加绘制的选区。例如，首先创建一个选区，如图 4-3 所示，然后拖动鼠标再创建一个选区，如图 4-4 所示，释放鼠标后，后面创建的选区将会添加到前面的选区中，如图 4-5 所示。

图 4-3　创建一个选区

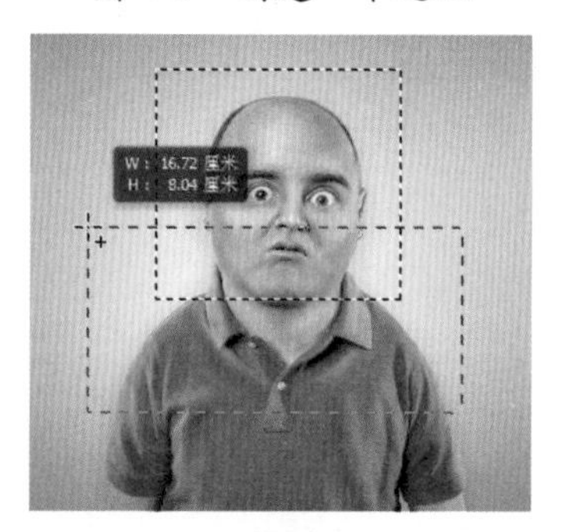

图 4-4　再创建一个选区

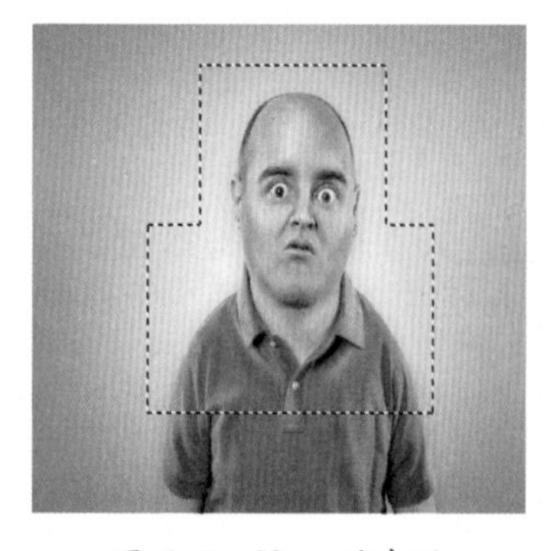

图 4-5　添加到选区

☆　【从选区减去】：单击该按钮，将在原有选区的基础上减去绘制的选区。图 4-6 是减去选区后的效果，可以看到，选择该项后将在原有选区的基础上减去交叉的部分。

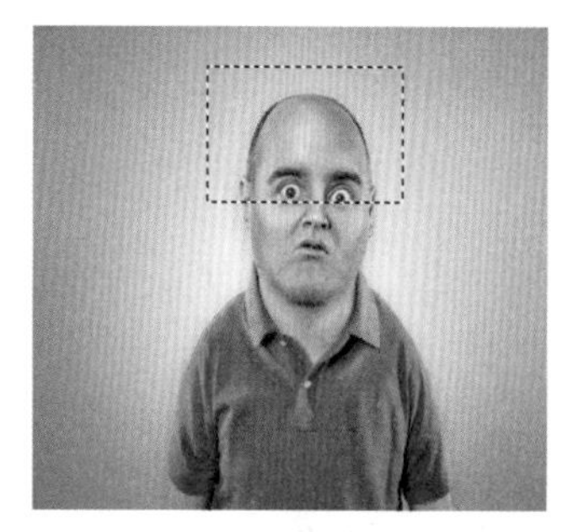

图 4-6　从选区减去

☆　【与选区交叉】：单击该按钮，将保留选区中交叉的部分，如图 4-7 所示。

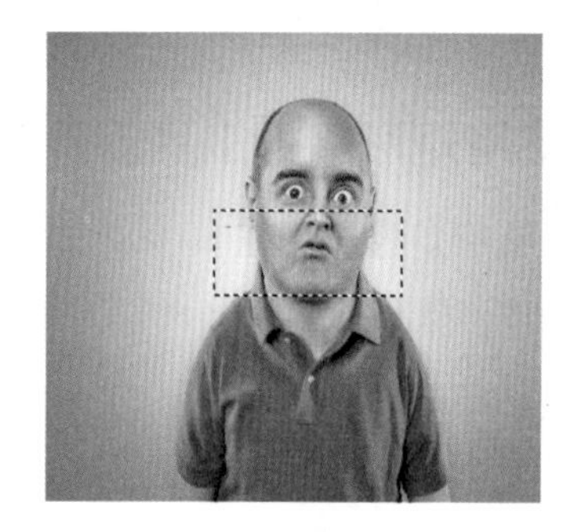

图 4-7　与选区交叉

☆　【羽化】：设置软化选区边缘的范围，值越大，羽化的范围就越大。

☆　【消除锯齿】：该功能在使用矩形选框工具时不可用。

☆　【样式】：设置选区的大小。【正常】选项表示可拖动鼠标创建任意大小的选区。【固定比例】选项表示创建宽度和高度比例固定的选区。例如，选择该项后，在【宽度】和【高度】文本框中分别输入“1”和“2”，如图 4-8 所示，那么在选区中创建选区时，宽高度的比例将会始终固定为 1 ∶ 2，如图 4-9 所示。单击中间的按钮，可互换宽高度的值。【固定大小】选项表示创建大小固定的选区，只需在后面的文本框中输入具体的像素值即可。

图 4-8　在【宽度】和【高度】文本框中输入“1”和“2”

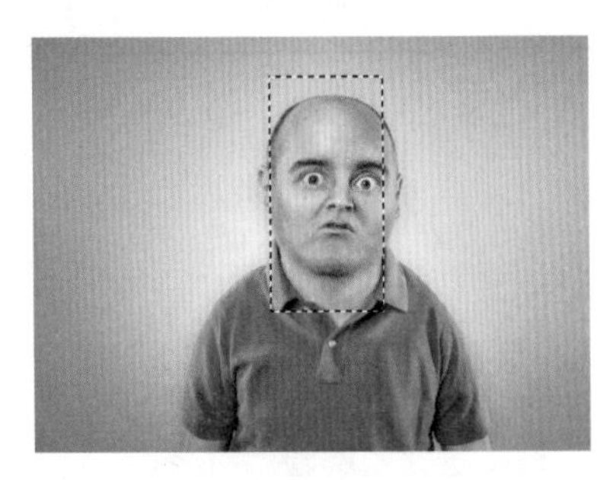

图 4-9　宽高度的比例始终固定为 1 ：2

☆ 【调整边缘】：单击该按钮，将弹出【调整边缘】对话框，在其中可对选区进行平滑、羽化等处理。

2. 使用矩形选框工具创建选区

下面使用矩形选框工具为女孩换身体，具体的操作步骤如下。

步骤 1 打开随书光盘中的“素材\ch04\01.jpg”和“素材\ch04\02.jpg”文件，如图 4-10 和图 4-11 所示。

图 4-10　素材文件 01.jpg

图 4-11　素材文件 02.jpg

步骤 2 选择矩形选框工具，将鼠标指针定位在图像中，当指针变为十字形状时，按住左键不放并拖动鼠标，创建一个矩形选区，选中女孩的身体，此时选区以虚线框闪烁显示，如图 4-12 所示。

图 4-12　创建矩形选区

步骤 3 创建选区后，按 Ctrl+C 组合键复制选区，然后切换到另一幅图像，按 Ctrl+V 组合键粘贴选区，并使用移动工具调整选区的位置，最终效果如图 4-13 所示。

图 4-13　复制、粘贴选区

> **提示** 在使用矩形选框工具时，拖动鼠标并按 Shift 键可创建正方形选区；拖动鼠标并按 Alt 键，可以单击点为中心向外创建选区；拖动鼠标并按 Shift+Alt 组合键，可以单击点为中心向外创建正方形选区。注意，需要先单击并拖动鼠标，再按相应的键，才能实现该功能。

4.2.2 创建圆形与椭圆形选区

椭圆选框工具用于创建圆形或椭圆形的选区。

1. 认识椭圆选框工具的选项栏

图 4-14 所示是椭圆选框工具的选项栏。

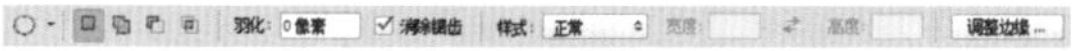

图 4-14　椭圆选框工具的选项栏

选项栏中各参数的含义如下。

【消除锯齿】：选择该项可使选区的边缘更为光滑。图 4-15 所示是没有选择该项时的效果，当放大选区后可以看到，选区边缘呈锯齿状。使用该选项只会改变边缘像素，并不会损失细节部分。

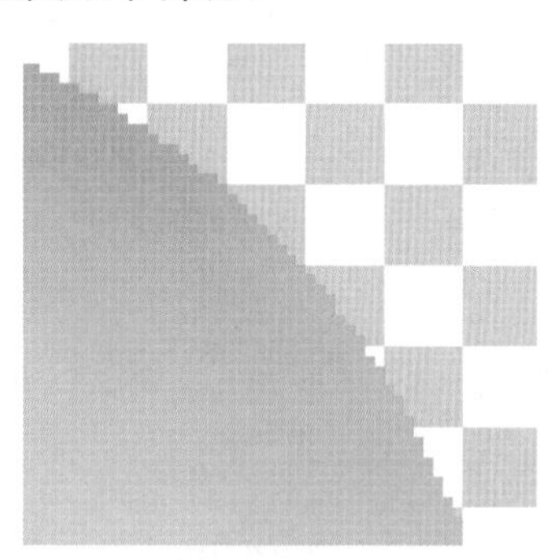

图 4-15　选区边缘呈锯齿状

其余参数的含义与矩形选框工具相同，这里不再赘述。

2. 使用椭圆选框工具创建选区

下面使用椭圆选框工具选中足球，具体的操作步骤如下。

步骤 1 打开随书光盘中的“素材\ch04\03.jpg”文件，如图 4-16 所示。

图 4-16　素材文件

步骤 2 选择椭圆选框工具，在选项栏中单击【新选区】按钮，然后在图像中按住鼠标左键不放并拖动鼠标的同时，按住 Shift 键，创建一个圆形选区，如图 4-17 所示。

图 4-17　创建一个圆形选区

步骤 3 此时圆形选区与足球的位置有一定的偏差，将鼠标指针定位在选区内部，当指针变为形状时，拖动鼠标移动选区的位置，使其选中足球，如图 4-18 所示。

图 4-18　移动选区

提示　与矩形选框工具相同，在使用椭圆选框工具时，同样可以使用 Shift 键和 Alt 键创建圆形选区和以单击点为中心的选区。

4.2.3 创建单行与单列选区

单行选框工具用于创建高度为 1 像素大小的行，同理，单列选框工具用于创建宽度为 1 像素大小的列，这两个工具常用于制作网格。

1. 认识单行和单列选框工具的选项栏

图 4-19 所示是单行选框工具的选项栏。单列选框工具的选项栏与之相同。

图 4-19　单行选框工具的选项栏

该选项栏中各参数的含义与矩形选框工具相同，这里不再赘述。注意，灰色选项表示该功能不可用。

2. 使用单行和单列选框工具创建选区

下面介绍如何使用单行和单列选框工具为图像添加网格，具体的操作步骤如下。

步骤 1 打开随书光盘中的“素材\ch04\04.jpg”文件，如图 4-20 所示。

图 4-20　素材文件

步骤 2 选择单行选框工具，在选项栏中单击【添加到选区】按钮，然后在图像中单击，创建一个行选区，连续单击，即可创建多个行选区，如图 4-21 所示。

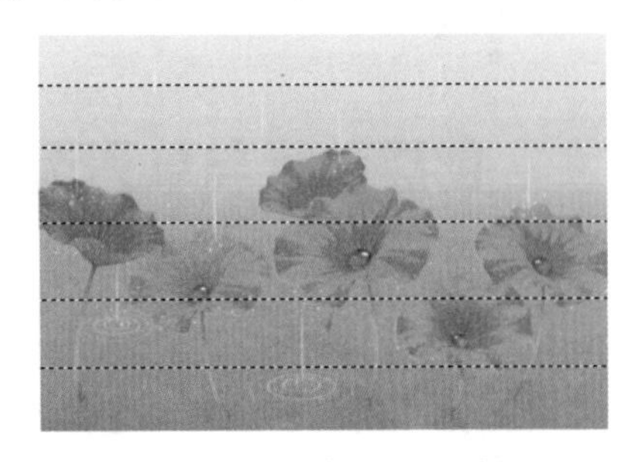

图 4-21　创建多个行选区

步骤 3 按 Shift+Delete 组合键，为选区填充背景色，然后按 Ctrl+D 组合键，取消选区的选择，如图 4-22 所示。

图 4-22　为行选区填充背景色

> **提示** 按 Alt+Delete 组合键，可为选区填充当前的前景色。

步骤 4 选择单列选框工具，然后在图像中连续单击，创建多个列选区，如图 4-23 所示。

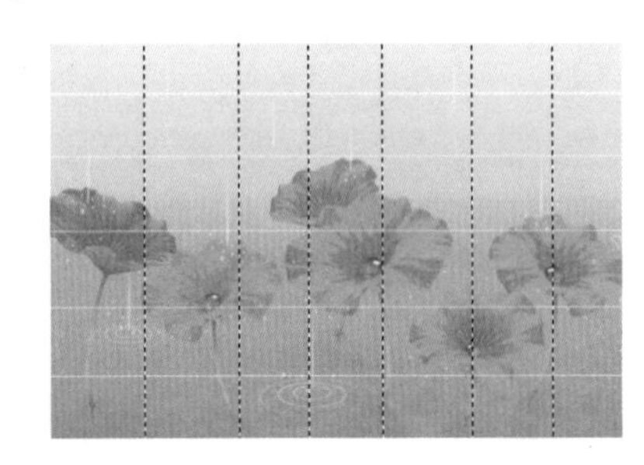

图 4-23　创建多个列选区

步骤 5 重复步骤 3，最终效果如图 4-24 所示。

图 4-24　为列选区填充背景色

> **提示** 选择【视图】→【显示】→【网格】命令，在图像中显示出网格，然后以网格为依据创建单行或单列选区，可制作出间距相同的网格线。

4.3 创建不规则选区

套索工具组也是最基本的选取工具，主要用于创建不规则的选区。该工具组共包含 3 个工具，分别是套索工具、多边形套索工具和磁性套索工具，如图 4-25 所示。

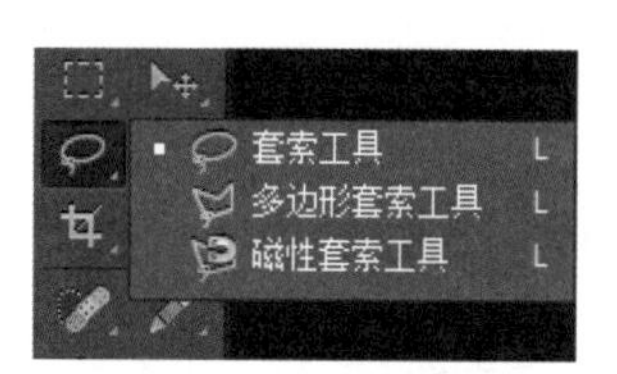

图 4-25 套索工具组

4.3.1 创建任意不规则选区

套索工具用于创建任意不规则的选区。

1. 认识套索工具的选项栏

图 4-26 所示是套索工具的选项栏。

羽化：0像素 消除锯齿 调整边缘...

图 4-26 套索工具的选项栏

该选项栏中各参数的含义与矩形选框工具相同，这里不再赘述。

2. 使用套索工具创建选区

下面介绍如何使用套索工具创建选区，具体的操作步骤如下。

步骤 1 打开随书光盘中的“素材\ch04\05.jpg”文件，如图 4-27 所示。

图 4-27 素材文件

步骤 2 选择套索工具，鼠标指针会变为形状，单击图像上的任意一点作为起点，并按住左键不放，沿着图像边缘拖动鼠标开始绘制选区，如图 4-28 所示。

图 4-28 绘制选区

步骤 3 当终点与起点重合时，释放鼠标，即可创建一个不规则的选区，如图 4-29 所示。

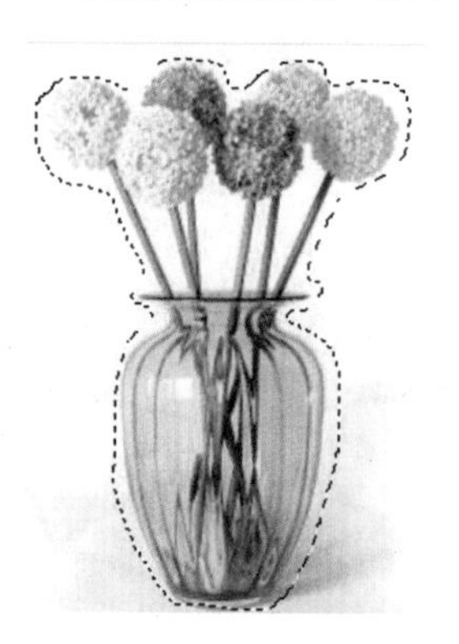

图 4-29 创建一个不规则的选区

提示 若在终点与起点没有重合时释放鼠标，软件会在两点之间创建一个直线来闭合选区。另外，在使用套索工具绘制选区的过程中，按住 Alt 键不放然后释放鼠标，可切换为多边形套索工具，放开 Alt 键可恢复为套索工具。

4.3.2 创建有一定规则的选区

使用多边形套索工具，可通过手绘的形式创建直线型的有一定规则的选区。该工具的选项栏与套索工具的选项栏相同，这里不再赘述。下面介绍如何使用多边形套索工具创建选区，具体的操作步骤如下。

步骤 1 打开随书光盘中的“素材\ch04\06.jpg”文件，如图 4-30 所示。

图 4-30 素材文件

步骤 2 选择多边形套索工具，鼠标指针会变为形状，单击图像上的任意一点作为起点，然后沿着边缘拖动鼠标拖出一条直线，到转折处再次单击鼠标，即可绘制下一条直线，如图 4-31 所示。

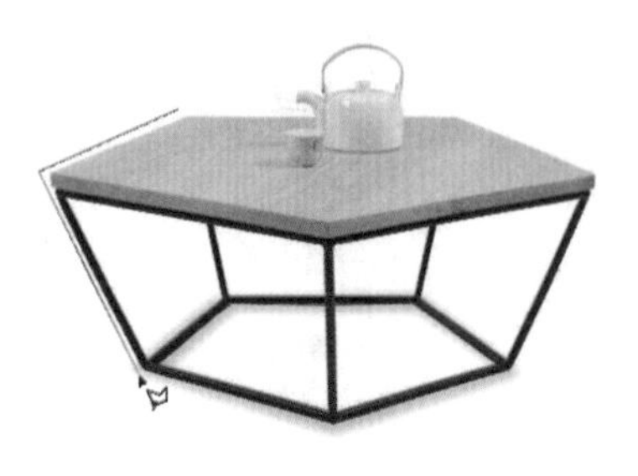

图 4-31 绘制直线

步骤 3 在图像的转折处继续单击鼠标绘制选区，然后单击起点，使终点与起点重合，即可闭合选区，如图 4-32 所示。

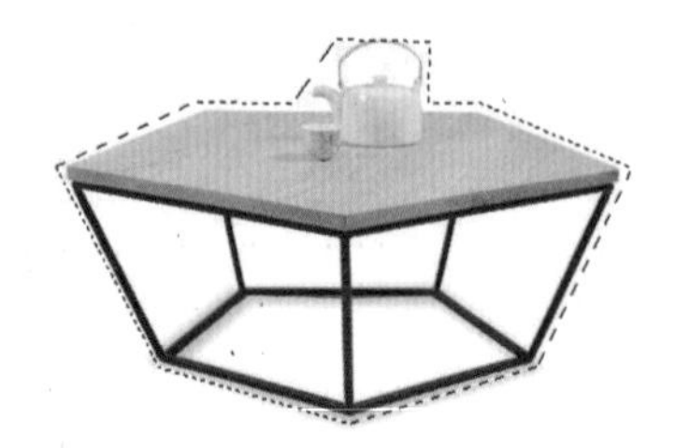

图 4-32 创建一个规则的选区

步骤 4 用户可以将多边形套索工具与套索工具配合使用。例如，在选取茶壶时，按住 Alt 键，单击并拖动鼠标沿着茶壶边缘创建不规则选区，当该部分选取完成后，放开 Alt 键即可，最终效果如图 4-33 所示。

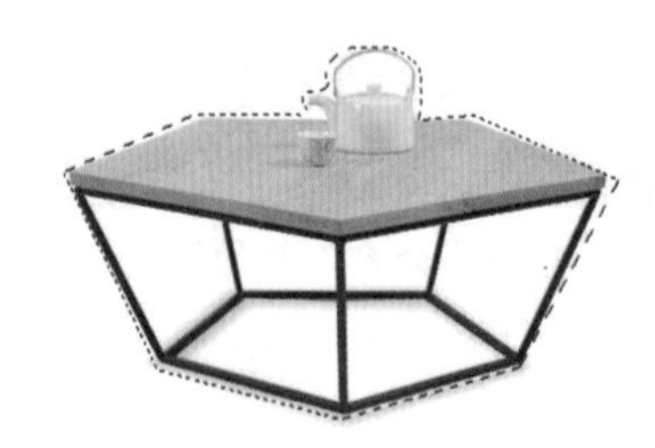

图 4-33 多边形套索工具与套索工具配合使用后的效果

提示 若终点与起点没有重合，双击鼠标或按 Enter 键，软件会在两点之间创建一个直线来闭合选区。在绘制过程中若要取消绘制，按 Esc 键即可。另外，在使用多边形套索工具绘制选区过程中，按住 Alt 键不放，可切换为套索工具，放开 Alt 键可恢复为多边形套索工具。

4.3.3 自动创建不规则选区

磁性套索工具可根据图像的颜色自动指定选区，特别适用于选取与背景对比强烈且边缘较为清晰的对象。

1. 认识磁性套索工具的选项栏

图 4-34 所示是磁性套索工具的选项栏。

图 4-34　磁性套索工具的选项栏

选项栏中各参数的含义如下。

☆ 【宽度】：设置以当前鼠标指针为基准，其周围能够被探测到的边缘的宽度。若要选取对象的边缘清晰，可设置为较大的宽度；反之，则设置为较小的宽度，以指定细致程度不同的选区。

在创建选区时，按 Caps Lock 键（即大写锁定键），鼠标指针将变成一个圆圈形状，圆圈所在范围即是能够探测到的宽度，如图 4-35 所示。

图 4-35　鼠标指针变成一个圆圈形状

☆ 【对比度】：设置套索对图像边缘的灵敏度。若要选取对象的边缘清晰，可设置为较大的对比度；反之，则设置为较小的对比度。

☆ 【频率】：设置生成锚点的密度。频率越大，生成的锚点越多，但过多的锚点可能会使选区边缘不够光滑，图 4-36 和图 4-37 分别是频率值为 70 和 10 时的效果。

☆ 【绘图板压力】：单击该按钮，Photoshop 会根据笔刷压力自动调整检测范围，若增加压力，会导致边缘宽度减小。注意，只有计算机配置有数位板和压感笔时此项才可用。

图 4-36　频率值为 70 时的效果

图 4-37　频率值为 10 时的效果

其余参数的含义与矩形选框工具相同，这里不再赘述。

2. 使用磁性套索工具创建选区

下面介绍如何使用磁性套索工具创建选区，具体的操作步骤如下。

步骤 1 打开随书光盘中的“素材\ch04\07.jpg”文件，如图 4-38 所示。

图 4-38　素材文件

步骤 2 选择磁性套索工具，在选项栏中设置【宽度】为 10，【对比度】为 20%，【频率】为 60，然后将鼠标指针定位在图像中，指针会变为形状，单击图像边缘的任意一点作为起点，沿着边缘拖动鼠标，软件会自动生成锚点吸附到存在色彩差异的图像边缘，如图 4-39 所示。

图 4-39　自动生成锚点

提示　若边缘附近的色彩与边缘处的色彩相近，自动吸附会出现偏差，此时可单击鼠标，手动在该处生成锚点。若某个锚点位置不合适，按 Delete 键将其删除即可，连续按 Delete 键可以倒序依次删除前面的锚点。

步骤 3 继续沿着边缘拖动鼠标，然后单击起点，使终点与起点重合，即可闭合选区，如图 4-40 所示。

图 4-40　闭合选区

提示　若终点与起点没有重合，双击鼠标或按 Enter 键，软件会直接闭合选区。在绘制过程中若要取消绘制，按 Esc 键即可。

在使用磁性套索工具绘制选区的过程中，按住 Alt 键和鼠标左键不放，可切换为套索工具；按住 Alt 键不放，可切换为多边形套索工具。

4.4 快速创建选区

快速选择工具和魔棒工具可以基于色调和颜色之间的差异来快速创建选区，不必跟踪其轮廓，特别适用于选择颜色相近的区域，如图 4-41 所示。

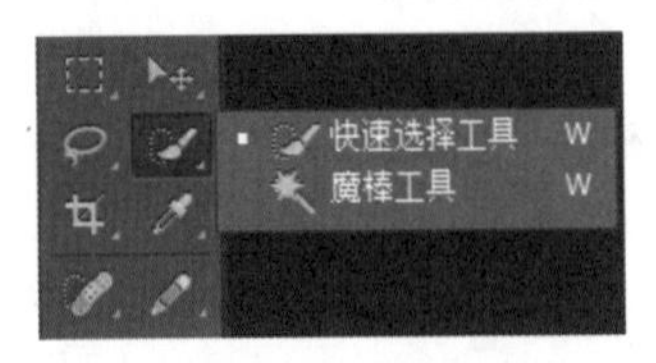

图 4-41　快速选择工具和魔棒工具

4.4.1 使用快速选择工具创建选区

快速选择工具是通过拖动鼠标以绘画的形式涂抹出选区，在拖动鼠标时，选区会自动向外扩展并查找和跟随与附近色彩相近的区域。

1. 认识快速选择工具的选项栏

图 4-42 所示是快速选择工具的选项栏。

图 4-42　快速选择工具的选项栏

选项栏中各参数的含义如下。

☆ 【新选区】按钮：单击该按钮，在图像中会创建一个新选区。该按钮的作用类似于矩形选框工具选项栏中的按钮。

☆ 【添加到选区】按钮：单击该按钮，将在原有选区的基础上添加绘制的选区。该按钮的作用类似于矩形选框工具选项栏中的按钮。

☆ 【从选区减去】按钮：单击该按钮，将在原有选区的基础上减去绘制的选区。该按钮的作用类似于矩形选框工具选项栏中的按钮。

☆ 【画笔选择器】按钮：单击该按钮，在弹出的下拉列表中可设置画笔的笔尖大小、硬度和间距等。

☆ 【对所有图层取样】复选框：选择该项可针对所有图层创建选区，而不只是当前的图层。

☆ 【自动增强】复选框：选择该项可减少选区边缘的粗糙度。

2. 使用快速选择工具创建选区

下面介绍如何使用快速选择工具创建选区，具体的操作步骤如下。

步骤 1 打开随书光盘中的“素材\ch04\08.jpg”文件，如图 4-43 所示。

图 4-43　素材文件

步骤 2 选择快速选择工具，在选项栏中设置合适的画笔大小，然后按住左键不放，沿着老鹰的边缘拖动鼠标创建选区，如图 4-44 所示。

图 4-44　沿着边缘拖动鼠标创建选区

步骤 3 创建完成后，释放鼠标，此时有些多余的背景可能会被误选中，如图 4-45 所示。

图 4-45　多余的背景可能会被误选中

步骤 4 按住 Alt 键，此时鼠标指针会变为形状，按住左键不放并拖动鼠标，减去选区中多余的部分，如图 4-46 所示。

图 4-46　减去选区中多余的部分

提示 在操作过程中，按下[或]键，可调整画笔笔尖大小。

步骤 5 释放鼠标后，即可创建选区选中老鹰，如图 4-47 所示。

图 4-47　创建选区选中老鹰

提示 在创建选区时，可使用缩放工具放大图像，以创建更为精确的选区。

步骤 6 将选区复制到其他背景中，最终效果如图 4-48 所示。

图 4-48　将选区复制到其他背景

4.4.2 使用魔棒工具创建选区

使用魔棒工具，只需在图像上单击，就会自动选择与单击点（即取样点）色彩相近的区域。

1. 认识魔棒工具的选项栏

图 4-49 所示是魔棒工具的选项栏。

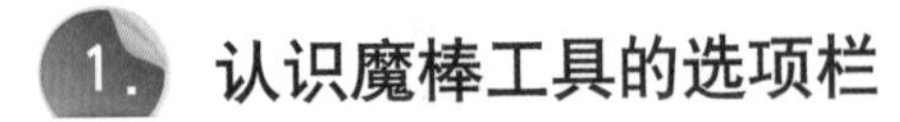

图 4-49　魔棒工具的选项栏

选项栏中各参数的含义如下。

☆ 【取样大小】：设置取样的范围。【取样点】选项表示对单击点所在位置的像素取样；其余选项都表示对单击点所在位置的规定像素范围内的平均颜色进行取样。例如，3×3 选项表示以单击点所在位置为基准，对其周围 3 个像素区域内的平均颜色取样。

☆ 【容差】文本框：设置颜色的选择范围。容差越小，所选区域的颜色与取样点的颜色越相近；容差越大，颜色的选择范围就越广。图 4-50 和图 4-51 分别是容差为 20 和 70 的效果。

图 4-50　容差为 20 的效果

图 4-51　容差为 70 的效果

☆ 【连续】复选框：选择该项后，只能选择颜色相近且位置相邻的区域；若不选择，则可选择图像中所有与取样点颜色相近的区域。图 4-52 和图 4-53 分别是选择该项和没有选择的效果。

图 4-52　选中【连续】复选框的效果

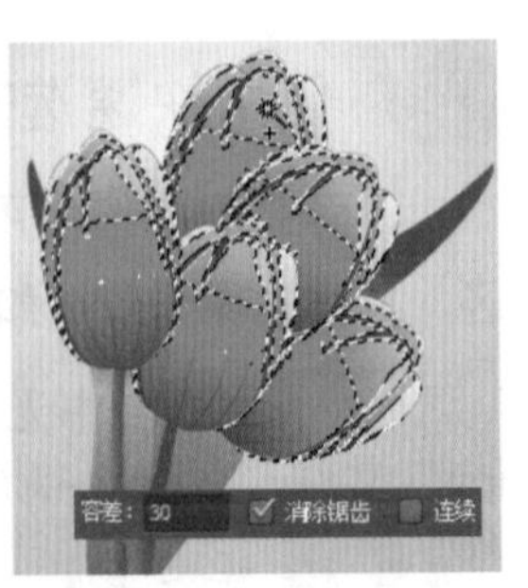

图 4-53　没有选中的效果

其余参数的含义与矩形选框工具和快速选择工具中的相同，这里不再赘述。

2. 使用魔棒工具创建选区

在使用魔棒工具时，很多颜色相近的区域很容易被误选择，即使减小容差值，也不能很好地解决该问题。因此，魔棒工具通常与【反选】命令配合使用，首先使用魔棒工具选中颜色较为一致的背景区域，再使用【反选】命令反转选区，即可选中背景之外的对象。具体的操作步骤如下。

步骤 1 打开随书光盘中的“素材 \ch04\09.jpg”文件，如图 4-54 所示。

图 4-54　素材文件

步骤 2 选择魔棒工具，在选项栏中将【容差】设置为 40，并选中【消除锯齿】和【连续】复选框，如图 4-55 所示。

取样大小：取样点　容差：40　☑ 消除锯齿　☑ 连续

图 4-55　在魔棒工具选项栏中设置参数

步骤 3 在图像的背景处单击，即可选中人物之外的所有背景，如图 4-56 所示。

图 4-56　选中人物之外的所有背景

步骤 4 选择【选择】→【反选】命令，即可反转选区，选中人物，如图 4-57 所示。

图 4-57　反转选区选中人物

步骤 5 将选区复制到其他背景中，最终效果如图 4-58 所示。

图 4-58　将选区复制到其他背景

4.5 使用其他命令创建选区

在 Photoshop 中除了使用工具箱中的选框工具创建选区外，还可以使用其他命令创建选区，如使用蒙版工具创建选区、使用色彩范围命令创建选区、使用通道创建选区等，下面进行详细介绍。

4.5.1 使用【色彩范围】命令创建选区

使用【色彩范围】命令创建选区的原理与魔棒工具类似，也是根据图像中的色彩差异来选择，但该命令提供了更多的参数设置，可以创建更为精确的选区。

1. 认识【色彩范围】对话框

打开随书光盘中的“素材\ch04\10.jpg”文件，如图 4-59 所示。选择【选择】→【色彩范围】命令，弹出【色彩范围】对话框，在其中设置相应的参数，即可创建选区，如图 4-60 所示。

图 4-59　打开文件

图 4-60　【色彩范围】对话框

【色彩范围】对话框中各参数的含义如下。

☆ 【选择】：设置选区要选取的颜色，如图 4-61 所示。【取样颜色】选项表示在图像中单击，以单击点的颜色作为取样颜色；【红色】或【黄色】等选项表示以指定的颜色作为取样颜色来创建选区；【高光】或【中间调】等选项表示选择图像中的特定色调；【肤色】选项表示选择图像中出现的皮肤颜色；【溢色】选项表示选择图像中出现的溢色。

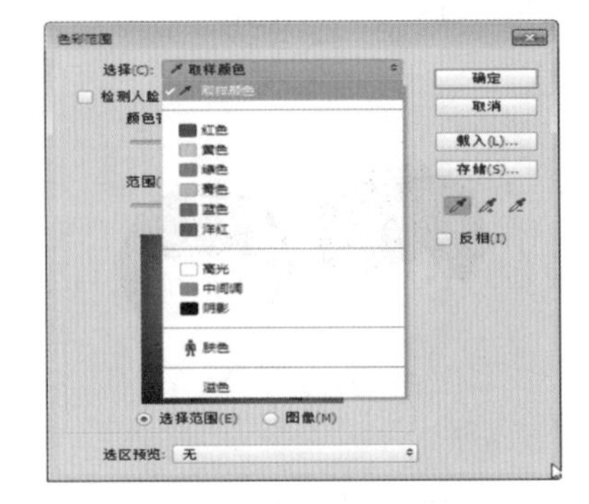

图 4-61　设置选区要选取的颜色

☆ 【检测人脸】：选择该项可以精确地选择图像中出现的头像或皮肤颜色。

☆ 【本地化颜色簇】：选择该项，然后调整下方的【范围】参数，可设置选区的范围。图 4-62 和图 4-63 分别是【范围】设置为 30% 和 76% 时的效果，预览框中的白色部分即为选区。

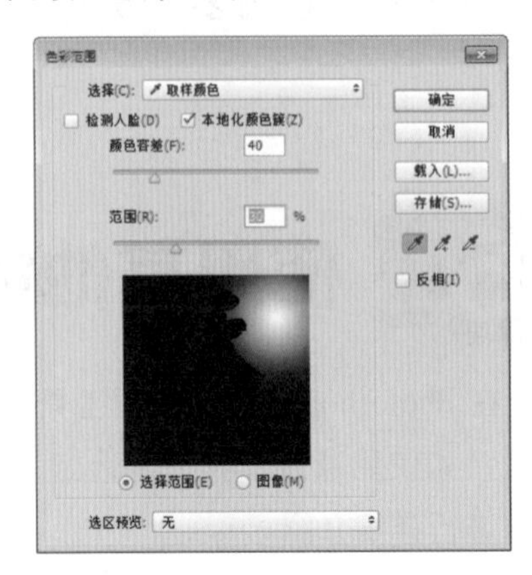

图 4-62　将【范围】设置为 30% 的效果

图 4-63　将【范围】设置为 76% 的效果

☆　【颜色容差】：设置颜色的选择范围。容差越大，颜色的选择范围就越广。

☆　【选区预览】：设置在窗口中预览的类型。

☆　吸管工具：单击按钮，然后在预览框中单击，可设置取样点；单击按钮，然后在预览框中单击，可添加取样颜色；单击按钮，将减去取样颜色。注意，只有将【选择】参数设置为【取样颜色】时，这 3 个工具才可用。

☆　【反相】：选择该项将在原有选区的基础上反转选区。

2. 使用【色彩范围】命令创建选区

下面使用【色彩范围】命令创建选区，具体的操作步骤如下。

步骤 1　打开随书光盘中的“素材 \ch04\11.jpg”文件，如图 4-64 所示。

图 4-64　素材文件

步骤 2　选择【选择】→【色彩范围】命令，弹出【色彩范围】对话框，将【颜色容差】设置为 25，并单击按钮，然后将鼠标指针定位在预览框中，单击鼠标以设置取样颜色，如图 4-65 所示。

图 4-65　单击鼠标以设置取样颜色

步骤 3　继续单击并拖动鼠标，将背景区域全部添加到选区中（白色部分表示选区），如图 4-66 所示。

图 4-66　将背景区域全部添加到选区

步骤 4　选中【反相】复选框，反转选区，如图 4-67 所示。

图 4-67　反转选区

步骤 5 设置完成后，单击【确定】按钮，即可创建选区选中大树，如图 4-68 所示。

图 4-68　创建选区选中大树

步骤 6 将选区复制到其他背景中，最终效果如图 4-69 所示。

图 4-69　将选区复制到其他背景

4.5.2 使用钢笔工具创建选区

使用钢笔工具可以创建路径，然后将路径作为选区载入，即可将其转换为选区。具体的操作步骤如下。

> **提示** 关于钢笔工具的详细用法，请参考 11.3.1 小节。

步骤 1 打开随书光盘中的“素材\ch04\12.jpg”文件，如图 4-70 所示。

步骤 2 选择钢笔工具，单击花瓶边缘处的任意一点创建一个作为起点的锚点，然后沿着边缘拖动鼠标，在转折处单击再次创建一个锚点，并按住左键不放拖动鼠标调整方向线，使路径与边缘贴齐，如图 4-71 所示。

图 4-70　素材文件

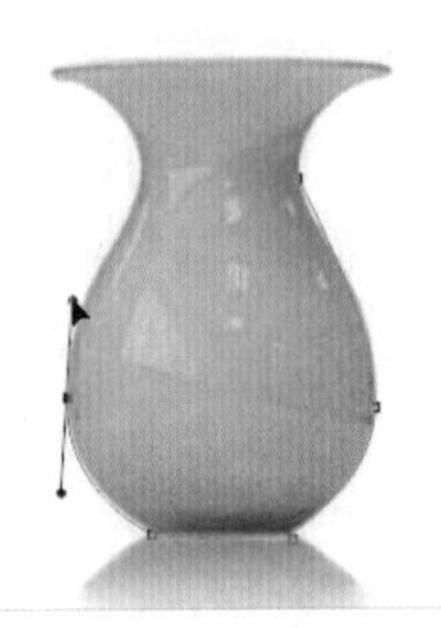

图 4-71　沿着边缘创建锚点

步骤 3 继续创建锚点，直到终点与起点重合时，即可闭合路径，如图 4-72 所示。

图 4-72　闭合路径

步骤 4 打开【路径】面板，在其中可以看到，此时已创建了一个工作路径，单击底部的【将路径作为选区载入】按钮，如图 4-73 所示。

图 4-73　单击【将路径作为选区载入】按钮

步骤 5 即可将路径转换为选区，如图 4-74 所示。

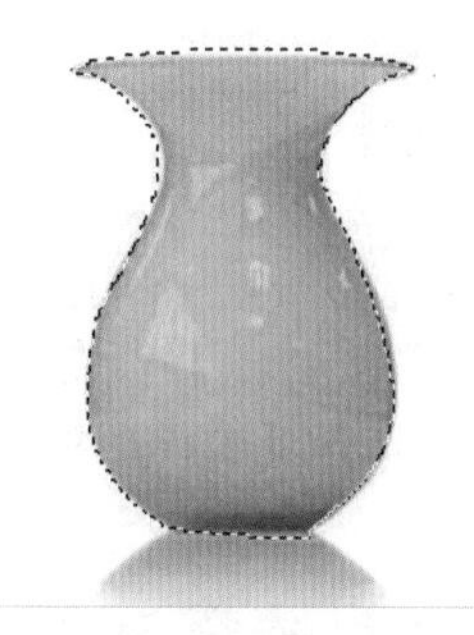
图 4-74　将路径转换为选区

4.5.3 使用通道创建选区

使用通道创建选区的方法很简单，只需要打开一个图像文件，然后在【通道】面板中单击【将通道作为选区载入】按钮，如图 4-75 所示。这样就会自动将图像中灰度在 127 以上的区域作为选区了，如图 4-76 所示。

图 4-75　单击【将通道作为选区载入】按钮

图 4-76　自动将灰度在 127 以上的区域作为选区

4.6 选区的基本操作

在深入学习关于选区的各种工具和命令前，首先需要掌握一些选区的基本操作，包括快速选择选区、添加选区、移动选区等。

4.6.1 选择全部选区与反选选区

选择全部选区与反选选区主要是通过【选择】菜单来实现的，如图 4-77 所示。

选择(S) 滤镜(T) 3D(D) 视图(V)
全部(A) Ctrl+A
取消选择(D) Ctrl+D
重新选择(E) Shift+Ctrl+D
反选(I) Shift+Ctrl+I

图 4-77 【选择】菜单

1. 选择全部选区

选择【选择】→【全部】命令，或者按 Ctrl+A 组合键，即可选择当前图层中的全部图像，如图 4-78 所示。

图 4-78 选择当前图层中的全部图像

2. 反选选区

反选选区是指选择除了当前选区外的其他选区，当图像的背景色比较简单单一时特别适用。首先使用魔棒工具选择背景区域，如图 4-79 所示，然后选择【选择】→【反选】命令，即可反转选区，如图 4-80 所示。

图 4-79 选择背景区域

> **提示** 选择背景区域后右击，在弹出的快捷菜单中选择【选择反向】命令，也可反转选区，如图 4-81 所示。

图 4-80 反转选区

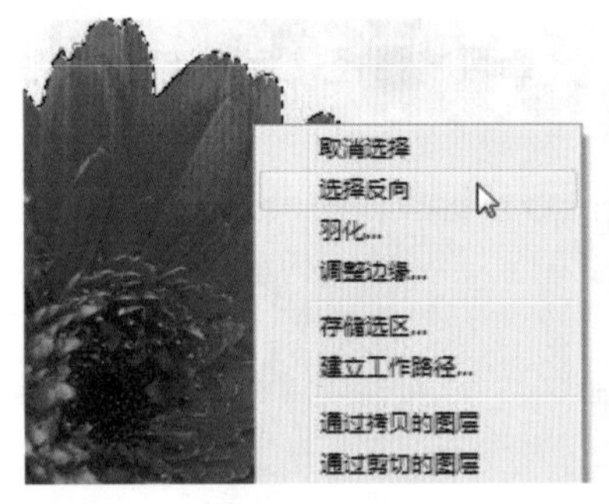

图 4-81 选择【选择反向】命令

4.6.2 取消选择和重新选择

取消选择选区与重新选择选区同样是通过【选择】菜单来实现的。

1. 取消选择选区

若要取消对选区的选择，选择【选择】→【取消选择】命令，或者按 Ctrl+D 组合键即可。

2. 重新选择选区

若要恢复被取消的选区，选择【选择】→【重新选择】命令，或者按 Ctrl+Shift+D 组合键即可。

4.6.3 添加选区与减去选区

在选择选区时，有时一次操作并不能达到满意的效果，此时可以使用添加或减去选区功能，对选区进行调整。

选择选框工具、套索工具、魔棒工具等创建选区的工具后，在选项栏中单击【添加到选区】按钮，即可添加选区；若单击【从选区减去】按钮，即可减去选区，如图 4-82 所示。而对于快速选择工具，选项栏中的相关按钮图标与其他创建选区的工具不一致，但功能相同，分别单击和按钮，即可添加或减去选区，如图 4-83 所示。

图 4-82　单击按钮可添加或减去选区

图 4-83　快速选择工具选项栏中的按钮图标

1. 添加选区

通过添加选区功能，可以在原有选区的基础上添加新的选区。下面介绍一个简单的实例，具体的操作步骤如下。

步骤 1 打开随书光盘中的“素材\ch04\13.jpg”文件，选择矩形选框工具，单击并拖动鼠标创建一个矩形选区，如图 4-84 所示。

图 4-84　创建一个矩形选区

步骤 2 选择椭圆选框工具，在选项栏中单击【添加到选区】按钮，然后单击并拖动鼠标选择区域，如图 4-85 所示。

图 4-85　创建椭圆选区

步骤 3 释放鼠标，即可在矩形选区的基础上添加一个椭圆选区，如图 4-86 所示。

图 4-86　添加一个椭圆选区

提示　在创建选区时，按住 Shift 键也可以在当前选区中添加绘制的选区，相当于单击【添加到选区】按钮。

2. 减去选区

通过减去选区功能，可以在原有选区的基础上减去新创建的选区。例如在上面例子中，若单击【从选区减去】按钮，即可在矩形选区的基础上减去与椭圆选区相交的选区，如图 4-87 所示。

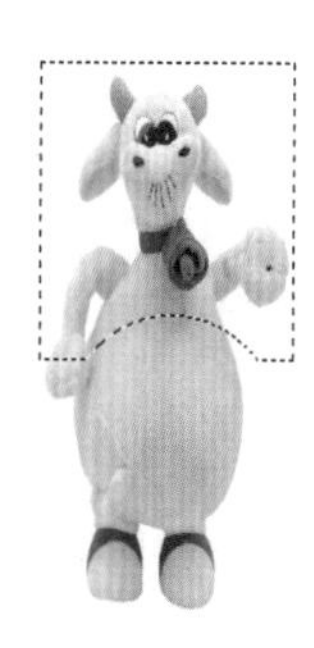

图 4-87　减去选区后的效果

提示 在创建选区时，按住 Alt 键也可以在当前选区中减去绘制的选区，相当于单击了【从选区减去】按钮。

此外，若在选项栏中单击【与选区交叉】按钮，那么将只保留矩形选区与椭圆选区相交的部分，如图 4-88 所示。

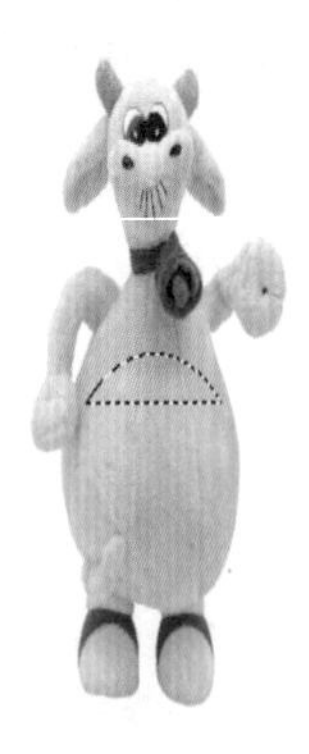

图 4-88　与选区交叉后的效果

4.6.4 复制与移动选区

对于创建的选区，用户可以根据需要对其进行复制和移动操作，下面进行详细介绍。

1. 复制选区

创建选区后，可将其复制到当前图像中，也可复制到其他的图像文件中。复制选区主要有 3 种方法，分别如下。

(1) 首先创建一个选区，如图 4-89 所示。按 Ctrl+C 组合键，再按 Ctrl+V 组合键即可复制选区，如图 4-90 所示。

图 4-89　创建一个选区

图 4-90　将选区复制到当前图像中

(2) 创建选区后，选择移动工具，然后打开另外一个图像文件，按住 Alt 键不放，将选区拖动到该图像中，可复制选区，如图 4-91 所示。

图 4-91　将选区复制到其他图像中

(3) 通过【拷贝】和【粘贴】命令也可复制选区，如图 4-92 所示。

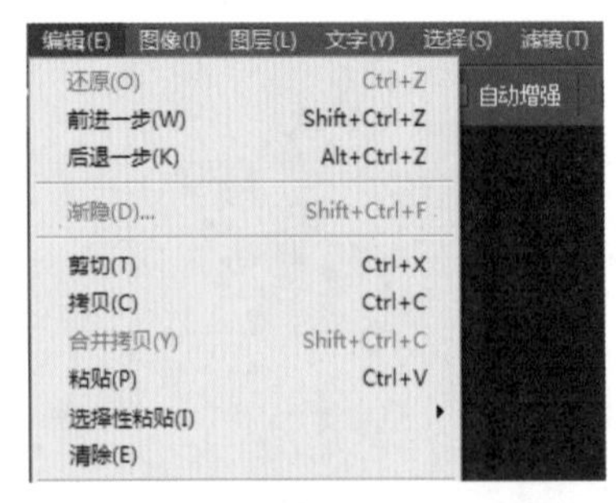

图 4-92　通过【拷贝】和【粘贴】命令也可复制选区

2. 移动选区

使用选框或套索工具创建一个选区，如图 4-93 所示。确保选项栏中的【新选区】按

钮□处于选中状态，将鼠标指针定位在选区内，单击并拖动鼠标即可移动选区，如图4-94所示。若要微移选区，按下键盘上的←、→、↑或↓等方向键即可。

提示 使用选框工具创建选区时，在释放鼠标前按住空格键并拖动鼠标，可移动选区。

图4-93　创建一个选区

图4-94　移动选区

若是使用魔棒工具或快速选择工具创建选区，如图4-95所示，则选择选框工具或套索工具后，重复上述步骤，即可移动选区，如图4-96所示。

图4-95　使用魔棒工具或快速选择工具创建选区

图4-96　再次移动选区

4.6.5 隐藏或显示选区

创建选区后，选择【视图】→【显示】→【选区边缘】命令，或者按Ctrl+H组合键，可以隐藏选区。再次选择该命令，即可显示选区。

4.7 选区的编辑操作

选择好选区之后，就可以对选区进行编辑操作了，如变换选区、存储选区、描边选区等。下面详细介绍编辑选区的方法。

4.7.1 选区图像的变换

创建选区后，通过【选择】→【变换】中的子菜单可对选区进行变换操作，包括缩放、旋转、扭曲等。具体方法可参考 3.4 节的相关内容，它们的方法几乎一致，这里不再赘述。

4.7.2 存储和载入选区

有时创建一些复杂图像的选区相当麻烦，一旦因操作失误或其他原因撤销了选区，将会造成不必要的损失，因此若在以后的操作中还需要使用选区，可将其保存起来，当再次使用时载入该选区即可。

1. 存储选区

存储选区主要有两种方法，分别如下。

(1) 直接单击【通道】面板中的【将选区存储为通道】按钮，即可存储选区。具体的操作步骤如下。

步骤 1 打开随书光盘中的“素材\ch04\14.jpg”文件，创建选区，如图 4-97 所示。

图 4-97 素材文件

步骤 2 在【通道】面板中，单击底部的【将选区存储为通道】按钮，可将选区保存在 Alpha 通道中，如图 4-98 所示。

图 4-98 将选区保存在 Alpha 通道中

(2) 选择【选择】→【存储选区】命令，通过弹出的【存储选区】对话框也可存储选区，如图 4-99 所示。

图 4-99 【存储选区】对话框

> 提示 在选区中右击，在弹出的快捷菜单中选择【存储选区】命令，如图 4-100 所示，也可弹出【存储选区】对话框。 
>
> 图 4-100 选择【存储选区】命令

在该对话框中，【文档】参数用于设置保存选区的目标文件，默认将其保存在当前

的文档中；【通道】参数用于设置是将选区保存在新建通道中，还是其他的通道中；【名称】参数用于设置选区的名称。

2. 载入选区

若要调用存储的选区，需要载入选区。共有3种方法可载入选区，分别如下。

(1) 按住Ctrl键不放，在【通道】面板中单击通道缩览图，即可载入选区，如图4-101所示。

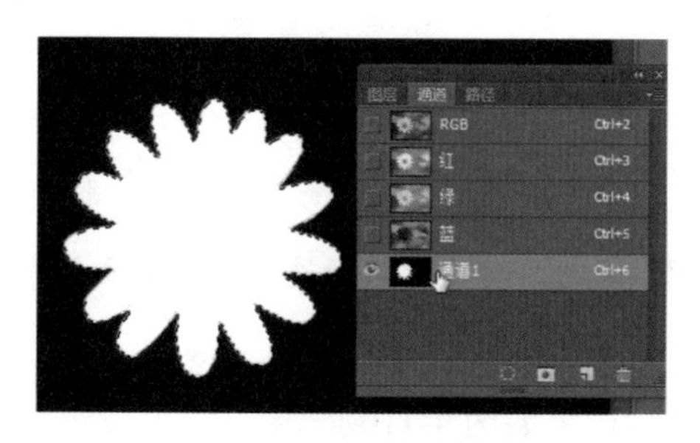

图4-101 载入选区

(2) 在【通道】面板中选中要载入的通道，单击底部的【将通道作为选区载入】按钮，可载入选区。

(3) 选择【选择】→【载入选区】命令，通过弹出的【载入选区】对话框也可载入选区，如图4-102所示。

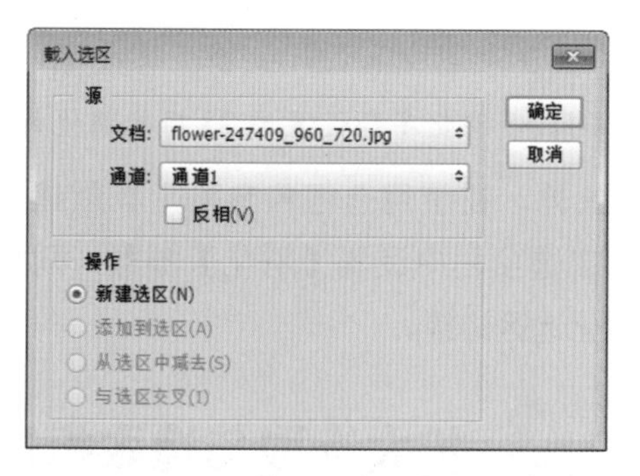

图4-102 【载入选区】对话框

在该对话框中，【文档】参数用于选择包含选区的目标文件；【通道】参数用于选择包含选区的通道；【反相】参数可以反转选区，相当于执行了反选选区命令。

4.7.3 描边选区

描边选区是指给选区添加边缘线条效果，具体操作步骤如下。

步骤1 打开随书光盘中的“素材\ch04\15.jpg”文件，创建一个选区，如图4-103所示。

图4-103 素材文件

步骤2 选择【编辑】→【描边】命令，弹出【描边】对话框，在其中设置描边的宽度、颜色、位置、模式以及不透明度等参数，如图4-104所示。

图4-104 【描边】对话框

步骤3 设置完成后，单击【确定】按钮，选区边缘出现描边效果，如图4-105所示。

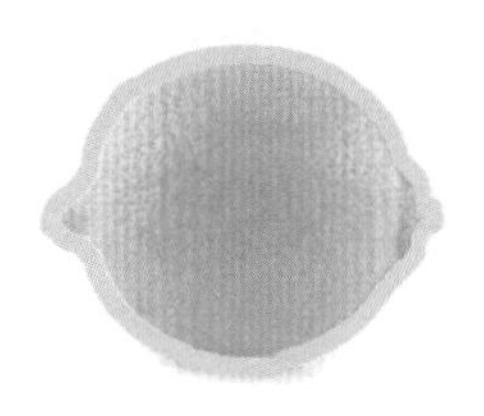

图4-105 选区边缘出现描边效果

提示 在选区中右击，在弹出的快捷菜单中选择【描边】命令，也可弹出【描边】对话框。

4.7.4 羽化选区边缘

羽化选区是指为选区的边缘添加模糊效果，这种模糊效果会丢失选区边缘的图像细节。具体的操作步骤如下。

步骤 1 打开随书光盘中的“素材\ch04\16.jpg”文件，使用快速选择工具创建一个选区，如图 4-106 所示。

图 4-106 素材文件

步骤 2 选择【选择】→【修改】→【羽化】命令，或者右击并在弹出的快捷菜单中选择【羽化】命令，如图 4-107 所示。

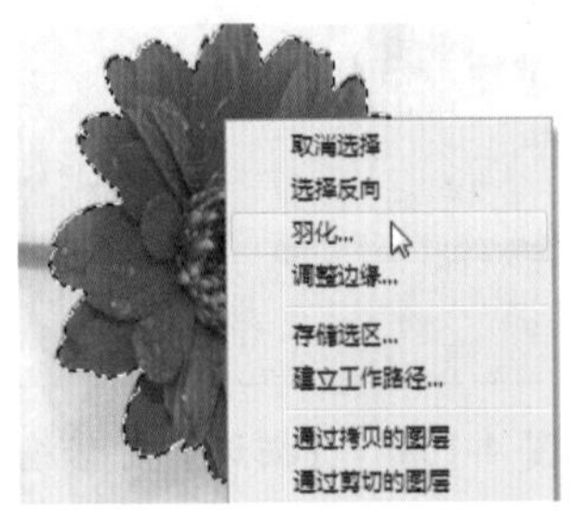

图 4-107 选择【羽化】命令

步骤 3 弹出【羽化选区】对话框，在【羽化半径】文本框中输入羽化值，即可控制羽化范围的大小。例如这里输入“10”，单击【确定】按钮，如图 4-108 所示。

步骤 4 新建一个背景为透明的文件，将羽化后的选区复制到文件中，即可查看羽化后的效果，如图 4-109 所示。

图 4-108 【羽化选区】对话框

图 4-109 将羽化后的选区复制到文件中

步骤 5 如果将羽化半径设置为 25，则羽化后的效果如图 4-110 所示。

图 4-110 羽化半径设置为 25 后的羽化效果

此外，在使用选框和套索工具创建选区前，在选项栏中设置【羽化】参数，同样可以羽化选区边缘。

4.7.5 扩大选取与选取相似

扩大选取和选取相似，两个功能都是基于魔棒工具选项栏中的【容差】参数，来扩大现有的选区，容差越大，选区扩大的范围就越大。

1. 扩大选取

使用扩大选取功能能够选择所有和现有选区颜色相同或相近的相邻像素，然后扩大这些区域。具体的操作步骤如下。

步骤 1 打开随书光盘中的“素材\ch04\17.jpg”文件，创建一个选区，如图4-111所示。

图4-111　创建一个选区

步骤 2 选择【选择】→【扩大选取】命令，即可扩大与原有选区相连接，并且颜色与之相同或相近的区域，如图4-112所示。

图4-112　使用扩大选取功能的效果

2. 选取相似

使用选取相似功能能够选择所有和现有选区颜色相同或相近的所有像素，而不只是相邻的像素。因此，它不仅会扩大相邻区域，还将扩大到整个图像文件。选择【选择】→【选取相似】命令，效果如图4-113所示。

图4-113　使用选取相似功能的效果

4.7.6 修改选区边界

修改选区边界是以当前的选区边界为中心向内外扩展，从而形成新的选区。具体的操作步骤如下。

步骤 1 打开随书光盘中的“素材\ch04\18.jpg”文件，创建一个选区，如图4-114所示。

图4-114　创建一个选区

步骤 2 选择【选择】→【修改】→【边界】命令，弹出【边界选区】对话框，在【宽度】文本框中设置选区扩展的像素值，例如这里输入“15”像素，如图4-115所示。

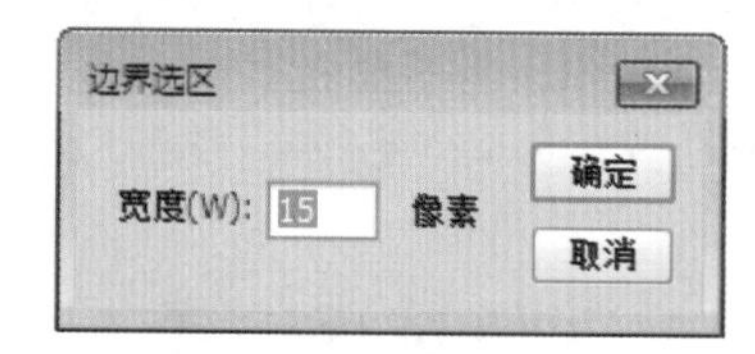

图4-115　【边界选区】对话框

步骤 3 单击【确定】按钮，原选区边界会分别向内外扩展7.5像素，形成一个新的选区，如图4-116所示。

图4-116　形成一个新的选区

步骤 4 为新选区填充颜色。选择【编辑】→【填充】命令，弹出【填充】对话框，在【内容】

下拉列表框中选择【颜色】选项，如图 4-117 所示，并在弹出的调色板中选择填充颜色。

图 4-117 【填充】对话框

步骤 5 单击【确定】按钮，即可为选区填充颜色，如图 4-118 所示。

图 4-118 为选区填充颜色

提示 修改选区边界和描边选区的用法相似，不同的是，使用修改选区边界功能会自动羽化选区。

4.7.7 平滑选区边缘

平滑选区边缘可以让选区生硬的边缘变得平滑，具体的操作步骤如下。

步骤 1 打开随书光盘中的“素材\ch04\19.jpg”文件，创建一个选区，如图 4-119 所示。

图 4-119 创建一个选区

步骤 2 选择【选择】→【修改】→【平滑】命令，弹出【平滑选区】对话框，在【取样半径】文本框中输入“100”，如图 4-120 所示。

图 4-120 【平滑选区】对话框

步骤 3 单击【确定】按钮，选区的边缘变得平滑，如图 4-121 所示。

图 4-121 选区的边缘变得平滑

4.7.8 扩展与收缩选区

扩展选区是指对现有的选区进行扩展，具体的操作步骤如下。

步骤 1 打开随书光盘中的“素材\ch04\14.jpg”文件，创建一个选区，如图 4-122 所示。

图 4-122 创建一个选区

步骤 2 选择【选择】→【修改】→【扩展】命令，弹出【扩展选区】对话框，在【扩展量】文本框中设置扩展范围，例如这里输入“20”像素，如图 4-123 所示。

图 4-123　【扩展选区】对话框

步骤 3 单击【确定】按钮，即扩展了选区范围，如图 4-124 所示。

图 4-124　扩展选区范围

收缩选区是指对现有的选区进行收缩，具体的操作步骤如下。

步骤 1 打开随书光盘中的“素材\ch04\14.jpg”文件，创建一个选区，如图 4-125 所示。

步骤 2 选择【选择】→【修改】→【收缩】命令，弹出【收缩选区】对话框，在【收缩量】文本框中设置收缩范围，例如这里输入“20”像素，如图 4-126 所示。

图 4-125　创建一个选区

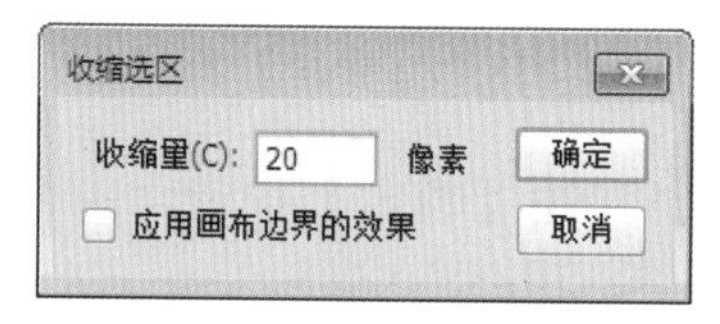

图 4-126　【收缩选区】对话框

步骤 3 单击【确定】按钮，即收缩了选区范围，如图 4-127 所示。

图 4-127　收缩选区范围

4.8 高效技能实战

4.8.1 技能实战 1——制作光盘的封面

家庭摄影、录像已经普及，为了妥善保存影音视频，可以将其制作成光盘。为了使光盘美观，便于识别，可以为光盘制作一个简易的封面，具体的操作步骤如下。

步骤 1 选择【文件】→【新建】命令，弹出【新建】对话框，在【名称】文本框中输入“光盘封面”，【宽度】和【高度】都设置为 12 厘米，【分辨率】为 72 像素 / 英寸，【背景内容】为【透明】，如图 4-128 所示。

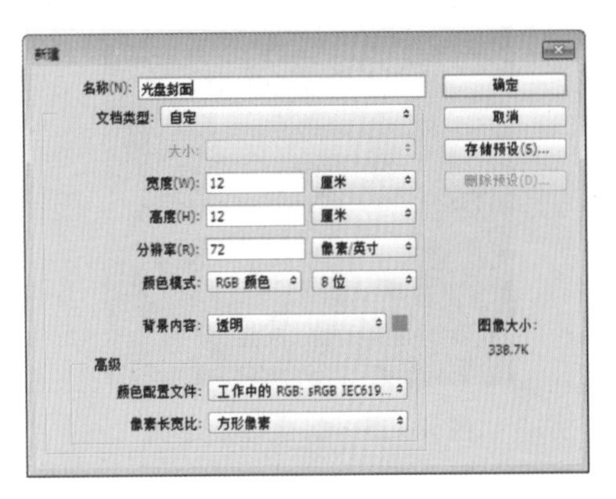

图 4-128 【新建】对话框

步骤 2 单击【确定】按钮，即可新建一个透明文件，如图 4-129 所示。

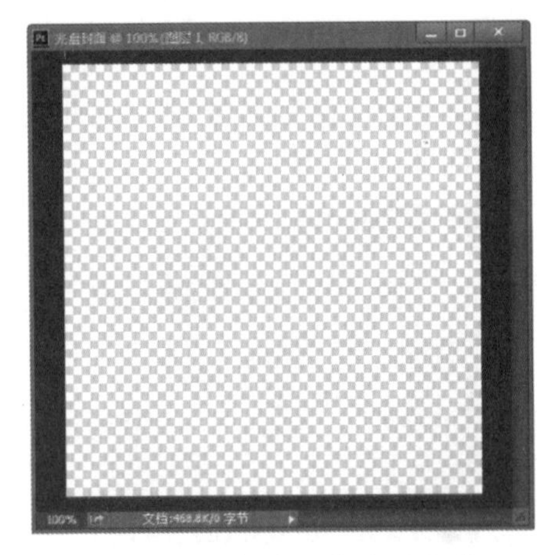

图 4-129 新建一个透明文件

步骤 3 选择【视图】→【标尺】命令，或者按 Ctrl+R 组合键调出标尺，如图 4-130 所示。

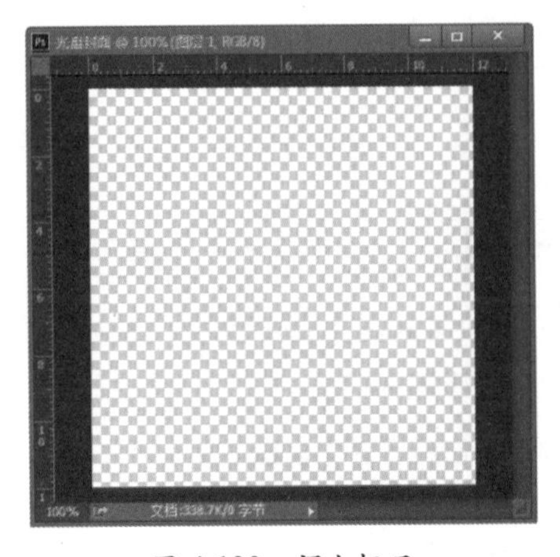

图 4-130 调出标尺

提示 如果标尺显示的不是厘米，而是像素，为了方便操作，需要将标尺单位改为厘米，具体的方法是：右击文档中的标尺，在弹出的快捷菜单中选择【厘米】命令，即可将标尺更改为以厘米单位方式显示，如图 4-131 所示。

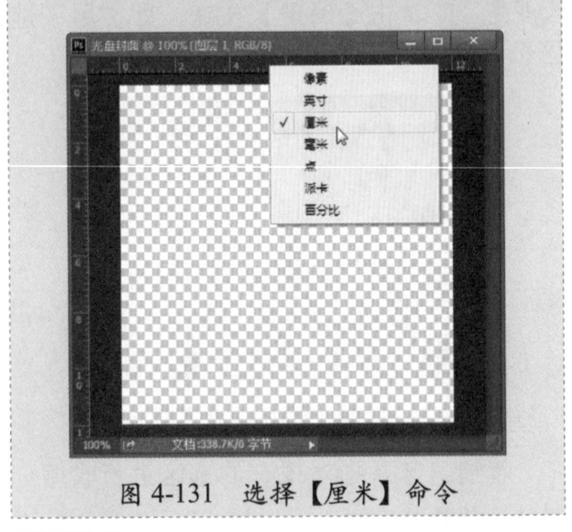

图 4-131 选择【厘米】命令

步骤 4 单击标尺拖曳，可以绘制出参考线，横向和纵向分别在 2、4、6、8 厘米处添加参考线，如图 4-132 所示。

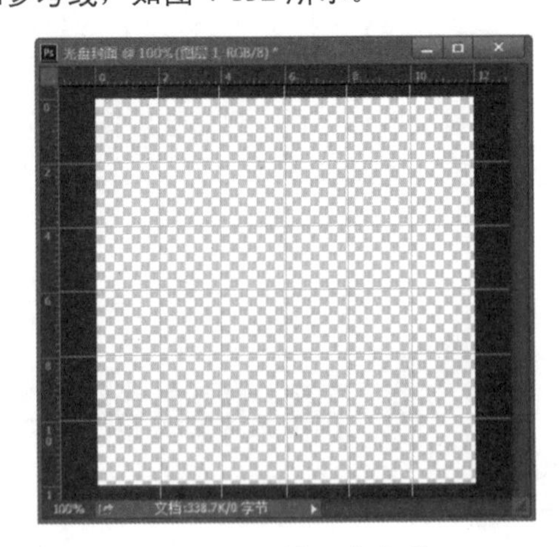

图 4-132 添加参考线

步骤 5 选择工具栏中的椭圆选框工具，在其属性栏中设置【羽化】值为 0 px，在【样式】下拉列表框中选择【固定大小】选项，【宽度】和【高度】分别设置为 12 厘米。按 Alt 键，单击纵横 6 厘米参考线的交点，产生一个正圆的选区，如图 4-133 所示。

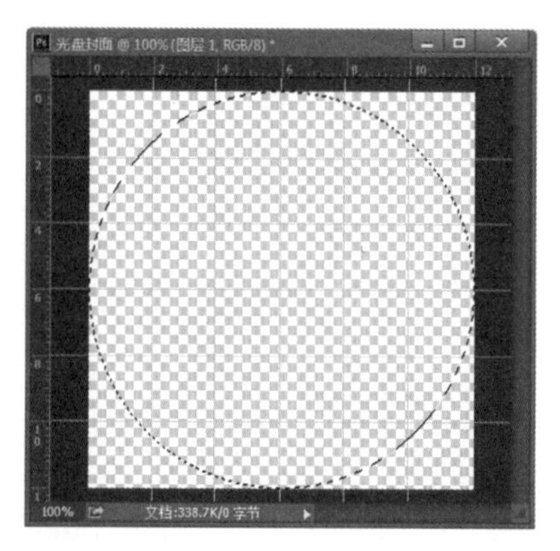

图 4-133 产生一个正圆的选区

步骤 6 单击属性栏中的【从选区减去】按钮，依照上述方法，绘制一个直径为 4 厘米的选区，如图 4-134 所示。

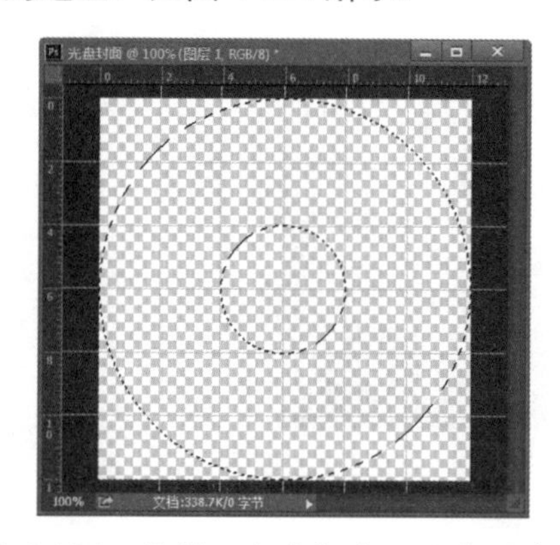

图 4-134 绘制一个直径为 4 厘米的选区

步骤 7 选择【视图】→【清除参考线】命令，将参考线清除。选择【选择】→【反向】命令，对选区进行反选操作，如图 4-135 所示。

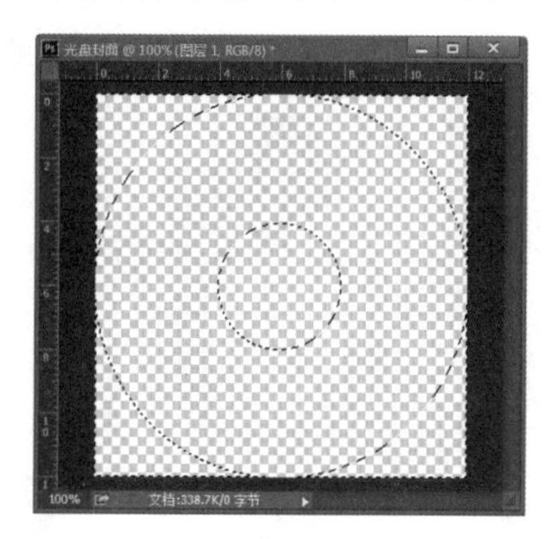

图 4-135 清除参考线并反选选区

步骤 8 选择工具箱中的油漆桶工具，将选区填充为白色，如图 4-136 所示。

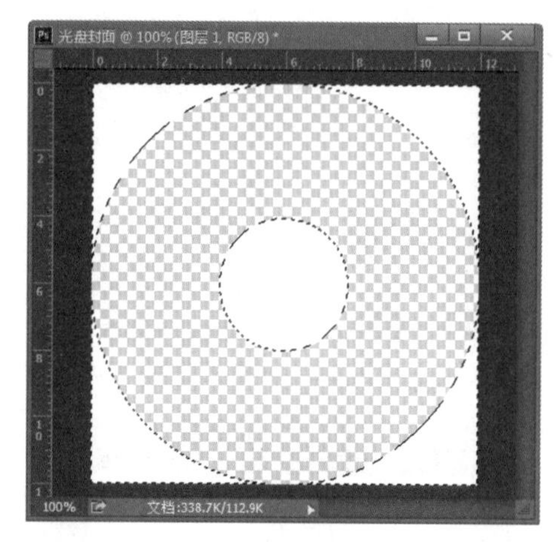

图 4-136 将选区填充为白色

步骤 9 按 Ctrl+D 组合键撤销选区，打开随书光盘中的“素材\ch04\20.jpg”文件，使用工具栏中的移动工具将图像移动到“光盘封面”文件中，产生一个新图层“图层 2”，如图 4-137 所示。

图 4-137 将图像移动到“光盘封面”文件中

步骤 10 选中图层 2 将其调整到图层 1 的下方，如图 4-138 所示。

步骤 11 选择图层 2，选择【编辑】→【自由变换】命令，或按 Ctrl+T 组合键，对图像的大小及位置进行调整，调整后如图 4-139 所示。

图 4-138　将图层 2 调整到图层 1 的下方

图 4-139　调整图像的大小及位置

步骤 12 使用竖排文字工具在图像中的适当位置添加文字，如图 4-140 所示。

图 4-140　添加文字

步骤 13 选中文字图层，在文字工具栏中单击【创建变形文字】按钮，打开【变形文字】对话框，在其中选择样式为【扇形】，选中【垂直】单选按钮，并设置弯曲度为+50%，单击【确定】按钮，如图 4-141 所示。

图 4-141　【变形文字】对话框

步骤 14 单击文字工具栏中的颜色色块，打开【拾色器（文本颜色）】对话框，在其中设置文字的颜色，如图 4-142 所示。

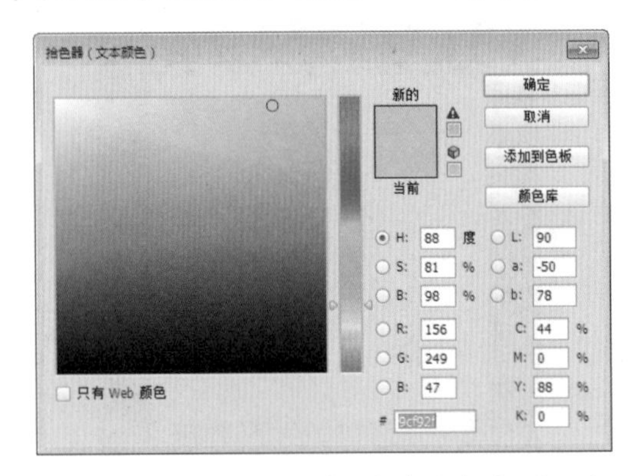

图 4-142　【拾色器（文本颜色）】对话框

步骤 15 单击【确定】按钮，返回到图像文件中，可以看到设置文字之后的效果，如图 4-143 所示。

图 4-143　设置文字之后的效果

步骤 16 选择【图层】→【合并可见图层】命令，将所有图层合并，如图 4-144 所示。

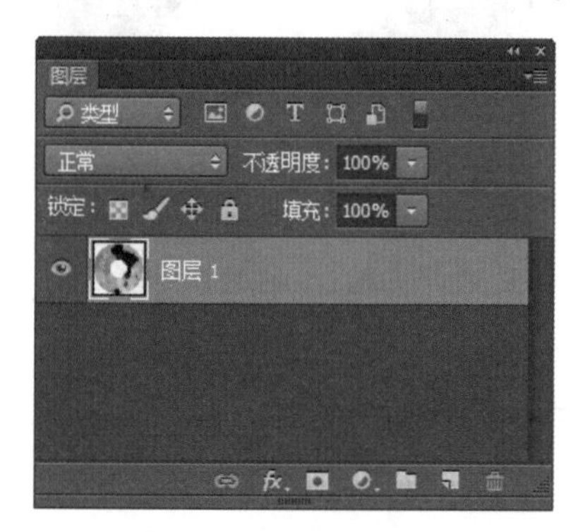

图 4-144　合并所有图层

步骤 17 使用魔棒工具选择白色区域，进行删除，可以得到如图 4-145 所示的最终显示效果，这样一个光盘封面就制作完成了。

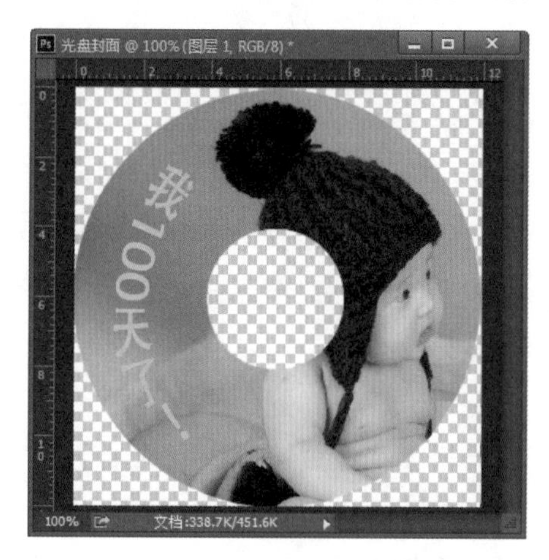

图 4-145　光盘封面制作完成

4.8.2 技能实战 2——抠取图像中的毛发

使用【调整边缘】命令可以在复制的图像中抠出细致复杂的毛发。在使用【调整边缘】对话框前，用户需要先创建一个大致的选区，然后再使用该对话框调整选区。打开该对话框的方式有多种，选择【选择】→【调整边缘】命令，即弹出【调整边缘】对话框，如图 4-146 所示。

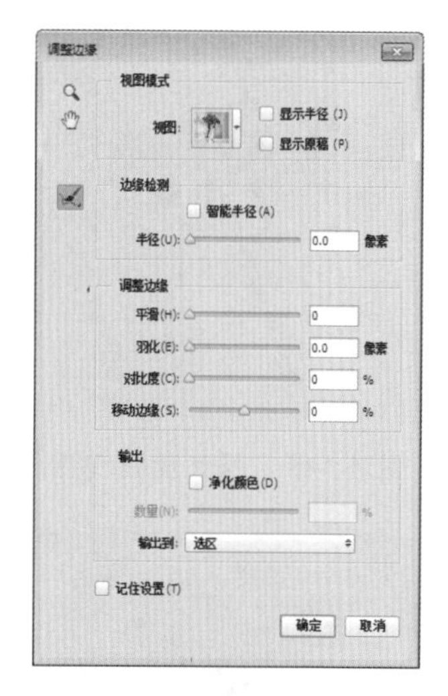

图 4-146　【调整边缘】对话框

1. 认识【调整边缘】对话框

【调整边缘】对话框中各参数的含义如下。

☆ 【视图】：设置视图模式，以便在文档窗口中观察选区调整的效果，如图 4-147 所示。

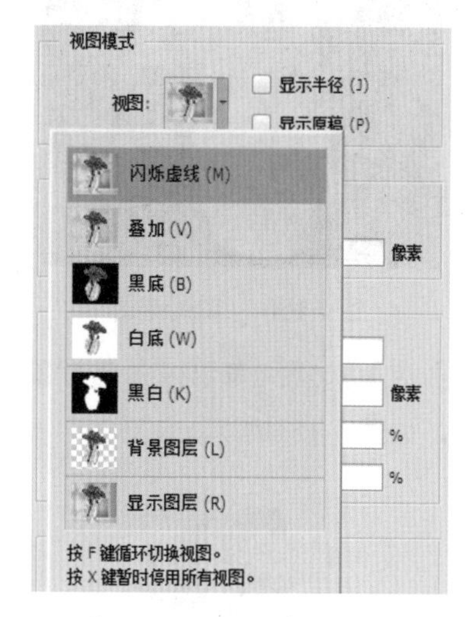

图 4-147　设置视图模式

☆ 【闪烁虚线】选项：表示以闪烁的虚线显示选区，如图 4-148 所示。

☆ 【叠加】选项：表示以快速蒙版状态显示选区，如图 4-149 所示。

☆ 【黑底】选项：表示以黑色背景显示选区，如图 4-150 所示。

图 4-148　闪烁虚线视图

图 4-149　叠加视图

图 4-150　黑底视图

☆　【白底】选项：表示以白色背景显示选区，如图 4-151 所示。

图 4-151　白底视图

☆　【黑白】选项：表示以通道蒙版的状态显示选区，如图 4-152 所示。

图 4-152　黑白视图

☆　【背景图层】选项：表示以透明的背景图层显示选区，如图 4-153 所示。

图 4-153　背景图层视图

☆　【显示图层】选项：表示不显示选区。

☆　【显示半径】：显示按半径定义的调整区域。

☆　【显示原稿】：显示原始选区。

☆　【半径】：设置检测边缘的半径。

☆　【智能半径】：选择该项可使半径自动适应图像边缘。

☆　【平滑】：设置边缘的平滑程度，该值越大，边缘越平滑。

☆　【羽化】：设置边缘的羽化范围。

☆　【对比度】：设置锐化边缘，从而消除边缘的不自然感。

☆　【移动边缘】：设置收缩或扩展选区边缘，该值越大，扩展范围越大。

☆　【净化颜色】：选择该项后，通过调整【数量】参数可以清除图像的彩色杂边。

☆　【输出到】：设置选区的输出方式，包括选区、图层蒙版、新建图层等方式。

2. 使用【调整边缘】命令抠取图像

下面将一只小猫从图像背景中抠出，具体操作步骤如下。

步骤 1 打开随书光盘中的“素材 \ch04\21.jpg”文件，如图 4-154 所示。

图 4-154　素材文件

步骤 2 选择快速选择工具，在小猫上拖动创建一个选区，选中小猫，如图 4-155 所示。

图 4-155　创建选区选中小猫

步骤 3 单击选项栏中的【调整边缘】按钮，弹出【调整边缘】对话框，将【视图】设置为【黑白】，选中【智能半径】和【净化颜色】复选框，并将【半径】设置为 250 像素，如图 4-156 所示。

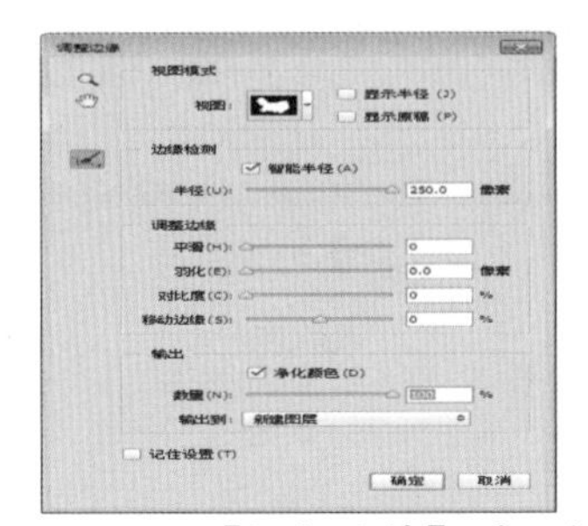

图 4-156　【调整边缘】对话框

步骤 4 此时在图像窗口中可查看选区调整的效果，如图 4-157 所示。

图 4-157　查看选区调整的效果

步骤 5 在【调整边缘】对话框中单击【调整半径工具】按钮，在弹出的下拉列表中选择抹除调整工具，如图 4-158 所示。

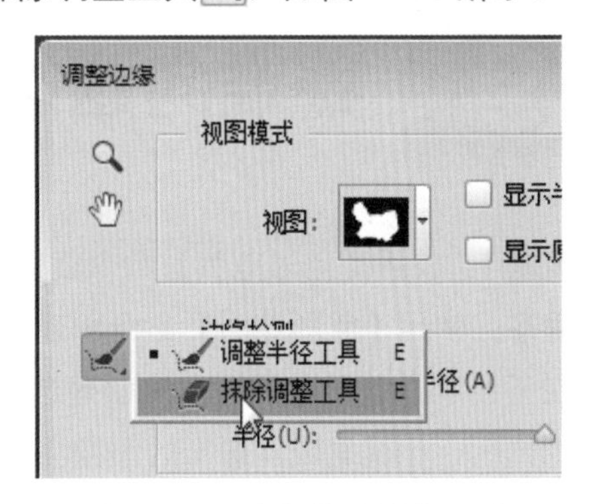

图 4-158　选择抹除调整工具

步骤 6 此时鼠标指针变为⊖形状，在小猫下边缘涂抹，擦去不需要的背景，按住 Alt 键不放，切换为调整半径工具，此时鼠标指针变为⊕形状，在小猫的尾巴上涂抹，擦出需要的背景，如图 4-159 所示。

图 4-159　擦出需要的背景

步骤 7 设置完成后，在【调整边缘】对话框中将【输入】设置为【新建图层】，单击【确定】按钮新建一个图层，如图 4-160 所示。

图 4-160　为选区新建一个图层

步骤 8 选择移动工具，将抠出的小猫拖动到其他背景中，可以看到，小猫的毛发已经抠出来了，如图 4-161 所示。

图 4-161　最终效果

4.9 疑难问题解答

问题 1：使用【色彩范围】命令创建的选区有什么特点？

解答：使用【色彩范围】命令创建选区与使用魔棒工具和快速选择工具创建选区的相同之处在于：都是基于色调差异来创建选区。不同之处在于：【色彩范围】命令可以创建带有羽化的选区，也就是说，选出的图像会呈现透明效果，而魔棒工具和快速选择工具则不能。

问题 2：在羽化选区时，有时会弹出一个信息提示框，如图 4-162 所示。这是为什么？

解答：如果选区较小而羽化半径设置较大，就会弹出一个羽化警告信息提示框，单击【确定】按钮，表示确认当前设置的羽化半径，这时选区可能变得非常模糊，以至于在画面中看不到，但是选区仍然存在。如果不想出现该警告信息框，应该减少羽化半径或增大选区的范围。

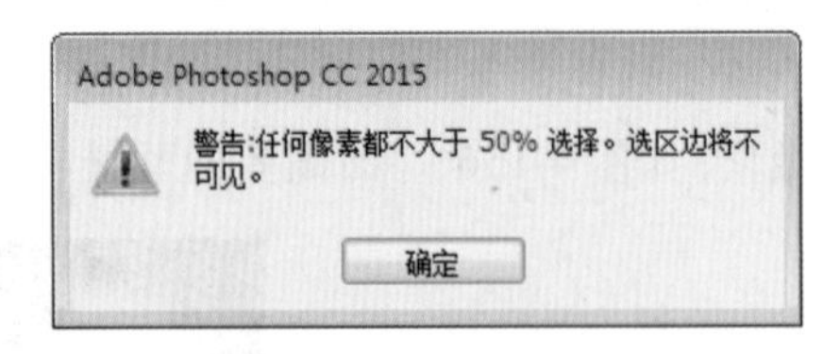

图 4-162　信息提示框

第5章 修饰和润色图像

- **本章导读：**

如果图像不符合我们的要求，就需要对图像进行修饰和润色。Photoshop 提供了多种修饰和润色图像的工具，例如修复和修补工具组、图章工具组、橡皮擦工具组等，使用这些工具，可以使图像更加完美。本章就带领大家学习这些修饰和润色图像的工具。

- **学习目标：**

◎ 掌握修复和修补工具组的用法
◎ 掌握图章工具组的用法
◎ 掌握橡皮擦工具组的用法
◎ 掌握模糊工具组的用法
◎ 掌握减淡工具组的用法

- **重点案例效果**

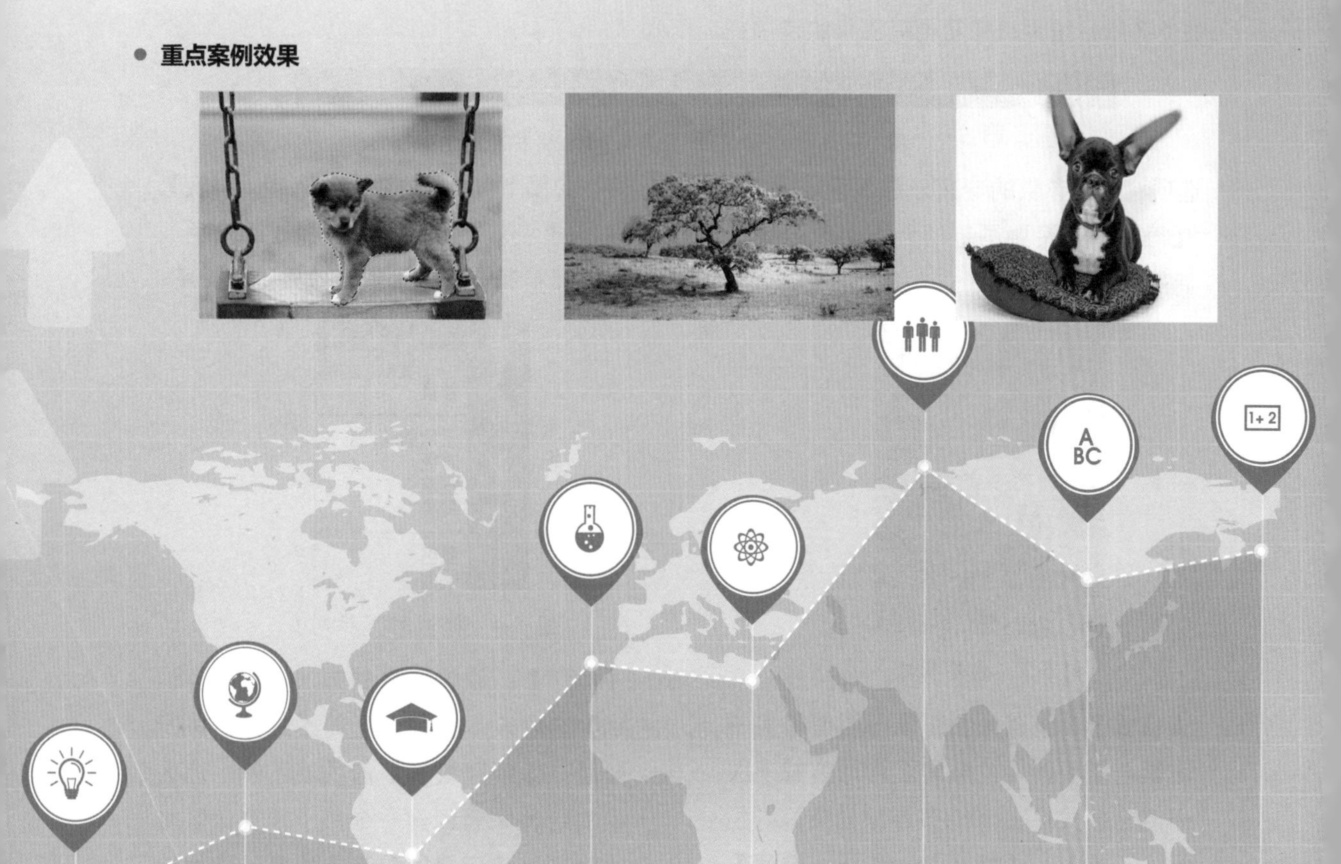

5.1 修复图像中的污点与瑕疵

修复和修补工具组主要用于修复图像中的污点或瑕疵，该工具组共包含 5 个工具，分别是污点修复画笔工具、修复画笔工具、修补工具、内容感知移动工具和红眼工具，如图 5-1 所示。

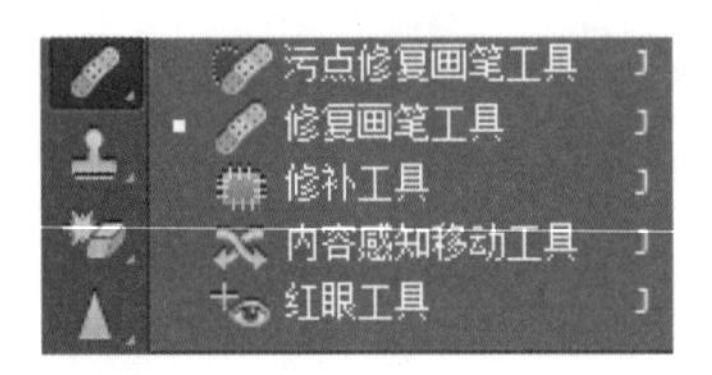

图 5-1　修复和修补工具组

5.1.1 修复图像中的污点

使用污点修复画笔工具可以快速移去照片中的污点、划痕和其他不理想的部分。

1. 认识污点修复画笔工具的选项栏

图 5-2 所示是污点修复画笔工具的选项栏。

图 5-2　污点修复画笔工具的选项栏

选项栏中各参数的含义分别如下。

☆ 【画笔】：设置画笔的大小、硬度和间距等，如图 5-3 所示。

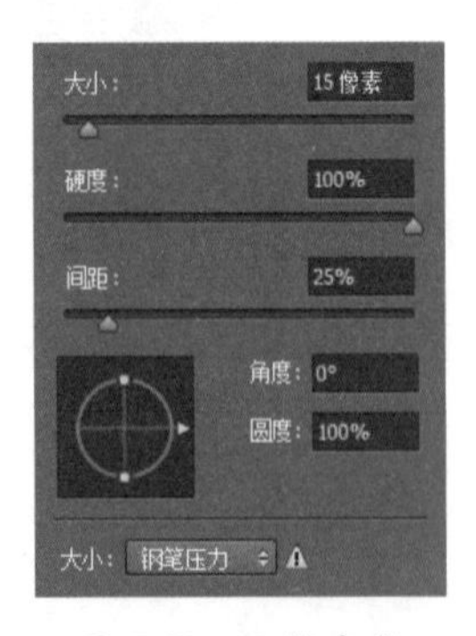

图 5-3　画笔参数

☆ 【模式】：设置修复图像时画笔笔尖的像素与下面图像的像素混合的方式（关于混合模式将在 10.4 节详细介绍），包括【正常】、【替换】、【正片叠底】等，如图 5-4 所示。注意，选择【替换】选项时可保留画笔描边边缘处的杂色、胶片颗粒和纹理，使修复效果更加真实。

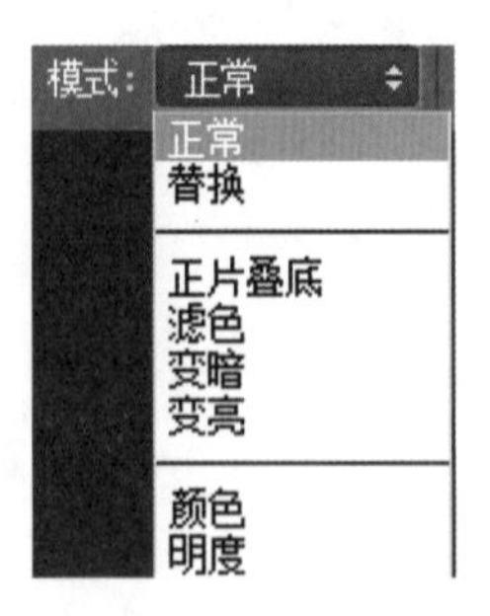

图 5-4　模式的下拉列表

☆ 【类型】：设置修复的方法。【内容识别】选项表示使用选区周围的像素进行修复；【创建纹理】选项表示使用选区中的所有像素创建一个用于修复该区域的纹理；【近似匹配】选项表示使用选

区边缘周围的像素来查找要用作选定区域修补的图像区域。

☆ 【对所有图层取样】：选择该项表示从所有可见图层中对数据进行取样。

2. 使用污点修复画笔工具

下面使用污点修复画笔工具去除人物脸上的斑点，具体操作步骤如下。

步骤 1 打开随书光盘中的“素材\ch05\01.jpg”文件，如图 5-5 所示。

图 5-5　素材文件

步骤 2 选择污点修复画笔工具，根据需要调整画笔大小，然后将鼠标指针移动到人物脸部的斑点上并单击，该工具会自动在图像中进行取样，结合周围像素的特点对斑点进行修复，如图 5-6 所示。

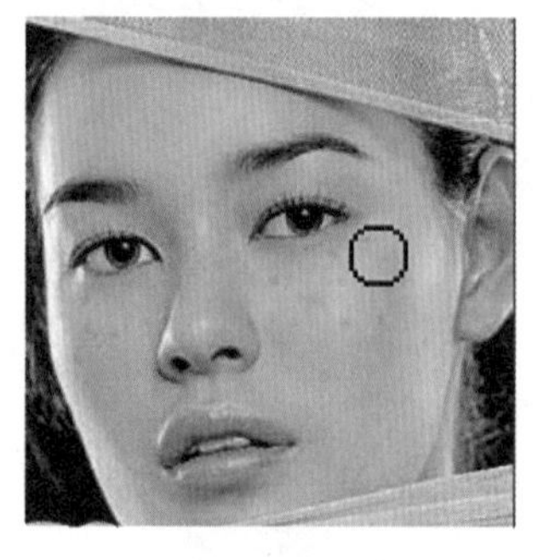

图 5-6　在斑点上单击鼠标

步骤 3 在其他的斑点区域单击鼠标，或者直接拖动鼠标，即可修复这些斑点，如图 5-7 所示。

图 5-7　修复斑点

> **提示** 在修复时可使用缩放工具放大图像，以便精确定位要修复的斑点。

5.1.2 修复图像中的瑕疵

修复画笔工具可用于校正瑕疵，它与污点修复画笔工具的工作方式类似，但不同的是，修复画笔工具要求指定样本点，而后者可自动从所修饰区域的周围取样。

> **提示** 修饰大片区域或需要更大程度地控制来源取样时，可使用修复画笔工具。

在使用修复画笔工具时，单击鼠标即可将取样点的图像复制到目标位置，并将样本像素的纹理、光照、透明度和阴影等与源像素进行匹配，使修复后的像素不留痕迹地融入图像的其他部分，从而校正瑕疵。若拖动鼠标涂抹目标位置，则会按照涂抹的范围复制出取样点周围的全部或部分图像。

1. 认识修复画笔工具的选项栏

图 5-8 所示是修复画笔工具的选项栏。

图 5-8　修复画笔工具的选项栏

选项栏中各参数的含义分别如下。

☆ 【切换仿制源面板】按钮：单击该按

钮，将弹出【仿制源】面板，该面板将在下面详细介绍。

☆ 【源】：设置作为修复的像素的来源。【取样】选项表示直接在图像上取样；【图案】选项表示使用图案作为来源。

☆ 【对齐】：选择该项会对像素进行连续取样，即在修复过程中，取样点随修复位置的移动而变化；若取消选择，则在修复过程中始终以初始取样点作为修复的像素的来源。

☆ 【样本】：设置从指定的图层中进行取样。

其他各项的含义与污点修复画笔工具相同，这里不再赘述。

2. 认识【仿制源】面板

在使用修复画笔工具和仿制图章工具时，单击选项栏中的按钮，都可弹出【仿制源】面板。通过该面板，可以设置多个样本源，还可以缩放或旋转样本源，以便更好地匹配要修复的对象的大小和方向，如图 5-9 所示。

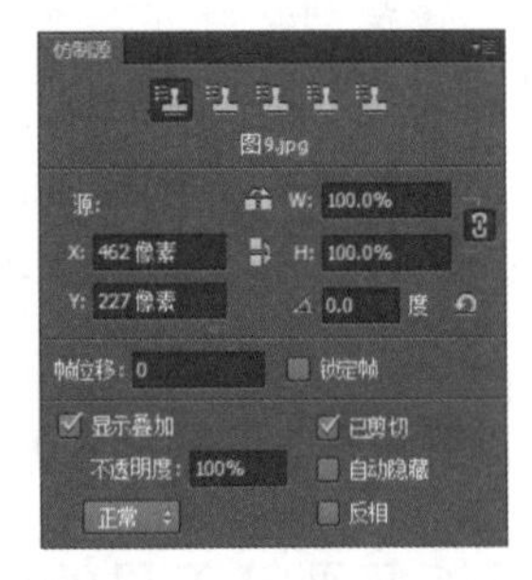

图 5-9　【仿制源】面板

【仿制源】面板中各参数的含义分别如下。

☆ 【仿制源】按钮：Photoshop 共提供了 5 个【仿制源】按钮，单击每一个按钮后，在图像中按住 Alt 键并单击即可设置取样点，最多可设置 5 个取样点。

☆ 【源】选项区域：在 X 和 Y 文本框中输入像素，可设置在指定的位置上取样；在 W 和 H 文本框中输入比例，可缩放取样点，如图 5-10 所示；在文本框中输入角度，可旋转取样点，如图 5-11 所示；单击按钮，可复位样本源至初始的大小和比例。

☆ 【帧位移】：在该文本框中输入帧数，可使用与初始取样的帧相关的特定帧。

图 5-10　缩放取样点

图 5-11　旋转取样点

3. 使用修复画笔工具

下面使用修复画笔工具去除衣服上的污点，具体操作步骤如下。

步骤 1 打开随书光盘中的“素材\ch05\02.jpg”文件，如图 5-12 所示。

图 5-12　素材文件

步骤 2 选择修复画笔工具，在选项栏中设置【源】为【取样】，并取消选中【对齐】复选框，然后按住 Alt 键并单击，在图像上取样如图 5-13 所示。

图 5-13　单击鼠标在图像上取样

步骤 3 取样后，在衣服的污点处单击，即可将取样点复制到污点处，从而去除衣服上的污点，最终效果如图 5-14 所示。

提示　对于复杂的图片，也可多次改变取样点进行修复。

图 5-14　最终效果

提示　无论使用何种工具修复图像，都可结合选区完成，以避免在涂抹目标区域时改变目标周围的像素。

5.1.3 修复图像选中的区域

使用修补工具，可以用其他区域或图案中的像素来修复选中的区域。像修复画笔工具一样，修补工具能将样本像素的纹理、光照和阴影等与源像素进行匹配，不同的是，它是通过选区对图像进行修复的。

1. 认识修补工具的选项栏

图 5-15 所示是修补工具的选项栏。

图 5-15　修补工具的选项栏

选项栏中各参数的含义分别如下。

☆ 创建选区区域：该区域包含 4 种创建选区的方式，分别是新选区、添加到选区、从选区减去和与选区交叉，这 4 种方式的区别可参考第 4 章的内容。

☆ 【修补】：设置修补方式。【源】选项表示拖动选区至要修补的区域后，使用选区来修补该区域的图像；【目标】选项则是表示使用选中的图像修补选区。图 5-16、图 5-17 和图 5-18 分别是原图、选择【源】选项以及选择【目标】选项后的效果。

图 5-16　原图

图 5-17　选择【源】选项后的效果

图 5-18　选择【目标】选项后的效果

☆ 【透明】：选择该项可对选区内的图像进行模糊处理。

☆ 【使用图案】：设置使用图案来修补选区内的图像。

2. 使用修补工具

下面使用修补工具除去多余的人物图像，具体操作步骤如下。

步骤 1 打开随书光盘中的“素材\ch05\03.jpg”文件，如图 5-19 所示。

图 5-19　素材文件

步骤 2 在【图层】面板中选择【背景】图层，按 Ctrl+J 组合键复制图层，如图 5-20 所示。

图 5-20　复制图层

> **提示**　在操作前，用户应养成复制图层的习惯，以免在操作时破坏原图，造成不必要的损失。

步骤 3 选择修补工具，在选项栏中设置【修补】为【源】，然后在图像上拖动鼠标创建一个选区，如图 5-21 所示。

> **提示**　用户也可以使用选框工具、快速选择工具或套索工具等创建选区，然后再使用修补工具修复图像。

图 5-21　创建一个选区

步骤 4 将鼠标指针定位在选区内，单击并向右侧拖动鼠标，如图 5-22 所示。

图 5-22　单击并向右侧拖动鼠标

步骤 5 释放鼠标后，即可使用右侧的图像来修复选区，如图 5-23 所示。

图 5-23　使用右侧的图像来修复选区

步骤 6 按 Ctrl+D 组合键，取消选区的选择，然后重复步骤 3 至步骤 5，将其他多余的人物图像去除，如图 5-24 所示。

图 5-24　将其他多余的人物图像去除

5.1.4 内容感知移动工具

使用内容感知移动工具，可以将选中的对象移动或扩展到图像的其他区域，使图像重新组合，留下的空洞将自动使用图像中的匹配元素填充。

1. 认识内容感知移动工具的选项栏

图5-25所示是内容感知移动工具的选项栏。

图 5-25　内容感知移动工具的选项栏

选项栏中各参数的含义分别如下。

☆　【模式】：设置图像移动方式，共包含两种方式：移动和扩展。【移动】选项表示移动图像到不同的位置；【扩展】选项表示复制图像到不同的位置。

☆　【结构】：选择 1 到 7 之间的值，以指定修补在反映现有图像图案时应达到的近似程度。如果选择 1，则修补会最低限度地符合现有的图像图案；如果选择 7，则修补内容将严格遵循现有图像的图案。

☆　【颜色】：选择 0 到 10 之间的值，以指定希望 Photoshop 在多大程度上对修补内容应用算法颜色混合。如果选择 0，将禁用颜色混合；如果选择 10，将应用最大的颜色混合。

☆　【投影时变换】：选择该项将允许旋转和缩放选区。

2. 使用内容感知移动工具

下面使用内容感知移动工具移动小狗的位置，具体操作步骤如下。

步骤 1 打开随书光盘中的“素材\ch05\04.jpg”文件，在【图层】面板中按 Ctrl+J 组合键复制图层，如图 5-26 所示。

步骤 2 选择内容感知移动工具，在工具选项栏中设置【模式】为【移动】，并选中【投影时变换】复选框，然后在图像中单击并拖动鼠标，创建一个选区选中小狗，如图 5-27 所示。

图 5-26　复制图层

图 5-27　创建一个选区选中小狗

步骤 3 将鼠标指针定位在选区内，单击并向左下方拖动鼠标，释放鼠标后，选区周围出现一个方框，如图 5-28 所示。

图 5-28　选区周围出现一个方框

步骤 4 将鼠标指针定位在方框四周的控制点上，当指针变为箭头形状时，拖动鼠标可调整选区的大小，如图 5-29 所示。

图 5-29　调整选区的大小

步骤 5 将鼠标指针定位在方框周围，当指针变为弯曲的箭头形状时，拖动鼠标可旋转选区，如图 5-30 所示。

图 5-30 旋转选区

步骤 6 设置完成后，按 Enter 键，即可移动小狗，并调整小狗的大小和角度，而小狗原来的位置被修复为绿色草地样式，如图 5-31 所示。

图 5-31 最终效果

5.1.5 消除照片中的红眼

红眼工具可消除用闪光灯拍摄的人物照片中的红眼，也可以消除用闪光灯拍摄的动物照片中的白色或绿色反光。

1. 认识红眼工具的选项栏

图 5-32 所示是红眼工具的选项栏。

瞳孔大小：50% 变暗量：70%

图 5-32 红眼工具的选项栏

选项栏中各参数的含义分别如下。

☆ 【瞳孔大小】：设置瞳孔（眼睛暗色的中心）的大小。

☆ 【变暗量】：设置瞳孔的暗度。

2. 使用红眼工具

下面使用红眼工具消除人物照片中的红眼，具体操作步骤如下。

步骤 1 打开随书光盘中的“素材\ch05\05.jpg”文件，在【图层】面板中按 Ctrl+J 组合键复制图层，如图 5-33 所示。

图 5-33 复制图层

步骤 2 选择红眼工具，将鼠标指针定位在红眼区域中，如图 5-34 所示。

图 5-34 将鼠标指针定位在红眼区域中

步骤 3 单击鼠标即可消除红眼。使用同样的方法，消除其他区域中的红眼，如图 5-35 所示。

图 5-35 消除红眼

5.2 通过图像或图案修饰图像

图章工具组通常用于复制图像或图案，还可用于除去瑕疵，该工具组中共包含两个工具，分别是仿制图章工具和图案图章工具，如图 5-36 所示。

图 5-36　图章工具组

5.2.1 通过复制图像修饰图像

仿制图章工具用来复制取样的图像，并将其绘制到其他区域或者其他图像中。此外，该工具能够按涂抹的范围复制出取样点周围全部或者部分图像。

提示　修复画笔工具和仿制图章工具都可以修复图像，其原理都是将取样点处的图像复制到目标位置。两者之间不同的是，前者是无损仿制，即将取样的图像原封不动地复制到目标位置；而后者有一个计算的过程，它可将取样的图像融合到目标位置。但在修复明暗对比强烈的边缘时，使用修复画笔工具容易出现计算错误，此种情况下可用仿制图章工具。

1. 认识仿制图章工具的选项栏

图 5-37 所示是仿制图章工具的选项栏。

图 5-37　仿制图章工具的选项栏

选项栏中各参数的含义分别如下。

☆ 【切换画笔面板】：单击该按钮，将弹出【画笔】面板，在其中可设置更为详细的画笔选项。关于【画笔】面板，将在绘画章节详细介绍。

☆ 【不透明度】：设置描边的不透明度。单击按钮，将始终对“不透明度”使用“压力”。

☆ 【流量】：设置描边的流动速率，该值越低图像的透明度越高，其效果类似于设置不透明度参数。

☆ 喷枪：单击该按钮，将启用喷枪功能，这样按住左键可持续复制取样的图像，若不启用则单击一次鼠标便复制一次图像。

其他各项的含义与修复画笔工具相同，这里不再赘述。

2. 使用仿制图章工具

下面使用仿制图章工具，将一幅图像中的女孩复制到另一幅图像中，具体的操作步骤如下。

步骤 1　打开随书光盘中的“素材 \ch05\06.jpg”和“素材 \ch05\07.jpg”文件，如图 5-38 和图 5-39 所示。

步骤 2　选择仿制图章工具，把鼠标指针定位在女孩头部，按住 Alt 键并单击鼠标，设置该点为取样点，然后将鼠标指针定位在另一幅图像中，单击鼠标即可复制取样点，如图 5-40 所示。

步骤 3　若单击并拖动鼠标，可涂抹出女孩的身体，而不仅仅是头部，如图 5-41 所示。

步骤 4　若在工具选项栏中设置【不透明度】为 20%，将涂抹出透明效果的女孩，如图 5-42 所示。

图 5-38　素材文件 06.jpg

图 5-39　素材文件 07.jpg

图 5-40　复制取样点

图 5-41　涂抹出女孩的身体

图 5-42　涂抹出透明效果的女孩

5.2.2 通过图案修饰图像

使用图案图章工具可以利用图案进行绘画。

1. 认识图案图章工具的选项栏

图 5-43 所示是图案图章工具的选项栏。

图 5-43　图案图章工具的选项栏

选项栏中各参数的含义如下。

☆ 【印象派效果】：选择该项会模拟出印象派效果的图案。图 5-44 和图 5-45 分别是不选择该项和选择该项后的效果。

图 5-44　不选中【印象派效果】复选框的效果

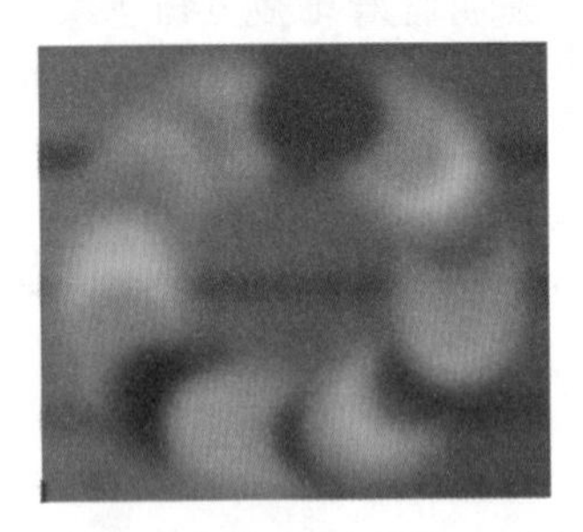

图 5-45　选中【印象派效果】复选框的效果

☆ 图案：单击按钮，在弹出的下拉列表中可选择要使用的图案。

其他各项的含义与仿制图章工具相同，这里不再赘述。

2. 使用图案图章工具

下面使用图案图章工具为花瓶绘制图案，具体的操作步骤如下。

步骤 1 打开随书光盘中的"素材\ch05\08.jpg"文件，如图 5-46 所示。

图 5-46　素材文件

步骤 2 在【图层】面板中选择【背景】图层，按 Ctrl+J 组合键复制图层，如图 5-47 所示。

图 5-47　复制图层

步骤 3 选择快速选择工具，创建一个选区，选中花瓶，如图 5-48 所示。

图 5-48　创建选区选中花瓶

步骤 4 选择图案图章工具，设置【模式】为【柔光】，然后单击按钮，在弹出的下拉列表中选择"叶子"图案，如图 5-49 所示。

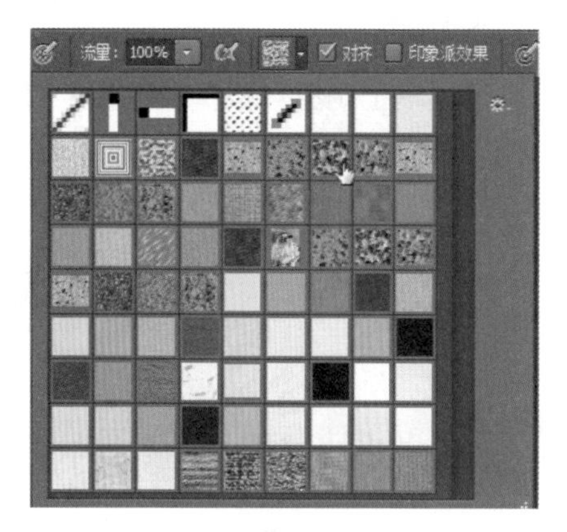

图 5-49　选择"叶子"图案

步骤 5 单击并拖动鼠标涂抹，即可为其绘制图案，如图 5-50 所示。

图 5-50　在选区内涂抹以绘制图案

步骤 6 按 Ctrl+D 组合键，取消选区的选择，然后重复步骤 3 到步骤 5，为另一个花瓶绘制不同的图案，如图 5-51 所示。

图 5-51　为另一个花瓶绘制图案

5.3 通过橡皮擦修饰图像

橡皮擦工具组可以更改图像的像素，有选择地擦除部分图像或相似的颜色，该工具组中共包含 3 个工具，分别是橡皮擦工具、背景橡皮擦工具和魔术橡皮擦工具，如图 5-52 所示。

图 5-52　橡皮擦工具组

5.3.1 擦除图像中指定的区域

使用橡皮擦工具，通过拖动鼠标可以擦除图像中的指定区域。如果当前图层是背景图层，那么擦除后将显示为背景色如果是普通图层，那么擦除后将显示为透明效果。

1. 认识橡皮擦工具的选项栏

图 5-53 所示是橡皮擦工具的选项栏。

图 5-53　橡皮擦工具的选项栏

选项栏中各参数的含义分别如下。

☆ 【画笔】：设置橡皮擦笔尖的形状和大小。

☆ 【模式】：设置橡皮擦的种类，共包含 3 种类型：画笔、铅笔和块。【画笔】选项表示创建柔边擦除效果；【铅笔】选项表示创建硬边擦除效果；【块】选项表示创建块状擦除效果。

☆ 【抹到历史记录】：选择该项后，在擦除图像时可以将图像恢复为原始的状态。

其他各项的含义与仿制图章工具相同，这里不再赘述。

2. 使用橡皮擦工具

下面使用橡皮擦工具，擦除花朵的花蕊部分，具体的操作步骤如下。

步骤 1 打开随书光盘中的“素材\ch05\09.bmp”文件，如图 5-54 所示。

图 5-54　素材文件

步骤 2 选择椭圆选框工具，按住 Shift 键不放，单击并拖动鼠标，在图像中创建一个圆形选区，选中花朵的花蕊部分，如图 5-55 所示。

图 5-55　选中花朵的花蕊部分

步骤 3 选择橡皮擦工具，单击并拖动鼠标涂抹选区，即可擦除花蕊，如图 5-56 所示。

图 5-56　擦除花蕊

5.3.2 擦除图像中指定的颜色

背景橡皮擦工具是一种擦除指定颜色的擦除器，它可以自动取样橡皮擦笔尖中心的颜色，然后擦除在画笔范围内出现的这种颜色。使用该工具抠取图像非常有效，尤其是颜色对比明显时。

1. 认识背景橡皮擦工具的选项栏

图 5-57 所示是背景橡皮擦工具的选项栏。

图 5-57　背景橡皮擦工具的选项栏

选项栏中各参数的含义分别如下。

☆ 【画笔】：设置画笔的大小、硬度和间距等。

☆ 取样：设置取样方式。【连续取样】表示可连续对颜色取样，如图 5-58 所示；【取样一次】表示只擦除包含初始单击点的颜色的图像，如图 5-59 所示；【背景色板】表示只擦除包含背景色的图像，假设此时背景色为红色，效果如图 5-60 所示。

图 5-58　连续取样的效果

图 5-59　取样一次的效果

图 5-60　背景色板的效果

☆ 【限制】：设置擦除的范围。【不连续】选项表示擦除画笔范围内的所有与指定颜色相近的颜色，如图 5-61 所示；【连续】选项表示只擦除画笔范围内与指定颜色相近并且相连接的区域，如图 5-62 所示；【查找边缘】选项表示擦除与指定颜色相近且相连接的区域，同时保留边缘的锐化程度，如图 5-63 所示。

图 5-61　选择【不连续】选项的效果

图 5-62　选择【连续】选项的效果

图 5-63　选择【查找边缘】选项的效果

☆　【容差】：设置可擦除的颜色范围。容差越低，则擦除的颜色与取样颜色越相近。

☆　【保护前景色】：选择该项将限制不能擦除与前景色颜色相似的区域。

> **提示**　在使用背景橡皮擦工具之前，用户可将前景色设置为要保留区域的颜色，这样抠取图像时将事半功倍。

2. 使用背景橡皮擦工具

下面使用背景橡皮擦工具抠取大树，并更换其背景，具体的操作步骤如下。

步骤 1 打开随书光盘中的“素材\ch05\10.jpg”文件，如图 5-64 所示。

图 5-64　素材文件

步骤 2 选择背景橡皮擦工具，在工具选项栏中选择合适的画笔大小，并设置取样方式为【取样一次】、【限制】为【不连续】、【容差】为 50%，如图 5-65 所示。

图 5-65　在背景橡皮擦工具选项栏中设置参数

步骤 3 将鼠标指针定位在图像中，此时指针显示为⊕形状，正中间✚字表示取样的颜色，单击鼠标，即可擦除圆圈范围内与取样的颜色相近的颜色区域，如图 5-66 所示。

图 5-66　擦除与取样的颜色相近的颜色区域

步骤 4 使用步骤 3 的方法，单击并拖动鼠标，擦除背景区域，如图 5-67 所示。

图 5-67　擦除背景区域

> **提示**　若要擦除的区域颜色一致，可单击并拖动鼠标直接擦除。若颜色不一致，需连续单击鼠标，以取样不同的颜色。

步骤 5 在【图层】面板中单击底部的【创建新图层】按钮，新建一个空白图层，然后选中新建的图层 1，单击并向下拖动鼠标，使其位于图层 0 的下方，如图 5-68 所示。

图 5-68　将图层 1 调整到图层 0 的下方

步骤 6 选择图层 1，按 Alt+Delete 组合键，为其填充当前的前景色，如图 5-69 所示。

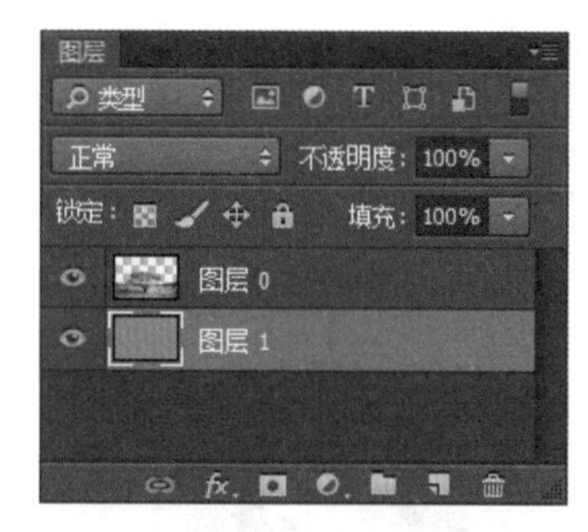

图 5-69　为图层 1 填充当前的前景色

步骤 7 此时即成功抠取大树，并为其更换背景，如图 5-70 所示。

图 5-70　为抠出的大树更换背景

5.3.3 擦除图像中相近的颜色

魔术橡皮擦工具相当于魔棒加删除命令，使用该工具在要擦除的颜色范围内单击，就会自动擦除与此颜色相近的区域。使用该工具抠取图像非常有效。

> **提示** 魔术橡皮擦工具和背景橡皮擦工具通常都用于抠取图像。不同的是，前者只需单击即可自动擦除图像中所有与取样颜色相近的颜色；而后者只能在画笔范围内擦除图像。

1. 认识魔术橡皮擦工具的选项栏

图 5-71 所示是魔术橡皮擦工具的选项栏。

图 5-71　魔术橡皮擦工具的选项栏

选项栏中各参数的含义分别如下。

☆ 【消除锯齿】：选择该项可使擦除区域边缘较为平滑。

☆ 【连续】：选择该项表示只擦除与单击点像素邻近的像素。

☆ 【对所有图层取样】：选择该项表示对所有可见图层中的组合数据取样。

☆ 【不透明度】：设置擦除强度。比例越大，擦除的强度越大。

☆ 【容差】：其含义与背景橡皮擦工具中的相同，这里不再赘述。

2. 使用魔术橡皮擦工具

下面使用魔术橡皮擦工具抠取人像，具体的操作步骤如下。

步骤 1 打开随书光盘中的“素材\ch05\11.jpg”文件，如图 5-72 所示。

图 5-72　素材文件

步骤 2 选择魔术橡皮擦工具，在工具选项栏中设置【容差】为 50，并取消选中【连续】复选框，如图 5-73 所示。

图 5-73　在魔术橡皮擦工具选项栏中设置参数

步骤 3 在图像的背景处单击，即可消除与此单击点的颜色相近的颜色区域，如图 5-74 所示。

图 5-74　消除与单击点颜色相近的颜色区域

步骤 4 在图像的另一边背景处单击，即可抠出人像，如图 5-75 所示。

图 5-75　抠出人像

5.4 修饰图像中的细节

模糊工具组可以进一步修饰图像的细节，该工具组中共包含 3 个工具，分别是模糊工具、锐化工具和涂抹工具，如图 5-76 所示。

图 5-76　模糊工具组

5.4.1 修饰图像中生硬的边缘

使用模糊工具可以柔化图像生硬的边缘或区域，减少图像的细节。

1. 认识模糊工具的选项栏

图 5-77 所示是模糊工具的选项栏。

图 5-77　模糊工具的选项栏

选项栏中各参数的含义分别如下。

☆　【模式】：设置色彩的混合方式。

☆　【强度】：设置画笔的强度。

☆　【对所有图层取样】：选中该项表示作用于所有的可见图层。若不选择，则只作用于当前图层。

2. 使用模糊工具

下面使用模糊工具模糊人物的头像，具体的操作步骤如下。

步骤 1 打开随书光盘中的“素材\ch05\12.jpg”文件，如图 5-78 所示。

步骤 2 选择模糊工具，设置【模式】为【变亮】，然后单击并拖动鼠标在人物头像上涂抹，即可模糊头像，如图 5-79 所示。

图 5-78　素材文件

图 5-79　模糊头像

5.4.2　提高图像的清晰度

使用锐化工具可以增大像素之间的对比度，以提高图像的清晰度。锐化工具的选项栏与模糊工具一致，这里不再赘述。

下面使用锐化工具使花朵更加清晰，具体的操作步骤如下。

步骤 1　打开随书光盘中的“素材\ch05\13.jpg”文件，如图 5-80 所示。

图 5-80　素材文件

步骤 2　选择锐化工具，设置【模式】为【正常】，然后单击并拖动鼠标在花朵上涂抹即可，如图 5-81 所示。

图 5-81　使花朵更加清晰

5.4.3　通过涂抹修饰图像

使用涂抹工具可以模拟类似手指在湿颜料上擦过产生的效果。

1. 认识涂抹工具的选项栏

图 5-82 所示是涂抹工具的选项栏。

图 5-82　涂抹工具的选项栏

选项栏中各参数的含义分别如下。

【手指绘画】：选中该项可以设定涂抹的颜色为当前的背景色。

其余各项的含义与模糊工具相同，这里不再赘述。

2. 使用涂抹工具

下面使用涂抹工具使小狗的耳朵变长，具体的操作步骤如下。

步骤 1　打开随书光盘中的“素材\ch05\14.jpg”文件，如图 5-83 所示。

步骤 2　选择涂抹工具，根据需要设置画笔的大小，然后取消选中【手指绘画】复选框，如图 5-84 所示。

图 5-83　素材文件

图 5-84　在涂抹工具选项栏中设置参数

步骤 3 在耳朵上单击并拖动鼠标向上涂抹，即可使小狗的耳朵变长，如图 5-85 所示。

步骤 4 若在工具选项栏中选中【手指绘画】复选框，那么在涂抹时将添加前景色，如图 5-86 所示。

图 5-85　使小狗的耳朵变长

图 5-86　在涂抹时添加前景色

5.5 通过调色修饰图像

调色工具组用于调整图像的明暗度以及图像色彩的饱和度，该工具组中共包含 3 个工具，分别是减淡工具、加深工具和海绵工具，如图 5-87 所示。

图 5-87　调色工具组

5.5.1 减淡工具和加深工具

减淡工具和加深工具可以调节图像特定区域的曝光度，以提高或降低图像的亮度。在摄影时，摄影师减弱光线可以使照片中的某个区域变亮（减淡），而增加曝光度可以使照片中的区域变暗（加深），减淡和加深工具的作用就相当于摄影师调节光线。

1. 认识减淡和加深工具的选项栏

减淡工具和加深工具的选项栏是相同的，下面以减淡工具的选项栏为例进行介绍，如图 5-88 所示。

图 5-88　减淡工具的选项栏

选项栏中各参数的含义分别如下。

☆ 【范围】：设置要修改的色调范围。【阴影】选项表示只作用于图像的暗色调；【中间调】选项表示只作用于图像的中间调区域；【高光】选项表示只作用于图像的亮色调。

☆ 【曝光度】：用于设置图像的曝光强度。建议使用时先把该值设置得小一些，通常情况下选择 15% 较为合适。

☆ 【保护色调】：选择该项会保护图像的色调。

> **提示**　使用减淡工具时，若按 Alt 键可暂时切换为加深工具。同理，使用加深工具时，若按 Alt 键可暂时切换为减淡工具。

2. 使用减淡和加深工具

下面分别使用减淡和加深工具，提高或降低小狗的亮度，具体的操作步骤如下。

步骤 1 打开随书光盘中的“素材\ch05\15.jpg”文件，使用快速选择工具创建一个选区，选中小狗，如图 5-89 所示。

图 5-89　创建选区选中小狗

步骤 2 选择减淡工具，根据需要设置画笔的大小，保持其他各项参数不变，然后单击并拖动鼠标在选区中涂抹，可提高小狗的亮度，如图 5-90 所示。

图 5-90　提高小狗的亮度

步骤 3 若选择加深工具，在选区中涂抹，则可降低小狗的亮度，如图 5-91 所示。

图 5-91　降低小狗的亮度

5.5.2 改变图像色彩的饱和度

使用海绵工具可以更改图像色彩的饱和度。在灰度模式下，该工具通过使灰阶远离或靠近中间灰色来增加或降低对比度。

1. 认识海绵工具的选项栏

图 5-92 所示是海绵工具的选项栏。

图 5-92　海绵工具的选项栏

选项栏中各参数的含义如下。

☆ 【模式】：设置色彩的饱和度。【去色】选项表示降低饱和度；【加色】选项表示增加饱和度。

☆ 【流量】：设置饱和度更改的速率。流量值越大，更改强度越大。

☆ 【自然饱和度】：选择该项可避免颜色过于饱和而出现溢色情况。

2. 使用海绵工具

下面使用海绵工具使花儿的颜色更加鲜艳突出，具体的操作步骤如下。

步骤 1 打开随书光盘中的“素材\ch05\08.jpg”文件，如图 5-93 所示。

图 5-93 素材文件

步骤 2 选择海绵工具，设置【模式】为【加色】，单击并拖动鼠标在花朵上涂抹，即可使花儿的颜色更加鲜艳突出，如图 5-94 所示。

图 5-94 使花儿的颜色鲜艳突出

步骤 3 若在工具选项栏中设置【模式】为【去色】，那么可使花儿的颜色暗淡无光，如图 5-95 所示。

图 5-95 使花儿的颜色暗淡无光

5.6 高效技能实战

5.6.1 技能实战 1——限制图像的大小

在处理图像时，可以将图像限制为指定的大小，而不会改变图像的分辨率。选择【文件】→【自动】→【限制图像】命令，即弹出【限制图像】对话框，在【宽度】和【高度】文本框中指定图像的宽度和高度，就可以限制图像的大小，如图 5-96 所示。

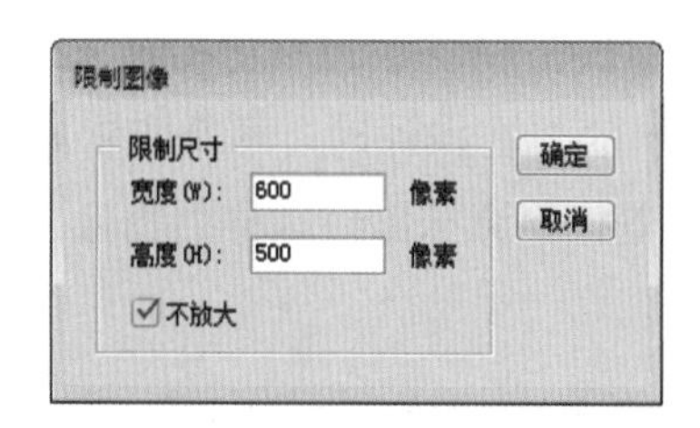

图 5-96 【限制图像】对话框

5.6.2 技能实战 2——使用外部的图案

在使用图案图章等工具对图像进行绘画时，不仅可以调用 Photoshop 提供的预设图案，还可以使用来源于外部的图案，用户只需将这些图案载入即可。具体的操作步骤如下。

步骤 1 打开随书光盘中的“素材\ch05\16.jpg”文件，如图 5-97 所示。

图 5-97 素材文件

步骤 2 选择【编辑】→【定义图案】命令，弹出【图案名称】对话框，在【名称】文本框中输入图案的名称，单击【确定】按钮，如图 5-98 所示。

图 5-98 【图案名称】对话框

步骤 3 选择图案图章工具，在选项栏中单击图案按钮，在弹出的下拉列表的底部可以看到，此时已添加了来源于外部的图案，如图 5-99 所示。

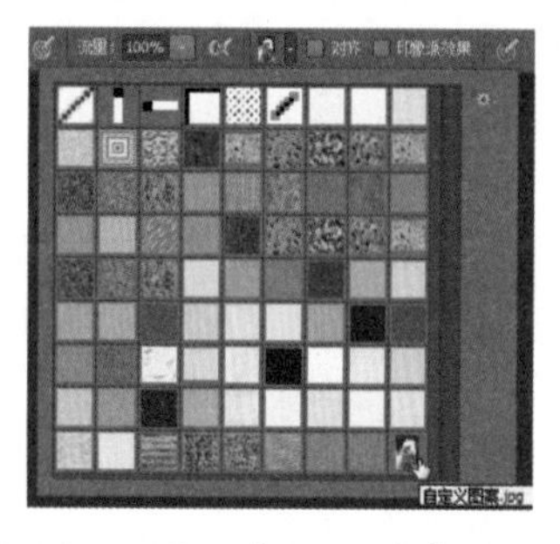

图 5-99 添加来源于外部的图案

5.7 疑难问题解答

问题 1：怎样对图像进行小幅度的移动？

解答：使用移动工具时，每按一下键盘上的方向键→、←、↓、↑，便可以将对象移动一个像素的距离。如果按住 Shit 键，再按方向键，则图像每次可以移动 10 个像素的距离。

问题 2：在使用仿制图章工具时，光标中心的十字线有什么用处？

解答：在使用仿制图章工具时，按住 Alt 键在图像中单击，可以定义要复制的内容，然后将鼠标指针放在其他位置，放开 Alt 键拖动鼠标涂抹，即可将复制的图像应用到当前位置。

与此同时，画面中会出现一个圆形指针和一个十字形指针，圆形指针是用户正在涂抹的区域，而该区域的内容则是从十字形指针所在位置的图像上复制的。在操作时，两个指针始终保持相同的距离，用户只要观察十字形指针位置的图像，便知道将要涂抹出什么样的图像内容了。

绘制与填充图像

● **本章导读：**

使用 Photoshop CC 的绘画工具和历史记录画笔工具可以绘制各种图像。在图像绘制完成后，可以通过设置前景色或背景色来填充图像，为图像添加色彩，从而制作出符合自己需求的图像。本章就来介绍绘制与填充图像的方法。

● **学习目标：**

◎ 掌握绘画工具组的用法

◎ 掌握历史记录画笔工具组的用法

◎ 掌握使用填充工具填充图像的方法

◎ 掌握设置前景色与背景色的方法

● **重点案例效果**

6.1 使用绘画工具绘制图像

绘画工具组主要用于绘制和修改图像。该工具组中共包含 4 个工具，分别是画笔工具、铅笔工具、颜色替换工具和混合器画笔工具，如图 6-1 所示。

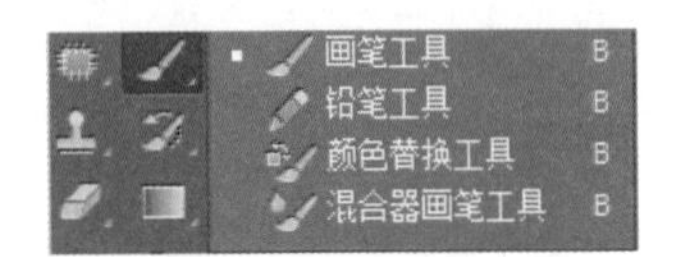

图 6-1　绘画工具组

6.1.1 认识【画笔】和【画笔预设】面板

在绘画工具组或者修饰工具组中，单击工具选项栏中的按钮，或者选择【窗口】→【画笔】/【画笔预设】命令，将打开【画笔】面板和【画笔预设】面板。这两个面板通常以组合的形式出现，主要用于设置画笔笔尖的大小、硬度及其他更多的选项，如图 6-2 和图 6-3 所示。

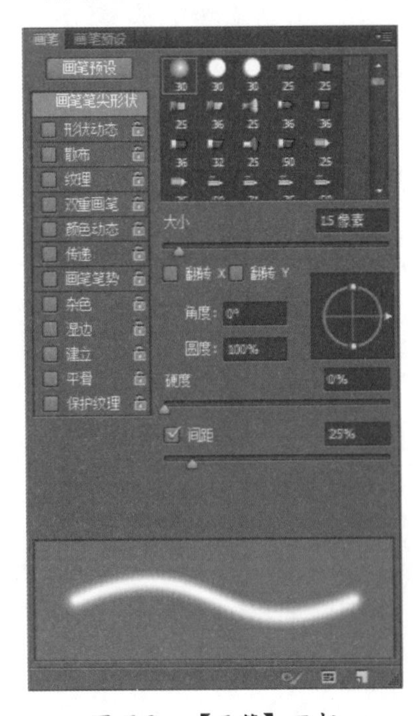

图 6-2　【画笔】面板

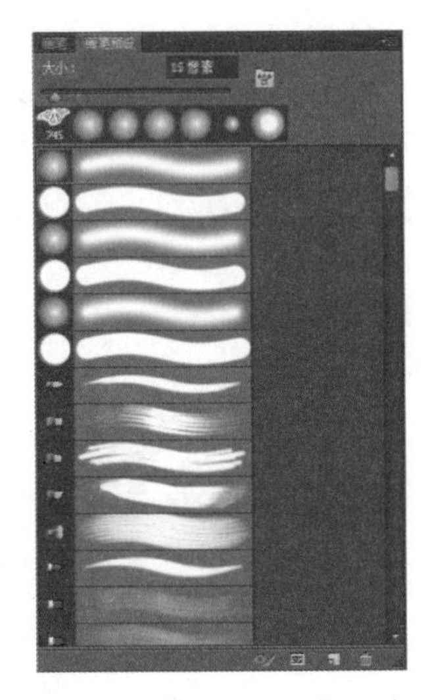

图 6-3　【画笔预设】面板

1. 画笔笔尖形状

在【画笔】面板中选择【画笔笔尖形状】选项，不仅可以设置画笔笔尖的样式、大小和硬度，还可以设置画笔翻转、角度及圆度等选项。下面介绍其中几个主要参数。

☆ 【翻转 X】/【翻转 Y】：选择这两个选项，可以改变笔尖在 X 轴和 Y 轴上的方向。图 6-4 是原图，图 6-5 和图 6-6 分别是选中【翻转 X】和【翻转 Y】复选框时的效果。

图 6-4　原图

图 6-5　翻转 X

图 6-6　翻转 Y

☆　【角度】：设置笔尖的旋转角度，图 6-7 是将该值设置为 40° 时的效果。

图 6-7　设置笔尖的旋转角度

☆　【圆度】：设置笔尖的笔触形状，可以理解为笔尖图案与纸张的接触角度。图 6-8 是将该值设置为 40% 时的效果。

图 6-8　设置笔尖的笔触形状

☆　【间距】：设置笔尖图案之间的间距。图 6-9 和图 6-10 分别是将该值设置为 30% 和 60% 的效果。

图 6-9　将间距设置为 30% 的效果

图 6-10　将间距设置为 60% 的效果

2. 形状动态

【形状动态】选项用于设置画笔抖动的大小、角度及圆度等，如图 6-11 所示。下面介绍其中几个主要参数。

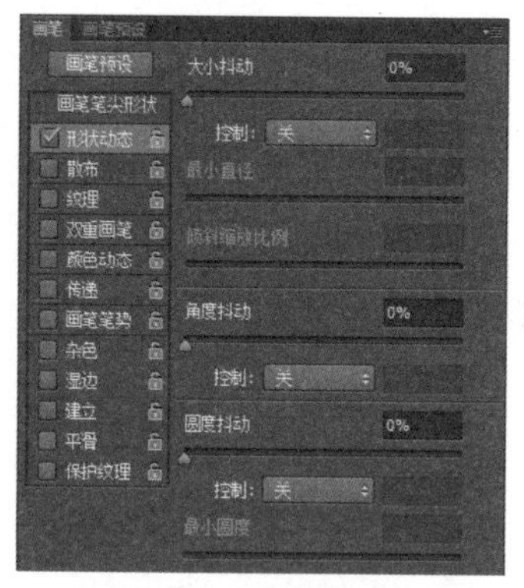

图 6-11　【形状动态】选项

☆　【大小抖动】：设置画笔随机产生抖动效果，该值越大抖动程度也越大。图 6-12 和图 6-13 分别是原图和将该值设置为 60% 的效果。

图 6-12　原图

图 6-13　大小抖动为 60% 的效果

☆　【角度抖动】：设置在画笔抖动时画笔的角度，效果如图 6-14 所示。

图 6-14　设置角度抖动的效果

☆　【圆度抖动】：设置在画笔抖动时笔触的椭圆程度，效果如图 6-15 所示。

图 6-15　设置圆度抖动的效果

3. 散布

【散布】选项用于设置画笔分布的数目和位置。图 6-16 和图 6-17 分别是不选择该项和选择该项后的绘制效果。

图 6-16　不选择【散布】选项的效果

图 6-17　选择【散布】选项的效果

4. 传递

【传递】选项用于调整画笔颜色的改变方式，可以制作断断续续的效果，如图 6-18 所示。

图 6-18　设置【传递】选项的效果

5. 颜色动态

【颜色动态】选项用于设置绘制时线条的颜色、明暗度及饱和度等的变化，如图 6-19 所示。下面介绍其中几个主要参数。

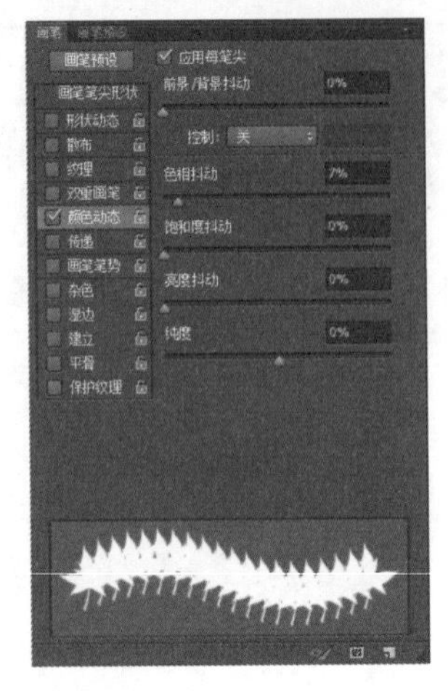

图 6-19　【颜色动态】选项

☆　【前景 / 背景抖动】：设置线条颜色在前景色和背景色之间的变化方式。该值越小，线条颜色越接近于前景色；反之，该值越高越接近于背景色，如图 6-20 所示。

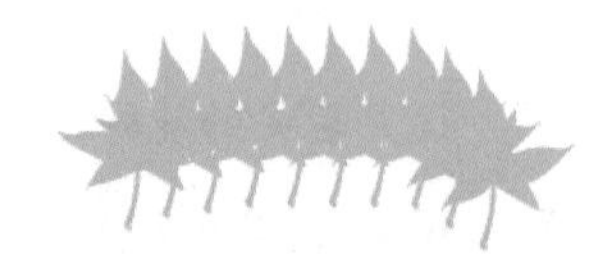

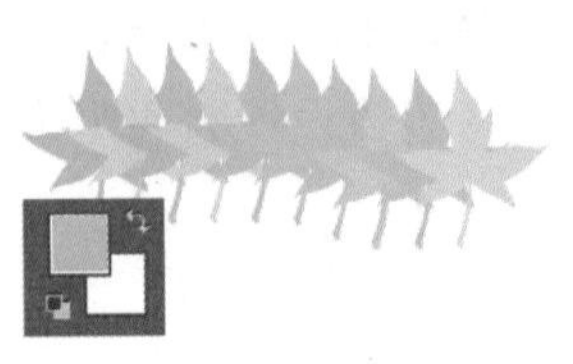

图 6-20　设置【前景 / 背景抖动】的效果

☆　【色相抖动】：以前景色为基准设置颜色变化的范围，效果如图 6-21 所示。

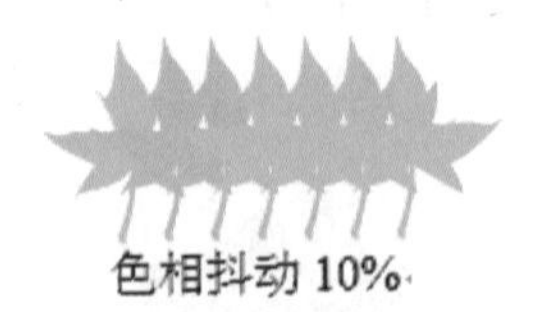

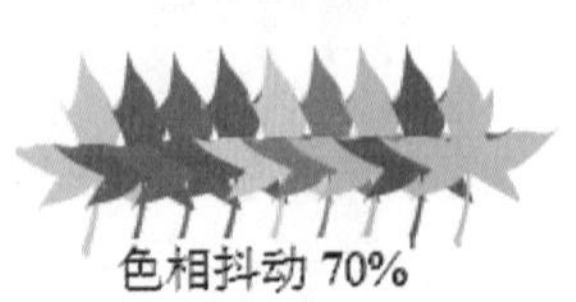

图 6-21　设置【色相抖动】的效果

☆　【饱和度抖动】/【亮度抖动】：用于调整颜色饱和度和亮度变化范围。

6. 其他选项

在【画笔】面板中还有其他的选项用于设置画笔，这里只简单介绍一下。

☆　【纹理】选项可以使线条效果类似于在带纹理的画布上绘制的一样。

☆　【双重画笔】选项可以使线条呈现出两种画笔的混合效果。

☆　【杂色】选项可以在画笔边缘部分添加杂色。

☆　【湿边】选项可以创建水彩画特色的画笔笔触效果。

☆　【建立】选项与工具选项栏中的按钮的作用相同，选择该项将启用喷枪功能。

7. 【画笔预设】面板

【画笔预设】面板中提供了各种预设的画笔。通过该面板，不仅可以选择预设的画笔，还可以创建新画笔或删除画笔，如图 6-22 所示。

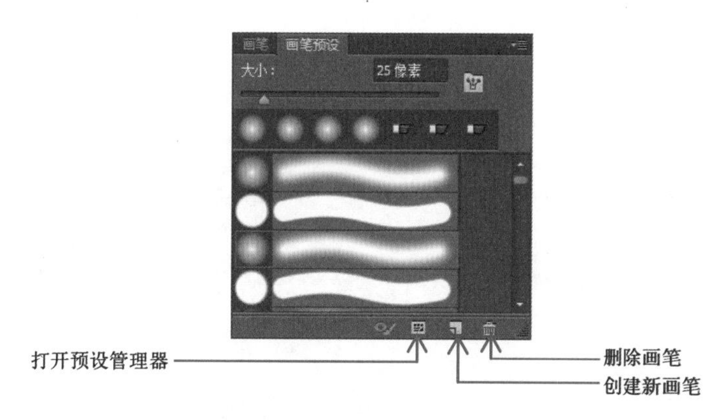

图 6-22　【画笔预设】面板

6.1.2 使用画笔工具为黑白图像着色

画笔工具是最常用的绘图工具之一，类似于使用水彩画笔在纸张上绘画一样。使用画笔工具不仅可以使用前景色来绘制线条或图像，还可以修改蒙版或通道。

1. 认识画笔工具的选项栏

图 6-23 是画笔工具的选项栏。

图 6-23　画笔工具的选项栏

选项栏中各参数的含义如下。

☆　画笔预设选取器：单击按钮，将弹出画笔预设选取器，如图 6-24 所示。在其中可设置画笔的大小、硬度以及笔尖的样式。图 6-25 和图 6-26 分别是将硬度设置为 0% 和 100% 时的效果。

提示　在键盘上按 [键可以缩小画笔，按] 键可以放大画笔。

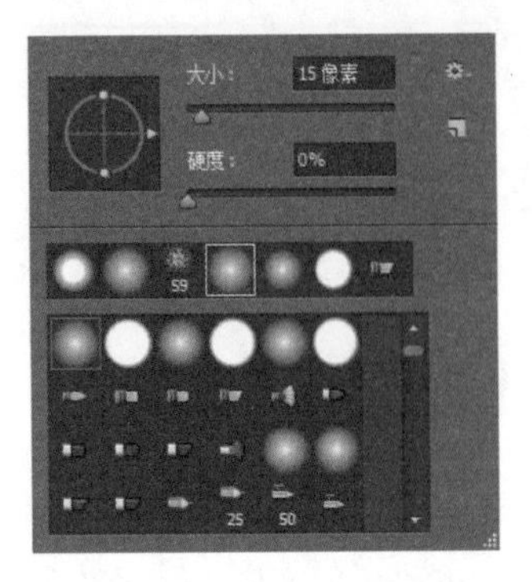

图 6-24 画笔预设选取器

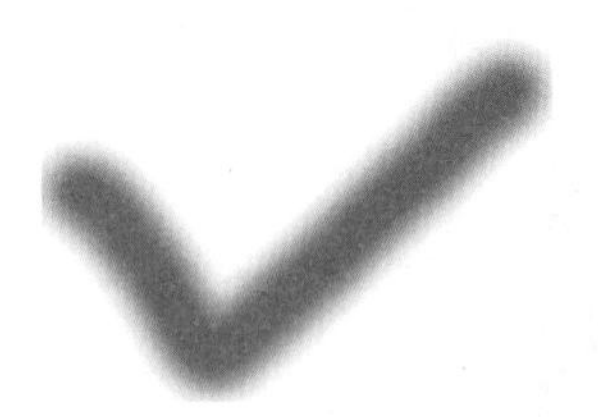

图 6-25 将硬度设置为 0% 的效果

图 6-26 将硬度设置为 100% 的效果

☆ 【模式】：设置绘图时画笔笔尖的像素与下面图像的像素混合的方式。

☆ 【不透明度】：设置画笔的不透明度。图 6-27 和图 6-28 分别是将该值设置为 30% 和 100% 时的效果。

图 6-27 将不透明度设置为 30% 的效果

图 6-28 将不透明度设置为 100% 的效果

☆ 【流量】：设置在绘画时涂抹颜色的速度。该值越低透明度越高，其效果类似于设置不透明度参数。

☆ 喷枪：单击该按钮，将启用喷枪功能，即按住鼠标左键不放时，将会持续填充线条，喷涂的时间越长颜色越重，效果如图 6-29 所示。

图 6-29 启用喷枪功能的效果

提示 按住 Shift 键可以绘制水平或垂直的直线。若先在起点处单击绘制一个点，然后按住 Shift 键再次单击，可完成这两点间的直线绘制。

2. 使用画笔工具

下面介绍如何使用画笔工具给黑白漫画上色，具体的操作步骤如下。

步骤 1 打开随书光盘中的“素材\ch06\01.jpg”文件，按 Ctrl+J 组合键，复制当前的图层，如图 6-30 和图 6-31 所示。

步骤 2 选择魔棒工具，在选项栏中将【容差】设置为 20，并选中【连续】复选框，然后选中脸和脖子，如图 6-32 所示。

图 6-30 素材文件

图 6-31 复制当前的图层

图 6-32 创建选区选中脸和脖子

步骤 3 选择画笔工具，将前景色设置为皮肤颜色，在选项栏中将画笔【硬度】设置为 0，【不透明度】设置为 20%，然后在选区内涂抹，给脸和脖子绘制颜色，如图 6-33 所示。

图 6-33 给脸和脖子绘制颜色

步骤 4 按 Ctrl+D 组合键取消选区的选择，然后使用魔棒工具选中头部的发饰，如图 6-34 所示。

图 6-34 选中头部的发饰

步骤 5 将前景色设置为紫色，然后重复步骤 3，为发饰涂抹颜色，如图 6-35 所示。

图 6-35 为发饰涂抹颜色

步骤 6 接着将前景色设置为粉色，涂抹脸部边缘以及嘴唇等部位，如图 6-36 所示。

图 6-36 涂抹脸部边缘以及嘴唇等部位

6.1.3 使用铅笔工具绘制铅笔形状

铅笔工具可以使用前景色来绘制带有锯齿的硬边线条，效果与现实生活中的铅笔类似。它与画笔工具的区别在于，铅笔工具只能绘制硬边线条，而画笔工具还可以绘制带有柔边效果的线条。

1. 认识铅笔工具的选项栏

图 6-37 所示是铅笔工具的选项栏，除了【自动抹除】参数不同外，其他参数与画笔工具的选项栏相同。

图 6-37 铅笔工具的选项栏

【自动抹除】：选择该项后，若鼠标指针中心所处位置不包含前景色，则可将该区域涂抹成前景色，如图 6-38 所示。若包含前景色，那么该区域将涂抹成背景色，如图 6-39 所示。

图 6-38 将区域涂抹成前景色

图 6-39 将区域涂抹成背景色

2. 使用铅笔工具

使用铅笔工具可以绘制硬边线条，下面以绘制一个铅笔形状为例，介绍铅笔工具的使用，具体的操作步骤如下。

步骤 1 在 Photoshop CC 工作界面中按 Ctrl+N 快捷键，打开【新建】对话框，在其中设置文件的高度、宽度与分辨率等参数，如图 6-40 所示。

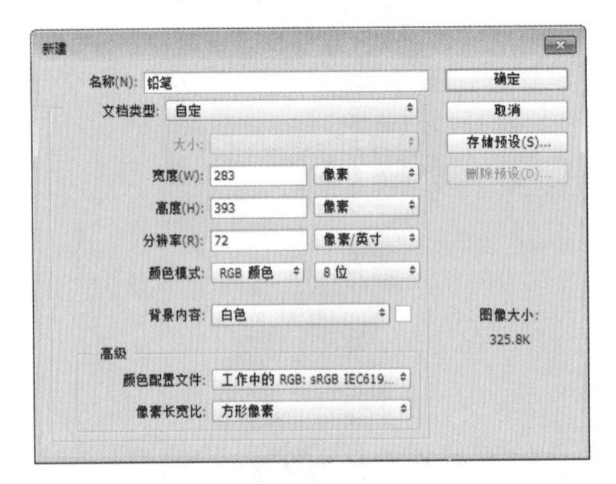

图 6-40 【新建】对话框

步骤 2 单击【确定】按钮，即可创建一个空白文件，单击工具箱中的铅笔工具，在铅笔工具选项栏中设置画笔的样式为【圆点硬】，并设置画笔的大小为 1 像素，如图 6-41 所示。

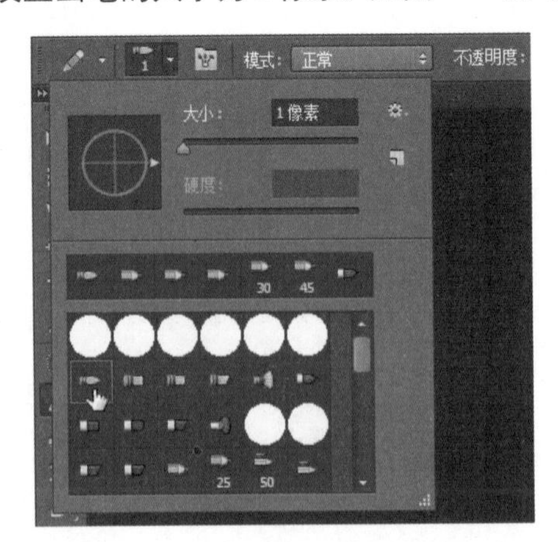

图 6-41 设置铅笔笔尖的样式及大小

步骤 3 单击前景色图标，打开【拾色器】对话框，在其中设置铅笔的颜色为黑色，如图 6-42 所示。

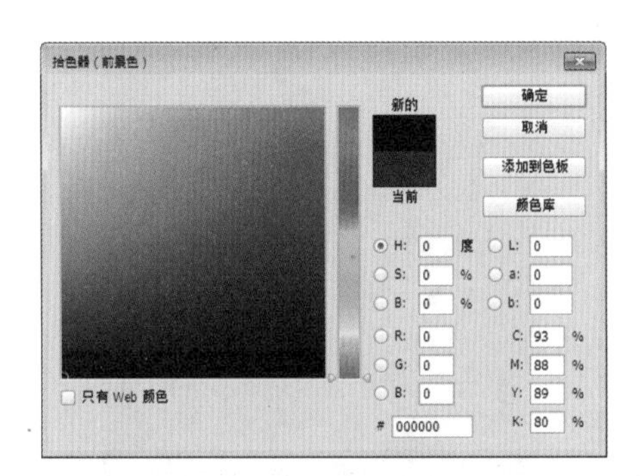

图 6-42　【拾色器】对话框

步骤 4 使用铅笔工具在文件中绘制铅笔形状，最终的显示效果如图 6-43 所示。

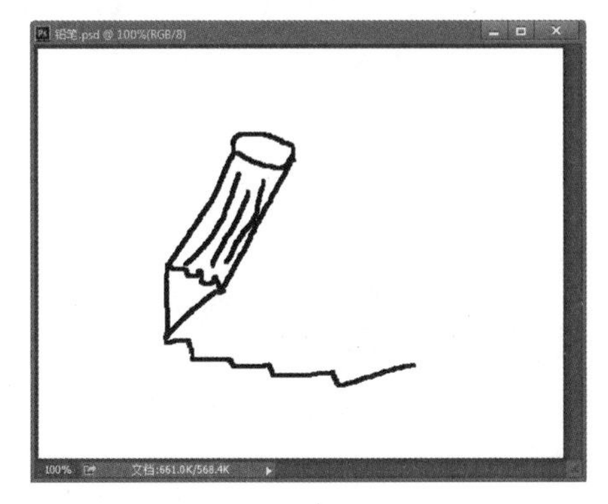

图 6-43　绘制铅笔形状

6.1.4 使用颜色替换工具为图像换色

颜色替换工具可以使用前景色来替换图像中的颜色。该工具不适用于位图、索引和多通道颜色模式下的图像。

1. 认识颜色替换工具的选项栏

图 6-44 所示是颜色替换工具的选项栏。

图 6-44　颜色替换工具的选项栏

选项栏中各参数的含义如下。

☆ 【模式】：设置是替换色相、饱和度还是明度。【颜色】选项表示替换以上所有的属性。

☆ 取样方式：用来设置颜色的取样方式。单击连续按钮，在拖动鼠标时可连续对颜色取样，即可替换图像任意位置的颜色，图 6-45 是原图，连续取样的效果如图 6-46 所示；单击一次按钮，拖动鼠标时只会替换包含第一次单击的颜色区域中的目标颜色，如图 6-47 所示；单击背景色板按钮，只会替换图像中包含当前背景色的区域，如图 6-48 所示。

图 6-45　原图

图 6-46　按下按钮的效果

图 6-47　按下按钮的效果

图 6-48　按下按钮的效果

☆ 【限制】：【不连续】选项表示替换鼠标指针范围内所有与指针中心点颜色相似的区域；【连续】选项表示只替换与鼠标指针中心点颜色相似且相邻的区域；【查找边缘】选项表示只替换包含取样颜色的连续区域，同时保留边缘的锐化程度。

提示 选择颜色替换工具后，鼠标指针会变为⊕形状，其中的十字即为鼠标指针中心点，也为取样点，而圆圈范围即为鼠标指针的范围。

☆ 【容差】：设置要替换的颜色范围，该值越大，替换的颜色范围越广。

2. 使用颜色替换工具

下面使用颜色替换工具替换裙子的颜色，具体的操作步骤如下。

步骤 1 打开随书光盘中的“素材\ch06\02.jpg”文件，按Ctrl+J组合键，复制当前的图层，如图6-49所示。

图6-49 素材文件

步骤 2 将前景色设置为浅黄色，选择颜色替换工具，在选项栏中将【限制】设置为【连续】、【容差】设置为40%，然后在裙子区域涂抹，如图6-50所示。

步骤 3 继续涂抹裙子区域，在绘制过程中可按[和]键缩小或放大笔尖的大小，进行裙子边缘的绘制，最终效果如图6-51所示。

图6-50 在裙子区域涂抹

图6-51 继续涂抹裙子区域

6.1.5 使用混合器画笔工具绘制油画

混合器画笔工具可以混合像素，模拟出真实的绘画效果。混合器画笔有两个绘画色管（一个储槽和一个拾取器），其中储槽中存储着最终应用于画布的颜色，而拾取色管则接收来自画布的油彩，其内容与画布颜色是连续混合的。

1. 认识混合器画笔工具的选项栏

图6-52所示是混合器画笔工具的选项栏。

图6-52 混合器画笔工具的选项栏

选项栏中各参数的含义如下。

☆ 【当前画笔载入】：单击按钮，在弹出的下拉列表中可以设置将油彩载入储

槽，如图 6-53 所示。选择【载入画笔】选项，然后按 Alt 键单击图像某处，可将该处的颜色区域载入储槽，如图 6-54 所示；选择【只载入纯色】选项，则只载入纯色，如图 6-55 所示；选择【清理画笔】选项，可清除储槽中的颜色。

图 6-53　设置将油彩载入储槽

图 6-54　将颜色区域载入储槽

图 6-55　只载入纯色

☆ 【每次描边后载入画笔】/【清理画笔】：若要在每次描边后载入画笔或清理画笔，可按下这两个按钮。

☆ 【预设】：提供了预设的画笔组合，而无须设置【潮湿】、【载入】和【混合】3 个参数。

☆ 【潮湿】：设置画笔从画布拾取的油彩量。

☆ 【载入】：设置储槽中载入的油彩量。

☆ 【混合】：设置画布油彩量同储槽油彩量之间的比例。当该值为 100% 时，所有油彩从画布中拾取；反之，当该值为 0% 时所有油彩都来自储槽。

2. 使用混合器画笔工具

下面使用混合器画笔工具，把照片打造成油画效果，具体的操作步骤如下。

步骤 1 打开随书光盘中的“素材\ch06\03.jpg”文件，按 Ctrl+J 组合键，复制当前的图层，如图 6-56 所示。

图 6-56　素材文件

步骤 2 选择混合器画笔工具，在选项栏中将笔刷设置为样式，然后在【预设】中选择【非常潮湿】选项，并将【流量】设置为 60%，如图 6-57 所示。

图 6-57　在混合器画笔工具选项栏中设置参数

步骤 3 按住 Alt 键滚动鼠标滚轮使图像放大，然后按住 Alt 键单击房子区域以载入油彩到储槽中，接下来涂抹房子正面，如图 6-58 所示。

步骤 4 当涂抹房顶区域时，按住 Alt 键单击房顶区域以载入当前的颜色，如图 6-59 所示。

图 6-58 涂抹房子正面

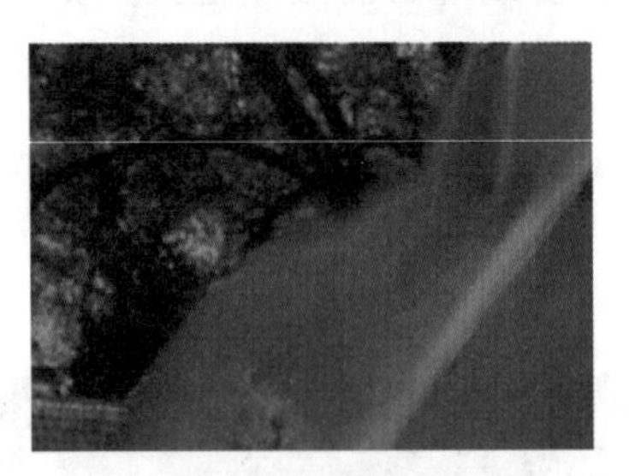

图 6-59 涂抹房顶区域

提示 当图像放大铺满整个窗口时，按住空格键并拖动鼠标可移动图像，以控制当前窗口的显示区域。

步骤 5 房子绘制完成后，在选项栏中将笔刷设置为■样式，将【流量】设置为 20%，然后涂抹剩余部分，如图 6-60 所示。

图 6-60 涂抹剩余部分

步骤 6 选择【滤镜】→【模糊】→【表面模糊】命令，弹出【表面模糊】对话框，将【半径】设置为 4，【阈值】设置为 11，如图 6-61 所示。

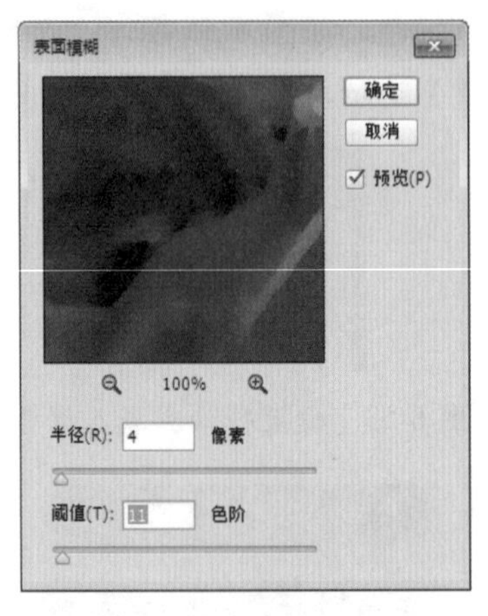

图 6-61 【表面模糊】对话框

步骤 7 单击【确定】按钮，此时照片变为了油画效果，如图 6-62 所示。

图 6-62 照片变为油画效果

提示 读者可根据需要调整笔刷的样式，绘制出属于自己风格的油画效果。

6.2 使用历史记录画笔工具绘制图像

历史记录画笔工具组是图像编辑恢复工具，可以将图像编辑中的某个状态还原出来，该工具组中共包含两个工具，分别是历史记录画笔工具和历史记录艺术画笔工具，如图 6-63 所示。

图 6-63 历史记录画笔工具组

6.2.1 使用历史记录画笔工具通过源数据绘画

历史记录画笔工具可以通过指定的源数据来绘画，从而使图像恢复为之前编辑过程中的某一状态。具体的操作步骤如下。

步骤 1 打开随书光盘中的“素材\ch06\04.jpg”文件，如图 6-64 所示。

图 6-64 素材文件

步骤 2 按Ctrl+J组合键，复制当前的图层，然后选择【图像】→【调整】→【去色】命令，将图像调整为黑白照片，如图 6-65 和图 6-66 所示。

图 6-65 复制当前的图层

步骤 3 在【历史记录】面板中选中【通过拷贝的图层】，将该历史记录状态作为源数据，此时其前面显示出源图标，如图 6-67 所示。

图 6-66 将图像调整为黑白照片

图 6-67 设置源数据

步骤 4 选择历史记录画笔工具，在选项栏中将【模式】设置为【正常】、【不透明度】设置为 100%，如图 6-68 所示。

图 6-68 在历史记录画笔工具选项栏中设置参数

步骤 5 在图像中涂抹，即可将图像恢复到【通过拷贝的图层】这一操作时的状态，如图 6-69 所示。

图 6-69 在图像中涂抹以恢复操作

步骤 6 继续涂抹女孩的身体，可将女孩恢复为彩色图像，而其他部分保持黑白效果，如图 6-70 所示。

图 6-70　继续涂抹将女孩恢复为彩色图像

提示　历史记录画笔工具的选项栏与画笔工具相同，这里不再赘述。

6.2.2 使用历史记录艺术画笔工具绘制粉笔画

历史记录艺术画笔工具也可以将图像恢复为之前编辑过程中的某一状态，与历史记录画笔工具不同的是，该工具可以风格化描边进行绘画，创建出不同艺术风格的绘画效果。

1. 认识历史记录艺术画笔工具的选项栏

图 6-71 所示是历史记录艺术画笔工具的选项栏。

图 6-71　历史记录艺术画笔工具的选项栏

选项栏中各参数的含义如下。

☆ 【样式】：设置画笔的样式，不同类型的画笔绘制的图像风格也不同。

☆ 【区域】：设置画笔的笔触区域，该值越大，覆盖的区域越广，描边的数量就越多。

☆ 【容差】：设置可以应用绘画描边的区域。低容差可在图像的任何地方绘制无数条描边，而高容差将绘画限定在与源状态或快照中的颜色明显不同的区域。

其余参数与画笔工具相同，这里不再赘述。

2. 使用历史记录艺术画笔工具

下面使用历史记录艺术画笔工具，把照片打造成粉笔画效果，具体的操作步骤如下。

步骤 1 打开随书光盘中的“素材\ch06\05.jpg”文件，按 Ctrl+J 组合键，复制当前的图层，如图 6-72 所示。

图 6-72　素材文件

步骤 2 选择历史记录艺术画笔工具，将笔尖大小设置为 9、【样式】设置为【绷紧短】、【区域】设置为 30、【容差】设置为 0，如图 6-73 所示。

图 6-73　在历史记录艺术画笔工具选项栏中设置参数

步骤 3 在人物上涂抹，进行风格化处理，然后将笔尖大小设置为 20，在草坪和天空上涂抹，创建类似粉笔画的效果，如图 6-74 所示。

图 6-74　将图像转变为类似粉笔画的效果

6.3 使用填充工具填充图像

填充工具组中共包含 3 个工具，可以使用颜色或图案来填充图像或选区，如图 6-75 所示。本小节主要介绍前两个工具：渐变工具和油漆桶工具。

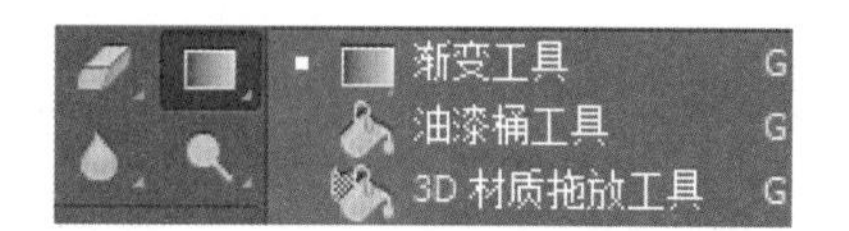

图 6-75　填充工具组

6.3.1 使用渐变工具绘制彩虹

渐变工具可以在图层或选区内填充渐变颜色，也可以填充图层蒙版、快速蒙版或通道。

1. 认识渐变工具的选项栏

图 6-76 所示是渐变工具的选项栏。

图 6-76　渐变工具的选项栏

选项栏中各参数的含义如下。

☆ 预设渐变：单击按钮，在弹出的下拉列表中可以选择预设渐变，如图 6-77 所示。单击按钮，还可以载入其他的渐变或者删除渐变，如图 6-78 所示。

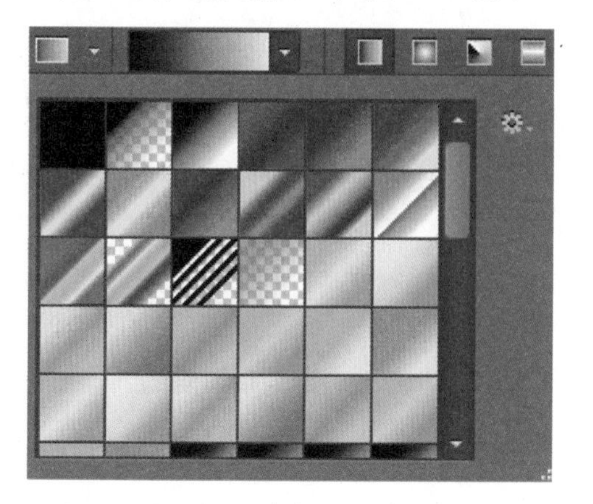

图 6-77　选择预设渐变

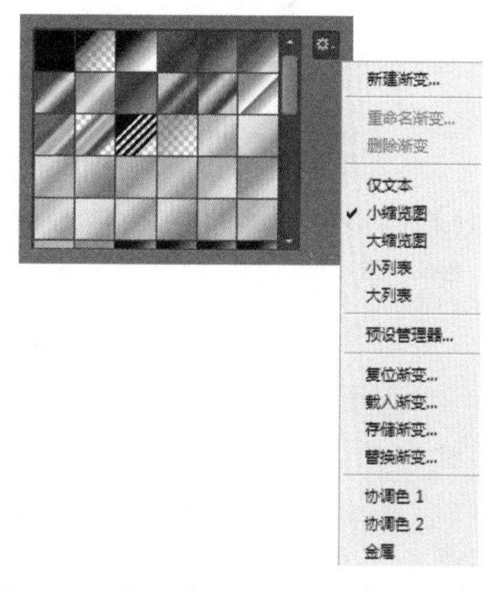

图 6-78　载入其他的渐变或者删除渐变

☆ 渐变填充类型：Photoshop 共提供了 5 种渐变填充类型，分别是线性渐变、径向渐变、角度渐变、对称渐变和菱形渐变，效果如图 6-79 所示。

图 6-79　5 种渐变填充类型

☆ 【反向】：选择该项可得到反方向的渐变效果。

☆ 【仿色】：选择该项可使渐变颜色之间的过渡更加柔和。

☆ 【透明区域】：选择该项可创建包含透明像素的渐变，默认为选中状态。

2. 编辑渐变颜色

单击渐变工具选项栏中的渐变条，将弹出【渐变编辑器】对话框，在其中可编辑预设的渐变颜色，从而创建属于自己的渐变色，如图 6-80 和图 6-81 所示。

图 6-80　单击渐变工具选项栏中的渐变条

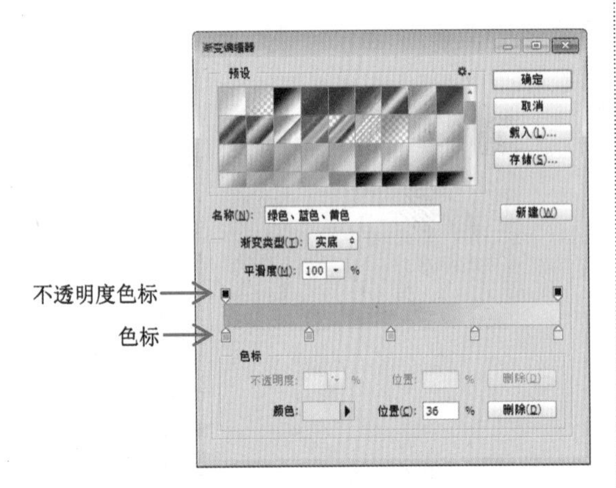

图 6-81　【渐变编辑器】对话框

⑴　改变渐变色的位置。单击选中某个色标后，拖动色标或在【位置】文本框中输入数值，即可改变渐变色的位置，如图 6-82 所示。

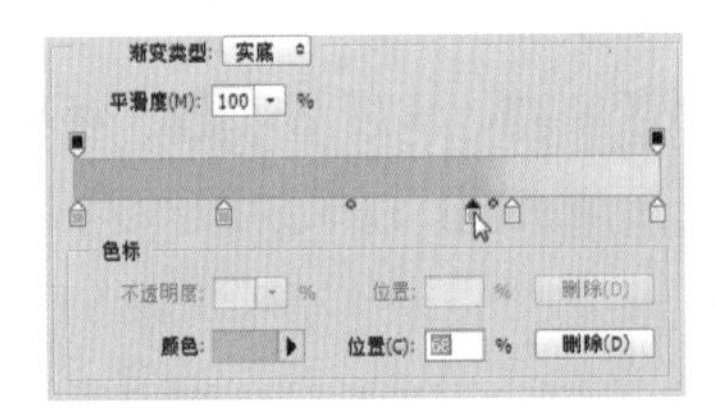

图 6-82　改变渐变色的位置

⑵　更改渐变颜色。选中某个色标后，单击底部的颜色块或者双击该色标，在弹出的【拾色器】对话框中可更改渐变颜色，如图 6-83 所示。

⑶　设置颜色的混合位置。选中某个色标后，其两侧会有两个小滑块，拖动小滑块即可调整两侧的混合位置，如图 6-84 所示。

图 6-83　更改渐变颜色

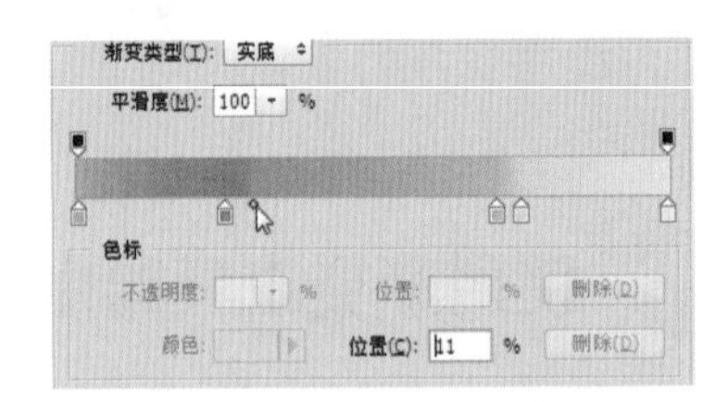

图 6-84　设置颜色的混合位置

⑷　添加渐变色。在渐变条的下方单击，可添加一个色标，如图 6-85 所示。然后更改其颜色，即可添加渐变色。

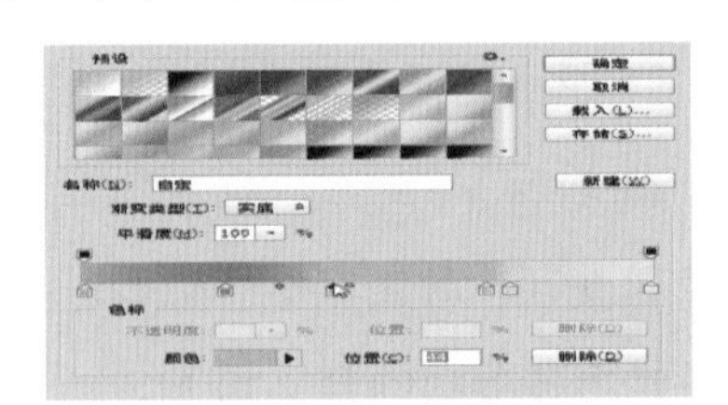

图 6-85　添加一个色标

⑸　删除色标。选中某个色标后，单击底部的【删除】按钮或直接将其拖动到对话框外，可删除该色标。

⑹　设置不透明度。在渐变条的上方单击，可添加一个不透明度色标，然后在【不透明度】文本框中输入数值，即可设置该处颜色的不透明度，如图 6-86 所示。

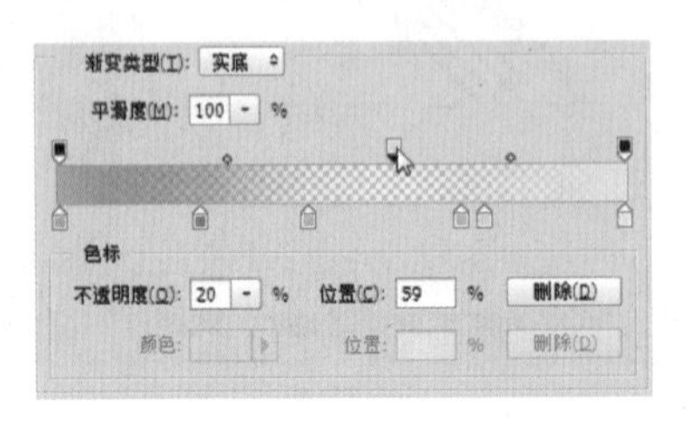

图 6-86　添加一个不透明度色标

创建完成后，单击【存储】按钮，可保存自定义的渐变色，便于下次直接调用。

3. 使用渐变工具

下面使用渐变工具，制作一个七色彩虹特效，具体的操作步骤如下。

步骤 1 启动 Photoshop 软件，按 Ctrl+N 组合键，弹出【新建】对话框，在其中设置参数，新建一个空白文件，如图 6-87 所示。

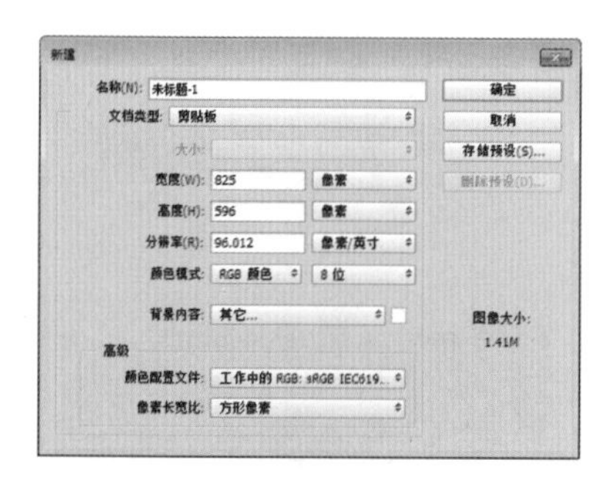

图 6-87　【新建】对话框

步骤 2 在【图层】面板中单击底部的按钮，创建一个空白图层，如图 6-88 所示。

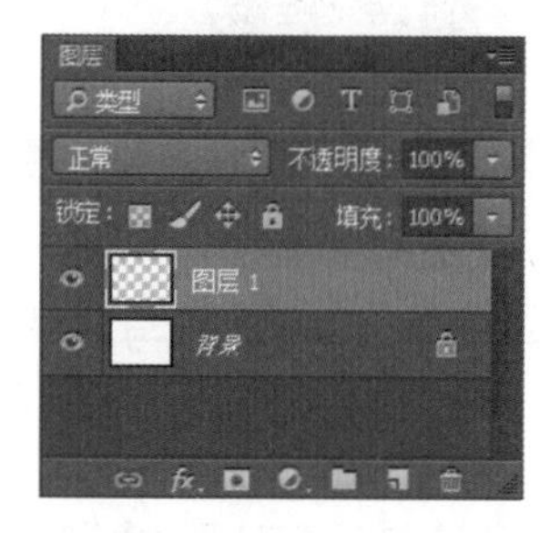

图 6-88　创建一个空白图层

步骤 3 选择渐变工具，在选项栏中单击【径向渐变】按钮，然后单击按钮，在弹出的下拉列表中选择【透明彩虹渐变】选项，如图 6-89 所示。

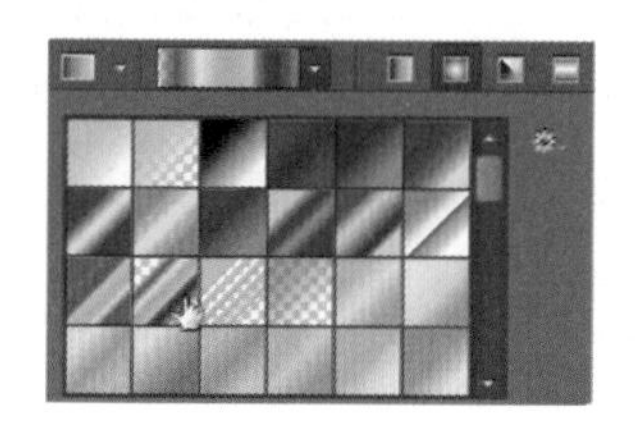

图 6-89　选择【透明彩虹渐变】选项

步骤 4 选择预设的渐变后，单击渐变条，弹出【渐变编辑器】对话框，如图 6-90 所示。

图 6-90　【渐变编辑器】对话框

步骤 5 拖动不透明度色标和下方的色标，使其集中在渐变条的右侧，设置完成后，单击【确定】按钮，如图 6-91 所示。

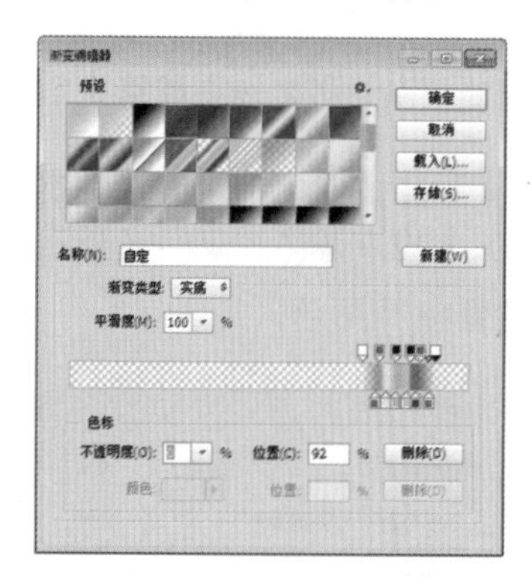

图 6-91　使不透明度色标和下方的色标集中在右侧

步骤 6 返回到新建的空白文档窗口，从下到上拖动鼠标绘制一条直线，释放鼠标后，即可填充一个径向渐变效果，如图 6-92 所示。

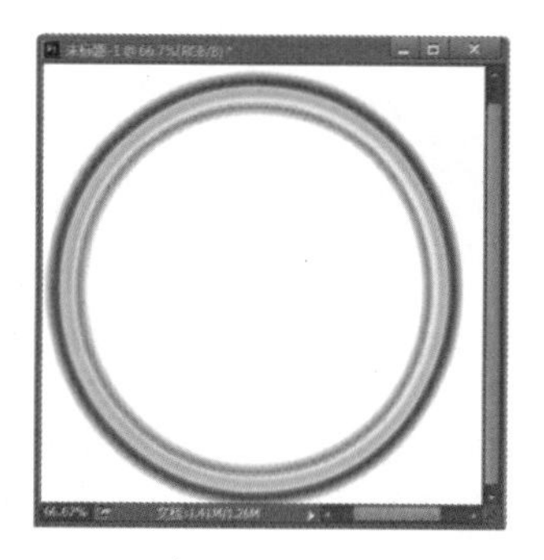

图 6-92　填充一个径向渐变效果

步骤 7 使用椭圆选框工具创建一个椭圆选区，选中渐变填充的下半部分，然后按Delete键删除选区，效果如图6-93所示。

图 6-93　删除渐变的下半部分

步骤 8 再次创建一个椭圆选区，选中彩虹的左侧，然后右击鼠标，在弹出的快捷菜单中选择【羽化】命令，如图6-94所示。

图 6-94　创建一个椭圆选区

步骤 9 弹出【羽化选区】对话框，在【羽化半径】文本框中输入“20”，单击【确定】按钮，如图6-95所示。

图 6-95　【羽化选区】对话框

步骤 10 按Delete键删除选区得到羽化效果。重复步骤8和步骤9，羽化彩虹的右侧区域，此时七色彩虹创建完成，如图6-96所示。

图 6-96　羽化渐变的两端区域

步骤 11 使用移动工具将彩虹拖动到其他背景中，在【图层】面板中设置【不透明度】为30%，如图6-97所示。

图 6-97　设置【不透明度】为30%

步骤 12 按Ctrl+T组合键，对彩虹进行适当的变形，拉长彩虹以适应背景，效果如图6-98所示。

图 6-98　最终效果

6.3.2 使用油漆桶工具为图像着色

油漆桶工具可以使用前景色或图案进行填充，若创建了选区，那么将填充选区；若没有创建选区，则填充与单击点相近的区域。

1. 认识油漆桶工具的选项栏

图6-99所示是油漆桶工具的选项栏。

图 6-99　油漆桶工具的选项栏

选项栏中各参数的含义如下。

☆ 填充类型：单击按钮，在弹出的下拉列表中可以选择是使用前景色还是图案进行填充。

☆ 【容差】：设置颜色的填充范围。该值越大填充范围越广。

☆　【连续的】：选择该项将只填充与单击点颜色相似且相邻的部分；若不选择，将填充图像中所有和单击点相似的像素。

2. 使用油漆桶工具

下面使用油漆桶工具为黑白漫画填充颜色，具体的操作步骤如下。

步骤 1 打开随书光盘中的“素材 \ch06\06.jpg”文件，按Ctrl+J 组合键，复制当前的图层，如图 6-100 所示。

图 6-100　素材文件

步骤 2 选择油漆桶工具，在选项栏中将填充类型设置为【前景】、【容差】设置为 30，并选中【连续的】复选框，如图 6-101 所示。

图 6-101　在油漆桶工具选项栏中设置参数

步骤 3 在工具箱中单击前景色按钮，在弹出的【拾色器】对话框中设置前景色，然后在动物的肚子上单击，为其填充前景色，如图 6-102 所示。

步骤 4 重新设置前景色，使用步骤 3 的方法，为毛笔填充前景色，如图 6-103 所示。

步骤 5 在选项栏中将填充类型设置为【图案】，然后单击右侧的按钮，选择一种图案，如图 6-104 所示。

图 6-102　为动物的肚子填充前景色

图 6-103　为毛笔填充前景色

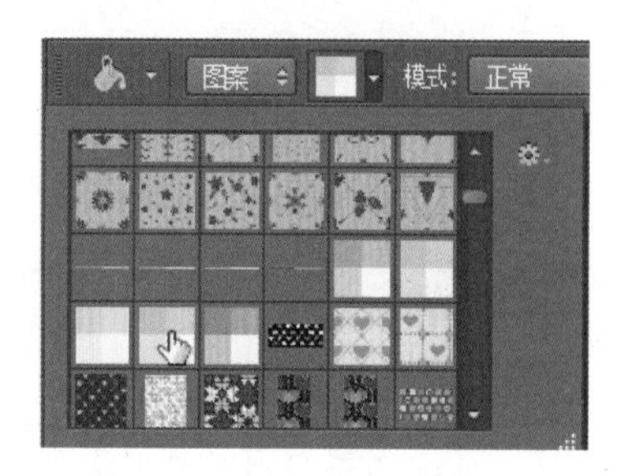

图 6-104　选择一种图案

步骤 6 在图像的背景处单击，即可为背景填充图案，如图 6-105 所示。

图 6-105　为背景填充图案

6.4 设置前景色和背景色

画笔、油漆桶等工具都是使用前景色或背景色进行操作的，因此在使用这些工具前，首先需要指定前景色和背景色，本小节就介绍如何将其设置为所需的颜色。

6.4.1 使用拾色器选取颜色

前景色和背景色设置图标位于工具箱的底部，其中左上方为前景色块，右下方为背景色块，如图 6-106 所示。单击前景色块或背景色块，将弹出【拾色器（前景色）】对话框，在其中即可设置颜色，如图 6-107 所示。

图 6-106 前景色和背景色设置图标

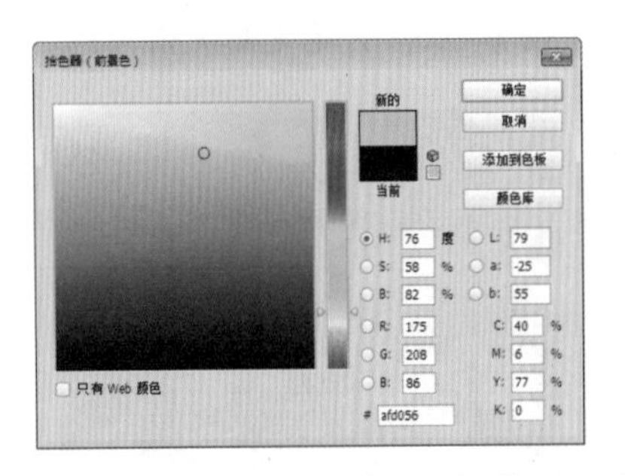

图 6-107 【拾色器（前景色）】对话框

首先拖动中间的颜色滑块调整颜色的范围，如图 6-108 所示，然后在左侧的色域中选择新的颜色。此外，在右下方的颜色值中输入数值，可精确地设置颜色。

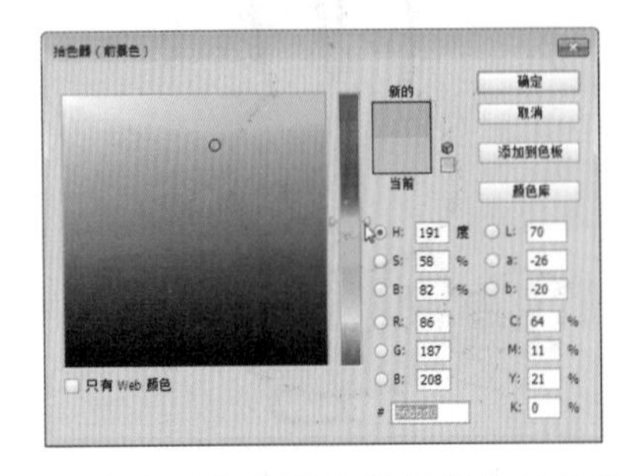

图 6-108 拖动滑块调整颜色的范围

提示 单击前景色块右侧的按钮，可切换前景色和背景色，如图 6-109 所示。设置前景色和背景色后，如图 6-110 所示，单击按钮，可恢复为系统默认的颜色，如图 6-111 所示。

图 6-109 切换前景色和背景色

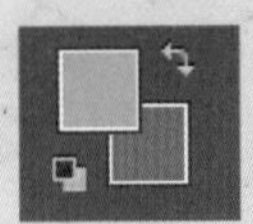

图 6-110 设置前景色和背景色

图 6-111 恢复为系统默认的颜色

6.4.2 使用吸管工具选取颜色

通过吸管工具可以吸取图像上的颜色，从而得到该处的精确颜色。具体的操作步骤如下。

步骤 1 打开随书光盘中的“素材\ch06\07.jpg”文件，如图 6-112 所示。

步骤 2 选择吸管工具，在选项栏中设置【取样大小】为【取样点】，如图 6-113 所示。

图 6-112 素材文件

取样大小： 取样点 样本： 所有图层 显示取样环

图 6-113 在吸管工具选项栏中设置参数

步骤 3 在图像上单击，即可吸取该单击点的颜色作为前景色，如图 6-114 和图 6-115 所示。

图 6-114 单击鼠标

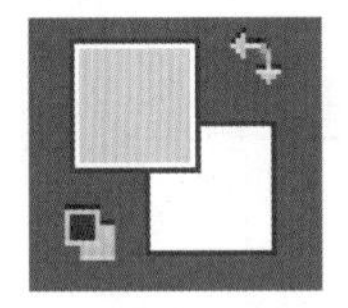

图 6-115 将单击点的颜色作为前景色

步骤 4 若要设置背景色，按住 Alt 键的同时单击图像，即可吸取该处颜色作为背景色，如图 6-116 所示。

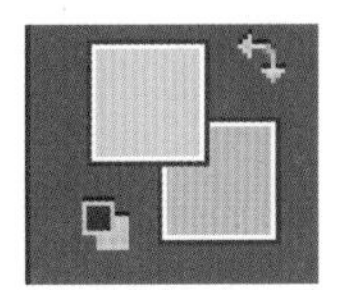

图 6-116 将单击点的颜色作为背景色

> **提示** 【取样大小】用于设置取样范围，【取样点】选项表示吸取鼠标指针所在位置像素的精确颜色，【3×3 平均】选项表示吸取鼠标指针所在位置 3 个像素范围内的平均颜色，其他选项以此类推。

6.4.3 使用【颜色】面板选取颜色

【颜色】面板采用调色的方式来调整颜色。选择【窗口】→【颜色】命令，打开【颜色】面板，其中默认编辑前景色，如图 6-117 所示。若要设置背景色，直接单击背景色块即可，如图 6-118 所示。

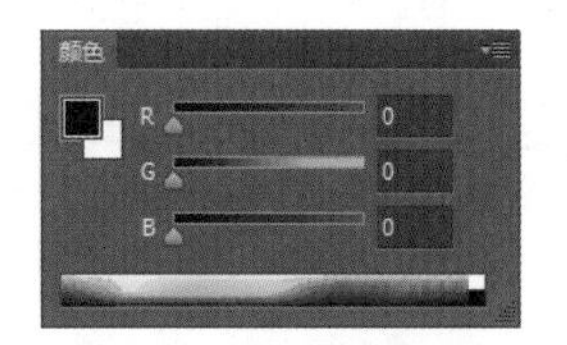

图 6-117 【颜色】面板

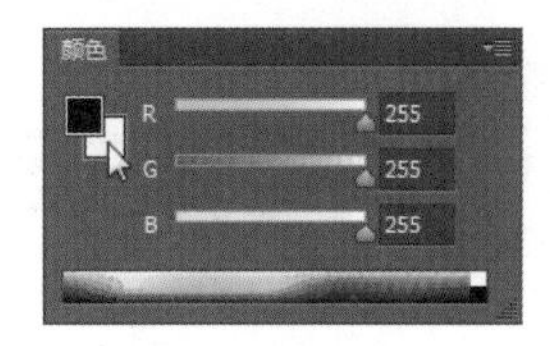

图 6-118 单击背景色块可设置背景色

选择设置的类型后，分别拖动 RGB 小滑块，或者在文本框中输入数值，即可设置相应的颜色，如图 6-119 所示。

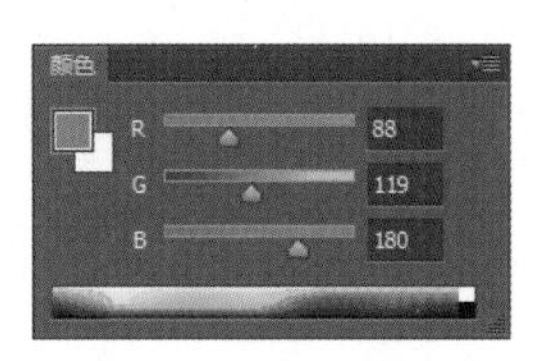

图 6-119 设置颜色

> **提示** 在设置颜色时，可能会出现 ▲（溢色警告）图标，表明当前的颜色已超出色域范围，将无法打印出来，如图 6-120 所示。若要解决该问题，单击▲图标右侧的颜色块即可。

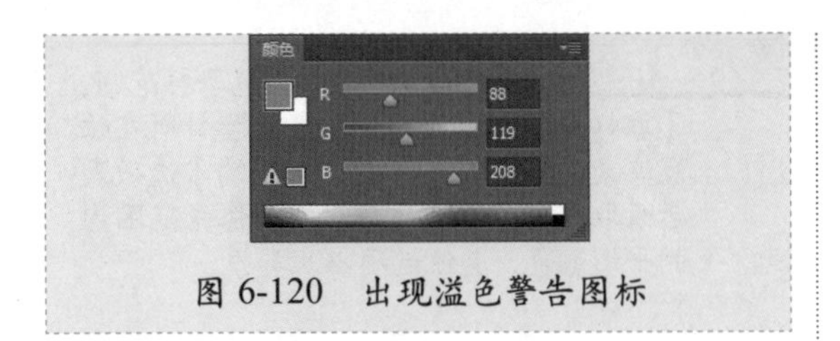

图 6-120　出现溢色警告图标

6.4.4 使用【色板】面板选取颜色

【色板】面板中提供了一系列预设的颜色，直接单击某个颜色样本，即可将该样本设置为前景色，如图 6-121 所示。

若要设置背景色，按住 Ctrl 键的同时单击颜色样本即可，如图 6-122 所示。

提示 单击【色板】面板右上角的按钮，还可载入更多的预设颜色。

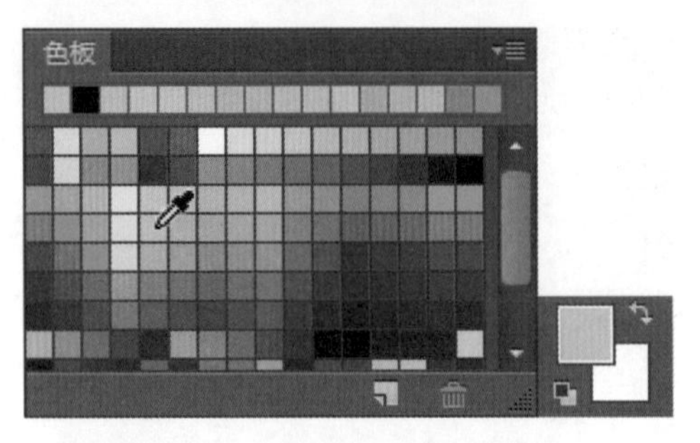

图 6-121　将样本设置为前景色

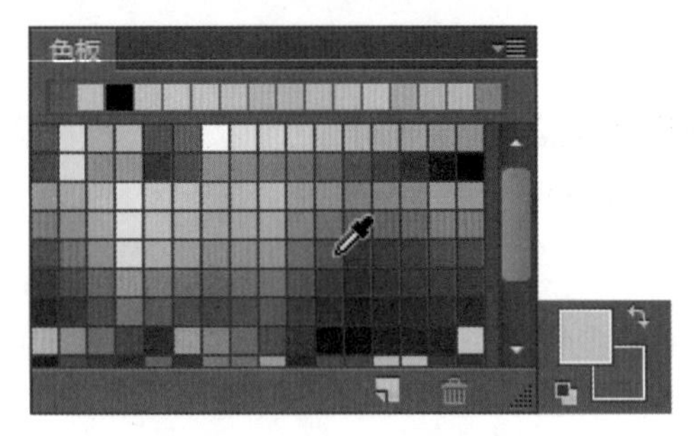

图 6-122　将样本设置为背景色

6.5 高效技能实战

6.5.1 技能实战 1——自定义画笔

除了系统提供的预设画笔外，还可以将某个图像或选区创建为自定义的画笔。具体的操作步骤如下。

步骤 1 打开随书光盘中的“素材 \ch06\08.jpg”文件，如图 6-123 所示。

图 6-123　素材文件

步骤 2 选择【编辑】→【定义画笔预设】命令，弹出【画笔名称】对话框，在【名称】文本框中输入名称，单击【确定】按钮，如图 6-124 所示。

图 6-124　【画笔名称】对话框

步骤 3 选择画笔工具，在选项栏中单击按钮，弹出画笔预设选取器，在底部可以看到此时已添加了新建的画笔，如图 6-125 所示。

图 6-125　成功添加画笔

6.5.2　技能实战 2——创建杂色渐变

杂色渐变是指在指定的色彩范围内随机地分布颜色，其颜色变化效果更加丰富。下面创建一个杂色渐变制作放射线背景，具体的操作步骤如下。

步骤 1 启动 Photoshop 软件，按下 Ctrl+N 组合键，弹出【新建】对话框，在其中设置参数，新建一个空白文件，如图 6-126 所示。

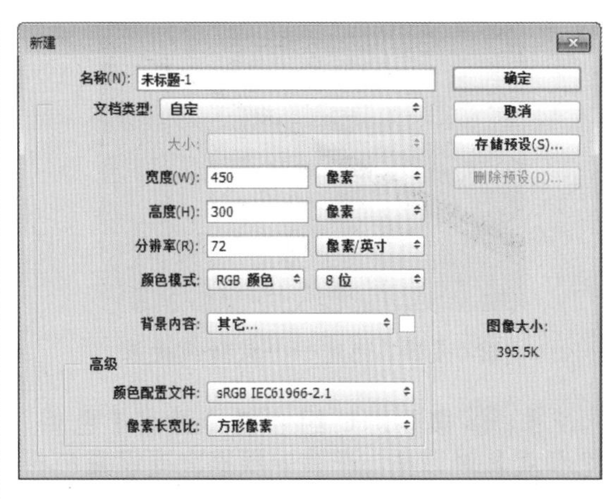

图 6-126　新建一个文件并设置背景色

步骤 2 选择渐变工具，在选项栏中按下【角度渐变】按钮，然后单击左侧的渐变条，如图 6-127 所示。

图 6-127　选择渐变色

步骤 3 弹出【渐变编辑器】对话框，在其中将【渐变类型】设置为【杂色】、【粗糙度】设置为 100%、【颜色模型】设置为 LAB，如图 6-128 所示。

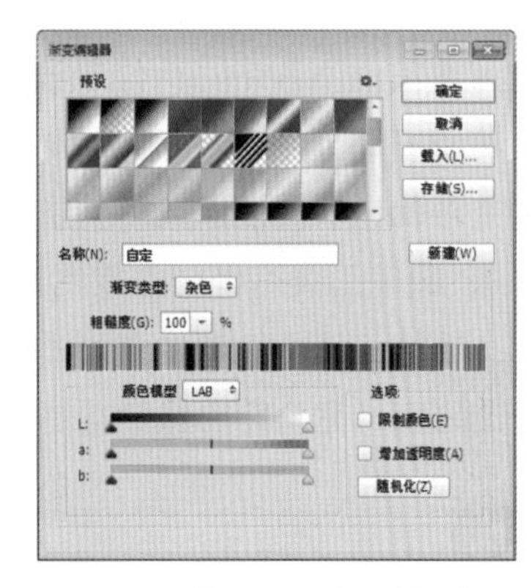

图 6-128　【渐变编辑器】对话框

步骤 4 单击【确定】按钮，返回到新建文档中，从窗口右上角往左下方拖动鼠标，释放鼠标后，即可使用杂色渐变创建一个放射线效果，如图 6-129 所示。

图 6-129　创建一个放射线效果

步骤 5 按 Ctrl+U 组合键，弹出【色相 / 饱和度】对话框，在其中根据需要设置色相及饱和度，如图 6-130 所示。

步骤 6 单击【确定】按钮，可调整杂色渐变的颜色，如图 6-131 所示。

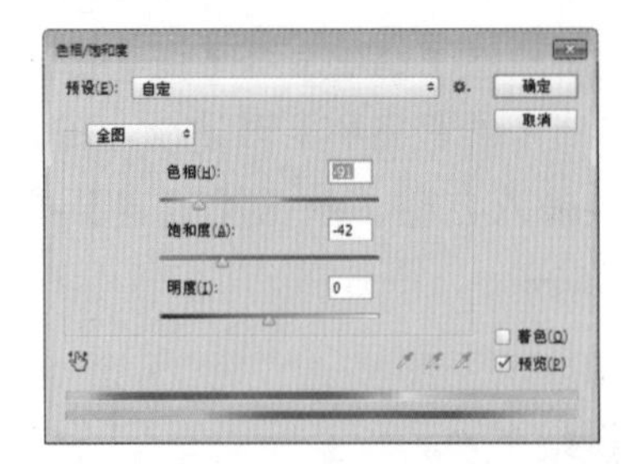

图 6-130　【色相 / 饱和度】对话框

图 6-131　调整杂色渐变的颜色

6.6 疑难问题解答

问题 1：在 Photoshop 中，仿制图章工具和修补画笔有什么异同？

解答：在 Photoshop 中，仿制图章工具是从图像中的某一部分取样之后，再将取样绘制到其他位置或其他图片中。而修补画笔工具和仿制图章工具十分类似，不同之处在于仿制图章工具是将取样部分全部照搬，而修补画笔工具会对目标点的纹理、阴影、光照等因素进行自动分析并匹配，从而使修复后的像素不留痕迹地融入图像的其余部分。

问题 2：铅笔工具有哪些主要用途？

解答：铅笔工具是绘制像素画的主要工具，这是由于使用铅笔工具绘制的线条，其边缘呈现清晰的锯齿，完全符合像素画的特点。

第7章 调整图像的颜色和色调

● **本章导读：**

调整图像的颜色和色调是 Photoshop 的重要功能之一，对于一张好的图片，不仅要有好的内容，色彩和色调的把握也是至关重要的。利用 Photoshop 提供的多达十几种调整图像颜色的命令，可以对拍摄或扫描的图像进行处理，从而制作出高品质的图像。本章就带领大家学习如何调整图像的颜色和色调。

● **学习目标：**

◎ 了解图像的颜色模式

◎ 掌握图像的色调调整方法

◎ 掌握图像的色彩调整方法

◎ 掌握特殊效果的色调调整方法

◎ 掌握自动调整图像的方法

● **重点案例效果**

7.1 认识图像的颜色模式

选择【图像】→【模式】子菜单中的命令即可设置颜色模式，如图 7-1 所示。常见的颜色模式包括 RGB（表示红、绿、蓝）颜色模式、CMYK（表示青、洋红、黄、黑）颜色模式和 Lab 颜色模式等，每种模式的图像描述和展现色彩的原理及所能显示的颜色数量都是不同的。

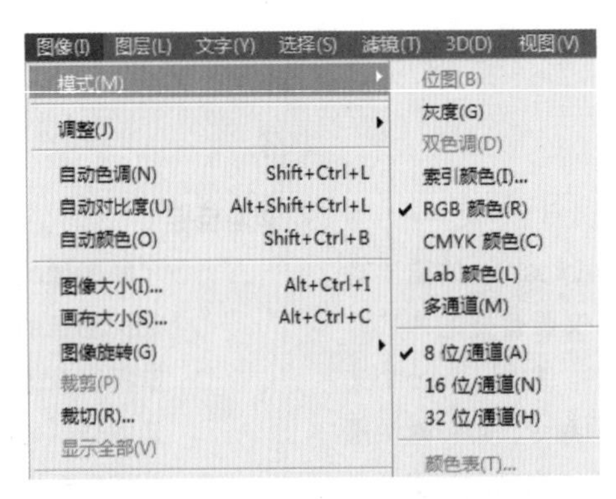

图 7-1 【模式】子菜单

7.1.1 位图模式

在位图模式下，图像的颜色容量是一位，即每个像素的颜色不是黑就是白。要将彩色图像转换为位图模式，首先需要将其转换为灰度模式或双色调模式，只有这两种模式才能转换为位图模式。打开随书光盘中的“素材\ch07\01.jpg”文件，如图 7-2 所示。选择【图像】→【模式】→【灰度】命令，将其转换为灰度模式，如图 7-3 所示。

图 7-2 素材文件

图 7-3 将图像转换为灰度模式

转换为灰度模式后，选择【图像】→【模式】→【位图】命令，弹出【位图】对话框，在其中设置转换后图像的分辨率以及减色处理方法后，单击【确定】按钮，即可转换为位图模式，如图 7-4 所示。

Photoshop 共提供了 5 种减色处理方法，在【使用】下拉列表框中可选择相应的方法，如图 7-5 所示。

图 7-4　【位图】对话框

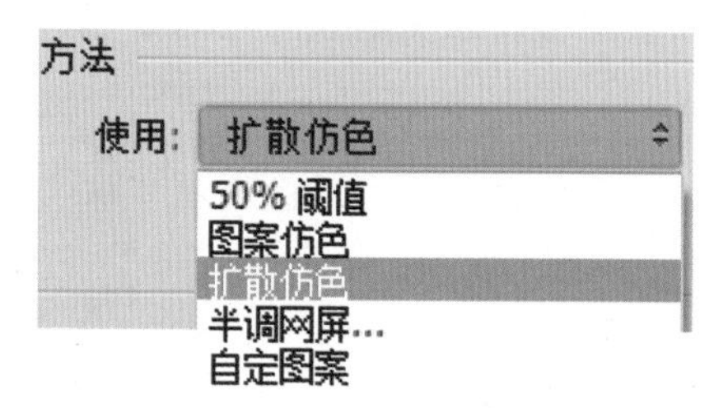

图 7-5　5 种减色处理方法

☆　【50% 阈值】：选择该项会将灰度级别大于 50% 的像素全部转换为黑色，将灰度级别小于 50% 的像素转换为白色，如图 7-6 所示。

图 7-6　50% 阈值

☆　【图案仿色】：选择该项可使用黑白点的图案来模拟色调，如图 7-7 所示。

图 7-7　图案仿色

☆　【扩散仿色】：选择该项会产生颗粒状纹理效果，如图 7-8 所示。

图 7-8　扩散仿色

☆　【半调网屏】：该项是商业中经常使用的一种输出模式，是利用平面印刷中使用的半调网点外观来模拟色调，如图 7-9 所示。

图 7-9　半调网屏

☆　【自定图案】：选择该项可选择一种图案来模拟色调，如图 7-10 所示。

图 7-10　自定图案

提示　在位图模式下图像只有一个图层和一个通道，滤镜全部被禁用。

7.1.2 灰度模式

所谓灰度图像，是指纯白、纯黑以及两者中的一系列从黑到白的过渡色。灰度色中不包含任何色相，即不存在红色、黄色这样的颜色。

在灰度模式下，灰度图像反映的是原彩色图像的亮度关系，每个像素都有一个 0 到 255 之间的亮度值，其中 0 表示黑色，255 表示白色，其他值则表示黑和白之间的过渡色。

7.1.3 双色调模式

这里的双色调模式并不仅指两种色调，还包括单色调、三色调以及四色调，分别表示用一种、三种和四种油墨颜色来打印图像。

选择【图像】→【模式】→【双色调】命令，弹出【双色调选项】对话框，单击【类型】按钮，在弹出的下拉列表中可选择双色调的种类（如单色调、双色调、三色调等），然后编辑相应的油墨颜色，即可转换为双色调模式，如图 7-11 所示。

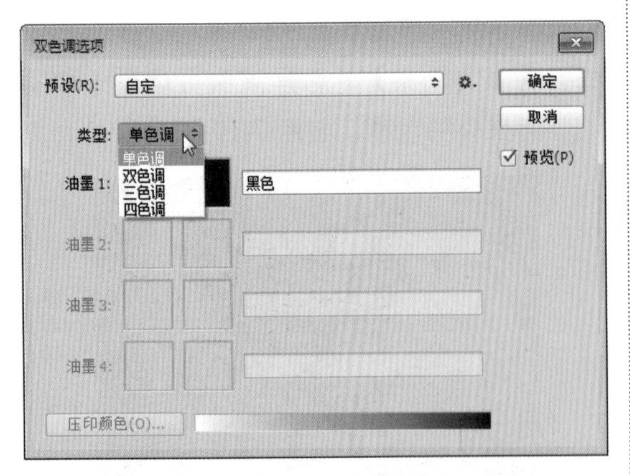

图 7-11 【双色调选项】对话框

☆ 【预设】：在其下拉列表框中选择软件提供的预设选项，可直接应用效果。

☆ 【类型】：设置色调类型。共有 4 种类型，分别是单色调、双色调、三色调和四色调。

☆ 【油墨】：单击 按钮，将弹出【双色调曲线】对话框，拖动曲线可改变油墨的百分比，如图 7-12 所示。单击右侧的颜色块按钮，将弹出【颜色库】对话框，在其中可设置油墨颜色，如图 7-13 所示。

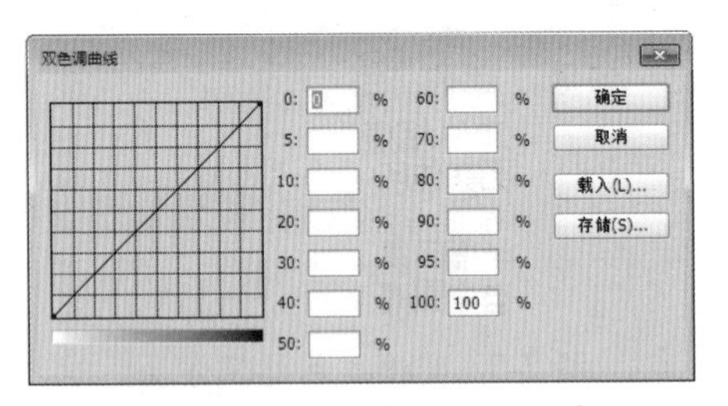

图 7-12 【双色调曲线】对话框

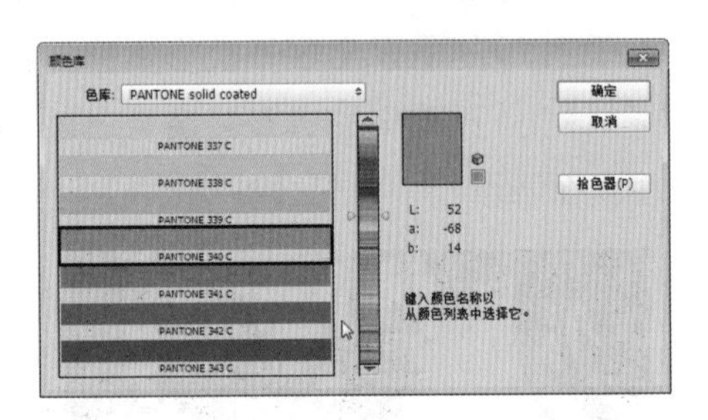

图 7-13 【颜色库】对话框

在【双色调选项】对话框中将【类型】设置为【三色调】，并设置各油墨的曲线及颜色，如图 7-14 所示。最终效果如图 7-15 所示。

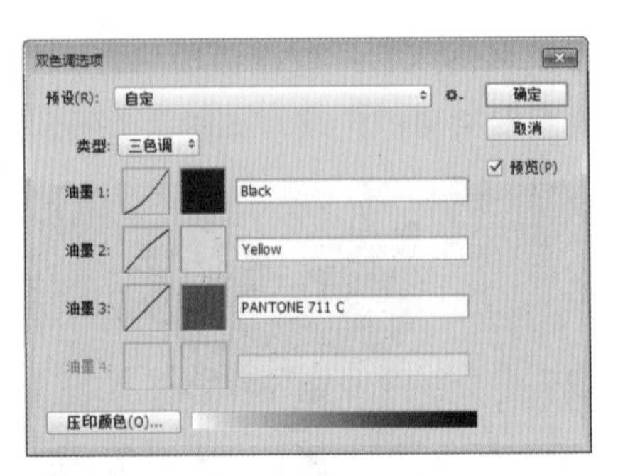

图 7-14 设置相关参数

图 7-15　最终效果

7.1.4 索引颜色模式

一幅彩色图像中可能有几千种甚至上万种颜色，而在索引颜色模式下，最多只能使用 256 种颜色。因此可以说，使用 256 种或更少的颜色替代全彩图像中上万种颜色的过程叫作索引。当转换为索引颜色模式时，Photoshop 将构建一个颜色查找表，用来存放索引图像中的颜色。如果原图像中的某种颜色没有出现在该表中，程序将选取最接近的一种或使用仿色来模拟该颜色。

索引颜色模式的优点在于它的文件格式比较小，同时能够保持视觉品质不单一，因此非常适用于多媒体动画或 Web 页面。在索引颜色模式下只能进行有限的编辑，若要进一步进行编辑，则应临时转换为 RGB 模式。

选择【图像】→【模式】→【索引颜色】命令，弹出【索引颜色】对话框，在其中设置相关参数，如图 7-16 所示。

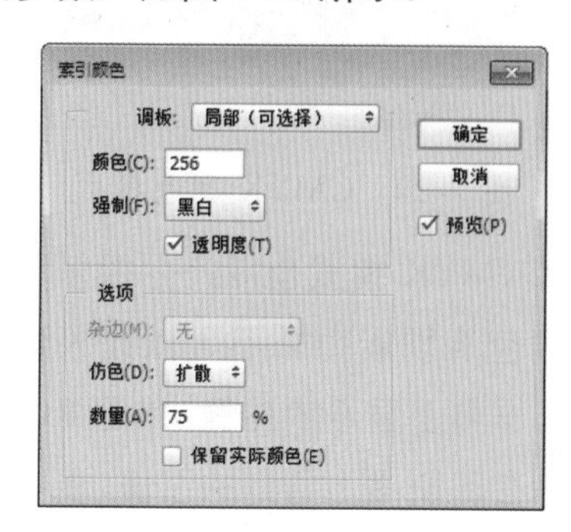

图 7-16　【索引颜色】对话框

> **提示**　只有在灰度模式和 RGB 模式下才能将图像转换为索引颜色模式。

【索引颜色】对话框中各选项的含义如下。

☆ 【调板】：设置在转换为索引颜色时使用的调色类型。例如若需要制作 Web 网页，则可选择 Web 调色板。

☆ 【颜色】：设置要显示的实际颜色数量，最多为 256 种。

☆ 【强制】：设置是否将某些颜色强制加入到颜色表中。例如若选择【黑白】选项，可以将纯黑和纯白色强制添加到颜色表中。

☆ 【杂边】：设置用于填充图像锯齿边缘的背景色。

☆ 【仿色】：设置是否使用仿色。若要模拟颜色表中没有的颜色，可使用仿色。在其下拉列表框中可选择仿色的类型。

☆ 【数量】：设置仿色数量的百分比值。值越高，则所仿颜色越多，但可能会增加文件大小。

打开随书光盘中的“素材\ch07\02.jpg”文件，如图 7-17 所示。将其颜色模式转换为索引模式后，选择【图像】→【模式】→【颜色表】命令，弹出【颜色表】对话框，该对话框中即存储了从图像中提取的 256 种典型的颜色，如图 7-18 所示。

图 7-17　原图

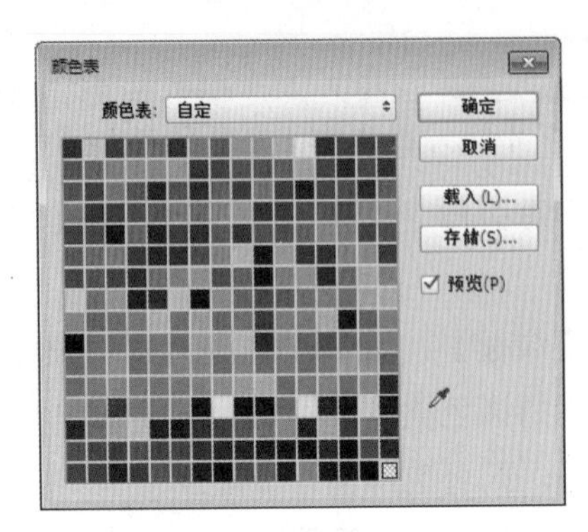

图 7-18　【颜色表】对话框

7.1.5 RGB 颜色模式

RGB 颜色模式通过对红 (R)、绿 (G)、蓝 (B) 三个颜色通道的设置以及它们相互之间的叠加来得到各式各样的颜色。RGB 即代表红、绿、蓝三个通道的颜色，这个标准几乎包括了人类视力所能感知的所有颜色，是目前运用最广泛的颜色模式之一，如图 7-19 所示。

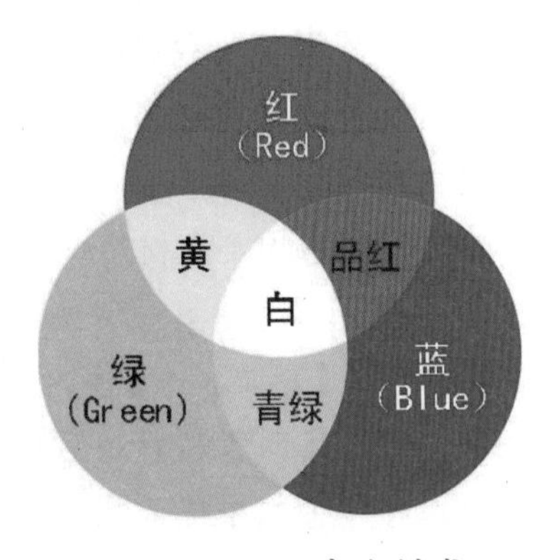

图 7-19　RGB 颜色模式

Photoshop 中的 RGB 颜色模式，为图像中每一个像素的 RGB 分量分配一个 0 ～ 255 范围内的强度值。例如：纯红色的 R 值为 255、G 值为 0、B 值为 0；灰色的 R、G、B 三个值相等（除了 0 和 255）；白色的 R、G、B 值都为 255；黑色的 R、G、B 值都为 0。通过这 3 种颜色的叠加，可在屏幕上生成 1677 万多种颜色。

> **注意** 在该模式下，用户可以使用 Photoshop 的所有工具和命令，而其他的模式都会或多或少地受到限制。

7.1.6 CMYK 颜色模式

CMYK 被称作印刷色彩模式，顾名思义就是用来印刷的，具有青色 C(Cyan)、洋红 M(Magenta)、黄色 Y(Yellow) 和黑色 K(Black)4 个颜色通道，如图 7-20 所示。因为在实际应用中，青色、洋红色和黄色很难叠加形成真正的黑色，最多不过是褐色。因此才引入了 K——黑色，其作用是为了强化暗调，加深暗部色彩。

> **提示** 由于 RGB 模式中的 B 代表蓝色，为了不和该模式发生冲突，CMYK 模式使用 K 表示黑色。

CMYK 颜色模式是以打印在纸上的油墨对光线产生反射特性为基础产生的，通过反射某些颜色的光，并吸收其他颜色的光，油墨就产生了颜色。正是由于该模式是通过吸收光来产生颜色的，因此又被称为减色模式。

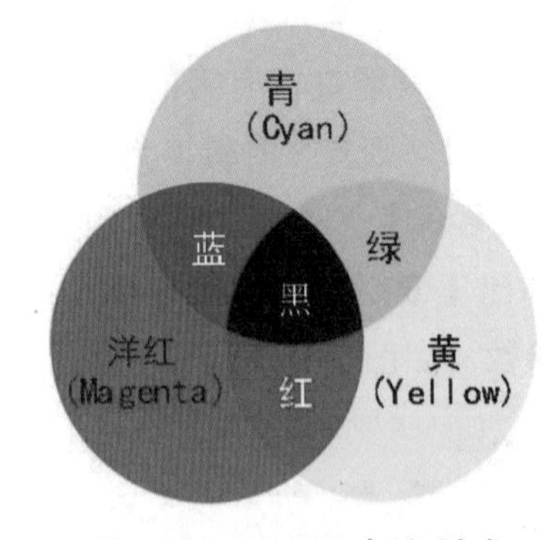

图 7-20　CMYK 颜色模式

虽然 CMYK 模式也能产生很多种颜色，但它的颜色表现能力并不足以让人满意，因此只要在屏幕上显示的图像，就是 RGB 模式。而只要是在印刷品上看到的图像，例如期刊、杂志、报纸、宣传画等，就是用 CMYK 模式

表现的，这是由于RGB模式尽管色彩非常多，但不能完全打印出来。

提示 CMYK通道的灰度图和RGB类似，是一种含量多少的表示。RGB灰度表示色光亮度，而CMYK灰度表示油墨浓度。

7.1.7 Lab 颜色模式

Lab颜色模式是一种基于人眼视觉原理创立的颜色模式，理论上它概括了人眼所能看到的所有颜色。与RGB模式和CMYK模式相比，Lab模式的色域最宽，其次是RGB模式，色域最窄的是CMYK模式。当我们将RGB模式转换成CMYK模式时，Photoshop将自动将RGB模式转换为Lab模式，再转换为CMYK模式。

提示 当图像转换为Lab颜色模式后，有部分命令将不可用。

Lab颜色模式是由亮度和两个色度分量构成的，如图7-21所示。其中，明度通道（L）专门负责整张图的明暗度，而a和b通道只负责颜色的多少，a通道表示从绿色至红色的范围，b通道表示从蓝色到黄色的范围，如图7-22所示。由此可知，Lab颜色模式在处理图片时有着非常特别的优势，我们可以在不影响色相和饱和度的情况下轻松调整图像的明暗信息，还可以在不影响色调的情况下调整颜色。

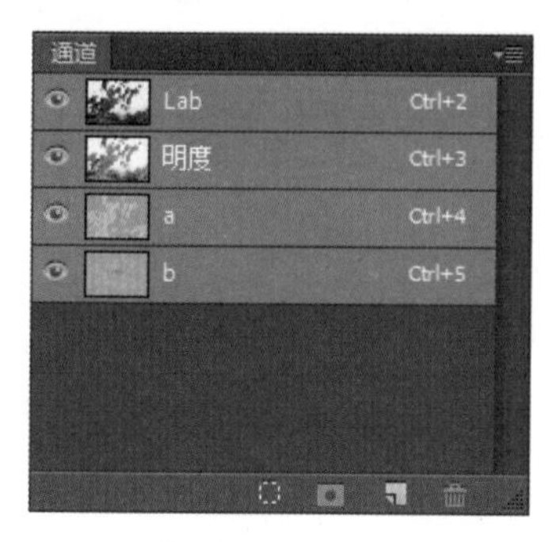

图 7-21 Lab颜色模式下的【通道】面板

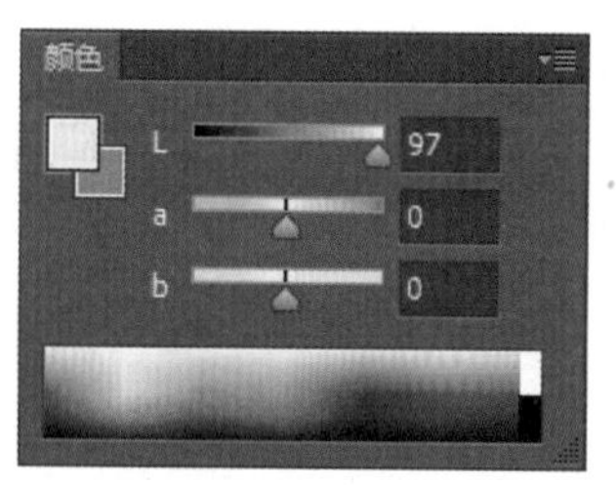

图 7-22 Lab颜色模式下的【颜色】面板

提示 Lab模式与设备无关，无论使用何种设备（如显示器、打印机、计算机或扫描仪等）创建或输出图像，该模式都能生成一致的颜色。

7.1.8 颜色深度

颜色深度用于度量图像中有多少颜色信息可用于显示或打印像素，又称为位深度，常用的主要有3种类型：8位、16位和32位。

1位图像最多可由两种颜色组成，以此类推，8位图像包含2的8次方种颜色，即能表现出256种颜色，而16位图像能表现出65 536种颜色信息。由此可知，位数越大，颜色数量也越多，色调越丰富。

其中，8位图像是最常用的类型，当变更为16位或32位时，虽然能够表现出更加丰富的色彩，但某些命令将不可用，而且文件内存会增大。通过【图像】→【模式】子菜单即可转换这3种模式。

提示 在文档窗口的标题栏中，可以查看相应的颜色模式和颜色深度等信息，如图7-23所示。

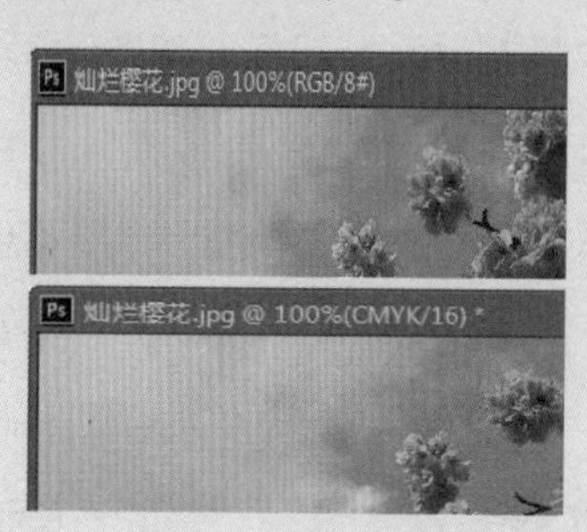

图 7-23 查看颜色模式和颜色深度信息

7.2 图像色调的调整

图像色调调整主要是对图像进行明暗度和对比度的调整。例如，将一幅暗淡的图像调整得亮一些，将一幅灰蒙蒙的图像调整得清晰一些。

7.2.1 调整图像的亮度与对比度

使用【亮度 / 对比度】菜单命令，可以对图像的色调范围进行简单的调整。但是在操作时它会对图像中的所有像素进行同样的调整，因此可能会导致部分细节丢失。具体的操作步骤如下。

步骤 1 打开随书光盘中的“素材 \ch07\03.jpg”文件，然后按 Ctrl+J 组合键，复制背景图层，如图 7-24 所示。

图 7-24 素材文件

步骤 2 选择【图像】→【调整】→【亮度 / 对比度】命令，弹出【亮度 / 对比度】对话框，在【亮度】和【对比度】文本框中分别输入“112”和“–23”，如图 7-25 所示。

亮度/对比度
亮度: 112
对比度: -23
确定
取消
自动(A)
使用旧版(L)
预览(P)

图 7-25 【亮度 / 对比度】对话框

步骤 3 单击【确定】按钮，即可调整图像的亮度和对比度，如图 7-26 所示。

图 7-26 调整图像的亮度和对比度

提示 直接拖动【亮度】和【对比度】下面的小滑块，也可以改变相应的值。若选中【使用旧版】复选框，在调整亮度时只是简单地增大或减小所有像素值，可能会导致修剪或丢失高光或阴影区域中的图像细节。

7.2.2 使用【色阶】命令调整图像

【色阶】命令通过调整图像的暗调、灰色调和高光的亮度级别来校正图像的色调以及平衡图像的色彩。它是最常用的色彩调整命令之一。

1. 认识【色阶】对话框

打开随书光盘中的“素材 \ch07\04.jpg”文件，如图 7-27 所示。选择【图像】→【调整】→【色阶】命令，或者按 Ctrl+L 组合键，

弹出【色阶】对话框，通过该对话框，可调整图像的色阶，如图 7-28 所示。

图 7-27　素材文件

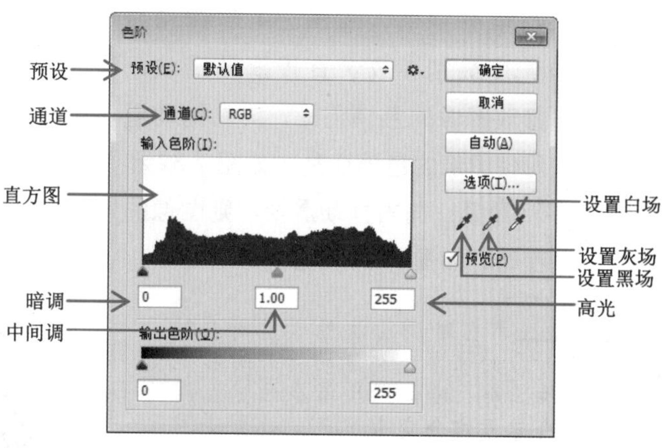

图 7-28　【色阶】对话框

【色阶】对话框中各选项的含义如下。

☆ 【预设】：在其下拉列表框中选择一个预设文件，可自动调整图像。若选择【自定】选项，自定义各参数后，单击右侧的⚙按钮，在弹出的下拉列表中选择【存储预设】选项，可将当前的参数保存为一个预设文件，以便于下次直接调用。

☆ 【通道】：设置要调整色调的通道。选择某个通道可以只改变特定颜色的色调，当图像设置为 RGB 颜色模式时，红、绿和蓝 3 个通道颜色的分布情况分别如图 7-29、图 7-30 和图 7-31 所示。

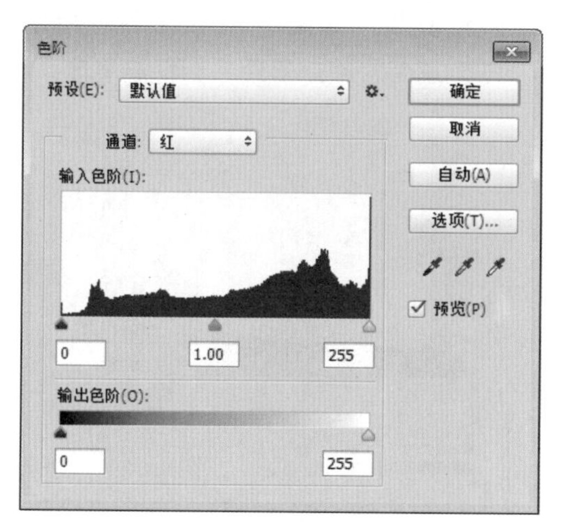

图 7-29　红通道的颜色分布情况

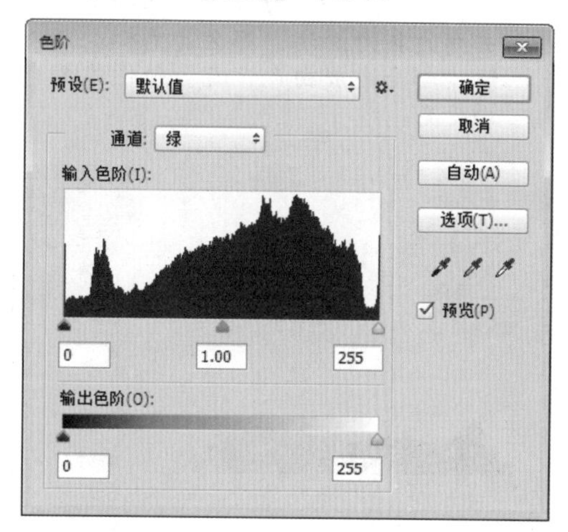

图 7-30　绿通道的颜色分布情况

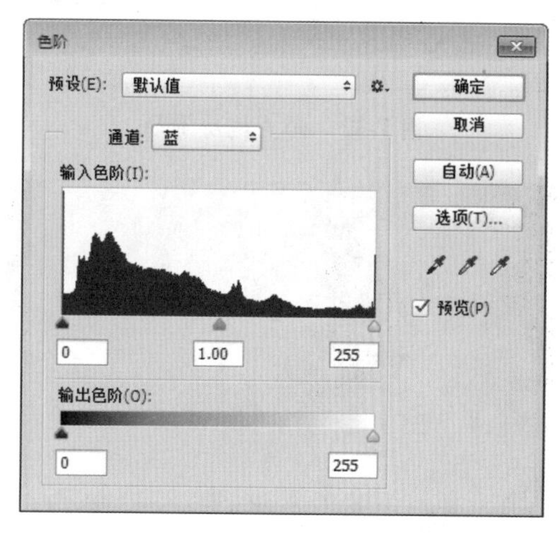

图 7-31　蓝通道的颜色分布情况

☆ 【输入色阶】：该区域有3个参数，在文本框中分别输入暗调、中间调和高光的亮度级别，或者直接滑动滑块，即可修改图像的色调范围。向左拖动滑块，可使图像的色调变亮，如图7-32和图7-33所示；向右拖动滑块，则图像的色调变暗，如图7-34和图7-35所示。

提示 当暗调滑块处于色阶0时，所对应的像素是纯黑的。若向右拖动滑块，那么暗调滑块所在位置左侧的所有像素都会变成黑色，就会使图像的色调变暗。同理，当高光滑块处于色阶255时，所对应的像素是纯白的。若向左拖动滑块，那么其右侧的所有像素都会变成白色，就会使图像的色调变亮。

图7-32 向左拖动滑块

图7-33 图像的色调变亮

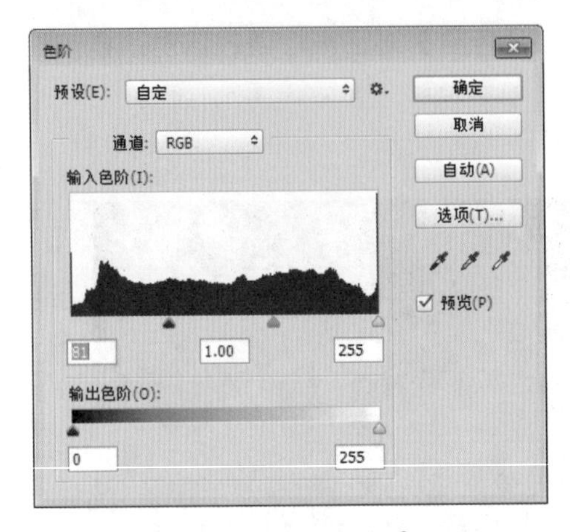

图7-34 向右拖动滑块

图7-35 图像的色调变暗

☆ 【输出色阶】：该区域内只有暗调和高光两个参数，用于限制图像的亮度范围，降低图像的对比度。向左拖动滑块，那么图像中最亮的色调不再是白色，就会降低亮度，如图7-36和图7-37所示；反之，向右拖动滑块，则提高亮度。

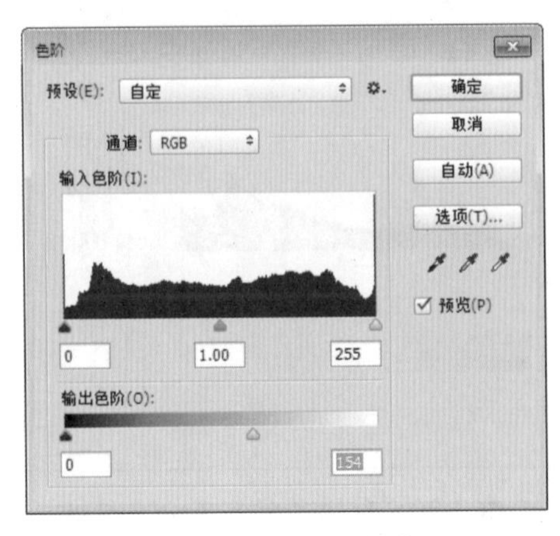

图7-36 向左拖动滑块

图 7-37 降低亮度

☆ 【取消】：单击该按钮，可关闭对话框，并取消调整色阶。若按住 Alt 键不放，此按钮将变成【复位】按钮，单击即可使各参数恢复为原始状态。

☆ 【自动】：单击该按钮，可应用自动颜色校正。

☆ 【选项】：单击该按钮，将弹出【自动颜色校正选项】对话框，在其中可指定使用【自动】按钮对图像进行何种类型的自动校正，例如自动颜色、自动对比度或自动色调校正等。

☆ 吸管工具：单击【设置黑场】按钮，然后单击图像中的某点取样，可以将该点的像素调整为黑色，并且图像中所有比取样点亮度低的像素都会调整为黑色，如图 7-38 所示。同理，若单击【设置灰场】按钮，会根据取样点的亮度调整其他中间色调的平均亮度，如图 7-39 所示。若单击【设置白场】按钮，会将所有比取样点亮度高的像素调整为白色，如图 7-40 所示。

图 7-38 设置黑场

图 7-39 设置灰场

图 7-40 设置白场

2. 使用【色阶】命令

下面介绍如何使用【色阶】命令调整图像的色调，其中最重要的就是能够理解直方图。

(1) 山脉集中在暗调一端。出现该种情况说明图像中的暗色比较多，图片偏暗，如图 7-41 所示。向左拖动高光滑块，即可使图片变亮，如图 7-42 所示。

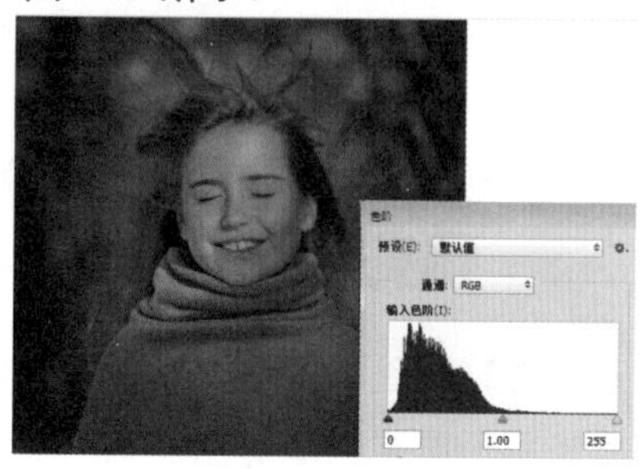

图 7-41 图片偏暗

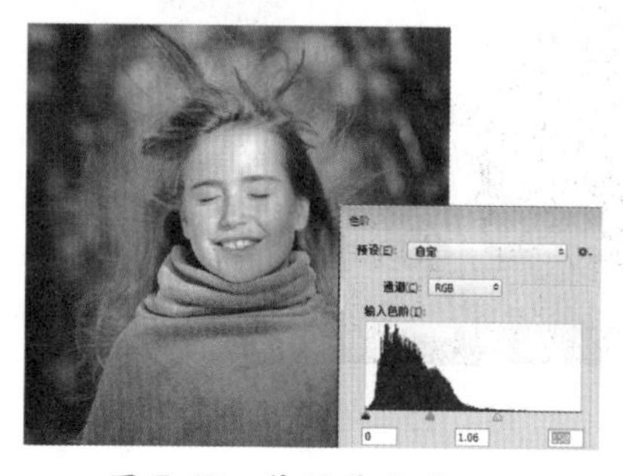

图 7-42 使图片变亮

⑵ 山脉集中在中间。出现该种情况说明图像中最暗的点不是黑色，最亮的点也不是白色，缺乏对比度，图片整体偏灰，如图 7-43 所示。分别将暗调滑块和高光滑块向中间拖动，即可增加图片的对比度，如图 7-44 所示。

图 7-43 图片整体偏灰

图 7-44 增加图片对比度

⑶ 山脉集中在两侧。与第 2 种情况相反，出现该种情况说明图像反差过大，如图 7-45 所示。向左侧拖动中间调滑块，即可增加图像的亮色部分，如图 7-46 所示。

图 7-45 图像反差过大

图 7-46 增加图像的亮色部分

⑷ 山脉集中在高光调一端。与第 1 种情况相反，出现该种情况说明图像偏亮，缺少黑色成分，如图 7-47 所示。向右侧拖动暗调滑块，即可使图片变暗，如图 7-48 所示。

图 7-47 图像偏亮缺少黑色成分

图 7-48 使图片变暗

提示 并不是直方图中波峰居中且山脉均匀的图像才是最合适的，判断一张图像的曝光是否准确，关键在于图像是否准确地表达出了拍摄者的意图。

7.2.3 使用【曲线】命令调整图像

【曲线】命令与【色阶】命令的功能相同，也是用于调整图像的色调范围及色彩平

衡。但它不是通过控制 3 个变量（暗调、中间调和高光）来调节图像的色调，而是对 0 到 255 色调范围内的任意点进行精确调节，最多可同时使用 16 个变量。

1. 认识【曲线】对话框

打开随书光盘中的“素材 \ch07\05.jpg”文件，如图 7-49 所示。选择【图像】→【调整】→【曲线】命令，或者按 Ctrl+M 组合键，即弹出【曲线】对话框，如图 7-50 所示。

图 7-49　素材文件

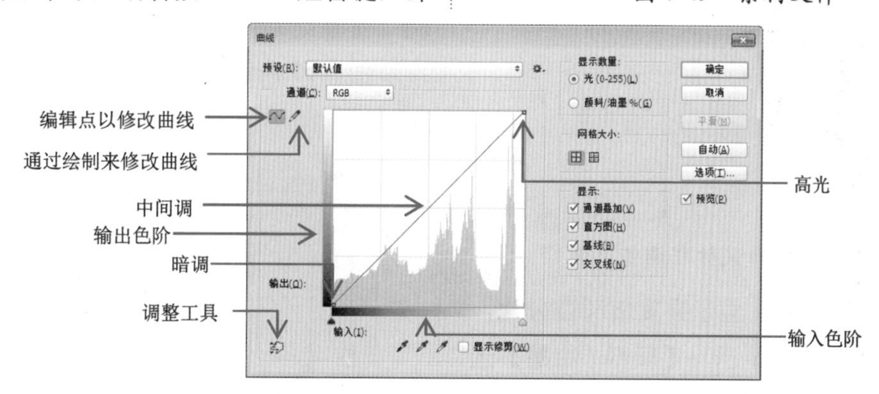

图 7-50　【曲线】对话框

【曲线 】对话框中各参数的含义如下。

☆　【编辑点以修改曲线】：该项为默认选项，表示在曲线上单击即可添加新的控制点，拖动控制点可修改曲线的形状，如图 7-51 所示。

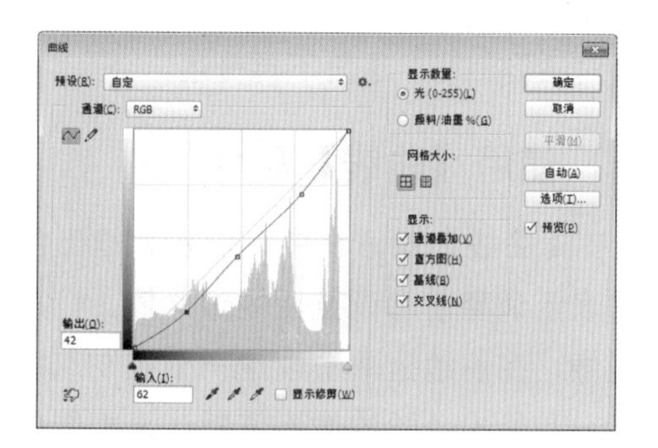

图 7-51　拖动控制点可修改曲线的形状

☆　【通过绘制来修改曲线】：单击该按钮，可以直接手绘自由曲线，如图 7-52 所示。绘制完成后，单击按钮，可显示出控制点；单击【平滑】按钮，可使手绘的曲线更加平滑。

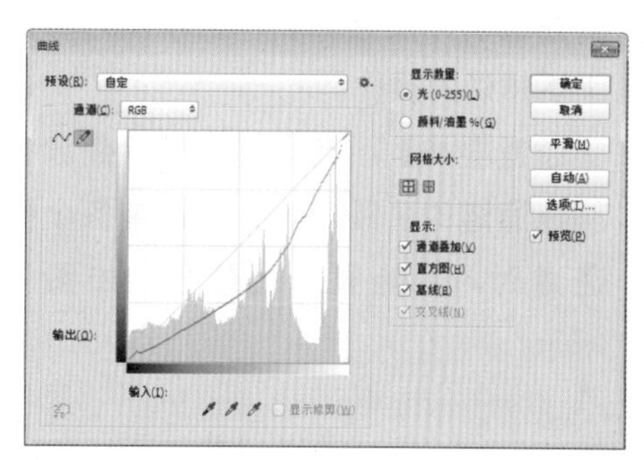

图 7-52　手绘自由曲线

☆　【输入】/【输出】：分别显示调整前和调整后的像素值。

☆　【调整工具】：单击该按钮，将鼠标指针定位在图像中，鼠标指针会变为吸管形状，同时曲线上会出现一个空心圆，如图 7-53 所示。按住左键并拖动鼠标，即可调整色调，此时空心圆变为实心圆，如图 7-54 所示。

图 7-53　单击调整工具按钮的效果

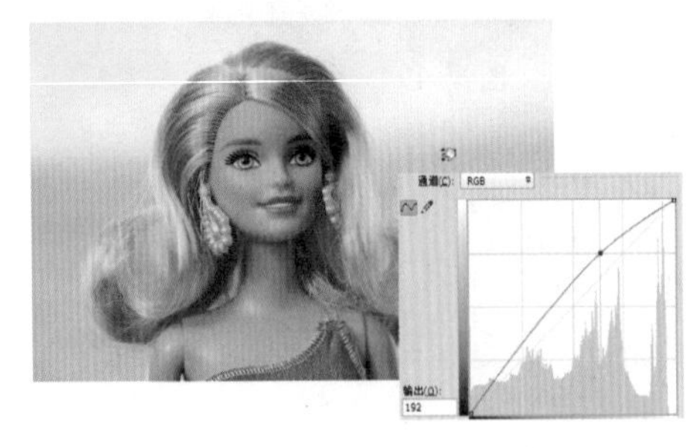

图 7-54　拖动鼠标可调整色调

☆　【显示数量】：显示强度值和百分比，默认以【光】显示，【颜料 / 油墨】选项与其相反。

☆　【网格大小】：显示网格的数量，该项对曲线功能没有影响，但较多的网格便于更精确的操作。

☆　【通道叠加】：选择该项可以叠加各个颜色通道的曲线，当分别调整各个颜色通道时，才能显示出效果，如图 7-55 所示。

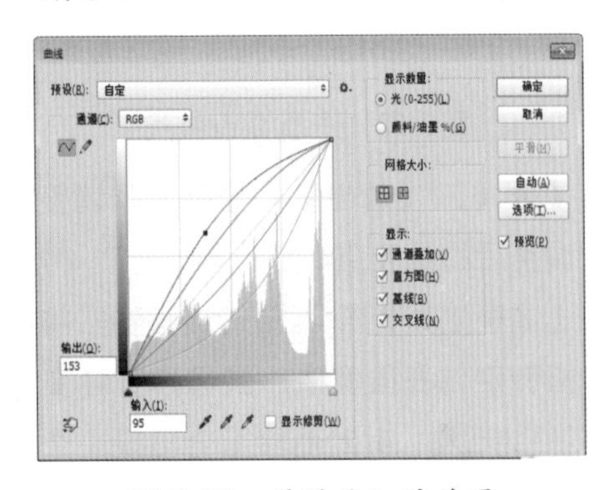

图 7-55　通道叠加的效果

☆　【直方图】：选择该项可以显示出直方图，图 7-56 为没有选择该项的效果。

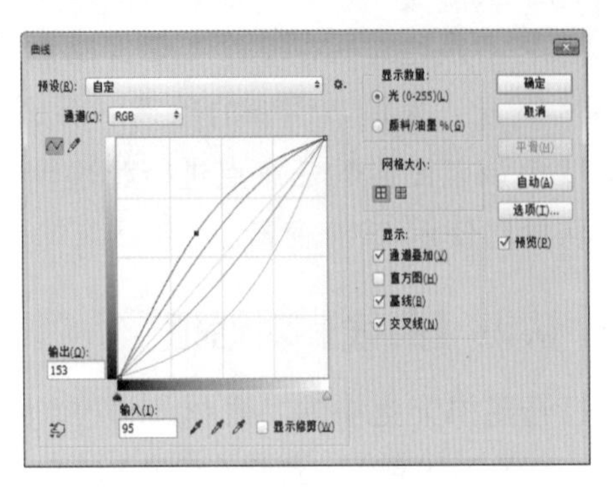

图 7-56　不显示出直方图

☆　【基线】：选择该项可显示出对角线，图 7-57 所示为没有选择该项的效果。

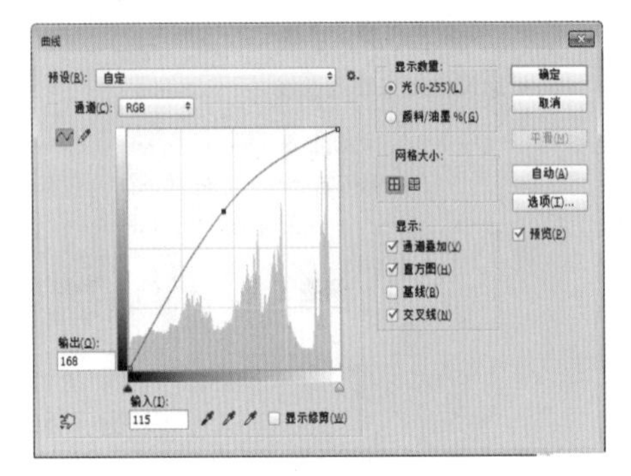

图 7-57　显示出对角线

☆　【交叉线】：选择该项在调整曲线时，可显示出水平线和垂直线，便于精确调整。

【曲线】对话框中其他参数的含义与【色阶】对话框相同，这里不再赘述。

2. 使用【曲线】命令

在【曲线】对话框中，输入和输出色阶分别表示调整前和调整后的像素值。打开一幅图像，在曲线上单击创建一个控制点，此时输入和输出色阶的像素值默认是相同的，如图 7-58 所示。

(1)　当向上调整曲线上的控制点时，此时输入色阶不变，但输出色阶变大，色阶越大，色调越浅（色阶 0 表示黑色，色阶 255 表示白色），此时图像会变亮，如图 7-59 所示。

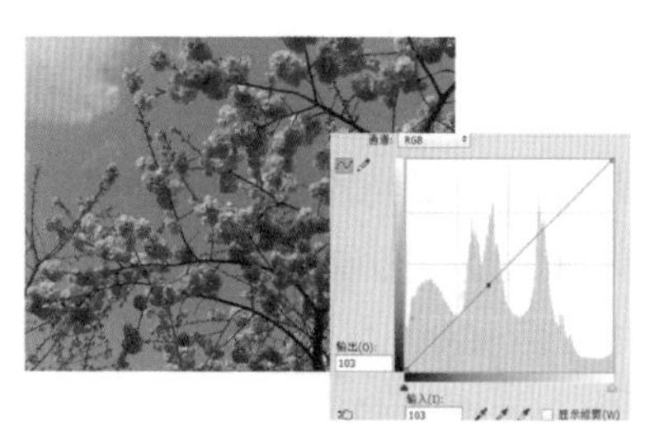

图 7-58　原图

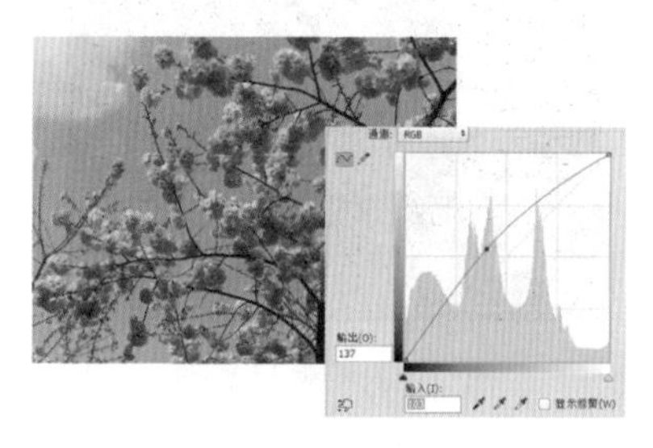

图 7-59　输出色阶变大则图像变亮

⑵　当向左调整控制点时，输出色阶不变，但输入色阶变小，因此图像也会变亮，如图 7-60 所示。

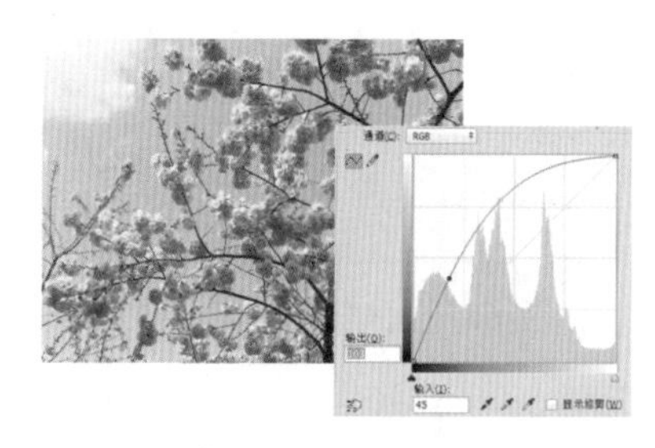

图 7-60　输入色阶变小则图像变亮

⑶　反之，当向下或向右调整控制点时，图像就会变暗，如图 7-61 所示。

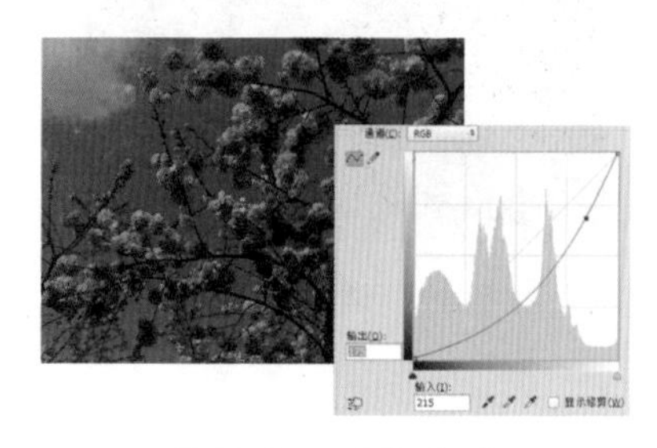

图 7-61　图像变暗

⑷　若将曲线调整为 S 形，可以使高光区域图像变亮，阴影区域图像变暗，增加图像的对比度，如图 7-62 所示。

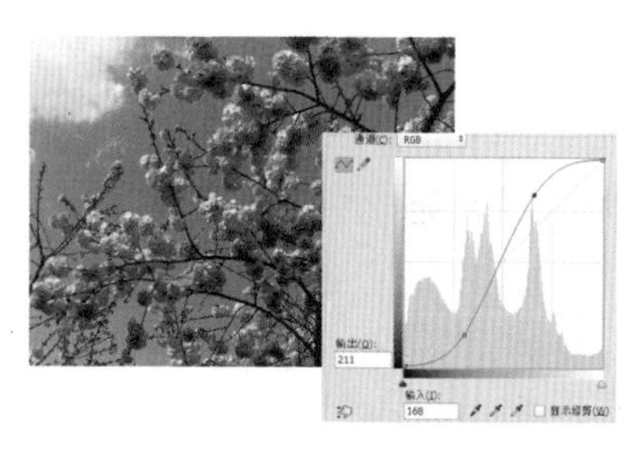

图 7-62　将曲线调整为 S 形增加对比度

⑸　反之，若将曲线调整为反 S 形，则会降低图像的对比度，如图 7-63 所示。

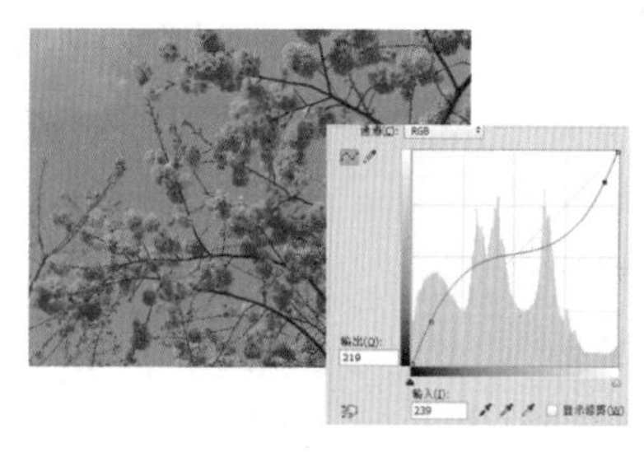

图 7-63　将曲线调整为反 S 形降低对比度

⑹　若将左下角的控制点移动到左上角，而将右上角的控制点移动到右下角，可以使图像反相，如图 7-64 所示。

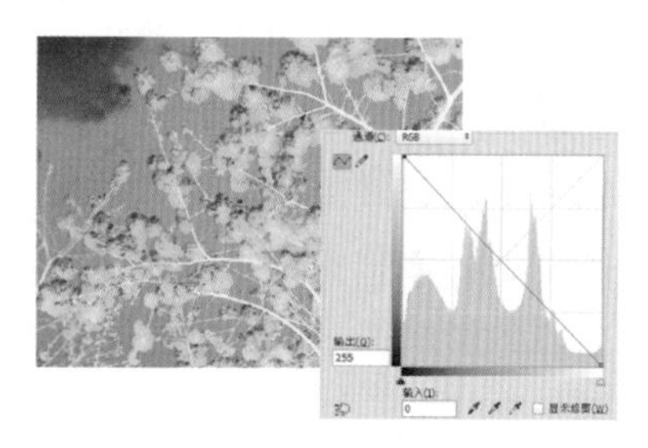

图 7-64　使图像反相

⑺　若将顶部和底部的控制点移动到中间，可以创建色调分离的效果，如图 7-65 所示。

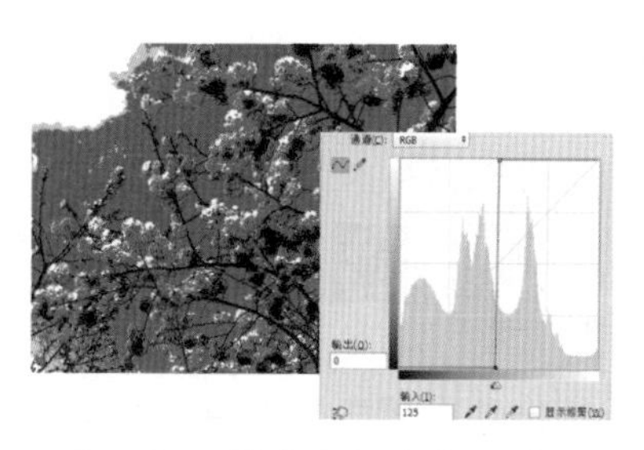

图 7-65　创建色调分离的效果

7.2.4 调整图像的曝光度

【曝光度】命令可用于调整曝光不足或曝光过度的照片，它会对图像整体进行加亮或调暗。另外，用户也可以使用【色阶】和【曲线】命令调节曝光度。

1. 认识【曝光度】对话框

选择【图像】→【调整】→【曝光度】命令，弹出【曝光度】对话框，如图 7-66 所示。

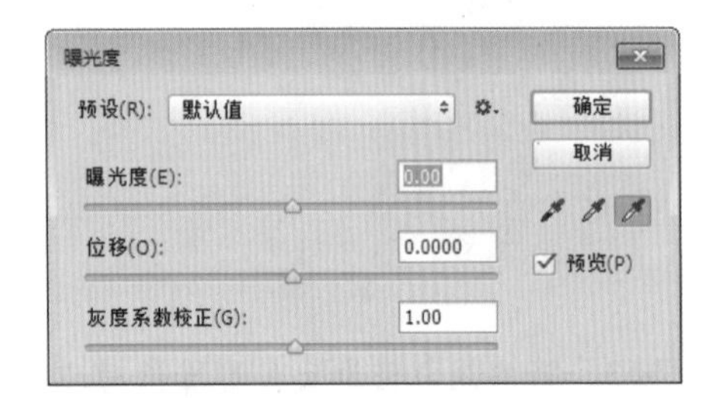

图 7-66　【曝光度】对话框

【曝光度】对话框中各选项的含义如下。

☆ 【曝光度】：设置图像的曝光程度。曝光度越大，图像越明亮，对极限阴影的影响很小。

☆ 【位移】：设置图像的曝光范围。该项对图像的阴影和中间调效果显著，对高光区域的影响很小。向左拖动滑块，可以增加对比度。

☆ 【灰度系数校正】：调整图像的灰度系数，可以提高图像的反差，使发灰的图像变清晰。

其他参数的含义与【色阶】对话框相同，这里不再赘述。

2. 使用【曝光度】命令

下面使用【曝光度】命令调整图像的曝光度，具体的操作步骤如下。

步骤 1 打开随书光盘中的“素材\ch07\06.jpg”文件，如图 7-67 所示。

图 7-67　素材文件

步骤 2 选择【图像】→【调整】→【曝光度】命令，在弹出的【曝光度】对话框中设置参数，如图 7-68 所示。

图 7-68　【曝光度】对话框

步骤 3 单击【确定】按钮，调整后的效果如图 7-69 所示。

图 7-69　调整后的效果

7.3 图像色彩的调整

图像色彩调整是指调整图像中的颜色，Photoshop 提供了多种调整色彩的命令，通过这些命令可以轻松地改变图像的颜色。

7.3.1 【色相 / 饱和度】命令

【色相 / 饱和度】命令用于调节整个图像或图像中单个颜色成分的色相、饱和度和亮度。“色相”就是通常所说的颜色，即红、橙、黄、绿、青、蓝和紫；“饱和度”简单地说是一种颜色的纯度，饱和度越大，纯度越高；“亮度”是指图像的明暗度。

打开随书光盘中的“素材 \ch07\07.jpg”文件，如图 7-70 所示。选择【图像】→【调整】→【色相 / 饱和度】命令，或者按 Ctrl+U 组合键，即弹出【色相 / 饱和度】对话框，如图 7-71 所示。

图 7-70　素材文件

图 7-71　【色相 / 饱和度】对话框

【色相 / 饱和度】对话框中各选项的含义如下。

☆ 编辑：设置调整颜色的范围，包括【全图】、【红色】、【黄色】等 7 个选项。

☆ 【调整工具】：单击该按钮，可以在文档窗口中通过拖动鼠标来调整饱和度，若按住 Ctrl 键，拖动鼠标可调整色相。

☆ 【着色】：选择该项可将图像转换为单色图像。若当前的前景色是黑色或白色，图像会转换为红色，如图 7-72 所示；若是其他的颜色，则会转换为该颜色的色相，如图 7-73 所示；转换后，调整【色相】参数可修改颜色，如图 7-74 所示。

图 7-72　图像转换为红色

图 7-73　图像转换为相应颜色的色相

图 7-74　调整【色相】参数可修改颜色

☆ 底部的颜色条：对话框底部有两个颜色条，分别表示调整前和调整后的颜色。若将编辑设置为【全图】选项，调整【色相】参数，此时图像的颜色会改变，可以在底部第 2 个颜色条中查看调整后的颜色，如图 7-75 所示，进而得出如图 7-76 所示的图像显示效果。若将编辑设置为某个颜色选项，如这里选择为【红色】，此时颜色条中间会有几个小滑块，表示对特定的颜色设置色阶调节的范围，这样只会影响属于该颜色范围的像素，如图 7-77 所示。调整滑块的位置，可修改图像中的红色，如图 7-78 所示，进而得出如图 7-79 所示的图像显示效果。

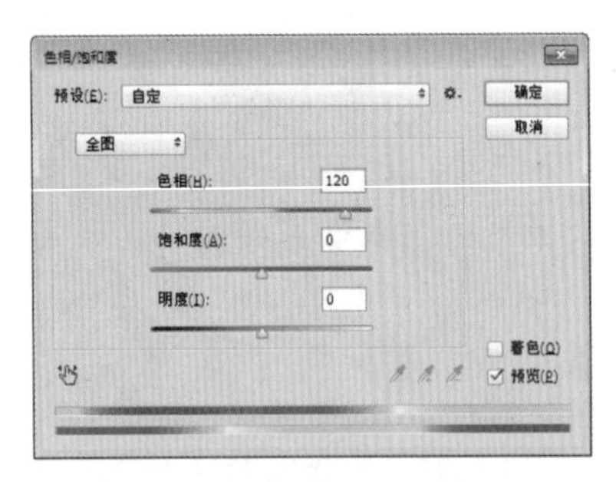

图 7-75　在第 2 个颜色条中查看调整后的颜色

图 7-76　对应的图像效果

图 7-77　对特定的颜色设置范围

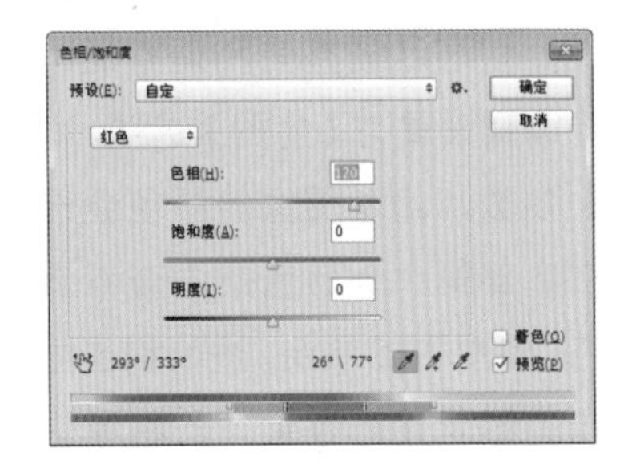

图 7-78　调整滑块的位置

图 7-79　调整滑块后的图像效果

提示　将编辑设置为某个颜色选项后，单击按钮，然后在图像中单击，可选择该颜色作为调整的范围；单击按钮，可扩展颜色范围；单击按钮，可缩小颜色范围。

7.3.2　【自然饱和度】命令

【自然饱和度】命令中的“饱和度”与【色相 / 饱和度】命令中的“饱和度”的效果是相同的。不同的是，使用【色相 / 饱和度】命令时，若将饱和度调整到较高的数值，会导致图像色彩过分饱和，造成图像失真，而使用【自然饱和度】命令可以对已经饱和的像素进行保护，只调整图像中饱和度低的部分，从而使图像更加自然。具体的操作步骤如下。

步骤 1 打开随书光盘中的“素材 \ch07\08.jpg”文件，如图 7-80 所示。

图 7-80　素材文件

步骤 2 选择【图像】→【调整】→【自然饱和度】命令，弹出【自然饱和度】对话框，将【自然饱和度】参数设置为 +100，如图 7-81 所示。

图 7-81　【自然饱和度】对话框

步骤 3 单击【确定】按钮，调整后的效果如图 7-82 所示。

图 7-82　调整后的效果

提示

若将【自然饱和度】和【饱和度】参数分别设置为“0”和“+100”，此时图像中会出现过饱和现象，如图 7-83 所示，这里由于单独设置【饱和度】参数并不会对像素进行保护。为使图像色彩和谐自然，在调整图像时可先使用“自然饱和度”调整，不足的地方再使用“饱和度”调整。

图 7-83　设置【饱和度】参数的效果

7.3.3 【色彩平衡】命令

【色彩平衡】命令用于调整图像中的颜色分布，从而使图像整体的色彩平衡。若照片中存在色彩失衡或偏色现象，可以使用该命令。

1. 认识【色彩平衡】对话框

选择【图像】→【调整】→【色彩平衡】命令，或者按 Ctrl+B 组合键，即弹出【色彩平衡】对话框，如图 7-84 所示。

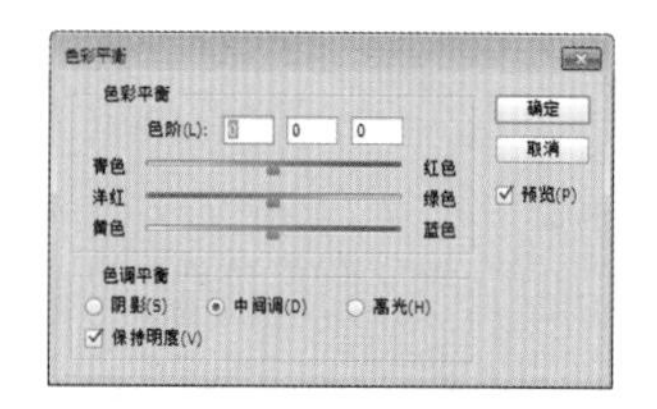

图 7-84　【色彩平衡】对话框

【色彩平衡】对话框中各选项的含义如下。

☆　【色彩平衡】：在【色阶】文本框中输入色阶值，或者拖动 3 个滑块，即可设置色彩平衡。若要减少某个颜色，就增加这种颜色的补色（左右两个颜色分别为互补色）。例如，将最上面的滑块拖向“青色”，即可在图像中增加青色，而减少其补色——红色。对于其他的颜色，也是同样的原理。

☆　【阴影】/【中间调】/【高光】：选择不同的选项，即可设置该区域的颜色平衡。

☆　【保持明度】：选择该项可防止图像的亮度随颜色的更改而改变。

2. 使用【色彩平衡】命令

下面使用【色彩平衡】命令为图像调整色彩，具体的操作步骤如下。

步骤 1 打开随书光盘中的“素材\ch07\09.jpg”文件，如图 7-85 所示。

图 7-85　素材文件

步骤 2 选择【图像】→【调整】→【色彩平衡】命令，弹出【色彩平衡】对话框，选中【中间调】单选按钮，然后将滑块分别拖向红色和黄色，在图像中增加这两种颜色，如图 7-86 所示。

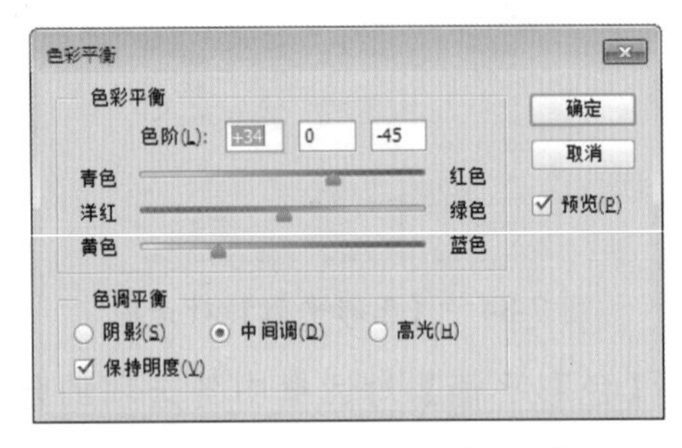

图 7-86 设置【中间调】的颜色

步骤 3 选中【高光】单选按钮，同样将滑块分别拖向红色和黄色，如图 7-87 所示。

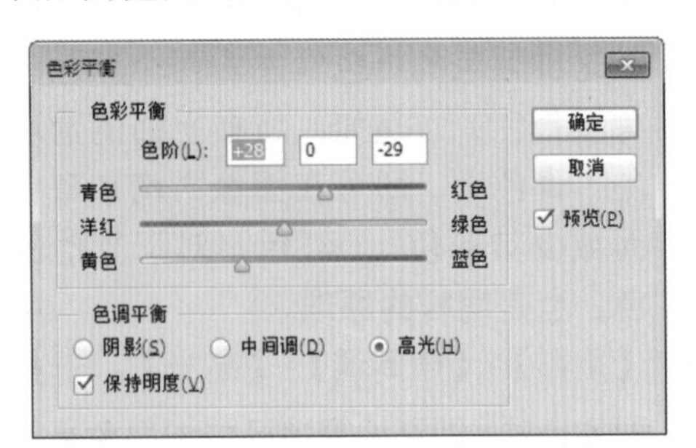

图 7-87 设置【高光】的颜色

步骤 4 单击【确定】按钮，制作出黄昏夕阳西下的效果，如图 7-88 所示。

图 7-88 黄昏夕阳西下的效果

提示 若将滑块分别拖向青色和蓝色，可制作出不一样的效果，如图 7-89 所示。

图 7-89 制作出不一样的效果

7.3.4 【黑白】命令

【黑白】命令并不是单纯地将图像转换为黑白图片，它还可以控制每种颜色的灰色调，并为灰色着色，使图像转换为单色图片。

打开随书光盘中的“素材\ch07\10.jpg”文件，如图 7-90 所示。选择【图像】→【调整】→【黑白】命令，即弹出【黑白】对话框，此时图像自动转换为黑白图片，如图 7-91 和图 7-92 所示。

图 7-90 素材文件

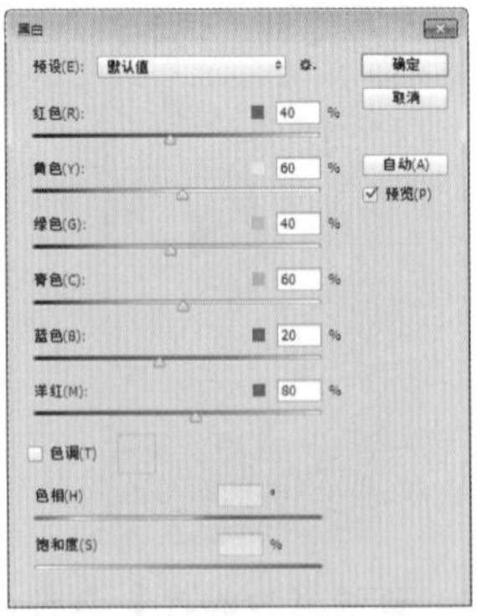

图 7-91 【黑白】对话框

图 7-92 将图像转换为黑白图片

【黑白】对话框中各选项的含义如下。

☆ 颜色：拖动某种颜色的滑块，可以调整该颜色的灰度。例如，将黄色滑块向左拖动，图像中由黄色转换而来的灰色调将变暗，如图 7-93 所示。反之，若向右拖动黄色滑块，则图像会变亮，如图 7-94 所示。

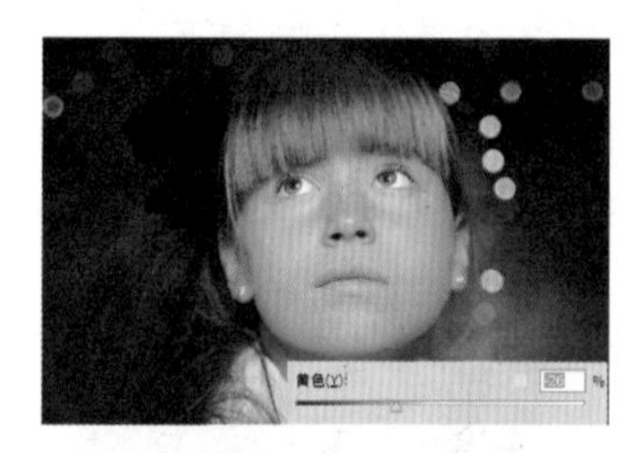

图 7-93　图像中的灰色调变暗

图 7-94　图像变亮

提示　若直接在图像上单击并拖动鼠标，可以使单击点的颜色转换而来的灰色调变暗或变亮。

☆ 【色调】：选择该项可使黑白图片变为单色调效果。拖动色相和饱和度滑块，可更改单色调的颜色和饱和度，如图 7-95 所示。

图 7-95　使黑白图片变为单色调效果

7.3.5 【照片滤镜】命令

【照片滤镜】命令可以模拟在相机镜头前面安装彩色滤镜的效果，从而调整图像的色彩平衡和色温，使图像呈现出更准确的曝光效果。具体的操作步骤如下。

步骤 1 打开随书光盘中的“素材\ch07\11.jpg”文件，该图片偏蓝，如图 7-96 所示。

图 7-96　素材文件

步骤 2 选择【图像】→【调整】→【照片滤镜】命令，弹出【照片滤镜】对话框，将【滤镜】设置为【加温滤镜】选项，并调整【浓度】参数，如图 7-97 所示。

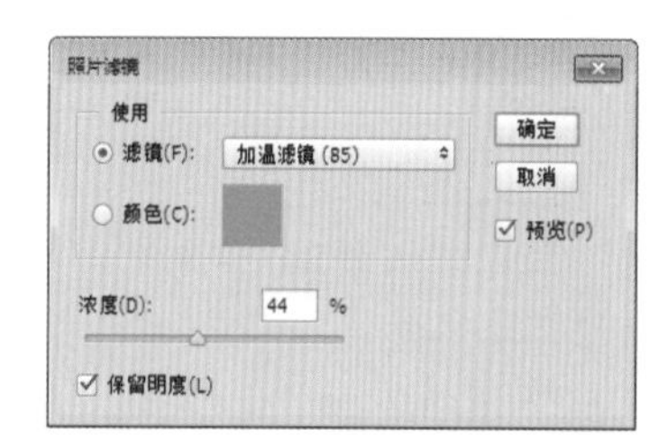

图 7-97　【照片滤镜】对话框

提示　【滤镜】用于设置所要使用的滤镜类型。若选择【颜色】选项，可自定义一种照片的滤镜颜色；【浓度】用于设置应用于图像的颜色数量，该值越高，图像的色彩就越浓。

步骤 3 单击【确定】按钮，即可降低色温，使图片恢复正常状态，如图 7-98 所示。

图 7-98　降低色温后的图片效果

> **提示** 如果图像色彩偏红，可以提升色温，若图像偏蓝，则需要降低色温。当转换色温时，亮度可能会有所损失，因此还可以调整亮度和对比度，使图片效果更佳。

7.3.6 【通道混合器】命令

【通道混合器】命令可以改变某一通道中的颜色，并混合到主通道中产生一种图像合成效果。

1. 认识【通道混合器】对话框

打开一幅图像，选择【图像】→【调整】→【通道混合器】命令，即弹出【通道混合器】对话框，如图 7-99 所示。

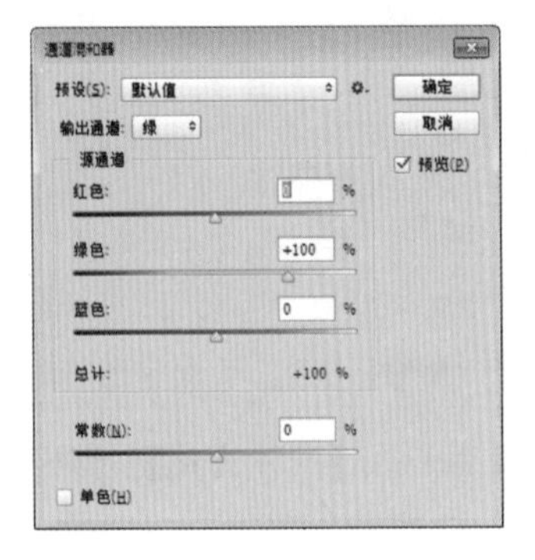

图 7-99 【通道混合器】对话框

对话框中各选项的含义如下。

☆ 【输出通道】：设置要调整的颜色通道，可随颜色模式而异。

☆ 【源通道】：在 3 个颜色通道中输入比例值，或者拖动滑块，可以设置该通道颜色在输出通道颜色中所占的百分比。

☆ 【总计】：显示 3 个源通道的百分比总值。当该值大于 100% 时，会显示一个⚠图标，表明图像的阴影和高光细节会有所损失。

☆ 【常数】：设置输出通道的不透明度（取值范围为 -200% ～ +200%）。正值表示在通道中增加白色，负值表示在通道中增加黑色。

☆ 【单色】：选择该项可使彩色图像转换为灰度图像，此时所有的色彩通道使用相同的设置。

2. 使用【通道混合器】命令

下面使用【通道混合器】命令调整糖果的颜色，具体的操作步骤如下。

步骤 1 打开随书光盘中的“素材\ch07\12.jpg”文件，如图 7-100 所示。

图 7-100 素材文件

步骤 2 选择【图像】→【调整】→【通道混合器】命令，弹出【通道混合器】对话框，将【输出通道】设置为【红】，在【源通道】选项区域设置【红色】为 0，【绿色】为 +135%，【蓝色】为 0，如图 7-101 所示。此时将减去红色信息，从而使红色变为黑色，增加绿色信息，而绿色与红色相加可以得到黄色，最终效果如图 7-102 所示。

图 7-101 设置参数

图 7-102 图像效果

步骤 3 将【输出通道】设置为【绿】，在【源通道】选项区域设置【红色】为 +33%，【绿色】为 100%，【蓝色】为 0，如图 7-103 所示。

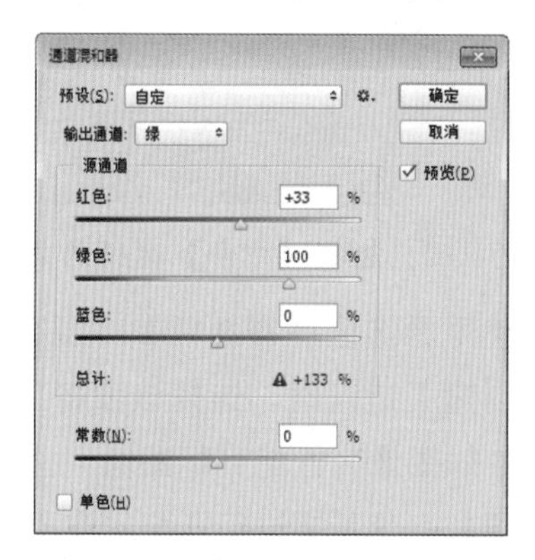

图 7-103　将【输出通道】设置为【绿】

步骤 4 将【输出通道】设置为【蓝】，在【源通道】选项区域设置【红色】为 +50%，【绿色】为 0，【蓝色】为 0，如图 7-104 所示。

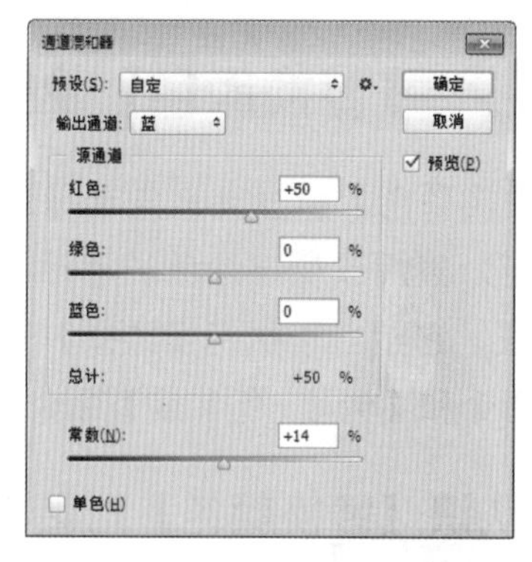

图 7-104　将【输出通道】设置为【蓝】

步骤 5 在【红】通道中减去红色信息，然后在【绿】和【蓝】通道中增加了红色信息，最终效果如图 7-105 所示。

图 7-105　图像的最终效果

7.3.7　【匹配颜色】命令

【匹配颜色】命令用于匹配不同图像之间、多个图层之间或者多个选区之间的颜色，即将源图像的颜色匹配到目标图像中，使目标图像虽然保持原来的画面，却有与源图像相似的色调。

打开随书光盘中的“素材\ch07\girl- 目标图像 .jpg”和“素材\ch07\13.jpg”文件，如图 7-106 所示。选择【图像】→【调整】→【匹配颜色】命令，即弹出【匹配颜色】对话框，如图 7-107 所示。

提示　当前选中的图像即为目标图像。

图 7-106　素材文件

图 7-107　【匹配颜色】对话框

【匹配颜色】对话框中各选项的含义如下。

☆ 【应用调整时忽略选区】：当在目标图像中创建了选区时，选择该项会忽略选区，而调整整个图像；若不选择将会只影响选区中的图像。图 7-108 和图 7-109 分别是选择该项和不选择该项的效果。

图 7-108　调整整个图像

图 7-109　只调整选区中的图像

☆ 【明亮度】：设置目标图像的亮度。

☆ 【颜色强度】：设置目标图像的色彩饱和度。

☆ 【渐隐】：设置作用于目标图像的力度。该值越大，力度反而越弱。图 7-110 是将该值分别设置为 10 和 50 的效果。

图 7-110　将渐隐值分别设置为 10 和 50 的效果

☆ 【中和】：选择该项可消除偏色。图 7-111 和图 7-112 分别是不选择该项和选择该项的效果。

图 7-111　不选择【中和】选项的效果

图 7-112　选择【中和】选项的效果

☆ 【使用源选区计算颜色】：当在源图像中创建了选区时，选择该项将只使用选区中的图像来匹配目标图像。

☆ 【源】：设置要进行匹配的源图像。

☆ 【图层】：若源图像中包含多个图层，可设置要进行匹配的特定图层。若要匹配源图像中所有图层的颜色，选择【合并的】选项即可。

7.3.8 【替换颜色】命令

【替换颜色】命令允许先选择图像中的某种颜色，然后改变该颜色的色相、饱和度和亮度值。它相当于执行【选择】→【色彩范围】命令和【色相 / 饱和度】命令。

1. 认识【替换颜色】对话框

打开随书光盘中的“素材 \ch07\14.jpg”文件，如图 7-113 所示。选择【图像】→【调整】→【替换颜色】命令，即弹出【替换颜色】对话框，如图 7-114 所示。

图 7-113　素材文件

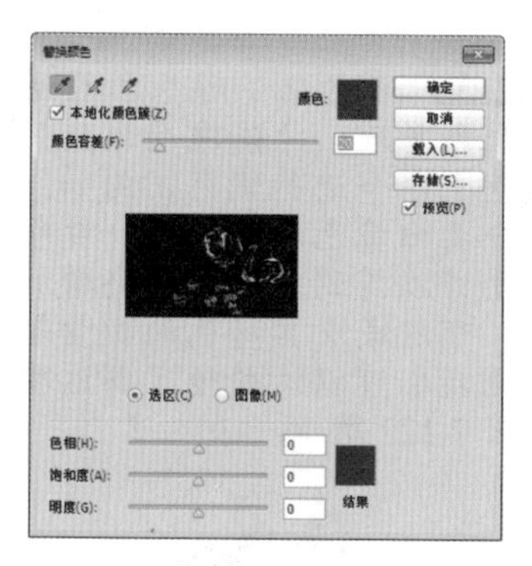

图 7-114　【替换颜色】对话框

【替换颜色】对话框中各选项的含义如下。

☆ 吸管工具：单击按钮，在预览框或图像中单击，可设置取样颜色；单击按钮，可添加取样颜色；单击按钮，将减去取样颜色。注意，预览框中的白色部分即为选中的颜色。

☆ 【本地化颜色簇】：选择该项可设置在图像中选择相似且连续的颜色，从而构建更加精确的选择范围。

☆ 【颜色容差】：设置颜色的选择范围。容差越大，颜色的选择范围就越广。图 7-115 和图 7-116 分别是将颜色容差设置为 10 和 50 时的效果。

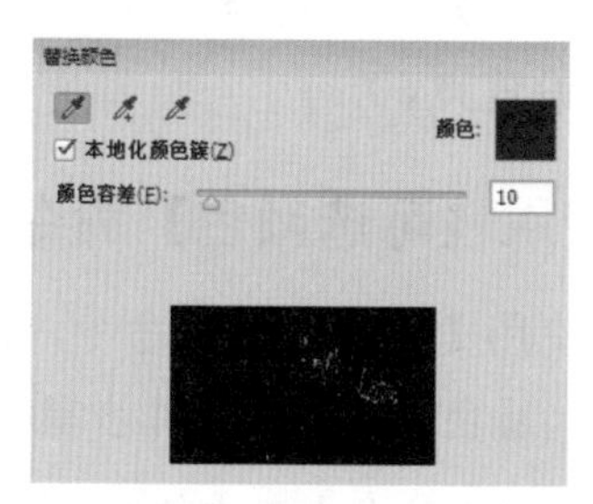

图 7-115　将颜色容差设置为 10 的效果

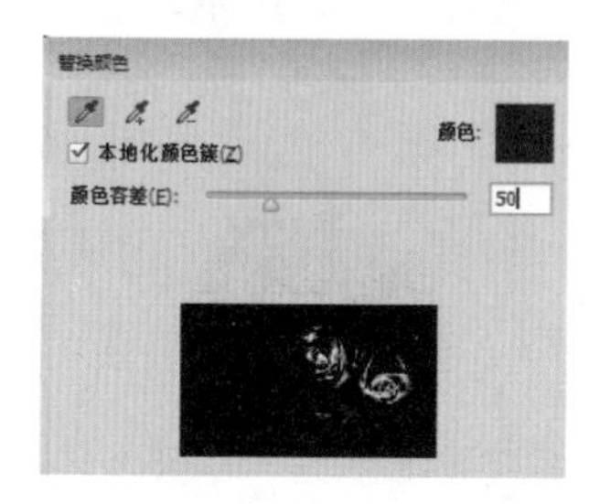

图 7-116　将颜色容差设置为 50 的效果

☆ 【色相】/【饱和度】/【明度】：选择颜色范围后，通过这 3 项可设置所选颜色的色相、饱和度和明度。

2. 使用【替换颜色】命令

下面使用【替换颜色】命令为衣服更换颜色，具体的操作步骤如下。

步骤 1 打开随书光盘中的“素材\ch07\15.jpg”文件，如图 7-117 所示。

图 7-117　素材文件

步骤 2 选择【图像】→【调整】→【替换颜色】命令，弹出【替换颜色】对话框，单击按钮，将【颜色容差】设置为 77，然后在衣服上连续单击，对颜色进行取样。选择颜色范围后，设置【色相】、【饱和度】等参数，如图 7-118 所示。

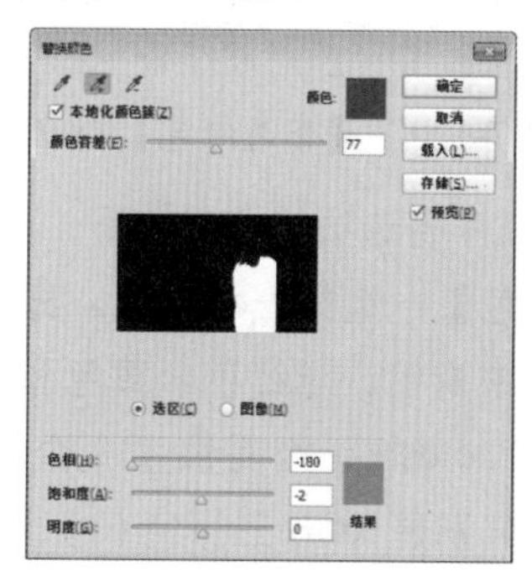

图 7-118　【替换颜色】对话框

步骤 3 单击【确定】按钮，即可更换衣服的颜色，如图 7-119 所示。

图 7-119　更换衣服的颜色

7.3.9 【可选颜色】命令

【可选颜色】命令用于调整单个颜色分量的印刷色数量。通俗来讲，可选颜色就是一个局部调色工具。例如，当需要调整一张图像中的红色部分时，使用该命令，可以选择红色，然后调节红色中包含的 4 种基本印刷色 (CMYK) 的含量，从而调整图像中的红色，而不会影响到其他的颜色。

1. 认识【可选颜色】对话框

打开一幅图像，选择【图像】→【调整】→【可选颜色】命令，即弹出【可选颜色】对话框，如图 7-120 所示。

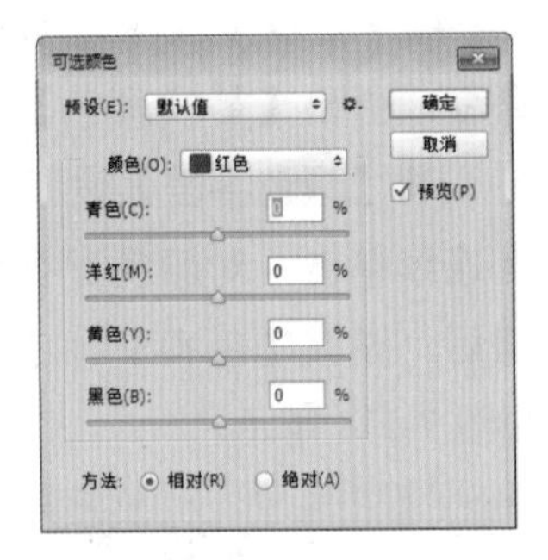

图 7-120 【可选颜色】对话框

对话框中各选项的含义如下。

☆ 【颜色】：选择一种主色，即可调整该颜色中青色、洋红色、黄色和黑色的比例。Photoshop 共提供了 9 个主色供选择，分别是 RGB 三原色（红、绿、蓝）、CMY 三原色（黄、青、洋红）和黑白灰明度（白、黑、灰），如图 7-121 所示。其中，白色用于调节高光，中性色和黑色分别用于调节中间调和暗调。

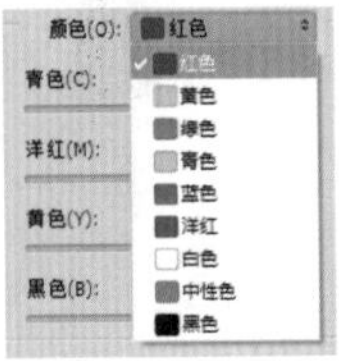

图 7-121 9 个主色

> **提示**
> 读者应了解基本的油墨原色的配色原理，才能准确地使用【可选颜色】命令进行调色。例如，红色可以分离出黄色和洋红色，黄色加青色油墨可以得到绿色，若要增加某种颜色，可以减少其补色的数量等。通过色轮我们可以清楚地了解这些关系，如图 7-122 所示。

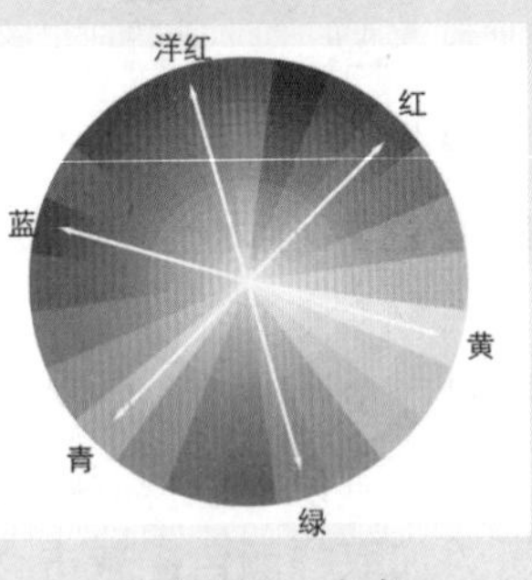

图 7-122 色轮

☆ 【相对】：选择该项可按照总量的百分比修改油墨的含量。例如，如果从 50% 洋红的像素开始添加 10%，则 5% 将添加到洋红，结果为 55% 的洋红（50%×10%=5%）。

☆ 【绝对】：选择该项可直接按照输入的值来修改含量。例如，如果从 50% 洋红的像素开始，然后添加 10%，洋红油墨就会设置为 60%。

2. 使用【可选颜色】命令

下面使用【可选颜色】命令，使草原由黄色转换为绿色，具体的操作步骤如下。

步骤 1 打开随书光盘中的“素材\ch07\16.jpg”文件，如图 7-123 所示。

图 7-123 素材文件

步骤 2 选择【图像】→【调整】→【可选颜色】命令，弹出【可选颜色】对话框，将【颜色】设置为【黄色】，将【青色】设置为 100%，如图 7-124 所示。

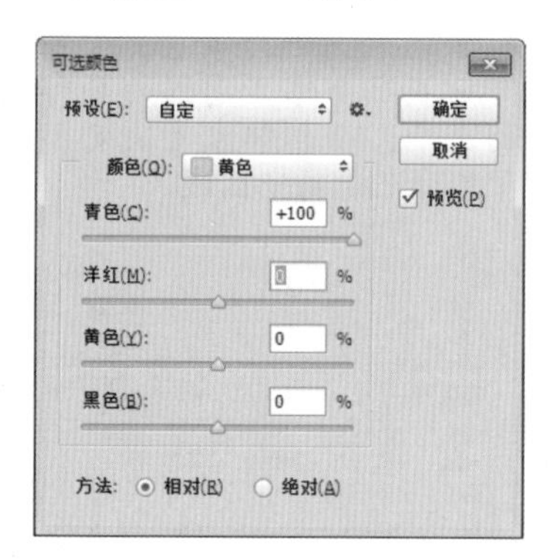

图 7-124　将【颜色】设置为【黄色】

步骤 3 在黄色油墨的基础上增加青色油墨的含量，此时大树和草原将变为绿色，而天空的颜色没有改变，如图 7-125 所示。

图 7-125　调整后的效果

步骤 4 将【颜色】设置为【蓝色】，将【青色】和【洋红】设置为 100%，将【黄色】设置为 -100%，如图 7-126 所示。

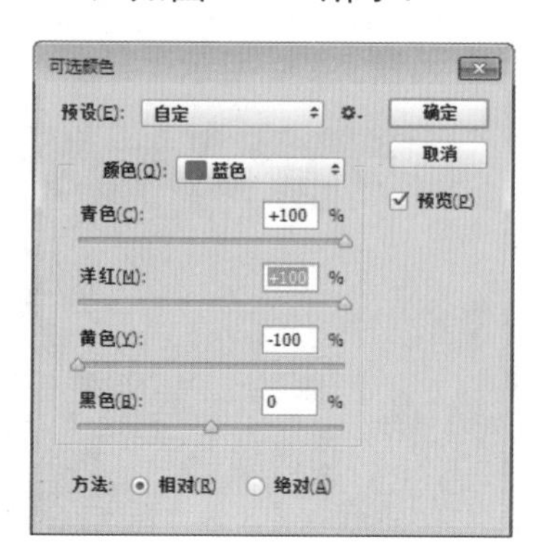

图 7-126　设置颜色

提示

通过色轮可以知道，青色加洋红油墨可以得到蓝色。另外，降低黄色油墨的含量，可以增加其补色蓝色的含量。因此天空将增加蓝色油墨的含量。

步骤 5 此时天空将变为蓝色天空，如图 7-127 所示。

图 7-127　天空变为蓝色天空

7.3.10 【阴影 / 高光】命令

【阴影 / 高光】命令能基于阴影或高光中的局部相邻像素来校正每个像素，从而调整图像的阴影和高光区域。它适用于校正由强逆光而形成剪影的照片，或者由于太接近相机闪光灯而有些发白的焦点。具体的操作步骤如下。

步骤 1 打开随书光盘中的“素材\ch07\17.jpg”文件，如图 7-128 所示。

图 7-128　素材文件

步骤 2 选择【图像】→【调整】→【阴影 / 高光】命令，弹出【阴影 / 高光】对话框，此时 Photoshop 会默认提高阴影的亮度，也可以手动设置阴影的【数量】为 61%，如图 7-129 所示。

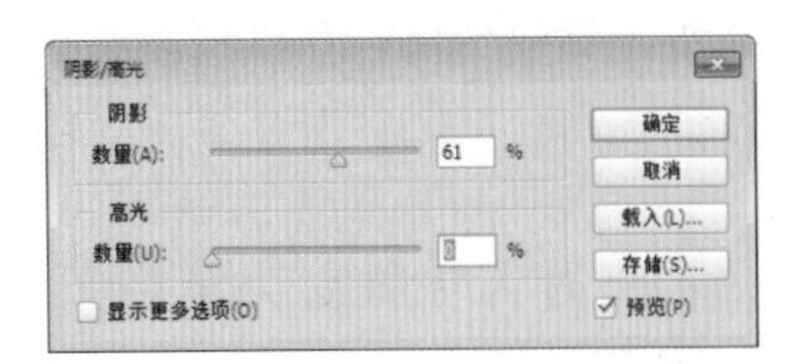

图 7-129　【阴影 / 高光】对话框

步骤 3 单击【确定】按钮，此时阴影区域将会变亮，而高光区域不受影响，如图 7-130 所示。

图 7-130　设置后的效果

提示 在【阴影 / 高光】对话框中选中【显示更多选项】复选框，还可以调整阴影、高光区域的色调、半径等参数，如图 7-131 所示。其中，【色调】参数可设置修改范围，较小的值只会对较暗的范围进行调整；【半径】参数可设置每个像素周围的局部相邻像素的大小，而相邻像素决定了像素是属于阴影还是高光区域。

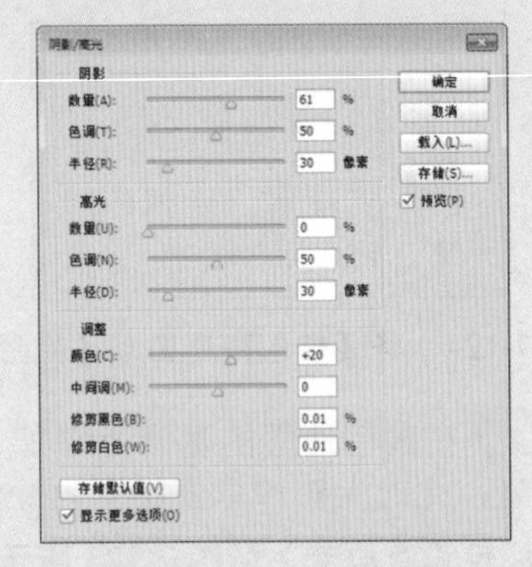

图 7-131　选中【显示更多选项】复选框可进行更多参数设置

7.4 特殊效果的色调调整

【反相】、【色调分离】和【阈值】等命令可以改变图像中的颜色或亮度值，通常用于增加颜色或使图像产生特殊的效果，而不用于校正颜色。

7.4.1 【反相】命令

【反相】命令可以反转图像中的颜色，使图像中每个像素的亮度值都会转换为 256 级颜色值刻度上相反的值。例如，值为 255 的正片图像中的像素会转换为 0，值为 5 的像素会转换为 250。下面使用【反相】命令为图片制作出一种底片的效果，具体的操作步骤如下。

步骤 1 打开随书光盘中的“素材\ch07\18.jpg”文件，如图 7-132 所示。

图 7-132　素材文件

步骤 2 选择【图像】→【调整】→【反相】命令，即可反转图像中的颜色，使其呈现一种底片的效果，如图 7-133 所示。

图 7-133　反转图像中的颜色

7.4.2 【色调分离】命令

【色调分离】命令可以指定每个通道的亮度值的数目，并将指定亮度的像素映射为最接近的匹配色调，主要用于制造分色效果。在灰阶图像中可用该命令减少灰阶数量，对于灰阶图像效果最为明显；但它也可以在彩色图像中产生一些特殊的效果。具体的操作步骤如下。

步骤 1 打开随书光盘中的“素材\ch07\19.jpg”文件，如图 7-134 所示。

图 7-134　素材文件

步骤 2 选择【图像】→【调整】→【色调分离】命令，弹出【色调分离】对话框，将【色阶】设置为 2，单击【确定】按钮，可以得到简化的图像，效果如图 7-135 所示。

图 7-135　得到简化的图像

步骤 3 若将【色阶】设置为 255，可以显示更多的细节，效果如图 7-136 所示。

图 7-136　图像显示更多的细节

提示　【色阶】值越大，颜色过渡越细腻。反之，图像的色块效果显示越明显。

7.4.3 【阈值】命令

【阈值】命令可以将灰度或彩色图像转换为只有黑白两种色调的高对比度的黑白图像。具体的操作步骤如下。

步骤 1 打开随书光盘中的“素材\ch07\20.jpg”文件，如图 7-137 所示。

图 7-137　素材文件

步骤 2 选择【图像】→【调整】→【阈值】命令，弹出【阈值】对话框，将【阈值色阶】设置为 128，如图 7-138 所示。

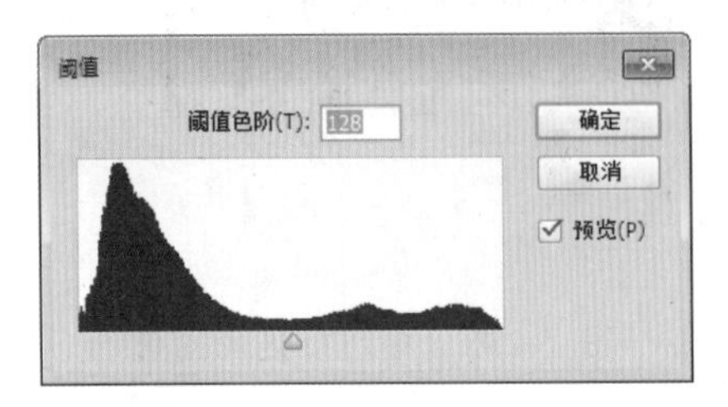

图 7-138 【阈值】对话框

提示 在使用【阈值】命令时，会根据所设置的阈值（亮度值）将所有像素一分为二，所有比阈值亮的像素用白色表示，比其暗的用黑色表示。因此，当【阈值色阶】值越大时，图像的黑色区域越多。

步骤 3 单击【确定】按钮，可以得到黑白图像，如图 7-139 所示。

图 7-139 黑白图像

7.4.4 【渐变映射】命令

【渐变映射】命令是以图像中像素的亮度值为标准，将相等的图像灰度范围映射到指定的渐变填充色上。若指定以双色渐变填充时，图像中的暗调被映射到渐变填充的起点（左端）端点颜色，高光被映射到右端点颜色，中间调被映射到两个端点之间的层次。具体的操作步骤如下。

步骤 1 打开随书光盘中的“素材\ch07\21.jpg”文件，如图 7-140 所示。

图 7-140 素材文件

步骤 2 选择【图像】→【调整】→【渐变映射】命令，将弹出【渐变映射】对话框，此时默认以当前的前景色和背景色作为渐变颜色，如图 7-141 所示。

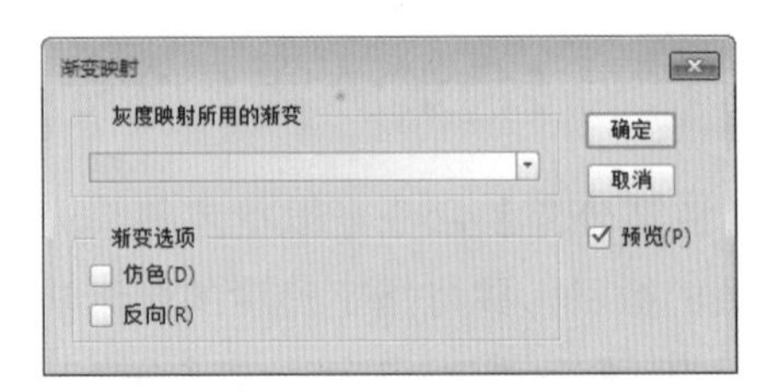

图 7-141 【渐变映射】对话框

步骤 3 单击渐变条右侧的下拉按钮，在弹出的下拉列表中选择要使用的渐变填充色，如图 7-142 所示。

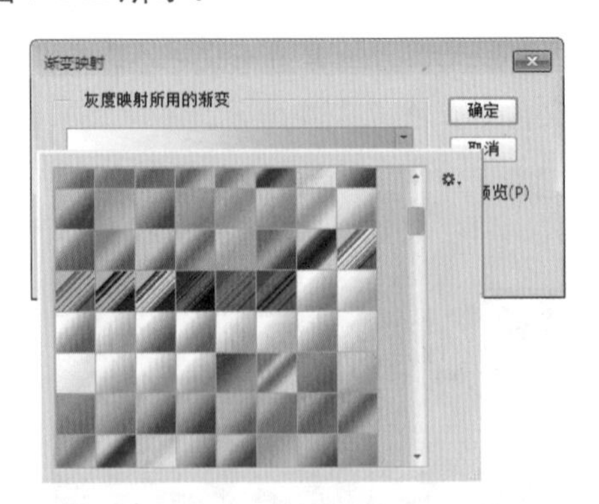

图 7-142 选择要使用的渐变填充色

步骤 4 单击【确定】按钮，即可将图像映射到渐变填充色上，如图 7-143 所示。

提示 选中【仿色】复选框表示添加随机杂色，从而使渐变效果更为平滑；选中【反向】复选框可以颠倒渐变颜色的填充方向，效果如图 7-144 所示。

图 7-143　将图像映射到渐变填充色上

图 7-144　颠倒渐变颜色的填充方向

此外，单击【渐变映射】对话框中的渐变条，将弹出【渐变编辑器】对话框，在其中还可以编辑渐变类型、平滑度等，如图 7-145 所示。

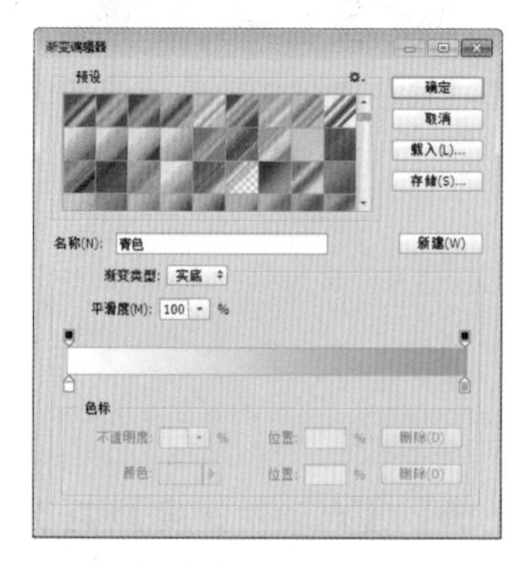

图 7-145　【渐变编辑器】对话框

7.4.5　【去色】命令

【去色】命令可以快速去除图像中的饱和色彩，变成相同颜色模式下的灰度图像，每个像素仅保留原有的明暗度。该命令与使用【色相 / 饱和度】命令将【饱和度】参数设置为 -100 的作用是相同的。具体的操作步骤如下。

步骤 1 打开随书光盘中的“素材 \ch07\22.jpg”文件，如图 7-146 所示。

图 7-146　素材文件

步骤 2 选择【图像】→【调整】→【去色】命令，即可将图像转换为灰度图像，如图 7-147 所示。

图 7-147　将图像转换为灰度图像

7.4.6　【色调均化】命令

【色调均化】命令可以重新分布图像中像素的亮度值，它会查找图像中最亮和最暗的值并重新映射这些值，将最亮的值调整为白色，最暗的值调整为黑色，使它们更均匀地呈现所有范围的亮度级别。具体的操作步骤如下。

步骤 1 打开随书光盘中的“素材 \ch07\23.jpg”文件，选择椭圆选框工具，创建一个选区，如图 7-148 所示。

图 7-148　创建一个选区

步骤 2 选择【图像】→【调整】→【色调均化】命令，弹出【色调均化】对话框，在其中选中【仅色调均化所选区域】单选按钮，如图 7-149 所示。

步骤 3 单击【确定】按钮，即可均匀分布选区内像素的亮度值，如图 7-150 所示。

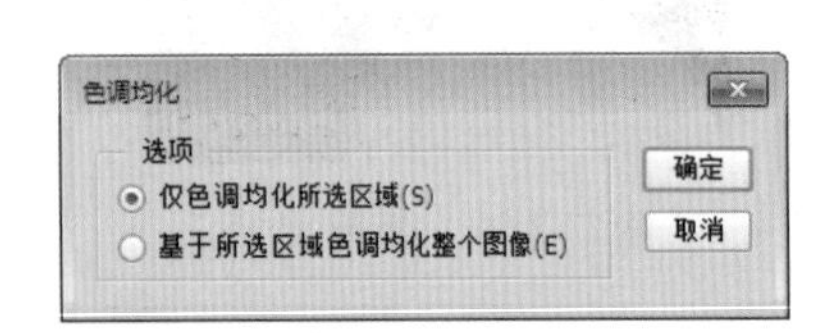

图 7-149 【色调均化】对话框

图 7-150 均匀分布选区内像素的亮度值

提示 若选中【基于所选区域色调均化整个图像】单选按钮，可根据选区内的像素均匀地分布所有图像像素，效果如图 7-151 所示。若不创建选区，将不会弹出【色调均化】对话框，Photoshop 会直接均匀分布图像中所有像素的亮度值，效果如图 7-152 所示。

图 7-151 均匀地分布所有图像像素

图 7-152 不创建选区的效果

7.5 自动调整图像

在 Photoshop CC 中，使用【图像】菜单中的【自动色调】、【自动对比度】和【自动颜色】3 个命令可以自动调整图像的色调、对比度和颜色等，非常适合初学者使用。

1. 【自动色调】命令

【自动色调】命令可以自动调整图像中的黑场和白场，将每个颜色通道中最亮的和最暗的像素映射到纯白和纯黑，中间像素值按比例重新分布。图 7-153 和图 7-154 分别是原图和使用【图像】→【自动色调】命令后的效果，可以看到，此时图像的色调已变得清晰。

图 7-153 原图

图 7-154 使用【自动色调】命令后的效果

2. 【自动对比度】命令

【自动对比度】命令可以自动调整图像的对比度，使高光看上去更亮，阴影看上去更暗。该命令可以改进摄影或连续色调图像的外观，但无法改善单调颜色的图像。图 7-155 和图 7-156 分别是原图和使用【图像】→【自动对比度】命令后的效果。

图 7-155　原图

图 7-156　使用【自动对比度】命令后的效果

3. 【自动颜色】命令

【自动颜色】命令可以自动搜索图像来标识阴影、中间调和高光，从而调整图像的对比度和颜色。图 7-157 和图 7-158 分别是原图和使用【图像】→【自动颜色】命令后的效果。

图 7-157　原图

图 7-158　使用【自动颜色】命令后的效果

7.6 高效技能实战

7.6.1 技能实战 1——在电脑屏幕上模拟印刷

在印刷杂志、报纸或期刊前，我们可以先在电脑上预览其中包含的图像在印刷后的效果。具体的操作步骤如下。

步骤 1 打开随书光盘中的“素材\ch07\24.jpg”文件，如图 7-159 所示。

步骤 2 选择【视图】→【校样设置】→【工作中的 CMYK】命令，然后再选择【视图】→【校样颜色】命令，如图 7-160 所示。

图 7-159　素材文件

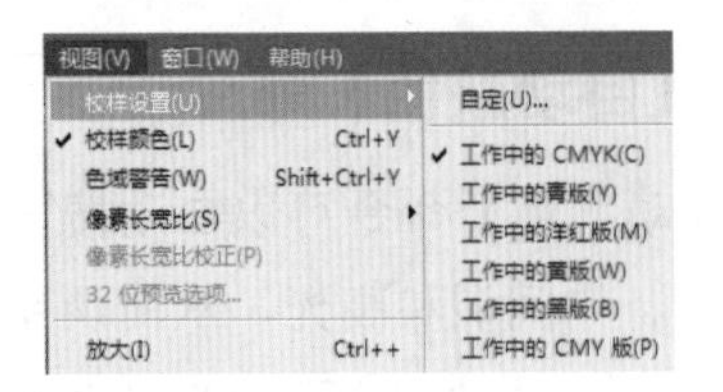

图 7-160　选择相应的命令

步骤 3 此时 Photoshop 会启动电子校样，模拟出图像在商用印刷机上印刷后的效果，如图 7-161 所示。

图 7-161　模拟图像印刷后的效果

7.6.2 技能实战 2——查看图像的溢色区域

由于电脑显示器的色域比打印机的色域广，因此我们在打印图像时，在显示器上看到的颜色可能打印不出来，这些不能被准确打印出的颜色称为“溢色”。在打印前可以先开启溢色警告，查看图像中是否出现溢色。具体的操作步骤如下。

步骤 1 打开随书光盘中的“素材\ch07\25.jpg”文件，如图 7-162 所示。

图 7-162　素材文件

步骤 2 选择【视图】→【色域警告】命令，此时图像中被灰色覆盖的区域即为溢色区域，如图 7-163 所示。

图 7-163　显示出溢色区域

7.7 疑难问题解答

问题 1：调整图像时，【直方图】面板中出现的两个直方图分别表示什么含义？

解答：使用【色阶】或【曲线】调整图像时，【直方图】面板会出现两个直方图，黑色的是当前调整状态下的直方图，灰色的则是调整前的直方图，应用调整之后，原始直方图会被新的直方图取代。

问题 2：什么样的色偏不需要校正？

解答：夕阳下的金黄色调、室内温馨的暖色调、摄影师使用镜头滤镜拍摄的特殊色调等可以增强图像的视觉效果，这样的色偏是不需要校正的。

第8章 制作特效文字

● **本章导读：**

文字是平面设计作品中非常重要的视觉元素之一，不仅可以传达信息，还能美化版面、强化主题。尤其在排版印刷、广告设计等行业，出色的文字效果对作品的整体影响非常突出，因此，掌握输入文字及设置格式的方法，可以使我们的作品更为绚丽。本章就带领大家学习如何制作出吸引眼球的文字特效。

● **学习目标：**

◎ 了解文字的类型
◎ 掌握输入文字的方法
◎ 掌握设置文字格式的方法
◎ 掌握文字转换的方法
◎ 掌握制作路径文字的方法
◎ 掌握制作变形文字的方法

● **重点案例效果**

8.1 文字的类型

通常情况下，文字共分为两种类型：点文字和段落文字。

(1) 点文字：用在文字较少的场合，例如标题、产品和书籍的名称等。选择文字工具后，在画布中单击即可输入。文字不会自动换行，若要换行，需按 Enter 键。

(2) 段落文字：主要用于报纸杂志、产品说明和企业宣传册等。选择文字工具后，在画布中单击并拖动鼠标拖出一个文本框，在其中输入文字即可。段落文字会自动换行。

8.2 输入文字

Photoshop CC 提供了 4 种输入文字的工具，分别用于输入横排、直排的文字或文字选区，如图 8-1 所示。

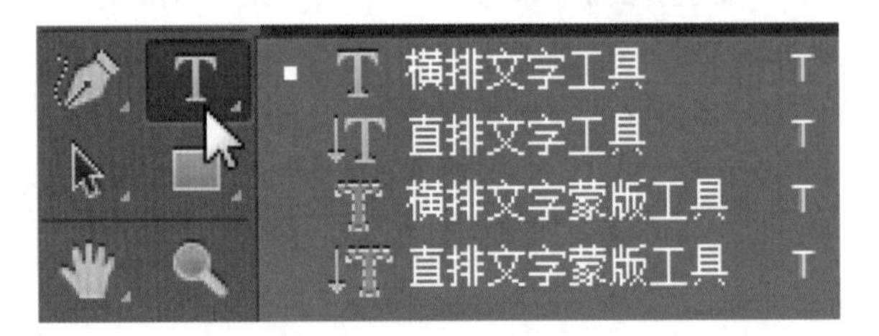

图 8-1 4 种输入文字的工具

8.2.1 通过文字工具输入文字

文字工具分为横排文字工具和直排文字工具，分别用于输入横排和直排的点文字或段落文字。

1. 输入点文字

下面使用横排文字工具输入横排的点文字，具体的操作步骤如下。

步骤 1 打开随书光盘中的“素材\ch08\01.jpg”文件，选择横排文字工具，此时指针变为形状，如图 8-2 所示。

图 8-2 指针变为形状

步骤 2 在需要输入文字的位置处单击，设置一个插入点，如图 8-3 所示。

图 8-3 设置一个插入点

步骤 3 在其中输入文字，如图 8-4 所示。

图 8-4 输入文字

步骤 4 将鼠标指针定位在文字外，当指针变为形状时，单击并拖动鼠标，可调整文字的位置，如图 8-5 所示。

图 8-5 调整文字的位置

步骤 5 按住 Ctrl 键不放，此时点文字四周会出现一个方框，拖动方框上的控制点，可调整文字的大小，如图 8-6 所示。

图 8-6 调整文字的大小

步骤 6 在选项栏中单击按钮，结束文字的输入，此时【图层】面板中会生成一个文字图层，如图 8-7 所示。

> **提示** 若要取消输入，按 Esc 键，或者在选项栏中单击按钮。若要删除输入的文字，直接删除文字图层即可。

图 8-7 生成一个文字图层

直排文字工具与横排文字工具的输入方法相同，这里不再赘述。若要重新编辑文字，首先在【图层】面板中选中文字图层，然后选择文字工具，在文字中单击，使其进入编辑状态即可。

2. 输入段落文字

下面使用横排文字工具输入段落文字，具体的操作步骤如下。

步骤 1 打开随书光盘中的“素材 \ch08\02.jpg”文件，选择横排文字工具，在图像中单击并拖动鼠标，拖出一个定界框，如图 8-8 所示。

图 8-8 拖出一个定界框

步骤 2 在框中输入文字，当文字到达边界时就会自动换行，如图 8-9 所示。

图 8-9 输入文字

步骤 3 将鼠标指针定位在定界框四周的控制点上，当指针变为双向箭头时，单击并拖动鼠标可调整定界框的大小，如图 8-10 所示。

图 8-10 调整定界框的大小

步骤 4 将鼠标指针定位在控制点外，当指针变为弯曲的箭头时，单击并拖动鼠标可旋转文字的角度，如图 8-11 所示。

图 8-11 旋转文字的角度

步骤 5 将鼠标指针定位在定界框外，当指针变为形状时，单击并拖动鼠标可调整定界框的位置，如图 8-12 所示。

图 8-12 调整定界框的位置

步骤 6 在选项栏中单击按钮，结束段落的输入，此时【图层】面板中会生成一个文字图层，如图 8-13 所示。

图 8-13 生成一个文字图层

8.2.2 通过文字蒙版工具输入文字选区

文字蒙版工具分为横排文字蒙版工具和直排文字蒙版工具，分别用于创建横排和直排的文字状选区。下面以使用横排文字蒙版工具创建文字状选区为例进行介绍，具体的操作步骤如下。

步骤 1 打开随书光盘中的“素材\ch08\03.jpg”文件，如图 8-14 所示。

图 8-14 素材文件

步骤 2 选择横排文字蒙版工具，进入蒙版状态，在图像中单击，设置一个插入点，并在其中输入文字，如图 8-15 所示。

> **提示** 在图像中单击并拖动鼠标，可拖出一个定界框，用于创建段落文字状选区。

步骤 3 在选项栏中单击按钮，结束文字的输入，退出蒙版状态，此时即创建一个文字状的选区，如图 8-16 所示。

图 8-15　设置一个插入点并输入文字

图 8-16　创建一个文字状的选区

步骤 4 创建文字状选区后，可以像其他选区一样，对其进行填充、描边等操作，具体操作可参考第 4 章的介绍。图 8-17 所示是对选区描边后的效果。

图 8-17　对选区描边后的效果

8.2.3 转换点文字和段落文字

若是点文本，选择【文字】→【转换为段落文本】命令，可将其转换为段落文本。同理，若是段落文本，选择【文字】→【转换为点文本】命令，可将其转换为点文本。

提示　在进行转换操作时，首先要在【图层】面板中选择文字图层，才能进行操作。

注意　将段落文本转换为点文本时，若定界框中的文字超出其边界，将弹出提示框，提示超出边界的文字在转换过程中将被删除，如图 8-18 所示。为了避免出现这种情况，在转换前需调整定界框的大小，使所有文字显示出来。

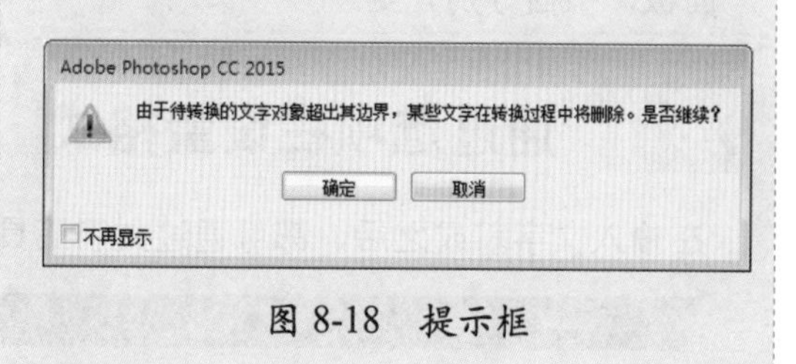

图 8-18　提示框

8.2.4 转换文字排列方向

选择【文字】→【文本排列方向】命令，在弹出的子菜单中选择【横排】或【竖排】命令，或者单击工具选项栏中的按钮，即可转换文字的排列方向。

图 8-19 所示是点文字的竖排显示效果，图 8-20 所示是段落文字的竖排显示效果。

图 8-19　点文字的竖排显示效果

图 8-20　段落文字的竖排显示效果

8.3 设置文字格式

输入文字后，还可以根据需要设置文字的格式，包括文字字体、字号、颜色、间距、对齐方式等。设置文字格式主要有两种方法：通过工具选项栏和通过【字符】或【段落】面板，下面分别介绍。

8.3.1 通过选项栏设置格式

在输入文字前或之后，都可通过文字工具的选项栏设置文字的格式，如图 8-21 所示。

图 8-21 文字工具的选项栏

选项栏中各参数的含义如下。

☆ 按钮：单击该按钮，可转换文字的排列方向。

☆ 【Adobe 黑体 Std R】：设置文字的字体。

☆ 设置字体样式：位于设置文本字体的右侧，用于设置字体的样式，该参数只对部分英文字体有效。

☆ ：设置文本的字号。用户可以直接在下拉列表中选择字号，也可以输入具体的数值。

☆ ：设置是否消除锯齿。在下拉列表中共提供了 5 个选项，如图 8-22 所示。【无】选项表示不消除锯齿，效果如图 8-23 所示；【锐利】、【犀利】和【浑厚】3 个选项分别表示轻微消除锯齿、消除锯齿和大量消除锯齿；【平滑】选项表示极大地消除锯齿，效果如图 8-24 所示。

> **提示** 选择【文字】→【消除锯齿】命令，在弹出的子菜单中也可以进行同样的操作。

☆ / / ：设置文本的对齐方式。系统会根据插入点的位置来对齐文本，图 8-25 所示是设置插入点的位置，图 8-26、图 8-27 和图 8-28 所示分别是左对齐文本、居中对齐文本和右对齐文本的效果。

图 8-22 设置是否消除锯齿

图 8-23 不消除锯齿

图 8-24 极大地消除锯齿

图 8-25　设置插入点的位置

图 8-26　左对齐文本

图 8-27　居中对齐文本

图 8-28　右对齐文本

☆ 设置文本颜色：单击颜色块，通过弹出的【拾色器】对话框可以设置文本的颜色。

☆ ：单击该按钮，通过弹出的【变形文字】对话框可以创建变形文字。

☆ ：单击该按钮，可以显示或隐藏【字符】面板。

☆ / ：这两个按钮只在输入文字时显示，分别用于取消和确定文字的输入。

8.3.2 通过【字符】面板设置文字格式

选择【文字】→【面板】→【字符面板】命令，如图 8-29 所示，将弹出【字符】面板，该面板提供了比文字工具选项栏更多的选项，用于设置文字的字体、字号、字符间距、比例间距等，如图 8-30 所示。

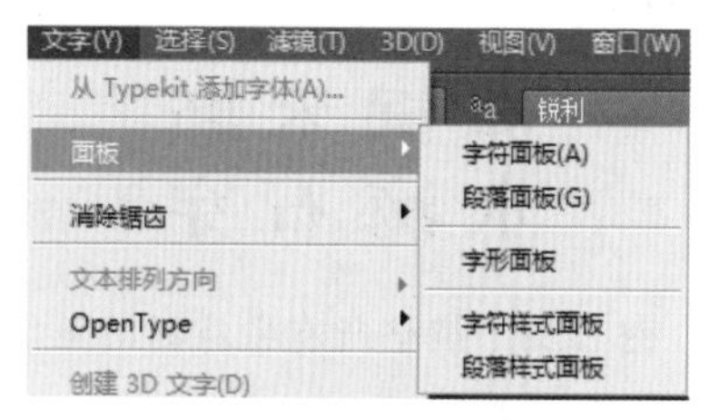

图 8-29　选择【字符面板】命令

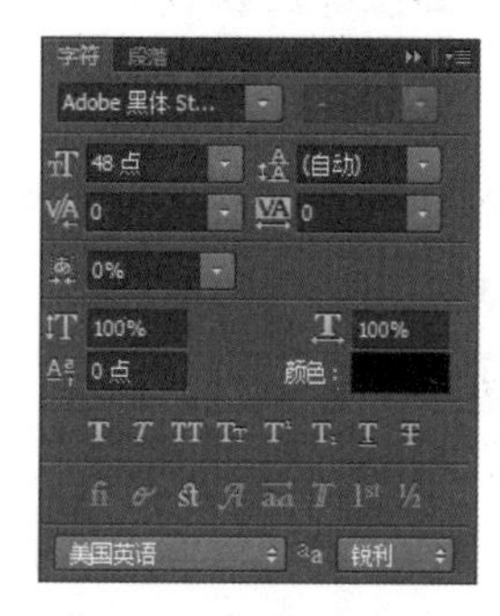

图 8-30　【字符】面板

【字符】面板中用于设置字体、字号、颜色的选项与工具选项栏中的类似，这里不再赘述。下面介绍其他参数的含义。

☆ ：设置行距，即文本中各个行之间的垂直距离。

☆ ：设置两个字符的间距。首先需要在两个字符间单击，如图 8-31 所示，然后才能调整这两个字符的间距，效果如图 8-32 所示。

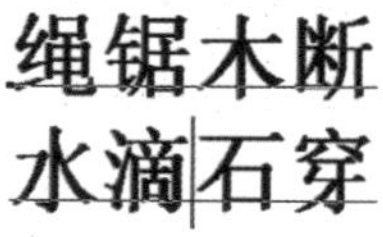

绳锯木断
水滴石穿

图 8-31　在两个字符间单击

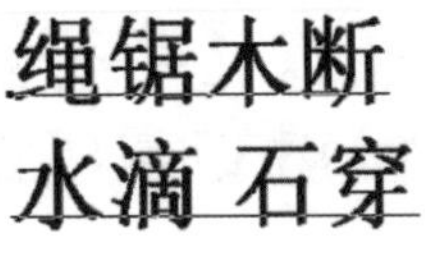
绳锯木断
水滴石穿

图 8-32　调整两个字符的间距

☆ ：设置字符的间距。当没有选中字符时，将调整所有字符的间距，如图 8-33 所示；若选中了字符，则调整所选字符的间距，如图 8-34 所示。

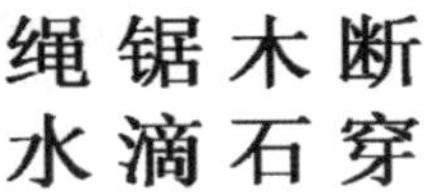
绳 锯 木 断
水 滴 石 穿

图 8-33　调整所有字符的间距

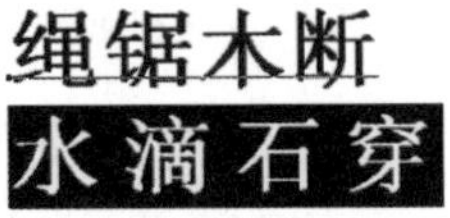
绳锯木断
水 滴 石 穿

图 8-34　调整所选字符的间距

☆ ：设置字符的比例间距。

☆ / ：设置字符的高度和宽度。选择要设置的字符后，直接在文本框中输入具体的数值即可，图 8-35 所示是设置宽度后的效果，图 8-36 所示是设置高度后的效果。

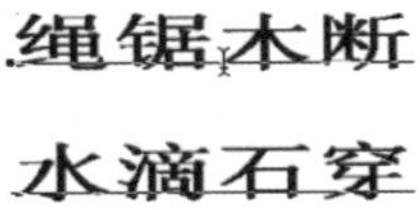
绳锯木断
水滴石穿

图 8-35　设置字符的宽度

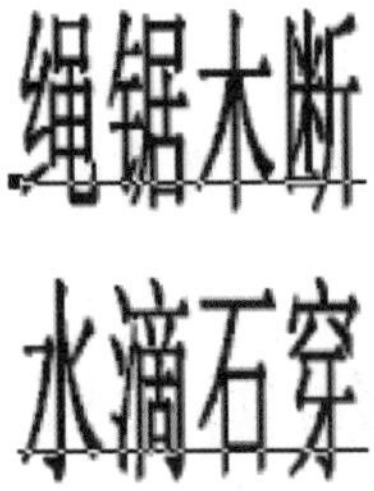
绳锯木断
水滴石穿

图 8-36　设置字符的高度

☆ ：设置基线偏移。图 8-37、图 8-38 和图 8-39 所示分别是设置偏移为 0、50 和 -50 的效果。

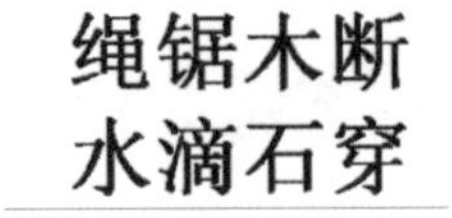
绳锯木断
水滴石穿

图 8-37　基线偏移为 0 的效果

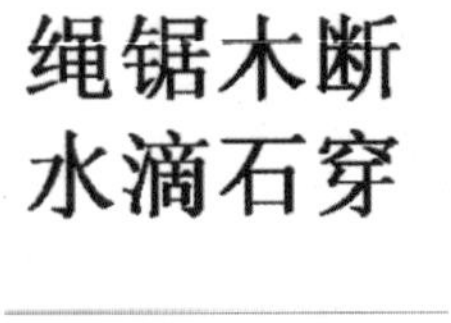
绳锯木断
水滴石穿

图 8-38　基线偏移为 50 的效果

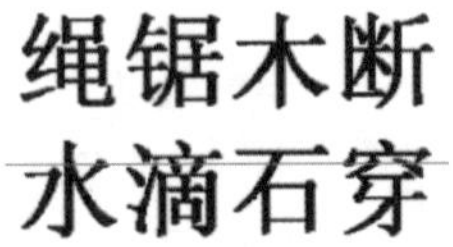
绳锯木断
水滴石穿

图 8-39　基线偏移为 -50 的效果

☆ ：单击各按钮，可设置文字为粗体、斜体、全部大写字母等特殊的样式。

8.3.3 通过【段落】面板设置段落格式

选择【文字】→【面板】→【段落面板】命令，将弹出【段落】面板，在其中可以设置段落的对齐方式、缩进、段前段后空格等，如图 8-40 所示。

字符
段落
0点
0点
0点
0点
0点
避头尾法则设置：无
间距组合设置：无
连字

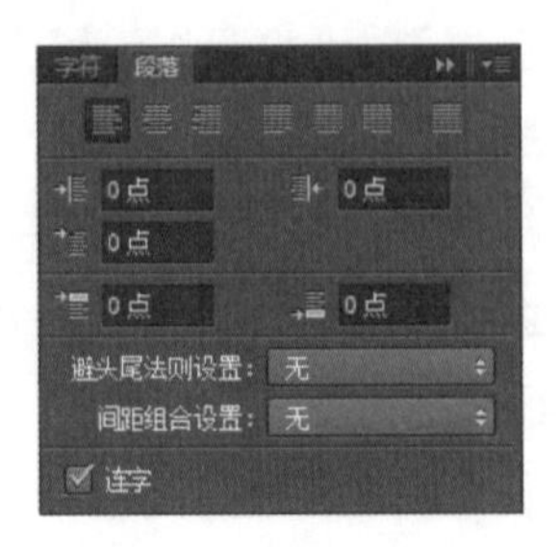

图 8-40　【段落】面板

【段落】面板中各参数的含义如下。

☆ / / ：设置段落文本的对齐方式。图 8-41、图 8-42 和图 8-43 所示分别是左对齐文本、居中对齐文本和右对齐文本的效果。

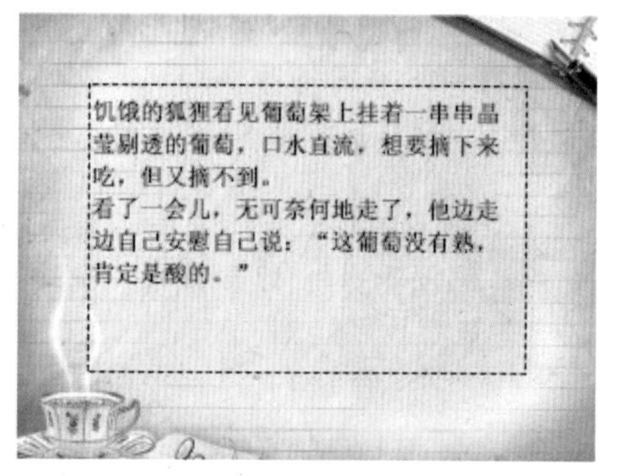

图 8-41　左对齐文本

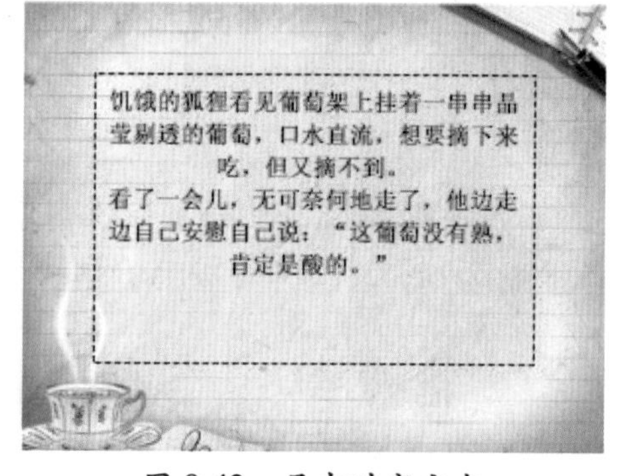

图 8-42　居中对齐文本

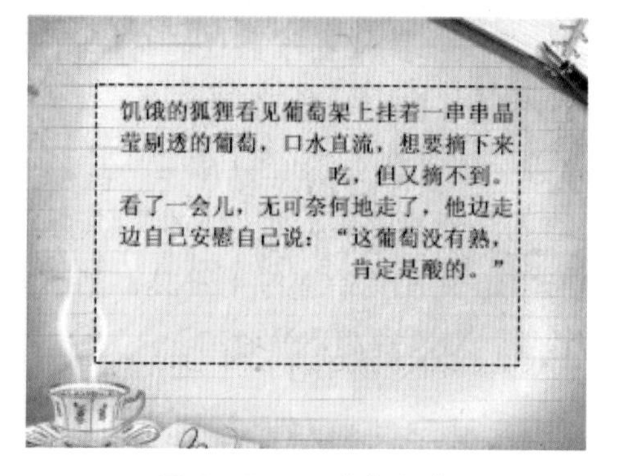

图 8-43　右对齐文本

☆ / / ：设置段落中最后一行的对齐方式，同时其他行的左右两端将强制对齐。图 8-44、图 8-45 和图 8-46 所示分别是最后一行左对齐、居中对齐和右对齐的效果。

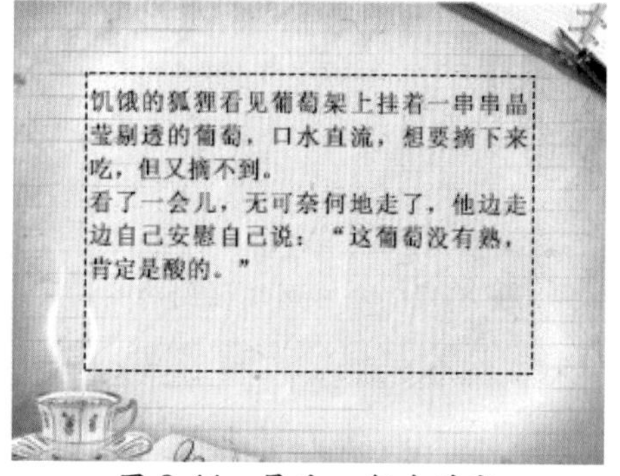

图 8-44　最后一行左对齐

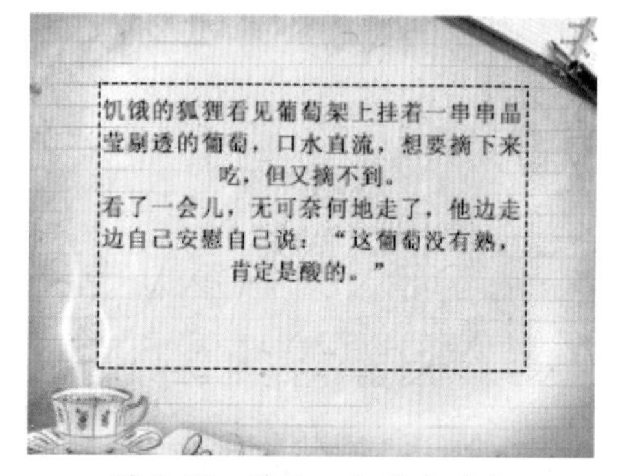

图 8-45　最后一行居中对齐

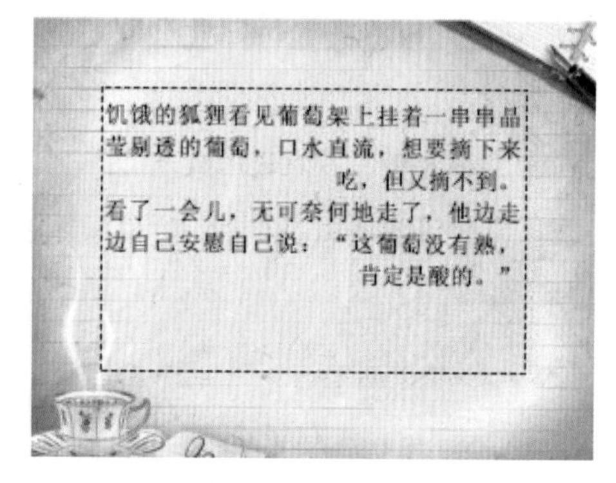

图 8-46　最后一行右对齐

☆ ：单击该按钮，段落的最后一行字符之间将添加间距，使其左右两端强制对齐，如图 8-47 所示。

☆ / ：设置段落文字与定界框之间的间距（缩进）。图 8-48 和图 8-49 所示分别是设置左缩进和右缩进后的效果。

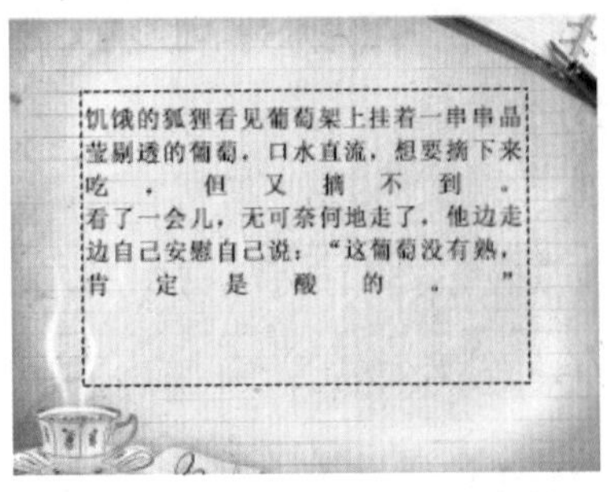

图 8-47　左右两端强制对齐

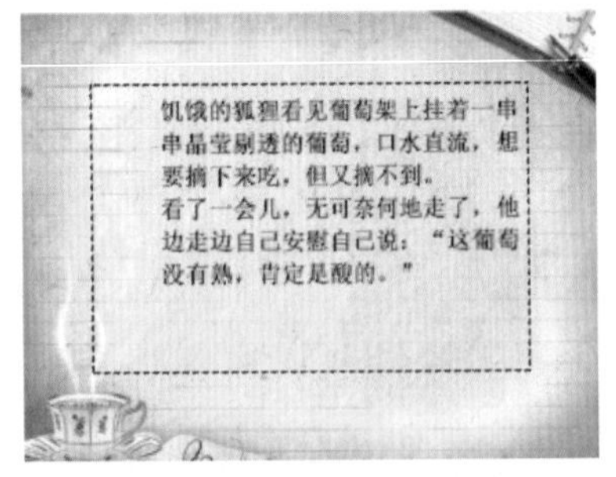

图 8-48　左缩进的效果

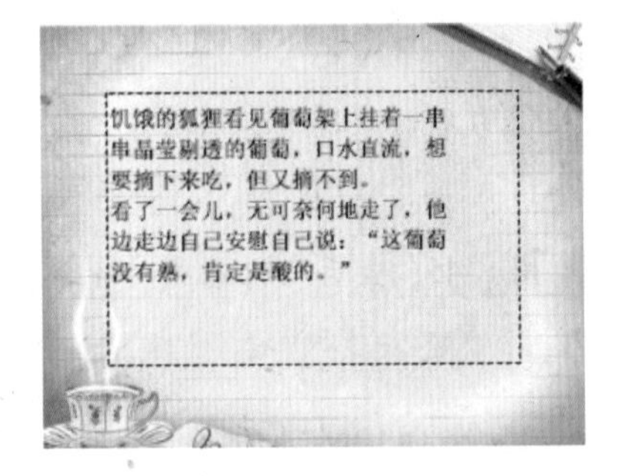

图 8-49　右缩进的效果

☆ 设置段落的首行缩进，效果如图 8-50 所示。

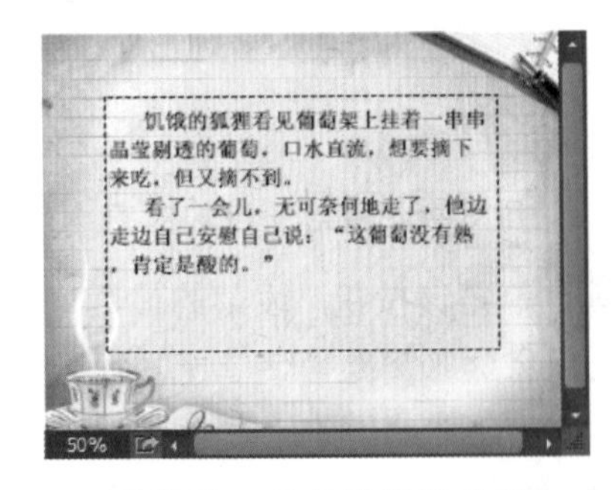

图 8-50　首行缩进的效果

☆ / ：设置段落前和段落后的空格。图 8-51 所示是设置所选段落前空格为 30 点的效果。

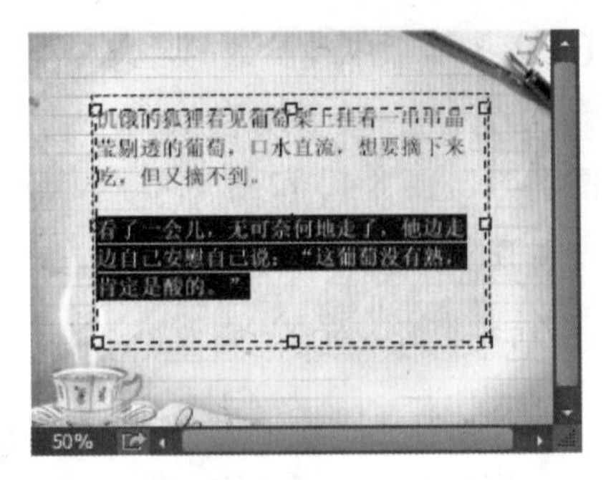

图 8-51　段落前空格为 30 点的效果

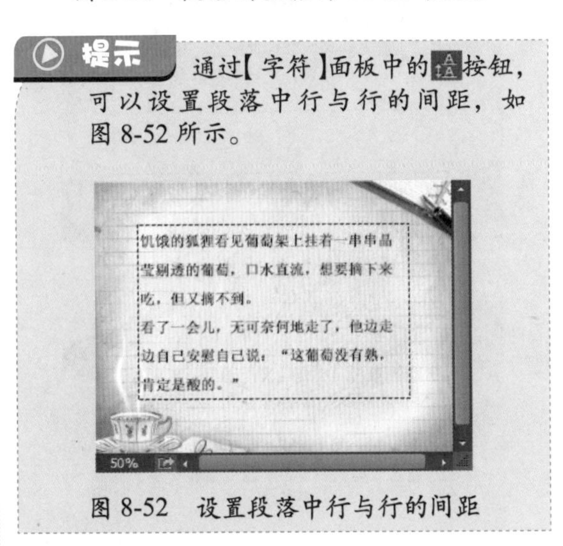

提示 通过【字符】面板中的按钮，可以设置段落中行与行的间距，如图 8-52 所示。

图 8-52　设置段落中行与行的间距

8.3.4 设置字符样式和段落样式

选择【文字】→【面板】→【字符样式面板】命令，将弹出【字符样式】面板，若单击【段落样式】标签，即可切换到【段落样式】面板。通过这两个面板，可以创建并保存文字和段落的样式，并使其快速应用于文本，而无须重复设置，从而提高工作效率。

1. 设置字符样式

【字符样式】面板中默认没有字符样式，如图 8-53 所示。单击底部的【创建新的字符样式】按钮，即可新建一个空白的字符样式，如图 8-54 所示。

图 8-53　默认没有字符样式

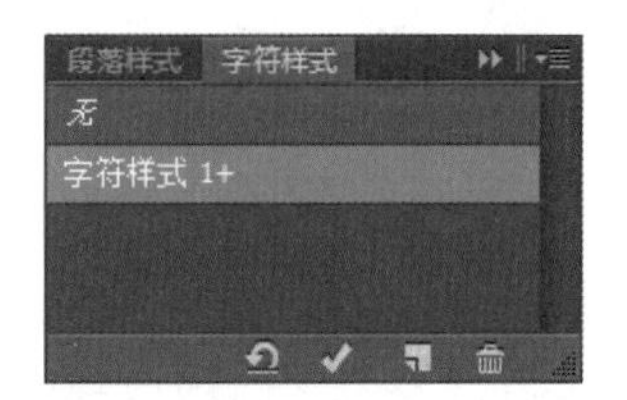

图 8-54　新建一个字符样式

双击新建的字符样式，将弹出【字符样式选项】对话框，可以设置字符的字体、字号、间距等，如图 8-55 所示。设置完成后，单击【确定】按钮，保存自定义的字符样式，这样在对其他文本应用该样式时，只需要选择文本图层，然后在【字符样式】面板中单击该字符样式即可。

图 8-55　设置字符样式

2. 设置段落样式

段落样式的设置与使用方法与字符样式类似，首先单击【段落样式】面板中的按钮，新建一个段落样式，然后双击该段落样式，在弹出的【段落样式选项】对话框中设置具体的样式即可，如图 8-56 所示。

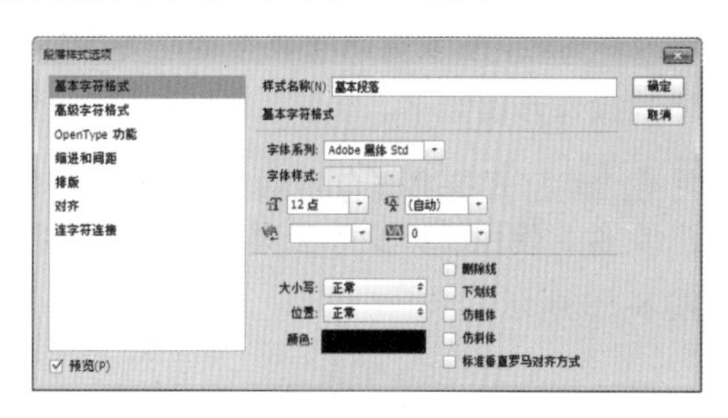

图 8-56　【段落样式选项】对话框

8.3.5 查找和替换文本

选择【编辑】→【查找和替换文本】命令，弹出【查找和替换文本】对话框，通过该对话框，即可完成查找和替换文本的操作，如图 8-57 所示。

图 8-57　【查找和替换文本】对话框

在【查找内容】文本框中输入要查找的内容，单击【查找下一个】按钮，即可查找文本。若要替换查找的内容，直接在【更改为】文本框中输入要替换的内容，并单击【更改】按钮，即可替换文本。

8.4 文字转换

在输入文字后，可以将文字转换为工作路径、形状或图像等形式，从而对其进行更多的操作。

8.4.1 将文字转换为工作路径

将文字转换为工作路径后，可以对其进行填充、描边、生成选区或调整描点等操作。具体的操作步骤如下。

步骤 1 打开随书光盘中的“素材\ch08\04.jpg”文件，使用横排文字工具输入一个字符，如图 8-58 所示。

图 8-58 输入一个字符

步骤 2 选择【文字】→【创建工作路径】命令，可将文字转换为工作路径，并且原文字图层保持不变，如图 8-59 所示。

图 8-59 将文字转换为工作路径

步骤 3 此时在【路径】面板中可以查看新建的工作路径，如图 8-60 所示。

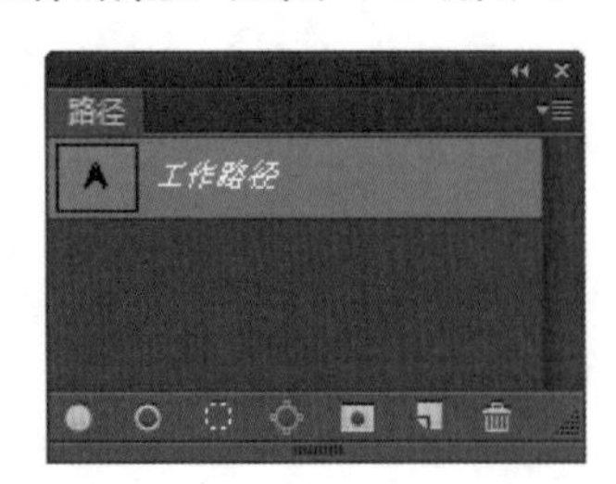

图 8-60 查看新建的工作路径

步骤 4 为了方便观察效果，在【图层】面板中，单击文字图层前面的按钮，隐藏文字图层，只显示工作路径，然后选择图像图层，如图 8-61 所示。

图 8-61 显示工作路径

步骤 5 单击【路径】面板底部的按钮，可用前景色填充路径，如图 8-62 所示。

图 8-62 用前景色填充路径

步骤 6 单击【路径】面板底部的按钮，可用画笔描边路径，如图 8-63 所示。

图 8-63 用画笔描边路径

步骤 7 单击【路径】面板底部的按钮，可将路径作为选区载入，如图 8-64 所示。

图 8-64 将路径作为选区载入

步骤 8 选择转换点工具，可调整锚点创建变形文字，如图 8-65 所示。

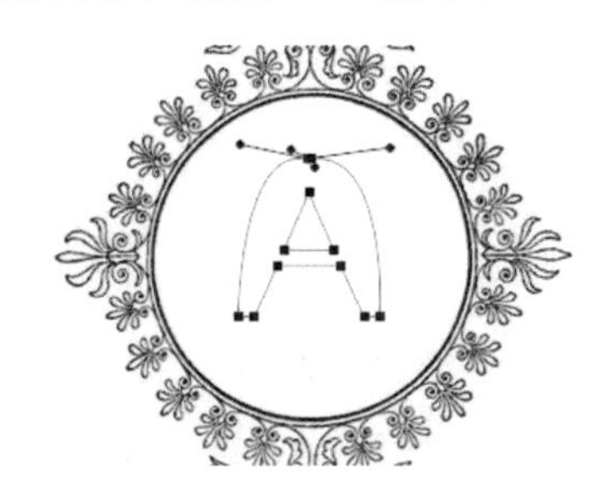

图 8-65　调整锚点创建变形文字

8.4.2 将文字转换为形状

选择【文字】→【转换为形状】命令，可将文字图层转换为形状，图 8-66 和图 8-67 所示分别是转换前和转换后的图层效果。

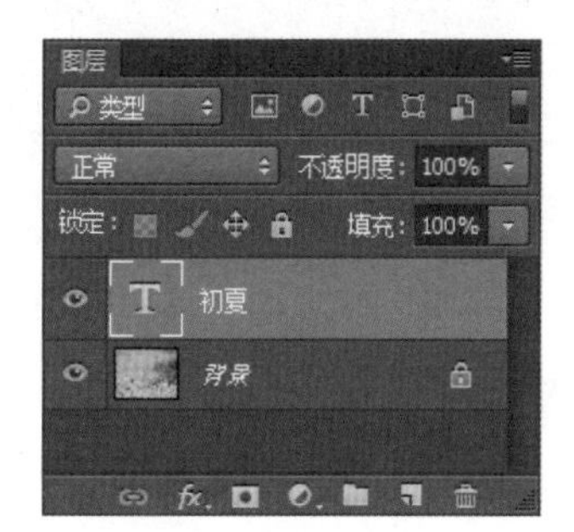

图 8-66　原图层状态

图 8-67　转换后的图层效果

由此可知，将文字转换为形状后，文字图层将变为具有矢量蒙版的图层，用户可以编辑矢量蒙版，并对图层应用样式，但不能再对文字进行修改或编辑等操作。

8.4.3 将文字转换为图像

在 Photoshop 中，滤镜、模糊等功能不能应用于文字。因此，若要对文字执行这些操作，首先必须栅格化文字。

选择【文字】→【栅格化文字图层】命令，即可栅格化文字，将文字图层转换为普通图层，从而使文字转换为图像。注意，将文字转换后，用户不能再对文字进行修改或编辑等操作。

8.5 制作常见的特效文字

在了解了输入文字、设置文字格式与文字转换的方法后，下面制作几种常见的特效文字，包括制作路径文字和制作变形文字。

8.5.1 制作路径文字

路径文字分为两种类型：绕路径文字和区域文字。绕路径文字是指文字沿着路径排列；区域文字是指文字放置在封闭路径内部，形成和路径相同的文字块。

1. 制作绕路径文字

使用钢笔工具或形状工具创建一个工作路径，然后沿着该路径输入文字，就可以制作出绕路径文字了。具体的操作步骤如下。

步骤 1 打开随书光盘中的“素材\ch08\05.jpg”文件，如图 8-68 所示。

图 8-68 素材文件

步骤 2 选择钢笔工具，在工具选项栏中选择【路径】选项，然后沿着杯子的边缘绘制一条路径，如图 8-69 所示。

图 8-69 沿着杯子的边缘绘制一条路径

步骤 3 选择横排文字工具，将鼠标指针定位在路径的左侧，当指针变为形状时，单击鼠标进入输入状态，如图 8-70 所示。

图 8-70 进入输入状态

步骤 4 此时即可沿着路径输入文字，并且在【路径】面板中会新建一个文字路径，如图 8-71 和图 8-72 所示。

图 8-71 沿着路径输入文字

图 8-72 新建一个文字路径

步骤 5 在【路径】面板的空白处单击，隐藏文字路径，效果如图 8-73 所示。

图 8-73 隐藏文字路径

当文字没有铺满工作路径时，选择直接选择工具，然后将鼠标指针定位在文字的两端，当指针变为形状时，向左或向右拖动鼠标，可以调整文字在路径上的位置，如图 8-74 所示。若按住左键并向路径的另一侧拖动文字，还可以翻转文字，如图 8-75 所示。

图 8-74 调整文字在路径上的位置

图 8-75 翻转文字

2. 制作区域文字

制作区域文字的方法与制作绕路径文字的方法类似，具体的操作步骤如下。

步骤 1 打开随书光盘中的“素材 \ch08\06.jpg”文件，选择自定形状工具，在选项栏中选择【路径】选项，然后选择一个心形的形状，在图像中拖动鼠标绘制一个心形路径，如图 8-76 所示。

图 8-76 绘制一个心形路径

步骤 2 将鼠标指针定位在形状内部，当指针变为形状时单击鼠标，此时路径变为文本框，并进入输入状态，如图 8-77 所示。

图 8-77 进入输入状态

步骤 3 在其中输入文字，按 Ctrl+Enter 组合键结束编辑，然后在【路径】面板的空白处单击，隐藏路径，区域文字即制作成功，如图 8-78 所示。

图 8-78 制作区域文字

8.5.2 制作变形文字

变形文字是指对文字进行变形处理。Photoshop 提供了多种变形样式，例如变为波浪、旗帜等形式。此外，我们还可自定义样式。制作变形文字的具体操作步骤如下。

步骤 1 打开随书光盘中的“素材 \ch08\07.jpg”文件，如图 8-79 所示。

图 8-79 素材文件

步骤 2 在【图层】面板中单击选中文字图层，如图 8-80 所示。

图 8-80 选中文字图层

步骤 3 选择【文字】→【文字变形】命令，弹出【变形文字】对话框，在【样式】下拉列表框中选择一种变形样式，例如这里选择【旗帜】选项，如图 8-81 所示。

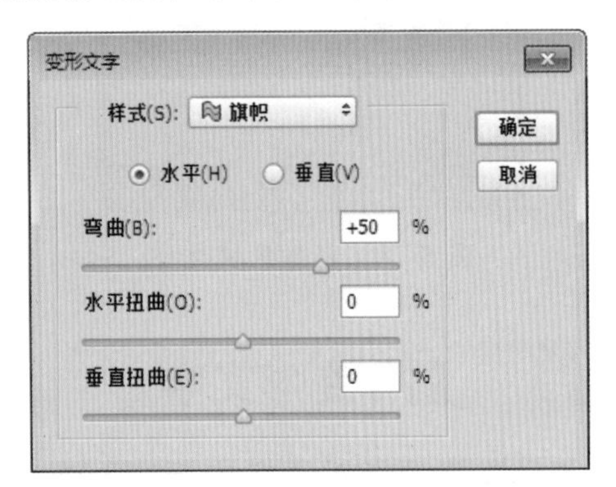

图 8-81 选择【旗帜】选项

提示 【变形文字】对话框中的【水平】和【垂直】两项用于设置弯曲的方向；【弯曲】、【水平扭曲】和【垂直扭曲】3 项用于设置弯曲的程度。

步骤 4 单击【确定】按钮，即可将文字变形为旗帜形状，如图 4-82 所示。

步骤 5 在【样式】下拉列表框中选择其他的样式，然后设置弯曲的程度，可以将文字变形为其他形式，如图 8-83 所示为弯曲形状的文字显示效果，如图 8-84 所示为鱼眼形状的文字显示效果。

图 8-82 将文字变形为旗帜形状

图 8-83 将文字变形为弯曲形状

图 8-84 将文字变形为鱼眼形状

提示 对文字进行变形操作时，有时会弹出提示框，提示无法完成请求，如图 8-85 所示。这是由于某些字体不支持变形操作，只需更换文本字体即可解决该问题。

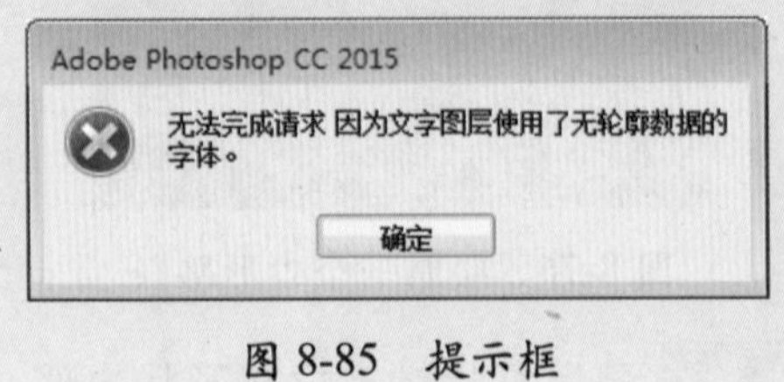

图 8-85 提示框

8.6 高效技能实战

8.6.1 技能实战 1——为文本添加外部字体样式

在创建文字时使用的字体是调用的 Windows 系统中的字体，如果觉得样式太单调，可以自行添加，具体的操作步骤如下。

步骤 1 下载所需要的字体库（后缀名为 .tff），打开后单击【安装】按钮，如图 8-86 所示。

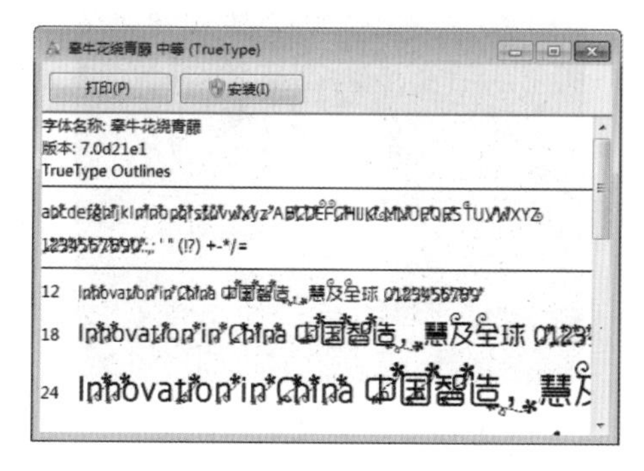

图 8-86　单击【安装】按钮

步骤 2 此时该字体会自动安装在 C:Windows\Fonts 文件夹下，如图 8-87 所示。

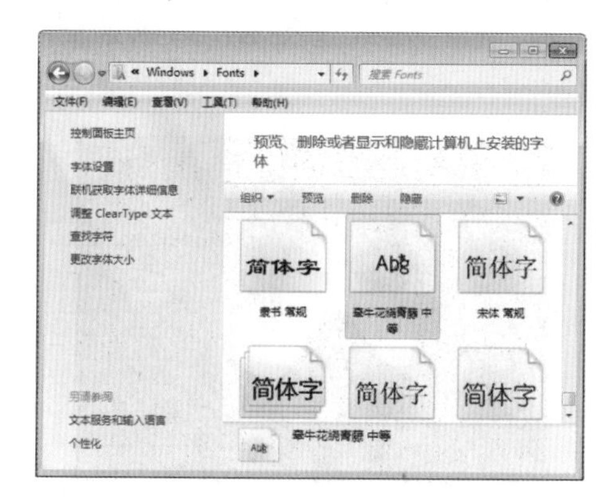

图 8-87　安装字体

步骤 3 安装完成后，打开 Photoshop 软件，即可为文字应用该字体，如图 8-88 所示。

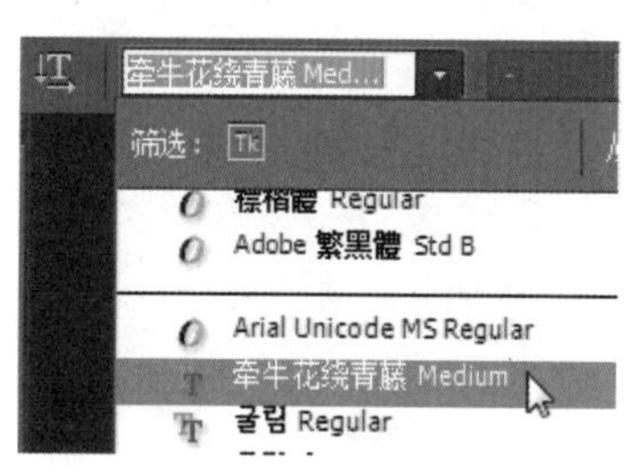

图 8-88　应用字体

步骤 4 字体效果如图 8-89 所示。

图 8-89　字体效果

8.6.2 技能实战 2——制作燃烧的文字

输入文字后，通过使用滤镜、图层样式等功能，可以制作燃烧的文字，具体的操作步骤如下。

步骤 1 新建一个空白文件，将背景填充为黑色，在其中输入文字“人”，并设置其字体、字号以及字体颜色，如图 8-90 所示。

图 8-90　输入文字并设置颜色

步骤 2 在【图层】面板中选中文字图层，选择【文字】→【栅格化文字图层】命令，然后按 Ctrl+J 组合键，复制栅格化操作后的文字图层，如图 8-91 所示。

图 8-91　复制文字图层

步骤 3 选中复制的文字图层，选择【编辑】→【变换】→【旋转 90 度（顺时针）】命令，旋转文字图层，如图 8-92 所示。

图 8-92　旋转文字

步骤 4 选择【滤镜】→【风格化】→【风】命令，弹出【风】对话框，将【方法】设置为【风】，将【方向】设置为【从左】，如图 8-93 所示。

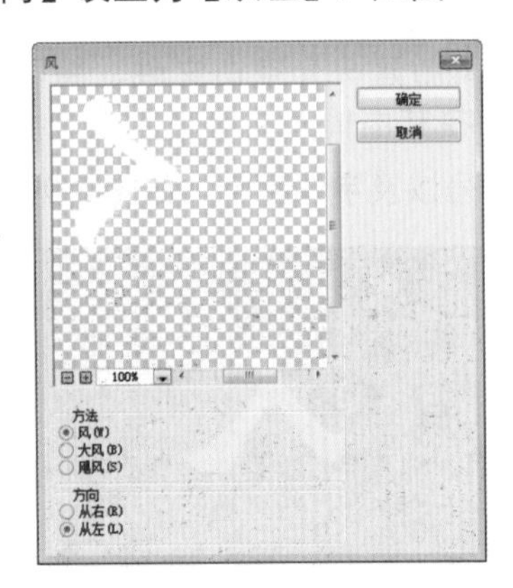

图 8-93　【风】对话框

步骤 5 单击【确定】按钮，制作风吹过文字的效果，如图 8-94 所示。

图 8-94　制作风吹过文字的效果

步骤 6 按 Ctrl+F 组合键两次，增强风的效果，如图 8-95 所示。

图 8-95　加强风的效果

步骤 7 选择【编辑】→【变换】→【旋转 90 度（逆时针）】命令，旋转文字图层，然后在【图层】面板中单击原文字图层前面的眼睛图标，隐藏该图层，效果如图 8-96 所示。

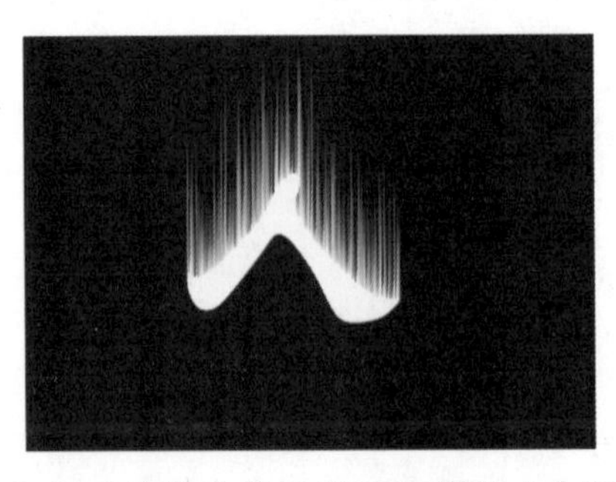

图 8-96　旋转文字图层并隐藏原文字图层

步骤 8 在【图层】面板中选中【人 拷贝】图层，然后按 Ctrl+J 组合键，复制该图层，如图 8-97 所示。

图 8-97　复制图层

步骤 9 选择【滤镜】→【模糊】→【高斯模糊】命令，弹出【高斯模糊】对话框，将【半径】设置为 1.7，单击【确定】按钮，制作模糊文字的效果，如图 8-98 所示。

图 8-98　【高斯模糊】对话框

步骤 10 在【图层】面板中单击按钮，新建一个空白图层，按 Alt+Delete 组合键，使用当前的前景色（黑色）填充空白图层，并将其拖动到【人 拷贝 2】图层下，然后选中这两个图层，选择【图层】→【合并图层】命令，将其合并为一个图层，如图 8-99 所示。

图 8-99　合并图层

步骤 11 此时文字效果如图 8-100 所示。

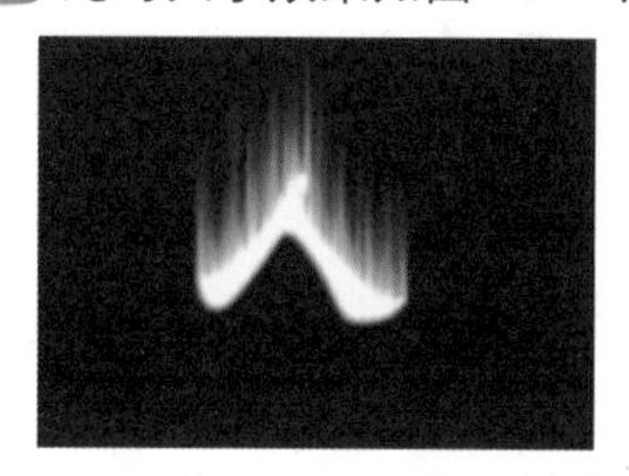
图 8-100　文字效果

步骤 12 选择【滤镜】→【液化】命令，在弹出的对话框中先用大画笔涂抹出大体走向，再用小画笔涂抹出小火苗，如图 8-101 所示。

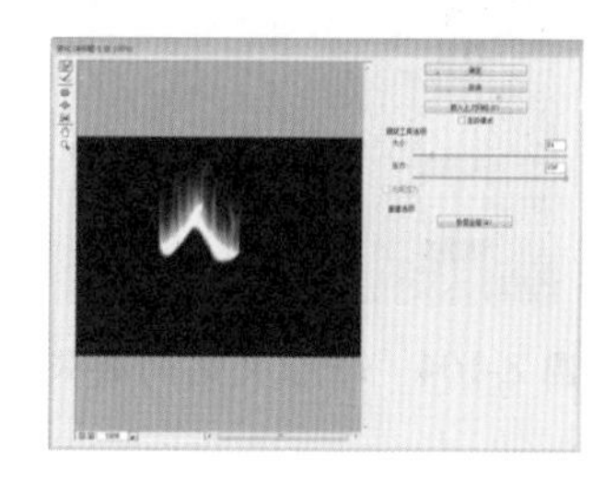
图 8-101　涂抹出小火苗

步骤 13 按 Ctrl+B 组合键，弹出【色彩平衡】对话框，选中【高光】单选按钮，然后将滑块分别拖向红色和黄色，如图 8-102 所示。

图 8-102　【色彩平衡】对话框

步骤 14 单击【确定】按钮，此时将图层调整为橙红色，如图 8-103 所示。

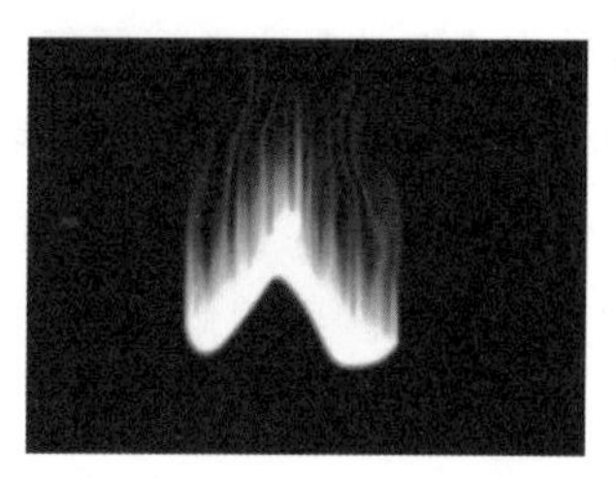
图 8-103　将图层调整为橙红色

步骤 15 选择【人 拷贝 2】图层，再次按Ctrl+J 组合键，复制该图层，并将混合模式设置为【叠加】，从而增强火焰的效果，如图 8-104 所示。

步骤 16 选择【滤镜】→【模糊】→【高斯模糊】命令，弹出【高斯模糊】对话框，将【半径】设置为 2.5，如图 8-105 所示。

图 8-104　增强火焰的效果

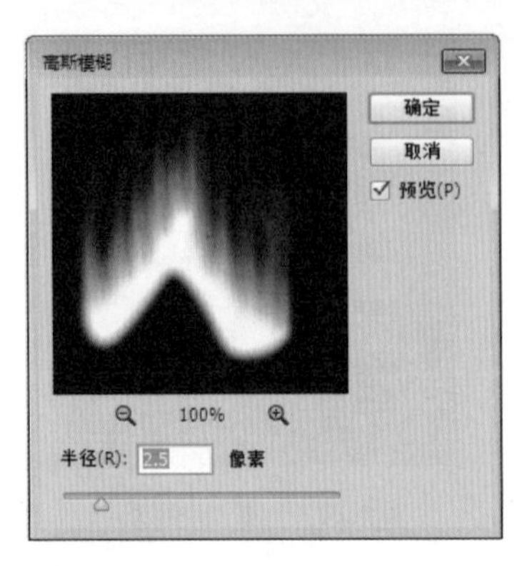

图 8-105　【高斯模糊】对话框

步骤 17 单击【确定】按钮，最终效果如图 8-106 所示。

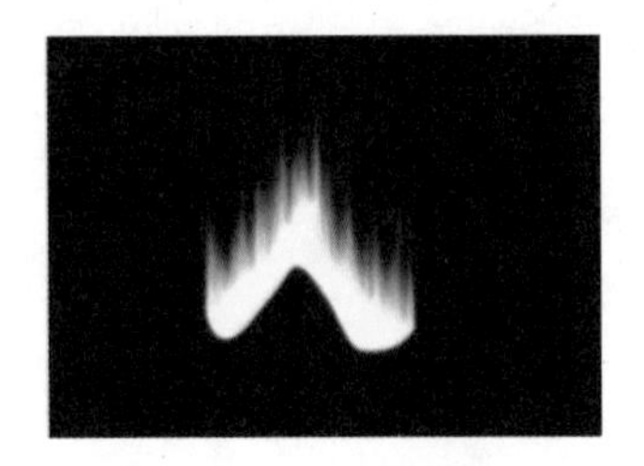

图 8-106　最终效果

8.7 疑难问题解答

问题 1：使用 Photoshop CC 打开外部文件时，提示文件中缺失字体，这是什么原因？

解答：在打开外部文件时，若该文件中的文字使用了系统所没有的字体，将弹出一个提示框，提示文件中缺失字体，如图 8-107 所示。若单击【取消】或【不要解决】按钮，都可关闭该对话框，打开外部文件，此时可查看其中包含的文字，但无法对这些缺失字体的文字进行编辑。要想解决该问题，选择【文字】→【替换所有欠缺字体】命令，使用系统中安装的字体替换文档中欠缺的字体即可。

图 8-107　提示文件中缺失字体

问题 2：在制作特效字的时候，制作完后总是有白色的背景，如何去掉背景色，使得只能看到字而看不到任何背景？

解答：新建一个透明层，在透明层上再建立文字，并完成其特效效果，输出为 GIF 格式的图片，就能实现背景透明的效果。

创建与管理图层

- **本章导读：**

图层是 Photoshop 中最基本也是最重要的功能之一。一幅作品通常是由很多元素构成的，用户在设计的过程中通常希望对某些元素单独处理和编辑，而不影响其他元素，为了实现这一需求，Photoshop 引入了图层这一功能。使用图层不仅可以单独编辑某个元素，还可以改变叠放顺序或添加样式，来设计多元素的合成效果。本章就带领大家学习如何创建和管理图层。

- **学习目标：**

◎ 了解图层的基本知识
◎ 了解图层的基本知识
◎ 掌握新建图层的方法
◎ 掌握图层的基本操作
◎ 掌握用图层组管理图层的方法

- **重点案例效果**

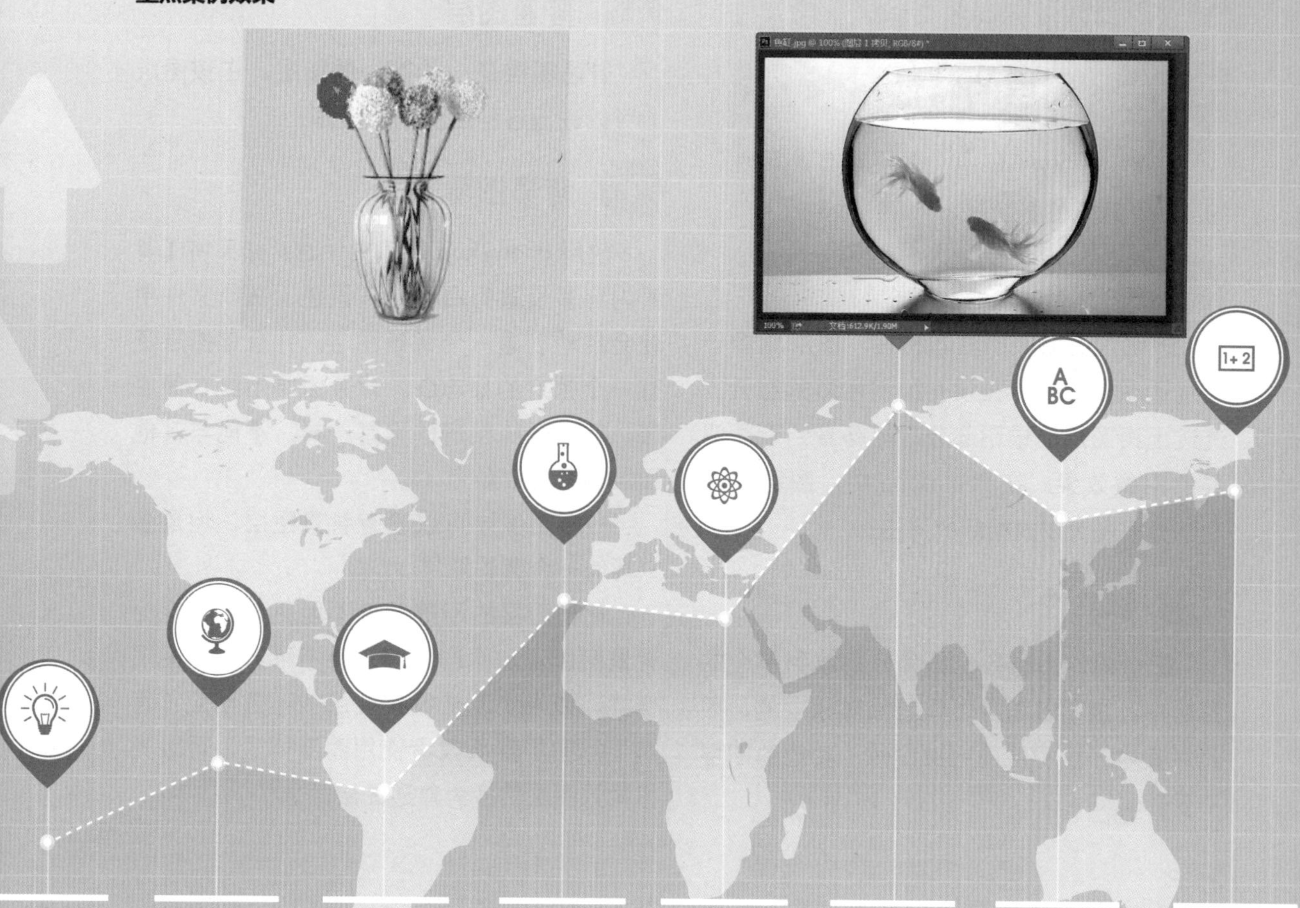

9.1 认识图层

图层是Photoshop最为核心的功能之一，它几乎承载了所有的编辑操作，如果没有图层，所有的图像将位于同一个平面，这对图像的编辑来讲简直是无法想象的。正是因为有了图层功能，Photoshop 才变得十分强大。

9.1.1 什么是图层

图层看似是一个简单的概念，但其包含的内容非常多。我们可以把图层比喻成堆叠在一起的透明纸，每张纸上都含有不同的图像，透过某个图层的透明区域可以看到下面图层中的图像。

用户可以单独处理某个图层中的对象，而不会影响其他图层中的对象。通过调整各个图层的不透明度、混合模式等参数，使图层之间产生特殊的混合效果，从而设计出丰富多彩的图像。

9.1.2 图层的特性

在 Photoshop CC 中，图层具有透明性、独立性和遮盖性等特性。

1. 透明性

透明性是图层的基本特性。图层就像一层层透明的玻璃，在没有绘制色彩的部分，透过上面图层的透明部分，能够看到下面图层的图像效果。在 Photoshop 中，图层的透明部分表现为灰白相间的网格。

2. 独立性

把一幅作品的各个部分分别放到单个的图层中，由于各图层之间是相对独立的，因此对其中一个图层进行操作时，其他的图层不受影响。

3. 遮盖性

图层之间的遮盖性指的是当一个图层中有图像信息时，会遮盖住下层图像中的图像信息。

9.1.3 图层的分类

Photoshop 中的图层有多种，大体可分为普通图层、背景图层、文字图层、形状图层、蒙版图层和调整图层 6 种。

1. 普通图层

普通图层是一种常用的图层，在该图层上可以进行各种图像编辑操作。

2. 背景图层

使用 Photoshop 新建文件时，如果将【背景内容】设置为白色或背景色，在新文件中就会自动创建一个背景图层，并且该图层还有一个锁定的标志。背景图层始终在最底层，就像一栋楼房的地基一样，不能与其他图层调整叠放顺序。

一个图像中可以没有背景图层，但最多只能有一个背景图层。

背景图层的不透明度不能更改，不能为背景图层添加图层蒙版，也不可以使用图层样式。如果要改变背景图层的不透明度、为其添加图层蒙版或者使用图层样式，可以先将背景图层转换为普通图层。

3. 文字图层

文字图层主要用于编辑图像中的文本内容，用户可以对文字图层进行移动、复制等操作。但是不能使用绘画和修饰工具来绘制和编辑文字图层中的文字，不能使用【滤镜】命令。如果需要编辑文字，则必须栅格化文字图层，被栅格化后的文字将变为位图图像，不能再修改其文字内容。

4. 形状图层

形状是矢量对象，与分辨率无关。形状图层一般是使用工具箱中的形状工具，如矩形工具、圆角矩形工具、椭圆工具、多边形工具、直线工具、自定义形状工具或钢笔工具等，绘制图形后而自动创建的图层。

5. 蒙版图层

蒙版图层是用来存放蒙版的一种特殊图层，依附于除背景图层以外的其他图层。蒙版的作用是显示或隐藏图层的部分图像，也可以保护区域内的图像，以免被编辑。用户可以创建的蒙版类型有图层蒙版和矢量蒙版两种。

6. 调整图层

利用调整图层可以将颜色或色调调整应用于多个图层，而不会更改图像中的实际颜色或色调。颜色和色调调整信息存储在调整图层中，并且影响它下面的所有图层。这意味着操作一次即可调整多个图层，而不用分别调整每个图层。

9.1.4 【图层】面板

Photoshop 中的所有图层都被保存在【图层】面板中，通过该面板，用户可以完成对图层的大多数操作，还可以查看各图层的信息及操作状态。

选择【窗口】→【图层】命令或按 F7 键，即可打开【图层】面板，如图 9-1 所示。

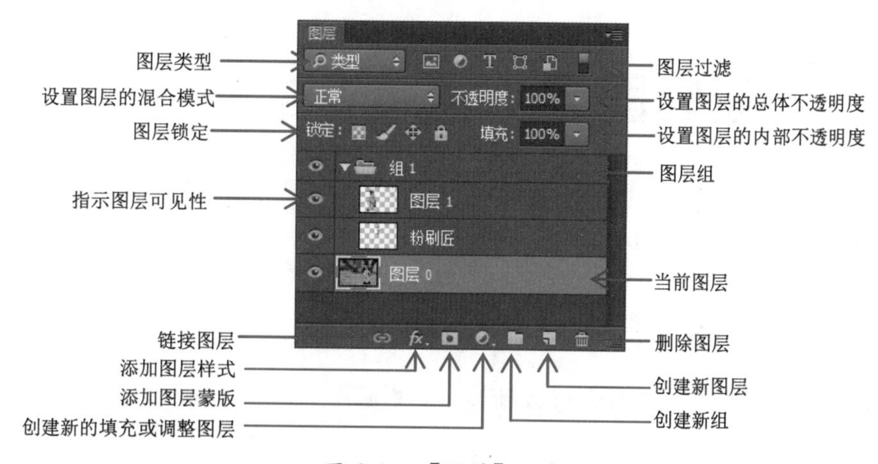

图 9-1　【图层】面板

【图层】面板中各参数或按钮的含义如下。

☆ 图层类型：基于名称、种类、效果、模式、属性或颜色标签显示图层的子集。
☆ 图层过滤：图层过滤选项可帮助用户快速地在复杂文档中找到关键层。
☆ 设置图层的混合模式：创建图层中图像的各种特殊效果。
☆ 设置图层的总体不透明度：设置当前图层的总体不透明度。

☆ 图层锁定：4 个按钮分别是【锁定透明像素】、【锁定图像像素】、【锁定位置】和【锁定全部】。

☆ 设置图层的内部不透明度：设置当前图层的填充百分比。

☆ 图层组：通过创建新组，将多个图层放置在一起，就是图层组。

☆ 指示图层可见性：显示或隐藏图层。当图层左侧显示眼睛图标时，表示当前图层在图像窗口中显示；单击眼睛图标，图标消失并隐藏该图层中的图像。

☆ 当前图层：在【图层】面板中蓝色高亮显示的图层为当前图层。

☆ 【链接图层】：在图层上显示图标时，表示图层与图层之间是链接图层，在编辑图层时可以同时进行编辑。

☆ 【添加图层样式】：单击该按钮，从弹出的菜单中选择相应选项，可以为当前图层添加图层样式。

☆ 【添加图层蒙版】：单击该按钮，可以为当前图层添加图层蒙版。

☆ 【创建新的填充或调整图层】：单击该按钮，从弹出的菜单中选择相应选项，可以创建新的填充图层或调整图层。

☆ 【创建新组】：创建新的图层组。可以将多个图层归为一个组，这个组可以在不需要操作时折叠起来。无论组中有多少个图层，折叠后只占用一个图层的空间，方便管理图层。

☆ 【创建新图层】：单击该按钮，可以在图层中创建新的图层。

☆ 【删除图层】：单击该按钮，可删除当前图层。

9.2 新建图层

默认状态下，在 Photoshop 中新建或打开的文件中只包含背景图层。因此，若要使用图层对图像进行更多的操作，必须新建图层。

9.2.1 通过【图层】命令新建图层

通过【新建】→【图层】命令可以新建一个空白图层，具体的操作步骤如下。

步骤 1 选择【图层】→【新建】→【图层】命令，如图 9-2 所示。

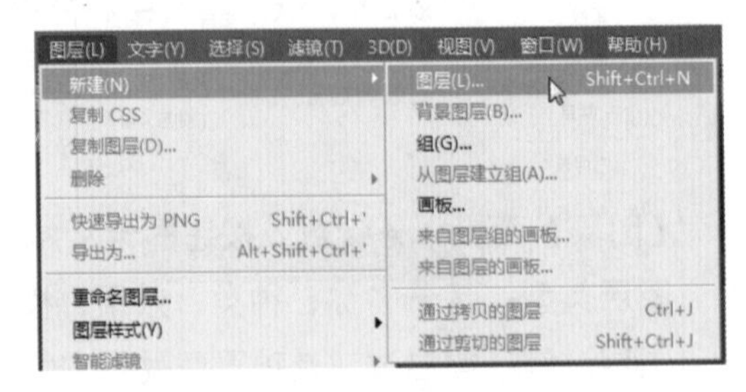

图 9-2 选择【图层】命令

步骤 2 弹出【新建图层】对话框，在其中设置图层的名称、颜色、模式及不透明度等参数，如图 9-3 所示。

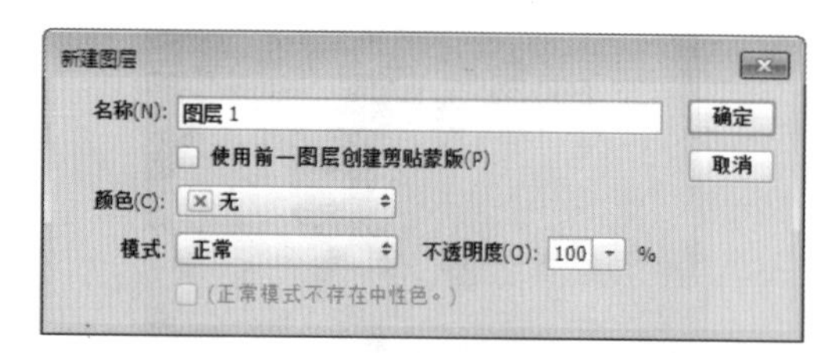

图 9-3　【新建图层】对话框

步骤 3 单击【确定】按钮，即可新建一个空白图层，如图 9-4 所示。

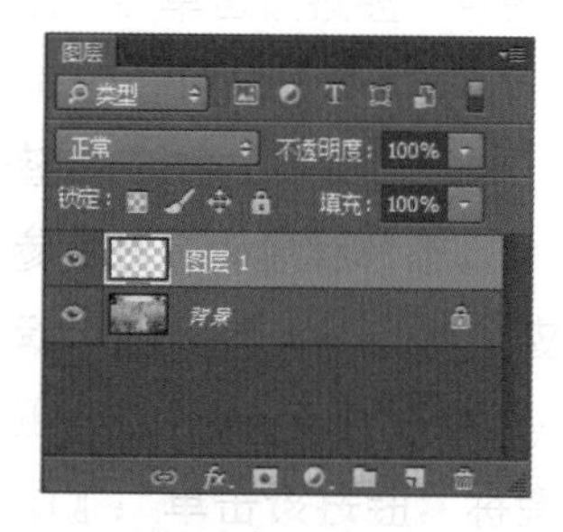

图 9-4　新建一个空白图层

提示 在【新建图层】对话框中，若在【颜色】下拉列表中选择颜色，如图 9-5 所示，那么图层前面的图标会显示出颜色，用于区分或标记不同用途的图层，如图 9-6 所示。

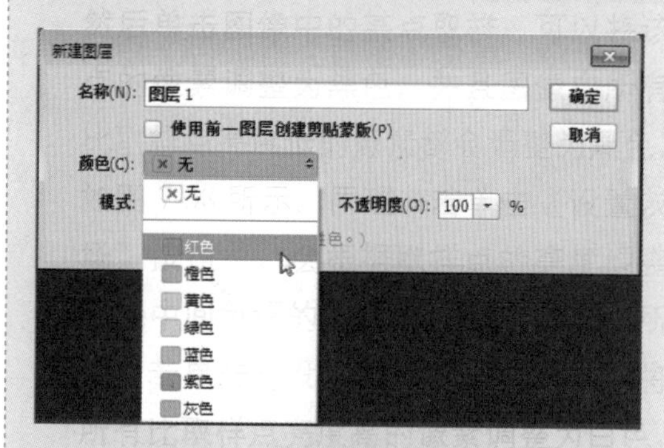

图 9-5　【颜色】下拉列表

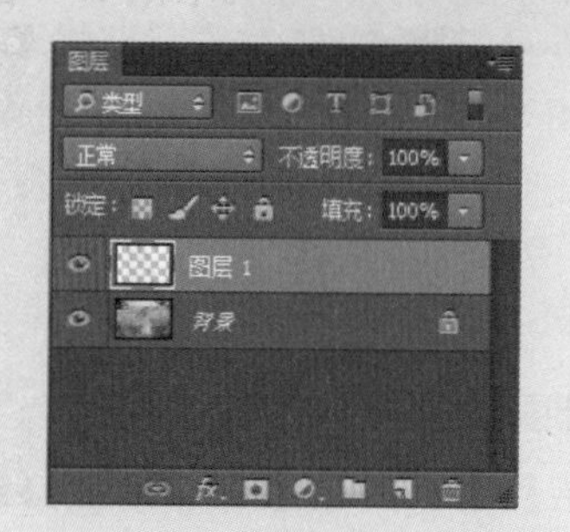

图 9-6　新建图层前面显示颜色

9.2.2 通过【通过拷贝的图层】命令新建图层

通过【通过拷贝的图层】命令可以复制图层或选区到新的图层中，具体的操作步骤如下。

步骤 1 在【图层】面板中选中要复制的图层，选择【图层】→【新建】→【通过拷贝的图层】命令，即可快速复制选中的图层，如图 9-7 所示。

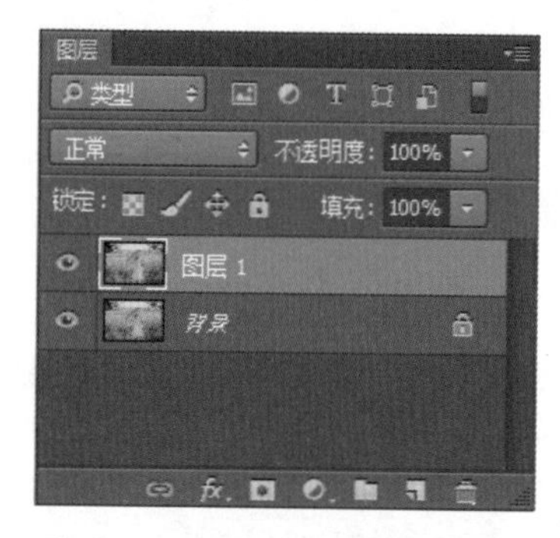

图 9-7　快速复制选中的图层

步骤 2 若在图像中创建了选区，那么执行该命令时，会将选区复制到一个新的图层中，如图 9-8 所示。

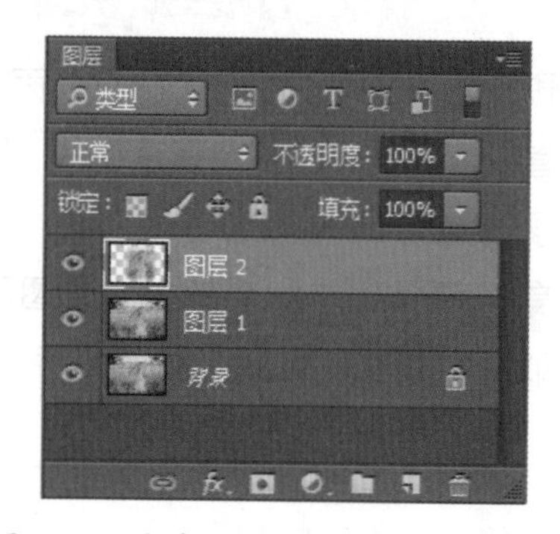

图 9-8　将选区复制到一个新的图层

9.2.3 通过【通过剪切的图层】命令新建图层

通过【通过剪切的图层】命令可将选区从原图层剪切到新的图层中。首先在图像中

创建一个选区，如图 9-9 所示，然后选择【图层】→【新建】→【通过剪切的图层】命令，即可将选区剪切到一个新的图层中，如图 9-10 所示。

图 9-9　创建一个选区

图 9-10　将选区剪切到一个新的图层

9.2.4 通过【图层】面板新建图层

通过【图层】面板也可以新建一个空白图层，具体的操作步骤如下。

步骤 1 选中图层 1，单击底部的【创建新图层】按钮，即可在当前图层的上方新建一个空白图层，如图 9-11 所示。

步骤 2 选中图层 1，按住 Ctrl 键不放并单击按钮，可以在当前图层的下方新建一个空白图层，如图 9-12 所示。

图 9-11　在当前图层的上方新建图层

图 9-12　在当前图层的下方新建图层

提示　背景图层下方不能新建图层。

此外，单击【图层】面板右上角的菜单按钮，在弹出的下拉菜单中选择【新建图层】命令，如图 9-13 所示，同样可以新建图层。

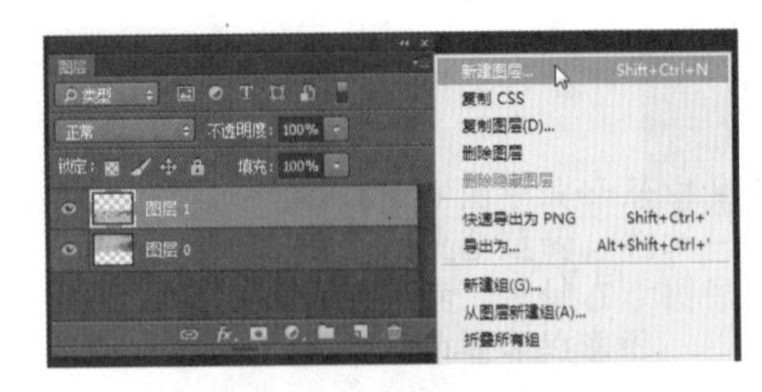

图 9-13　选择【新建图层】命令

9.2.5 新建背景图层

背景图层是较为特殊的图层，它永远位于【图层】面板的最底部，不能移动，不能设置不透明度或混合模式，也不能删除。

当打开一幅图像时，默认其中只有背景图层。当新建文档时，若将【背景内容】设置为白色、背景色或其他颜色，如图 9-14 所示，则新文件中有一个背景图层，如图 9-15 所示；若设置为透明，则新文件中有一个普通图层，如图 9-16 所示。

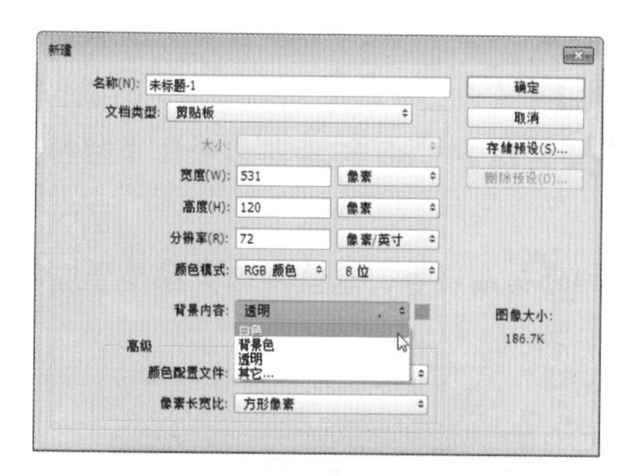

图 9-14 设置【背景内容】参数

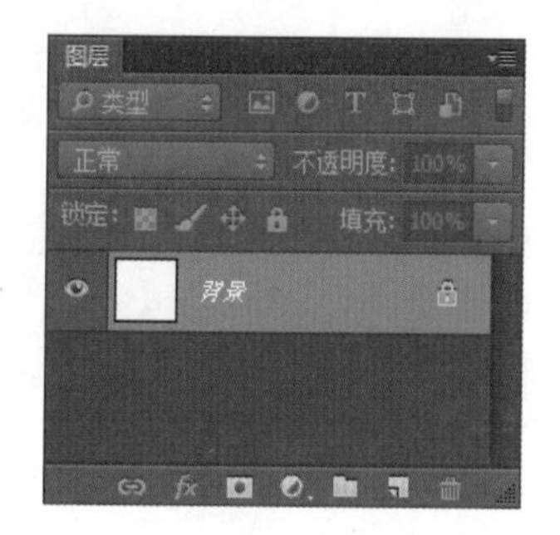

图 9-15 新文件中有一个背景图层

图 9-16 新文件中有一个普通图层

一个文件中只能存在一个背景图层，若文件中没有背景图层，可以将普通图层转换为背景图层，具体的操作步骤如下。

步骤 1 选中要作为背景图层的普通图层，如图 9-17 所示。

图 9-17 选中普通图层

步骤 2 选择【图层】→【新建】→【背景图层】命令，即可将当前的图层转换为背景图层，并自动调整到最底部，如图 9-18 所示。

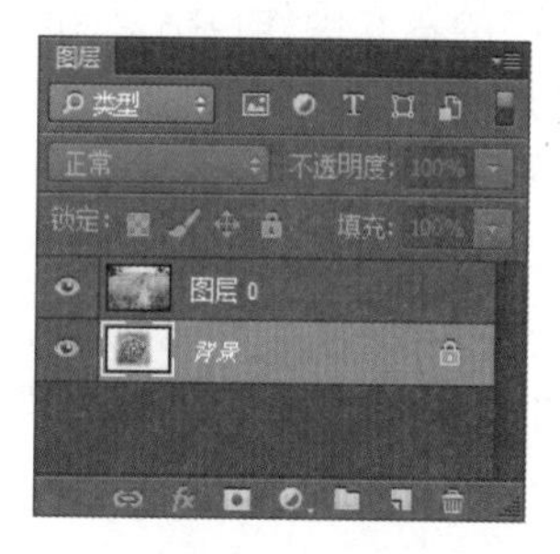

图 9-18 将当前图层转换为背景图层

9.2.6 将背景图层转换为普通图层

若要移动背景图层中的图像，或者进行设置样式、混合模式等操作，首先需要将背景图层转换为普通图层。转换方法有多种，下面分别介绍。

(1) 按住 Alt 键，双击背景图层，可将其转换为普通图层。

(2) 单击背景图层右侧的按钮，可将其转换为普通图层，如图 9-19 所示。

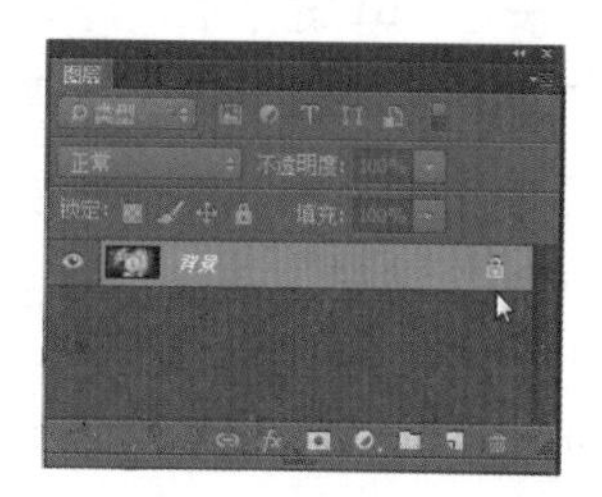

图 9-19 单击背景图层右侧的按钮

⑶ 双击背景图层，弹出【新建图层】对话框，如图 9-20 所示。单击【确定】按钮，即可进行转换。

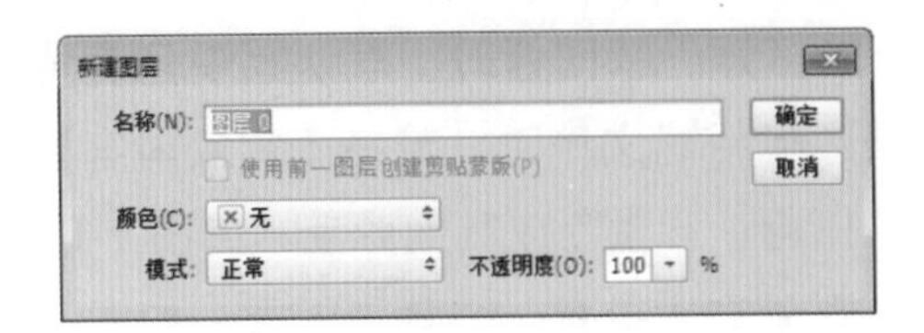

图 9-20 【新建图层】对话框

9.3 图层的基本操作

图层的基本操作包括复制和删除图层、对齐和分布图层等，这些操作大都是通过【图层】面板来完成的。

9.3.1 选择图层

若文件中有多个图层，首先需要选择图层，然后才能编辑该图层。

⑴ 选择一个图层。在【图层】面板中单击一个图层，即可选择该图层，如图 9-21 所示。

图 9-21 选择一个图层

⑵ 选择多个图层。若要选择多个不相邻的图层，按住 Ctrl 键不放，单击所要选择的图层即可，如图 9-22 所示；若要选择多个相邻的图层，首先单击第 1 个图层，然后按住 Shift 键不放，再单击最后 1 个图层即可，如图 9-23 所示。

图 9-22 选择多个不相邻的图层

图 9-23 选择多个相邻的图层

⑶ 选择全部图层。选择【选择】→【所有图层】命令，即可选择所有的图层，如图 9-24 所示。

图 9-24 选择全部图层

(4) 取消选择图层。在【图层】面板的空白处单击，或者选择【选择】→【取消选择图层】命令，均可取消选择的图层，如图 9-25 所示。

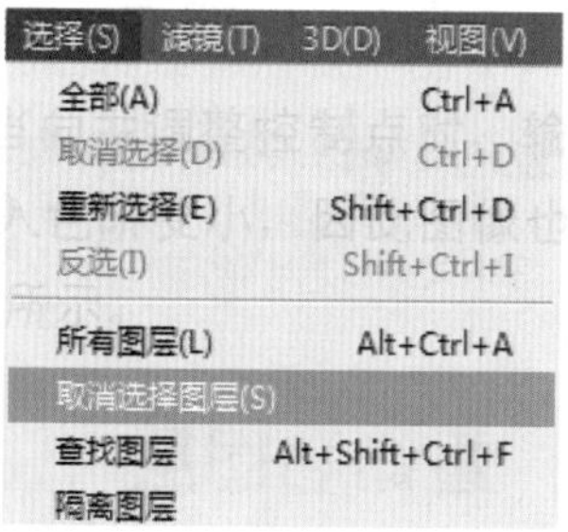

图 9-25 取消选择图层

提示 当选择移动工具或画板工具时，在图像中右击，通过弹出的快捷菜单可以选择其他的图层，如图 9-26 所示。

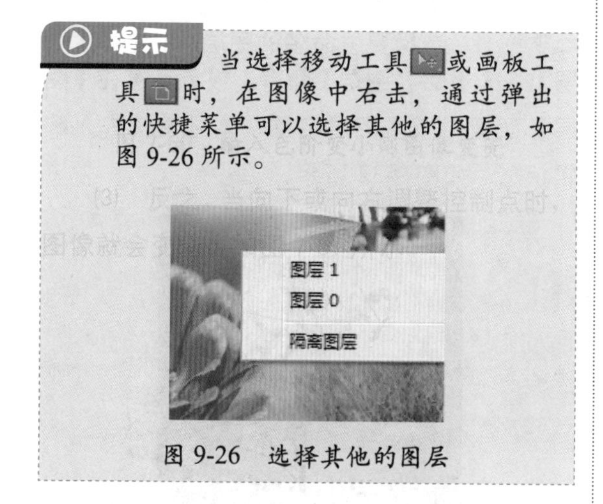

图 9-26 选择其他的图层

9.3.2 显示与隐藏图层

当不需要对图层上的内容进行修改时，可以将这些图层隐藏起来，以免因误操作而更改图层中的内容。具体的操作步骤如下。

步骤 1 选中要隐藏的图层，选择【图层】→【隐藏图层】命令，或者在【图层】面板中单击图层左侧的图标，均可隐藏该图层，如图 9-27 所示。

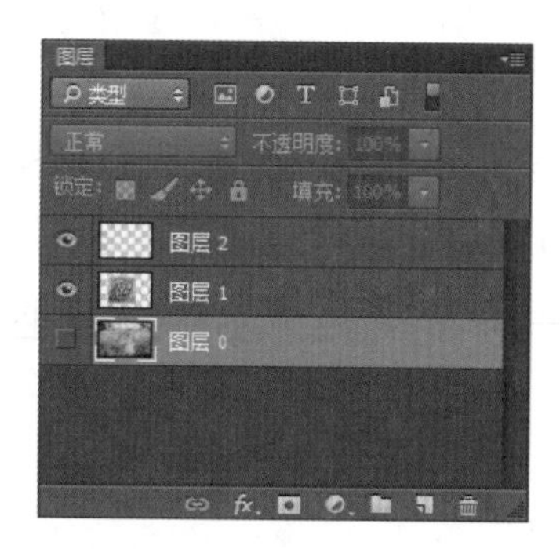

图 9-27 隐藏一个图层

提示 再次在图标处单击，可显示该图层。

步骤 2 在图标所在的列处单击并向上或向下拖动鼠标，可同时隐藏或显示多个相邻的图层，如图 9-28 所示。

图 9-28 隐藏多个相邻的图层

9.3.3 复制图层

若需要制作出同样效果的图层，可以复制该图层。既可将图层复制到同一图像文件中，也可复制到其他的文件中。

1. 将图层复制到同一图像文件中

将图层复制到同一图像文件中有 4 种方法，分别如下。

(1) 使用【通过拷贝的图层】命令可复制选中的图层，具体步骤可参考 9.2.2 节。

(2) 选择图层后，按 Ctrl+J 快捷键，可快速复制该图层。

(3) 选择图层后，将其拖动到【创建新图层】按钮上，可复制该图层。

(4) 选择要复制的图层后，选择【图层】→【复制图层】命令，弹出【复制图层】对话框，在【为】文本框中输入复制后的图层名称，在【文档】下拉列表框中选择要将图层复制到的文件，单击【确定】按钮，可复制图层，如图 9-29 所示。

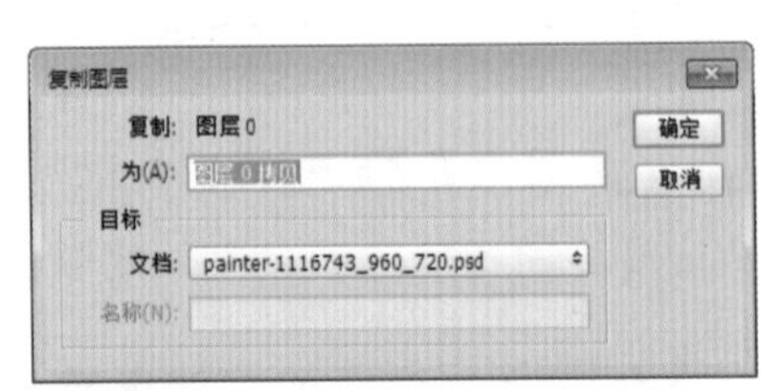

图 9-29 【复制图层】对话框

提示 通过该方法，也可将图层复制到其他文件中。

2. 将图层复制到其他图像文件中

将图层复制到其他图像文件中主要有两种方法，分别如下。

(1) 在【图层】面板中选中要复制的图层，将其拖动到另一个打开的图像文件中，即可将图层复制到该文件中。

(2) 该方法与上面的第 4 种方法类似，需通过【复制图层】对话框来完成，只需在【文档】下拉列表框中选择其他的图像文件即可，如图 9-30 所示。

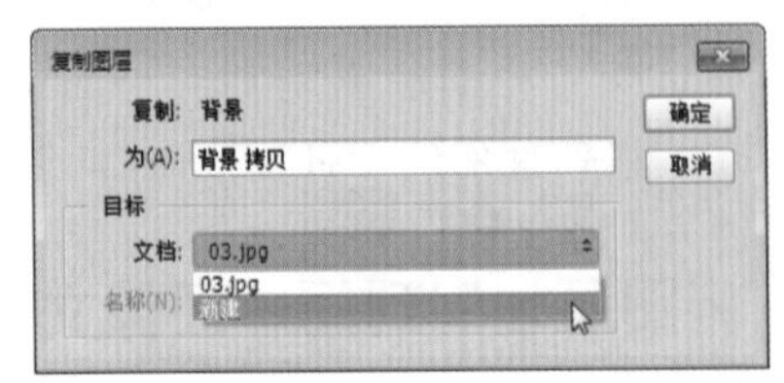

图 9-30 在【文档】下拉列表框中选择其他的图像文件

9.3.4 删除图层

选择要删除的图层后，选择【图层】→【删除】→【图层】命令，或者单击【图层】面板底部的【删除图层】按钮，将弹出提示框，提示是否删除图层，单击【是】按钮，即可删除该图层，如图 9-31 所示。

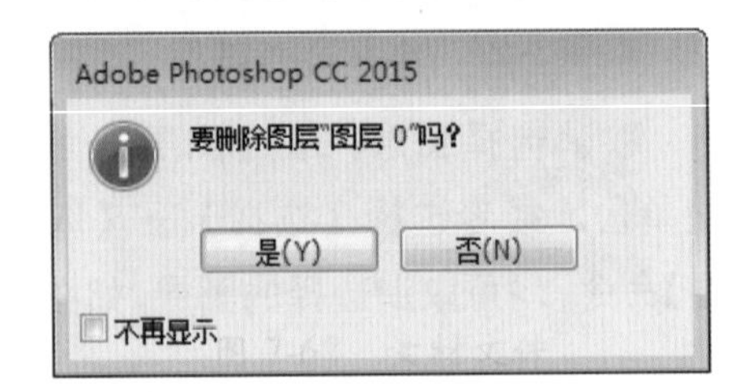

图 9-31 提示框

提示 选择图层后，将其拖动到【删除图层】按钮上，可直接删除该图层，而不会出现对话框。

9.3.5 重命名图层

对图层重命名的具体操作步骤如下。

步骤 1 选择要重命名的图层后，选择【图层】→【重命名图层】命令，或者直接在【图层】面板中双击图层名称，均可使其进入编辑状态，如图 9-32 所示。

图 9-32 使图层名称进入编辑状态

步骤 2 重新输入图层的名称，按 Enter 键即可将其重命名，如图 9-33 所示。

图 9-33　重命名图层

9.3.6 调整图层顺序

调整图层的顺序是指改变图层元素之间的叠加次序，通过调整图层的顺序，可设计出不同的效果。具体的操作步骤如下。

步骤 1 打开随书光盘中的“素材\ch09\01.psd”文件，其中共包含 3 个图层，如图 9-34 和图 9-35 所示。

图 9-34　素材文件

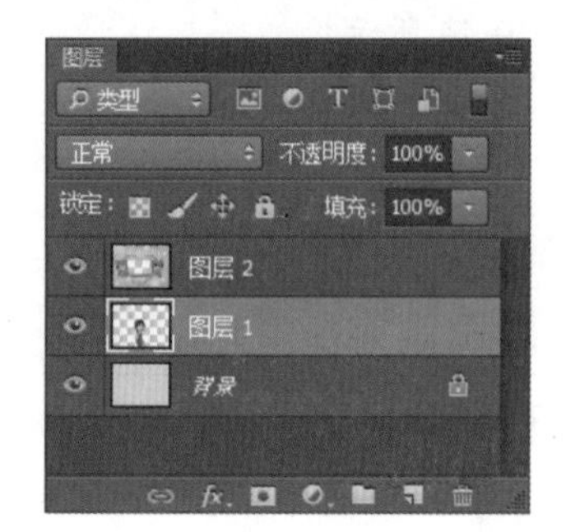

图 9-35　文件中包含 3 个图层

步骤 2 在【图层】面板中选中图层 1，将其拖动到图层 2 的上方，如图 9-36 所示。

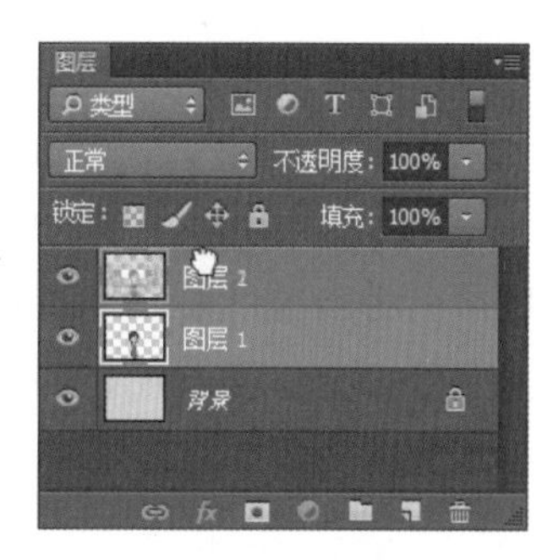

图 9-36　将图层 1 拖动到图层 2 的上方

步骤 3 释放鼠标后，即调整了图层 1 和图层 2 的顺序，如图 9-37 所示。此时图像效果如图 9-38 所示。

图 9-37　调整了图层 1 和图层 2 的顺序

图 9-38　图像效果

除了直接拖动图层来调整顺序外，选择【图层】→【排列】命令，通过子菜单中的命令也可调整图层的顺序，如图 9-39 所示。

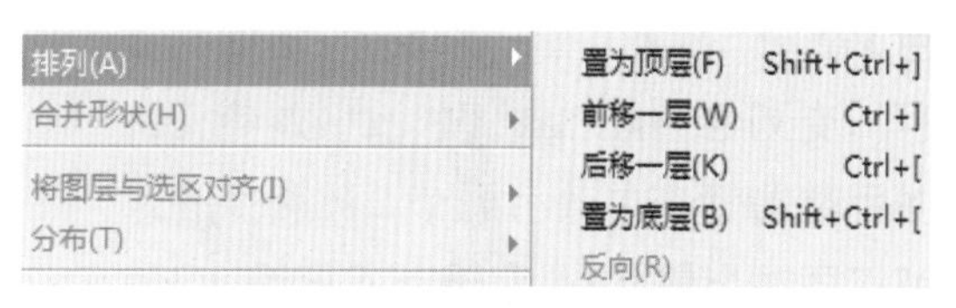

图 9-39　【排列】子菜单

☆ 置为顶层：将当前图层移动到最上层。

☆ 前移一层：将当前图层上移一层。

☆ 后移一层：将当前图层下移一层。

☆ 置为底层：将当前图层移动到最底层，即背景图层的上一层。

☆ 反向：将选择的多个图层的顺序反转。

9.3.7 锁定图层

锁定图层是指限制对图层的某些操作，从而更好地保护图层。选择图层后，【图层】面板的【锁定】区域中提供了 4 个按钮，根据需要单击相应的按钮，即可部分或完全锁定图层，如图 9-40 所示。

锁定：

图 9-40 【锁定】区域中的 4 个按钮

(1) 【锁定透明像素】：单击该按钮后，只能编辑图层的不透明区域，而锁定图层的透明区域。例如，对于图 9-41 所示的图像文件，锁定图层 1 的透明像素，如图 9-42 所示，那么当使用油漆桶等工具对其操作时，只能操作图层 1 中的花瓶和花朵部分，而无法操作透明区域，如图 9-43 所示。

(2) 【锁定图像像素】：单击该按钮后，只能对图层进行移动或变换等操作，而无法对其进行擦除、涂抹等操作。

图 9-41 原图

图 9-42 锁定图层 1 的透明像素

图 9-43 图像效果

(3) 【锁定位置】：单击该按钮后，将不能移动图层，但能对其进行其他操作。

(4) 【锁定全部】：单击该按钮后，将不能对图层进行任何操作。

提示 选择【图层】→【锁定图层】命令，将弹出【锁定所有链接图层】对话框，通过该对话框也可锁定图层，如图 9-44 所示。

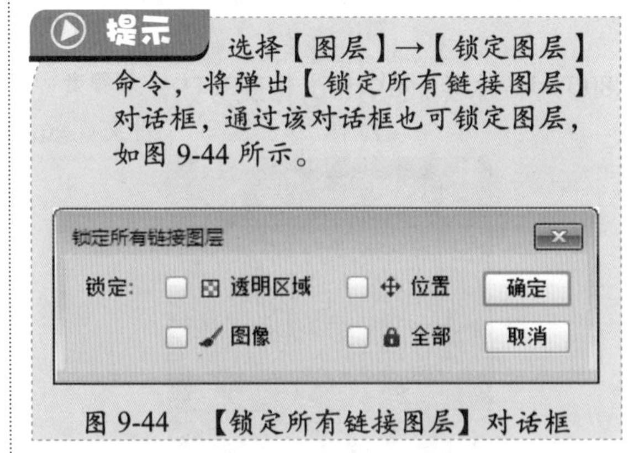

图 9-44 【锁定所有链接图层】对话框

9.3.8 对齐和分布图层

在编辑图像过程中，对图层使用对齐和分布功能，可使这些图层更加整齐有序。

1. 对齐图层

选择要对齐的图层后，选择【图层】→【对齐】命令，在子菜单中可以看到，Photoshop 共提供了 6 种对齐方式，如图 9-45 所示。此外，若在图像中创建了选区，那么使用对齐功能时，将基于选区对齐图层，如图 9-46 所示。

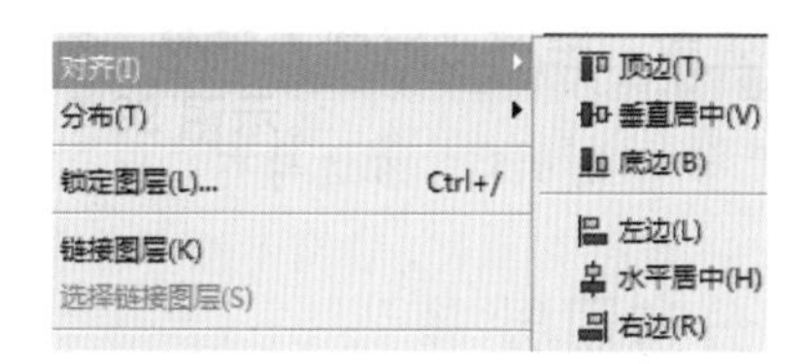

图 9-45　6 种对齐方式

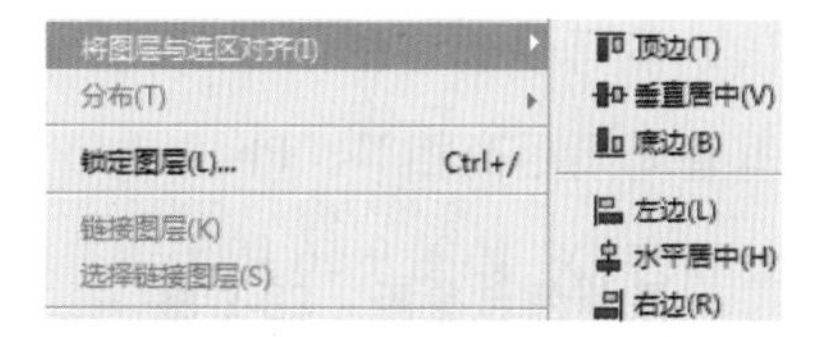

图 9-46　基于选区对齐图层

提示　选择移动工具后，通过工具选项栏中的 6 个对齐按钮，也可对齐图层，如图 9-47 所示。

图 9-47　6 个对齐按钮

打开随书光盘中的“素材\ch09\对齐图层.psd”文件，如图 9-48 所示。在【图层】面板中选择图层 1、图层 2 和图层 3，如图 9-49 所示。

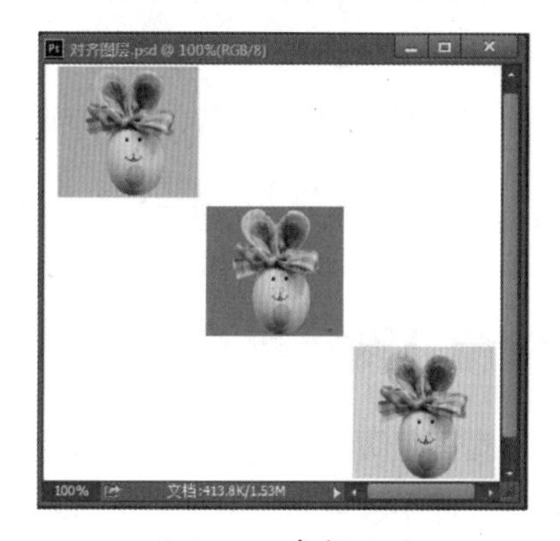

图 9-48　素材文件

图 9-49　选择图层 1、图层 2 和图层 3

(1)　【顶边】：该命令可将所有选定图层的顶端像素与所选图层中最顶端的像素对齐，如图 9-50 所示。

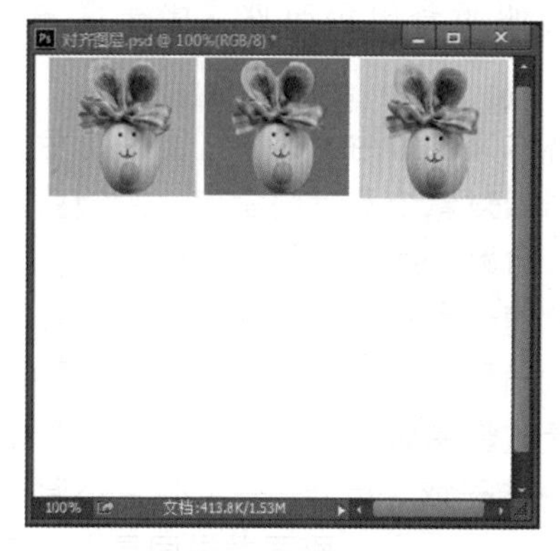

图 9-50　顶边对齐

(2)　【垂直居中】：该命令可将所有选定图层的垂直中心像素与所选图层的垂直中心像素对齐，如图 9-51 所示。

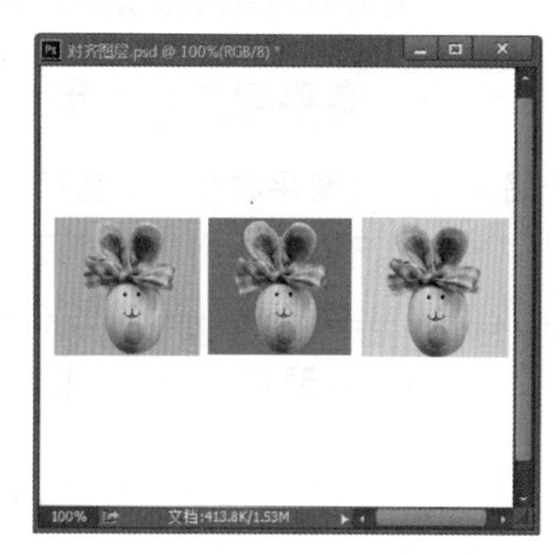

图 9-51　垂直居中对齐

(3)　【底边】：该命令可将所有选定图层的底端像素与所选图层中最底端的像素对齐，如图 9-52 所示。

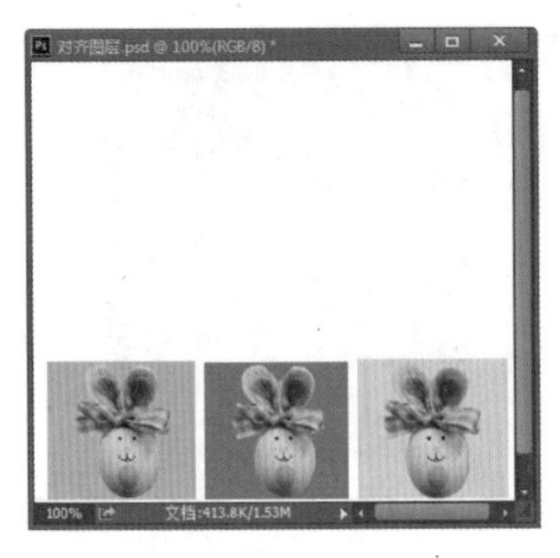

图 9-52　底边对齐

(4)　【左边】：该命令可将所有选定图层的左端像素与最左端图层的左端像素对齐，如图 9-53 所示。

图 9-53　左边对齐

(5)　【水平居中】：该命令可将所有选定图层的水平中心像素与所选图层的水平中心像素对齐，如图 9-54 所示。

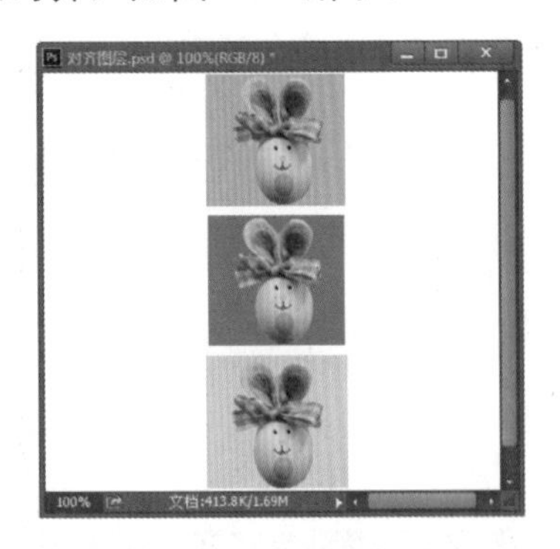

图 9-54　水平居中对齐

(6)　【右边】：该命令可将所有选定图层的右端像素与最右端图层的右端像素对齐，如图 9-55 所示。

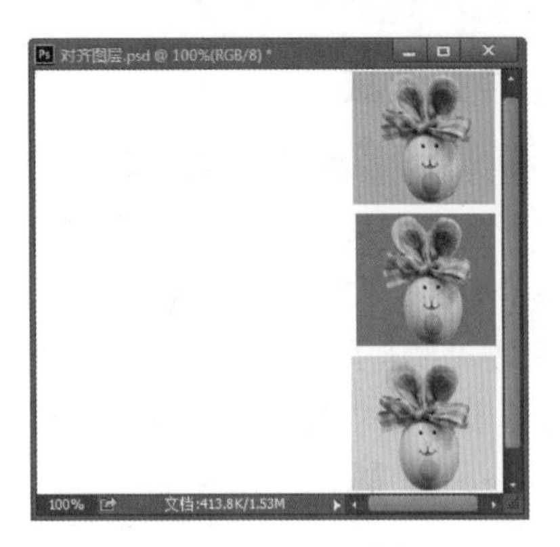

图 9-55　右边对齐

2. 分布图层

分布图层功能只针对 3 个或 3 个以上的图层，该功能可使选定图层中每两个之间的水平或垂直间隔距离相等。Photoshop 共提供了 6 种分布方式，如图 9-56 所示。

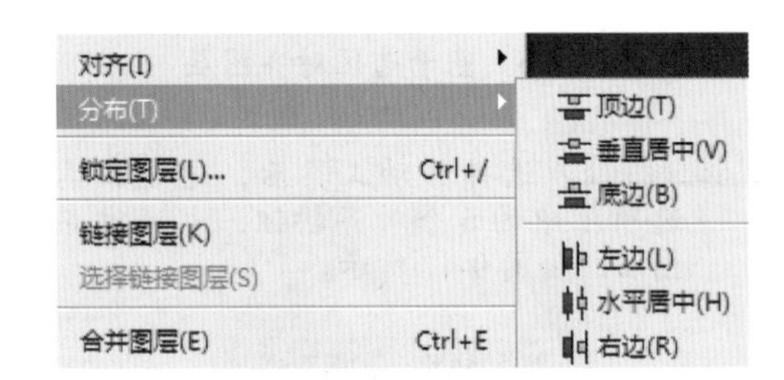

图 9-56　6 种分布方式

> **提示**　选择移动工具后，通过选项栏中的 6 个分布按钮，也可分布图层，如图 9-57 所示。
>
> 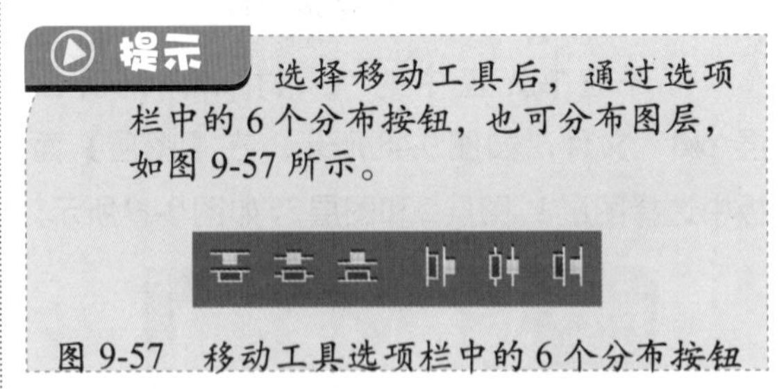
>
> 图 9-57　移动工具选项栏中的 6 个分布按钮

(1)　顶边 / 垂直居中 / 底边：以最顶端和最底端两个图层的顶端 / 垂直中心 / 底端像素为基准，在垂直方向上间隔均匀地分布图层。图 9-58 和图 9-59 所示分别是原图和垂直居中分布后的效果。

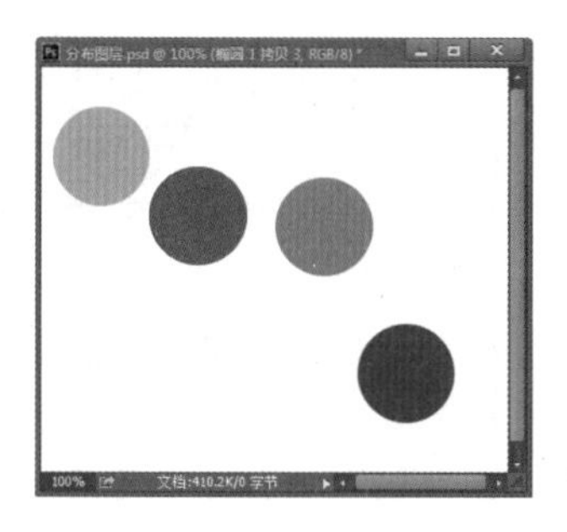

图 9-58　原图

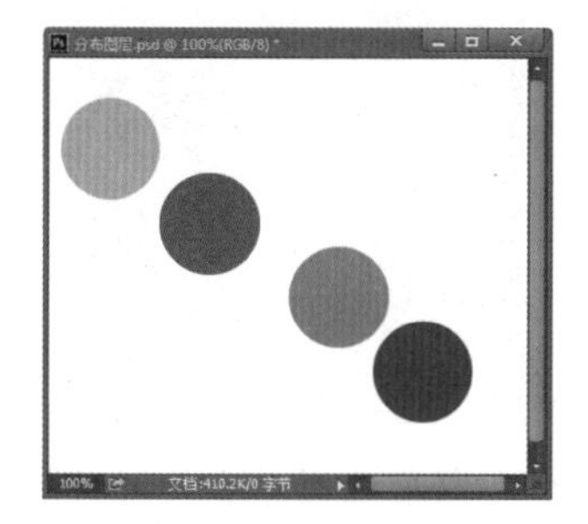

图 9-59　垂直居中分布

(2)　左边 / 水平居中 / 右边：以最左端和最右端两个图层的左端 / 水平中心 / 右端像素为基准，在水平方向上间隔均匀地分布图层。图 9-60 和图 9-61 所示分别是原图和水平居中分布后的效果。

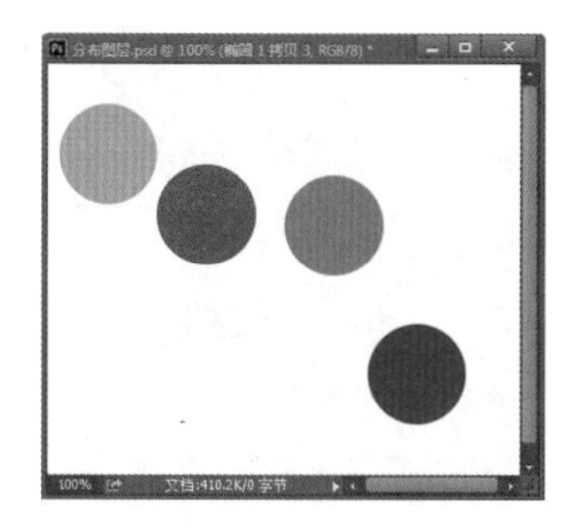

图 9-60　原图

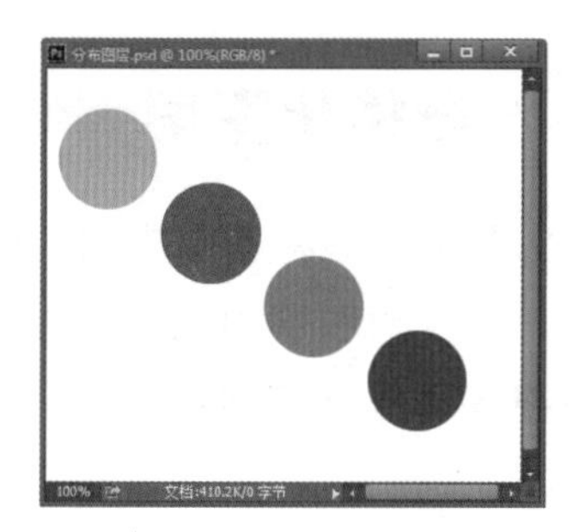

图 9-61　水平居中分布

9.3.9 合并和盖印图层

合并和盖印图层都可将多个图层合并为一个图层。

1. 合并图层

合并图层既便于管理图层，还能减小文件的大小。选择【图层】命令，在子菜单中可以看到，Photoshop 共提供了 3 种合并图层的方式，如图 9-62 所示。

图 9-62　3 种合并图层的方式

(1)　【合并图层】：选中多个要合并的图层，如图 9-63 所示，选择【图层】→【合并图层】命令，或者按 Ctrl+E 组合键，可将所选图层合并到其中最上面的图层中，如图 9-64 所示。

图 9-63　选中多个要合并的图层

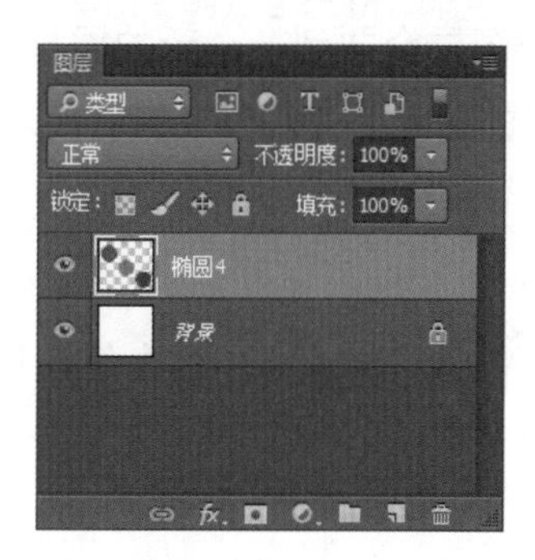

图 9-64　将所选图层合并到最上面的图层中

提示 若只选择 1 个图层，此时【合并图层】命令变为【向下合并】命令，执行该命令，可将所选图层合并到其下面的图层中。

⑵【合并可见图层】：该命令可将所有的可见图层都合并到背景图层中，而保留所有隐藏的图层，如图 9-65 所示。

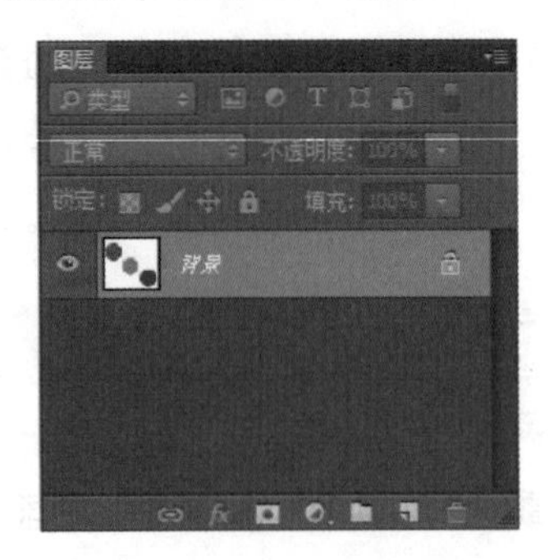

图 9-65　合并可见图层的效果

⑶【拼合图像】：该命令可将所有图层都合并到背景图层。但若有隐藏的图层，执行该命令时会弹出提示框，提示是否删除隐藏的图层，如图 9-66 所示。

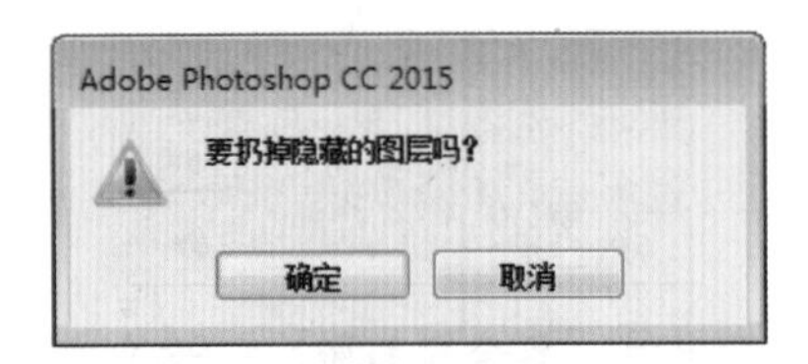

图 9-66　提示框

2. 盖印图层

盖印图层与合并图层不同的是，它不仅会将多个图层合并到一个新的图层，同时会保持原有的图层不变。具体的操作步骤如下。

步骤 1 选择要盖印的多个图层，如图 9-67 所示。

步骤 2 按 Ctrl+Alt+E 组合键，即可将所选图层合并到一个新的图层中，而原有的图层保持不变，如图 9-68 所示。

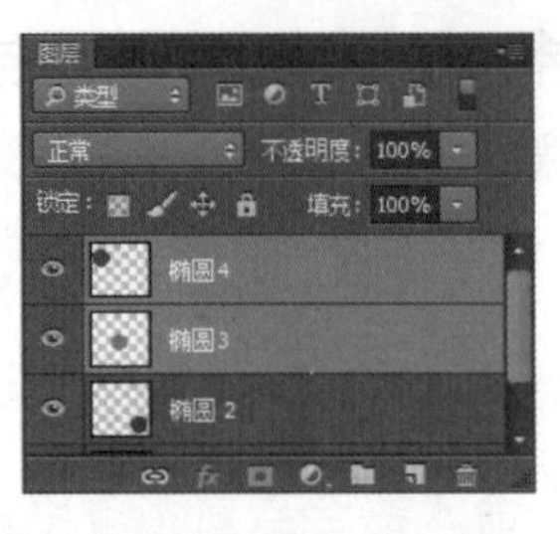

图 9-67　选择多个图层

图 9-68　将所选图层合并到新图层中

提示 若只选择 1 个图层，则会将该图层合并到其下面的图层中，原有图层不变。

步骤 3 按 Ctrl+Shift+Alt+E 组合键，可将所有的图层合并到一个新的图层中，而原有的图层不变，如图 9-69 所示。

图 9-69　将所有图层合并到新图层中

9.3.10 栅格化图层

栅格化图层是指将图层中的内容转化为光栅图像，以便对图层中的内容进行绘画、擦除、滤镜等操作，但转化后，不能再编辑原有的内容。

选择要栅格化的图层，选择【图层】→【栅格化】子菜单中的命令，即可栅格化所选图层，如图 9-70 所示。例如，在【图层】面板中新建一个图层，并在该图层上输入文字，即可创建文字图层，对文字图层进行栅格化后的效果如图 9-71 所示。

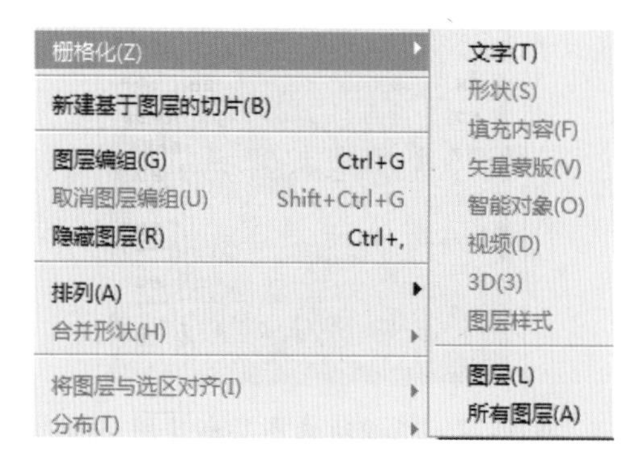

图 9-70　【栅格化】子菜单

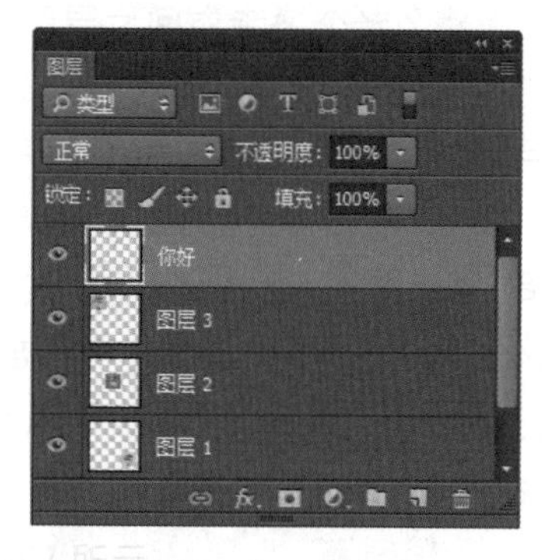

图 9-71　对文字图层栅格化的效果

9.4 用图层组管理图层

图层组类似于文件夹，用于管理和组织图层。当图层过多时，使用图层组不仅可以使图层结构清晰，也便于查找图层。图层组与普通图层的大部分操作都类似，例如选择、隐藏、复制或删除图层组等。

9.4.1 新建空白图层组

用户可直接新建空白图层组，然后在该组中创建图层，或者直接将已有的图层拖动到空白图层组中。具体的操作步骤如下。

步骤 1 选择【图层】→【新建】→【组】命令，弹出【新建组】对话框，如图 9-72 所示。

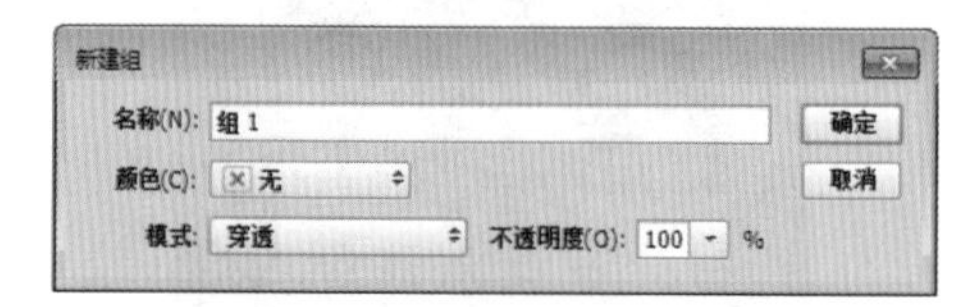

图 9-72　【新建组】对话框

步骤 2 设置图层组的名称、颜色、模式及不透明度等参数，单击【确定】按钮，即可新建一个空白图层组，如图 9-73 所示。

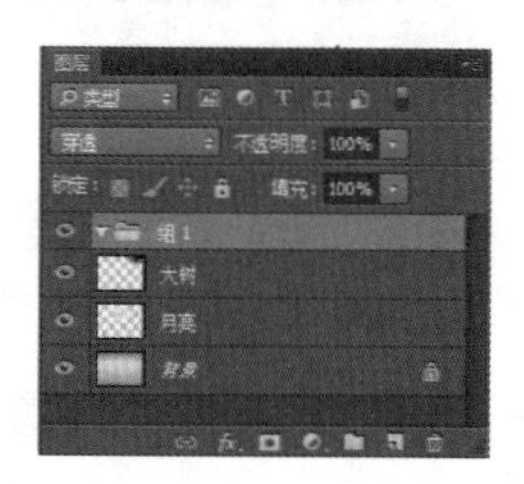

图 9-73　新建一个空白图层组

> **提示**　单击【图层】面板底部的【创建新组】按钮，若只选择了一个图层，将新建一个空白图层组；若选择了两个或两个以上的图层，将根据所选图层创建图层组。

步骤 3 将其他的图层拖动到新建的图层组上，如图 9-74 所示。

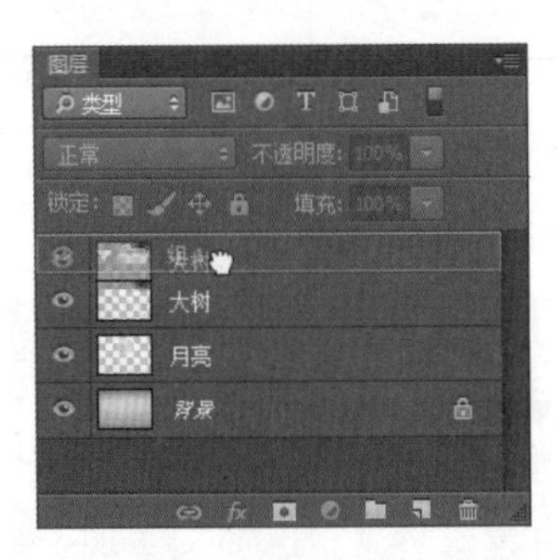

图 9-74　将其他图层拖动到新建的图层组上

步骤 4 释放鼠标后，即可将图层拖动到图层组中，如图 9-75 所示。

图 9-75　图层位于图层组中

提示　若有多个图层组，通过拖动鼠标的方法，还可创建嵌套结构的图层组。

9.4.2 通过所选图层新建图层组

用户可以直接将一个或多个图层新建在一个图层组中，具体的操作步骤如下。

步骤 1 选择要包含在新图层组中的图层，如图 9-76 所示。

图 9-76　选择图层

步骤 2 选择【图层】→【新建】→【从图层建立组】命令，或者选择【图层】→【图层编组】命令，均可新建图层组，如图 9-77 所示。

图 9-77　根据所选图层新建图层组

步骤 3 单击图层组前面的▶图标，可展开图层组，如图 9-78 所示。

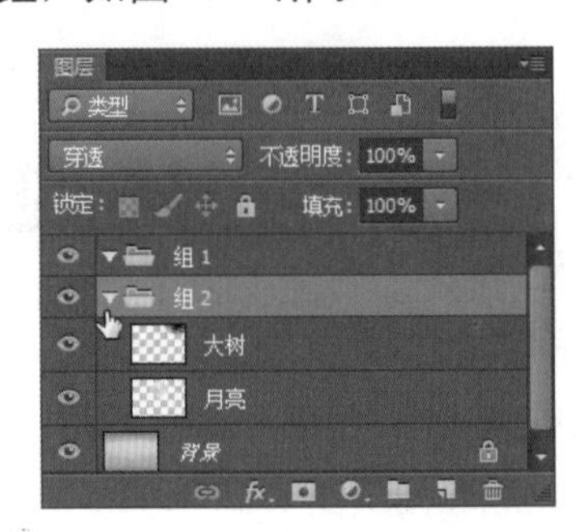

图 9-78　展开图层组

9.4.3 取消图层编组

取消图层编组是指删除图层编组，但保留组中的图层，具体的操作步骤如下。

步骤 1 选择要取消图层编组的图层组，如图 9-79 所示。

图 9-79　选择图层组

步骤 2 选择【图层】→【取消图层编组】命令，即可取消编组，但会保留原组中的图层，如图 9-80 所示。

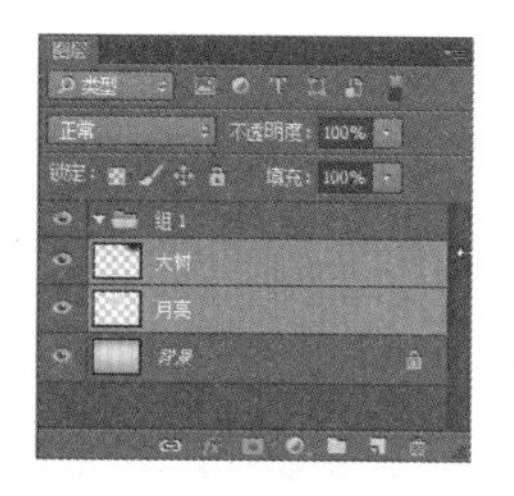

图 9-80 取消图层编组的效果

9.5 高效技能实战

9.5.1 技能实战 1——图像的艺术化处理

通过调整图层的不透明度，再结合 Photoshop 的其他工具，可以制作一幅将鱼放在鱼缸中的效果图片，具体的操作步骤如下。

步骤 1 选择【文件】→【打开】命令，打开随书光盘中的“素材\ch09\鱼缸.jpg”和“鱼.psd”两幅图像，如图 9-81 和图 9-82 所示。

图 9-81 素材“鱼缸”

图 9-82 素材“鱼”

步骤 2 选择工具箱中的移动工具将素材“鱼”拖曳到“鱼缸”中，Photoshop 自动新建【图层 1】图层，关闭“鱼”文件，如图 9-83 和图 9-84 所示。

图 9-83 拖动素材“鱼”

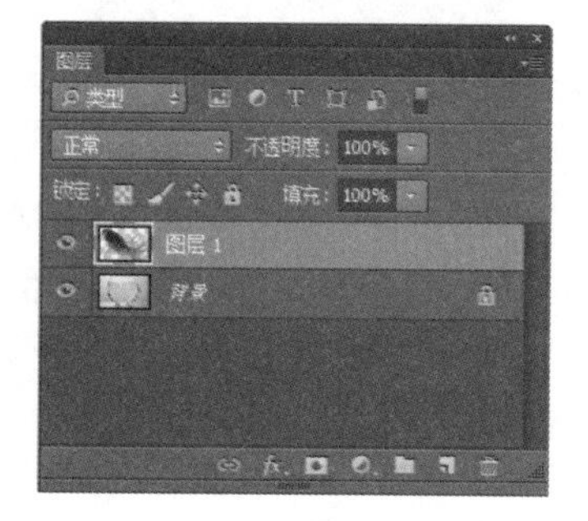

图 9-84 新建【图层 1】图层

步骤 3 选择“鱼”所在的【图层 1】图层。按住 Ctrl+T 组合键执行自由变换命令来调整“鱼”的位置和大小，调整完毕后按 Enter 键确定，如图 9-85 所示。

图 9-85　调整“鱼”的位置和大小

步骤 4 在【图层】面板中选中【图层 1】并右击，在弹出的快捷菜单中选择【复制图层】命令，打开【复制图层】对话框，设置复制图层的名称，这里采用默认设置，如图 9-86 所示。

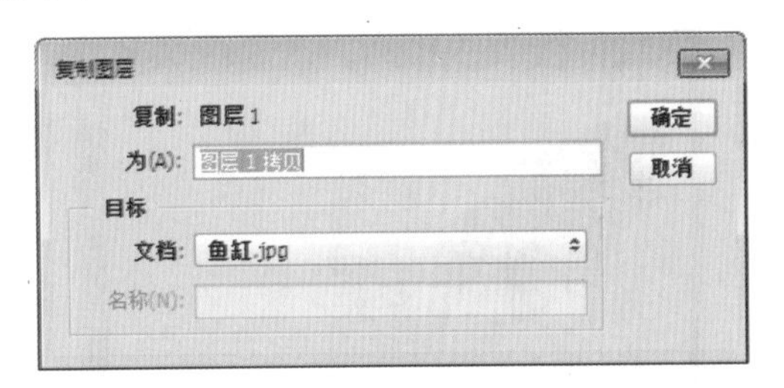

图 9-86　【复制图层】对话框

步骤 5 单击【确定】按钮，即可复制一个图层，如图 9-87 所示。

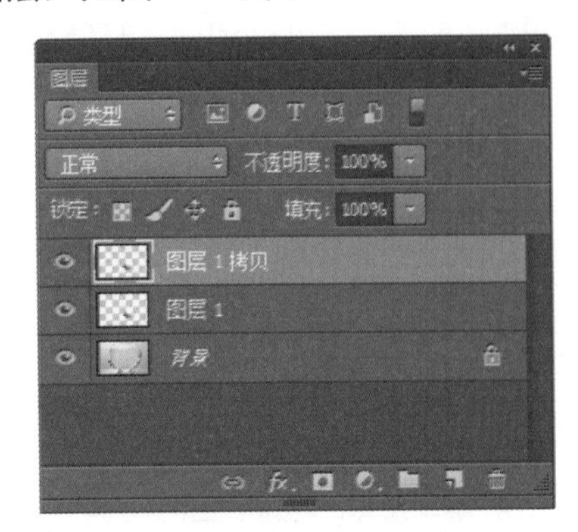

图 9-87　复制一个图层

步骤 6 使用移动工具移动【图层 1 拷贝】中的“鱼”，将其放到合适的位置，并调整鱼的大小，如图 9-88 所示。

图 9-88　调整复制的“鱼”的位置和大小

步骤 7 在【图层】面板中选择【图层 1】图层，设置图层的不透明度为 70%，如图 9-89 所示。同样地设置【图层 1 拷贝】图层的不透明为 70%，最终效果如图 9-90 所示。

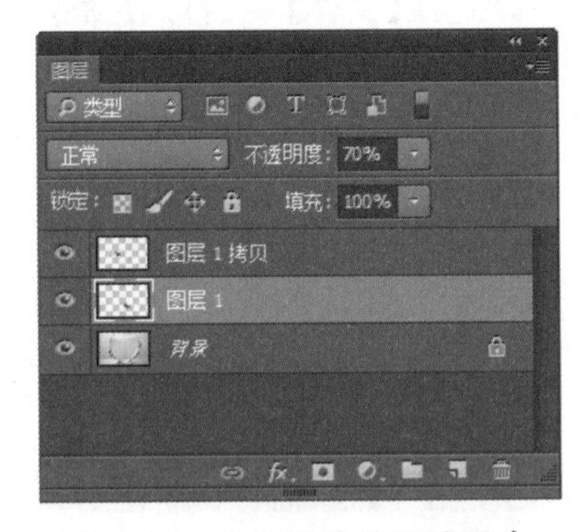

图 9-89　设置图层的不透明度

图 9-90　最终效果

9.5.2 技能实战 2——将两张图像融合为一张图像

通过添加图层蒙版与设置图层不透明度，以及结合其他工具的使用，可将两张图像融合成一张图像，具体的操作步骤如下。

步骤 1 打开随书光盘中的“素材 \ch09\02.jpg”和“素材 \ch09\03.jpg”文件，如图 9-91 所示。

图 9-91　素材文件

步骤 2 使用工具箱中的移动工具，选择并拖曳 03.jpg 文件到 02.jpg 文件上，如图 9-92 所示。在【图层】面板中自动添加【图层 1】，如图 9-93 所示。

图 9-92　使用移动工具移动图像

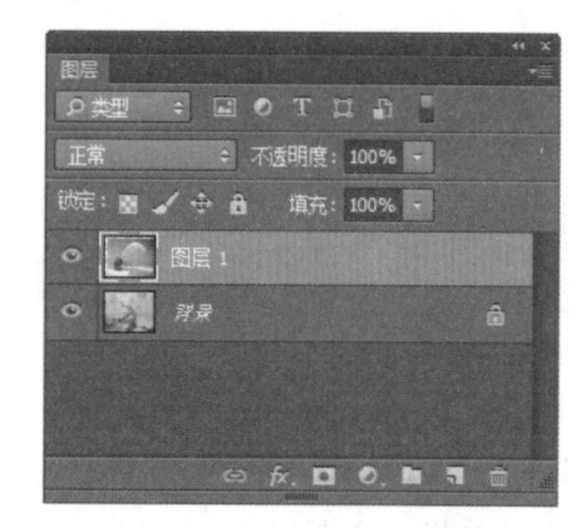

图 9-93　自动添加【图层 1】

步骤 3 选中【图层 1】图层，单击【图层】面板下方的【添加图层蒙版】按钮，为当前图层创建图层蒙版。设置不透明度为 59%，如图 9-94 所示。

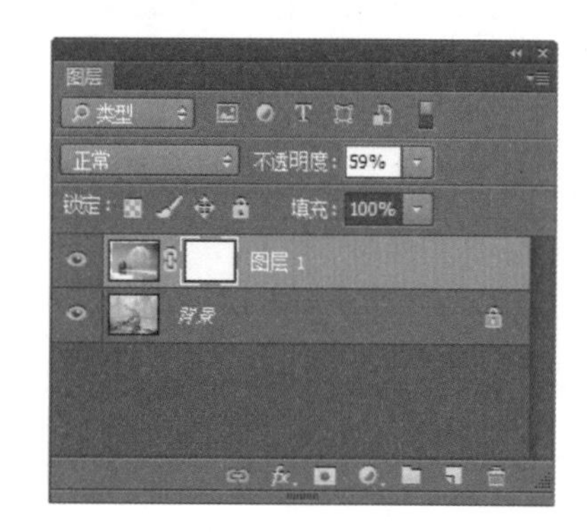

图 9-94　添加图层蒙版并设置不透明度

步骤 4 根据自己的需要调整图片的位置，然后把前景色设置为黑色，选择画笔工具，开始涂抹直至两幅图片融合在一起，最终效果如图 9-95 所示。

图 9-95　最终效果

9.6 疑难问题解答

问题 1：如何快速切换当前图层？

解答：选择一个图层后，按 Alt+] 组合键，可以将当前图层切换为与之相邻的上一个图层；按 Alt+[键，则可以将当前图层切换为与之相邻的下一个图层。

问题 2：为什么图层后面的小锁标志有时是空心的，有时是实心的？

解答：当图层的部分属性被锁定时，图层名称右侧会出现一个空心的锁状图标；当所有属性都被锁定时，锁状图标是实心的。

第10章 图层的高级应用

- **本章导读：**

图层的高级应用包括调整图层、填充图层、图层复合以及图层的混合模式与图层样式等，通过给图像添加这些图层或图层样式，可以制作出各式各样的图像效果。其中图层样式的功能很强大，其最大的特别之处在于可以随时编辑和修改其格式参数，而图像本身并未发生任何改变。本章就来介绍图层的这些高级应用。

- **学习目标：**

◎ 掌握调整图层的方法
◎ 掌握填充图层的方法
◎ 掌握图层复合的方法
◎ 掌握图层混合模式的使用方法
◎ 掌握图层样式的使用方法
◎ 掌握编辑图层样式的方法

- **重点案例效果**

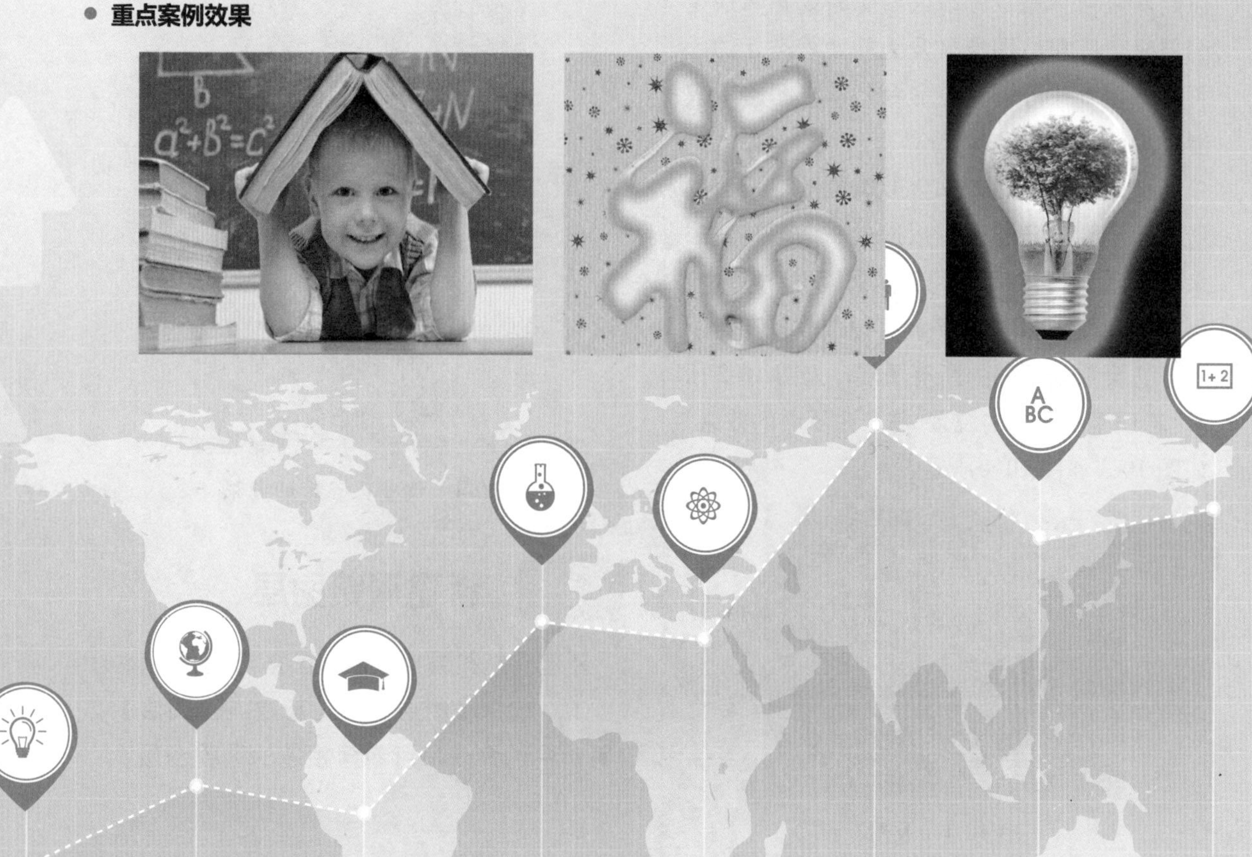

10.1 调整图层

调整图层是用于调整图像色彩和色调的特殊图层，其主要特点是不会改变原图像的像素，因此，不会对图像产生实质性的破坏。

10.1.1 认识调整图层

使用【图像】→【调整】子菜单中的命令也可以调整图像的色彩和色调，但该方式会直接作用于原图像，即它会直接调整原有图像的像素。如果一幅图像应用了多种色彩调整命令的话，改变其中一种设置，图像就会发生改变，并且这种改变无法还原。

而调整图层则不受此限制，它既可调整图像的色调，又不会破坏原始图像的像素。并且多个调整图层之间可以综合产生效果，彼此间还可以独立修改。当隐藏或删除调整图层后，即可将图像恢复为初始状态。由此可见，相对于【调整】命令，调整图层不仅能实现同样的功能，而且具有很大的灵活性。

此外，调整图层只会影响位于它下面的所有图层，这意味着可以通过一个调整图层来校正多个图层，而不用分别调整每个图层。例如，在图 10-1 中，将调整图层放置在最上方，它会影响下面的所有图层，如图 10-2 所示。若调整该图层的位置，将产生不同的效果，如图 10-3 和图 10-4 所示。

图 10-1 原图

图 10-2 将调整图层放置在上方

图 10-3 调整图层的位置

图 10-4 调整位置后的效果

10.1.2 新建调整图层

新建调整图层共有 3 种方法，分别如下。

(1) 选择【图层】→【新建调整图层】子菜单中的命令，可新建相应的调整图层，如图 10-5 所示。

图 10-5　【新建调整图层】子菜单

(2) 在【调整】面板中单击各调整按钮，可新建调整图层，如图 10-6 所示。

图 10-6　【调整】面板

(3) 在【图层】面板中单击底部的按钮，选择相应的调整命令，可新建调整图层，如图 10-7 所示。

图 10-7　按钮的列表

新建调整图层后，主要是通过【属性】面板来设置和修改各调整参数，如图 10-8 所示。调整图层的各类型与【调整】命令相同，它们的参数含义也相同，这里不再一一介绍各类型的具体参数设置了。

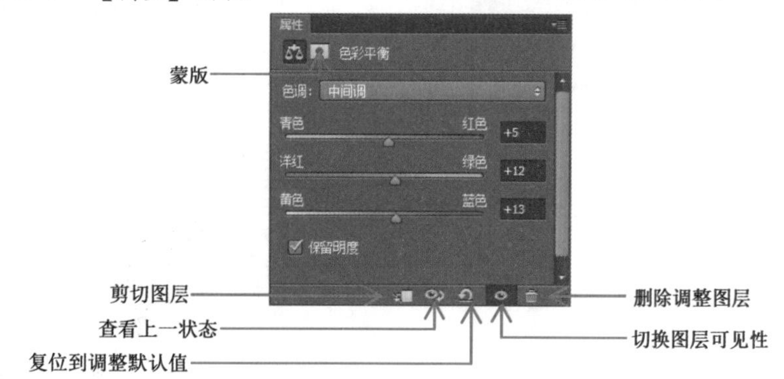

图 10-8　【属性】面板

【属性】面板底部各按钮的含义如下。

☆ 【蒙版】：创建调整图层时，Photoshop 会自动添加一个图层蒙版。单击该按钮，即可切换到【蒙版】选项，用于设置蒙版的浓度和羽化程度。

☆ 【剪切图层】：单击该按钮，可将当前图层和其下面的一个图层创建为一个剪贴蒙版组。

☆ 【查看上一状态】：按住该按钮，可查看图像的上一次状态。释放鼠标后，即恢复为当前状态。

☆ 【复位到调整默认值】：单击该按钮，可将调整参数恢复到初始状态。

☆　【切换图层可见性】：单击该按钮，可显示或隐藏调整图层。

☆　【删除调整图层】：单击该按钮，可删除当前的调整图层。

10.1.3 使用调整图层

使用调整图层可以调整图像的色彩和色调，下面以调整图像的色彩平衡为例，来介绍使用调整图层的方法，具体的操作步骤如下。

步骤 1 打开随书光盘中的“素材\ch10\01.jpg”文件，如图 10-9 所示。

图 10-9　素材文件

步骤 2 单击【图层】面板下方的【创建新的填充或调整图层】按钮，在弹出的下拉列表中选择【色彩平衡】选项，如图 10-10 所示。

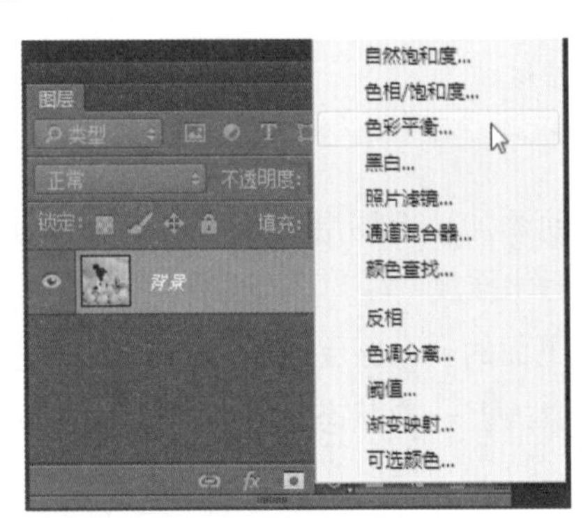

图 10-10　选择【色彩平衡】选项

步骤 3 弹出【属性】面板，显示出【色彩平衡】参数，同时生成独立的【色彩平衡 1】调整图层，如图 10-11 所示，拖动最上方的滑块，增加红色，如图 10-12 所示。

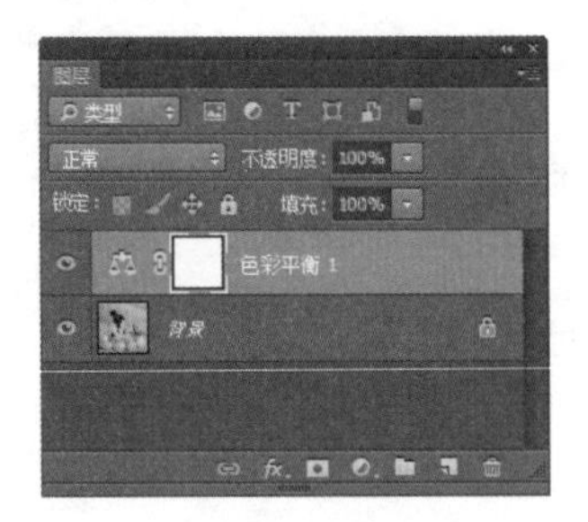

图 10-11　生成【色彩平衡 1】调整图层

图 10-12　调整参数

步骤 4 返回到图像文件中，可以看到增加红色后的效果，如图 10-13 所示。

图 10-13　最终效果

10.1.4 指定影响范围

创建调整图层时，Photoshop 会为其添加一个图层蒙版，在蒙版中，白色代表了调整

图层影响的区域，灰色会使调整强度变弱，黑色会遮盖调整图层。使用画笔、渐变等工具在图像中可以涂抹黑色和灰色，可以定义调整图层的影响范围，控制调整强度。

指定调整图层影响范围的操作步骤如下。

步骤 1 打开随书光盘中的“素材\ch10\02.jpg”文件，如图 10-14 所示。

图 10-14 素材文件

步骤 2 在【调整】面板中单击【色相 / 饱和度】按钮，如图 10-15 所示。

图 10-15 单击【色相 / 饱和度】按钮

步骤 3 即可为图像添加一个调整图层，并自动打开【属性】面板，在其中单击按钮创建剪贴蒙版，此时【图层】面板的效果如图 10-16 所示。

图 10-16 创建一个剪贴蒙版

步骤 4 在【属性】面板中调整图像的颜色，如图 10-17 所示，最后得到的图像效果如图 10-18 所示。

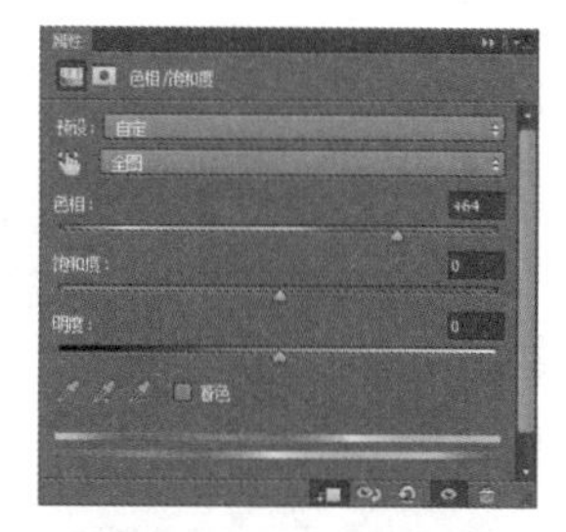

图 10-17 调整参数

图 10-18 图像效果

步骤 5 按 Ctrl+I 快捷键，将调整图层的蒙版反相成为黑色，如图 10-19 所示。这样图像会恢复为调整前的效果，如图 10-20 所示。

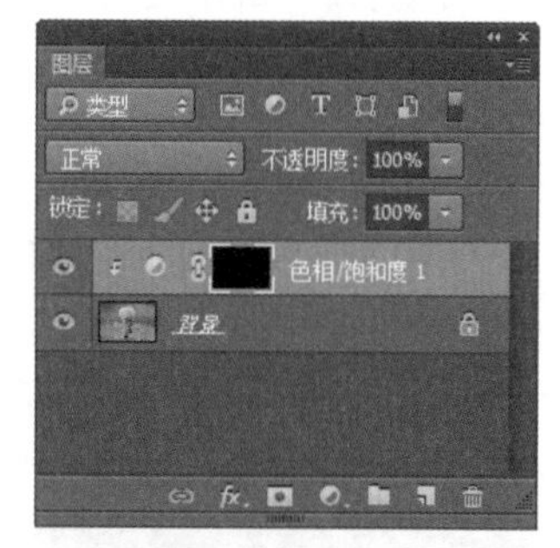

图 10-19 使调整图层的蒙版反相成为黑色

图 10-20 图像恢复为调整前的效果

步骤 6 使用快速选择工具选中人偶图像中的手，并在工具栏中选中【对所有图层取样】复选框，如图 10-21 所示。

图 10-21　选中人偶图像中的手

步骤 7 按 Ctrl+Delete 快捷键，在选区内填充白色，恢复调整效果，按 Ctrl+D 快捷键取消选择。最终的效果如图 10-22 所示。

图 10-22　图像效果

步骤 8 如果想要改变调整的强度，可以选择一个调整图层，降低它的不透明度值，如这里设置为 50%，如图 10-23 所示，调整效果会减弱为原来的一半，最后得出的图像效果如图 10-24 所示。

图 10-23　降低调整图层的不透明度

图 10-24　图像效果

提示　调整图层的不透明度越低，则调整强度越弱。

10.1.5 修改调整参数

创建调整图层以后，可以随时修改调整参数，具体操作步骤如下。

步骤 1 在【图层】面板中可以单击调整图层，将它选中，设置其不透明度为 80%，如图 10-25 所示，可以得出如图 10-26 所示的显示效果。

图 10-25　设置调整图层的不透明度

图 10-26　图像效果

步骤 2 此时在【属性】面板中会显示出调整参数选项，拖曳滑块，如图 10-27 所示，即可修改颜色，最终效果如图 10-28 所示。

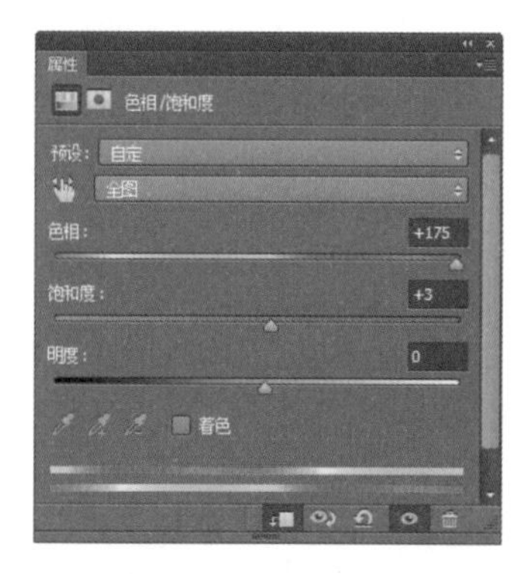

图 10-27 调整参数

图 10-28 图像效果

10.1.6 删除调整图层

删除调整图层的方法很简单，只需要选择调整图层，按 Delete 键或者将其拖曳到【图层】面板底部的【删除图层】按钮上，即可将其删除。如果只想删除蒙版而保留调整图层，可以在调整图层的蒙版上右击，在打开的快捷菜单中选择【删除图层蒙版】命令，如图 10-29 所示，即可得到如图 10-30 所示的图像显示效果。

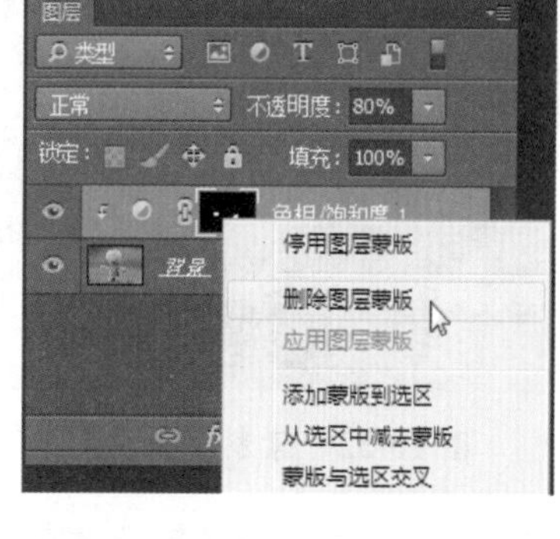

图 10-29 原图

图 10-30 删除图层蒙版后的图像效果

10.2 填充图层

填充图层是指向图层中填充了纯色、渐变色或图案的特殊图层，通过设置填充图层的混合模式和不透明度，可以修改其他图像的颜色或生成各种图像效果。Photoshop 提供了 3 种类型的填充图层，包括纯色、渐变与图案，如图 10-31 所示。

图 10-31　3 种填充图层的类型

10.2.1 使用纯色填充图层

使用纯色填充图层后，更改填充图层的混合模式与不透明度值，可以调整图像的色彩，具体的操作步骤如下。

步骤 1 打开随书光盘中的“素材\ch10\03.jpg”文件，如图 10-32 所示。

图 10-32　素材文件

步骤 2 选择【图层】→【新建填充图层】→【纯色】命令，弹出【新建图层】对话框，在其中设置图层的名称、模式及不透明度等参数，如图 10-33 所示。

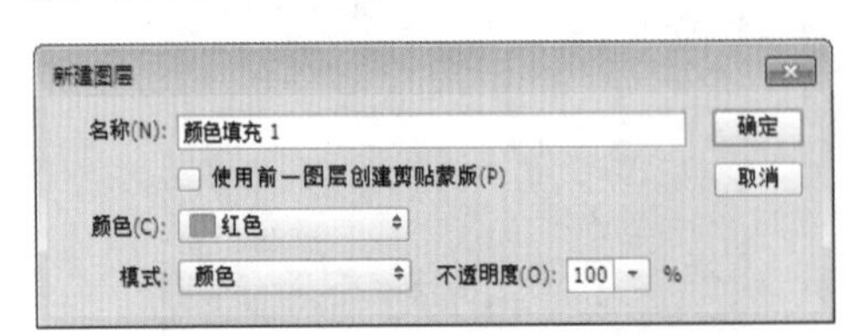

图 10-33　【新建图层】对话框

步骤 3 单击【确定】按钮，打开【拾色器（纯色）】对话框，在其中设置填充图层的颜色，如图 10-34 所示。

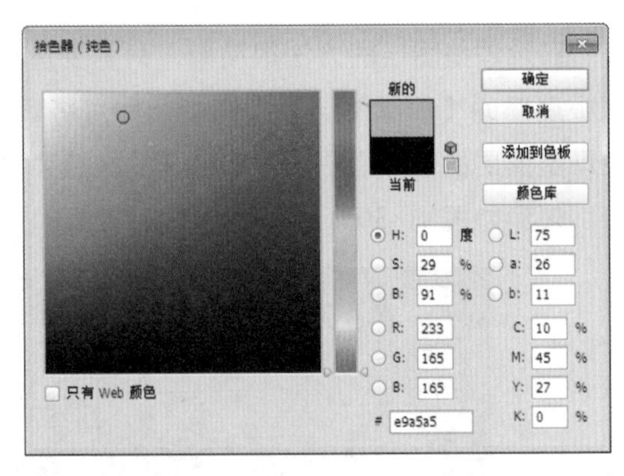

图 10-34　【拾色器（纯色）】对话框

步骤 4 单击【确定】按钮，返回到图像文件中，在【图层】面板中可以看到添加的填充图层，如图 10-35 所示。

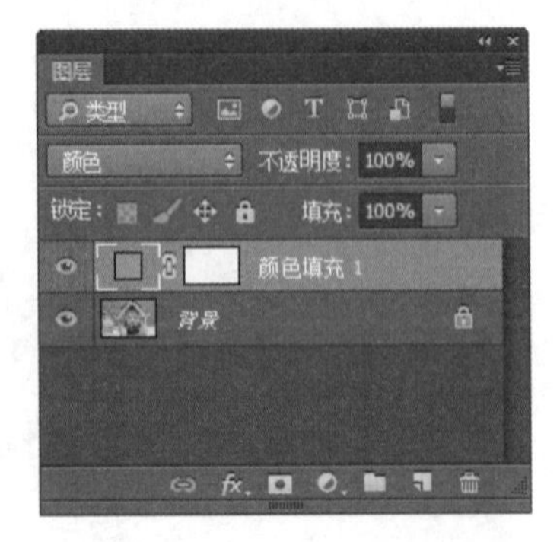

图 10-35　添加了一个填充图层

提示 单击【图层】面板底部的【创建新的填充或调整图层】按钮，在弹出的下拉列表中选择【纯色】选项，也可以打开【拾色器（纯色）】对话框，在其中可以设置填充图层的颜色。

步骤 5 调整图层的不透明度为 80%，如图 10-36 所示，得到如图 10-37 所示的图像显示效果。

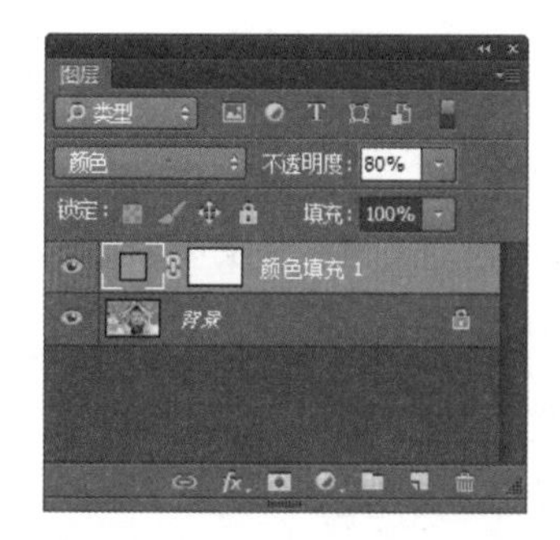

图 10-36　调整图层的不透明度

图 10-37　最终效果

10.2.2 使用渐变填充图层

使用渐变填充图层可以为图像添加梦幻般的渐变效果，具体的操作步骤如下。

步骤 1 打开随书光盘中的“素材\ch10\01.jpg”文件，如图 10-38 所示。

步骤 2 选择【图层】→【新建填充图层】→【渐变】命令，弹出【新建图层】对话框，在其中设置图层的名称、模式及不透明度等参数，单击【确定】按钮，如图 10-39 所示。

图 10-38　素材文件

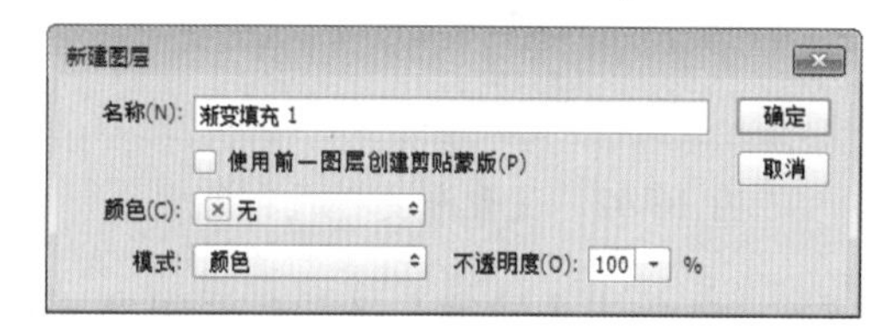

图 10-39　【新建图层】对话框

步骤 3 打开【渐变填充】对话框，如图 10-40 所示。

图 10-40　【渐变填充】对话框

步骤 4 单击【渐变】后面的颜色条，打开【渐变编辑器】对话框，在其中选择预设中的【橙，黄，橙渐变】渐变模式，如图 10-41 所示。

图 10-41　【渐变编辑器】对话框

步骤 5 单击【确定】按钮，返回到【渐变填充】对话框，选择【样式】为【径向】，并设置【角度】为 50°，如图 10-42 所示。

图 10-42 设置渐变样式和角度

步骤 6 单击【确定】按钮，返回到图像文件中，可以看到图像应用渐变填充图层后的显示效果，如图 10-43 所示。

图 10-43 最终效果

10.2.3 使用图案填充图层

将图像定义为图案或使用预设好的图案，可以创建填充图层，具体操作步骤如下。

步骤 1 打开随书光盘中的“素材\ch10\04.jpg”文件，如图 10-44 所示。

步骤 2 选择【编辑】→【定义图案】命令，弹出【图案名称】对话框，单击【确定】按钮，将该图像自定义为图案，如图 10-45 所示。

图 10-44 素材文件

图 10-45 【图案名称】对话框

步骤 3 打开随书光盘中的“素材\ch10\05.jpg”文件，使用矩形选框工具，选择图像中的相框作为选区，如图 10-46 所示。

图 10-46 创建选区选择相框

步骤 4 选择【图层】→【新建填充图层】→【图案】命令，弹出【新建图层】对话框，在其中设置图层的名称、模式及不透明度等参数，单击【确定】按钮，如图 10-47 所示。

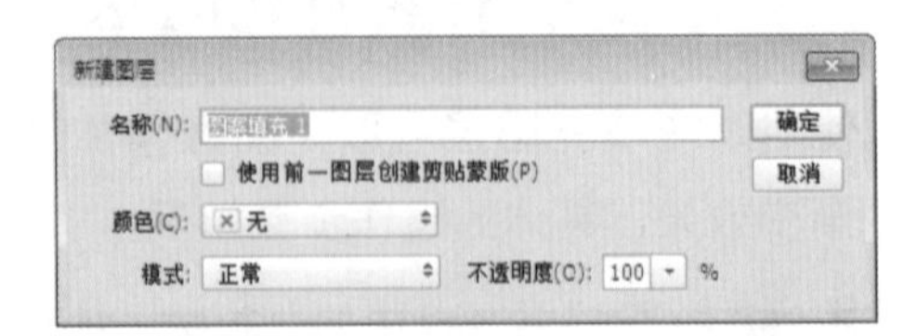

图 10-47 【新建图层】对话框

> 提示 在【图层】面板中单击底部的按钮，在弹出的列表中选择【图案】选项，也可新建填充图层。

步骤 5 弹出【图案填充】对话框，单击左侧的下拉按钮，在弹出的下拉列表中选择

步骤 2 中自定义的图案，如图 10-48 所示。

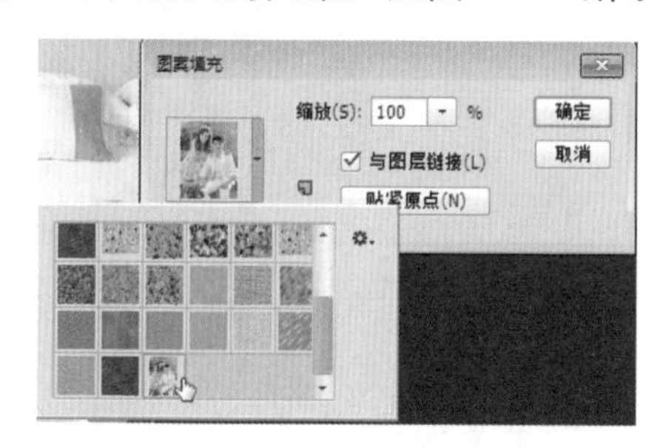

图 10-48　选择步骤 2 中自定义的图案

步骤 6 选择填充图案后，在【缩放】下拉列表框中输入缩放的比例，使其缩放为合适的大小，单击【确定】按钮，如图 10-49 所示。

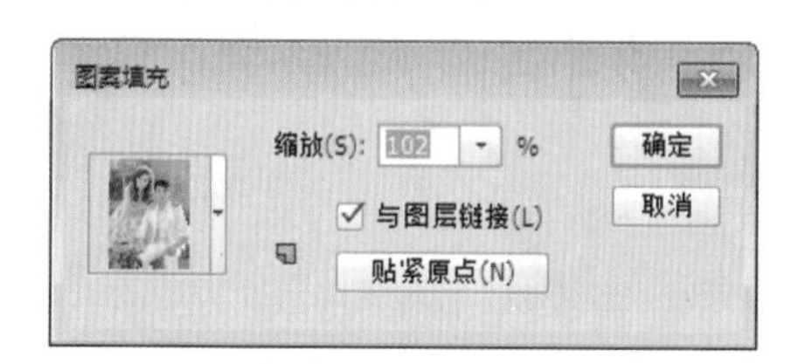

图 10-49　设置缩放的比例

步骤 7 此时即可创建一个填充图层，图像效果如图 10-50 所示。在【图层】面板中可查看创建的填充图层，如图 10-51 所示。

图 10-50　图像效果

图 10-51　查看填充图层

10.2.4 修改填充图层参数

创建填充图层以后，可以随时修改填充颜色、渐变颜色和图像内容等参数，从而制作出不同效果的图像，具体的操作步骤如下。

步骤 1 打开前面创建的一个效果文件，如图 10-52 所示。

图 10-52　效果文件

步骤 2 在【图层】面板中隐藏【颜色填充 1】图层，如图 10-53 所示。

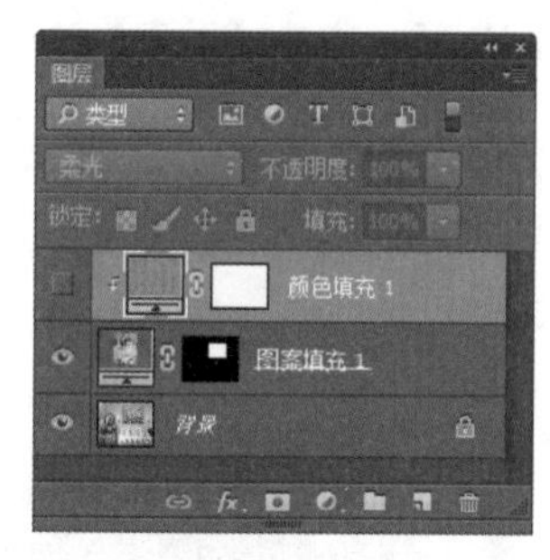

图 10-53　隐藏【颜色填充 1】图层

步骤 3 双击下面的【图案填充 1】图层缩略图，或选择【图层】→【图层内容选项】命令，如图 10-54 所示。

图 10-54　选择【图层内容选项】命令

步骤 4 打开【图案填充】对话框，打开图案下拉列表，单击右上角的⚙.按钮，在打开的下拉列表中选择【图案】选项，加载该图案库，如图 10-55 所示。

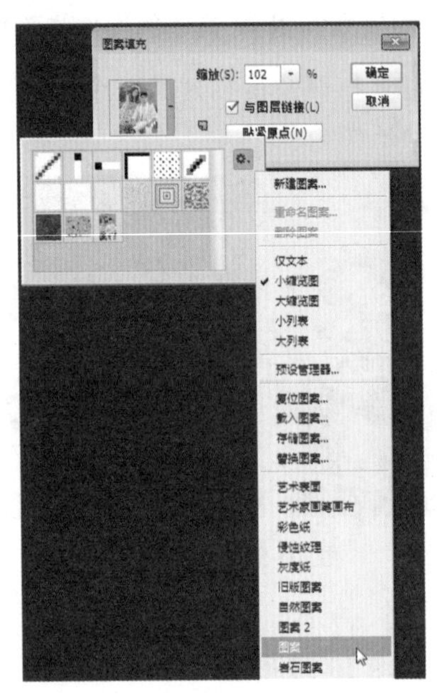

图 10-55 选择【图案】选项

步骤 5 加载图案库后，在图案库中选择需要的图案填充图层，最后得到如图 10-56 所示的显示效果。

图 10-56 填充后的效果

步骤 6 设置填充图层的混合模式为【颜色加深】，如图 10-57 所示。得到如图 10-58 所示的图像效果。

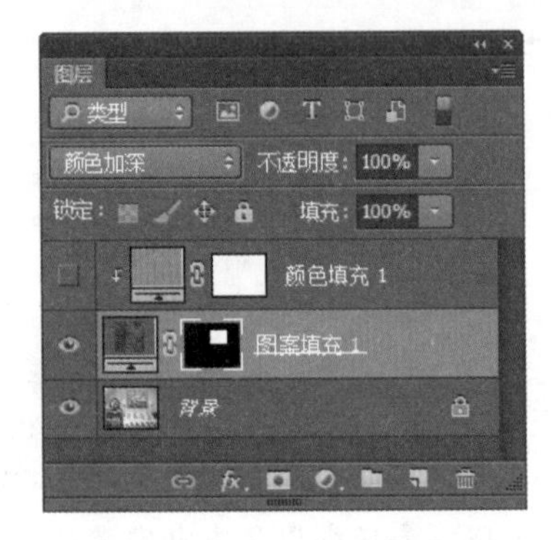

图 10-57 设置混合模式

图 10-58 图像效果

步骤 7 显示【颜色填充 1】图层，双击【颜色填充 1】图层缩略图，打开【拾色器（纯色）】对话框，在其中设置颜色为白色，如图 10-59 所示。

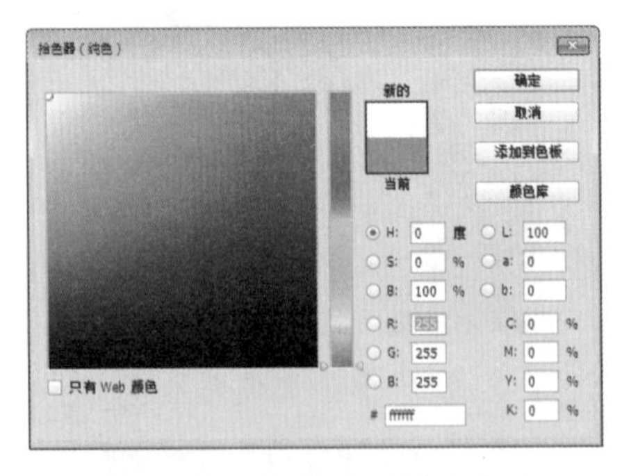

图 10-59 重新设置填充颜色

步骤 8 单击【确定】按钮，返回到图像中，然后调整图层中颜色填充图层的模式为【变亮】，并设置不透明度为 50%，如图 10-60 所示。

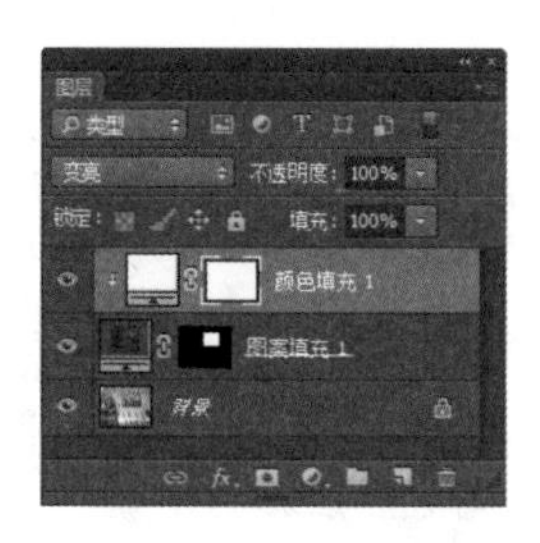

图 10-60　设置填充图层的模式和不透明度

步骤 9 设置完毕后，得出最终图像显示效果，如图 10-61 所示。

图 10-61　最终效果

10.3 图层复合

【历史记录】面板中的快照是不能保存的，文件一旦关闭，历史记录和快照会一同跟着丢失。而图层复合可以看作是一个能够保存的快照，它主要用于设计作品时，在同一个图像文档中保存多套设计方案。

10.3.1 【图层复合】面板

图层复合的创建和管理是通过【图层复合】面板进行的，在 Photoshop 窗口中选择【窗口】→【图层复合】命令就可以打开【图层复合】面板，如图 10-62 所示。选中图层复合中的方案，右击鼠标，可以打开快捷菜单，如图 10-63 所示。

图 10-62　【图层复合】面板

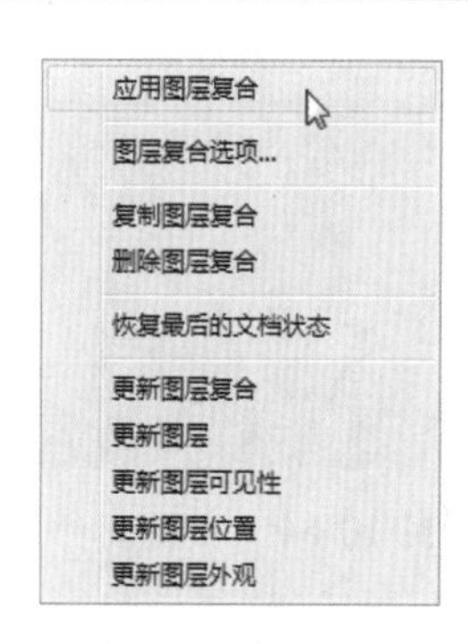

图 10-63　快捷菜单

【图层复合】面板中的主要参数的含义如下。

☆　【应用图层复合】：显示该图标的图层复合为当前使用的图层复合。

☆　【应用选中的上一图层复合】：切换到上一个图层复合。

☆　【应用选中的下一图层复合】：切换到下一个图层复合。

☆ 【更新图层复合】：如果更改了图层复合的配置，可单击该按钮进行更新。

☆ 【创建新的图层复合】：用来创建一个新的图层复合。

☆ 【删除图层复合】：删除选中的图层复合。

10.3.2 使用图层复合

通常情况下，设计师在向客户展示设计方案时，每一个方案都需要制作成一个单独的文件，而使用图层复合，则可以将页面版式的变化图稿创建为图层复合，在单个文件中显示这些设计方案。具体的操作步骤如下。

步骤 1 打开随书光盘中的“素材\ch10\06.psd”文件，如图 10-64 所示。

图 10-64 素材文件

步骤 2 单击【图层复合】面板中的【创建新的图层复合】按钮，打开【新建图层复合】对话框，设置图层复合的名称为“方案 1”，并选中【可见性】复选框，如图 10-65 所示。

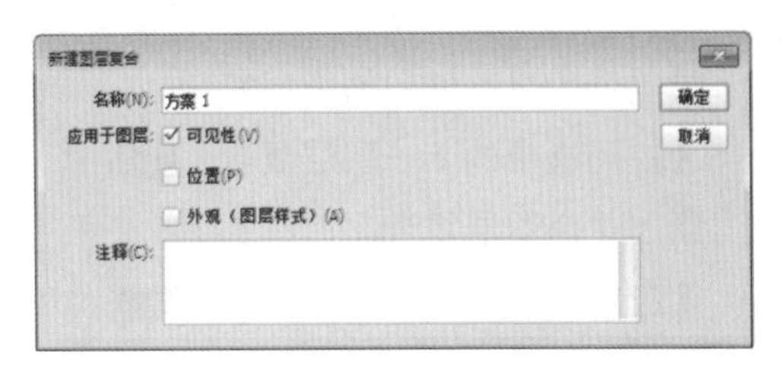

图 10-65 【新建图层复合】对话框

提示 在【新建图层复合】对话框中，【名称】用来设置图层复合的名称；【可见性】用来确定记录图层是显示或是隐藏；【位置】用来记录图层的位置；【外观】记录是否将图层样式应用于图层或图层的混合模式；【注释】可以添加说明性注释。

步骤 3 单击【确定】按钮，返回到【图层复合】面板中，可以看到创建了一个图层复合，此复合记录了图层面板中图层的当前显示状态，如图 10-66 所示。

图 10-66 创建一个图层复合

步骤 4 在图层 2 的眼睛图标上单击，将该图层隐藏，如图 10-67 所示，从而使图层 1 中的图像显示出来，如图 10-68 所示。

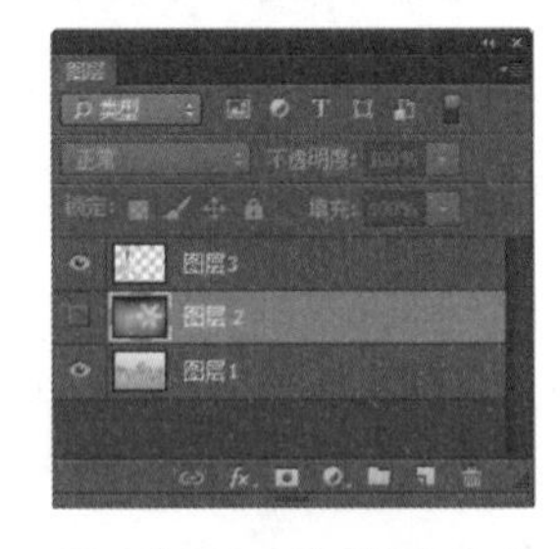

图 10-67 隐藏图层 2

图 10-68 对应的图像效果

步骤 5 单击【图层复合】面板中的【创建图层复合】按钮，再创建一个图层复合，设置名称为“方案 2”，如图 10-69 所示。

图 10-69　再次创建一个图层复合

步骤 6 至此，已通过图层复合记录了两套设计方案。向客户展示方案时，可以在“方案 1”和“方案 2”的名称上单击，显示出应用图层复合图标，如图 10-70 所示。图像窗口中便会显示图层复合记录的快照，如图 10-71 所示。

图 10-70　显示出复合图标

图 10-71　对应的方案效果

步骤 7 还可以单击【图层复合】面板中的◀按钮和▶按钮进行循环切换，显示不同的方案，如图 10-72 和图 10-73 所示。

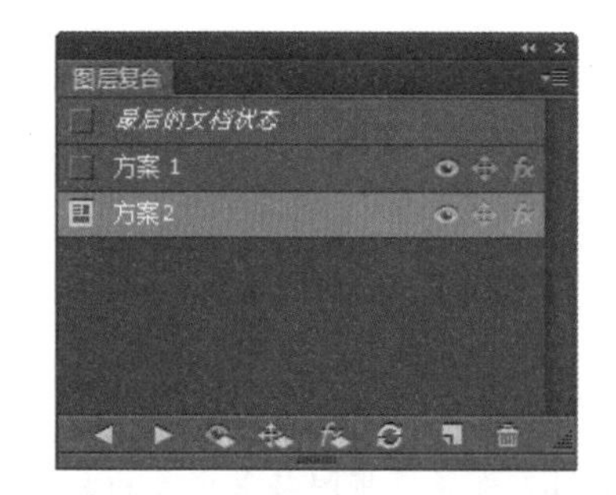

图 10-72　单击◀按钮和▶按钮

图 10-73　对应的方案效果

10.3.3 输出图层复合

设计好的图层复合会随着当前的文档一同被保存在 .psd 格式的文档中，当然也可以通过【文件】→【导出】命令将图层复合导出为 PDF 格式的文件或独立的图像文件。

1. 将图层复合输出为 PDF 格式的文件

将图层复合输出为 PDF 格式的文件的具体操作步骤如下。

步骤 1 选择【文件】→【导出】→【将图层复合导出到 PDF】命令，如图 10-74 所示。

步骤 2 打开【将图层复合导出到 PDF】对话框，在其中设置好 PDF 文档保存的位置、换片间隔时间等参数，如图 10-75 所示。

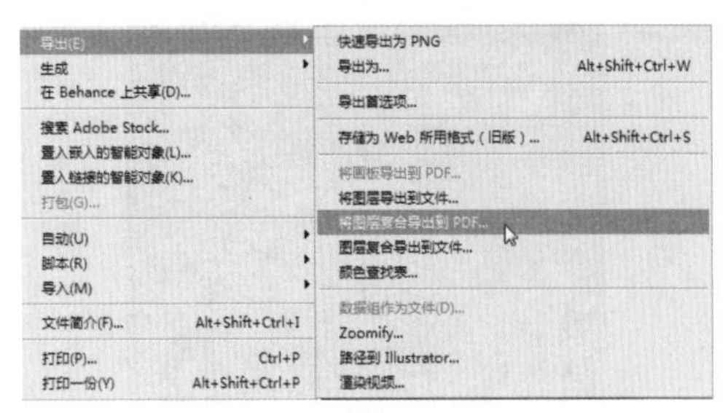

图 10-74　选择【将图层复合导出到 PDF】命令

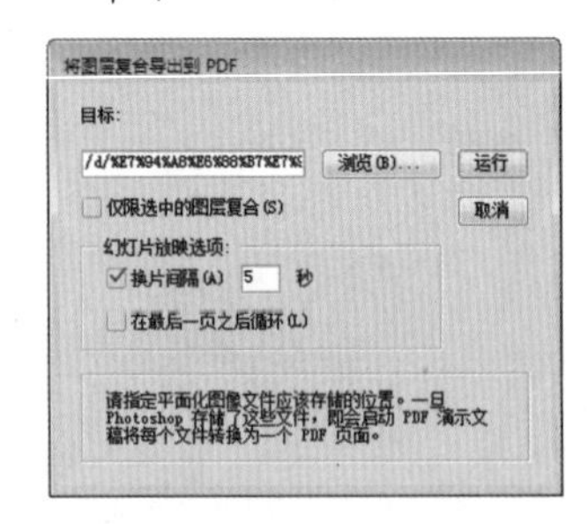

图 10-75　【将图层复合导出到 PDF】对话框

步骤 3 单击【运行】按钮，就可以自动输出 PDF 幻灯片了。导出完成后，会弹出提示框，提示导出成功，如图 10-76 所示。

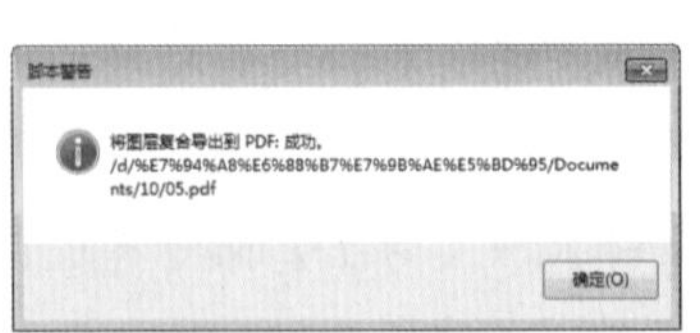

图 10-76　提示框

步骤 4 找到文件保存的位置，将其打开，即可在 PDF 播放器中查看图层复合文件了，如图 10-77 所示。

图 10-77　在 PDF 播放器中查看图层复合文件

2. 将图层复合输出为独立的图像文件

将图层复合输出为独立的图像文件的具体操作步骤如下。

步骤 1 选择【文件】→【导出】→【图层复合导出到文件】命令，如图 10-78 所示。

步骤 2 打开【将图层复合导出到文件】对话框，在其中设置好文件保存的位置、文件类型等参数，如图 10-79 所示。

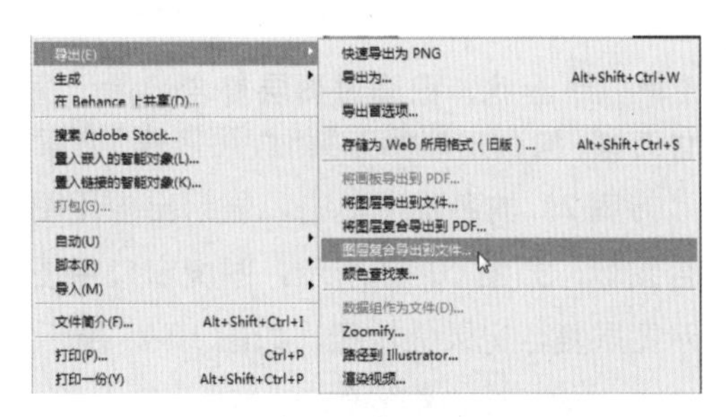

图 10-78　选择【图层复合导出到文件】命令

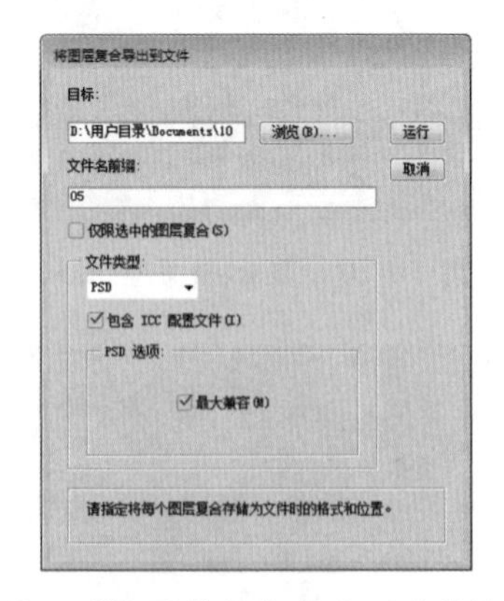

图 10-79　【将图层复合导出到文件】对话框

步骤 3 单击【运行】按钮，就可以自动输出图像文件了。导出完成后，会弹出【脚本警告】对话框，提示导出成功，如图 10-80 所示。

步骤 4 找到文件保存的位置，将其打开，在该窗口中即可查看输出的图像文件了，如图 10-81 所示。

图 10-80　【脚本警告】对话框

图 10-81　查看独立的图像文件

10.4 图层的混合模式

图层混合模式是 Photoshop 的重要内容，功能十分强大，在图像合成中扮演着主要的角色，是设计师必须掌握的 Photoshop 技能。

10.4.1 认识图层的混合模式

图层的混合模式是指位于上层的图层像素与下层的图层像素进行混合的方式。Photoshop 提供了多种混合模式。例如，可以在【图层】面板中设置图层的混合模式，如图 10-82 所示，还可以在画笔工具的选项栏中（如图 10-83 所示）、在【应用图像】对话框中（如图 10-84 所示）、在【图层样式】对话框中（如图 10-85 所示）、在【计算】对话框中（如图 10-86 所示）等设置图层的混合模式。用好混合模式可以轻松实现很多特殊效果。

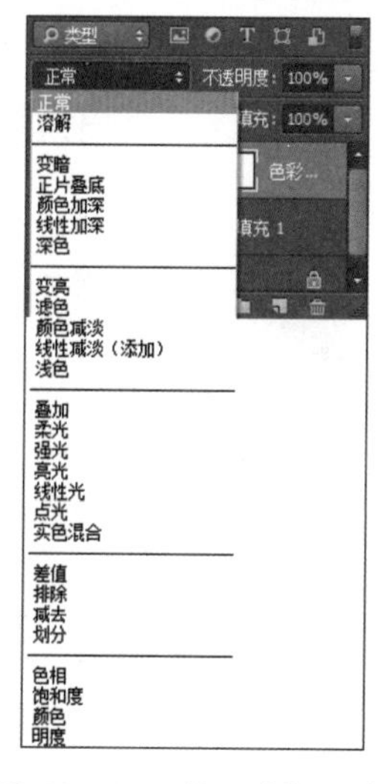

图 10-82　【图层】面板

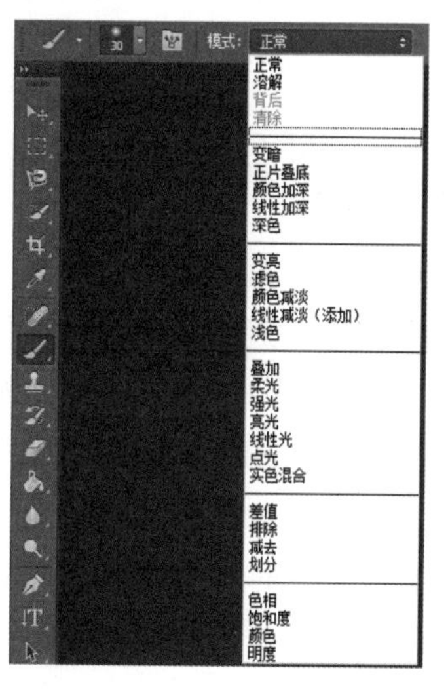

图 10-83　画笔工具的选项栏

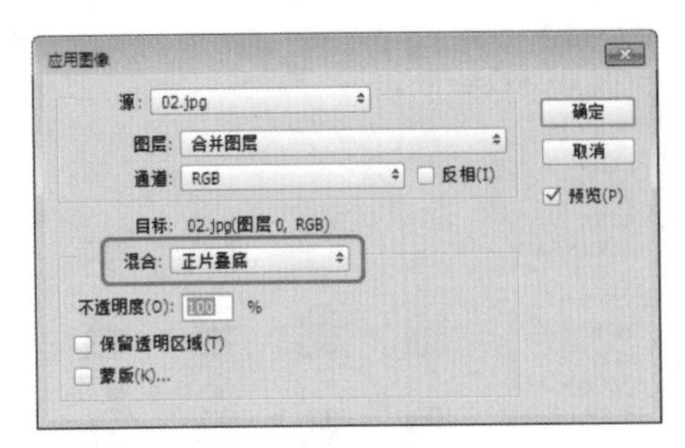

图 10-84　【应用图像】对话框

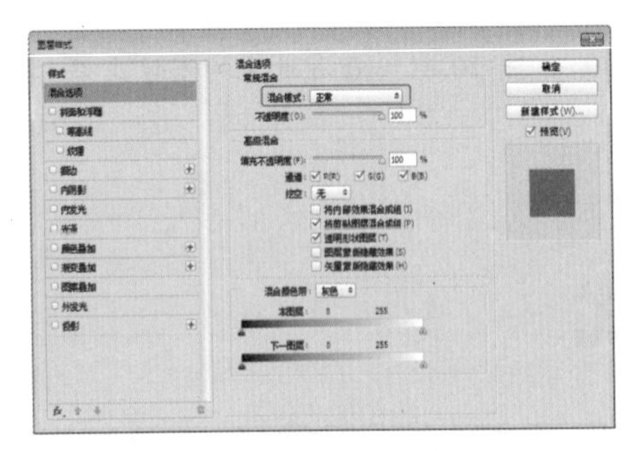

图 10-85　【图层样式】对话框

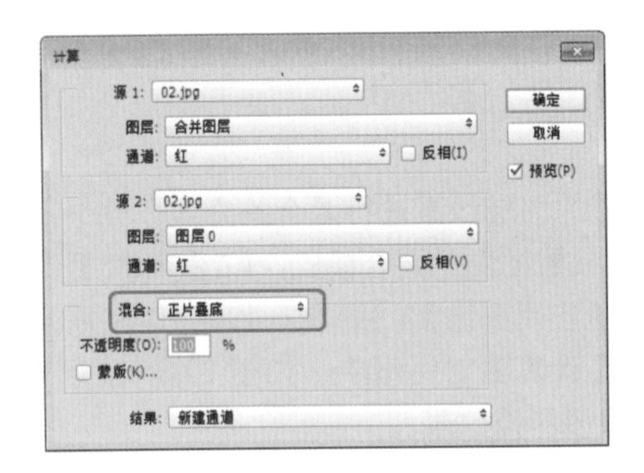

图 10-86　【计算】对话框

10.4.2　图层混合模式的作用

Photoshop 中的图层混合模式主要用来调整图像的明度和颜色，这与【图像】→【调整】命令下的【调色】命令的作用很相似。

图层混合模式的作用范围是两个或两个以上的图层之间相交的区域，而且应用图层混合模式所产生的混合效果是按照从上往下的顺序进行混合的。如图 10-87 所示为图层混合模式为【正常】的显示效果，如图 10-88 所示为图层混合模式为【柔光】的显示效果。

图 10-87　图层混合模式为【正常】的效果

图 10-88　图层混合模式为【柔光】的效果

10.4.3　使用图层混合模式

使用图层混合模式可以轻松得到很多特殊效果，下面就来具体介绍应用各个图层混合模式后的图像显示效果。

打开随书光盘中的“素材 \ch10\07.psd”文件，如图 10-89 所示，其中共包含两个图层，如图 10-90 所示。

图 10-89　素材文件

图 10-90　文件中包含两个图层

下面设置图层 1 的混合模式，以观察不同混合模式下所产生的效果。

(1)　【正常】：该模式是系统默认的模式。当不透明度为 100% 时，当前图像会完全覆盖下层图像，只有降低不透明度才会产生效果。图 10-91 是将不透明度设置为 50% 的效果。

图 10-91　不透明度为 50% 时的正常模式

(2)　【溶解】：该模式会使部分像素随机消失，产生点粒状效果。同正常模式类似，只有降低不透明度时该模式才会产生效果。图 10-92 是将不透明度设置为 50% 的效果。

图 10-92　不透明度为 50% 时的溶解模式

(3)　【变暗】：在该模式下，将对混合的两个图层相对应区域 RGB 通道中的颜色亮度值进行比较，比下层图层暗的像素将保留，而亮的像素则用下层图层中暗的像素替换。总的颜色灰度级降低，造成变暗的效果，如图 10-93 所示。

图 10-93　变暗模式

(4)　【正片叠底】：在该模式下，当前图层中的像素与下层图层中的白色混合，不会发生变化，而与黑色混合时会变为黑色，从而使图像变暗，如图 10-94 所示。

图 10-94　正片叠底模式

(5)　【颜色加深】：在该模式下，通过增加对比度使下层图像变暗以反映混合色，如果与白色混合时将不会产生效果，如图 10-95 所示。

图 10-95　颜色加深模式

(6)　【线性加深】：在该模式下，通过减小亮度使下层图像变暗以反映混合色，如果与白色混合时将不会产生效果，如图 10-96 所示。

图 10-96　线性加深模式

(7)　【深色】：在该模式下，将计算两个图层所有通道的数值，然后选择数值较小的作为结果显示，如图 10-97 所示。

图 10-97　深色模式

(8)　【变亮】：该模式与【变暗】模式相反，在对两个图层的颜色亮度值进行比较后，比下层图层亮的像素将保留，而暗的像素则用下层图层中亮的像素替换，从而使图像变亮，如图 10-98 所示。

图 10-98　变亮模式

(9)　【滤色】：该模式与【正片叠底】模式相反，它将两个图层的颜色混合起来，产生比两种颜色都浅的第三种颜色，如图 10-99 所示。

图 10-99　滤色模式

(10)　【颜色减淡】：该模式与【颜色加深】模式相反，通过减小对比度使下层图像变亮以反映混合色，如果与黑色混合时将不会产生效果，如图 10-100 所示。

图 10-100　颜色减淡模式

(11)　【线性减淡】：该模式与【线性加深】模式相反，通过增加亮度使下层图像变亮以反映混合色，如果与黑色混合时将不会产生效果，如图 10-101 所示。

图 10-101　线性减淡模式

(12)　【浅色】：该模式与【深色】模式相反，将计算两个图层所有通道的数值，然后选择数值较大的作为结果显示，如图 10-102 所示。

图 10-102　浅色模式

(13)　【叠加】：在该模式下，下层图层中颜色的深度将被加深，颜色较浅的部分将被覆盖，而高光和暗调部分保持不变，如图 10-103 所示。

图 10-103 叠加模式

⒁ 【柔光】：该模式会产生一种柔光照射的效果。如果当前图层的颜色亮度高于 50% 灰，下层图层会被照亮（变淡）。如果当前图层的颜色亮度低于 50% 灰，下层图层会变暗，如图 10-104 所示。

图 10-104 柔光模式

⒂ 【强光】：该模式实质上同【柔光】模式相同，但它的效果更为强烈，如图 10-105 所示。

图 10-105 强光模式

⒃ 【亮光】：该模式通过调整对比度来加深或减淡颜色。如果当前图层的颜色亮度高于 50% 灰，图像将降低对比度并且变亮；如果当前图层的颜色亮度低于 50% 灰，图像会提高对比度并且变暗，如图 10-106 所示。

图 10-106 亮光模式

⒄ 【线性光】：该模式通过调整亮度来加深或减淡颜色。如果当前图层的颜色亮度高于 50% 灰，图像将增加亮度使之变亮；如果当前图层的颜色亮度低于 50% 灰，图像会减小亮度使之变暗，如图 10-107 所示。

图 10-107 线性光模式

⒅ 【点光】：该模式根据当前图层的颜色数值替换相应的颜色。如果当前图层的颜色亮度高于 50% 灰，那么比当前图层的颜色暗的像素将被替换；如果当前图层的颜色亮度低于 50% 灰，则比当前图层的颜色亮的像素将被替换，如图 10-108 所示。

图 10-108 点光模式

⒆ 【实色混合】：如果当前图层的颜色亮度高于 50% 灰，那么下层图像将变亮；如果当前图层的颜色亮度低于 50% 灰，下层图层将变暗，如图 10-109 所示。

图 10-109　实色混合模式

⑳ 【差值】：在该模式下，当前图层的白色与下层图层混合时会反相，黑色则不发生变化，如图 10-110 所示。

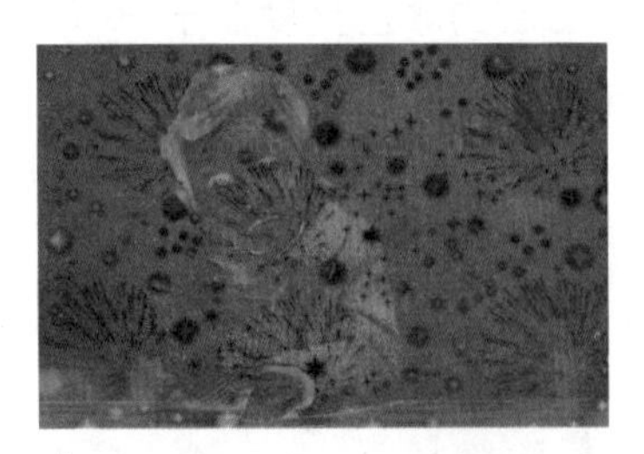

图 10-110　差值模式

㉑ 【排除】：该模式与【差值】模式类似，但是具有高对比度和低饱和度的特点，因此它所产生的效果更柔和明亮些，如图 10-111 所示。

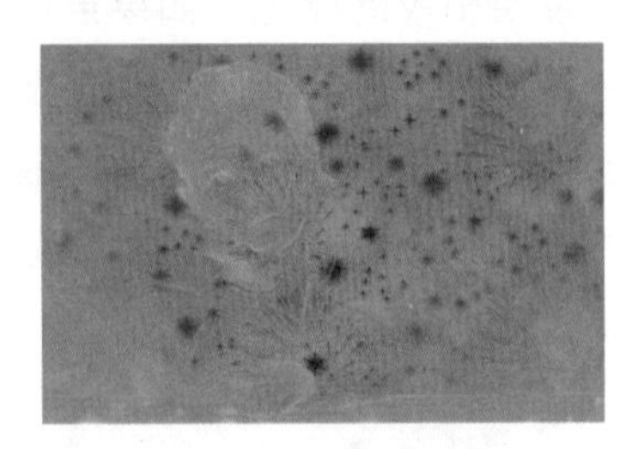

图 10-111　排除模式

㉒ 【减去】：在该模式下，将查看各通道的颜色信息，并从下层图像中减去上层图像的像素值，如图 10-112 所示。

图 10-112　减去模式

㉓ 【划分】：在该模式下，若下层像素值大于或等于上层像素值，则结果色为白色；若小于上层像素值，则结果色比下层更暗，如图 10-113 所示。

图 10-113　划分模式

㉔ 【色相】：在该模式下，将使用当前图层的色相值去替换下层图像的色相值，而饱和度和亮度不变，如图 10-114 所示。

图 10-114　色相模式

㉕ 【饱和度】：在该模式下，将使用当前图层的饱和度去替换下层图像的饱和度，而色相值和亮度不变，如图 10-115 所示。

图 10-115　饱和度模式

㉖ 【颜色】：在该模式下，将使用当前图层的饱和度和色相值去替换下层图像的饱和度和色相值，而亮度不变，如图 10-116 所示。该模式是给黑白图片上色的绝佳模式。

㉗ 【明度】：在该模式下，将使用当前图层的亮度值去替换下层图像的亮度值，而饱和度和色相值不变，如图 10-117 所示。

图 10-116　颜色模式

图 10-117　明度模式

10.5 图层的图层样式

图层样式主要用于为图层制作各种效果，它是 Photoshop 中一个非常强大的功能。利用图层样式，用户可以简单快捷地制作出各种立体投影、各种质感以及光影效果的图像特效。

10.5.1 添加图层样式

添加图层样式的方法有 3 种，分别如下。

(1) 选择要添加样式的图层，在【图层】面板中单击底部的 fx 按钮，在弹出的下拉列表中选择一种样式，如图 10-118 所示，即弹出【图层样式】对话框，在其中可以添加各种样式，如图 10-119 所示。

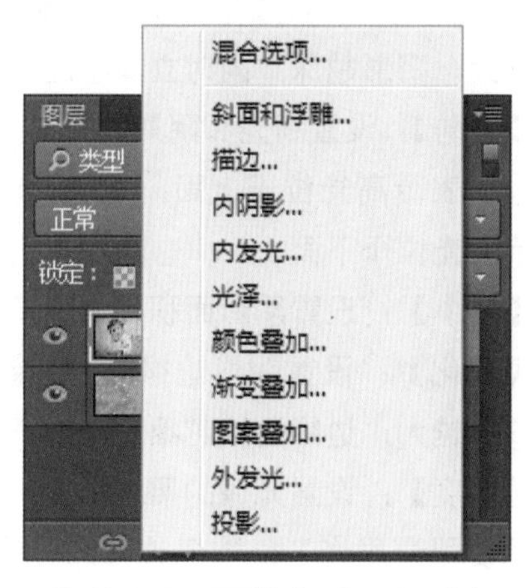

图 10-118　fx 按钮的下拉列表

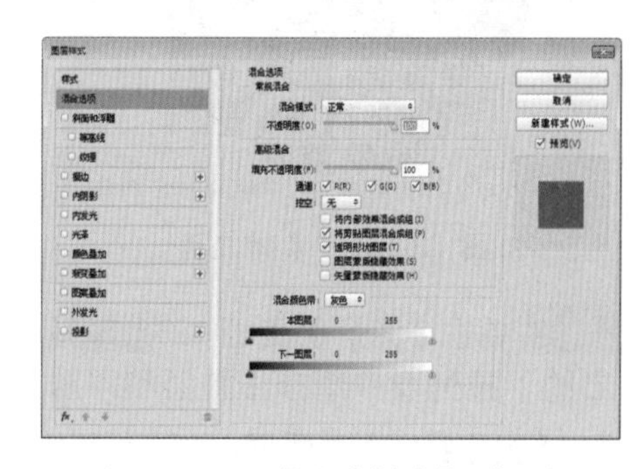

图 10-119　【图层样式】对话框

(2) 选择要添加样式的图层后，双击图层缩览图，也会弹出【图层样式】对话框，用于添加图层样式。

(3) 在【样式】面板中选择一种样式，可快速应用该样式，而无须弹出对话框，如图 10-120 所示。

图 10-120　在【样式】面板中选择样式

10.5.2 斜面和浮雕样式

斜面和浮雕样式可以为图像添加阴影和高光部分，从而使图像呈现立体或浮雕效果。

1. 使用斜面和浮雕样式

下面为图像添加斜面和浮雕样式，使图像呈现立体效果，具体的操作步骤如下。

步骤 1 打开随书光盘中的“素材\ch10\08.psd”文件，如图 10-121 所示。

图 10-121　素材文件

步骤 2 单击【图层】面板中的 fx 按钮，在弹出的下拉列表中选择【斜面和浮雕】选项，弹出【图层样式】对话框，此时左侧的【斜面和浮雕】选项为选中状态，在右侧设置相关参数，如图 10-122 所示。

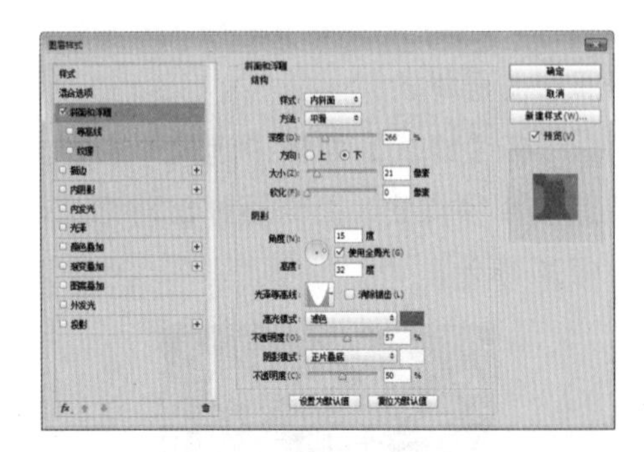

图 10-122　【图层样式】对话框

步骤 3 单击【确定】按钮，即可为图像添加立体效果，如图 10-123 所示。

图 10-123　最终效果

2. 认识斜面和浮雕样式的参数

斜面和浮雕样式的各参数含义如下。

☆ 【样式】：设置斜面和浮雕的样式。Photoshop 共提供了 5 种样式，分别是外斜面、内斜面、浮雕效果、枕状浮雕和描边浮雕。

☆ 【方法】：设置创建浮雕的方法。选择【平滑】选项可以得到边缘过渡比较柔和的图层效果；选择【雕刻清晰】选项可以得到边缘变化较为明显的效果；选择【雕刻柔和】选项可以得到边缘色彩变化较为柔和的效果。

☆ 【深度】：设置效果的颜色深度。该值越大，阴影越深，同时立体感越强。

☆ 【方向】：设置高光和阴影的方向。【上】选项表示高光位于上面；【下】选项表示高光位于下面。

☆ 【大小】：设置阴影面积的大小。

☆ 【软化】：设置阴影边缘的过渡效果。该值越大，边缘过渡越柔和。

☆ 【角度】：设置光源的照射角度。

☆ 【使用全局光】：选择该项，可使图像应用的所有样式保持一致的光照角度。例如，为图像添加了斜面和浮雕以及内阴影样式，那么这两个样式中光照角度始终一致。

☆ 【高度】：设置光源的高度。

☆ 【光泽等高线】：设置向阴影添加曲线，创建具有光泽感的金属外观浮雕效果。

☆ 【高光模式】/【阴影模式】：设置所添加的高光 / 阴影的混合模式、颜色和不透明度。

在【斜面和浮雕】选项下方选中【等高线】复选框，将切换到【等高线】参数设置界面，如图 10-124 所示。可以对斜面应用等高线，并设置等高线的类型与范围，效果如图 10-125 所示。

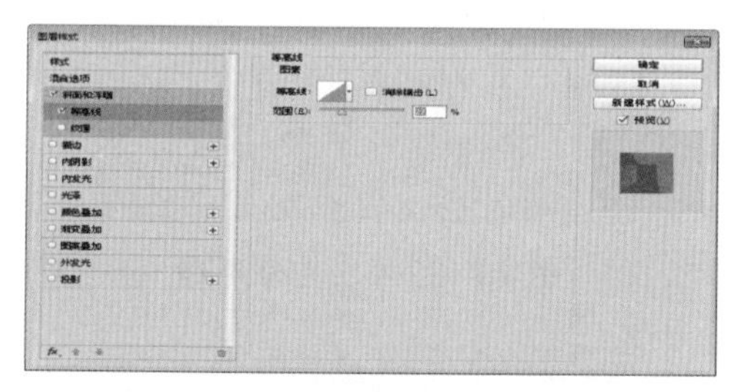

图 10-124 【等高线】参数设置界面

图 10-125 设置后的图像效果

在【斜面和浮雕】选项下方选中【纹理】复选框，将切换到【纹理】参数设置界面，如图 10-126 所示。可以对图像的阴影和高光部分应用图案，并设置图案的大小和应用深度，效果如图 10-127 所示。

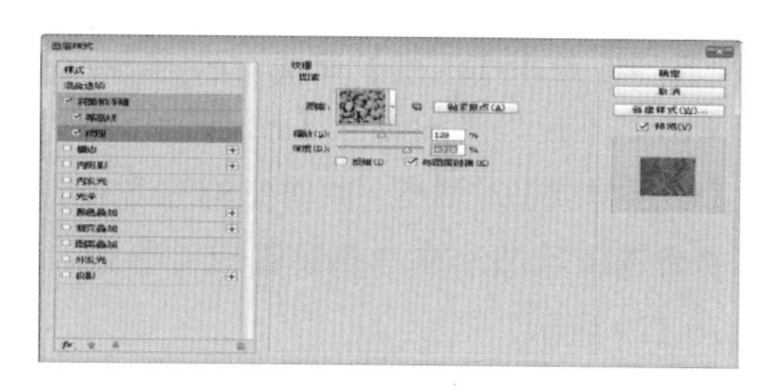

图 10-126 【纹理】参数设置界面

图 10-127 设置后的图像效果

10.5.3 描边样式

描边样式可以使用纯色、渐变色或图案来描画图像的轮廓。

1. 使用描边样式

下面为图像添加描边效果，具体的操作步骤如下。

步骤 1 打开随书光盘中的“素材 \ch10\09.psd”文件，如图 10-128 所示。

图 10-128 素材文件

步骤 2 单击【图层】面板中的 fx 按钮，在弹出的下拉列表中选择【描边】选项，弹出【图层样式】对话框，此时左侧的【描边】选项为选中状态，在右侧设置相关参数，如图 10-129 所示。

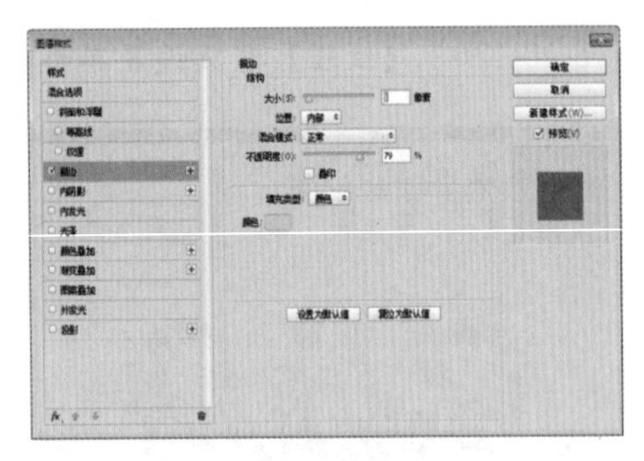

图 10-129 【图层样式】对话框

步骤 3 单击【确定】按钮，即可为图像添加描边，如图 10-130 所示。

图 10-130 最终效果

2. 认识描边样式的参数

描边样式的各参数含义如下。

☆ 【大小】：设置描边的宽度。

☆ 【位置】：设置描边效果的位置。图 10-131、图 10-132 和图 10-133 所示分别是【位置】为【外部】、【内部】和【居中】的效果。

☆ 【填充类型】：设置描边的类型。图 10-134 和图 10-135 所示分别是将其设置为【渐变色】和【图案】的效果。

图 10-131 位置为外部

图 10-132 位置为内部

图 10-133 位置为居中

图 10-134 填充为渐变色

图 10-135　填充为图案

10.5.4 内阴影样式

内阴影样式可以在图像的内侧边缘处添加阴影效果，使图像呈凹陷状态。下面即为图像添加内阴影，具体的操作步骤如下。

步骤 1 打开随书光盘中的“素材\ch10\10.psd”文件，如图 10-136 所示。

图 10-136　素材文件

步骤 2 单击【图层】面板中的 fx 按钮，在弹出的下拉列表中选择【内阴影】选项，弹出【图层样式】对话框，此时左侧的【内阴影】选项为选中状态，在右侧设置相关参数，如图 10-137 所示。

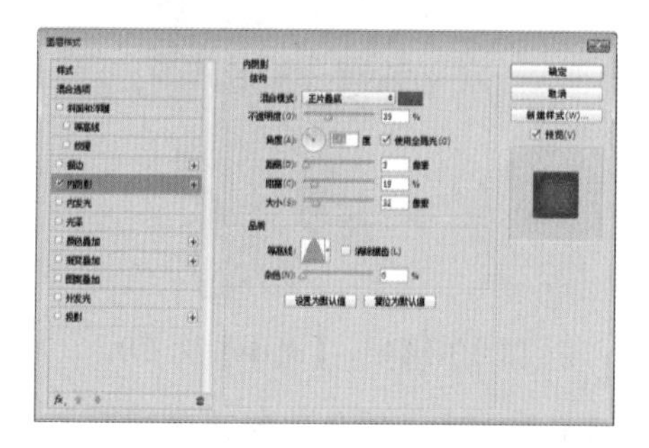

图 10-137　【图层样式】对话框

步骤 3 单击【确定】按钮，即可为图像添加内阴影，效果如图 10-138 所示。

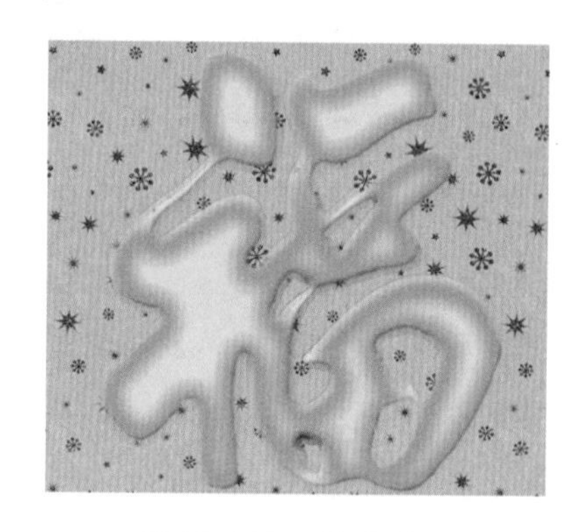

图 10-138　最终效果

10.5.5 投影样式

投影样式可以为图像添加投影效果。

1. 使用投影样式

下面为图像添加投影效果，具体的操作步骤如下。

步骤 1 打开随书光盘中的“素材\ch10\11.psd”文件，如图 10-139 所示。

图 10-139　素材文件

步骤 2 单击【图层】面板中的 fx 按钮，在弹出的下拉列表中选择【投影】选项，弹出【图层样式】对话框，此时左侧的【投影】选项为选中状态，在右侧设置相关参数，如图 10-140 所示。

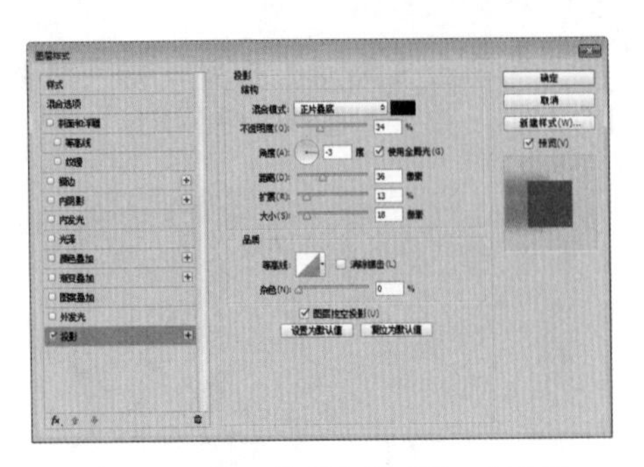

图 10-140 【图层样式】对话框

步骤 3 单击【确定】按钮，即可为图像添加投影，效果如图 10-141 所示。

图 10-141 最终效果

2. 认识投影样式的参数

投影样式的各参数含义如下。

☆ 【混合模式】/【不透明度】：设置投影与当前图层的混合模式、投影的颜色以及不透明度。

☆ 【角度】：设置投影作用于图像时的光照角度。指针指向的方向为光源的方向，而相反的方向即为投影的方向。

☆ 【距离】：设置阴影与图像的距离。该值越大，距离越远。

> 提示 当打开【图层样式】对话框设置投影效果时，将鼠标指针定位在图像中，此时指针变为形状，按住左键不放并拖动投影，可直接调整投影的光照角度以及位置，如图 10-142 所示。

图 10-142 调整投影的光照角度及位置

☆ 【扩展】：在【大小】的值固定时，调整该值可扩展投影的范围。

> 提示 当【大小】的值为 0 时，调整【扩展】的值将对投影无影响。

☆ 【大小】：设置投影的模糊范围。该值越大，模糊范围越广，图 10-143 和图 10-144 所示分别是该值为 0 和 30 的效果。从中可以看到，当【大小】为 0 时，投影最清晰。

图 10-143 【大小】为 0

图 10-144 【大小】为 30

☆ 【等高线】：设置投影不透明度的变化，效果如图 10-145 所示。

图 10-145　设置等高线

☆　【消除锯齿】：选择该项，可使投影效果的过渡更加柔和。

☆　【杂色】：设置向阴影添加杂色，制作颗粒状效果，如图 10-146 所示。

图 10-146　设置杂色

10.5.6 内发光和外发光样式

外发光样式可以为图像的外边缘添加发光效果，而内发光样式是为图像的内边缘添加发光效果。它们的使用方法类似，本节就以外发光样式为例进行介绍。

1. 使用外发光样式

下面为图像的外边缘添加发光效果，具体的操作步骤如下。

步骤 1 打开随书光盘中的“素材 \ch10\12.psd”文件，如图 10-147 所示。

图 10-147　素材文件

步骤 2 单击【图层】面板中的 fx 按钮，在弹出的下拉列表中选择【外发光】选项，弹出【图层样式】对话框，此时左侧的【外发光】选项为选中状态，在右侧设置相关参数，如图 10-148 所示。

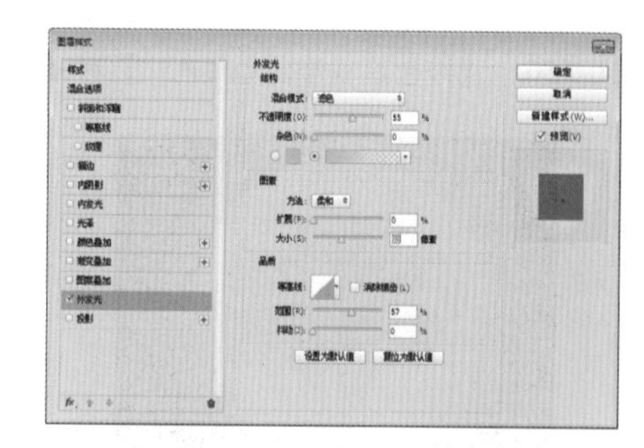

图 10-148　【图层样式】对话框

步骤 3 单击【确定】按钮，即可为图像的外边缘添加发光效果，如图 10-149 所示。

图 10-149　最终效果

2. 认识外发光样式的参数

外发光样式的各参数含义如下。

☆ 设置发光颜色：单击左侧的颜色块，将弹出【拾色器（外发光颜色）】对话框，如图 10-150 所示，用于设置纯色作为发光的颜色，如图 10-151 所示。单击右侧的渐变条，将弹出【渐变编辑器】对话框，如图 10-152 所示，用于设置渐变色作为发光的颜色，如图 10-153 所示。

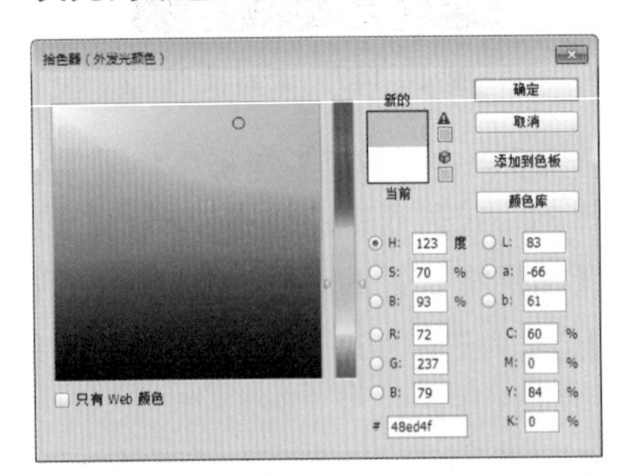

图 10-150　【拾色器（外发光颜色）】对话框

图 10-151　设置纯色为发光的颜色

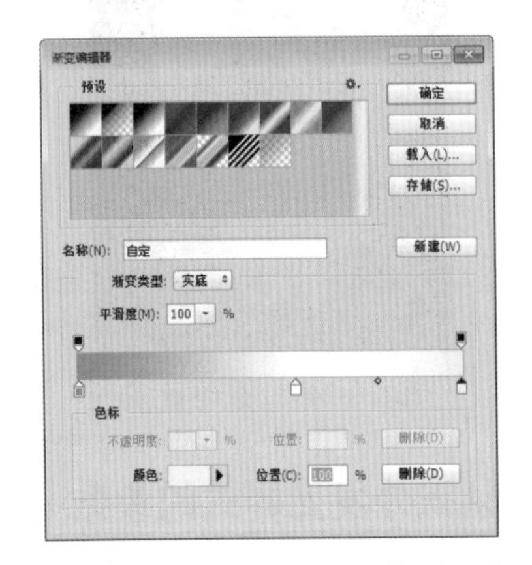

图 10-152　【渐变编辑器】对话框

图 10-153　设置渐变色为发光的颜色

☆ 【方法】：设置光照的程度。选择【柔和】选项可以得到柔和的发光边缘；选择【精确】选项可以得到精确的发光边缘。

☆ 【范围】：设置等高线运用的范围，数值越大效果越不明显。

☆ 【抖动】：用于控制发光的渐变，数值越大，图层阴影的效果越不清楚，且会变成有杂色的效果。

其余参数的含义与投影样式相同，这里不再赘述。

10.5.7 光泽样式

光泽样式可以在图像内部制作光滑的阴影，从而产生一种光滑的打磨效果。使用光泽样式的具体操作步骤如下。

步骤 1 打开随书光盘中的“素材\ch10\13.psd”文件，如图 10-154 所示。

上善若水

图 10-154　素材文件

步骤 2 单击【图层】面板中的 fx 按钮，在弹出的下拉列表中选择【光泽】选项，弹

出【图层样式】对话框，此时左侧的【光泽】选项为选中状态，在右侧设置相关参数，如图 10-155 所示。

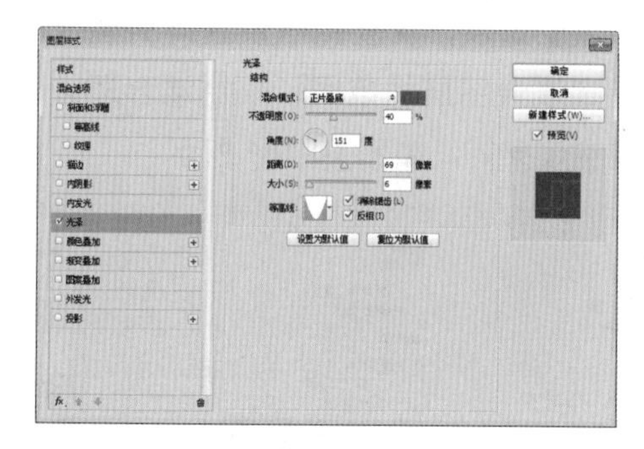

图 10-155 【图层样式】对话框

步骤 3 单击【确定】按钮，即可为图像添加光泽，效果如图 10-156 所示。

图 10-156 最终效果

提示 光泽样式中参数的含义与其他样式类似，这里不再赘述。

10.5.8 颜色叠加、渐变叠加和图案叠加样式

颜色叠加、渐变叠加和图案叠加这 3 个样式分别是使用纯色、渐变色和图案与图像叠加，并调整混合模式以及不透明度来产生效果。下面以使用颜色叠加样式为例进行介绍，具体的操作步骤如下。

步骤 1 打开随书光盘中的“素材 \ch10\14.psd”文件，如图 10-157 所示。

步骤 2 单击【图层】面板中的 fx 按钮，在弹出的下拉列表中选择【颜色叠加】选项，弹出【图层样式】对话框，此时左侧的【颜色叠加】选项为选中状态，在右侧设置要叠加的颜色、混合模式及不透明度，如图 10-158 所示。

图 10-157 素材文件

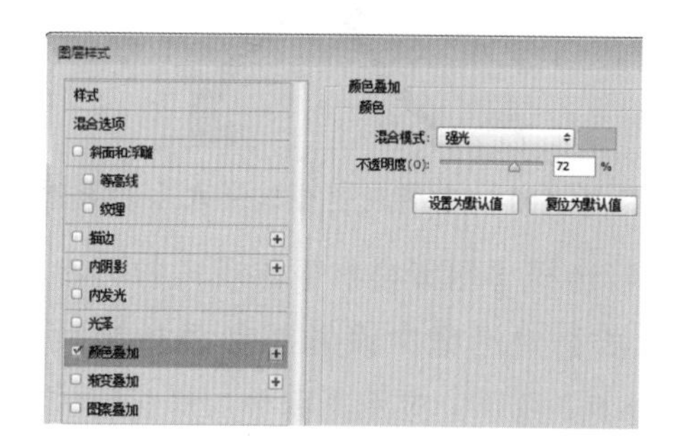

图 10-158 【图层样式】对话框

步骤 3 单击【确定】按钮，即可为图像应用颜色叠加样式，效果如图 10-159 所示。

图 10-159 最终效果

若选择【渐变叠加】选项，即可在【图层样式】对话框中设置渐变叠加参数，如图 10-160 所示。应用渐变叠加样式后的效果如图 10-161 所示。

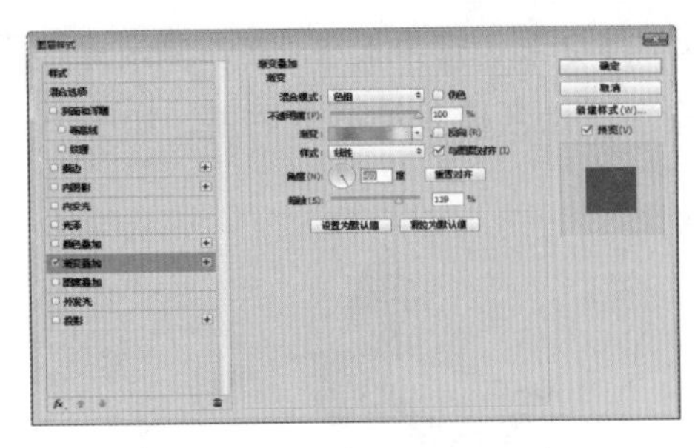

图 10-160 设置渐变叠加参数

图 10-161 应用渐变叠加样式后的效果

若选择【图案叠加】选项，即可在【图层样式】对话框中设置图案叠加参数，如图 10-162 所示。应用图案叠加样式后的效果如图 10-163 所示。

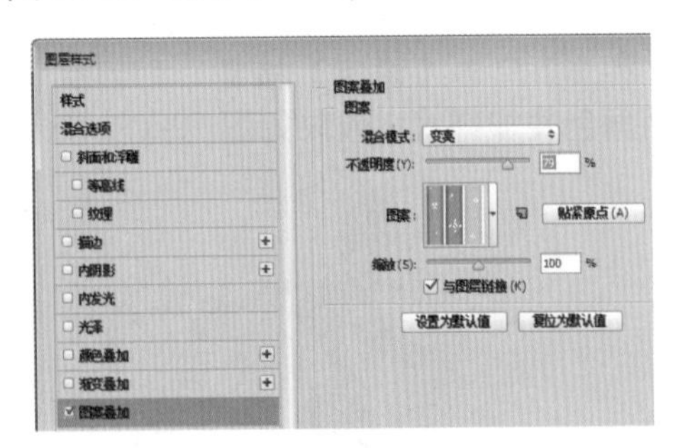

图 10-162 设置图案叠加参数

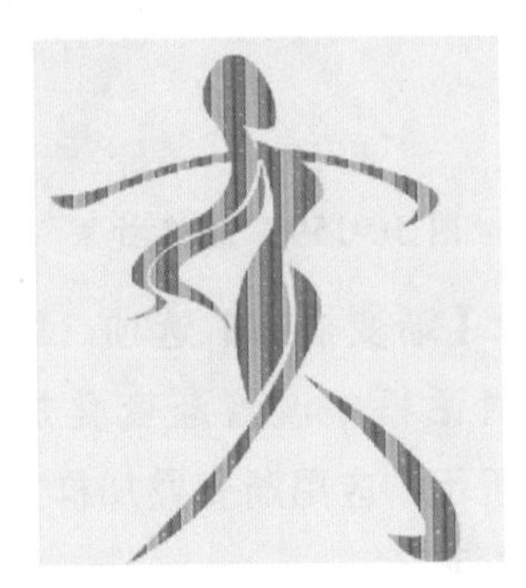

图 10-163 应用图案叠加样式后的效果

10.5.9 混合选项

在【图层样式】对话框中存在一个【混合选项】选项，主要用于设置高级混合，例如指定混合图层的范围、限制混合通道、制作挖空效果等，如图 10-164 所示。

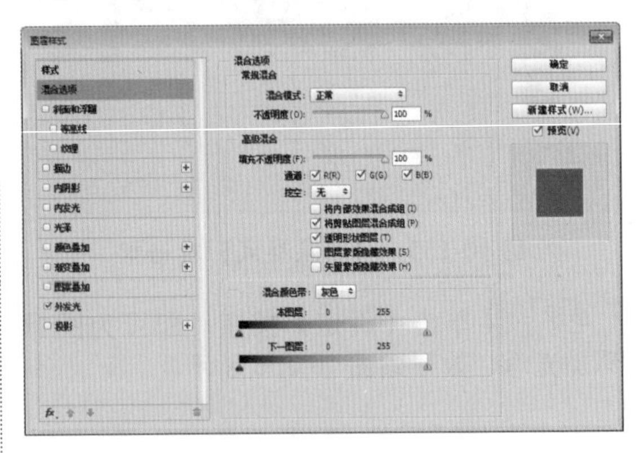

图 10-164 【图层样式】对话框

【混合选项】中各参数的含义如下。

☆ 【常规混合】：该区域中的混合模式和不透明度与【图层】面板中的混合模式和不透明度的含义相同。

☆ 【填充不透明度】：该参数与【图层】面板中【填充】的含义相同。

☆ 【通道】：默认情况下，图层或图层组的混合效果将影响所有的通道。若取消选择某个通道，就会从复合通道中排除此通道，从而将效果限制在其他通道中。

☆ 【挖空】：设置使背景图层的图像穿透上面图层显示出来。例如在原图（图 10-165）中，选中图层 2 作为要挖空的图层，如图 10-166 所示。然后降低填充不透明度，将【挖空】设置为【浅】或【深】，都可挖空图像显示出背景图层，如图 10-167 所示。若该文件没有背景图层，则会显示出透明区域，如图 10-168 所示。

图 10-165　原图

图 10-166　选中图层 2

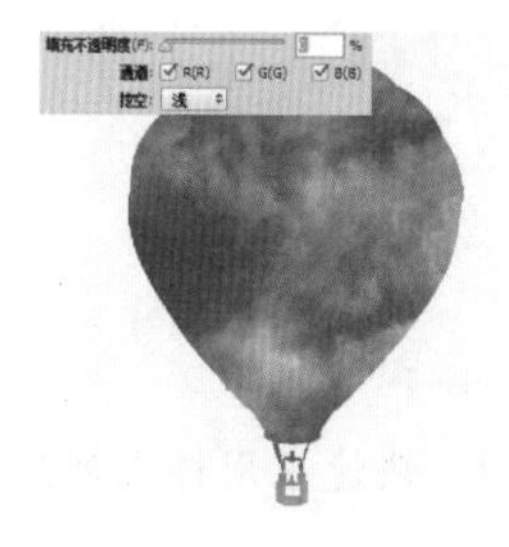

图 10-167　挖空图像显示出背景图层

图 10-168　显示出透明区域

提示

如果对不属于图层组的图层设置【挖空】参数，那么效果将会一直穿透到背景图层，不管中间有多少图层，也不管将【挖空】设置为【浅】或【深】。如果要挖空的图层属于某个图层组，将其设置为【浅】时，只会穿透到图层组下面的一个图层；若设置为【深】，则会一直穿透到背景图层。

☆ 【将内部效果混合成组】：当对图层使用了内发光、光泽和叠加样式时，若不选择该项，那么挖空时在背景图层上会显示出效果，图 10-169 所示是对图层添加了图案叠加样式的效果，图 10-170 所示是不选择该项时的挖空效果。若选择该项，在挖空前会将应用的样式合并到图层本身，挖空时不会显示出效果，如图 10-171 所示。

图 10-169　对原图层使用图案叠加样式的效果

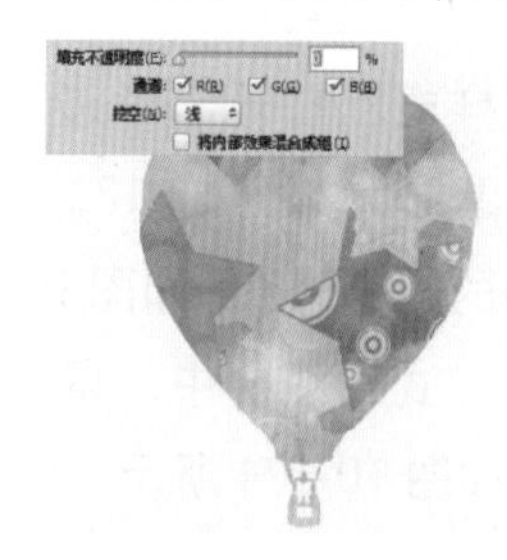

图 10-170　不选择该项的挖空效果

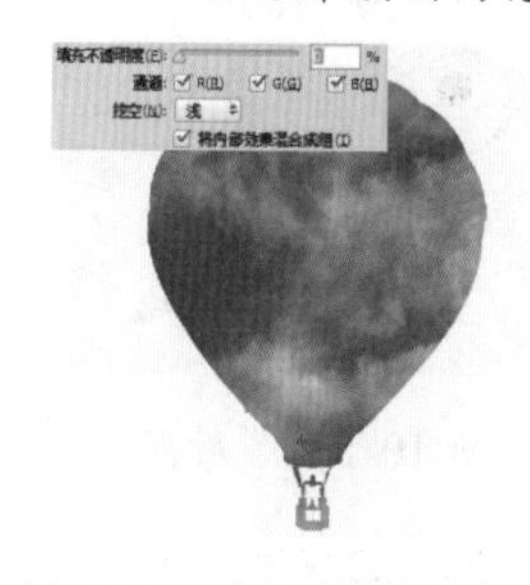

图 10-171　选择该项的挖空效果

☆ 【将剪贴图层混合成组】：该项用于控制剪贴蒙版组中基底图层的混合方式。默认为选中状态，表示基底图层的混合模式将应用于整个剪贴蒙版组。反之，若不选择，组中所有的层都使用自己的混合模式。

☆ 【透明形状图层】：该项默认为选中状态，表示对图层设置样式或挖空都仅限于图层的不透明区域，对透明区域无影响。若不选择，那么所设置的样式或挖空效果将作用于图层的全部区域。

☆ 【图层蒙版隐藏效果】/【矢量蒙版隐藏效果】：这两项的含义类似，若对图层蒙版或矢量蒙版中的图层应用了样式，当选择该项时，将隐藏蒙版中的效果。

☆ 【混合颜色带】：该项用于控制当前图层和下面图层在混合结果中显示的像素。

10.6 使用【样式】面板

【样式】面板中存储了 Photoshop 预设的图层样式，通过该面板可快速应用图层样式，而无须设置参数，也可新建或删除样式。

10.6.1 应用样式

【样式】面板中包含了 Photoshop 提供的各种预设图层样式。打开一个文件，选择需要应用样式的图层，如图 10-172 所示，单击【样式】面板中的一个样式，如图 10-173 所示，即可快速应用样式到图层中，得出具有特殊效果的图像，如图 10-174 所示。

图 10-172　原图

图 10-173　选择一个样式

图 10-174　快速应用样式到图层中

10.6.2 新建样式

在【图层样式】对话框中为图层添加一种或多种效果后，可以将该样式保存到【样式】面板中，以便下次直接调用。新建样式的操作步骤如下。

步骤 1 在【图层】面板中选择添加了图层样式的图层，如图 10-175 所示。

图 10-175　选择图层

步骤 2 单击【样式】面板中的【创建新样式】按钮，打开【新建样式】对话框，输入样式的名称，并选中【包含图层效果】和【包含图层混合选项】复选框，如图 10-176 所示。

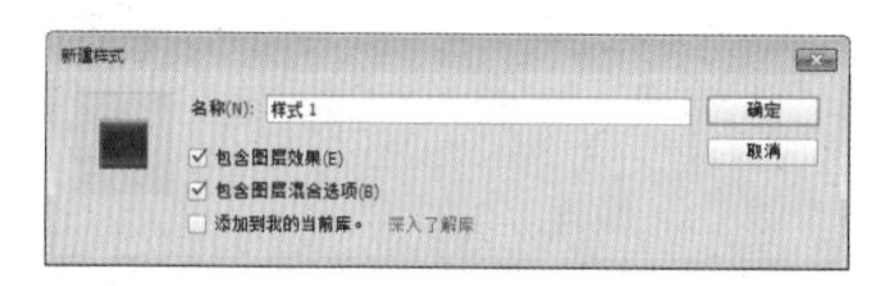

图 10-176　【新建样式】对话框

提示　【包含图层效果】复选框：如果选中该项，可以将当前的图层效果设置为样式。【包含图层混合选项】复选框：如果当前图层设置了混合模式，选中该项，那么新建的样式将具有这种混合模式。

步骤 3 单击【确定】按钮，打开【样式】面板，可以看到创建的样式图标，如图 10-177 所示。

图 10-177　新建样式

10.6.3 载入样式

除了【样式】面板中显示的样式外，Photoshop 还提供了其他样式，这些样式按照不同的类型放在不同的库中。如果用户需要使用样式，必须将其载入【样式】面板中。载入样式的操作步骤如下。

步骤 1 打开【样式】面板，选择一个样式库，如这里选择【Web 样式】选项，如图 10-178 所示。

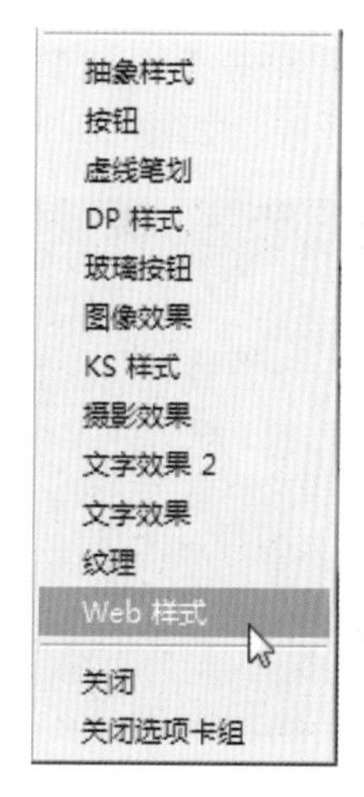

图 10-178　选择【Web 样式】选项

步骤 2 弹出一个信息提示框，如图 10-179 所示。

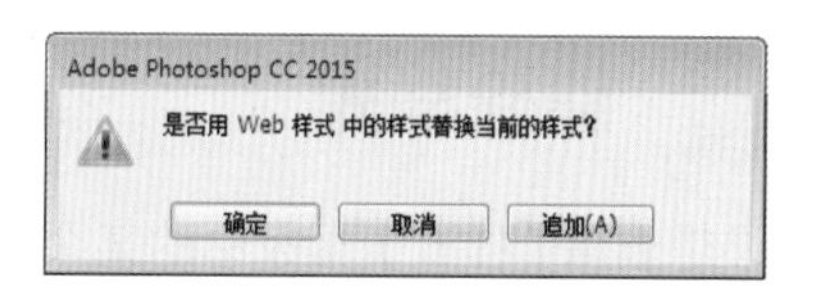

图 10-179　信息提示框 (1)

步骤 3 单击【确定】按钮，再次弹出一个信息提示框，提示用户是否在替换当前样式之前存储对它们的更改，如图 10-180 所示。

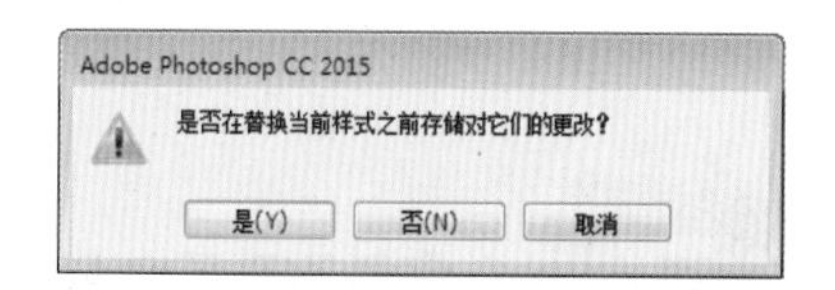

图 10-180　信息提示框 (2)

步骤 4 单击【是】按钮，可载入样式并替换【样式】面板中的样式，如图 10-181 所示。

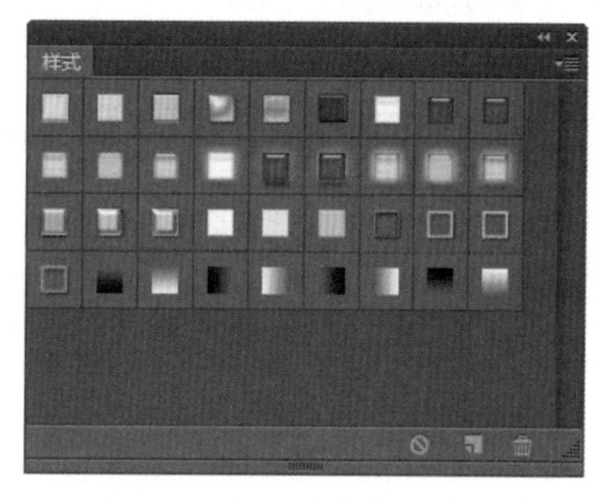

图 10-181　载入并替换当前的样式

步骤 5 如果单击【追加】按钮，可以将样式添加到面板中，如图 10-182 所示。

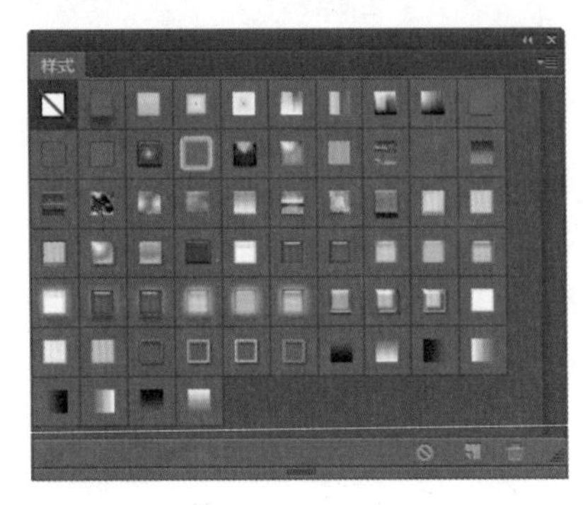

图 10-182 载入并添加样式

步骤 6 单击【取消】按钮，则取消载入样式的操作。

10.6.4 删除样式

如果想删除【样式】面板中的某个样式，将该样式拖曳到【删除样式】按钮上，即可将其删除。如图 10-183 所示为删除之前的【样式】面板，如图 10-184 所示为删除一个样式后的【样式】面板。此外，按下 Alt 键单击一个样式，也可以将其直接删除。将样式拖动到底部的按钮上，可删除样式。

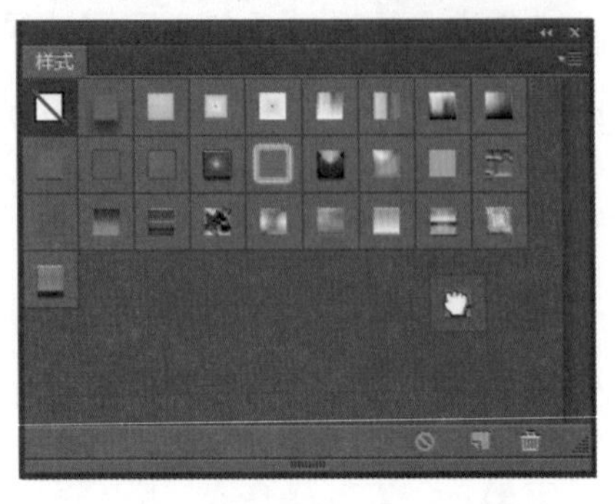

图 10-183 删除之前的【样式】面板

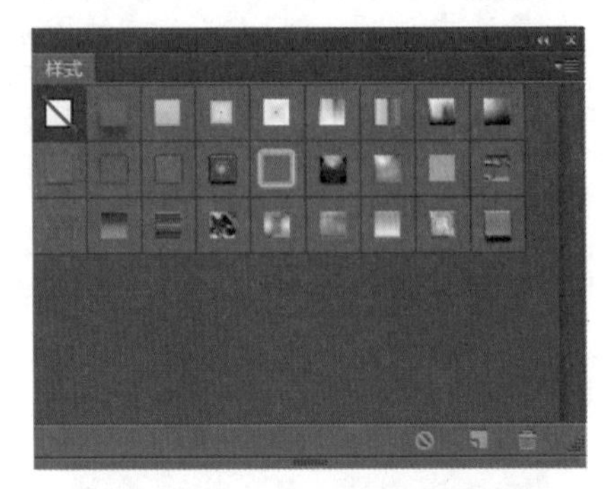

图 10-184 删除一个样式后的【样式】面板

10.7 管理和编辑图层样式

为图层添加样式后，可以像管理图层一样管理和编辑图层样式，如显示或隐藏样式效果、复制或删除样式等。

10.7.1 显示或隐藏样式效果

与隐藏图层类似，通过图标可以显示或隐藏图层样式。在图 10-185 中，单击某一样式前面的图标，可隐藏单个的样式效果，如图 10-186 所示。若单击【效果】前的图标，可隐藏全部的样式效果，如图 10-187 所示。同理，再次在该图标处单击，即可重新显示样式效果。

图 10-185　原图层

图 10-186　隐藏单个的样式效果

图 10-187　隐藏全部的样式效果

10.7.2 复制样式效果

选中要复制样式效果的图层，选择【图层】→【图层样式】→【拷贝图层样式】命令，如图 10-188 所示，然后再选中要粘贴样式的图层，选择【图层】→【图层样式】→【粘贴图层样式】命令，即可复制样式效果。

图 10-188　选择【拷贝图层样式】命令

此外，按住 Alt 键，直接在【图层】面板中拖动样式到其他图层中，如图 10-189 所示，也可复制样式效果；若拖动的是单个样式，可复制单个的样式效果，如图 10-190 所示。

图 10-189　拖动样式到其他图层中

图 10-190　复制单个的样式效果

10.7.3 清除样式效果

选择要清除样式效果的图层，单击【样式】面板中的按钮，如图 10-191 所示；或者选择【图层】→【图层样式】→【清除图层样式】命令，如图 10-192 所示，均可清除样式效果。

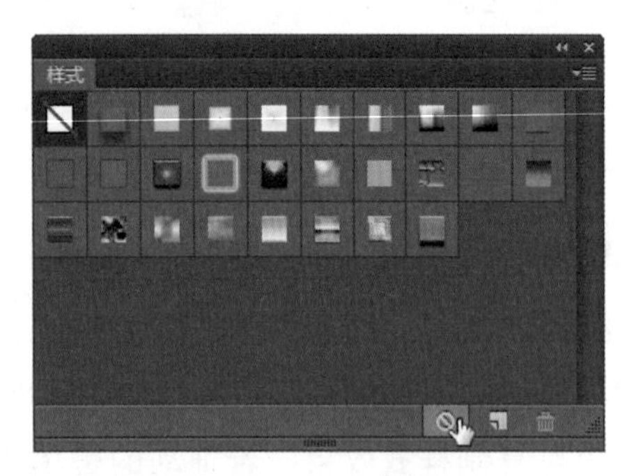

图 10-191　单击按钮

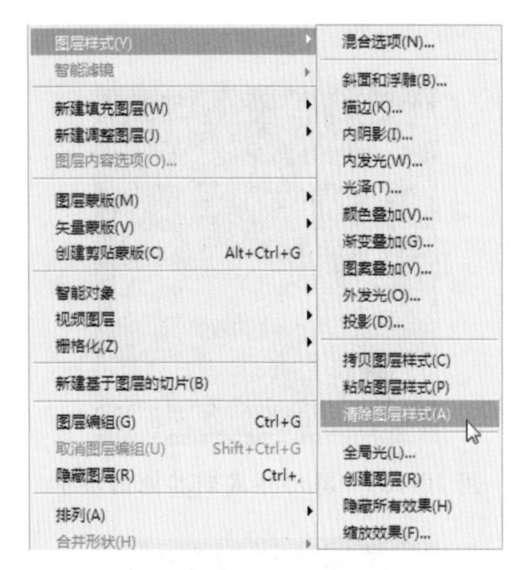

图 10-192　选择【清除图层样式】命令

10.7.4 缩放样式效果

当缩放图像时，若对图像应用了效果，那么只会缩放图像的比例，样式效果的比例不会发生变化，如图 10-193 和图 10-194 所示分别为原图和缩放图像时的样式效果。此时就需要缩放样式效果，使图像和样式的比例协调。

图 10-193　原图

图 10-194　缩放图像时样式效果比例不会变化

选中要缩放效果的图层，选择【图层】→【图层样式】→【缩放效果】命令，弹出【缩放图层效果】对话框，如图 10-195 所示。在【缩放】下拉列表框中输入合适的比例，即可缩放图层的样式效果，如图 10-196 所示。

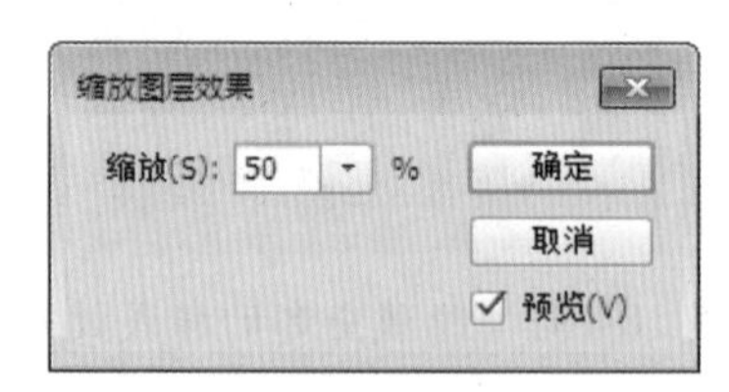

图 10-195　【缩放图层效果】对话框

图 10-196　缩放图层的样式效果

10.7.5 将样式效果创建为图层

用户可以将效果创建为单独的图层，从而对其进行绘画或滤镜等操作。选中包含样式效果的图层，如图 10-197 所示，选择【图层】→【图层样式】→【创建图层】命令，即可将各样式效果分别创建为单个的图层，如图 10-198 所示。

图 10-197 选中包含样式效果的图层

图 10-198 将各样式效果创建为单个的图层

10.8 高效技能实战

10.8.1 技能实战 1——制作水晶按钮

水晶按钮是最受欢迎的按钮样式之一，通过设置图层样式可以制作水晶按钮。下面就教大家制作一款橘红色的水晶按钮，具体的操作步骤如下。

步骤 1 打开 Photoshop，按 Ctrl+N 组合键，打开【新建】对话框，设置【宽度】为 15 厘米，【高度】为 15 厘米，并命名为“水晶按钮”，如图 10-199 所示。

步骤 2 单击【确定】按钮，新建一个空白文档，如图 10-200 所示。

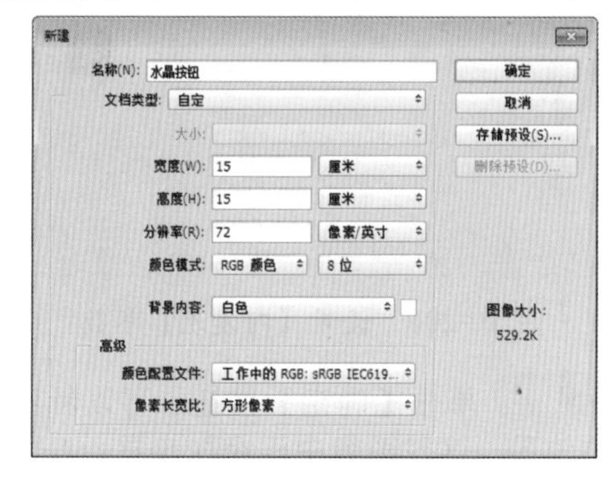

图 10-199 【新建】对话框

图 10-200 新建一个空白文档

步骤 3 选择椭圆选框工具，双击鼠标，在【工具】面板上部出现的选项栏里设置【羽化】为 0 像素，选中【消除锯齿】复选框，【样式】为【固定大小】，【宽度】为 350 像素，【高度】为 350px，如图 10-201 所示。

图 10-201 【工具】面板

步骤 4 新建一个“图层 1”，将鼠标指针移至图像窗口，单击鼠标左键，画出一个固定大小的圆形选区，如图 10-202 所示。

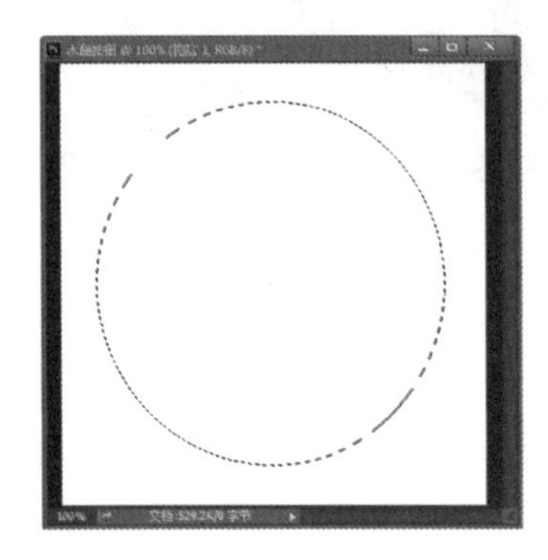

图 10-202 圆形选区

步骤 5 设置前景色为“C0、M90、Y100、K0”，设置背景色为“C0、M40、Y30、K0”。选择渐变工具，在其工具栏选项中设置过渡色为【前景色到背景色渐变】、渐变模式为【线性渐变】，如图 10-203 所示。

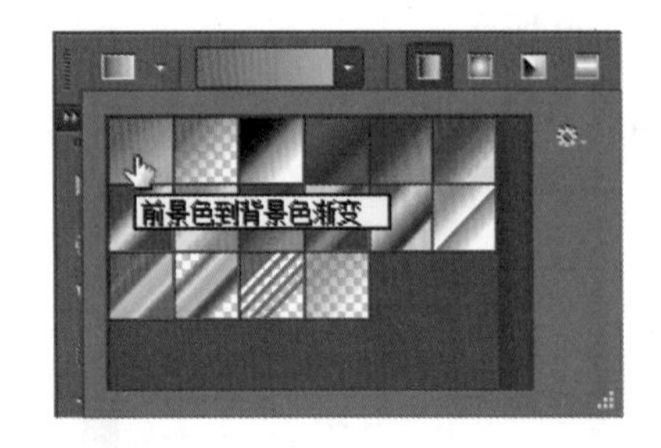

图 10-203 渐变工具

步骤 6 选择【图层 1】，再回到图像窗口，在选区中按 Shift 键的同时由上至下画出渐变色，按 Ctrl+D 键取消选区，如图 10-204 所示。

图 10-204 绘制渐变

步骤 7 双击【图层 1】，打开【图层样式】对话框，选中【投影】复选框，设置暗调颜色为“C0、M80、Y80、K80”，并设置其他相关参数，如图 10-205 所示。

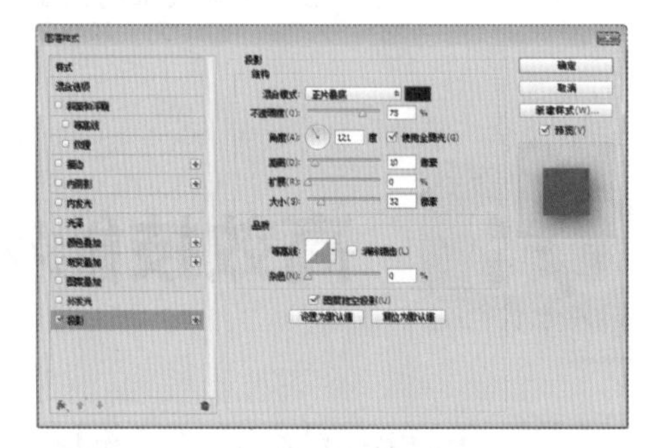

图 10-205 【图层样式】对话框

步骤 8 选中【内发光】复选框，设置发光颜色为“C0、M80、Y80、K80”，并设置其他相关参数，如图 10-206 所示。

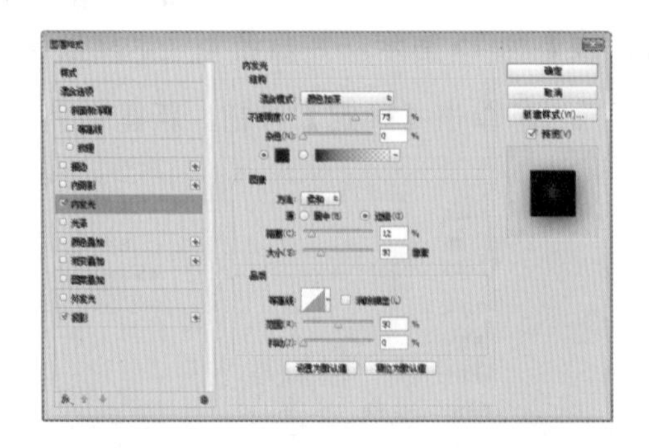

图 10-206 设置【内发光】参数

步骤 9 单击【确定】按钮，可以看到最终的效果，这时图像中已经初步显示红色立体按钮的基本模样了，如图 10-207 所示。

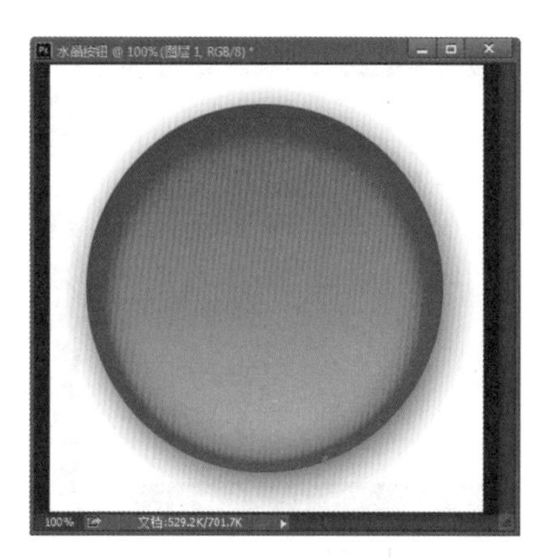

图 10-207　红色立体按钮

步骤 10 新建一个"图层 2"，选择椭圆选框工具，将工具选项栏中的【样式】设置为【正常】，在图层 2 中画出一个椭圆形选区，如图 10-208 所示。

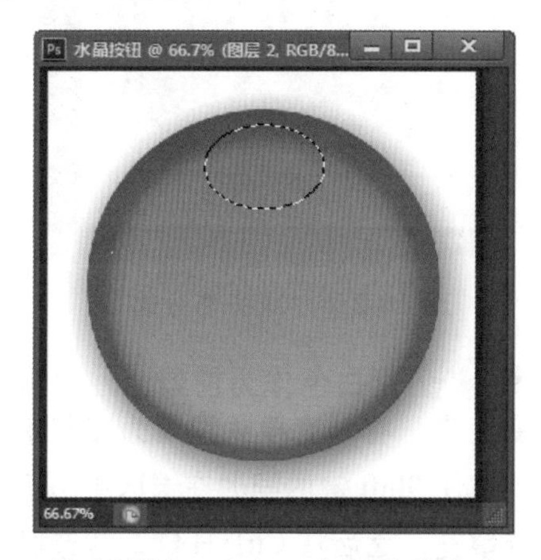

图 10-208　画出一个椭圆形选区

步骤 11 双击【工具】面板中的【以快速蒙版模式编辑】按钮，调出【快速蒙版选项】对话框，设置蒙版颜色为蓝色，如图 10-209 所示。

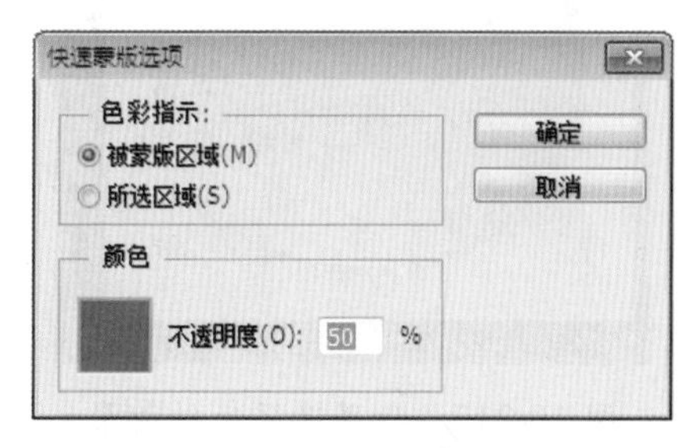

图 10-209　【快速蒙版选项】对话框

步骤 12 单击【确定】按钮。此时，图像中椭圆选区以外的部分被带有一定透明度的蓝色遮盖，如图 10-210 所示。

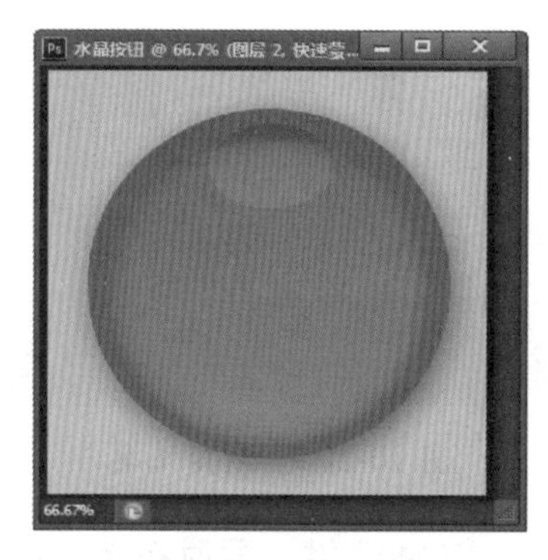

图 10-210　蓝色遮盖

步骤 13 选择画笔工具，选择合适的笔刷大小和硬度，将鼠标指针移至图像窗口，用笔刷以蓝色蒙版色遮盖部分椭圆，如图 10-211 所示。

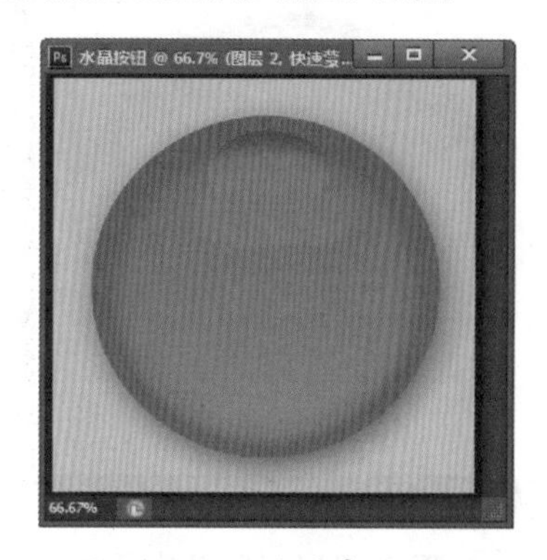

图 10-211　遮盖部分椭圆

步骤 14 单击【工具】面板中的【以标准模式编辑】按钮，这时图像中原来椭圆形选区的一部分被减去，如图 10-212 所示。

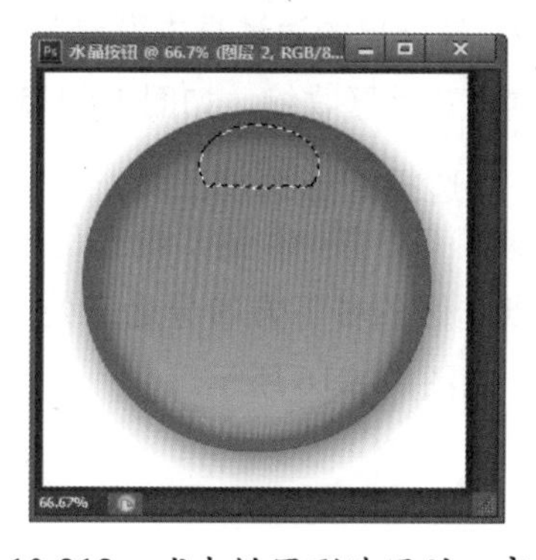

图 10-212　减去椭圆形选区的一部分

步骤 15 设置前景色为白色，选择渐变工具，在其工具选项栏中设置渐变模式为【前景到透明】，如图 10-213 所示。

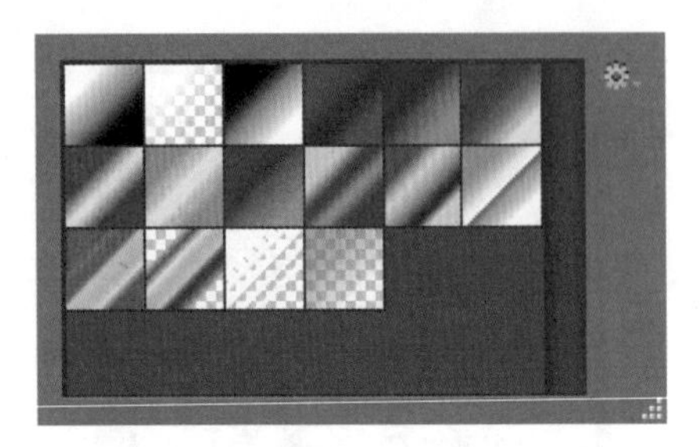

图 10-213　渐变工具

步骤 16 按 Shift 键，同时在选区中由上到下填充渐变，然后按 Ctrl+H 键隐藏选区观察效果，如图 10-214 所示。

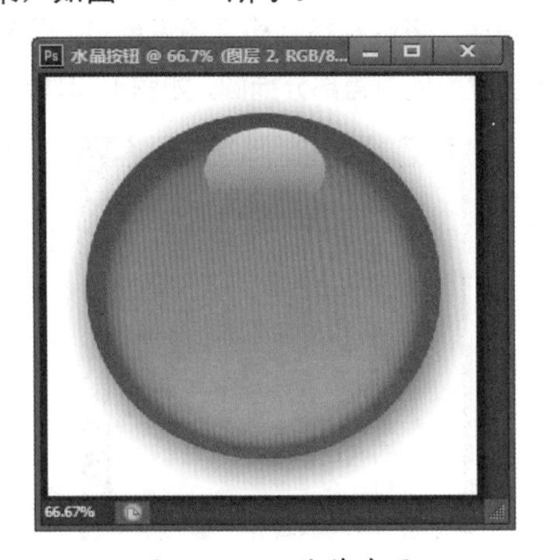

图 10-214　隐藏选区

步骤 17 新建一个“图层 3”，按 Ctrl 键，单击【图层】面板中的【图层 1】，重新获得圆形选区。执行【选择】→【修改】→【收缩】命令，在弹出的对话框中设置【收缩量】为 7 像素，将选区收缩，如图 10-215 所示。

步骤 18 选择矩形选框工具，将鼠标指针移至图像窗口，按 Alt 键，由选区左上方拖动鼠标到选区的右下方四分之三处，减去部分选区，如图 10-216 所示。

图 10-215　将选区收缩

图 10-216　减去部分选区

步骤 19 仍用白色作为前景色，并再次选择渐变工具，将渐变模式设置为【前景到透明】，按住 Shift 键的同时在选区中由下到上做渐变填充，之后按 Ctrl+H 键隐藏选区观察效果，如图 10-217 所示。

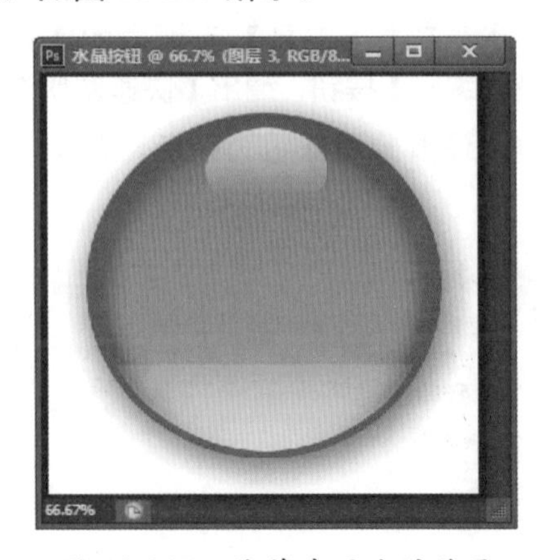

图 10-217　隐藏选区后的效果

步骤 20 选中【图层 3】，选择【滤镜】→【模糊】→【高斯模糊】命令，在打开的【高斯模糊】对话框的【半径】文本框中输入适当的数值“7”，如图 10-218 所示。

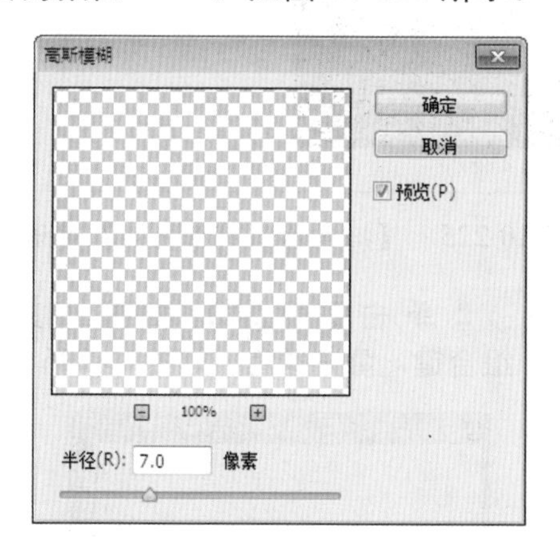

图 10-218 【高斯模糊】对话框

步骤 21 单击【确定】按钮，加上高斯模糊效果，如图 10-219 所示。

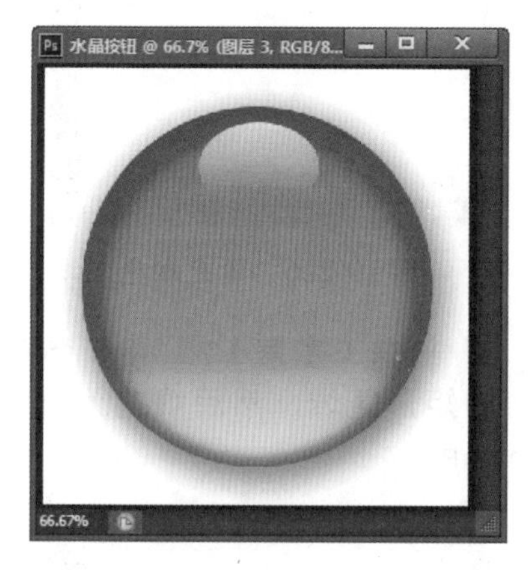

图 10-219 高斯模糊效果

步骤 22 返回到图像窗口，在【图层】面板中把图层 3 的【不透明度】设置为 65%。至此，橘红色水晶按钮就制作完成了，如图 10-220 所示。

步骤 23 合并所有图层，然后选择【图像】→【调整】→【色相 / 饱和度】命令，在打开的【色相 / 饱和度】对话框中选中【着色】复选框，可以对按钮进行颜色的变换，如图 10-221 所示。

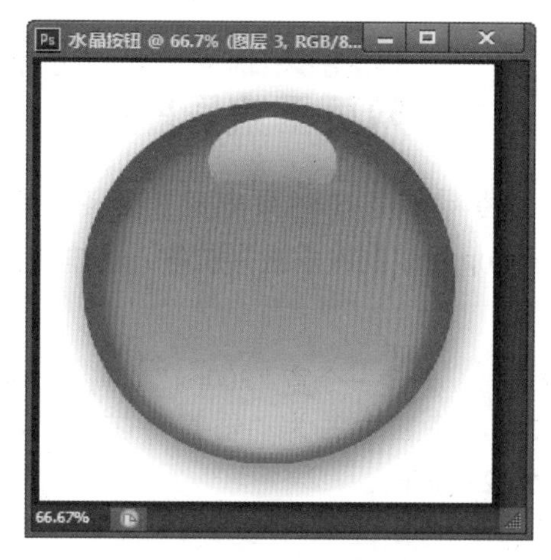

图 10-220 橘红色水晶按钮

图 10-221 【色相 / 饱和度】对话框

步骤 24 单击【确定】按钮，返回到图像文件中，变换设置后的最终效果如图 10-222 所示。

图 10-222 设置后的效果

10.8.2 技能实战 2——制作网页垂直导航条

垂直导航条在网页中应用普遍，使用 Photoshop 可以制作垂直导航条，具体操作步骤如下。

步骤 1 新建一个宽“300px”、高“500px”的文件，将它命名为“垂直导航条”，如图 10-223 所示。

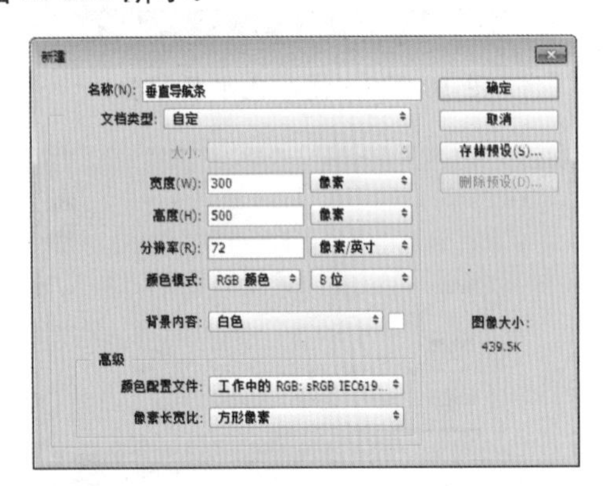

图 10-223 【新建】对话框

步骤 2 单击【确定】按钮，创建一个空白文档，如图 10-224 所示。

图 10-224 创建一个空白文档

步骤 3 在工具箱中单击【前景色】按钮，打开【拾色器（前景色）】对话框，设置前景色为灰色（R：229、G：229、B：229），如图 10-225 所示。

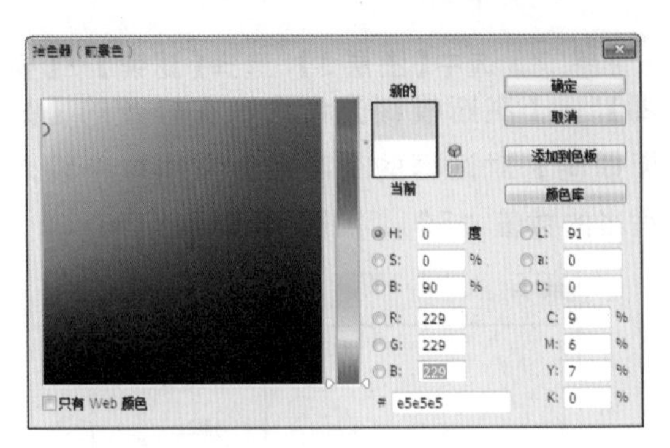

图 10-225 【拾色器（前景色）】对话框

步骤 4 单击【确定】按钮，按 Alt+Delete 组合键，填充颜色，如图 10-226 所示。

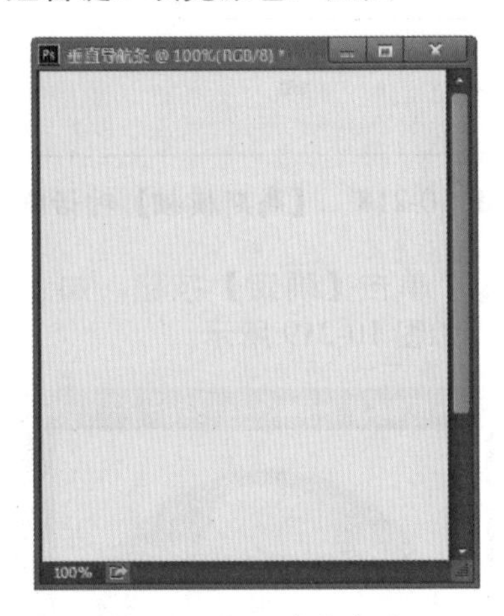

图 10-226 填充颜色

步骤 5 新建“图层 1”，使用矩形选区工具绘制矩形区域，然后填充为白色，如图 10-227 所示。

图 10-227 新建“图层 1”

步骤 6 双击【图层 1】，打开【图层样式】对话框，给该图层添加投影、内阴影、渐变叠加以及描边样式。单击【确定】按钮，即可看到添加图层样式后的效果，如图 10-228 所示。

图 10-228　给图层添加样式

步骤 7 选择工具箱中的横排文字工具，输入导航条上的文字，并设置文字的颜色、大小等属性，如图 10-229 所示。

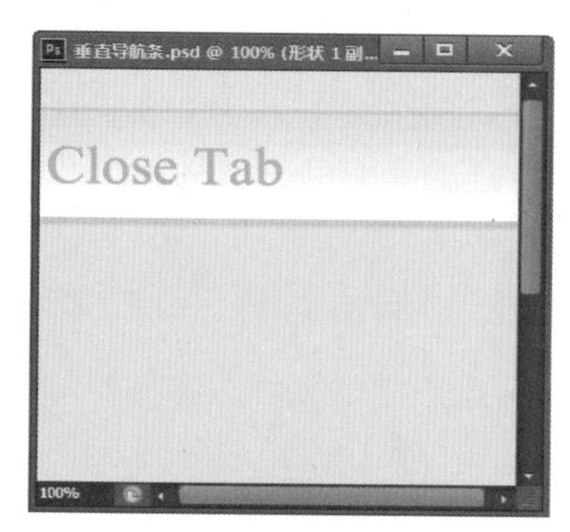

图 10-229　添加横排文字

步骤 8 单击工具箱中的【自定义形状】按钮，在出现的工具栏选项中选择自己喜欢的形状，如图 10-230 所示。

步骤 9 新建“路径 1”，绘制大小合适的形状，再右击“路径 1”，在弹出的快捷菜单中选择【建立选区】命令。新建“图层 3”，在选区内填充上和文字一样的颜色，重复对齐操作，效果如图 10-231 所示。

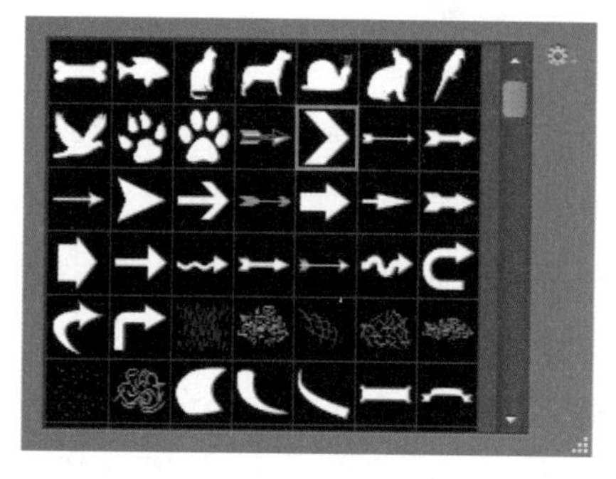

图 10-230　选择形状

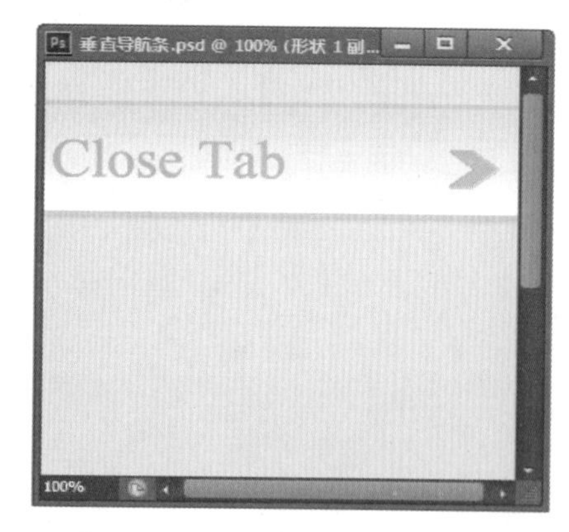

图 10-231　新建路径 1 和图层 3

步骤 10 合并除背景图层以外的所有图层，然后复制合并后的图层，并调整其位置。至此，就完成了垂直导航条的制作，最终的效果如图 10-232 所示。

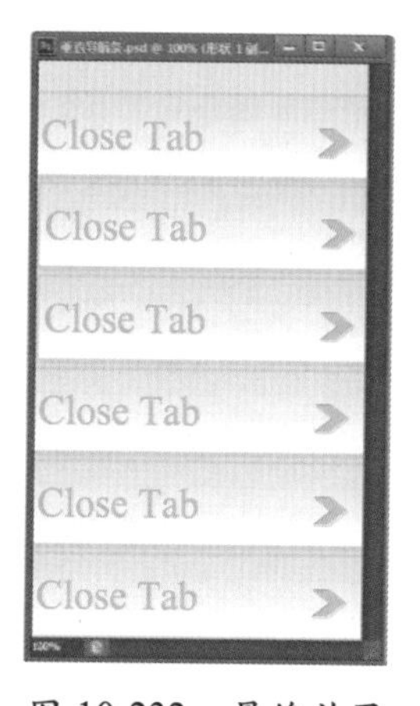

图 10-232　最终效果

10.9 疑难问题解答

问题 1：背景图层能使用图层样式吗？

解答：图层样式不能用于背景图层，如果一定要应用，可以按住 Alt 键双击背景图层，将其转换为普通图层，然后再为其添加图层样式。

问题 2：怎样复位【样式】面板？

解答：删除【样式】面板中的样式或者载入其他样式库后，如果想让面板恢复为 Photoshop 默认的预设样式，选择【样式】面板中的【复位样式】选项即可。

路径与矢量工具

- **本章导读：**

Photoshop 虽然是一个以编辑和处理位图图像为主的图像处理软件，但它也包含了一定的矢量图形处理功能，以此来辅助位图图像的设计。路径即是矢量设计功能的充分体现，用户可使用路径功能绘制线条或曲线，并对其进行填充或描边，从而完成一些其他工具所不能完成的工作。本章就带领大家学习如何使用路径和矢量工具绘制矢量图形。

- **学习目标：**

◎ 了解路径的基础知识
◎ 掌握路径的基本操作
◎ 掌握钢笔工具组的用法
◎ 掌握形状工具组的用法
◎ 掌握编辑路径的方法

- **重点案例效果**

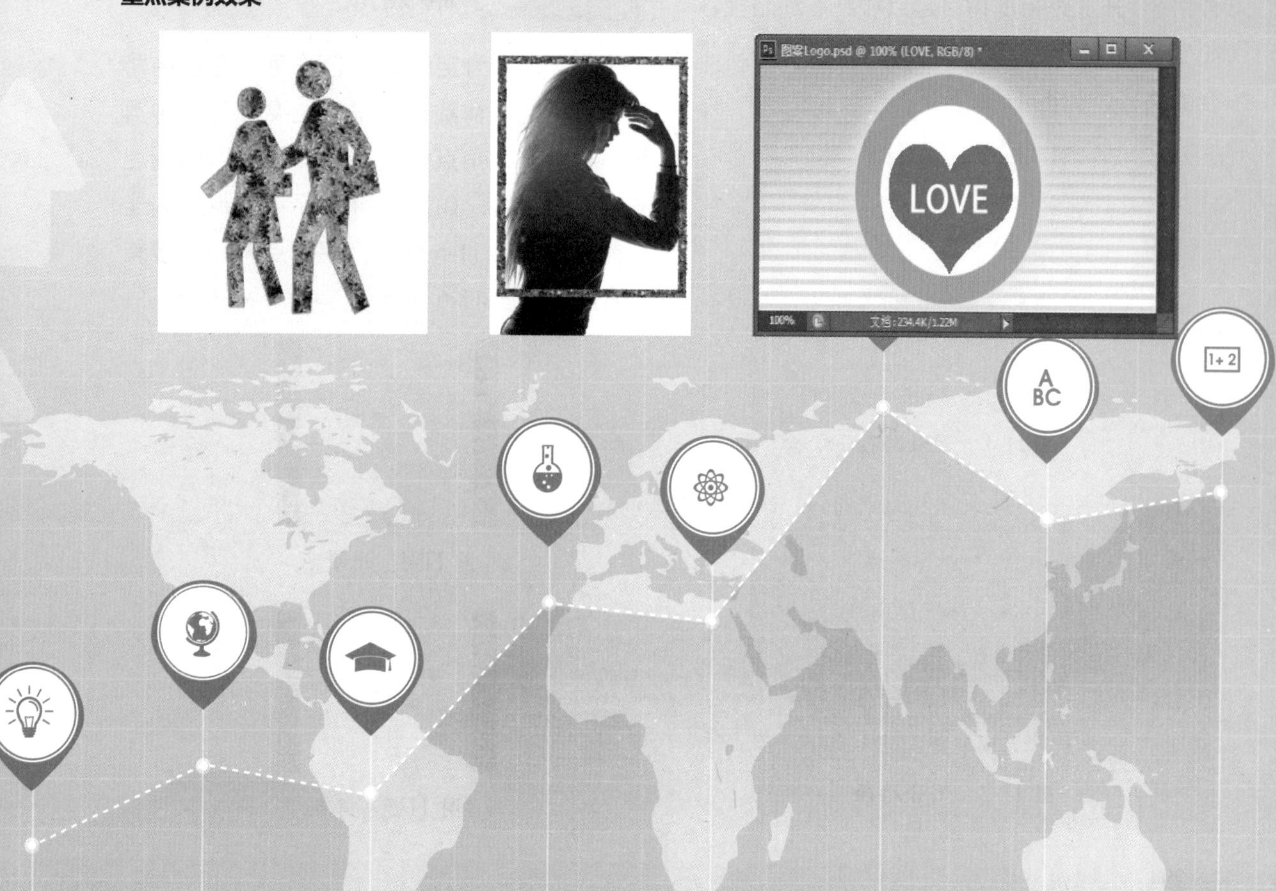

11.1 路径概述

在学习使用钢笔工具或形状工具绘制矢量图之前，首先应该了解路径、锚点的作用以及特征，从而为学习后面的知识奠定基础。

11.1.1 了解路径

对于矢量图形而言，路径和锚点是它的两个组成元素。其中，路径是指矢量图形的线条，它相当于一种轮廓，其本身不会被打印出来，对这些线条进行填充或描边，即可绘制出矢量图形。除了使用路径绘制线条或曲线外，还可使用路径创建选区、定义画笔等工具的绘制轨迹等。

1. 路径的类型

路径主要分为两种类型：开放路径和闭合路径。开放路径是指有起点和终点的路径，如图 11-1 所示。闭合路径是指起点和终点重合的路径，如图 11-2 所示。

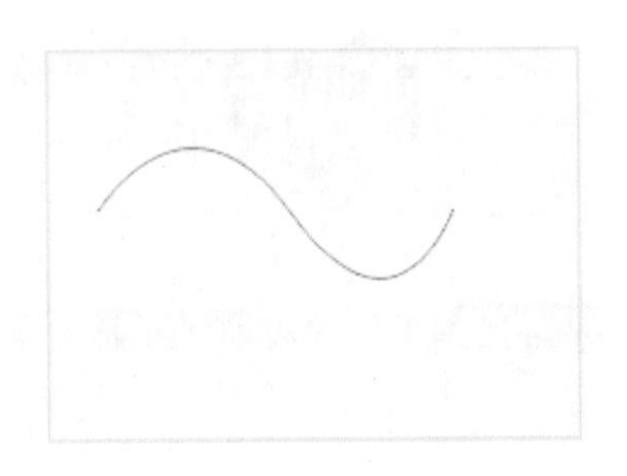

图 11-1　开放路径

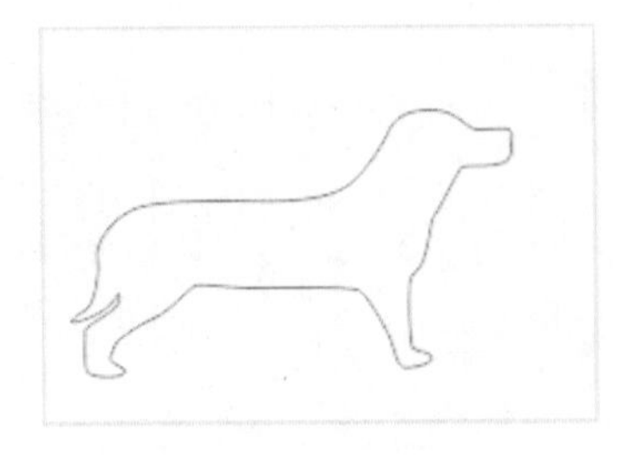

图 11-2　闭合路径

2. 路径的组成

路径由一个或多个曲线段、直线段、方向点、锚点和方向线组成，如图 11-3 所示。

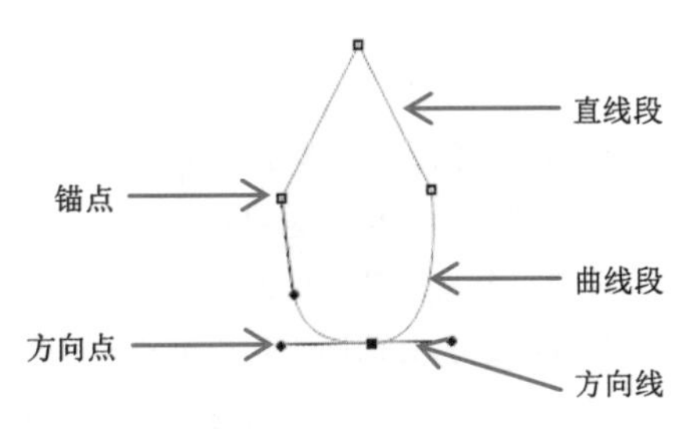

图 11-3　路径的组成

11.1.2 了解锚点

锚点又称为定位点，它的两端会连接路径中的直线或曲线段。锚点主要分为三种类型：平滑点、角点和拐角点。平滑点两端连接光滑的曲线，如图 11-4 所示；角点两端连接直线，如图 11-5 所示；拐角点两端连接转角曲线，如图 11-6 所示。

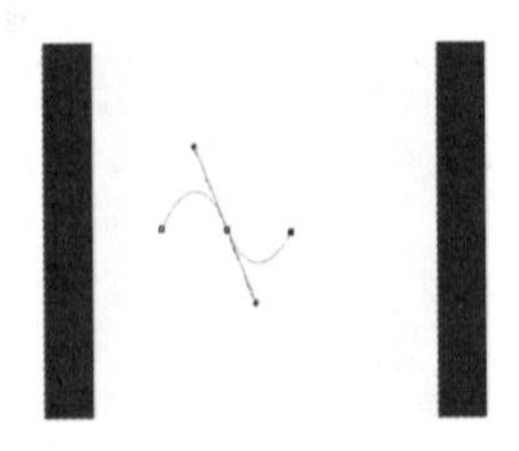

图 11-4　平滑点

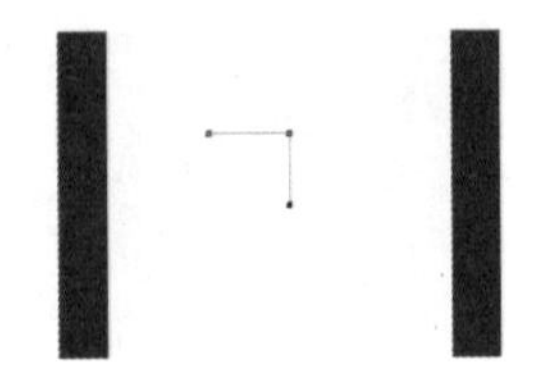

图 11-5　角点

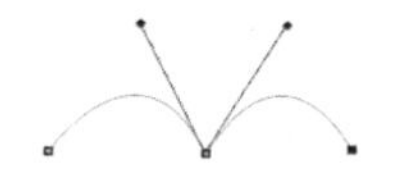

图 11-6　拐角点

> **提示**　锚点被选中时为一个实心的方点，没有选中时是空心的方点。对于曲线路径，锚点两侧会有方向线，方向线的两端称为方向点，使用它们可以调整曲线的形状。

11.1.3　认识【路径】面板

Photoshop 提供了一个专门的路径控制面板：【路径】面板。使用该面板可以对路径快速而方便地进行管理，如图 11-7 所示。

> **提示**　选择【窗口】→【路径】命令，可以显示或隐藏【路径】面板。

【路径】面板中各参数的含义如下。

☆ 【用前景色填充路径】：单击该按钮，可使用当前的前景色填充路径。

☆ 【用画笔描边路径】：单击该按钮，可使用画笔工具描边路径。

☆ 【将路径作为选区载入】：单击该按钮，可将当前的路径转换为选区。

☆ 【从选区生成工作路径】：单击该按钮，可将当前的选区生成为工作路径。

☆ 【添加矢量蒙版】：单击该按钮，可在当前的路径上添加矢量蒙版。

☆ 【创建新路径】：单击该按钮，可创建新的路径。

☆ 【删除当前路径】：单击该按钮，可删除当前选择的路径。

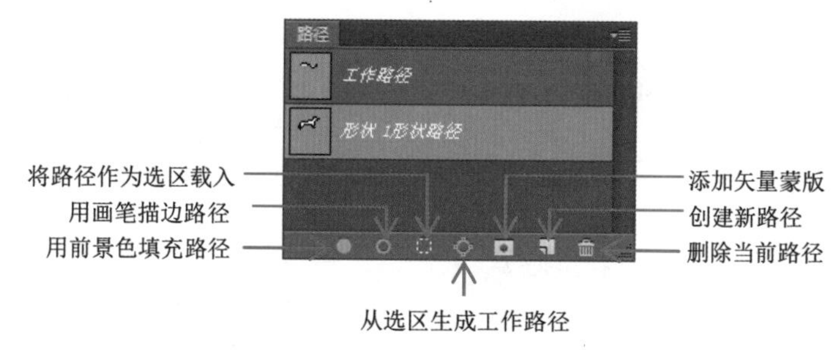

图 11-7　【路径】面板

11.2　路径的基本操作

路径的基本操作包括创建新路径、选择和隐藏路径、保存路径等，这些操作都是通过【路径】面板完成的。

11.2.1　创建新路径

在【路径】面板中单击底部的【创建新路径】按钮，即可新建一个空白路径，如图 11-8 所示。

图 11-8　新建一个空白路径

此外，按住 Alt 键的同时单击【创建新路径】按钮，将弹出【新建路径】对话框，在【名称】文本框中输入路径的名称，可以在新建路径时为路径命名，如图 11-9 所示。

图 11-9　【新建路径】对话框

11.2.2 显示和隐藏路径

在【路径】面板中单击某个路径，即可选择路径，如图 11-10 所示，此时文档窗口中将会显示出该路径，用户可对其进行编辑和调整，如图 11-11 所示。

同理，在【路径】面板的空白处单击，不选择路径，即可在文档窗口中隐藏路径，如图 11-12 所示。

图 11-10　单击以选择路径

图 11-11　在窗口中显示出路径

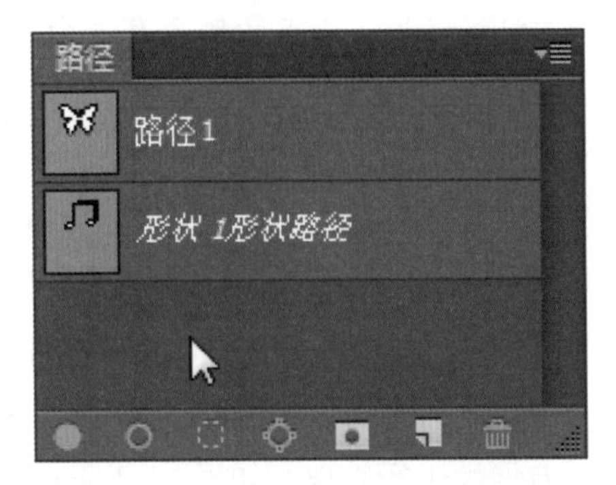

图 11-12　在空白处单击以隐藏路径

11.2.3 认识工作路径和形状路径

在【路径】面板中若单击按钮，新建一个空白路径，然后在该路径下使用钢笔工具绘制，即可创建路径。

若不新建路径，而直接使用钢笔工具或形状工具绘制，可以生成工作路径或形状路径，具体类型取决于在选项栏中设置的工具模式，如图 11-13 所示。这两种路径都是一种临时路径，若不保存，当再次使用工具绘制时，原有的路径就会被替换为新的路径。例如，再次使用形状工具绘制形状，此时“形状 2 形状路径”将会替换原来的“形状 1 形状路径”，如图 11-14 所示。

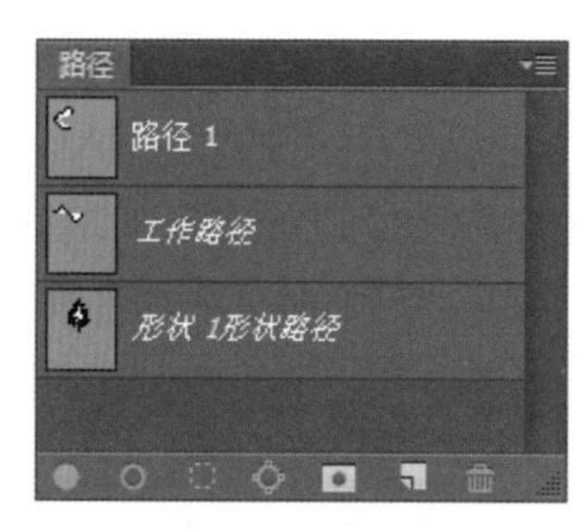

图 11-13　生成工作路径或形状路径

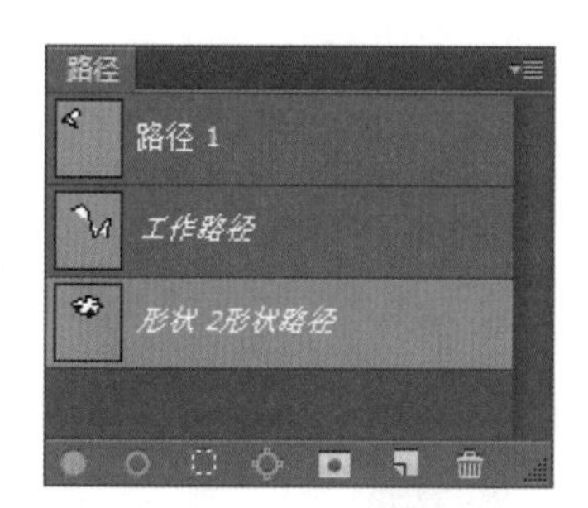

图 11-14　原有的路径被替换为新的路径

11.2.4 保存工作路径和形状路径

由 11.2.3 节可知，工作路径和形状路径都只是临时路径，若要其中的路径不被替换，就需要保存这些路径，具体的操作步骤如下。

步骤 1 在【路径】面板中双击要保存的工作路径或形状路径，如这里双击“工作路径”，如图 11-15 所示。

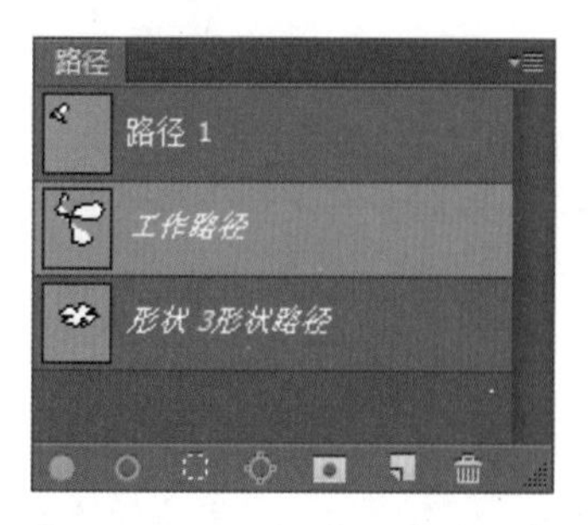

图 11-15　双击“工作路径”

步骤 2 弹出【存储路径】对话框，在【名称】文本框中输入路径的名称，如图 11-16 所示。

图 11-16　【存储路径】对话框

步骤 3 单击【确定】按钮，即可保存路径，如图 11-17 所示。

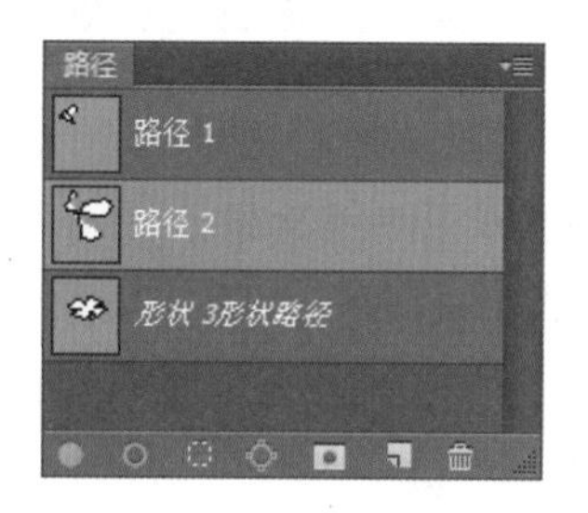

图 11-17　保存路径

对于普通的路径，使用钢笔工具绘制后，Photoshop 会自动进行保存。

11.2.5 复制和删除路径

在【路径】面板中选择要复制的路径，将其拖动到底部的按钮上，可以复制该路径。若按住 Alt 键的同时，将其拖动到按钮上，将弹出【复制路径】对话框，可以在复制路径的同时对其重命名，如图 11-18 所示。

图 11-18　【复制路径】对话框

同理，在【路径】面板中选择要删除的路径，将其拖动到底部的按钮上，或者按 Delete 键，可以直接删除该路径。若选择路径后，单击按钮，将弹出对话框，提示是否删除路径，单击【是】按钮，即可删除路径，如图 11-19 所示。

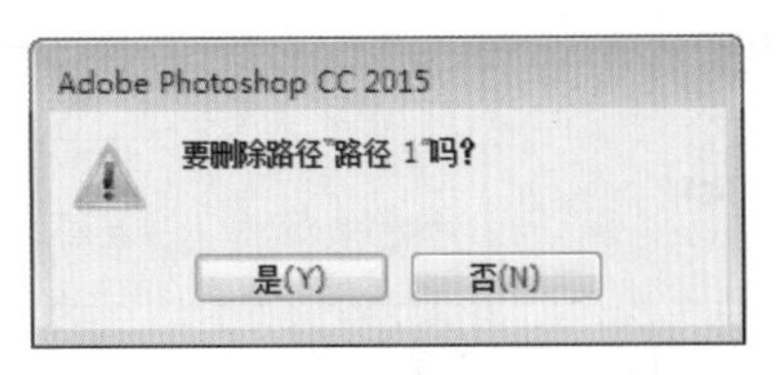

图 11-19　提示是否删除路径

11.2.6 填充和描边路径

填充路径是指用颜色或图案来填充路径，而描边路径是指使用绘画工具沿着路径创建描边，下面分别介绍。

1. 填充路径

选择要填充的路径，如图 11-20 所示，在【路径】面板中单击 按钮，即可使用当前的前景色来填充路径，如图 11-21 所示。

图 11-20　选择要填充的路径

图 11-21　用当前的前景色填充路径

此外，用户可使用【填充路径】对话框为路径填充图案或颜色，并且自定义填充图像的混合模式、羽化半径和不透明度等。具体的操作步骤如下。

步骤 1 打开随书光盘中的“素材\ch11\01.jpg”文件，如图 11-22 所示。

图 11-22　素材文件

步骤 2 在【路径】面板中选择路径 1 并右击，在弹出的快捷菜单中选择【填充路径】命令，如图 11-23 所示。

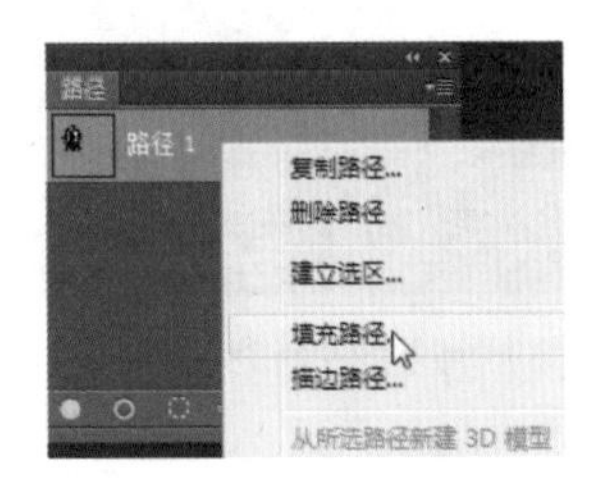

图 11-23　选择【填充路径】命令

步骤 3 弹出【填充路径】对话框，在【内容】下拉列表框中选择【图案】选项，然后在【自定图案】下拉列表框中选择填充的图案，其余参数保持不变，如图 11-24 所示。

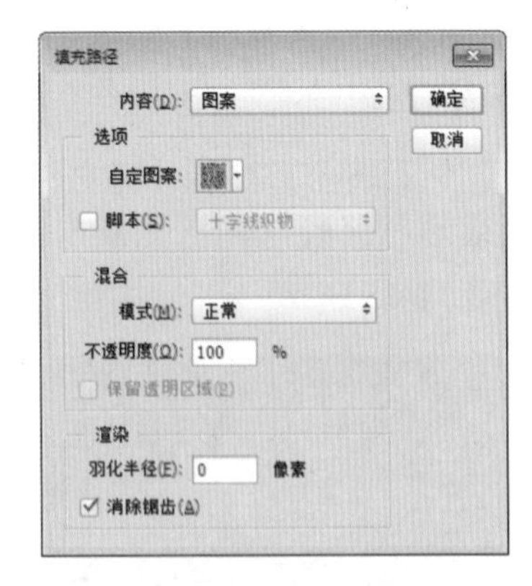

图 11-24　选择填充的图案

> **提示** 按住 Alt 键的同时，将路径 1 拖动到 按钮上，或者单击该按钮，也会弹出【填充路径】对话框。

步骤 4 单击【确定】按钮，即可为路径填充图案，如图 11-25 所示。

图 11-25　为路径填充图案

提示 单击【内容】右侧的按钮，在弹出的下拉列表中可以看到，还可使用前景色、背景色、黑色或白色等填充路径，如图 11-26 所示。

图 11-26　使用其他颜色填充路径

2. 描边路径

选择要描边的路径，如图 11-27 所示，在【路径】面板中单击按钮，即可使用默认的设置对路径进行描边，如图 11-28 所示。

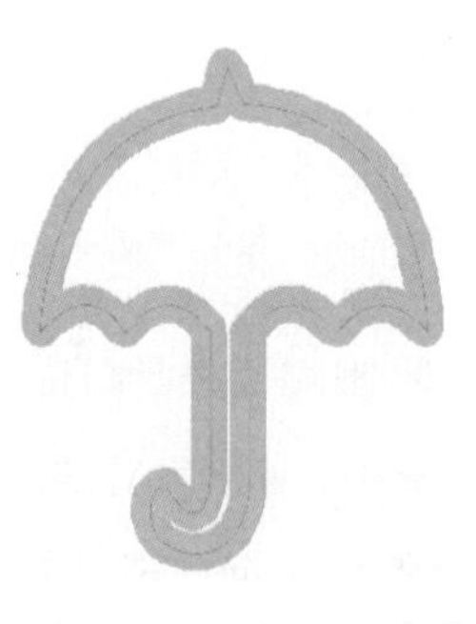

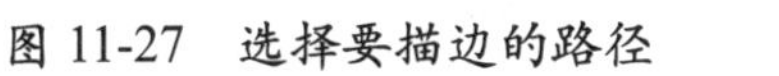

图 11-27　选择要描边的路径　　图 11-28　使用默认的设置对路径进行描边

若用户要自定义描边的画笔大小、硬度、颜色等，那么在描边前需要对画笔和前景色进行设置，具体的操作步骤如下。

步骤 1 打开随书光盘中的“素材 \ch11\02.jpg”文件，如图 11-29 所示。

步骤 2 将前景色设置为蓝色，如图 11-30 所示。

图 11-29　素材文件

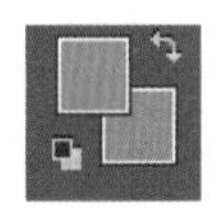

图 11-30　将前景色设置为蓝色

步骤 3 选择画笔工具，在工具选项栏中将画笔大小设置为 10 像素，并选择笔尖的类型，如图 11-31 所示。

图 11-31　设置笔尖大小和类型

步骤 4 在【路径】面板中选择路径 1，单击底部的按钮，即可采用当前设置的前景色和画笔笔尖大小等参数对路径进行描边，如图 11-32 所示。

图 11-32　对路径进行描边

同填充路径类似，按住 Alt 键的同时，单击按钮，会弹出【描边路径】对话框，如图 11-33 所示。在【工具】下拉列表框中可选择用于描边的工具，在底部若选中【模拟压力】复选框，可以使描边的线条产生粗细变化。

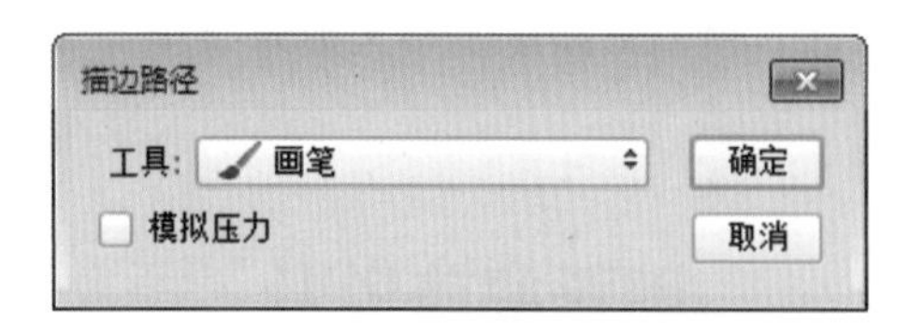

图 11-33　【描边路径】对话框

11.2.7 路径与选区的转换

通过【路径】面板底部的或按钮，可将路径和选区二者进行转换，具体的操作步骤如下。

步骤 1 打开随书光盘中的“素材\ch11\03.jpg”文件，如图 11-34 所示。

图 11-34　素材文件

步骤 2 选择快速选择工具，创建一个选区，选中猫头，如图 11-35 所示。

图 11-35　创建选区

步骤 3 在【路径】面板中单击按钮，即可从选区生成工作路径，如图 11-36 所示，图像效果如图 11-37 所示。

图 11-36　从选区生成工作路径

图 11-37　图像效果

同理，在【路径】面板中选择路径，单击底部的按钮，可将路径转换为选区。

11.3 使用钢笔工具组绘制路径

使用钢笔工具组可以自由地创建和编辑任意路径图形，本节主要介绍前两种工具：钢笔工具和自由钢笔工具，如图 11-38 所示。后面三种工具通常用于编辑路径，将在 11.5 节介绍。

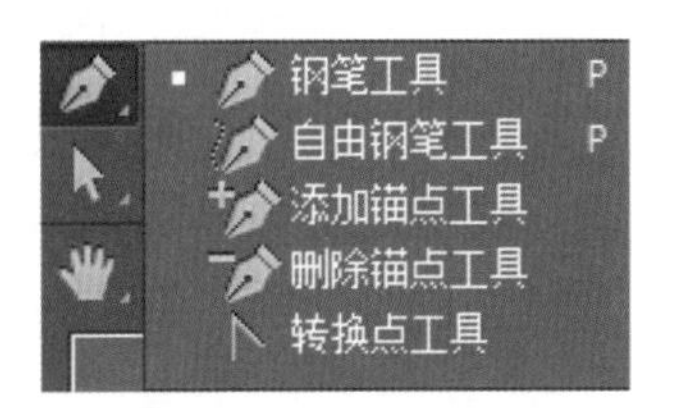

图 11-38 钢笔工具组

11.3.1 使用钢笔工具绘制路径

钢笔工具既可以用于绘制矢量图形，也可以创建选区，它是 Photoshop 中最为常用的绘制工具。

1. 认识钢笔工具的选项栏

图 11-39 所示是钢笔工具的选项栏。

图 11-39 钢笔工具的选项栏

选项栏中各参数的含义如下。

☆ 选择工具模式：设置绘图模式，Photoshop 提供有 3 种模式，分别是形状、路径和像素，如图 11-40 所示。选择【形状】选项时，选项栏如图 11-41 所示。在该模式下，用户可以在单独的形状图层中绘制形状，还可通过选项栏对形状进行填充、描边，设置描边宽度、类型等操作。【路径】选项表示创建工作路径，在绘制路径时，【建立】区域中的选项将被激活，用户可以将路径转换为选区、蒙版或形状。【像素】选项在使用钢笔工具时不可用。

提示

形状和路径的区别在于绘制形状时，形状会位于某个图层上，是图层的一部分；而后者只是轮廓，它独立于所有图层，不是图层的一部分。无论是形状还是路径，都可以使用路径调整工具进行调整。

图 11-40 3 种绘图模式

图 11-41 形状模式下的选项栏

☆ 【路径操作】：设置路径的运算方法，类似于对选区进行相加、减去等运算，如图 11-42 所示。

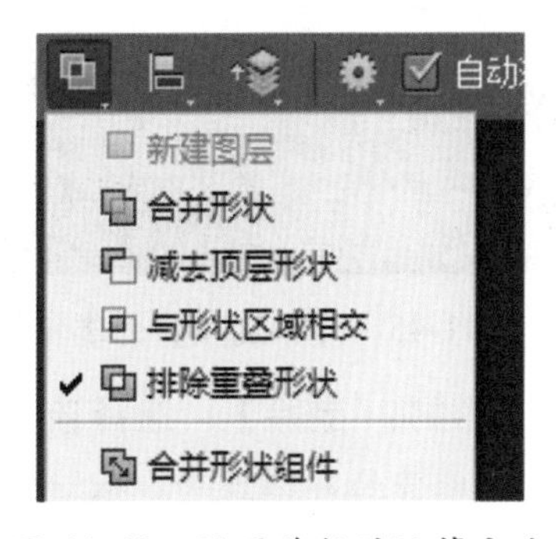

图 11-42 设置路径的运算方法

☆ 【路径对齐方式】：设置路径的对齐方式。使用路径选择工具选择多个子路径，单击该按钮，在弹出的下拉列表中可对选择的子路径进行对齐和分布操作，如图 11-43 所示。

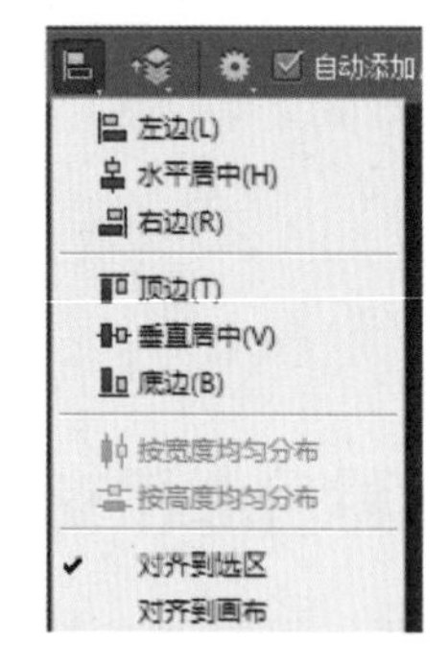

图 11-43 设置路径的对齐方式

☆ 【路径排列方式】：设置路径的排列方式。选择某个路径，单击该按钮，在弹出的下拉列表中可调整所选路径的堆叠顺序，如图 11-44 所示。

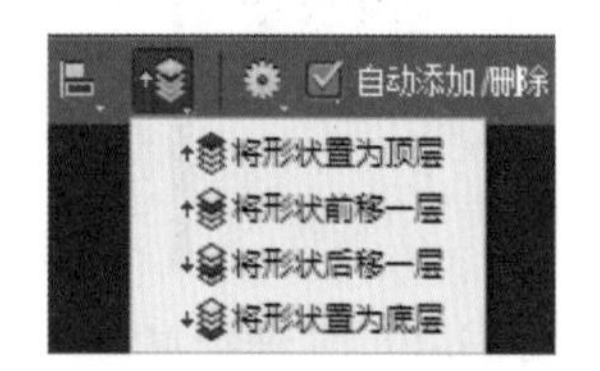

图 11-44 设置路径的排列方式

☆ 【橡皮带】：单击按钮，将弹出下拉列表，若选中【橡皮带】复选框，在绘制时可以直观地查看下一节点与当前节点之间的轨迹，从而判断出路径的走向，如图 11-45 所示。

图 11-45 【橡皮带】复选框

☆ 【自动添加 / 删除】：选择该项后，将鼠标指针定位在锚点上，指针会变为形状，单击可删除该锚点；将鼠标指针定位在曲线或直线段上，指针会变为形状，单击可添加锚点。

☆ 【对齐边缘】：选择该项可使矢量形状边缘与像素网格对齐。当绘图模式设置为【路径】时，该项不可用。

2. 使用钢笔工具

使用钢笔工具可以绘制直线、曲线或转角曲线，下面分别介绍。

(1) 绘制直线。

用户只需在不同的地方单击就可以绘制直线，具体的操作步骤如下。

步骤 1 选择钢笔工具，在选项栏中将绘图模式设置为【路径】，然后将鼠标指针定位在文档窗口中，此时指针变为形状，单击可以创建作为起点的锚点，如图 11-46 所示。

图 11-46 创建作为起点的锚点

步骤 2 在另一个位置处单击，此时两个锚点会由一条直线连接，如图 11-47 所示。

图 11-47 创建第二个锚点

提示 按住 Shift 键不放，可以绘制水平、垂直或成 45 度角的直线。

步骤3 在其他位置处单击，继续绘制直线，如图11-48所示。

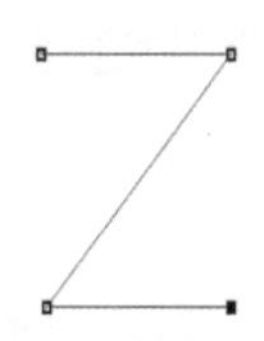

图11-48 继续绘制直线

步骤4 将鼠标指针定位在起点处，当指针变为形状时，单击鼠标，即可闭合路径，如图11-49所示。

提示 若不想闭合路径，但要结束绘制，可以按Esc键，此时绘制的是开放路径。

图11-49 闭合路径

(2) 绘制曲线。

单击左键并拖动鼠标，锚点两端会出现方向线和方向点，调整方向点即可绘制曲线。具体的操作步骤如下。

步骤1 选择钢笔工具，在文档窗口中单击，并按住左键向右上角拖动鼠标，创建一个两端具有方向线的锚点（即平滑点），如图11-50所示。

图11-50 创建一个锚点

步骤2 在另一个位置处单击，并按住左键向右下角拖动鼠标，创建第二个具有方向线的锚点，在拖动时适当调整方向线的方向和长度，从而调整曲线的方向和曲度，如图11-51所示。

图11-51 创建第二个具有方向线的锚点

步骤3 重复步骤2，继续创建锚点，如图11-52所示。

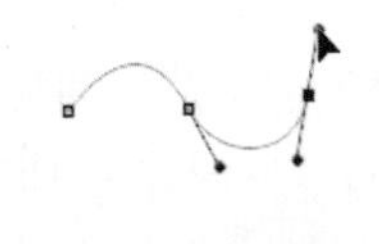

图11-52 继续创建锚点

步骤4 按Esc键结束绘制，即可创建光滑的曲线，如图11-53所示。

图11-53 创建光滑的曲线

(3) 绘制转角曲线。

转角曲线是指与上一段曲线之间出现转折的曲线，绘制该类曲线只需改变方向线的方向即可。具体的操作步骤如下。

步骤1 选择钢笔工具，在文档窗口中单击，并按住左键拖动鼠标，绘制一段曲线，如图11-54所示。

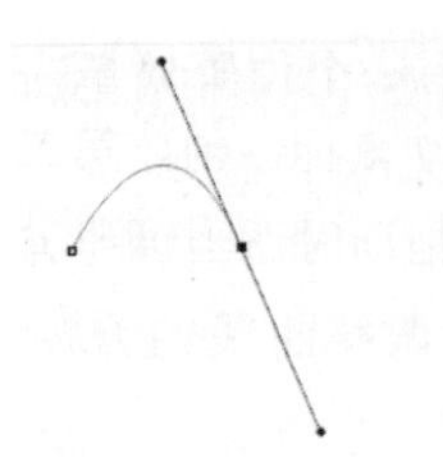

图 11-54　绘制一段曲线

步骤 2 再次在另一个位置处单击，并按住左键拖动鼠标，绘制第二段曲线，如图 11-55 所示。

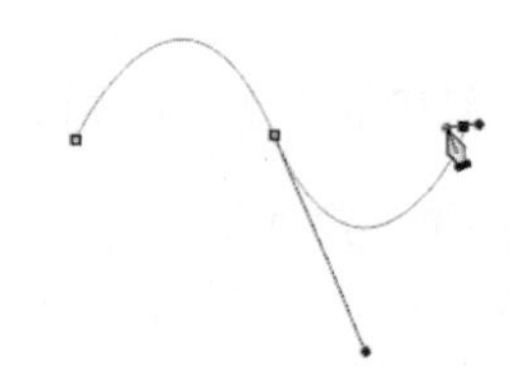

图 11-55　绘制第二段曲线

步骤 3 按住 Alt 键不放，将鼠标指针定位在中间锚点下端的方向点上，指针会变为 形状（即转换点形状），将其向右上角拖动，即可创建转角曲线，如图 11-56 所示。

> 提示　使用转换点工具，也可以创建转角曲线。

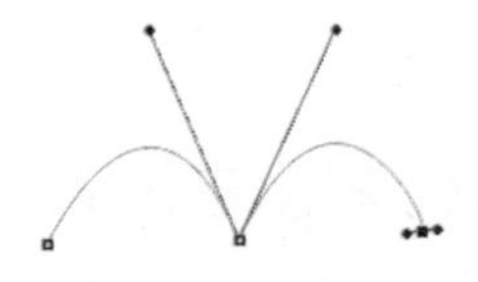

图 11-56　创建转角曲线

11.3.2 使用自由钢笔工具绘制路径

自由钢笔工具用来绘制比较随意的图形。它的使用方法类似于套索工具，只需按住左键沿着边缘拖动鼠标即可，释放鼠标后，Photoshop 会自动为路径添加锚点。

1. 认识自由钢笔工具的选项栏

图 11-57 是自由钢笔工具的选项栏。

图 11-57　自由钢笔工具的选项栏

选项栏中各参数的含义如下。

☆ 【曲线拟合】：单击按钮，将弹出下拉列表，在【曲线拟合】文本框中输入数值，可设置所绘制路径与指针移动轨迹的相似程度，如图 11-58 所示。该值的取值范围为 0.5 ～ 11.0 像素，值越小，自动生成的锚点越多，路径形态越精确。

图 11-58　按钮的下拉列表

☆ 【磁性的】：单击按钮，在弹出的下拉列表中若选中【磁性的】复选框，可切换为磁性钢笔工具，该工具类似于磁性套索工具。其中【宽度】选项表示使用磁性钢笔工具建立路径时颜色的取样范围；【对比】选项表示工具对图像边缘的敏感度；【频率】选项表示生成锚点的密度，该值越大，生成的锚点越多。

> 提示　位于按钮右侧的【磁性的】这一参数与上述参数的含义是一致的。

其余参数的含义与钢笔工具一致，这里不再赘述。

2. 使用自由钢笔工具

使用自由钢笔工具无须设置锚点，只需拖动鼠标即可绘制任意路径，具体的操作步骤如下。

步骤 1 打开随书光盘中的“素材\ch11\04.jpg”文件，如图11-59所示。

图 11-59 素材文件

步骤 2 选择自由钢笔工具，在选项栏中取消选中【磁性的】复选框，然后按住左键沿着图像边缘拖动鼠标，绘制一条自由路径，如图11-60所示。

图 11-60 绘制一条自由路径

步骤 3 释放鼠标后，即会自动添加锚点，若要继续绘制，将鼠标指针定位在作为终点的锚点处，当指针变为形状时，按住左键并拖动鼠标继续绘制，如图11-61所示。

图 11-61 继续绘制

步骤 4 当绘制到与起点重合时，鼠标指针会变为形状，释放鼠标即可封闭该路径，如图11-62所示。

图 11-62 封闭路径

步骤 5 按Esc键可隐藏锚点，如图11-63所示。

提示 在绘制过程中，按住Alt键，可切换为钢笔工具，通常单击鼠标可以绘制直线。

图 11-63 隐藏锚点

3. 使用磁性钢笔工具

磁性钢笔工具是自由钢笔工具的扩展功能，在自由钢笔工具的选项栏中选中【磁性的】复选框，即可切换为磁性钢笔工具。该工具会根据图像中的颜色差异来自动绘制路径，其用法和特点与磁性套索工具非常相似，具体的操作步骤如下。

步骤 1 打开随书光盘中的“素材\ch11\05.jpg”文件，如图11-64所示。

图 11-64 素材文件

步骤 2 选择自由钢笔工具，在选项栏中单击按钮，在弹出的下拉列表中选中【磁性的】复选框，然后设置【宽度】、【对比】和【频率】等参数，如图 11-65 所示。

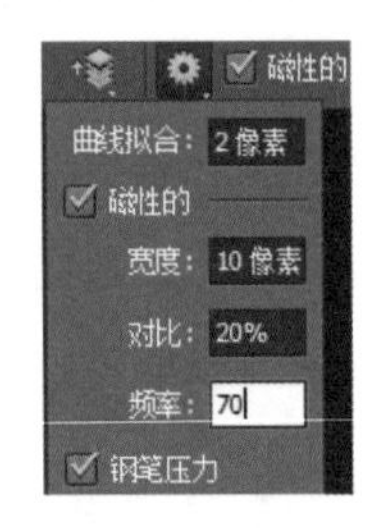

图 11-65　在选项栏中设置参数

步骤 3 在图像边缘单击，创建一个作为起点的锚点，然后沿着边缘拖动鼠标，Photoshop 会根据颜色的差异自动描绘出路径，如图 11-66 所示。

提示 在绘制过程中，用户也可以单击鼠标，手动添加锚点。

步骤 4 当终点与起点重合时，单击鼠标可闭合路径，如图 11-67 所示。

图 11-66　描绘出路径

提示 若终点与起点没有重合，直接双击鼠标，可以直接闭合路径；若按 Enter 键，可以创建开放路径。

图 11-67　闭合路径

11.4 使用形状工具组绘制形状

形状工具组是另外一个创建矢量图形的工具组，使用该工具组可以快速绘制出许多特定的形状，还可以通过形状的运算及自定义形状让形状更加丰富。该工具组共包含 6 个工具，分别是矩形工具、圆角矩形工具、椭圆工具、多边形工具、直线工具和自定形状工具，如图 11-68 所示。

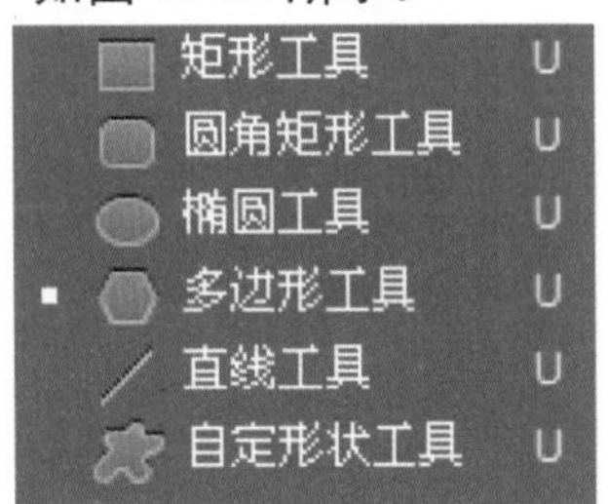

图 11-68　形状工具组

11.4.1 使用矩形工具为图像添加矩形框

矩形工具用于绘制矩形或正方形。

1. 认识矩形工具的选项栏

图 11-69 所示是矩形工具的选项栏。

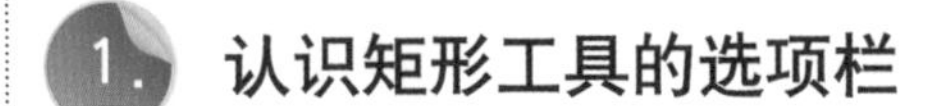

图 11-69　矩形工具的选项栏

选项栏中各参数的含义如下。

☆ 选择工具模式：与钢笔工具一样，该项用于设置绘图模式。不同的是，使用矩形工具时允许设置为【像素】模式，如图 11-70 所示。在【像素】模式下，用户可以为绘制的图像设置模式和不透明度，如图 11-71 所示。

图 11-70　设置绘图模式

图 11-71　【像素】模式下的选项栏

☆ 【填充】：设置使用纯色、渐变色和图案填充形状。图 11-72 所示是使用图案进行填充的效果。

图 11-72　使用图案进行填充

☆ 【描边】：设置使用纯色、渐变色和图案对形状进行描边。图 11-73 所示是使用渐变色描边的效果。

图 11-73　使用渐变色描边

☆ 设置形状描边宽度：设置描边的宽度。图 11-74 所示是将宽度增大后的效果。

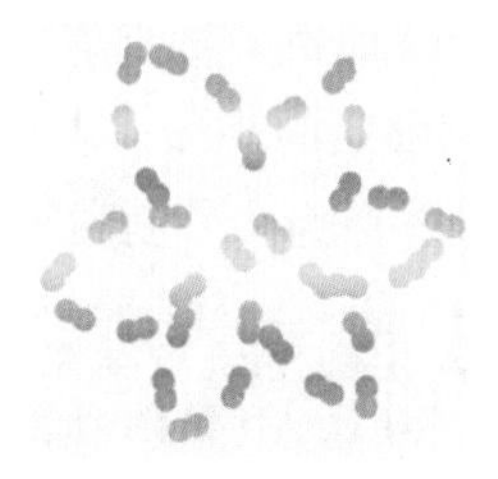

图 11-74　将宽度增大后的效果

☆ 设置形状描边选项：单击该按钮，在弹出的下拉列表中可以设置更多的描边选项，如描边样式、描边与路径的对齐方式、路径端点的样式等，如图 11-75 所示。图 11-76 所示是将描边样式设置为实线后的效果。

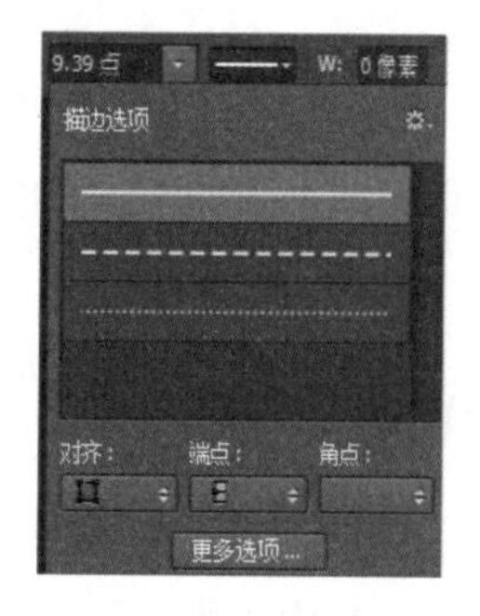

图 11-75　设置形状描边选项

图 11-76　将描边样式设置为实线后的效果

☆ W/H：设置形状的宽度和高度。单击中间的按钮，可将这两个值互换。

☆ 设置矩形创建方式：单击按钮，在弹出的下拉列表中可设置矩形的创建方式，如图 11-77 所示。其中【不受约束】选项表示创建任意大小的矩形；【方形】

选项表示创建任意大小的正方形；【固定大小】选项表示创建宽度和高度固定的矩形；【比例】选项表示创建宽度和高度比例固定的矩形；【从中心】选项表示以单击点为中心创建矩形。

提示 按住 Shift 键拖动鼠标可绘制正方形，按住 Alt 键拖动鼠标可以单击点为中心绘制矩形。

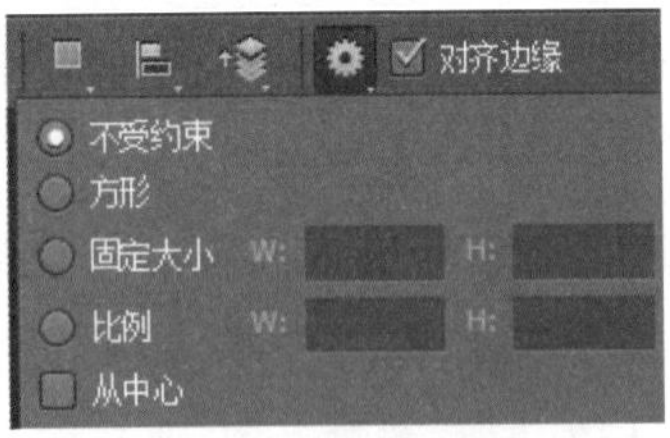

图 11-77 设置矩形创建方式

上面着重介绍了将工具模式设置为【形状】模式时参数的含义。若将其设置为【路径】模式，用户可参考钢笔工具中的介绍，这里不再赘述。

2. 使用矩形工具

下面使用矩形工具，给图片添加一个矩形边框，具体的操作步骤如下。

步骤 1 打开随书光盘中的“素材\ch11\06.jpg”文件，如图 11-78 所示。

图 11-78 素材文件

步骤 2 选择矩形工具，然后在图像中拖动鼠标绘制一个矩形边框，如图 11-79 所示。

图 11-79 绘制一个矩形边框

步骤 3 在【图层】面板中可以看到，此时将创建一个形状图层，如图 11-80 所示。

图 11-80 创建一个形状图层

步骤 4 绘制矩形边框后，在选项栏中设置描边选项，并设置描边的宽度，最终效果如图 10-81 所示。

图 11-81 最终效果

提示 在绘制形状时，除了在选项栏中可以设置相关参数外，用户也可以在【属性】面板中设置形状的大小、位置、填充、描边及运算方法等参数，如图 11-82 所示。

图 11-82　【属性】面板

11.4.2 使用圆角矩形工具绘制矩形

圆角矩形工具用于绘制具有平滑边缘的矩形，其选项栏与矩形工具基本相同，只有【半径】参数不同，如图 11-83 所示。

图 11-83　圆角矩形工具的选项栏

【半径】参数用于设置矩形四周圆角的平滑程度，该值越大，则圆角越平滑。图 11-84 和图 11-85 所示分别是将半径设置为 10 和 50 的效果。

图 11-84　将半径设置为 10 的效果

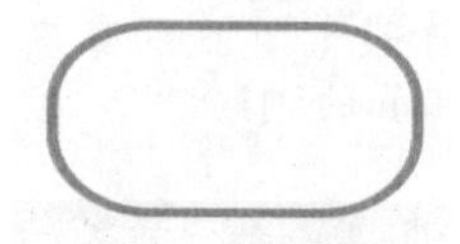

图 11-85　将半径设置为 50 的效果

11.4.3 使用椭圆工具绘制椭圆或圆形

椭圆工具用于绘制椭圆或圆形，其选项栏与矩形工具基本相同，这里不再赘述。

选择椭圆工具后，按住左键并拖动鼠标，即可绘制椭圆，如图 11-86 所示。若按住 Shift 键可以绘制圆形，如图 11-87 所示。

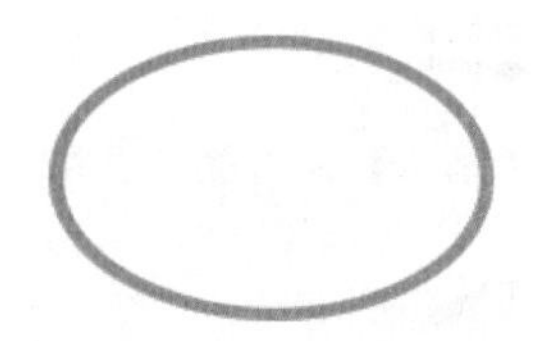

图 11-86　绘制椭圆　图 11-87　绘制圆形

11.4.4 使用多边形工具绘制图形

多边形工具用于绘制多边形和星形，其选项栏如图 11-88 所示。

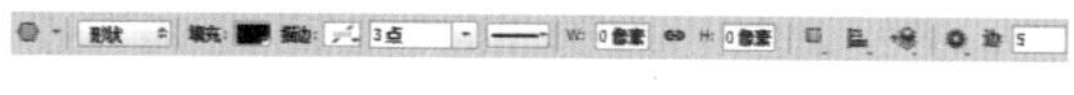

图 11-88　多边形工具的选项栏

单击按钮，在弹出的下拉列表中可以设置多边形的半径、是否具有平滑拐角等，如图 11-89 所示。

> **提示**　位于按钮右侧的【边】参数用于设置多边形的边数，其余参数与矩形工具相同。

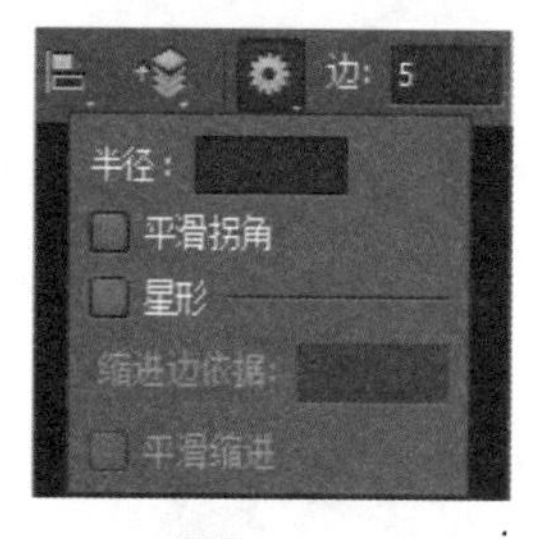

图 11-89　按钮的下拉列表

☆　【半径】：设置多边形或星形的半径长度，设置该项将创建固定大小的多边形或星形。

☆　【平滑拐角】：选中该项可创建具有平滑拐角的多边形或星形。图 11-90 和图 11-91 所示分别是不选中该项和选中该项的效果。

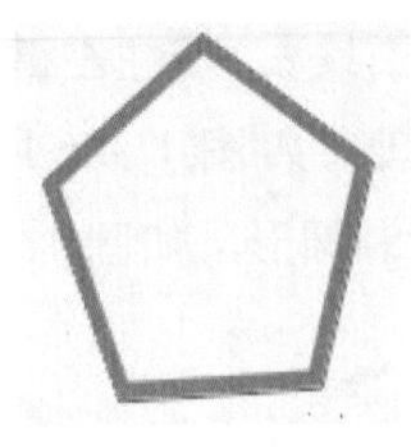

图 11-90　不选中【平滑拐角】复选框的效果

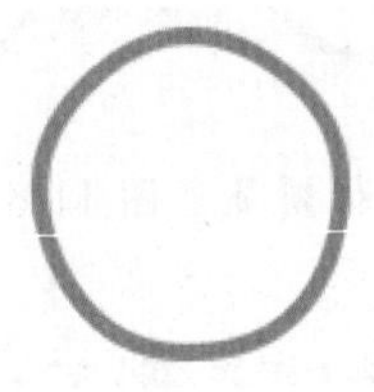

图 11-91　选中【平滑拐角】复选框的效果

☆　【星形】：选中该项可以创建星形。【缩进边依据】参数表示星形边缘向中心缩进的程度，图 11-92 和图 11-93 所示分别是将该值设置为 10 和 50 后的效果；【平滑缩进】选项表示星形边缘平滑地向中心缩进，图 11-94 所示是选中该项后的效果。

图 11-92　【缩进边依据】设置为 10 的效果

图 11-93　【缩进边依据】设置为 50 的效果

图 11-94　选中【平滑缩进】复选框的效果

提示　选择多边形工具后，在窗口中单击，将弹出【创建多边形】对话框，在其中可以设置多边形的宽度、高度、边数等，如图 11-95 所示。同理，选择其他形状的工具后，同样会弹出对话框，在其中设置参数，即可创建相应的形状。

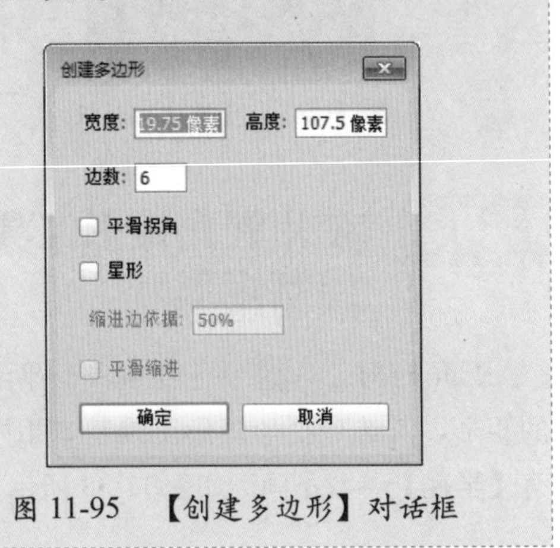

图 11-95　【创建多边形】对话框

11.4.5　使用直线工具绘制图形

直线工具用于绘制直线或带有箭头的线段，其选项栏如图 11-96 所示。

图 11-96　直线工具的选项栏

单击按钮，在弹出的下拉列表中可以设置箭头的方向、宽度、长度等，如图 11-97 所示。

提示　位于按钮右侧的【粗细】参数用于设置直线的宽度，其余参数与矩形工具的相同。

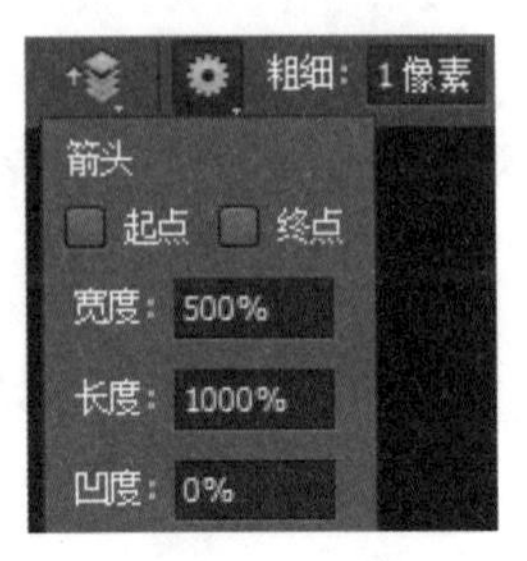

图 11-97　按钮的下拉列表

☆　【起点】/【终点】：设置是否在直线的起点或终点添加箭头。图 11-98 和图 11-99 所示分别是在起点添加箭头以及在起点和终点都添加箭头的效果。

☆　【宽度】：设置箭头宽度和线段宽度之间的比例。图 11-100 和图 11-101 所示分别是设置为 100% 和 700% 的效果。

图 11-98　在起点添加箭头

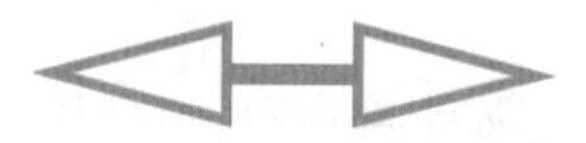

图 11-99　在起点和终点都添加箭头

图 11-100　宽度为 100%

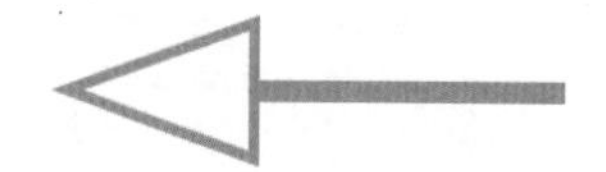

图 11-101　宽度为 700%

☆　【长度】：设置箭头长度和线段长度之间的比例。图 11-102 和图 11-103 所示分别是设置为 100% 和 700% 的效果。

图 11-102　长度为 100%

图 11-103　长度为 700%

☆　【凹度】：设置箭头中央凹陷的程度，取值范围为 -50% ～ 50%。图 11-104、图 11-105 和图 11-106 所示分别是设置为 -30%、0 和 30% 的效果。

图 11-104　凹度为 -30%

图 11-105　凹度为 0%

图 11-106　凹度为 30%

提示　按住 Shift 键，可以绘制水平、垂直或成 45 度角的直线。

11.4.6　使用自定形状工具绘制图形

自定形状工具用于绘制软件预设的形状或存储的自定义的形状以及来源于外部的形状。其选项栏如图 11-107 所示。

图 11-107　自定形状工具的选项栏

单击【形状】右侧的下拉按钮，在弹出的下拉列表中提供了多种软件预设的形状，如图 11-108 所示。选择其中一种，即可绘制预设的形状，如图 11-109 所示。

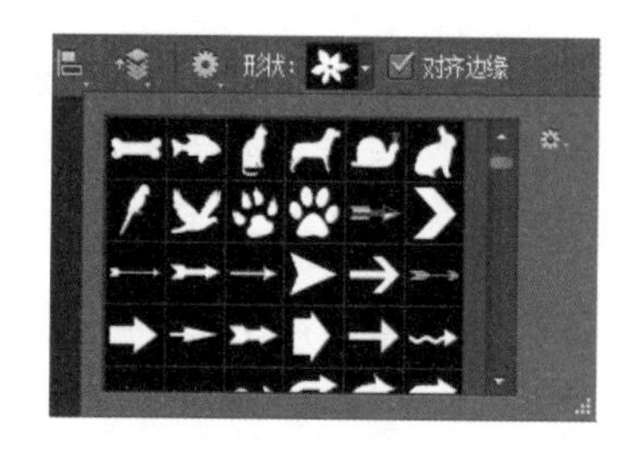

图 11-108　显示预设的形状

图 11-109　绘制出预设的形状

11.5 编辑路径

无论是使用钢笔工具还是形状工具绘制路径，很难一步到位。因此，用户可使用添加锚点工具、删除锚点工具、转换点工具、路径选择工具和直接选择工具这 5 种工具，对路径或形状进行编辑，使其更符合要求。

11.5.1 添加和删除锚点

使用添加锚点工具和删除锚点工具可以添加或删除锚点，这两个工具没有选项栏。具体的操作步骤如下。

步骤 1 打开随书光盘中的“素材\ch11\07.psd”文件，如图 11-110 所示。

图 11-110　素材文件

步骤 2 选择添加锚点工具，将鼠标指针定位在路径上，当指针变为形状时，单击即可添加锚点，如图 11-111 所示。

步骤 3 选择删除锚点工具，将鼠标指针定位在路径上，当指针变为形状时，单击即可删除锚点，如图 11-112 所示。

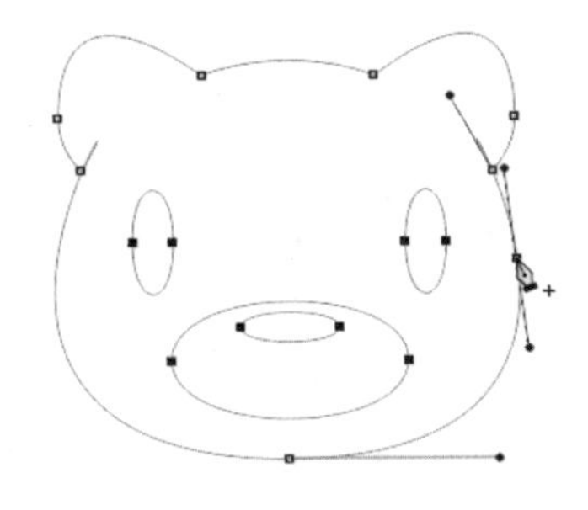

图 11-111　添加锚点

提示　使用直接选择工具选择锚点后，按 Delete 键也可删除锚点。但使用该方法操作时，锚点两侧的路径也会被删除。

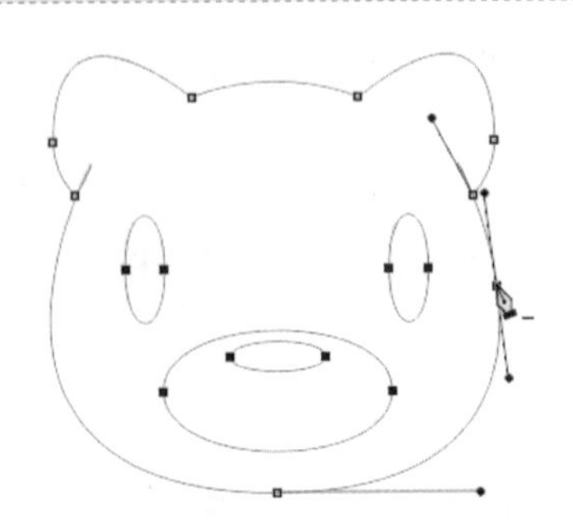

图 11-112　删除锚点

11.5.2 更改锚点的类型

使用转换点工具可以更改锚点的类型，它可将角点和平滑点进行转换。

选择该工具后，将鼠标指针定位在锚点上，指针会变为形状，如图 11-113 所示。如果该锚点是平滑点，单击该锚点可将其转化为角点，如图 11-114 所示；如果该锚点是角点，单击该锚点可以将其转化为平滑点，如图 11-115 所示。

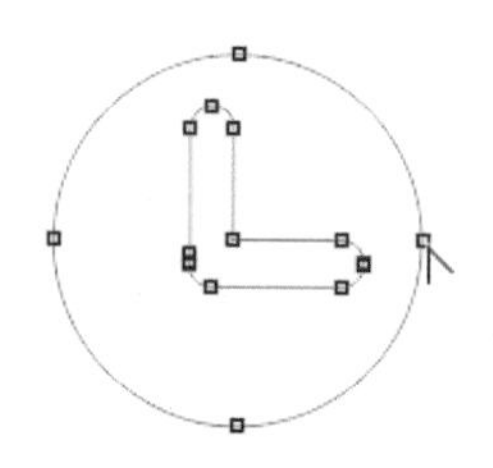

图 11-113　鼠标指针会变为形状

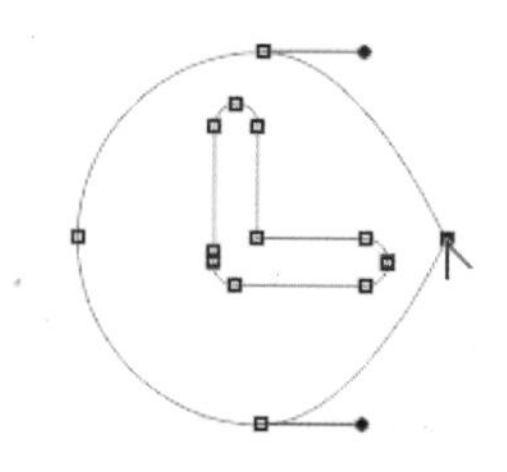

图 11-114　将锚点转化为角点

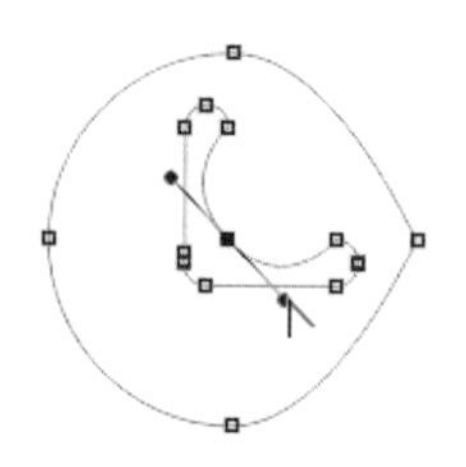

图 11-115　将锚点转化为平滑点

提示　使用直接选择工具时，按住 Ctrl+Alt 组合键，可切换为转换点工具，此时单击平滑点可将其转换为角点，单击并拖动角点可将其转换为平滑点；使用钢笔工具时，按住 Alt 键，也可切换为转换点工具，其更改锚点类型的方法与前面相同。

11.5.3 对齐与分布路径

使用路径选择工具可以选择一个或多个路径，并对其进行移动、排列、组合、分布等操作。具体的操作步骤如下。

步骤 1 打开随书光盘中的“素材\ch11\08.psd”文件，如图 11-116 所示。

图 11-116　素材文件

步骤 2 选择路径选择工具，在左侧的路径上单击，当路径上的锚点全部显示为黑色时，表示该路径已被选中，如图 11-117 所示。

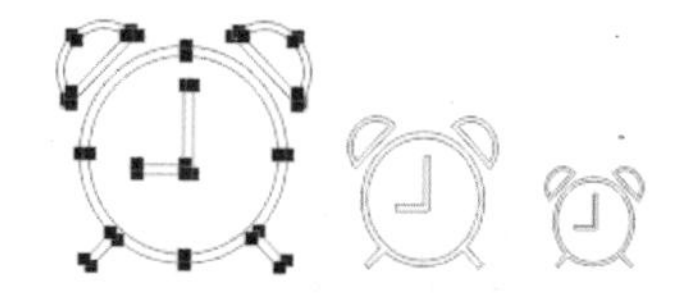

图 11-117　选中路径

步骤 3 按住 Shift 键单击其他的路径，即可同时选择多个路径，如图 11-118 所示。

提示　使用路径选择工具选中路径后，拖动鼠标可调整路径的位置。

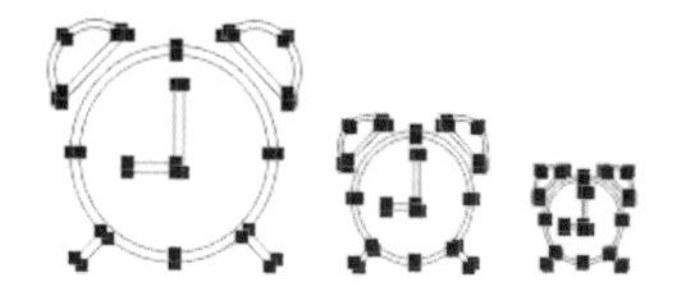

图 11-118　同时选择多个路径

步骤 4 在工具选项栏中单击按钮，在弹出的下拉列表中选择【顶边】选项，如图 11-119 所示。

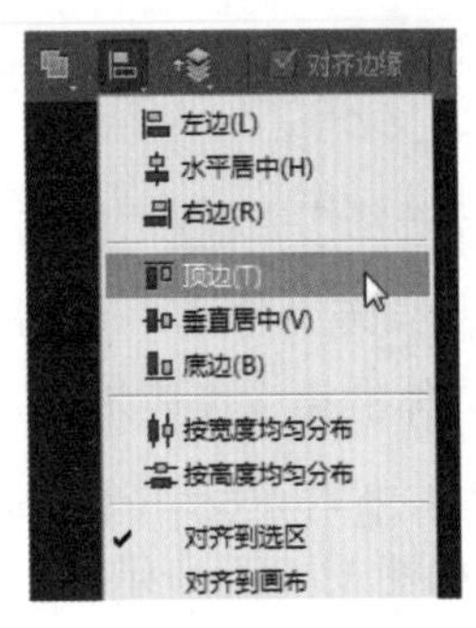

图 11-119 选择【顶边】选项

提示 选择【按宽度均匀分布】或【按高度均匀分布】选项，即可分布路径。

步骤 5 此时选中的路径将按顶边进行对齐，如图 11-120 所示。

图 11-120 对路径进行顶边对齐

11.5.4 调整路径的形态

使用直接选择工具选中某个路径段或者锚点，路径段或者锚点两侧将会出现方向线和方向点，拖动方向线或者方向点，即可调整路径的形态。具体的操作步骤如下。

步骤 1 打开随书光盘中的“素材\ch11\09.psd”文件，如图 11-121 所示。

图 11-121 素材文件

步骤 2 选择直接选择工具，在路径上单击显示出锚点，然后单击右眼上方的锚点，此时该锚点变为黑色方块，表示已被选中，如图 11-122 所示。

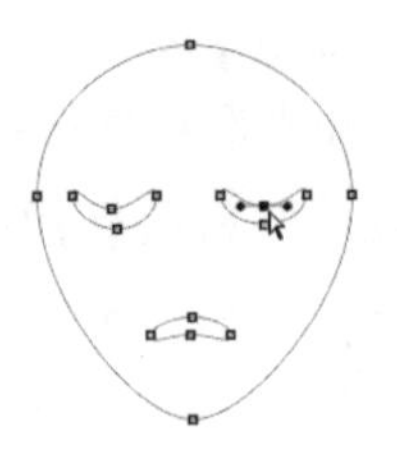

图 11-122 选中锚点

步骤 3 按住左键并向上拖动鼠标，改变锚点的位置，此时其两端连接的路径也随之移动，如图 11-123 所示。

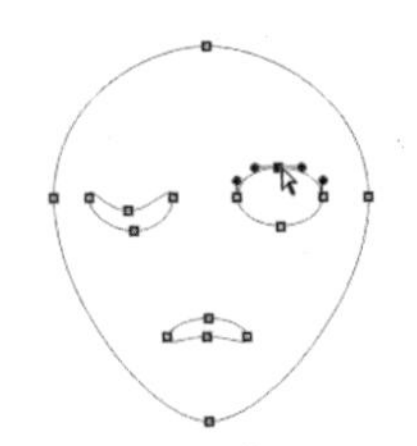

图 11-123 改变锚点的位置

步骤 4 使用步骤 3 的方法，选中其他的锚点并改变位置，如图 11-124 所示。

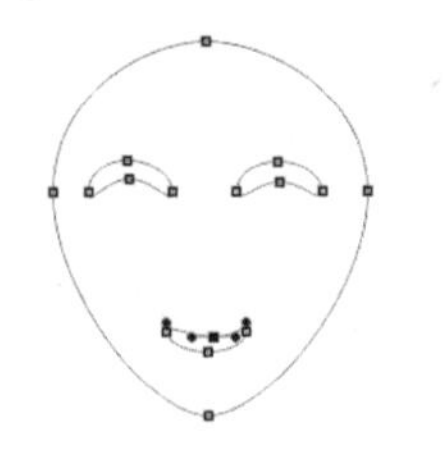

图 11-124 改变其他锚点的位置

步骤 5 单击左侧下方的路径段，此时其两侧出现方向线和方向点，如图 11-125 所示。

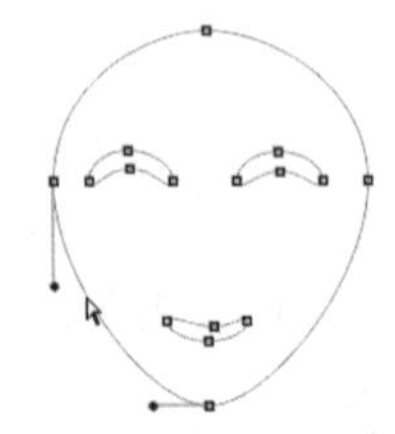

图 11-125 两侧出现方向线和方向点

步骤 6 拖动方向点，调整曲线的形状，如图 11-126 所示。

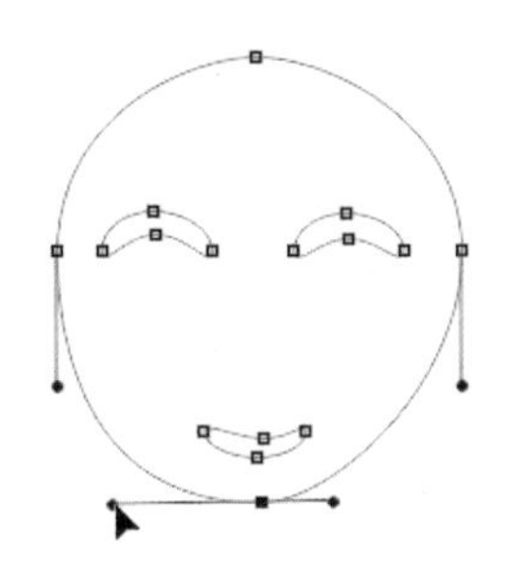

图 11-126　调整曲线的形状

步骤 7 拖动方向线另一侧的方向点，使两侧的脸对称，即成功调整了路径的形态，在空白处单击隐藏锚点，最终效果如图 11-127 所示。

图 11-127　调整路径的形态

11.5.5 变换和变形路径

在前面章节已经介绍了对图像进行变换和变形操作，而对路径进行变换和变形操作的方法与之类似，具体的操作步骤如下。

步骤 1 打开随书光盘中的“素材\ch11\10.psd”文件，如图 11-128 所示。

图 11-128　素材文件

步骤 2 选择【编辑】→【变换路径】→【变形】命令，如图 11-129 所示。此时路径中将出现定界框，拖动各控制点的位置，如图 11-130 所示。

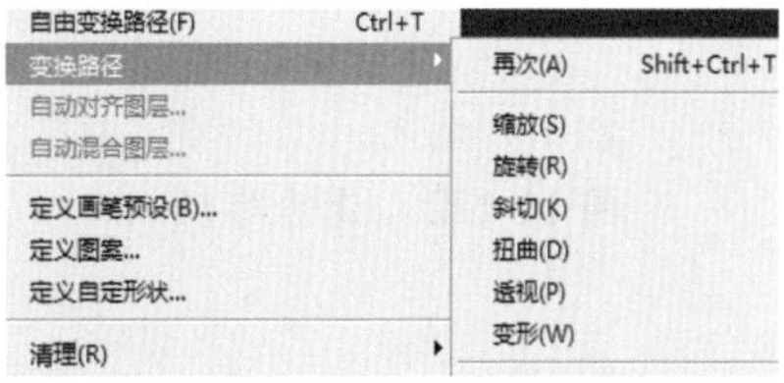

自由变换路径(F)　Ctrl+T
变换路径
自动对齐图层...
自动混合图层...
定义画笔预设(B)...
定义图案...
定义自定形状...
清理(R)
再次(A)　Shift+Ctrl+T
缩放(S)
旋转(R)
斜切(K)
扭曲(D)
透视(P)
变形(W)

图 11-129　选择【变形】命令

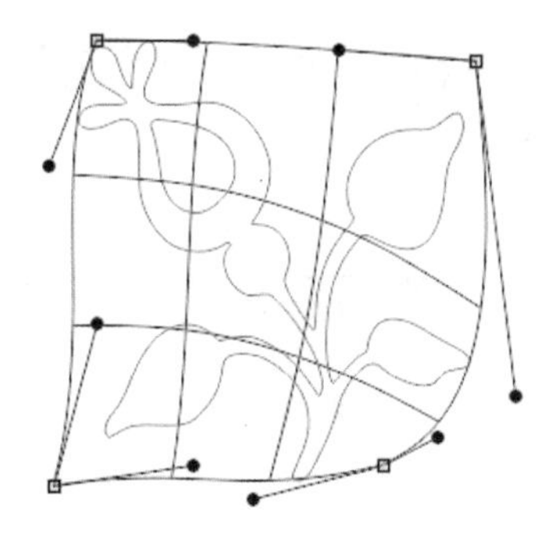

图 11-130　路径中出现定界框

步骤 3 按 Enter 键，即可对路径进行变形操作，如图 11-131 所示。

图 11-131　对路径进行变形操作

步骤 4 选择【编辑】→【变换路径】→【旋转】命令，可以旋转路径，效果如图 11-132 所示。

步骤 5 选择【编辑】→【变换路径】→【斜切】命令，可以斜切路径，效果如图 11-133 所示。

图 11-132　旋转路径

图 11-133　斜切路径

11.6 高效技能实战

11.6.1 技能实战 1——创建自定义的形状

对于用户自己创建的形状，可以将其保存为自定义的形状，这样在以后使用时，就可以直接调用该形状，而不必重新绘制。具体的操作步骤如下。

步骤 1 打开随书光盘中的“素材\ch11\11.psd”文件，如图 11-134 所示。

图 11-134　素材文件

步骤 2 选择【编辑】→【定义自定形状】命令，弹出【形状名称】对话框，在【名称】文本框中输入形状的名称，单击【确定】按钮，如图 11-135 所示。

图 11-135　【形状名称】对话框

步骤 3 选择自定形状工具，单击【形状】右侧的按钮，在弹出的下拉列表中可以看到，此时已添加了自己绘制的形状，如图 11-136 所示。

图 11-136　添加了自定义的形状

11.6.2 技能实战 2——制作图案型 Logo

制作带有图案的 Logo 时，首先需要做的就是制作 Logo 背景，接下来制作图案效果，具体的操作步骤如下。

步骤 1 打开 Photoshop，选择【文件】→【新建】命令，打开【新建】对话框，在【名称】文本框中输入“图案 Logo”，将高度设置为

400，宽度设置为200，分辨率设置为72像素/英寸，如图11-137所示。

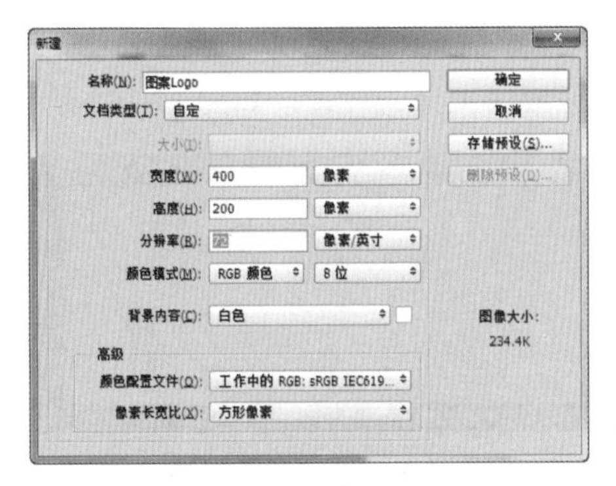

图11-137 新建空白文件

步骤2 单击工具箱中的【渐变工具】按钮后，双击选项栏中的【编辑渐变】按钮，即可打开【渐变编辑器】对话框，在其中设置最左边色标的RGB值为（47、176、224），最右边色标的RGB值为（255、255、255），如图11-138所示。

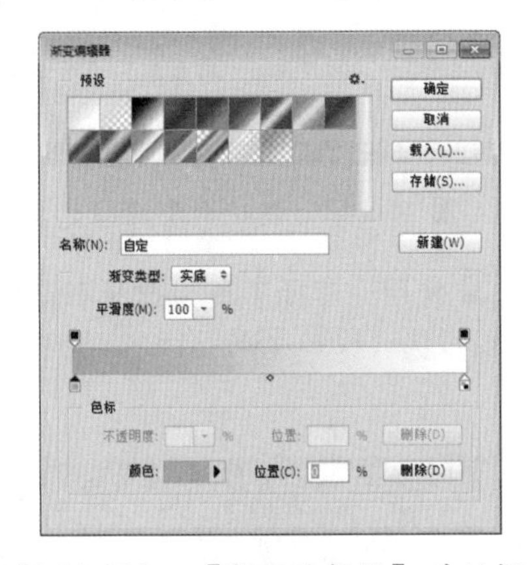

图11-138 【渐变编辑器】对话框

步骤3 设置完毕后单击【确定】按钮，对选区从上到下绘制渐变，如图11-139所示。

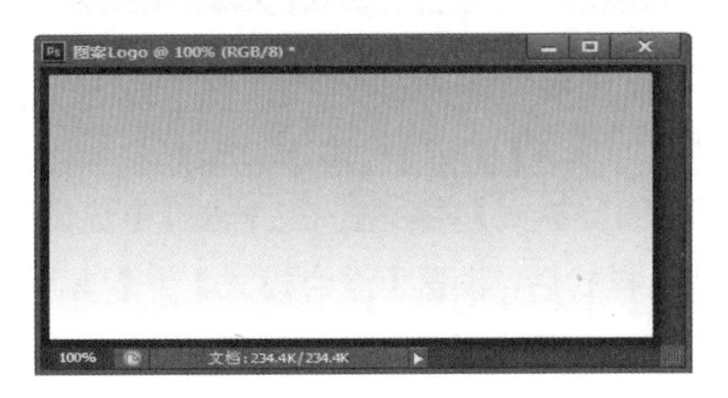

图11-139 绘制渐变

步骤4 选择【文件】→【新建】命令，打开【新建】对话框，在其中设置【宽度】为400像素，【高度】为10像素，【分辨率】为72像素/英寸，【颜色模式】为【RGB颜色】，【背景内容】为【透明】，如图11-140所示。

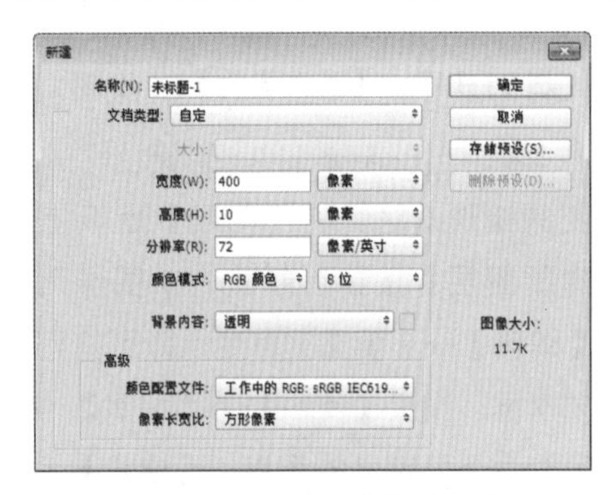

图11-140 【新建】对话框

步骤5 在【图层】面板上单击【新建图层】按钮，新建一个图层之后，单击工具栏上的【矩形选框工具】按钮，并在矩形选项栏中设置【样式】为【固定大小】，【宽度】为400像素，【高度】为5像素，在视图中绘制一个矩形，如图11-141所示。

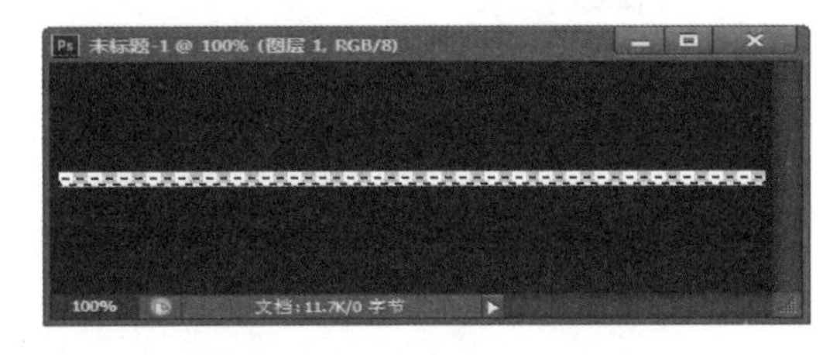

图11-141 绘制一个矩形

步骤6 单击工具栏中的【前景色】图标，在弹出的【拾色器】对话框中，将RGB值设为（148，148，155），然后使用油漆桶工具，为选区填充颜色，如图11-142所示。

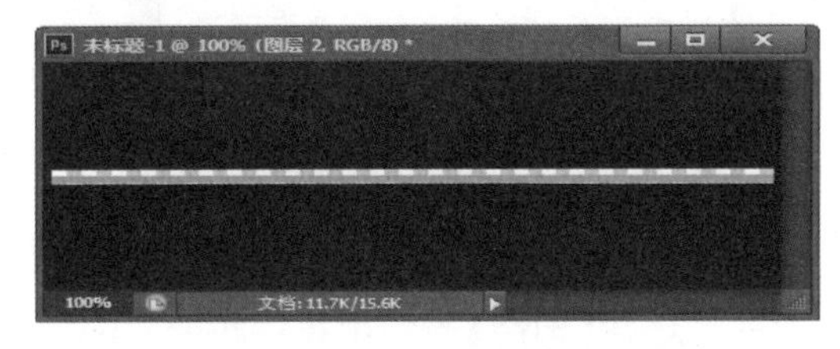

图11-142 为选区填充颜色

步骤 7 选择【编辑】→【定义图案】命令，打开【图案名称】对话框。在文本框中输入图案的名称即可，如图 11-143 所示。

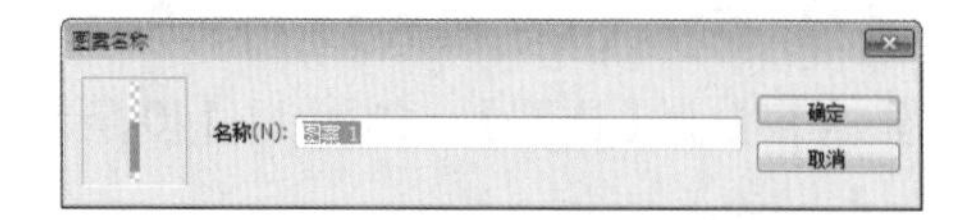

图 11-143 【图案名称】对话框

步骤 8 返回到图案 Logo 视图中，选中上面渐变的矩形选区，在【图层】面板上单击【创建新图层】按钮，新建一个图层之后，选择【编辑】→【填充】命令，即可打开【填充】文本框，设置【使用】为【图案】，【自定图案】为上面定义的图案，【模式】为【正常】，如图 11-144 所示。

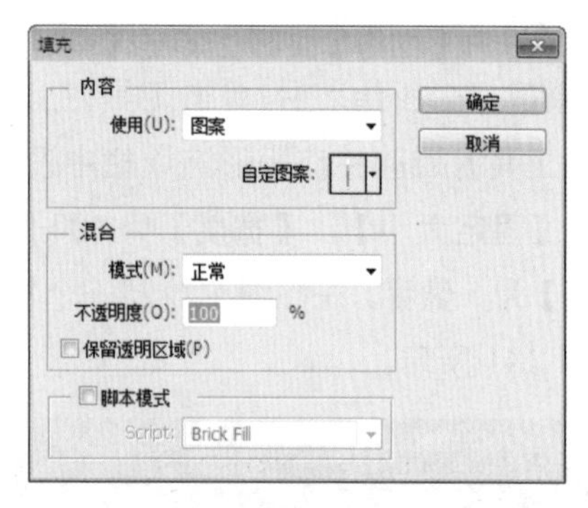

图 11-144 【填充】文本框

步骤 9 设置完毕后单击【确定】按钮即可为选定的区域填充图像，然后在【图层】面板中通过调整其不透明度来设置填充图像显示的效果，在这里设置图层的不透明度为 47%，如图 11-145 所示。

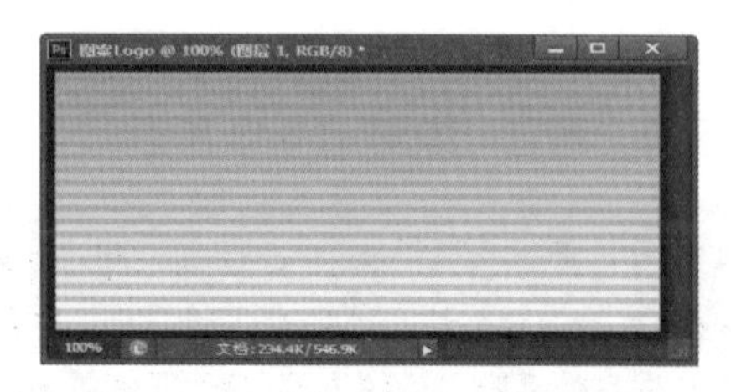
图 11-145 设置图层的不透明度

步骤 10 在【图层】面板中双击新建的图层，打开【图层样式】对话框，在【样式】中选择【内发光】样式后，设置【混合模式】为【正常】，发光颜色 RGB 值为（255，255，190），【大小】为 5 像素。设置完毕后单击【确定】按钮，即可完成内发光的设置，如图 11-146 所示。

图 11-146 设置图层样式

步骤 11 在【图层】面板中单击【创建新图层】按钮，新建一个图层后，单击工具箱中的【椭圆选框工具】按钮，按住 Shift 键在图层中创建一个圆形选区，如图 11-147 所示。

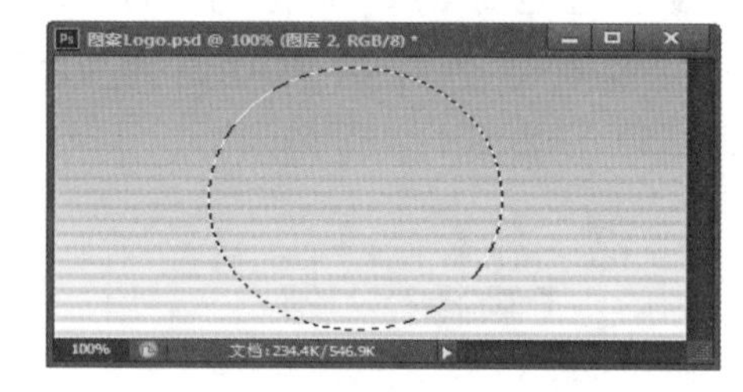
图 11-147 创建圆形选区

步骤 12 使用油漆桶工具为选区填充颜色，其 RGB 值设为（120，156，115），如图 11-148 所示。

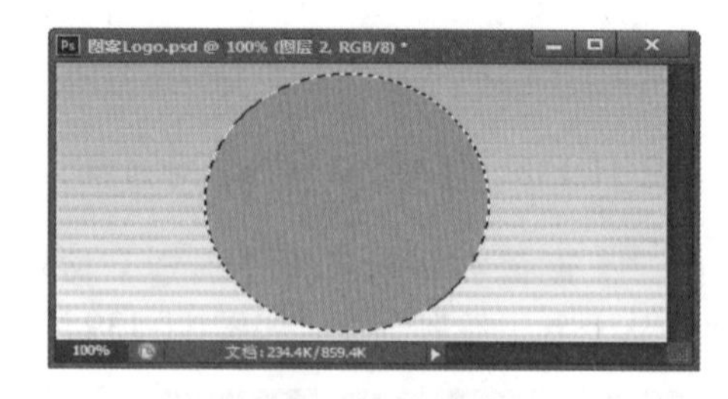
图 11-148 填充颜色

步骤 13 在【图层】面板中双击新建的图层，打开【图层样式】对话框，在【样式】中选择【外发光】样式后，设置【混合模式】为【滤色】，发光颜色 RGB 值为（240，243，144），【大小】为 24 像素，如图 11-149 所示。

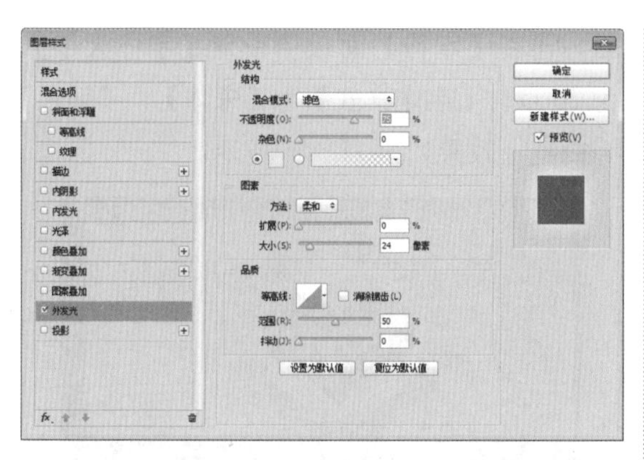

图 11-149　【图层样式】对话框

步骤 14 设置完毕后单击【确定】按钮，即可完成外发光的设置，效果如图 11-150 所示。

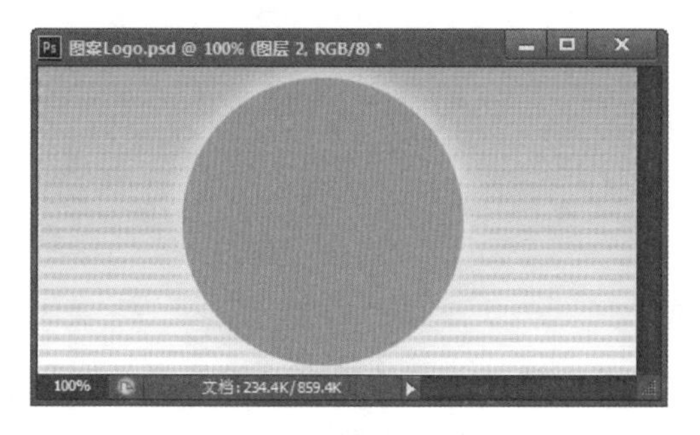

图 11-150　外发光效果

步骤 15 在【图层】面板上单击【创建新图层】按钮，新建一个图层后，单击工具箱中的【椭圆选框工具】按钮，按住 Shift 键在上面创建的圆形中再创建一个圆形选区，如图 11-151 所示。

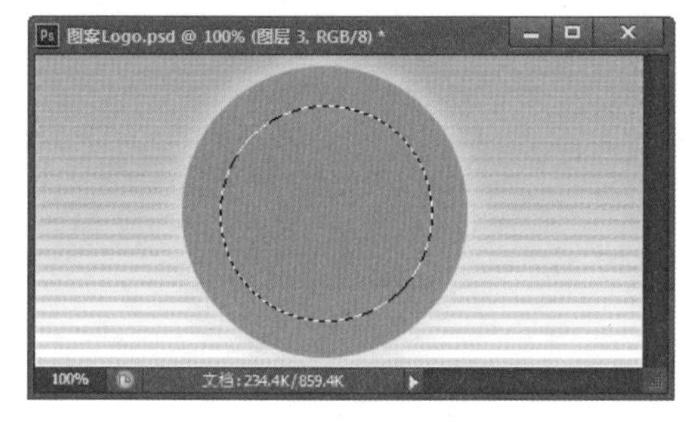

图 11-151　创建圆形选区

步骤 16 使用油漆桶工具，为选区填充颜色，其 RGB 值设为（255，255，255），如图 11-152 所示。

图 11-152　填充选区为白色

步骤 17 在【图层】面板上单击【创建新图层】按钮新建一个图层，然后单击工具箱中的【自定义形状工具】按钮，在选项工具栏中，单击形状下拉按钮，在弹出的下拉列表中选择红桃，如图 11-153 所示。

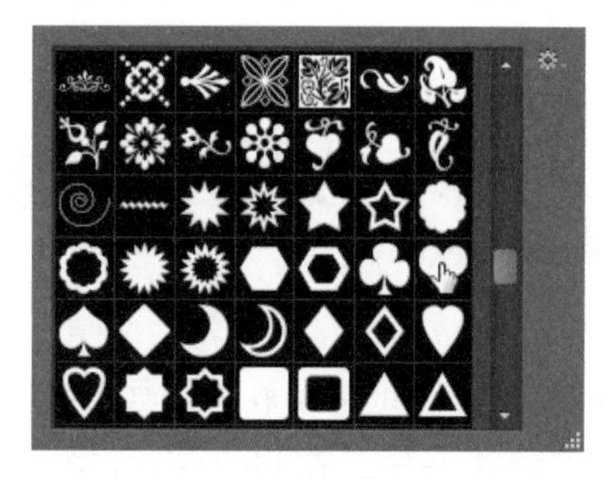

图 11-153　选择自定义样式

步骤 18 选择完毕后在视图中绘制一个心形图案，在【路径】面板上单击【将路径作为选区载入】按钮，即可将红桃形图案的路径转化为选区，如图 11-154 所示。

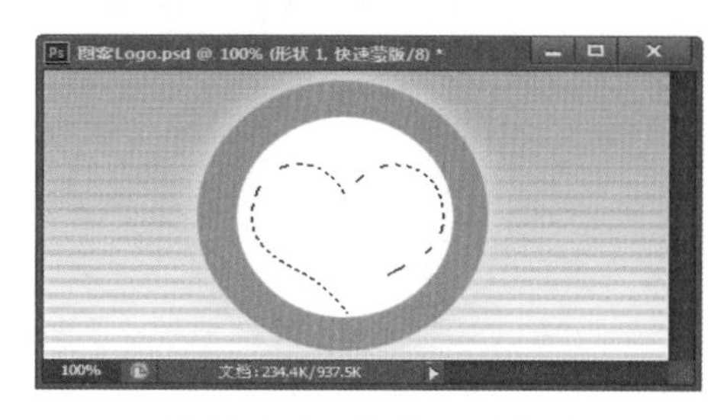

图 11-154　绘制心形选区

步骤 19 单击【前景色】图标，打开【拾取实色】对话框，在其中将 RGB 值设置为（224，65，65）。然后选择油漆桶工具为选区填充颜色，并使用移动工具调整其位置，完成后具体的显示效果如图 11-155 所示。

图 11-155　填充选区为红色

步骤 20 在【图层】面板中单击【创建新图层】按钮新建一个图层，单击工具栏上的【横排文字工具】按钮，在视图中输入文本“Love”后，再在【字符】面板中设置【字体大小】为 20 点，【字体样式】为【宋体】，【颜色】为白色，效果如图 11-156 所示。

图 11-156　输入文字

11.7 疑难问题解答

问题 1：在 Photoshop 中绘画与绘图是一样的吗？

解答：不一样。在 Photoshop 中，绘画与绘图是两个截然不同的概念，绘画是绘制和编辑基于像素的位图图像，而绘图则是使用矢量工具创建和编辑矢量图像。

问题 2：如何在绘图的过程中移动图像？

解答：在绘制矩形、圆形、多边形、直线和自定义形状时，创建形状的过程中按下键盘上的空格键并拖动鼠标，可以移动形状。

通道的使用

● **本章导读：**

“通道”是在 Photoshop 中经常被提及的一个词，但对于初学者而言，通道一直是一个难以理解和掌握的知识点。本章将深入浅出地解析通道，带领大家学习通道的含义及其主要用途。

● **学习目标：**

◎ 了解通道的基础知识
◎ 掌握通道的基本操作
◎ 掌握分离与合并通道的方法
◎ 掌握通道混合命令的用法

● **重点案例效果**

12.1 通道概述

在对通道进行更为复杂的操作前，首先应了解通道的定义、作用以及分类，从而为学习本章后面的知识奠定基础。

12.1.1 通道的类型

通道主要分为 3 种类型：颜色通道、Alpha 通道和专色通道。

1. 颜色通道

颜色通道是在打开新图像时自动创建的通道，用于管理图像中的颜色信息。调整图像的色彩，其实就是在编辑颜色通道。颜色通道的数量取决于图像的颜色模式。

RGB 图像中有 4 个颜色通道，其中 RGB 通道为复合通道，红、绿、蓝为原色通道，如图 12-1 所示；CMYK 图像中有 5 个颜色通道，其中 CMYK 通道为复合通道，青色、洋红、黄色、黑色为原色通道，如图 12-2 所示；Lab 图像中有 4 个颜色通道，其中 Lab 通道为复合通道，其余 3 个为原色通道，如图 12-3 所示；位图、灰度、双色调和索引颜色模式的图像都只有一个通道。

> **提示** 复合通道中不包含任何信息，它只是同时预览和编辑所有颜色通道的一个快捷方式。

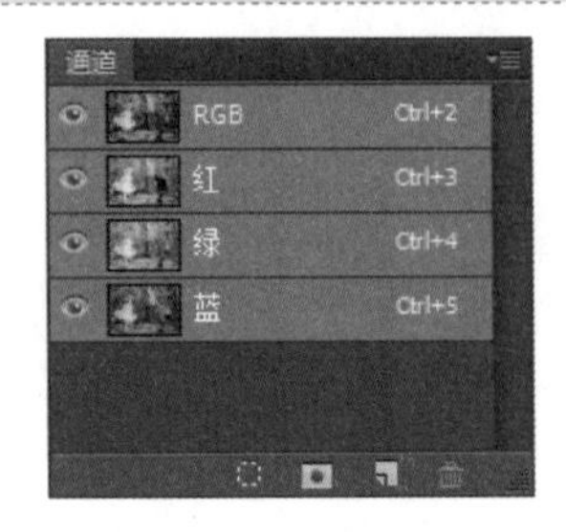

图 12-1　RGB 通道

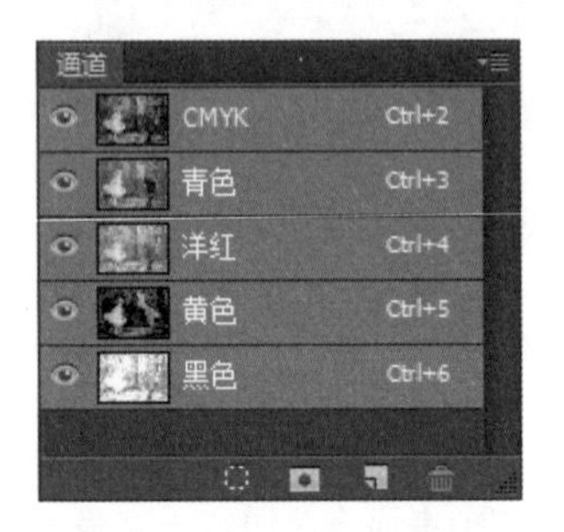

图 12-2　CMYK 通道

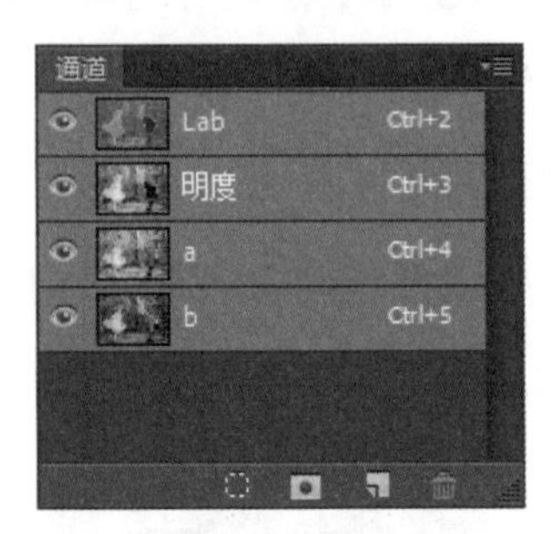

图 12-3　Lab 通道

在【通道】面板中可以看到，每个原色通道对应的图像都是灰色的，而其中越白的地方，表示对应的颜色越强烈。例如，在图 12-4 所示的【红】通道中可以看到，红球区域是白色的，如图 12-5 所示。这就说明原色通道中保存了每种颜色的分布状态，调整单个通道的颜色分布，整个图像也会发生改变。

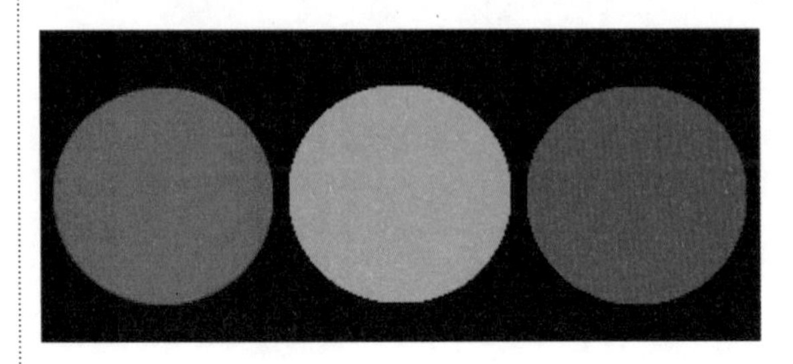

图 12-4　原图

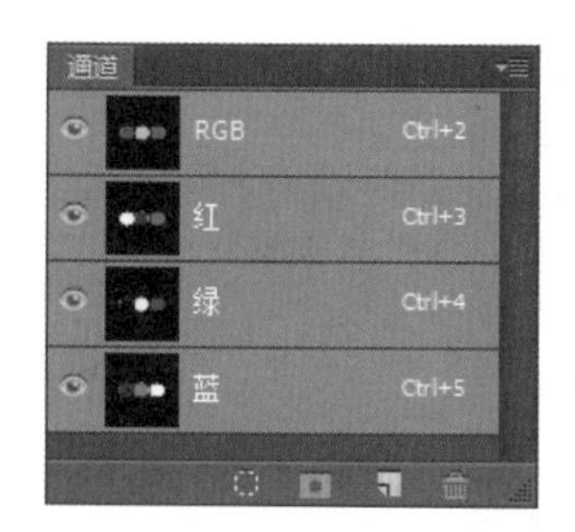

图 12-5　【红】通道中红球区域是白色的

2. Alpha 通道

Alpha 通道最主要的功能就是存储选区。当创建选区后，可以将其存储在 Alpha 通道中，便于下次直接载入选区。对于较为复杂的选区，该功能尤其有用。

若只选中 Alpha 通道，此时白色区域表示选区内的部分，黑色区域表示选区外的部分，灰色区域则表示羽化的区域，如图 12-6 和图 12-7 所示。若同时选中 Alpha 通道和颜色通道，则图像呈现蒙版状态，类似于在快速蒙版状态下编辑选区一样，如图 12-8 和图 12-9 所示。

在以上两种状态下，用白色画笔涂抹通道可以扩大选区范围，用黑色涂抹则会收缩选区，利用该功能可以抠出更加精确的选区。

图 12-6　只选中 Alpha 通道

图 12-7　只选中 Alpha 通道的图像效果

图 12-8　同时选中 Alpha 通道和颜色通道

图 12-9　同时选中 Alpha 通道和颜色通道的图像效果

3. 专色通道

专色通道主要用于存储印刷用的专色。除了普通印刷油墨（青色、洋红、黄色和黑色）外，其他一切油墨统称为专色油墨，使用专色能印出 CMYK 四色油墨色域以外的可见光颜色，如金、银、荧光色等颜色。

12.1.2 认识【通道】面板

【通道】面板用于创建、保存和管理通道，如图 12-10 所示。

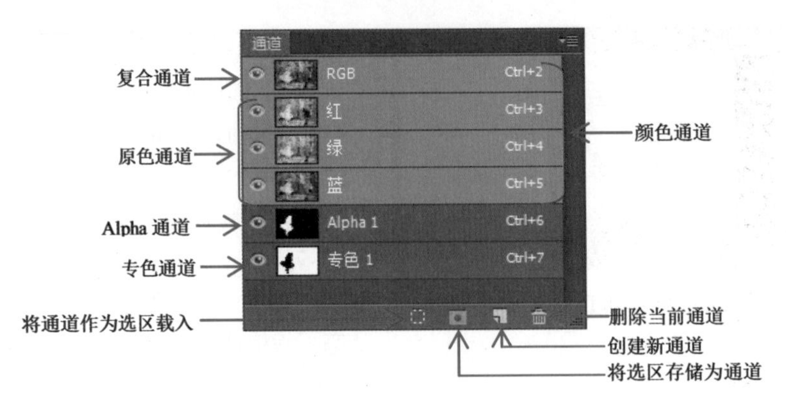

图 12-10 【通道】面板

【通道】面板中各参数的含义如下。

☆ 【将通道作为选区载入】：单击该按钮，若当前所选的通道为颜色通道，可将通道中颜色较淡的部分作为选区加载到图像中；若为 Alpha 通道，可载入其中存储的选区。

☆ 【将选区存储为通道】：在图像中创建一个选区，单击该按钮，即可将该选区存储在通道中。

☆ 【创建新通道】：单击该按钮，可创建新的 Alpha 通道；若按住 Ctrl 键并单击该按钮，可创建新的专色通道。

☆ 【删除当前通道】：单击该按钮，可删除当前所选的通道。注意，复合通道无法删除。

12.2 通道的基本操作

通道的基本操作包括创建新通道、显示和隐藏通道、复制和删除通道等，这些操作都是通过【通道】面板来完成的。

12.2.1 创建 Alpha 通道

在【通道】面板中单击底部的按钮，即可直接创建 Alpha 通道，但 Alpha 通道主要用于存储选区，因此在创建前可以先创建一个选区。具体的操作步骤如下。

步骤 1 打开随书光盘中的“素材\ch12\01.jpg”文件，如图 12-11 所示。

图 12-11 素材文件

步骤 2 使用魔棒工具创建一个选区，选中背景，然后按 Shift+Ctrl+I 组合键反转选区，选中人偶，如图 12-12 所示。

图 12-12 创建选区选中人偶

步骤 3 在【通道】面板中单击按钮，此时将自动新建一个 Alpha 通道，并将选区存储在该通道中，如图 12-13 所示。

图 12-13　将选区存储在 Alpha 通道中

步骤 4 在【通道】面板中选中 Alpha 通道，此时文档窗口中只显示出通道中的图像，如图 12-14 所示。

图 12-14　只显示出通道中的图像

步骤 5 若在【通道】面板中选中所有的通道，如图 12-15 所示，此时文档窗口中显示的效果类似于在快速蒙版状态下编辑选区一样，如图 12-16 所示。

图 12-15　选中所有的通道

图 12-16　图像显示效果

提示

创建选区后，按住 Alt 键的同时单击按钮，将弹出【新建通道】对话框，在其中新建 Alpha 通道的同时，还可设置 Alpha 通道的名称、色彩指示以及颜色和不透明度，如图 12-17 所示。双击 Alpha 通道左侧的缩览图，将弹出【通道选项】对话框，在其中若选中【专色】单选按钮，可将 Alpha 通道转换为专色通道，如图 12-18 所示。

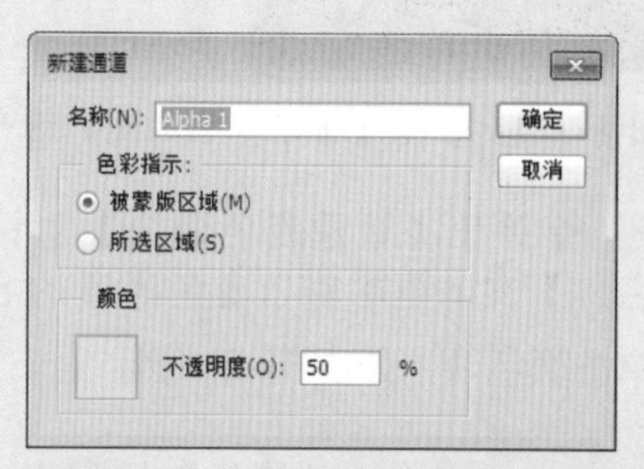

图 12-17　【新建通道】对话框

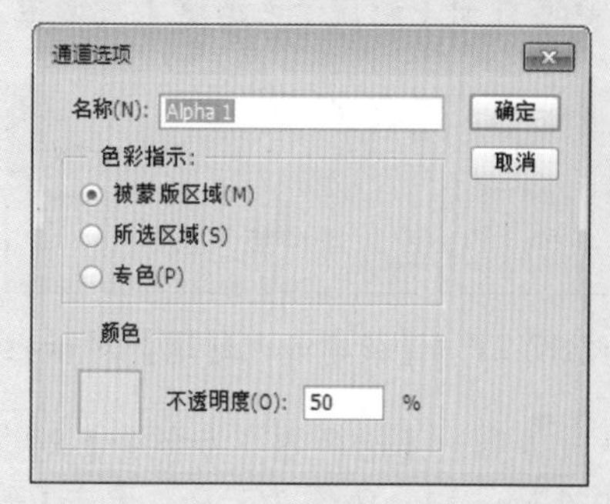

图 12-18　【通道选项】对话框

12.2.2 创建专色通道

专色通道用于存储专色信息，其中金银色是使用最广泛的专色，下面就创建一个专色通道来制作印金专色片，具体的操作步骤如下。

步骤 1 打开随书光盘中的“素材\ch12\02.jpg”文件，如图 12-19 所示。

图 12-19　素材文件

步骤 2 在【通道】面板中单击右上角的菜单按钮，在弹出的下拉列表中选择【新建专色通道】选项，如图 12-20 所示。

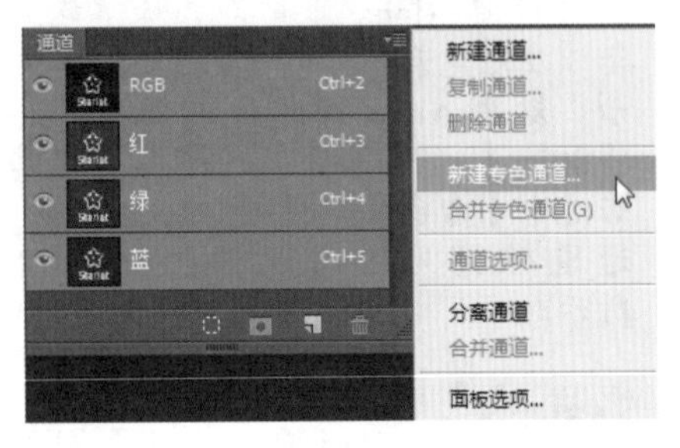

图 12-20　选择【新建专色通道】选项

步骤 3 弹出【新建专色通道】对话框，在【名称】文本框中输入专色通道的名称，然后单击颜色块，如图 12-21 所示。

提示 按住 Ctrl 键并单击按钮，也可弹出【新建专色通道】对话框。

图 12-21　【新建专色通道】对话框

步骤 4 弹出【拾色器（专色）】对话框，在其中选择一种金色作为专色，单击【确定】按钮，如图 12-22 所示。

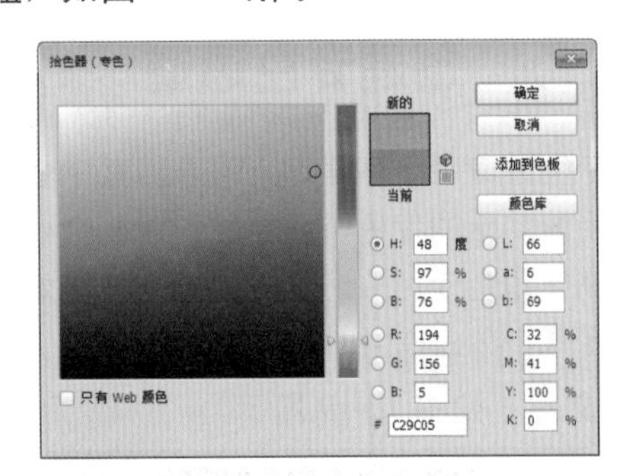

图 12-22　【拾色器（专色）】对话框

步骤 5 返回到【新建专色通道】对话框，单击【确定】按钮，此时将新建一个专色通道，由于【密度】设置为 0，因此通道是白色的，表示没有任何金色，如图 12-23 所示。

提示 【新建专色通道】对话框中的【密度】参数用于设置专色的密度。该值越低，专色的透明度越高。

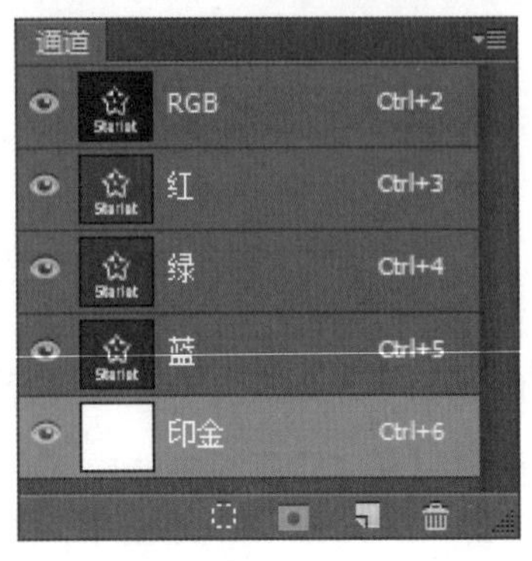

图 12-23　新建一个专色通道

步骤 6 选中专色通道，按 Ctrl+M 组合键，弹出【曲线】对话框，将右侧最上面的点拖动到底部，如图 12-24 所示。

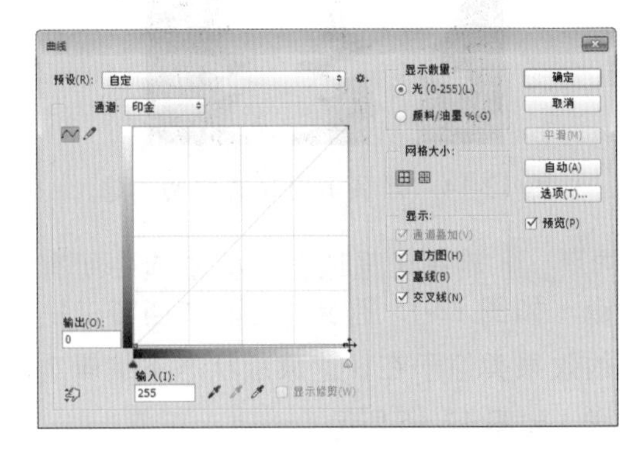

图 12-24　【曲线】对话框

步骤 7 单击【确定】按钮，此时图像将铺上一层金色，效果如图 12-25 所示。并且专色通道显示为黑色，表示专色已铺满整个图像，如图 12-26 所示。

图 12-25　图像铺上一层金色

图 12-26 专色通道显示为黑色

12.2.3 复制和删除通道

复制和删除通道都有两种方法可实现。

(1) 选择要复制的通道，将其拖动到按钮上，即可复制该通道，如图 12-27 和图 12-28 所示。同理，选择要删除的通道，将其拖动到按钮上，即可删除该通道。

图 12-27 将通道拖动到按钮上

图 12-28 复制通道

提示 按住 Shift 键单击各通道，可同时选择多个通道。

(2) 选择要复制或删除的通道，单击【通道】面板右上角的菜单按钮，在弹出的下拉列表中选择【复制通道】或【删除通道】选项，也可复制或删除选中的通道，如图 12-29 所示。

图 12-29 菜单列表

提示 复合通道既不能被复制，也不能被删除。此外，将原色通道删除后，图像会转变为多通道模式。

12.2.4 通道与选区的转换

通过【通道】面板底部的或按钮，可将通道和选区两者进行转换，具体的操作步骤如下。

步骤 1 打开随书光盘中的“素材\ch12\03.jpg”文件，使用快速选择工具，创建一个选区，如图 12-30 所示。

图 12-30 创建选区

步骤 2 在【通道】面板中单击按钮，即可将选区存储到新建的 Alpha 通道中，如图 12-31 所示。

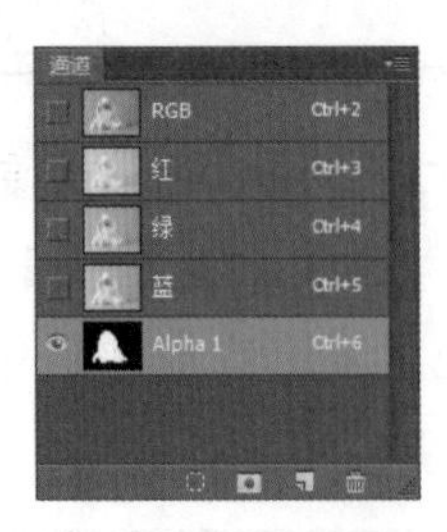

图 12-31　将选区存储到 Alpha 通道中

步骤 3 按 Ctrl+D 组合键取消选区的选择，选中 Alpha 通道，单击 按钮，即可载入通道中存储的选区。

> 提示　按住 Ctrl 键并单击 按钮，可直接载入通道中的选区。

12.3 分离与合并通道

使用【分离通道】与【合并通道】命令，既可以将当前的彩色图像分离成单独的灰度图像，也可将多个灰度图像合并为一个彩色图像。

12.3.1 分离通道

当需要在不能保留通道的文件格式中保留单个通道信息时，分离通道非常有用。分离通道的具体操作步骤如下。

步骤 1 打开随书光盘中的“素材\ch12\04.jpg”文件，如图 12-32 所示，其通道信息如图 12-33 所示。

步骤 2 在【通道】面板中单击右上角的菜单按钮，在弹出的下拉列表中选择【分离通道】选项，即可将通道分离成单独的灰度图像，其通道信息如图 12-34 所示。

图 12-32　素材文件

图 12-33　通道信息

图 12-34　将通道分离成单独的灰度图像

步骤 3 此时 RGB 主通道会自动消失，分离后的通道相互独立，被置于不同的文档窗口中，可以分别进行修改和编辑，如图 12-35 所示。

图 12-35　分离出的单个通道

12.3.2 合并通道

合并通道的功能与分离通道正好相反，它可以将多个灰度图像作为原色通道合并为一个图像。注意，要合并的图像必须是灰度模式，具有相同的像素尺寸并且都处于打开状态。具体的操作步骤如下。

步骤 1 打开随书光盘中的“素材 \ch12\05.jpg”“06.jpg”和“07.jpg”3 个文件，如图 12-36 所示。

步骤 2 在【通道】面板中单击右上角的菜单按钮，在弹出的下拉列表中选择【合并通道】选项，弹出【合并通道】对话框，在【模式】下拉列表框中选择【RGB 颜色】选项，单击【确定】按钮，如图 12-37 所示。

图 12-36　3 个素材文件

图 12-37　【合并通道】对话框

步骤 3 弹出【合并 RGB 通道】对话框，在【指定通道】区域中指定作为 RGB 模式下 3 个原色通道的图像，如图 12-38 所示。

图 12-38　【合并 RGB 通道】对话框

步骤 4 单击【确定】按钮，即可将 3 个灰度图像合并为彩色的 RGB 模式的图像，如图 12-39 所示。

图 12-39　合并后的彩色图像

提示　在【合并 RGB 通道】对话框中，如果各个原色通道的图像不同，则合并后图像的颜色也不同。例如，重新设置各原色通道的图像，如图 12-40 所示。合并后的效果如图 12-41 所示。

合并 RGB 通道
指定通道:
红色: 06.jpg
绿色: 07.jpg
蓝色: 05.jpg
确定
取消
模式(M)

图 12-40　重新设置各原色通道的图像

图 12-41　合并后的图像效果

13.3.3 合并专色通道

用户可以将专色通道合并为颜色通道，需要注意的是，合并后 CMYK 油墨可能无法重现专色通道的色彩范围，因此色彩信息会有所丢失。具体的操作步骤如下。

步骤 1 选择要合并的专色通道，如图 12-42 所示。

图 12-42　选择专色通道

步骤 2 在【通道】面板中单击右上角的菜单按钮，在弹出的下拉列表中选择【合并专色通道】选项，如图 12-43 所示。

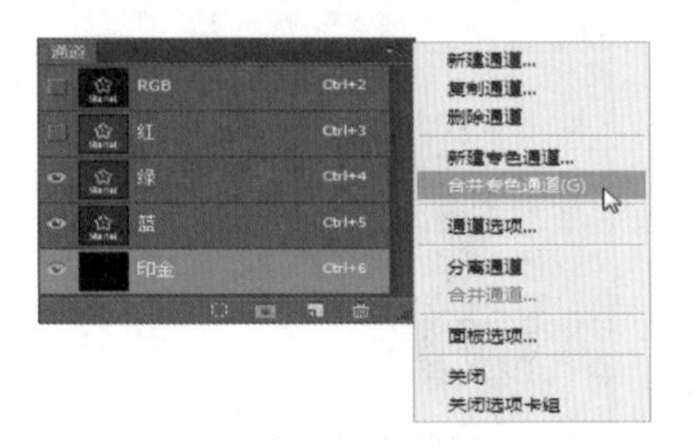

图 12-43　选择【合并专色通道】选项

步骤 3 即可将专色通道合并到颜色通道中，如图 12-44 所示。

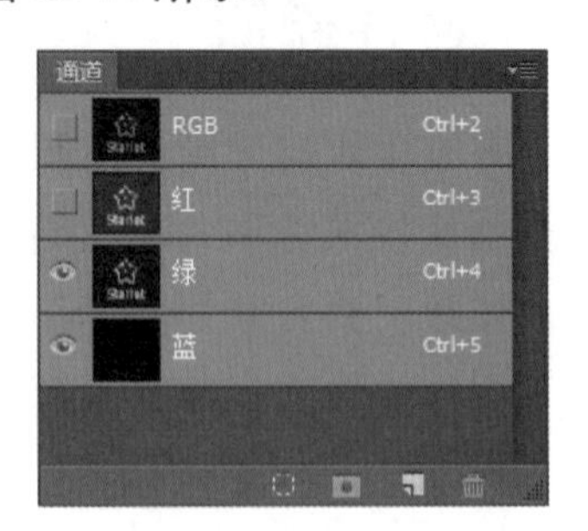

图 12-44　合并专色通道

12.4 通道混合命令

在图像的各图层中，通过设置图层的混合模式，可以制作出不同的效果，而通道混合命令的功能与之类似，它可以将同一文件或不同文件的某个通道、某个图层与目标文件的某个通道或图层进行混合。

12.4.1 使用【应用图像】命令矫正偏色图像

【应用图像】命令是将同一文件或不同文件的图层和通道（源）与当前图像的图层和通道（目标）混合，混合产生的结果会直接改变当前的图片，该命令主要用于合成图像、调色、抠图等领域。

1. 认识【应用图像】对话框

打开一幅图像，选择【图像】→【应用图像】命令，即弹出【应用图像】对话框，如图 12-45 所示。

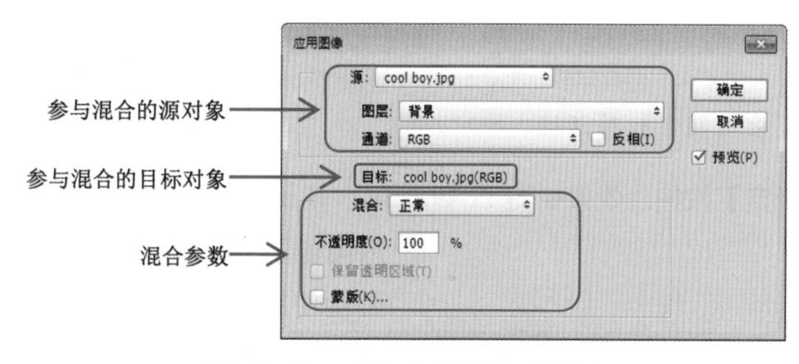

图 12-45　【应用图像】对话框

【应用图像】对话框中各部分的含义如下。

☆ 参与混合的源对象：在该区域中可设置用于混合的源对象，包括源文件、源文件的某个图层以及某个通道。若选中【反相】复选框，可设置将所选通道反相后再混合。

提示 若要选择不同的源文件作为混合的对象，需要注意的是，源文件和目标文件必须具有相同的宽度、高度和分辨率。

☆ 参与混合的目标对象：在执行【应用图像】命令前，选择目标文件作为当前的文件，然后在其中选择某个图层和通道，即可将其设置为要混合的目标对象。

☆ 混合参数：设置混合的模式以及不透明度。若选中【蒙版】复选框，可以选择包含蒙版的图像和图层，从而控制混合范围。

2. 使用【应用图像】命令

下面使用【应用图像】命令校正图像的偏色，具体的操作步骤如下。

步骤 1 打开随书光盘中的“素材\ch12\08.jpg”文件，如图 12-46 所示。

图 12-46　素材文件

步骤 2 在【通道】面板中选择【红】通道，然后单击 RGB 通道前面的图标，如图 12-47 所示。

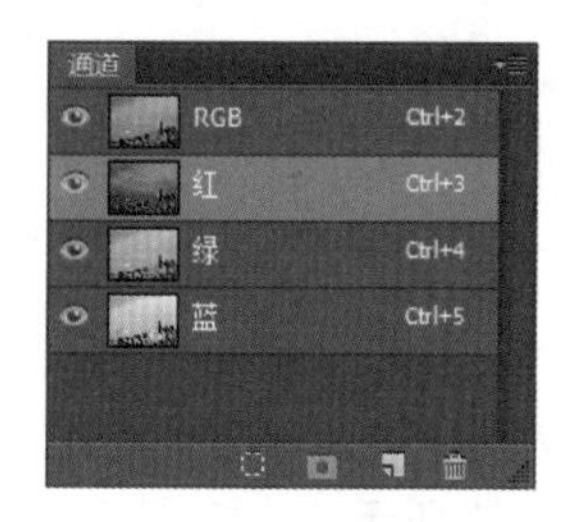

图 12-47　选择【红】通道

步骤 3 选择【图像】→【应用图像】命令，弹出【应用图像】对话框，将【通道】设置为【红】，将混合模式设置为【滤色】，如图 12-48 所示。

图 12-48　【应用图像】对话框

步骤 4 单击【确定】按钮，效果如图 12-49 所示。

图 12-49　图像效果

步骤 5 在【通道】面板中选择【蓝】通道，再次执行【应用图像】命令，将【通道】设置为 RGB 通道、混合模式设置为【变暗】、【不透明度】设置为 40%，如图 12-50 所示。

图 12-50　设置【应用图像】对话框的参数

步骤 6 单击【确定】按钮，即可校正色偏，效果如图 12-51 所示。

图 12-51　最终效果

12.4.2 使用【计算】命令抠取图像

【计算】命令的功能和使用方法与【应用图像】命令类似，通常用于制作选区。下面就使用【计算】命令，抠取美女的发丝，具体的操作步骤如下。

步骤 1 打开随书光盘中的“素材\ch12\09.jpg”文件，如图 12-52 所示。在【通道】面板中分别单击各通道，查看图像在红、绿和蓝 3 个通道中的轮廓，如图 12-53、图 12-54 和图 12-55 所示。可以看到，蓝通道中人物轮廓最明显。

图 12-52　素材文件

图 12-53　红通道

图 12-54　绿通道

图 12-55　蓝通道

步骤 2 在【通道】面板中选中蓝通道，然后选择【图像】→【计算】命令，弹出【计

算】对话框，将源 1 和源 2 的通道都设置为【蓝】，混合模式设置为【正片叠底】，【结果】设置为【新建通道】，如图 12-56 所示。

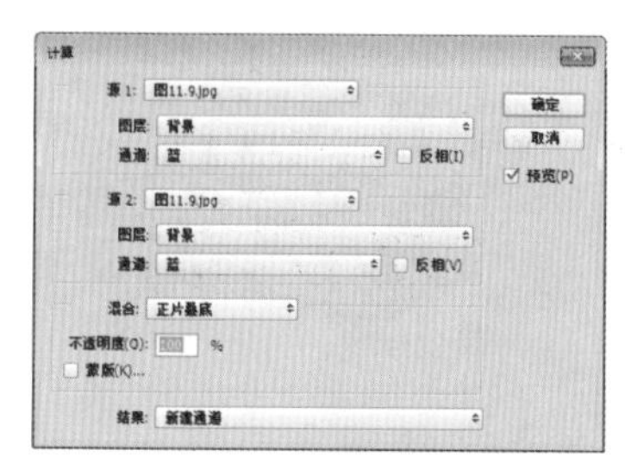

图 12-56　【计算】对话框

提示　【源 1】和【源 2】分别用于设置第 1 个源图像、图层和通道以及第 2 个源图像、图层和通道。若要对不同的图像进行混合，这两个图像必须都处于打开状态且具有相同的尺寸和分辨率。【结果】选项用于设置将混合后的结果是应用于新通道或新选区，还是新的黑白图像。其余参数与【应用图像】对话框中的相同。

步骤 3 单击【确定】按钮，此时将新建一个 Alpha 通道，如图 12-57 所示，该通道中存储了混合结果后的黑白图像，效果如图 12-58 所示。

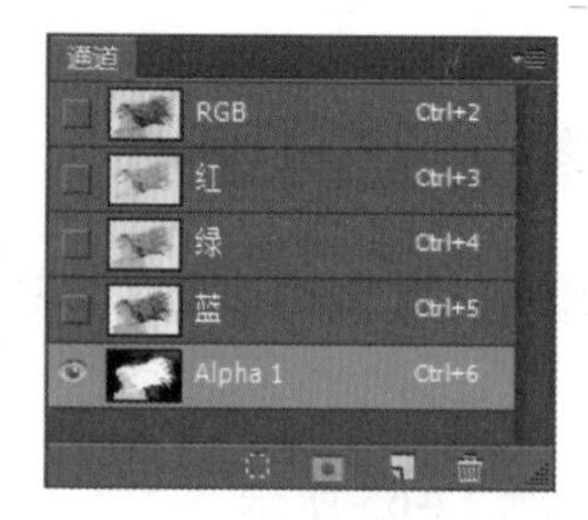

图 12-57　新建 Alpha 1 通道

图 12-58　Alpha 通道的图像效果

步骤 4 按 Ctrl+I 组合键，使图像反相显示，效果如图 12-59 所示。

图 12-59　图像反相显示

步骤 5 按 Ctrl+L 组合键，弹出【色阶】对话框，将高光滑块向左拖动、暗调滑块向右拖动，如图 12-60 所示。

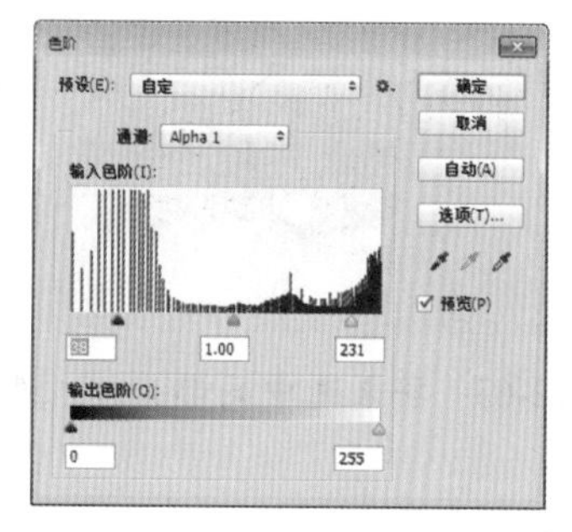

图 12-60　【色阶】对话框

步骤 6 单击【确定】按钮，即增加了图像的对比度，单击【通道】面板中的按钮，将通道作为选区载入，如图 12-61 所示。

图 12-61　将通道作为选区载入

提示　此时，用户也可以使用画笔工具涂抹背景及身体，尽可能使背景显示为黑色，身体显示为白色。也可使用减淡和加深工具，涂抹发丝边缘，增大对比度，这样单击按钮后，可创建完整的选区，而无须再进行调整。

步骤 7 单击 RGB 通道前的图标，显示出彩色图像，此时头发即被选中，如图 12-62 所示。

图 12-62　头发被选中

步骤 8 选择快速选择工具，在身体上涂抹，将未选中的部分加入选区，如图 12-63 所示。

图 12-63　将未选中的部分加入选区

步骤 9 将选区复制到其他背景中，效果如图 12-64 所示。

图 12-64　将选区复制到其他背景中

提示 【计算】命令和【应用图像】命令的原理基本是相同的。所不同的是，使用后者需要先选择作为混合的目标对象，而前者则不受此限制。此外，【应用图像】命令的结果会直接作用于图像，而【计算】命令的结果只能形成新的选区、通道或新的黑白图像。

12.5 高效技能实战

12.5.1 技能实战 1——将通道中的图像粘贴到图层中

若想要单一通道中的灰度图像，除了使用分离通道功能外，我们可以直接将该通道中的图像粘贴到图层中。具体的操作步骤如下。

步骤 1 打开随书光盘中的“素材\ch12\10.jpg”文件，如图 12-65 所示。

步骤 2 选中绿通道，如图 12-66 所示，此时图像中只显示该通道下的灰度图像，按 Ctrl+A 组合键创建选区选中全部图像，再按 Ctrl+C 组合键复制选区，如图 12-67 所示。

图 12-65　素材文件

图 12-66　选中绿通道

图 12-67　选中全部图像并复制

步骤 3 单击 RGB 通道前的图标，显示出彩色图像，如图 12-68 所示。

图 12-68　显示出彩色图像

步骤 4 按 Ctrl+V 组合键粘贴选区，即可将绿通道粘贴到一个新图层中，如图 12-69 所示。

图 12-69　将绿通道粘贴到一个新图层中

12.5.2 技能实战 2——使用通道抠取复杂图像

使用通道功能可以从一个图像中将复杂的图像抠取出来，如在艺术照片或婚纱照片的处理过程中，需要将照片中的人物从拍摄的原始照片中抠取出来，使其可以应用于各种背景。下面就介绍一个婚纱抠图的实例，具体操作方法如下。

步骤 1 打开随书光盘中的“素材\ch12\11.jpg”文件，如图 12-70 所示。

步骤 2 连续按 Ctrl+J 组合键，复制图层，产生两个新图层，设置图层 1 拷贝不可见，如图 12-71 所示。

图 12-70　素材文件

图 12-71　复制图层

步骤 3 选中图层 1，选择【图像】→【调整】→【去色】命令，为图层 1 去色，如图 12-72 所示。

图 12-72　为图层 1 去色

步骤 4 选择图层 1，打开【通道】面板，拖动【绿】通道到【创建新通道】按钮上，得到【绿拷贝】通道，如图 12-73 所示。

步骤 5 选择【图像】→【调整】→【色阶】命令，弹出【色阶】对话框，调整滑块，如图 12-74 所示。

图 12-73　复制绿通道

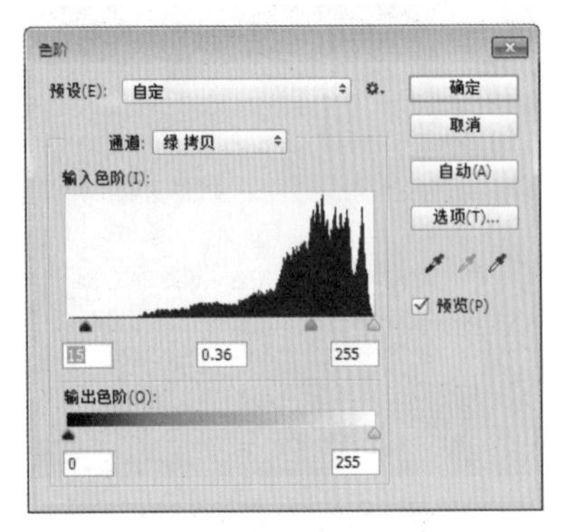

图 12-74　【色阶】对话框

步骤 6 使人物和婚纱变得更暗一些，如图 12-75 所示。

图 12-75　使图像更暗

步骤 7 选中绿副本通道，使用工具栏中的快速选择工具和磁性套索工具选中人物，生成选区，将选区羽化为 1，如图 12-76 所示。

步骤 8 选择【选择】→【存储选区】命令，弹出【存储选区】对话框，在【名称】文本框中输入“人物”，如图 12-77 所示。

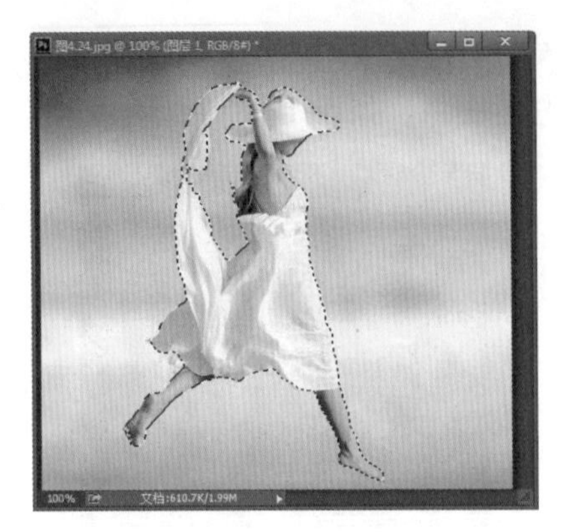

图 12-76　生成选区

图 12-77　【存储选区】对话框

步骤 9 单击【确定】按钮，返回到【通道】面板，生成新的通道“人物”，如图 12-78 所示。

图 12-78　生成新的通道

步骤 10 选择“人物”通道，按 Ctrl 键，单击“人物”通道，将人物选区填充为白色，然后按 Ctrl+D 快捷键取消选区。再使用工具栏中的快速选择工具和磁性套索工具选中背景为选区，将其填充为黑色，如图 12-79 所示。

图 12-79　为人物和背景分别创建选区并填充颜色

步骤 11 选择图层 1，返回到图像文件中，生成如图 12-80 所示的选区。

图 12-80　返回到图像文件中

步骤 12 按 Delete 键删除背景，单击【图层】面板下方的【添加图层蒙版】按钮，为图层添加蒙版效果，如图 12-81 所示。

图 12-81　为图层添加蒙版效果

步骤 13 选择图层 1 拷贝，按 Ctrl 键单击人物通道，选中人物为选区，如图 12-82 所示。

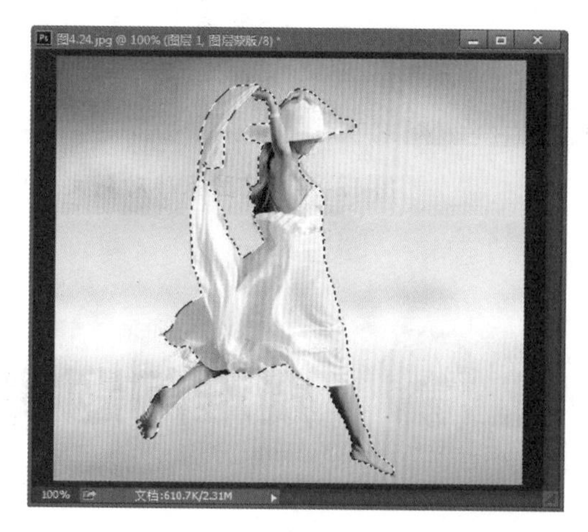
图 12-82　创建选区选中人物

步骤 14 选择【选择】→【反选】命令，按 Delete 键，删除图层 1 拷贝中除人物外的其他图像，如图 12-83 所示。

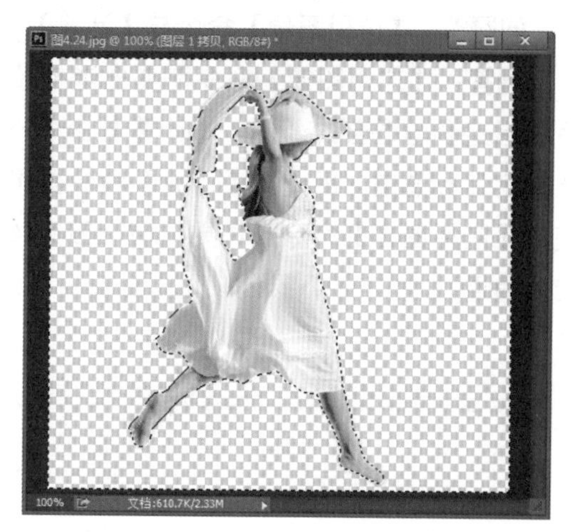
图 12-83　删除除人物外的其他图像

步骤 15 打开随书光盘中的“素材\ch12\12.jpg”文件，并使用工具栏中的移动工具，将图像移动到该文件中，如图 12-84 所示。

步骤 16 按 Ctrl+T 快捷键，变形人物图像，得到如图 12-85 所示的最终效果。

图 12-84　将图像移动到文件中

图 12-85　最终效果

12.6 疑难问题解答

问题 1：在【通道】面板中，为什么红、绿、蓝通道均呈现灰色，而不是呈现各自不同的颜色？

解答：出现这种情况是正常的。因为在 Photoshop 中，通道都是以灰色和黑色显示。此时如果想要将其调节成彩色的，则选择【编辑】→【首选项】→【界面】命令，在打开的【首选项】对话框中选中【用彩色显示通道】复选框，单击【确定】按钮保存就可以了。

问题 2：【应用图像】命令与【计算】命令有什么区别？

解答：【应用图像】命令需要先选择要被混合的目标通道，之后再打开【应用图像】对话框指定参与混合的通道。【计算】命令不受这种限制，打开【计算】对话框之后，可以任意指定目标通道，因此，【计算】命令更灵活。不过，如果要对同一个通道进行多次混合，使用【应用图像】命令操作更方便，因为该命令不会生成新通道，而【计算】命令需要来回切换通道。

第
3
篇
高级应用

蒙版的使用

- **本章导读：**

顾名思义，蒙版就是“蒙在上面的板子”，它在 Photoshop 中的应用非常广泛。蒙版是一种遮盖图像的工具，用于控制图像的显示区域。当我们对图像进行处理时，被遮盖住的部分不会被删除，也不会受各种操作的影响，从而保护该区域，这就是蒙版最主要的作用。本章就带领大家学习各种蒙版的具体用法。

- **学习目标：**

◎ 了解蒙版的基础知识

◎ 掌握矢量蒙版的基本操作

◎ 掌握剪贴蒙版的基本操作

◎ 掌握快速蒙版的基本操作

- **重点案例效果**

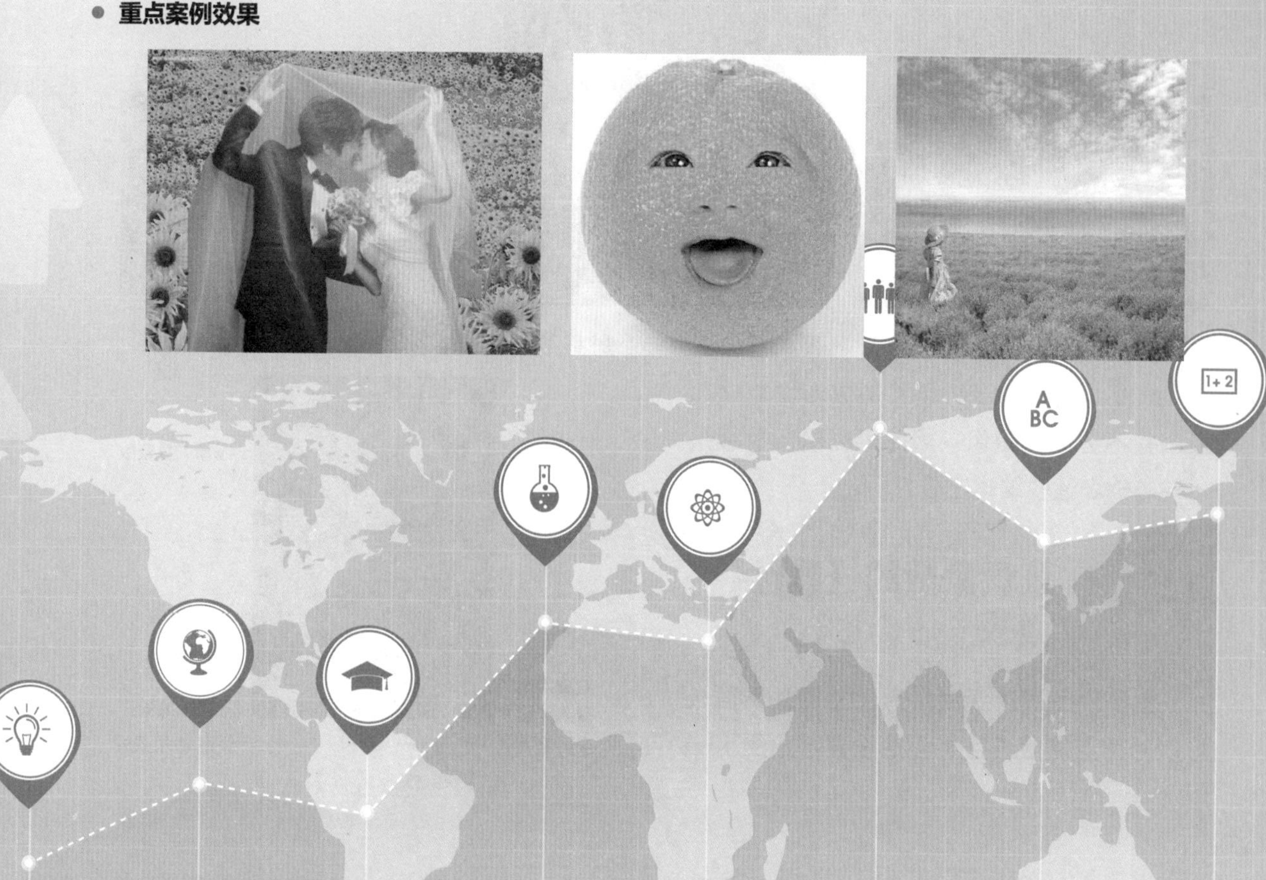

13.1 图层蒙版

图层蒙版是 Photoshop 中最常用的一种蒙版，在制作合成图像或抠图方面都非常有效。本节将介绍图层蒙版的原理以及用法。

13.1.1 什么是图层蒙版

图层蒙版是加在图层上的一个遮盖，用于灵活地控制图像的显示区域，它依附于图层，不能单独存在。在图层蒙版中，只有白色、黑色和灰色。其中白色对应的图像区域是可见的；黑色区域则会遮盖当前图层中的图像，显示出下面图层的内容；而灰色区域会根据其灰度值使当前图层中的图像呈现不同层次的透明效果。

例如在图 13-1 中，为其添加一个图层蒙版，如图 13-2 所示。将蒙版划分为 3 部分，分别填充黑色、灰色和白色，效果如图 13-3 所示。

由上可知，图层蒙版实质上是一个灰度图像，其本身是不可见的，用户可以使用任何绘图工具对其进行调整。若需隐藏要保护的区域，只需将对应的蒙版区域涂黑。同理，若要显示某些区域，将对应的蒙版区域涂抹为白色即可。

图 13-1 原图

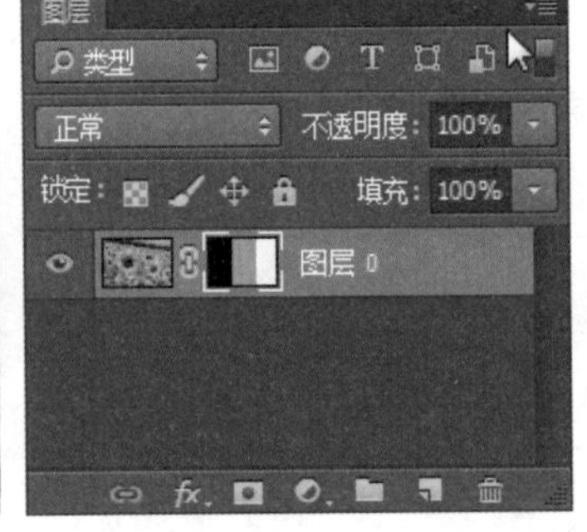

图 13-2 添加一个图层蒙版

图 13-3 添加图层蒙版的效果

此外，使用蒙版只是将部分图像隐藏起来，并不会删除图像。因此可以说，蒙版是一种非破坏性的编辑工具。

13.1.2 认识蒙版的【属性】面板

在使用图层蒙版时，通过【属性】面板可以对图层蒙版进行更多的设置，如图 13-4 所示。

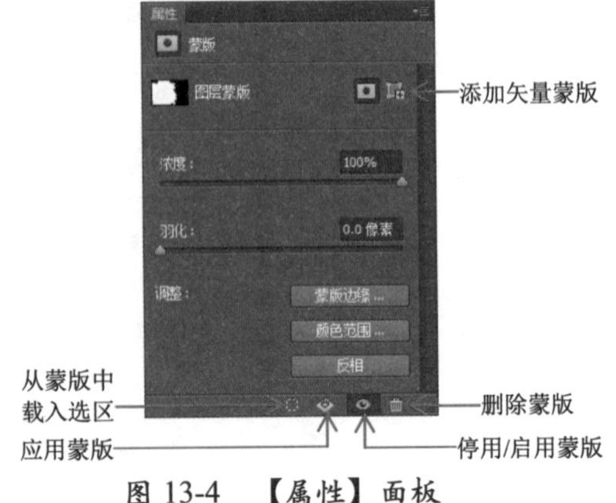

图 13-4 【属性】面板

【属性】面板中各参数的含义如下。

☆ 【添加矢量蒙版】：单击该按钮，可以在当前蒙版的基础上添加一个矢量蒙版。

☆ 【从蒙版中载入选区】：单击该按钮，可将蒙版作为选区载入。

☆ 【应用蒙版】：单击该按钮，可使蒙版与所在的图层合并。

☆ 【停用 / 启用蒙版】：单击该按钮，可停用或启用当前的蒙版。

☆ 【删除蒙版】：单击该按钮，可删除当前的蒙版。

☆ 【浓度】：设置蒙版的不透明度。当浓度为 100% 时，蒙版图像只有黑白两色，没有灰色区域，如图 13-5 和图 13-6 所示；当为 50% 时，蒙版图像的黑色部分显示为相应等级的灰色，如图 13-7 和图 13-8 所示；当浓度为 0% 时，蒙版中的黑色显示为白色，如图 13-9 和图 13-10 所示。

图 13-5　浓度为 100% 的蒙版图像

图 13-6　对应的图像效果

图 13-7　50% 的蒙版图像

图 13-8　浓度为 50% 对应的图像效果

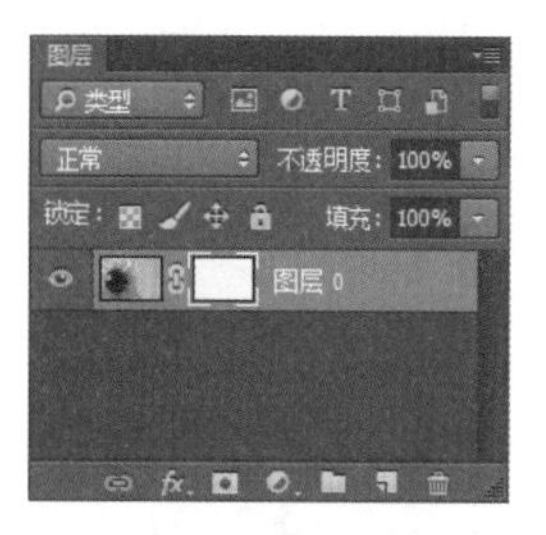

图 13-9　浓度为 0% 时蒙版为白色

图 13-10　对应的图像效果

☆ 【羽化】：设置蒙版边缘的羽化程度。默认为 0 像素，当设置为 30 像素时，效果如图 13-11 和图 13-12 所示。

图 13-11　羽化为 30 的蒙版图像

图 13-12　对应的图像效果

☆ 【蒙版边缘】：单击该按钮，将弹出【调整蒙版】对话框，如图 13-13 所示。通过该对话框可对蒙版边缘的半径、对比度等进行调整，其作用和用法与【调整边缘】对话框类似，这里不再赘述。

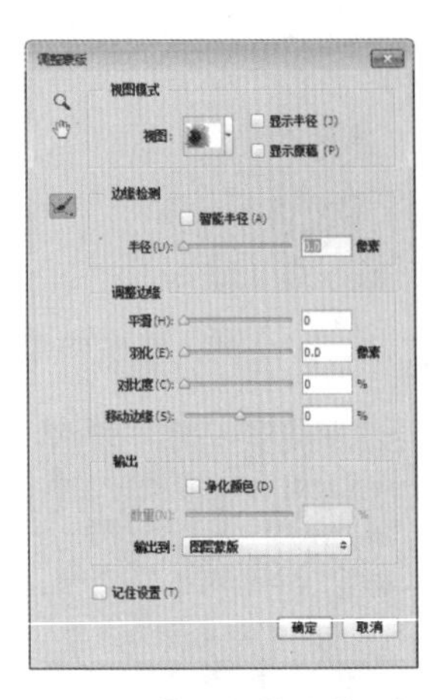

图 13-13　【调整蒙版】对话框

☆　【颜色范围】：单击该按钮，将弹出【色彩范围】对话框，如图 13-14 所示。通过该对话框，可以选择图像中的色彩来进行蒙版的显示和隐藏。其作用和用法与【色彩范围】命令类似，这里不再赘述。

图 13-14　【色彩范围】对话框

☆　【反相】：单击该按钮，可将蒙版图像反转，使原来显示的区域被隐藏起来，而显示出原来隐藏的区域，效果如图 13-15 所示。

图 13-15　蒙版反相后的图像效果

☆　【从蒙版中载入选区】：单击该按钮，可将蒙版作为选区载入。

☆　【应用蒙版】：单击该按钮，可使蒙版与所在的图层合并。

☆　【停用 / 启用蒙版】：单击该按钮，可停用或启用当前的蒙版。

☆　【删除蒙版】：单击该按钮，可删除当前的蒙版。

13.1.3　停用和启用图层蒙版

若要暂时隐藏蒙版效果，查看原始图像，可以停用图层蒙版。选中图层蒙版，选择【图层】→【图层蒙版】→【停用】命令，或者右击，在弹出的快捷菜单中选择【停用图层蒙版】命令，如图 13-16 所示，即可停用蒙版，此时蒙版缩览图中出现一个红色的叉号，如图 13-17 所示。

图 13-16　选择【停用图层蒙版】命令

图 13-17　停用蒙版

若要重新启用图层蒙版，选择【图层】→【图层蒙版】→【启用】命令，或者在快捷菜单中选择【启用图层蒙版】命令即可。

13.1.4　应用与复制图层蒙版

应用蒙版是指将蒙版图像与图层中的图像合并，在应用蒙版后，图像将永久性地被

更改。首先选中蒙版，如图 13-18 所示。然后单击【属性】面板中的按钮，即可应用图层蒙版，如图 13-19 所示。

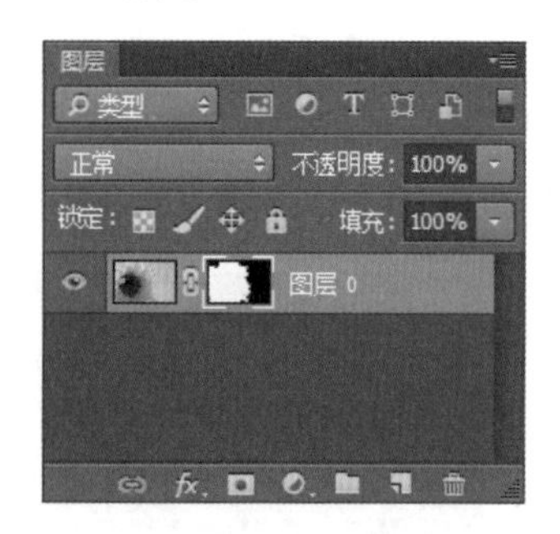

图 13-18　选中蒙版

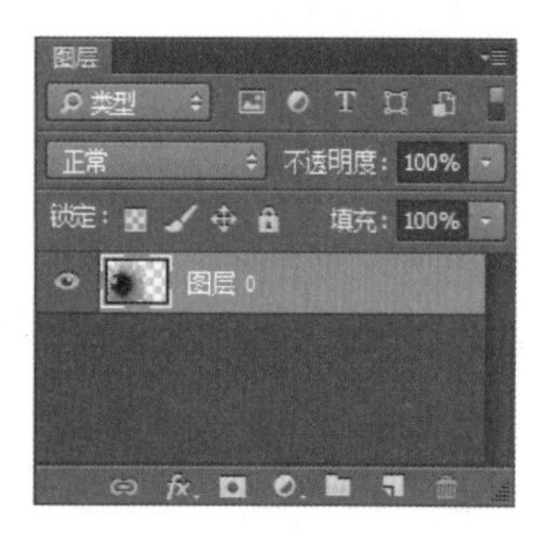

图 13-19　应用图层蒙版

若要复制图层蒙版，首先选中蒙版，如图 13-20 所示。按住 Alt 键将其拖动到目标图层中，即可将蒙版复制到该图层中，如图 13-21 所示。

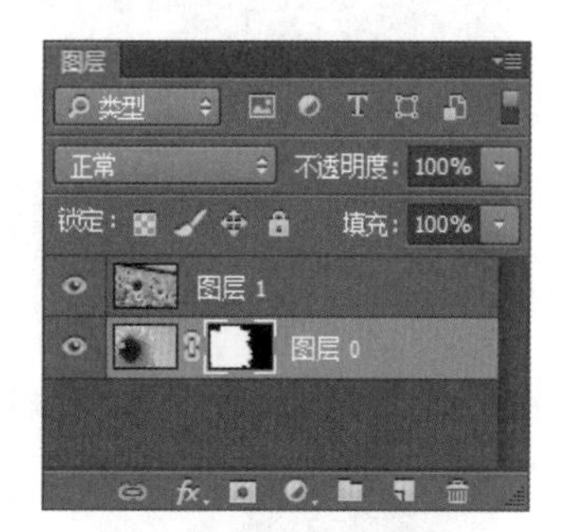

图 13-20　选中蒙版

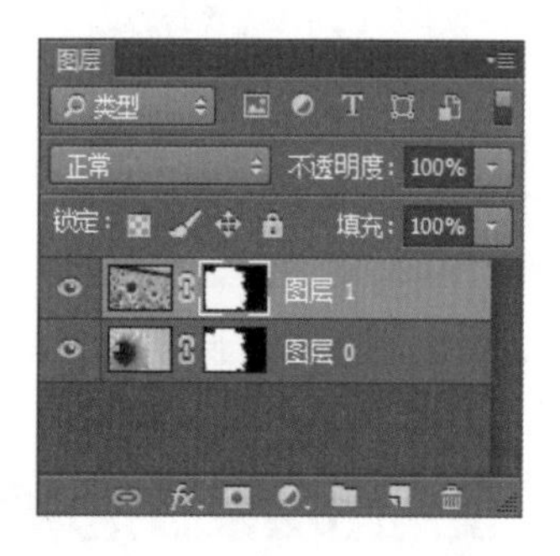

图 13-21　将蒙版复制到图层中

若直接将蒙版拖动到目标图层中，可移动蒙版到该图层中，如图 13-22 所示。

图 13-22　将蒙版移动到图层中

13.1.5　将矢量蒙版转换为图层蒙版

矢量蒙版不能使用绘图工具和【滤镜】等命令，若要使用这些工具和命令，首先需将其转换为图层蒙版。具体的操作步骤如下。

步骤 1　选中要转换的矢量蒙版，如图 13-23 所示。

图 13-23　选中矢量蒙版

步骤 2　选择【图层】→【栅格化】→【矢量蒙版】命令，或者右击，在弹出的快捷菜单中选择【栅格化矢量蒙版】命令，如图 13-24 所示。

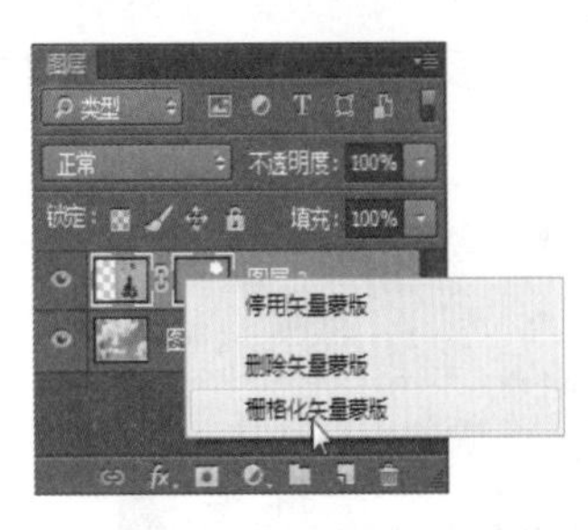

图 13-24　选择【栅格化矢量蒙版】命令

步骤 3 即可将矢量蒙版转换为图层蒙版，如图 13-25 所示。

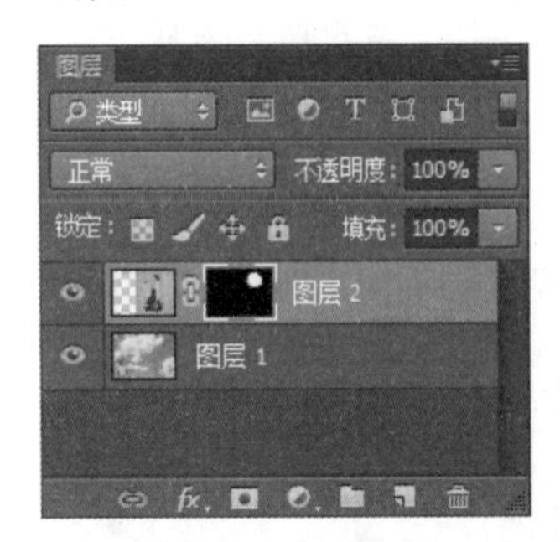

图 13-25　将矢量蒙版转换为图层蒙版

13.1.6 使用图层蒙版抠取图像

图层蒙版最强大的功能在于抠图，尤其是半透明的图，如冰块、婚纱、水杯等。下面就使用图层蒙版抠取婚纱，同时保留婚纱的透明度，具体的操作步骤如下。

步骤 1 打开随书光盘中的“素材\ch13\01.jpg”文件，按 Ctrl+A 组合键全选，然后按 Ctrl+C 组合键复制选区，如图 13-26 所示。

图 13-26　全选图像并复制

步骤 2 单击■按钮，添加一个图层蒙版，如图 13-27 所示。按住 Alt 键单击蒙版缩览图，使窗口中显示蒙版图像，然后按 Ctrl+V 组合键粘贴选区，此时蒙版中有一个和当前图像相同的黑白图像，如图 13-28 所示。

图 13-27　添加一个图层蒙版

图 13-28　将复制的图像粘贴到蒙版中

步骤 3 使用快速选择工具在蒙版图像中选中人物和婚纱，如图 13-29 所示。

图 13-29　选中人物和婚纱

步骤 4 按 Ctrl+Shift+I 组合键反选，然后将背景色设置为黑色，按 Alt+Delete 组合键

填充选区，之后按 Ctrl+D 组合键取消选择，如图 13-30 所示。

图 13-30　将背景填充为黑色

步骤 5 继续使用快速选择工具在蒙版图像中选中人物，如图 13-31 所示。

图 13-31　选中人物

步骤 6 将前景色设置为白色，然后使用画笔工具在选区内涂抹，将人物部分涂抹成白色，使人物完全显示出来，如图 13-32 所示。此时图层蒙版缩览图中的图像如图 13-33 所示。

图 13-32　将人物涂抹成白色

图 13-33　蒙版中对应的图像

步骤 7 单击蒙版左侧的图层缩览图，显示出图层中的图像，可以看到此时人物和婚纱都已成功抠出，如图 13-34 所示。

图 13-34　抠出人物和婚纱

步骤 8 使用移动工具将抠出的图像拖动到其他背景中，图层蒙版也会随之移动，效果如图 13-35 所示。

图 13-35　将抠出的图像拖动到其他背景中

提示 图 13-36 所示是使用快速选择工具抠取的图像，与之对比可以发现，使用图层蒙版抠取的图像可以很好地保留婚纱的透明感。

图 13-36　使用普通工具抠取的图像效果

13.2 矢量蒙版

矢量蒙版是由钢笔或形状等矢量工具创建的蒙版，它依靠路径来定义图层中图像的显示区域。因此，它与分辨率无关，无论怎样缩放都不必担心产生锯齿，通常用于制作 Logo、按钮或其他 Web 设计元素。

13.2.1 创建矢量蒙版

下面介绍如何创建矢量蒙版，具体的操作步骤如下。

步骤 1 打开随书光盘中的“素材\ch13\02.psd”文件，如图 13-37 所示。该文件由两个图层组成，在【图层】面板中选择图层 2，如图 13-38 所示。

图 13-37　素材文件

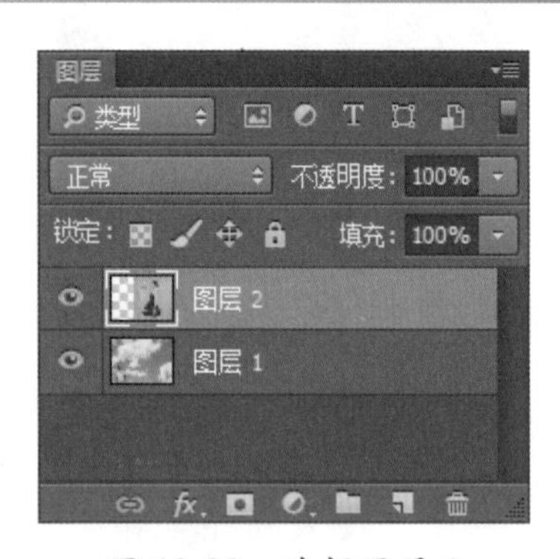

图 13-38　选择图层 2

步骤 2 选择自定形状工具，在选项栏中将模式设置为【路径】，并选择云彩图形，然后在图像中按住左键并拖动鼠标，绘制一个云彩路径，如图 13-39 所示。

步骤 3 选择【图层】→【矢量蒙版】→【当前路径】命令，即可基于当前路径创建矢量蒙版，图层 2 中路径外的区域全被遮盖住，如图 13-40 所示。

图 13-39 绘制云彩路径

图 13-40 基于当前路径创建矢量蒙版

提示 按住 Ctrl 键并单击【图层】面板中的 按钮，也可创建矢量蒙版。

步骤 4 此时在图层 2 的左侧会添加一个矢量蒙版缩览图，路径内的部分为白色，表示该区域可见，路径外为灰色，表示该区域被遮盖住，如图 13-41 所示。

图 13-41 添加的矢量蒙版

提示 若选择【图层】→【矢量蒙版】→【显示全部】命令，此时矢量蒙版缩览图为白色，表示图层内容全部可见，如图 13-42 所示。在此状态下，选中矢量蒙版，然后创建路径，即可获得可见区域，而遮盖路径外的区域。

图 13-42 矢量蒙版缩览图

13.2.2 编辑矢量蒙版

创建矢量蒙版后，可以在此基础上添加路径或移动路径，以显示出其他区域或变更显示的区域。此外，还可以对蒙版所在的图层添加图层样式。

(1) 为蒙版应用样式。双击矢量蒙版所在的图层，弹出【图层样式】对话框，如图 13-43 所示，在其中即可为蒙版添加样式。例如这里选择【内发光】选项，并设置相关参数，为蒙版添加内发光样式，如图 13-44 所示。

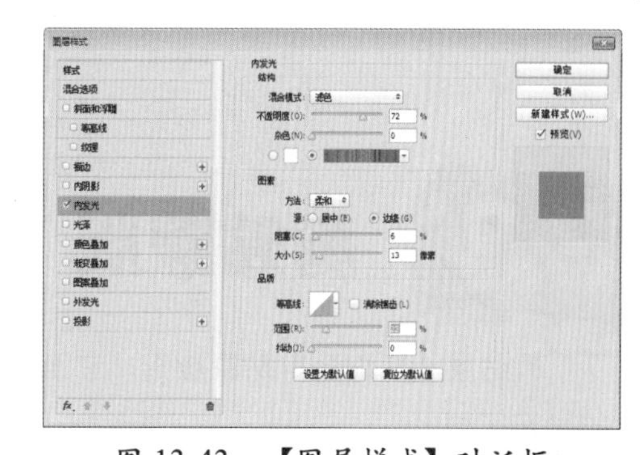

图 13-43 【图层样式】对话框

图 13-44 为蒙版应用样式

⑵ 添加显示区域。选中矢量蒙版，然后绘制其他的路径，如图 13-45 所示。绘制完成后，按 Enter 键，即可显示出该区域。使用同样的方法，可添加其他的显示区域，如图 13-46 所示。

⑶ 改变遮盖区域。选择路径选择工具，将光标定位在路径内，拖动鼠标移动该路径，此时蒙版的遮盖区域也随之改变，如图 13-47 所示。

图 13-45 绘制其他的路径

图 13-46 添加其他的显示区域

图 13-47 改变遮盖区域

提示 由于矢量蒙版是由路径来定义遮盖区域，因此任何编辑路径的方法都适用于编辑矢量蒙版。

13.3 剪贴蒙版

剪贴蒙版又称为剪贴蒙版组，它至少由两个图层组成，通过下层图层来控制上层图层的显示区域。

13.3.1 认识剪贴蒙版

在剪贴蒙版组中，位于最下面的图层称为基底图层，只能有一个，其名称带有下划线，其上面的所有图层都叫作剪贴图层，可以有多个，其左侧带有图标，指向基底图层，如图 13-48 所示。

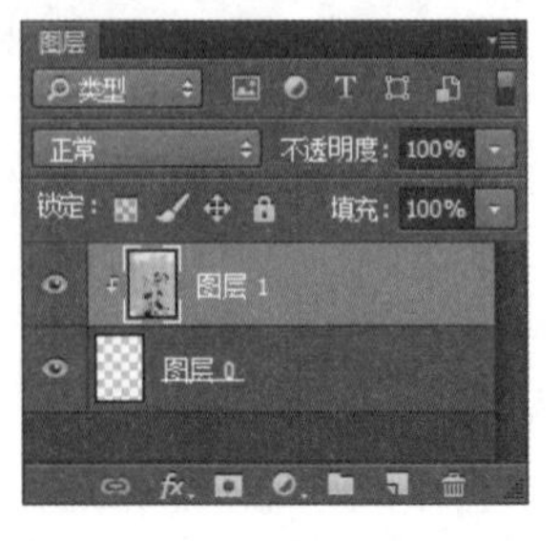

图 13-48 剪贴蒙版组

当基底图层为透明背景时，相当于蒙版图像全部为黑色，此时将会隐藏剪贴图层中的图像，如图 13-49 所示。若要显示出剪贴图层中的图像，只需将基底图层中相应区域由透明像素填充为非透明像素即可。例如，使用绘图工具在基底图层上涂抹，如图 13-50 所示，即可显示出剪贴图层中相应的图像，如图 13-51 所示。

图 13-49　图像效果

图 13-50　在基底图层上涂抹

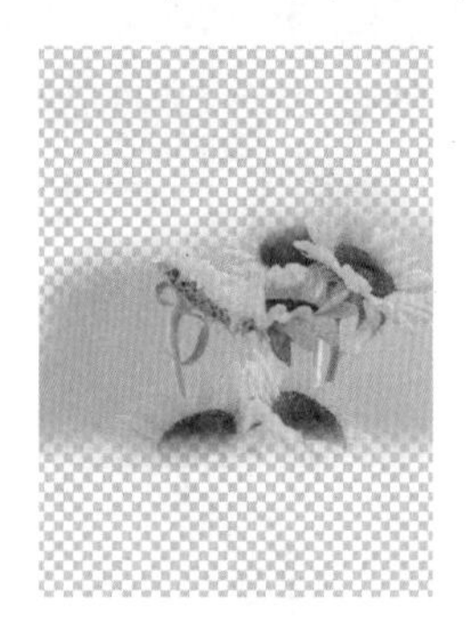

图 13-51　剪贴图层中相应的图像

由此可知，通过基底图层的形状可限制剪贴图层的显示范围，当有多个剪贴图层时，可同时控制多个图层的可见内容，这也是剪贴图层最大的优势。

此外，当设置基底图层的不透明度或混合模式时，将会影响上层所有的剪贴图层。而调整某个剪贴图层的不透明度或混合模式时，不会影响到其他的图层，仅会对其自身产生作用。

13.3.2 创建剪贴蒙版

下面介绍如何创建剪贴蒙版，具体的操作步骤如下。

步骤 1 打开随书光盘中的“素材\ch13\03.psd”文件，如图 13-52 所示，该文件由两个图层组成，如图 13-53 所示。

图 13-52　素材文件

图 13-53　文件由两个图层组成

步骤 2 选择背景图层，单击 按钮，在其上面新建一个空白图层 2，如图 13-54 所示。

图 13-54　新建一个空白图层 2

步骤 3 选择图层 1，然后选择【图层】→【创建剪贴蒙版】命令，或者按 Alt+Ctrl+G 组合键，即可创建剪贴蒙版，如图 13-55 所示。由于图层 2 为空白状态，窗口中只显示出背景图像，将隐藏剪贴图层中的图像，如图 13-56 所示。

图 13-55　创建剪贴蒙版

图 13-56　图像效果

提示 选中图层 1 或图层 2，按住 Alt 键，将鼠标指针定位在这两个图层的分隔线上，单击鼠标可快速创建剪贴蒙版。

步骤 4 选择自定形状工具，在选项栏中将选择工具模式设置为【像素】，并选择心形图形，如图 13-57 所示，然后在基底图层中绘制一个心形，如图 13-58 所示。

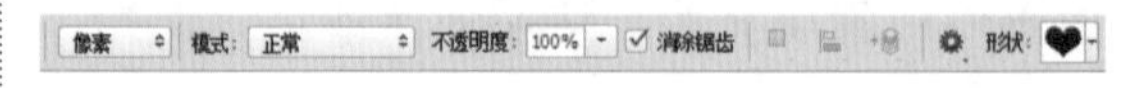

图 13-57　在自定形状工具的选项栏中设置参数

图 13-58　绘制一个心形

步骤 5 此时可以心形的形状显示出剪贴图层的图像，图层效果和图像效果分别如图 13-59 和图 13-60 所示。

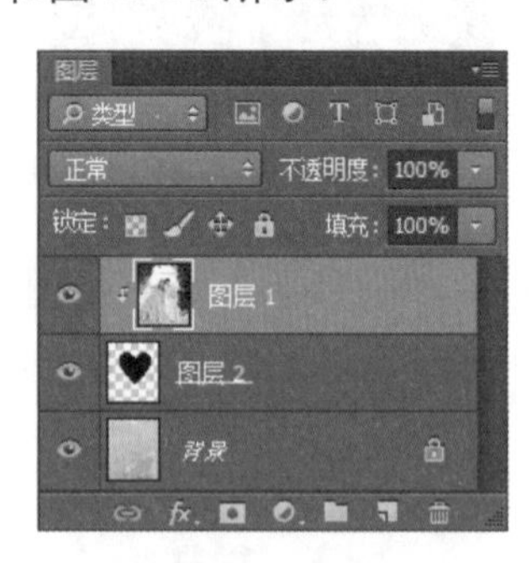

图 13-59　图层效果

图 13-60　图像效果

13.3.3 编辑剪贴蒙版

创建剪贴蒙版后，可以编辑剪贴蒙版，使其更为美观。

(1) 为蒙版应用样式。双击剪贴蒙版所在图层，弹出【图层样式】对话框，如图 13-61 所示，选择【外发光】选项，并设置相关参数，即可为其应用外发光效果，如图 13-62 所示。

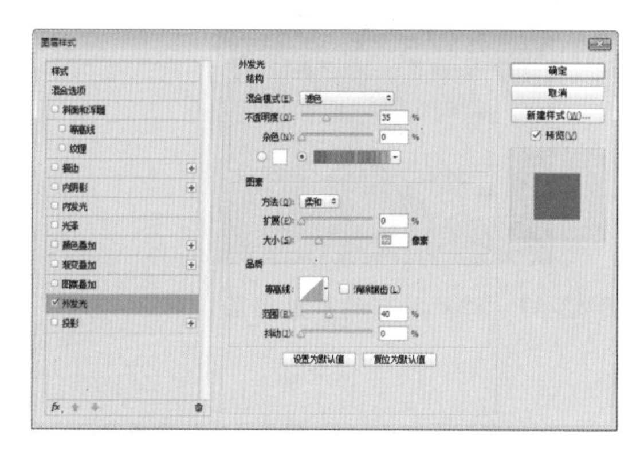

图 13-61　【图层样式】对话框

图 13-62　为蒙版应用样式

(2) 添加显示区域。使用画笔、填充等工具直接在基底图层上填充像素，即可添加显示区域，如图 13-63 所示。

(3) 改变遮盖区域。选择移动工具，拖动鼠标移动基底图层，即可改变蒙版遮盖的区域，如图 13-64 所示。

图 13-63　添加显示区域

图 13-64　改变遮盖区域

(4) 将图层移入或移出剪贴蒙版组。将图层拖动到基底图层上方，可将其移入剪贴蒙版组中，如图 13-65 所示。将剪贴图层拖出蒙版组，可将其移出蒙版组。

图 13-65　将图层移入剪贴蒙版组

13.3.4 释放剪贴蒙版

将剪贴图层拖出蒙版组，即可释放该剪贴图层。当蒙版组中包含多个剪贴图层时，若要释放所有的剪贴图层，可以使用【释放剪贴图层】命令。具体的操作步骤如下。

步骤 1 选中剪贴蒙版组中位于基底图层上方的剪贴图层，如图 13-66 所示。

步骤 2 选择【图层】→【释放剪贴图层】命令，即可释放所有的剪贴图层，如图 13-67 所示。

图 13-66　选中位于基底图层上方的剪贴图层

图 13-67　释放所有的剪贴图层

13.4 快速蒙版

快速蒙版是一个编辑选区的临时环境，可以辅助用户创建选区。应用快速蒙版后，会在图像上创建一个暂时的屏蔽，同时会在【通道】面板中创建一个暂时的 Alpha 通道。它是对所选区域进行保护，让其不受操作影响，而处于蒙版范围外的区域则可以进行编辑与处理。

13.4.1 认识快速蒙版

打开一个图像文件并创建选区后，如图 13-68 所示，双击工具箱中的【以快速蒙版模式编辑】按钮，可以打开【快速蒙版选项】对话框，通过设置相关参数，可以创建快速蒙版，如图 13-69 所示。

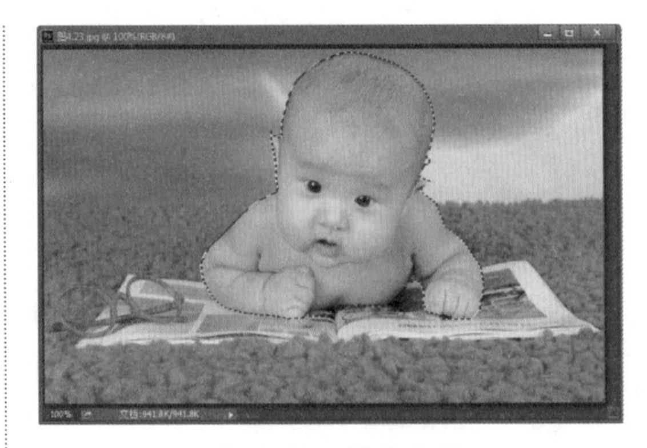

图 13-68　创建选区

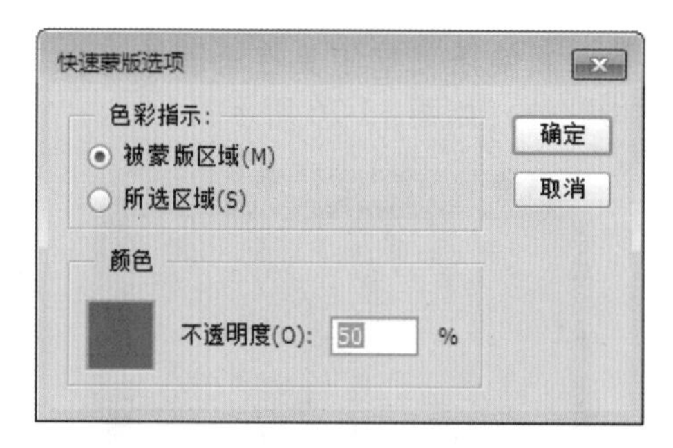

图 13-69　【快速蒙版选项】对话框

【快速蒙版选项】对话框中各个参数的含义如下。

☆　【被蒙版区域】单选按钮：被蒙版区域是指选区之外的图像区域，将【色彩指示】设置为【被蒙版区域】后，选区之外的图像将被蒙版颜色覆盖，而选中的区域完全显示图像，如图 13-70 所示。

图 13-70　选中【被蒙版区域】的效果

☆　【所选区域】单选按钮：所选区域是指选中的区域，如果将【色彩指示】设置为【所选区域】，则选中的区域被蒙版颜色覆盖，未选中的区域显示为图像本身的效果，如图 13-71 所示。该选项比较适合在没有选区的状态下直接进入快速蒙版，然后在快速蒙版的状态下制作选区。

☆　【颜色】：单击颜色色块，可以打开【拾色器】对话框，在其中可设置蒙版的颜色。

☆　【不透明度】文本框：用来设置蒙版颜色的不透明度，颜色与不透明度都只是影响蒙版的外观，不会对选区产生任何影响。

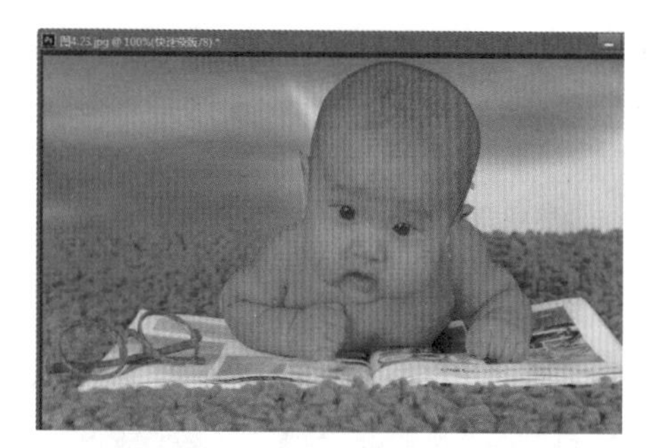

图 13-71　选中【所选区域】的效果

13.4.2　使用快速蒙版

使用快速蒙版工具可以创建复杂选区，具体操作步骤如下。

步骤 1　打开随书光盘中的“素材\ch13\04.jpg”文件，使用磁性套索工具将花瓶选为选区，如图 13-72 所示。

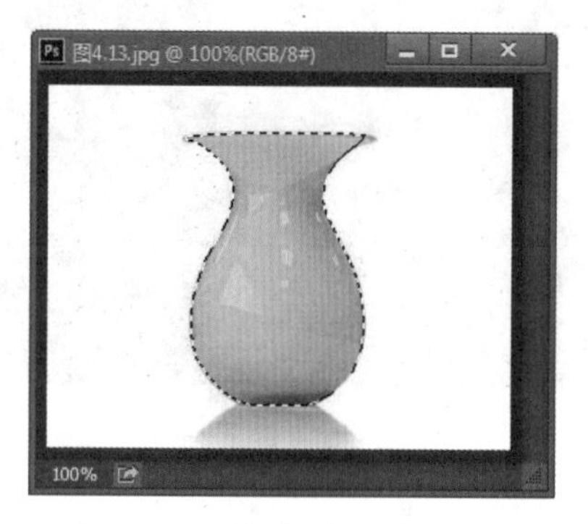

图 13-72　创建选区选中花瓶

步骤 2　双击工具栏中的【以快速蒙版模式编辑】按钮，打开【快速蒙版选项】对话框，选中【被蒙版区域】单选按钮，并设置【颜色】为红色，【不透明度】为 50%，如图 13-73 所示。

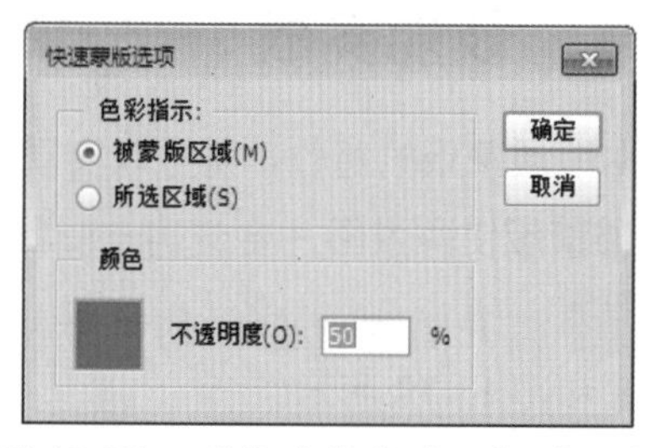

图 13-73　【快速蒙版选项】对话框

步骤 3 单击【确定】按钮，进入快速蒙版模式编辑状态，如图 13-74 所示。

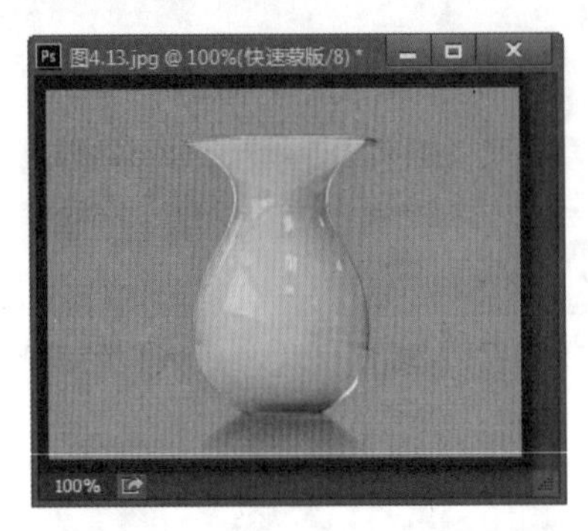

图 13-74　快速蒙版模式编辑状态

步骤 4 选中工具箱中的画笔工具，在工具栏中设置画笔【大小】为 13 像素、【硬度】为 8%、【不透明度】为 30%，如图 13-75 所示。

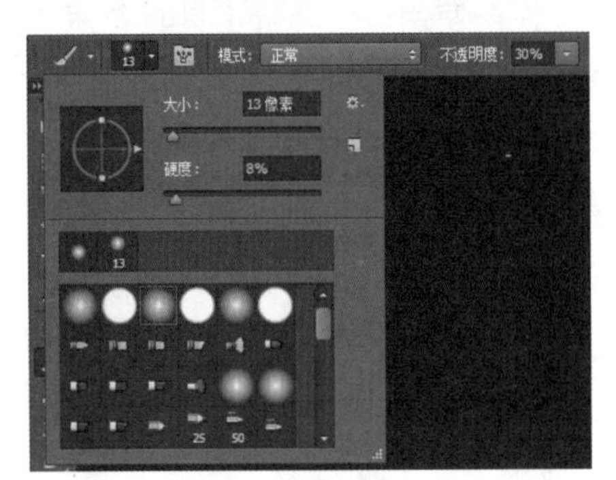

图 13-75　设置画笔

步骤 5 使用画笔工具在画面中涂抹花瓶的阴影部分，如图 13-76 所示。

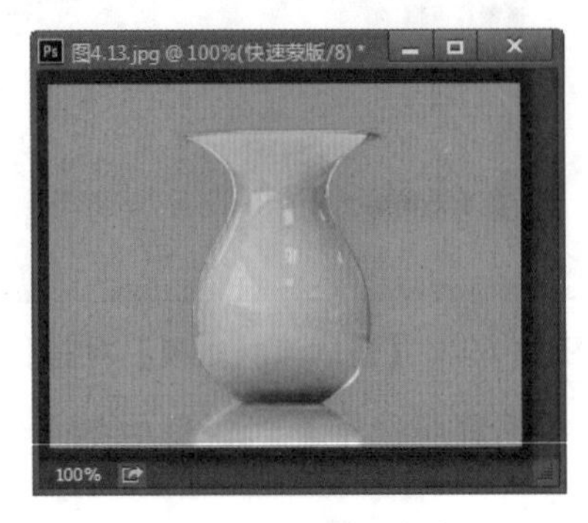

图 13-76　涂抹阴影部分

步骤 6 单击工具栏中的【以标准模式编辑】按钮，取消快速蒙版，得到新的选区，如图 13-77 所示。

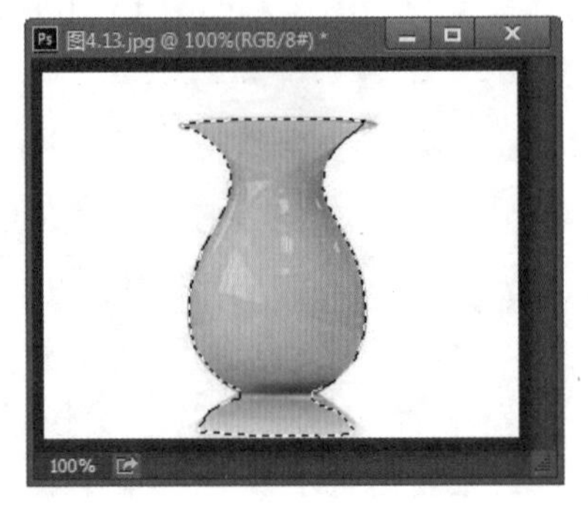

图 13-77　创建新的选区

13.5 高效技能实战

13.5.1 技能实战 1——使用图层蒙版合成图像

利用图层蒙版的特性，既可以实现无痕拼接图像，也可以用于抠图。下面介绍一个实例，通过图层蒙版使两张图片合成为一张图片，使其更具趣味性，具体的操作步骤如下。

步骤 1 打开随书光盘中的“素材\ch13\05.jpg”文件和“素材\ch13\06.jpg”文件，如图 13-78 和图 13-79 所示。

图 13-78　素材文件 05.jpg

图 13-79　素材文件 06.jpg

步骤 2 使用移动工具将人脸拖动到橙子图片中，并将人脸所在图层的不透明度设置为 40%，以便观察图片，如图 13-80 所示。

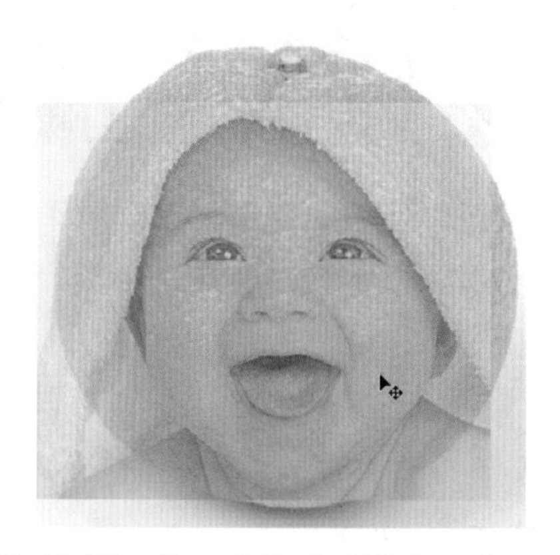

图 13-80　将人脸拖动到橙子上并设置不透明度

步骤 3 按 Ctrl+T 组合键显示出定界框，拖动四周的控制点对人脸进行变形，使其大小与橙子相符，然后按 Enter 键确认操作，如图 13-81 所示。

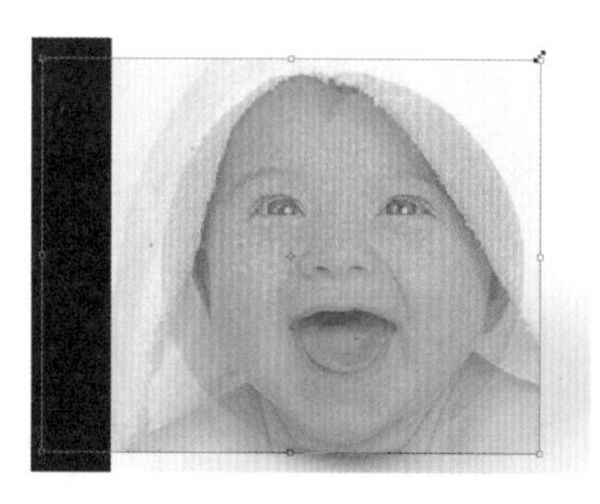

图 13-81　设置人脸的大小

步骤 4 选中人脸所在的图层，将不透明度恢复为 100%，然后单击底部的按钮，添加一个图层蒙版，并单击选中该图层蒙版，如图 13-82 所示。

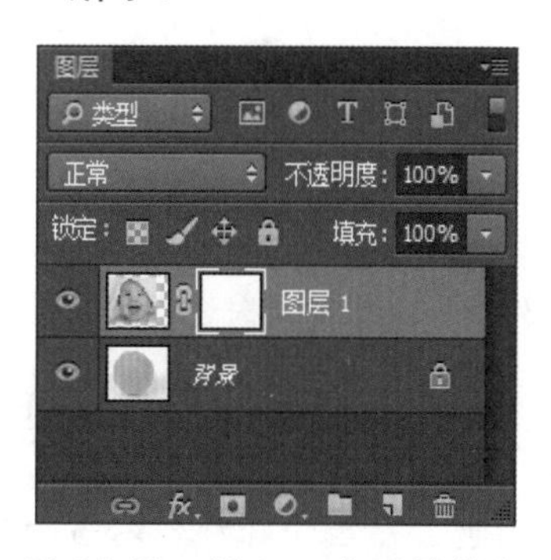

图 13-82　添加一个图层蒙版

步骤 5 选择画笔工具，将前景色设置为黑色，然后在人脸周围涂抹，只保留五官部分，其他区域被隐藏，如图 13-83 和图 13-84 所示。

步骤 6 减小画笔工具的笔尖大小，然后放大图片，在五官周围进行细致的涂抹，如图 13-85 所示。

图 13-83　蒙版图层的效果

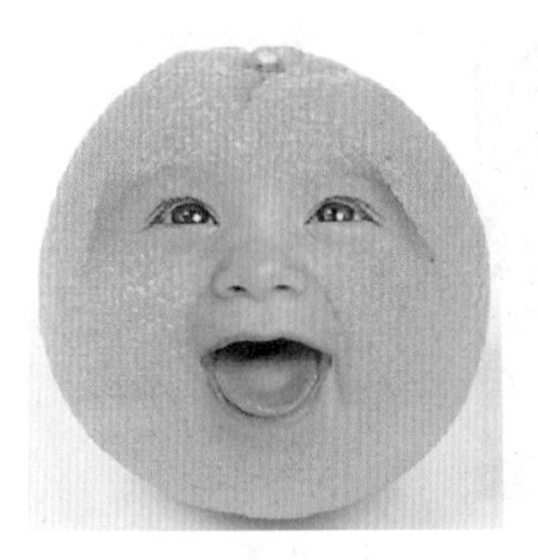

图 13-84　在人脸周围涂抹

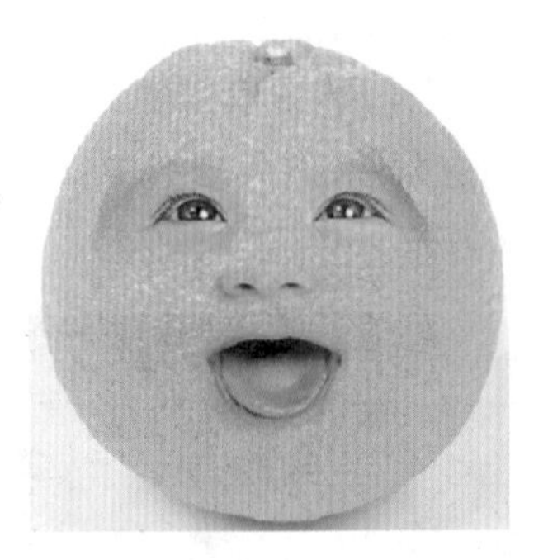

图 13-85　在五官周围进行细致的涂抹

提示　操作过程中若不慎涂抹了眼睛、嘴巴等区域，只需将前景色设置为白色，然后涂抹操作不当的区域，即可解决该问题。

步骤 7 在选项栏中将【不透明度】设置为 30%，继续涂抹眼睛和鼻子周围，使图片看起来更加自然，如图 13-86 所示。

图 13-86　设置不透明度并继续涂抹

至此，即完成本实例的操作。按住 Alt 键单击图层蒙版缩览图，可显示出蒙版图像，如图 13-87 和图 13-88 所示。在其中可以看到，蒙版中黑色区域所对应的图像已被隐藏，灰色区域呈现出透明效果，白色区域则显示出图像。

图 13-87　蒙版图层的效果

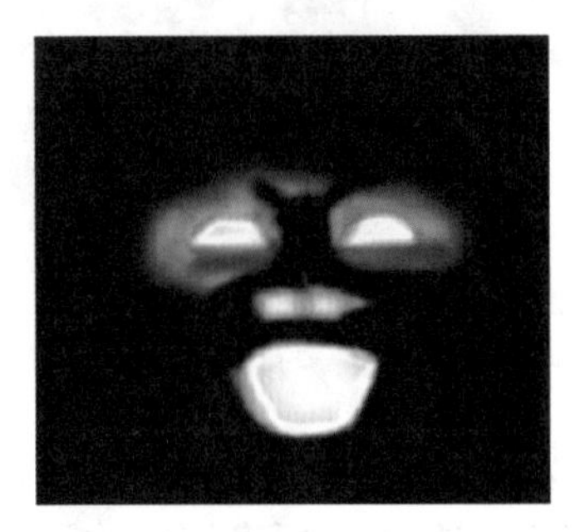

图 13-88　蒙版中的图像效果

13.5.2 技能实战 2——使用蒙版制作渐隐图像效果

在蒙版中使用渐变工具可以制作出一种渐隐的效果，从而使过渡非常自然。具体的操作步骤如下。

步骤 1 打开随书光盘中的“素材\ch13\07.jpg”文件和“素材\ch13\08.jpg”文件，如图 13-89 和图 13-90 所示。

步骤 2 使用移动工具将图 08.jpg 拖动到另一图片中，按 Ctrl+T 组合键显示出定界框，以调整图片的大小及位置，如图 13-91 所示。

图 13-89　素材文件 07.jpg

图 13-90　素材文件 08.jpg

图 13-91　将图 08.jpg 拖动到另一图片中

步骤 3 单击【图层】面板底部的 按钮，添加一个图层蒙版，并单击选中该图层蒙版，如图 13-92 所示。

步骤 4 选择渐变工具，在选项栏中将渐变类型设置为黑白渐变，将【模式】设置为【正片叠底】，并单击【对称渐变】 按钮，如图 13-93 所示。

图 13-92　添加一个图层蒙版

图 13-93　在渐变工具选项栏中设置参数

步骤 5 在图像中从下到上拖动鼠标，拖出一条直线，释放鼠标后，图像的下部分被隐藏起来，显示出下层图层的图像，效果如图 13-94 所示。选择画笔工具涂抹女孩的帽子，使合成效果更为自然，如图 13-95 所示。

图 13-94　图层蒙版的效果

图 13-95　合成图像的效果

13.6 疑难问题解答

问题 1：如何查看图像中的蒙版状态？

解答：在【图层】面板中，按 Alt 键的同时单击蒙版缩览图，可以在画布中显示蒙版的状态，再次执行该操作可以切换为图层状态。

问题 2：矢量蒙版缩览图与图像缩览图之间有一个链接图标，该图标的作用是什么？

解答：矢量蒙版缩览图与图像缩览图之间链接图标的作用是：它表示蒙版与图像处于链接状态，此时进行任何变换操作，蒙版都与图像一同变换。如果选择【图层】→【矢量蒙版】→【取消链接】命令，或单击该图标取消链接，就可以单独变换图像或蒙版了。

第14章 使用滤镜制作特效

● **本章导读：**

所谓滤镜就是把原有的画面进行艺术过滤，得到一种艺术化或更完美的展示。滤镜功能是Photoshop CC的强大功能之一，利用滤镜可以实现许多无法实现的图像特效，这为众多的非艺术专业人员提供了一种创造艺术化作品的手段。

● **学习目标：**

◎ 了解滤镜与滤镜库的基础知识

◎ 掌握使用内置滤镜制作图像特效的方法

◎ 掌握使用外挂滤镜制作图像特效的方法

● **重点案例效果**

14.1 滤镜基础知识

Photoshop 中的滤镜可以分为内置滤镜和外挂滤镜，内置滤镜是 Photoshop 自带的滤镜；外挂滤镜一般由第三方厂商开发，主要用于 Photoshop 功能的增强。使用这两种滤镜可以制作图像特效。

14.1.1 滤镜与滤镜库

通过使用滤镜，可以清除和修饰照片，能够为图像提供素描或印象派绘画外观的特殊艺术效果，还可以使用扭曲和光照效果创建独特的变换。Adobe 提供的滤镜显示在【滤镜】菜单中，第三方开发商提供的某些滤镜可以作为增效工具使用，在安装后，这些增效工具滤镜出现在【滤镜】菜单的底部。

滤镜库可提供许多特殊效果滤镜的预览，用户可以应用多个滤镜、打开或关闭滤镜的效果、复位滤镜的选项以及更改应用滤镜的顺序，如果用户对预览效果感到满意，则可以将它应用于图像。不过，滤镜库并不提供【滤镜】菜单中的所有滤镜。如图 14-1 所示为 Photoshop CC 的滤镜库。

图 14-1　滤镜库

14.1.2 滤镜的基础操作

滤镜常用的基础操作有 3 种，分别是：使用 Ctrl+F 快捷键，重复应用上一次滤镜；使用 Shift+Ctrl+F 快捷键，渐隐上次滤镜；使用 Ctrl+Alt+F 快捷键，打开上次滤镜对话框，重新设置滤镜参数并应用。下面以一个实例来介绍滤镜的基础操作，具体操作步骤如下。

步骤 1 打开随书光盘中的“素材 \ch14\02.jpg”文件，如图 14-2 所示。

图 14-2　素材文件

步骤 2 选择【滤镜】→【扭曲】→【旋转扭曲】命令，打开【旋转扭曲】对话框，如图 14-3 所示。

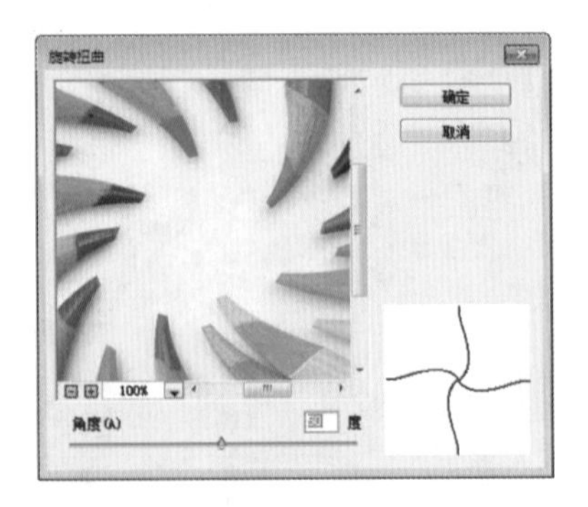

图 14-3　【旋转扭曲】对话框

步骤 3 在【旋转扭曲】对话框中拖动【角度】滑块或者在文本框中输入数值，如这里输入“-540”，如图 14-4 所示。

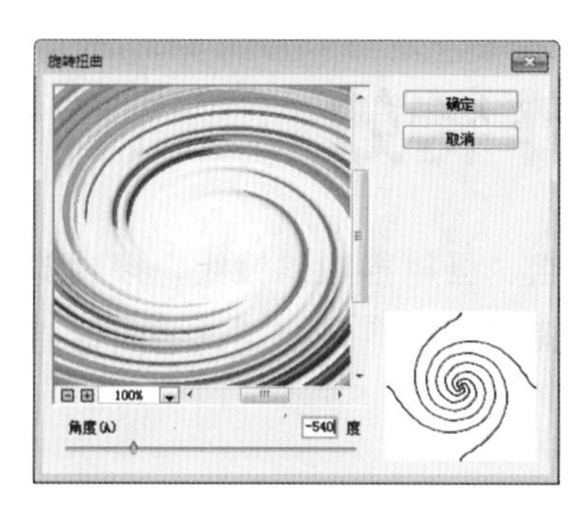

图 14-4　设置扭曲角度

步骤 4 单击【确定】按钮，返回到图像文件中，可以看到得到的图像效果，如图 14-5 所示。

图 14-5　图像效果

步骤 5 按 Ctrl+F 快捷键，按照上一次应用该滤镜的参数设置再次对图像应用该滤镜，效果如图 14-6 所示。

图 14-6　再次对图像应用滤镜的效果

步骤 6 按 Shift+Ctrl+F 快捷键，打开【渐隐】对话框，在其中设置参数，如图 14-7 所示。

步骤 7 单击【确定】按钮，返回到图像文件中，可以看到得到的图像效果，如图 14-8 所示。

图 14-7　【渐隐】对话框

图 14-8　添加渐隐后的图像效果

步骤 8 按 Ctrl+Alt+F 快捷键，打开【旋转扭曲】对话框，在其中可以重新设置该滤镜的参数，如图 14-9 所示。

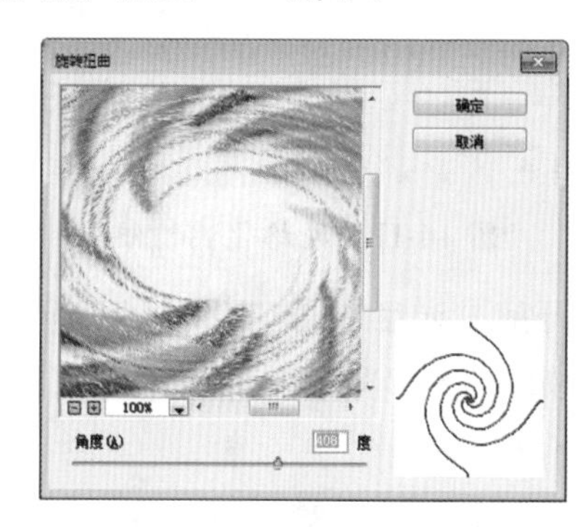

图 14-9　重新设置扭曲角度

步骤 9 单击【确定】按钮，返回到图像文件中，可以看到修改滤镜参数后的显示效果，如图 14-10 所示。

图 14-10　设置后的图像效果

14.2 使用内置滤镜制作特效

Photoshop CC 提供的内置滤镜包括风格化滤镜组、画笔描边滤镜组、模糊滤镜组、扭曲滤镜组、杂色滤镜组、像素化滤镜组、艺术效果滤镜组等，使用这些内置滤镜可以轻松制作图像特效。

14.2.1 风格化滤镜组

风格化滤镜组通过置换像素，并增加图像的对比度，可以使图像生成印象派风格的效果。该滤镜组中共包含 9 种滤镜，如图 14-11 所示。

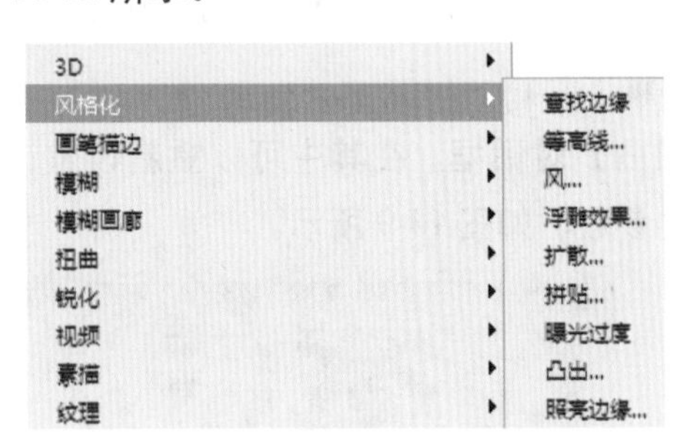

图 14-11　风格化滤镜组

打开随书光盘中的“素材 \ch14\03.jpg”文件，如图 14-12 所示，本小节将以该图为例进行介绍。

图 14-12　素材文件

1. 查找边缘滤镜

查找边缘滤镜可自动查找图像对比度强烈的边缘，并使高反差区变亮，低反差区变暗，从而形成清晰的轮廓，图 14-13 所示是应用查找边缘滤镜后的效果。

图 14-13　应用查找边缘滤镜后的效果

2. 等高线滤镜

等高线滤镜产生的效果类似于查找边缘滤镜，可以勾画出图像的色阶范围。选择【滤镜】→【风格化】→【等高线】命令，在【等高线】对话框中设置参数，即可制作等高线效果，如图 14-14 和图 14-15 所示。

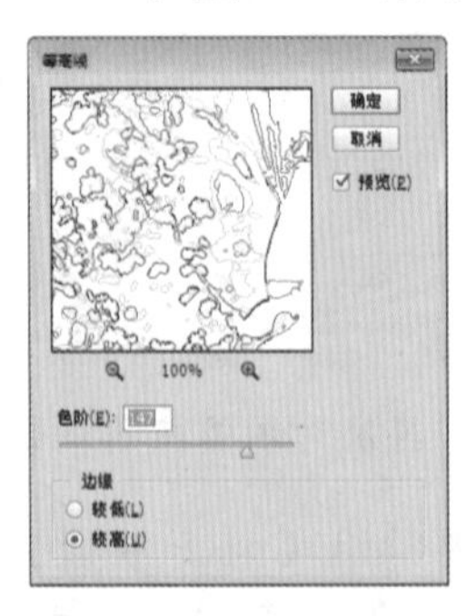

图 14-14　【等高线】对话框

提示 【色阶】用于设置描绘边缘亮度的级别；【较低】表示勾画像素颜色低于指定色阶的区域；【较高】表示勾画像素颜色高于指定色阶的区域。

图 14-15　应用等高线滤镜

3. 风滤镜

风滤镜用于制作水平方向上风吹的效果。选择【滤镜】→【风格化】→【风】命令，在【风】对话框中设置参数，即可制作风吹的效果，如图 14-16 和图 14-17 所示。

图 14-16　【风】对话框

图 14-17　应用风滤镜

提示　【方法】用于调整风的强度，图 14-18 所示是设置为【飓风】的效果；【方向】用于设置风吹的方向。

图 14-18　设置为【飓风】的效果

4. 浮雕效果滤镜

浮雕效果滤镜可以制作凸出和浮雕的效果，图像对比度越大，浮雕效果越明显。选择【滤镜】→【风格化】→【浮雕效果】命令，在【浮雕效果】对话框中设置参数，即可制作浮雕效果，如图 14-19 和图 14-20 所示。

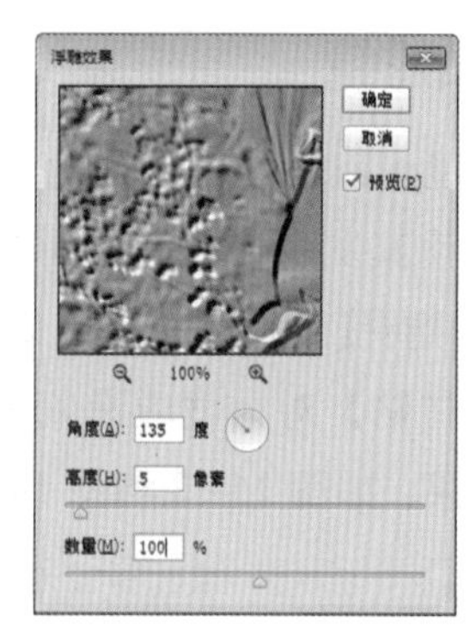

图 14-19　【浮雕效果】对话框

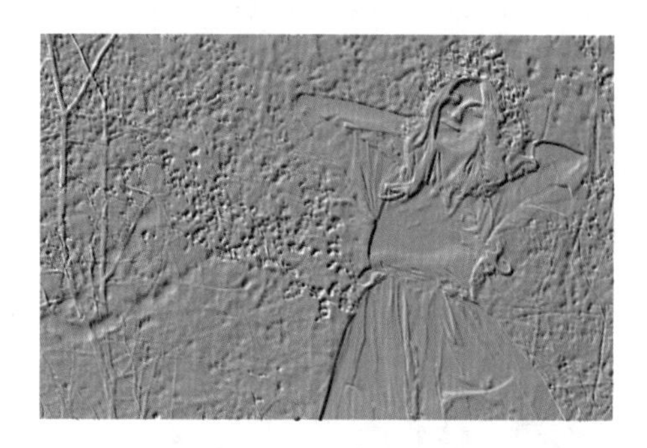

图 14-20　应用浮雕效果滤镜

提示　【角度】用于设置光源照射浮雕的方向；【高度】用于设置浮雕凸起的高度；【数量】用于设置滤镜的应用程度，该值越大，效果越明显。

5. 扩散滤镜

扩散滤镜可以扩散图像的像素，产生透过磨砂玻璃观看图像的效果。选择【滤镜】→【风格化】→【扩散】命令，在【扩散】对话框中选择扩散的模式，即可制作扩散效果，如图 14-21 所示。

图 14-21　应用扩散滤镜

6. 拼贴滤镜

拼贴滤镜可以将图像分裂为若干个正方形图块，并使其发生位移，从而产生瓷砖拼凑出的效果。选择【滤镜】→【风格化】→【拼贴】命令，在【拼贴】对话框中设置参数，即可制作拼贴效果，如图 14-22 和图 14-23 所示。

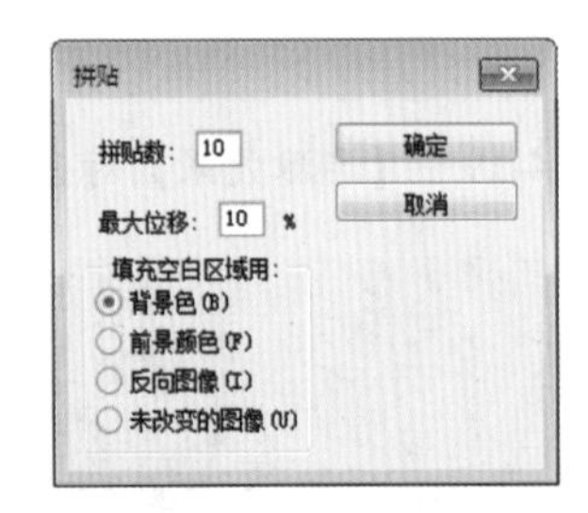

图 14-22　【拼贴】对话框

图 14-23　应用拼贴滤镜

提示　【拼贴数】用于设置图像分裂出的拼贴块数；【最大位移】用于设置拼贴块偏移其原始位置的比例；【填充空白区域用】用于设置瓷砖间的间隙以何种图案填充。

7. 曝光过度滤镜

曝光过度滤镜可将图像正片和负片混合，产生摄影时过度曝光的效果，如图 14-24 所示。

图 14-24　应用曝光过度滤镜

8. 凸出滤镜

凸出滤镜可以将图像分割成均匀的块状或金字塔状，并使其凸出来，从而产生特殊的三维立体效果。选择【滤镜】→【风格化】→【凸出】命令，在【凸出】对话框中设置参数，即可制作凸出效果，如图 14-25 和图 14-26 所示。

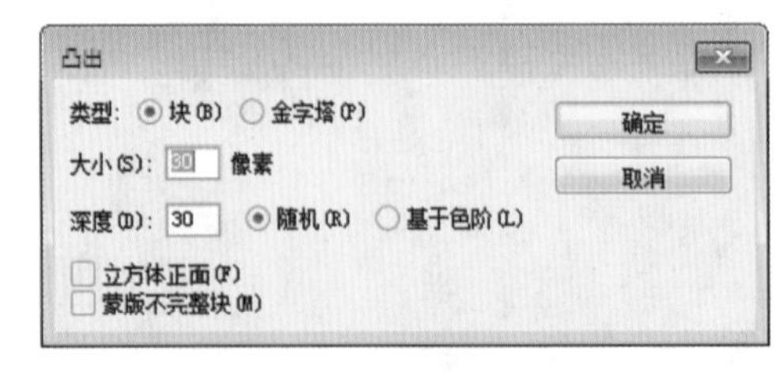

图 14-25　【凸出】对话框

提示　【类型】用于设置凸出类型；【大小】用于设置块或金字塔的底面尺寸；【深度】用于设置块或金字塔凸出来的高度。

图 14-26 应用凸出滤镜

9. 照亮边缘滤镜

照亮边缘滤镜可以查找图像中颜色的边缘并给它们增加类似霓虹灯的亮光。选择【滤镜】→【风格化】→【照亮边缘】命令，在【照亮边缘】对话框右侧设置参数，即可制作照亮边缘效果，如图 14-27 和图 14-28 所示。

图 14-27 【照亮边缘】对话框

图 14-28 应用照亮边缘滤镜

14.2.2 画笔描边滤镜组

画笔描边滤镜组主要是使用不同的画笔和油墨进行描边，从而制作出绘画效果的外观。其中有些滤镜是向图像添加颗粒、绘画、杂色、边缘细节或纹理，以制作出点状化的效果。该滤镜组中共包含 8 种滤镜，如图 14-29 所示。

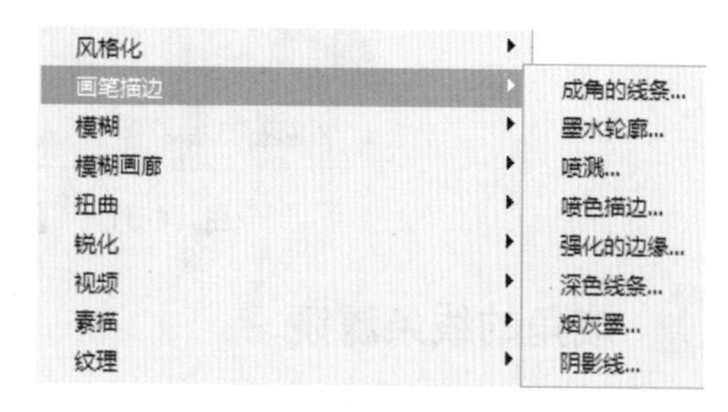

图 14-29 画笔描边滤镜组

> **注意** 画笔描边滤镜组只能在 RGB 模式、灰度模式和多通道模式下使用。

打开随书光盘中的“素材\ch14\04.jpg”文件，如图 14-30 所示。选择【滤镜】→【画笔描边】→【成角的线条】命令，弹出【成角的线条】对话框，如图 14-31 所示。该对话框实际就是【滤镜库】对话框，在其中单击【画笔描边】区域中的各滤镜，并在右侧设置参数，即可制作出各种画笔描边效果。

图 14-30 素材文件

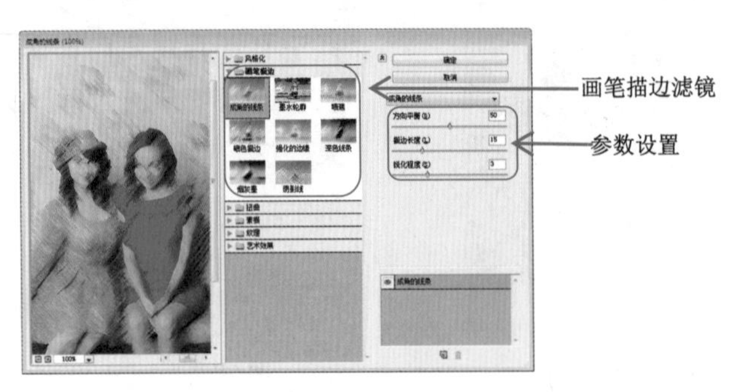

图 14-31 【成角的线条】对话框

1. 成角的线条滤镜

成角的线条滤镜是使用对角描边重新绘制图像，用一对相反方向的线条来绘制亮区和暗区，效果如图 14-32 所示。

图 14-32 应用成角的线条滤镜

2. 墨水轮廓滤镜

墨水轮廓滤镜是以钢笔画的风格，用纤细的线条在原细节上重绘图像，效果如图 14-33 所示。

图 14-33 应用墨水轮廓滤镜

3. 喷溅滤镜

喷溅滤镜是模拟喷溅喷枪的效果，如图 14-34 所示。

图 14-34 应用喷溅滤镜

4. 喷色描边滤镜

喷色描边滤镜是使用图像的主导色，用成角的、喷溅的颜色线条重新绘制图像，效果如图 14-35 所示。

图 14-35 喷色描边滤镜

5. 强化的边缘滤镜

强化的边缘滤镜可以强化图像边缘，效果如图 14-36 所示。

图 14-36　应用强化的边缘滤镜

6. 深色线条滤镜

深色线条滤镜是使用短而绷紧的深色线条绘制暗区，使用长的白色线条绘制亮区，效果如图 14-37 所示。

图 14-37　应用深色线条滤镜

7. 烟灰墨滤镜

烟灰墨滤镜是以日本画的风格绘制图像，看起来像是用蘸满油墨的画笔在宣纸上绘画，效果如图 14-38 所示。

图 14-38　应用烟灰墨滤镜

8. 阴影线滤镜

阴影线滤镜能够保留原始图像的细节和特征，同时使用模拟的铅笔阴影线添加纹理，并使彩色区域的边缘变粗糙，效果如图 14-39 所示。

图 14-39　应用阴影线滤镜

14.2.3 模糊滤镜组

模糊滤镜组可以柔化图像或选区，使图像产生模糊效果，这对于修饰图像非常有用。该滤镜组中共包含 11 种滤镜，如图 14-40 所示。

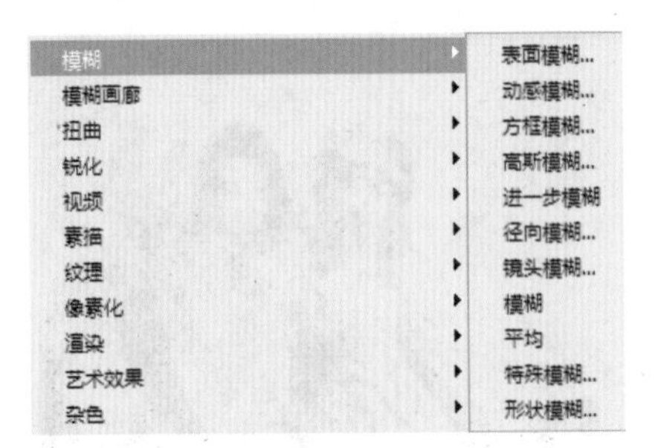

图 14-40　模糊滤镜组

1. 表面模糊滤镜

表面模糊滤镜可在保留边缘的同时模糊图像，主要用于创建特殊效果并消除杂色或颗粒。此外，使用该滤镜还可以为人物磨皮。

打开随书光盘中的“素材\ch14\05.jpg”文件，如图 14-41 所示。选择【滤镜】→【模糊】→【表面模糊】命令，在【表面模糊】对话框中设置半径和阈值，即可制作表面模糊效果，如图 14-42 和图 14-43 所示。

图 14-41　素材文件

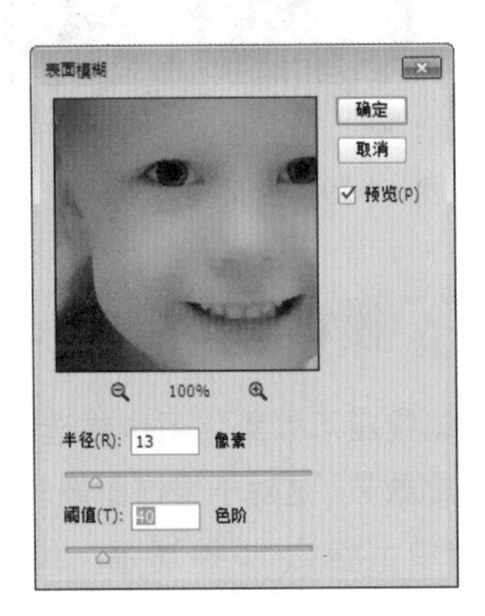

图 14-42　【表面模糊】对话框

图 14-43　应用表面模糊滤镜

提示　【半径】用于指定模糊取样区域的大小；【阈值】用于控制相邻像素色调值与中心像素值相差多大时才能成为模糊的一部分，色调值差小于阈值的像素被排除在模糊之外。

2. 动感模糊滤镜

动感模糊滤镜可以沿指定方向以指定的强度进行模糊，产生给一个移动的对象拍照的效果。选择【滤镜】→【模糊】→【动感模糊】命令，在【动感模糊】对话框中设置参数，即可制作动感模糊效果，如图 14-44 和图 14-45 所示。

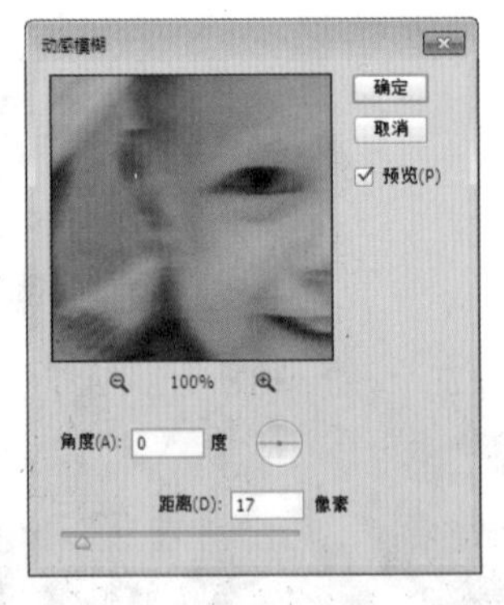

图 14-44　【动感模糊】对话框

图 14-45　应用动感模糊滤镜

提示 【角度】用于设置模糊的方向；【距离】用于设置像素移动的距离。

3. 方框模糊滤镜

方框模糊滤镜可基于相邻像素的平均颜色值来模糊图像，用于创建特殊模糊效果。选择【滤镜】→【模糊】→【方框模糊】命令，在【方框模糊】对话框中设置半径，即可制作方框模糊效果，如图 14-46 所示。

图 14-46 应用方框模糊滤镜

4. 高斯模糊滤镜

高斯模糊滤镜是通过添加低频细节，使图像产生一种朦胧效果。选择【滤镜】→【模糊】→【高斯模糊】命令，在【高斯模糊】对话框中设置半径，即可制作高斯模糊效果，如图 14-47 所示。

图 14-47 应用高斯模糊滤镜

提示 【半径】用于控制模糊的范围，该值越高图像越模糊。

5. 进一步模糊和模糊滤镜

进一步模糊滤镜和模糊滤镜都可以使图像中有显著颜色变化的地方消除杂色，对图像进行轻微的柔和处理，但前者比后者的模糊程度强 3 ～ 4 倍。

6. 径向模糊滤镜

径向模糊滤镜可以模拟缩放或旋转的相机所产生的柔化的模糊效果。选择【滤镜】→【模糊】→【径向模糊】命令，在【径向模糊】对话框中拖动【中心模糊】方框中的图案，指定模糊的原点，然后在左侧设置参数，即可制作径向模糊效果，如图 14-48 和图 14-49 所示。

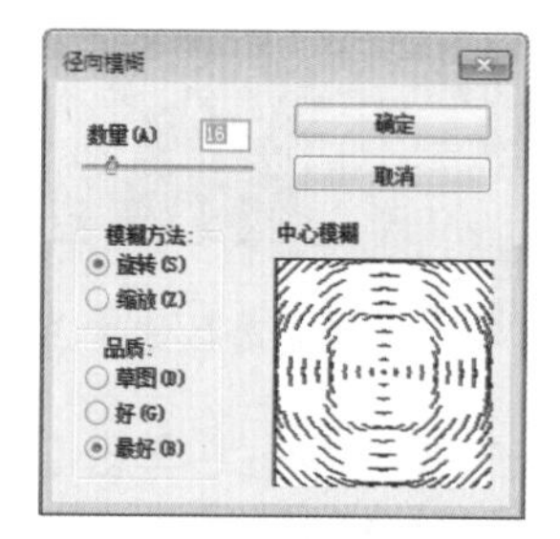

图 14-48 【径向模糊】对话框

图 14-49 应用径向模糊滤镜

提示 【数量】用于控制模糊的强度；【模糊方法】用于设置是沿同心圆环线产生旋转的模糊效果，还是产生放射状的缩放模糊效果；【品质】用于设置图像模糊后的品质，其中【草图】产生速度最快但会有颗粒状，【好】和【最好】两个选项产生比较平滑的效果。

7. 镜头模糊滤镜

镜头模糊滤镜是使用Alpha通道或图层蒙版的深度值来映射像素的位置，使图像中的一些对象在焦点内，而使另一些区域变模糊，从而制作景深效果。当然，也可以直接使用选区来确定哪些区域变模糊。具体的操作步骤如下。

步骤 1 打开随书光盘中的“素材\ch14\05.jpg”文件，使用快速选择工具选中男孩，如图14-50所示。

图14-50　创建选区选中男孩

步骤 2 在工具选项栏中单击【调整边缘】按钮，弹出【调整边缘】对话框，在其中设置【羽化】参数羽化选区，然后单击【确定】按钮，如图14-51所示。

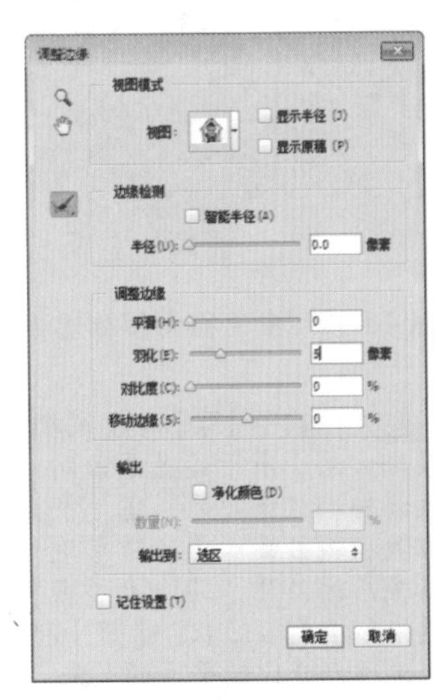

图14-51　【调整边缘】对话框

步骤 3 在【通道】面板中单击底部的按钮，将选区存储在Alpha通道中，然后按Ctrl+D组合键，取消选区的选择，如图14-52所示。

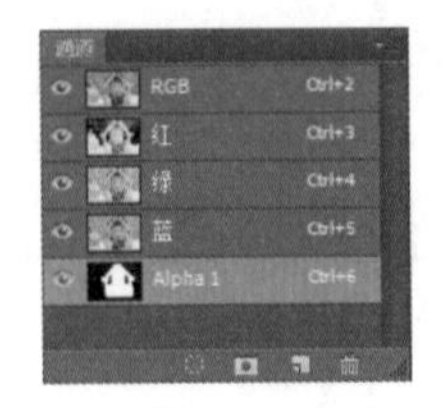

图14-52　将选区存储在通道中

步骤 4 选择【滤镜】→【模糊】→【镜头模糊】命令，弹出【镜头模糊】对话框，将【源】设置为Alpha 1，【模糊焦距】设置为255，用于限定模糊的范围，然后设置光圈的形状以及半径等参数，如图14-53所示。

图14-53　【镜头模糊】对话框

步骤 5 单击【确定】按钮关闭对话框，最终效果如图14-54所示。

图14-54　图像效果

8. 平均模糊滤镜

平均模糊滤镜可以找出图像或选区的平均颜色，然后用该颜色填充图像或选区以创建平滑的外观，效果如图 14-55 所示。

图 14-55　应用平均模糊滤镜

9. 特殊模糊滤镜

特殊模糊滤镜通过指定半径、阈值和品质等参数可以精确地模糊图像。选择【滤镜】→【模糊】→【特殊模糊】命令，在【特殊模糊】对话框中设置参数，即可制作特殊模糊效果，如图 14-56 和图 14-57 所示。

图 14-56　【特殊模糊】对话框

图 14-57　应用特殊模糊滤镜

10. 形状模糊滤镜

形状模糊滤镜可以将形状应用到模糊效果中。选择【滤镜】→【模糊】→【形状模糊】命令，在【形状模糊】对话框中选择预设的形状，并调整【半径】参数来设置形状的大小，即可制作形状模糊效果，如图 14-58 和图 14-59 所示。

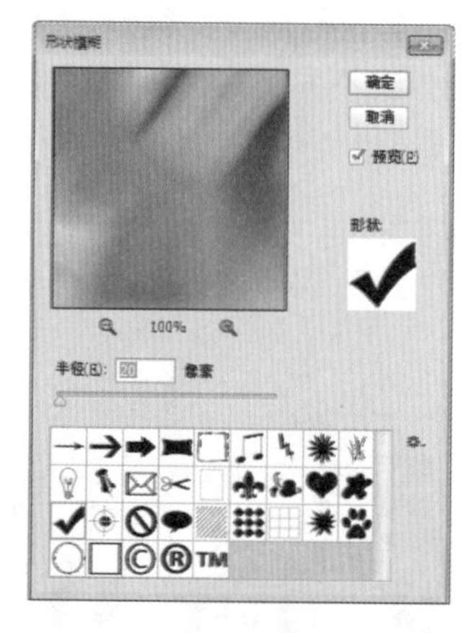

图 14-58　【形状模糊】对话框

图 14-59　应用形状模糊滤镜

14.2.4 模糊画廊滤镜组

模糊滤镜组是对图像进行整体模糊，当然创建选区也可以进行局部模糊。而使用模糊画廊滤镜组，无须使用选区，可以控制图像任意位置的模糊程度，从而创建主观的景深效果。该滤镜组中共包含 5 种滤镜，如图 14-60 所示。

模糊
模糊画廊　场景模糊...
扭曲　光圈模糊...
锐化　移轴模糊...
视频　路径模糊...
素描　旋转模糊...

图 14-60　模糊滤镜组

1. 场景模糊滤镜

场景模糊滤镜可以在图像中添加一个或多个图钉，通过调整每个图钉的【模糊】参数，来分别控制不同区域的清晰或模糊程度，创建渐变的模糊效果。具体的操作步骤如下。

步骤 1 打开随书光盘中的“素材\ch14\06.jpg”文件，如图 14-61 所示。

图 14-61 素材文件

步骤 2 选择【滤镜】→【模糊画廊】→【场景模糊】命令，此时图像中将自动添加一个图钉，并且右侧将出现【模糊工具】面板，用于设置该图钉的模糊程度，如图 14-62 和图 14-63 所示。

图 14-62　图像中自动添加一个图钉

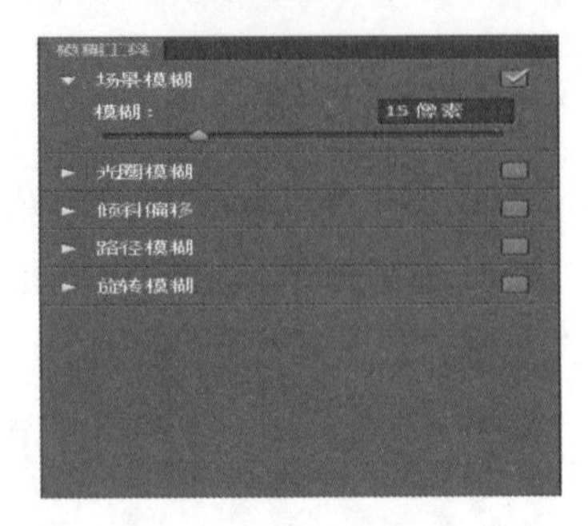

图 14-63　【模糊工具】面板

步骤 3 将图像中自动添加的图钉的【模糊】参数设置为 0，使该处最清晰，如图 14-64 所示。

图 14-64　设置图钉的【模糊】参数

步骤 4 分别单击图像左右两侧，再次添加两个图钉，将其【模糊】参数设置为 6，使两侧较为模糊。设置完成后，单击工具选项栏中的【确定】按钮或按 Enter 键确认，效果如图 14-65 所示。

图 14-65　最终效果

提示 选中图钉后，拖动鼠标可移动图钉的位置，按 Delete 键，可删除图钉。

另外，在使用模糊画廊滤镜组时，还会出现【效果】、【动感效果】和【杂色】3 个面板，分别用于控制模糊中的散景、闪光灯的强度以及是否在模糊中添加杂色，如图 14-66、图 14-67 和图 14-68 所示。其中【效果】面板仅适用于场景模糊、光圈模糊和倾斜偏移 3 个滤镜。

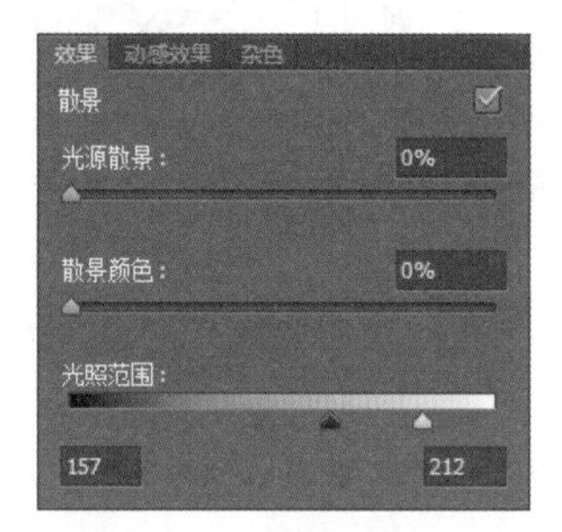

图 14-66　【效果】面板

图 14-67　【动感效果】面板

图 14-68　【杂色】面板

2. 光圈模糊滤镜

光圈模糊滤镜可对图片模拟景深效果，并且可以定义多个焦点，这是使用传统相机技术几乎不可能实现的效果。具体的操作步骤如下。

步骤 1 打开随书光盘中的“素材\ch14\07.jpg”文件，如图 14-69 所示。

图 14-69　素材文件

步骤 2 选择【滤镜】→【模糊画廊】→【光圈模糊】命令，此时图像中将添加一个光圈，如图 14-70 所示。光圈内的图像清晰，光圈外的图像呈模糊状态，并且右侧出现【模糊工具】面板，通过【模糊】参数可设置光圈外图像的模糊程度，如图 14-71 所示。

图 14-70　图像中添加一个光圈

图 14-71　【模糊工具】面板

步骤 3 将鼠标指针定位在光圈上下左右 4 个控制点附近，当指针变为↶形状时，拖动鼠标调整光圈的大小，如图 14-72 所示。

图 14-72　调整光圈的大小

步骤 4 将鼠标指针定位在光圈内部，当指针变为▶形状时，拖动鼠标调整光圈的位置，如图 14-73 所示。

图 14-73　调整光圈的位置

步骤 5 在光圈外其他位置处单击，再次添加一个光圈，如图 14-74 所示。

图 14-74　添加一个光圈

步骤 6 使用步骤 3 和步骤 4 的方法调整新建光圈的大小和位置，然后将鼠标指针定位在光圈内部 4 个○图标上，拖动鼠标控制光圈内部的模糊范围，如图 14-75 所示。设置完成后，单击工具选项栏中的【确定】按钮或按 Enter 键确认即可。

图 14-75　调整新建光圈的大小和位置

3. 移轴模糊滤镜

移轴模糊滤镜可模拟移轴摄影的效果，该特殊的模糊效果会定义锐化区域，然后在边缘处逐渐变得模糊，使图片拍的像微缩模型一样。具体的操作步骤如下。

步骤 1 打开随书光盘中的“素材 \ch14\02.jpg”文件，选择【滤镜】→【模糊画廊】→【移轴模糊】命令，此时图像中将自动添加一个图钉、两条直线和两条虚线，如图 14-76 所示，并且右侧出现【模糊工具】面板，用于设置该图钉的模糊程度与扭曲度，如图 14-77 所示。

图 14-76　选择移轴模糊滤镜后的效果

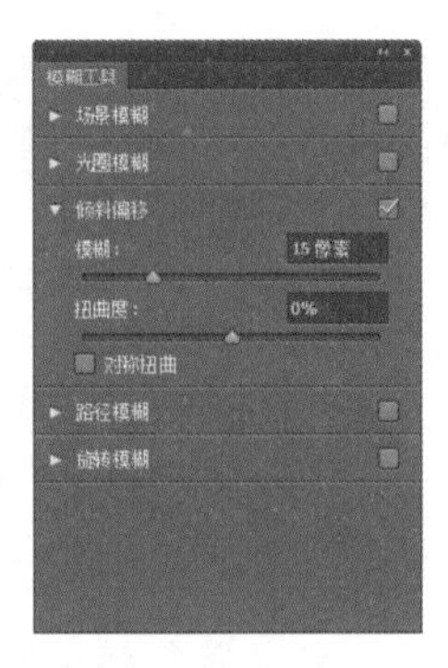

图 14-77 【模糊工具】面板

步骤 2 将鼠标指针放置在上面的直线上，待指针变成形状时，按下鼠标左键不放，移动鼠标，可以调整直线的位置，如图 14-78 所示。

图 14-78 调整直线的位置

步骤 3 将鼠标指针放置在图像区域中，待指针变成形状后，单击鼠标可以移动图钉的位置，进而调整移轴模糊的中心点，如图 14-79 所示。

图 14-79 调整移轴模糊的中心点

步骤 4 将鼠标指针放置在图像的图钉之上，待指针变成形状后，按下鼠标左键不放，拖动鼠标，可以移动整个移轴模糊的位置，如图 14-80 所示。

图 14-80 移动整个移轴模糊的位置

步骤 5 设置完毕后，按 Enter 键，即可应用移轴滤镜，并得出如图 14-81 所示的图像效果。

图 14-81 最终效果

4. 路径模糊滤镜

使用路径模糊滤镜，可以沿路径创建运动模糊，还可以控制形状和模糊量。Photoshop 可自动合成应用于图像的多路径模糊效果。

使用路径模糊滤镜的操作步骤如下。

步骤 1 打开随书光盘中的“素材 \ch14\08.jpg”文件，如图 14-82 所示。

图 14-82 素材文件

步骤 2 选择【滤镜】→【模糊画廊】→【路径模糊】命令，此时图像中将自动添加一个带箭头的直线，如图 14-83 所示，并且右侧出现【模糊工具】面板，用于设置路径模糊速度、锥度等，如图 14-84 所示。

图 14-83　添加一个带箭头的直线

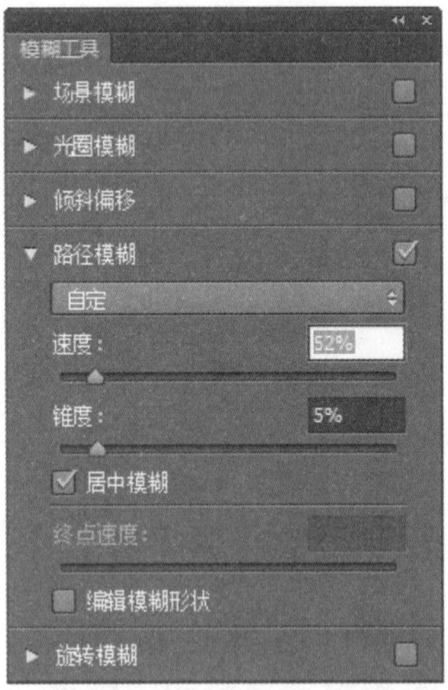

模糊工具
场景模糊
光圈模糊
倾斜偏移
路径模糊
自定
速度： 52%
锥度： 5%
居中模糊
终点速度：
编辑模糊形状
旋转模糊

图 14-84　【模糊工具】面板

步骤 3 将鼠标指针放置在箭头直线最左端，按下鼠标左键不放，移动鼠标，可以调整路径模糊的起点，如图 14-85 所示。

图 14-85　调整路径模糊的起点

步骤 4 将鼠标指针放置在箭头直线中间的圆点上，按下鼠标左键不放，移动鼠标，可以调整路径模糊的中点，如图 14-86 所示。

图 14-86　调整路径模糊的中点

步骤 5 将鼠标指针放置在箭头直线最右端，按下鼠标左键不放，移动鼠标，可以调整路径模糊的终点，如图 14-87 所示。

图 14-87　调整路径模糊的终点

步骤 6 设置完毕后，按 Enter 键，即可应用路径模糊，并得出如图 14-88 所示的图像效果。

图 14-88　最终效果

5. 旋转模糊滤镜

使用旋转模糊滤镜，用户可以在一个或更多点旋转和模糊图像。旋转模糊是等级测量的径向模糊，Photoshop 可让用户在设置中

心点、模糊大小和形状以及其他设置时，查看更改的实时预览。

使用旋转模糊滤镜的操作步骤如下。

步骤 1 打开随书光盘中的“素材\ch14\01.jpg”文件，如图 14-89 所示。

图 14-89　素材文件

步骤 2 选择【滤镜】→【模糊画廊】→【旋转模糊】命令，此时图像中将自动添加一个模糊圆圈，如图 14-90 所示，并且右侧出现【模糊工具】面板，用于设置旋转模糊角度，如图 14-91 所示。

图 14-90　图像中自动添加一个模糊圆圈

图 14-91　【模糊工具】面板

步骤 3 将鼠标指针放置在模糊圆圈中，按下鼠标左键不放，移动鼠标，即可移动模糊圆圈的位置，如图 14-92 所示。

图 14-92　移动模糊圆圈的位置

步骤 4 将鼠标指针放置在模糊圆圈的圈线上，待鼠标指针变成↗形状后，按下鼠标左键不放，拖动鼠标，可以放大或缩小模糊圆圈的大小，如图 14-93 所示。

图 14-93　放大或缩小模糊圆圈的大小

步骤 5 将鼠标指针放置在模糊圆圈的小点上，待鼠标指针变成↷形状后，按下鼠标左键不放，拖动鼠标，可以放大或缩小模糊圆圈的大小，并改变模糊圆圈的形状，如图 14-94 所示。

图 14-94　改变模糊圆圈的形状

步骤 6 将鼠标指针放置在模糊圆圈的大圆点上，待鼠标指针变成↖形状后，按下鼠标左键不放，拖动鼠标，可以放大或缩小模糊的范围，如图 14-95 所示。

图 14-95　放大或缩小模糊的范围

步骤 7 将鼠标指针放置在模糊圆圈的中心点上，按下鼠标左键不放，拖动鼠标，可以放大或缩小模糊的角度，如图 14-96 所示。

图 14-96　放大或缩小模糊的角度

步骤 8 设置完毕后，按 Enter 键，即可应用旋转模糊，并得出如图 14-97 所示的图像效果。

图 14-97　最终效果

14.2.5 扭曲滤镜组

扭曲滤镜组主要是通过移动、扩展或缩小图像的像素，对图像进行几何扭曲，以产生 3D 或整形效果。该滤镜组中共包含 12 种滤镜，如图 14-98 所示。

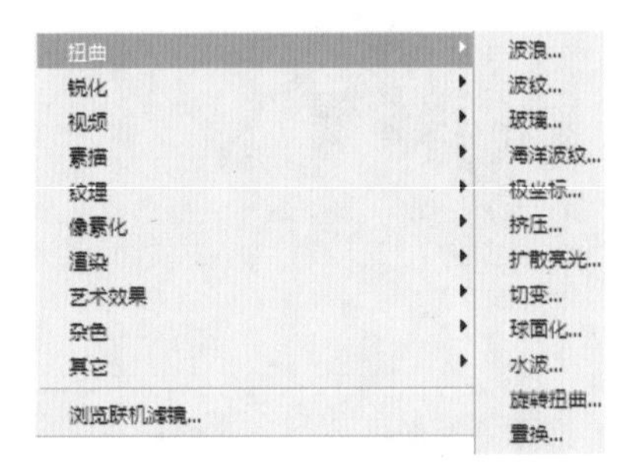

图 14-98　扭曲滤镜组

打开随书光盘中的“素材 \ch14\09.jpg”文件，如图 14-99 所示，本小节将以该图为例进行介绍。

图 14-99　素材文件

1. 波浪滤镜

波浪滤镜是在图像上创建波状起伏的图案，类似水池表面的波纹。选择【滤镜】→【扭曲】→【波浪】命令，在弹出的【波浪】对话框中设置参数，单击【确定】按钮，即可制作波浪效果，如图 14-100 和图 14-101 所示。

> 提示　【生成器数】用于设置波浪生成器的数量；【波长】用于设置相邻两个波峰的水平距离；【波幅】用于设置波浪的宽度和高度；【随机化】可随机生成新的波浪效果。

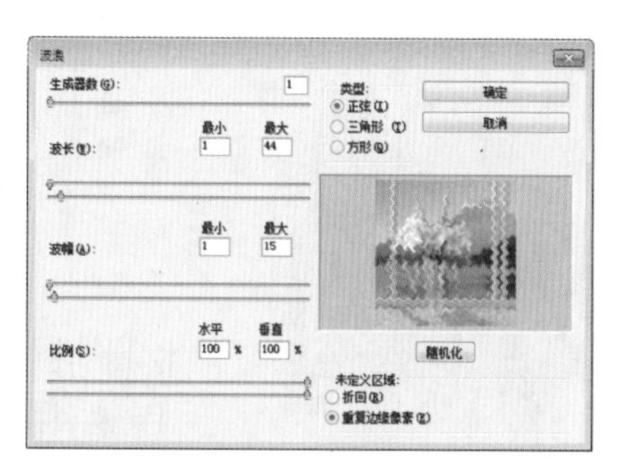

图 14-100　【波浪】对话框

图 14-101　应用波浪滤镜

2. 波纹滤镜

波纹滤镜相当于简化版的波浪滤镜，它们的工作方式相同。选择【滤镜】→【扭曲】→【波纹】命令，在弹出的【波纹】对话框中设置波纹的数量和大小，单击【确定】按钮，即可制作波纹效果，如图 14-102 和图 14-103 所示。

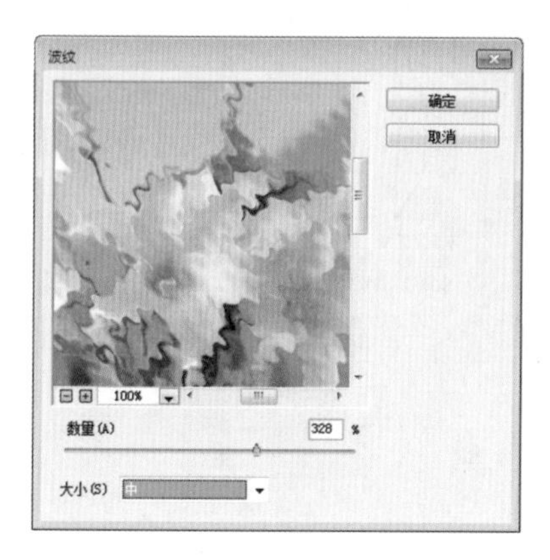

图 14-102　【波纹】对话框

图 14-103　应用波纹滤镜

3. 玻璃滤镜

玻璃滤镜可以产生透过不同类型的玻璃观看图像的效果。选择【滤镜】→【扭曲】→【玻璃】命令，在弹出的【玻璃】对话框右侧设置参数，单击【确定】按钮，即可制作玻璃效果，如图 14-104 和图 14-105 所示。

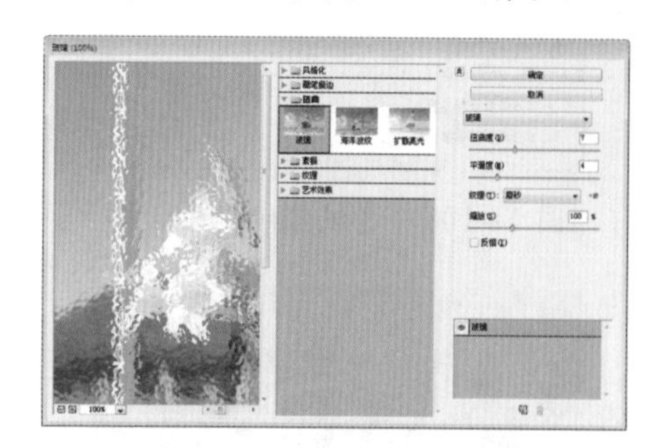

图 14-104　【玻璃】对话框

图 14-105　应用玻璃滤镜

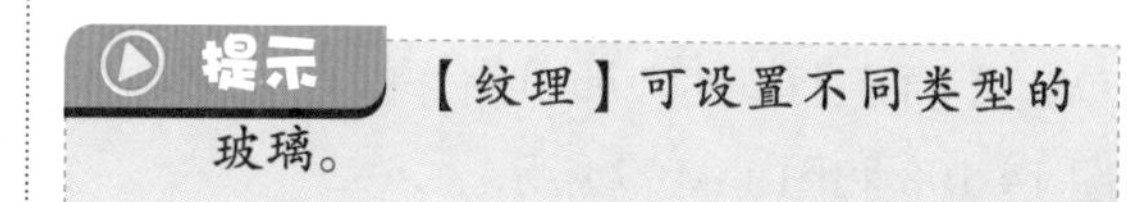

【纹理】可设置不同类型的玻璃。

4. 极坐标滤镜

根据选中的选项，将选区从平面坐标转换到极坐标，或将选区从极坐标转换到平面坐标。可以使用此滤镜创建圆柱变体（18 世纪流行的一种艺术形式），当在镜面圆柱中观看圆柱变体中扭曲的图像时，图像是正常的。选择【滤镜】→【扭曲】→【极坐标】命令，在弹出的【极坐标】对话框中设置坐标方式，单击【确定】按钮即可制作极坐标效果，如图 14-106 和图 14-107 所示。

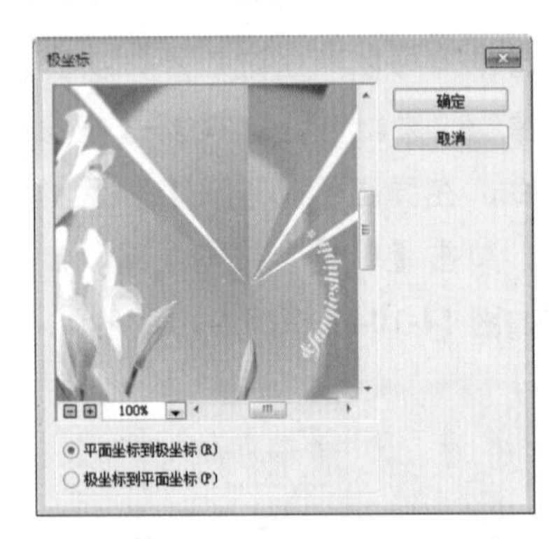

图 14-106 【极坐标】对话框

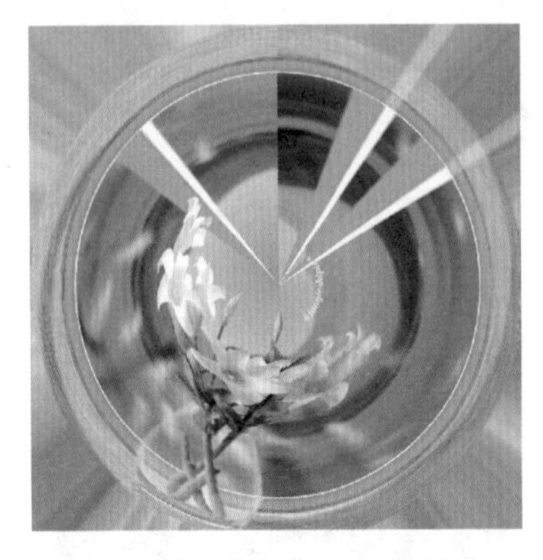

图 14-107 应用极坐标滤镜

5. 挤压滤镜

选择【滤镜】→【扭曲】→【挤压】命令，在弹出的【挤压】对话框中设置数量值，单击【确定】按钮，即可制作挤压效果，如图 14-108 和图 14-109 所示。

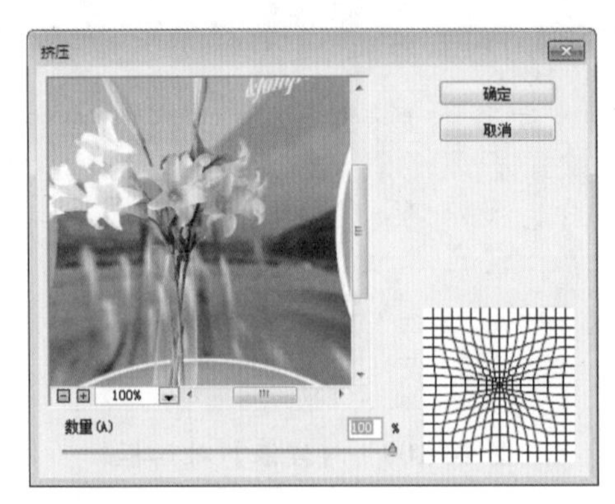

图 14-108 【挤压】对话框

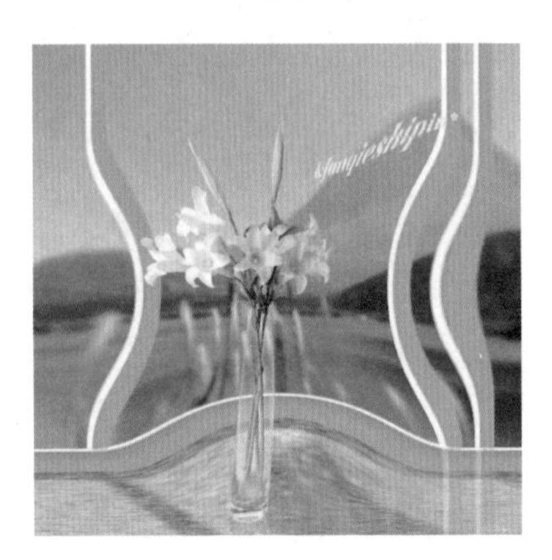

图 14-109 应用挤压滤镜

6. 切变滤镜

选择【滤镜】→【扭曲】→【切变】命令，在弹出的【切变】对话框中设置切换角度与方式，单击【确定】按钮，即可制作切变效果，如图 14-110 和图 14-111 所示。

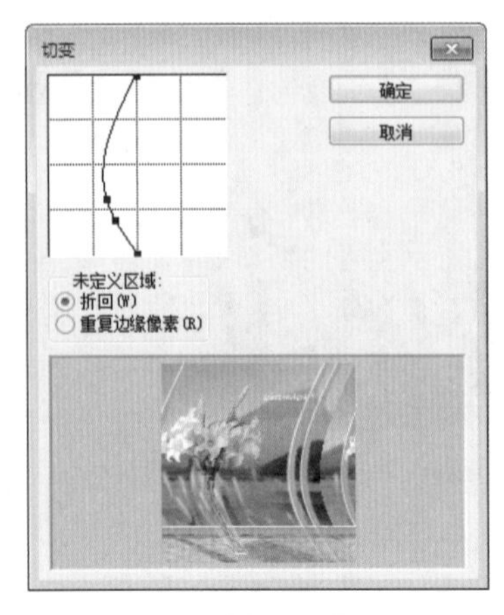

图 14-110 【切变】对话框

图 14-111　应用切变滤镜

7. 球面化滤镜

球面化滤镜通过将选区折成球形、扭曲图像以及伸展图像以适合选中的曲线，使对象具有 3D 效果。选择【滤镜】→【扭曲】→【球面化】命令，在弹出的【球面化】对话框中设置数量与模式，单击【确定】按钮，即可制作球面化效果，如图 14-112 和图 14-113 所示。

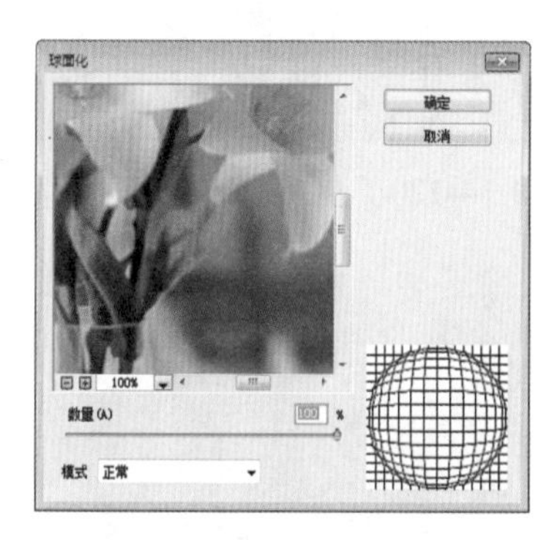

图 14-112　【球面化】对话框

图 14-113　应用球面化滤镜

8. 置换滤镜

置换滤镜必须选择一张 PSD 格式的图作为置换图，利用置换图的明暗信息可以对当前图像像素进行位移，置换图明亮区域将让当前图像像素向上、向左位移；置换图暗调区域将让当前图像像素向下、向右位移。选择【滤镜】→【扭曲】→【置换】命令，在弹出的【置换】对话框中设置水平比例、垂直比例、置换图等参数，单击【确定】按钮，如图 14-114 所示。打开【选取一个置换图】对话框，如图 14-115 所示，在其中选择要置换的图像，单击【打开】按钮，即可得出置换图之后的图像显示效果，如图 14-116 所示。

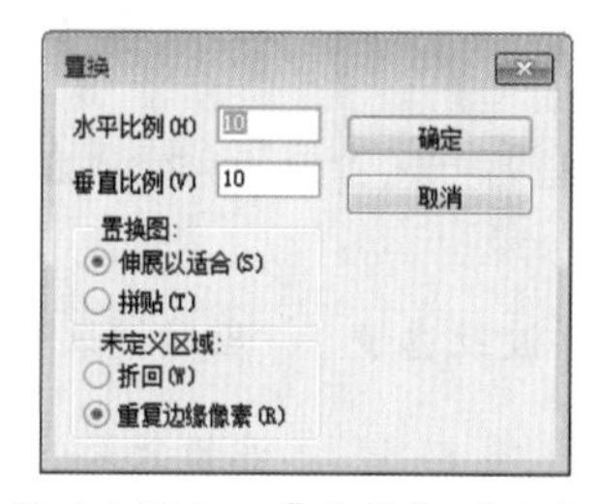

图 14-114　【置换】对话框

图 14-115　【选取一个置换图】对话框

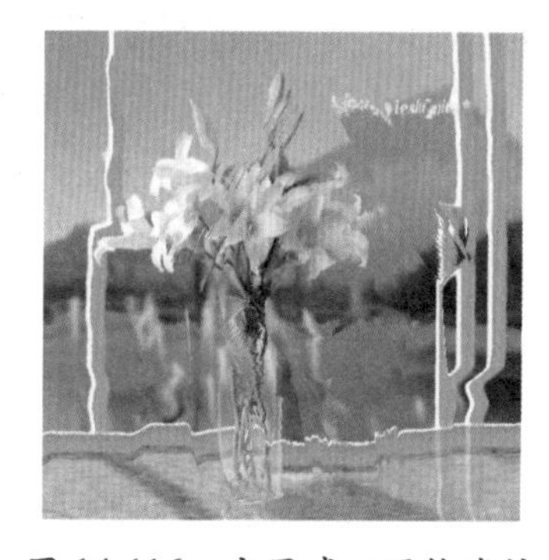

图 14-116　应用球面置换滤镜

9. 其他扭曲滤镜

在扭曲滤镜组中还有旋转扭曲、水波、海洋波纹、扩散亮光滤镜，它们所产生的效果如图 14-117 所示。

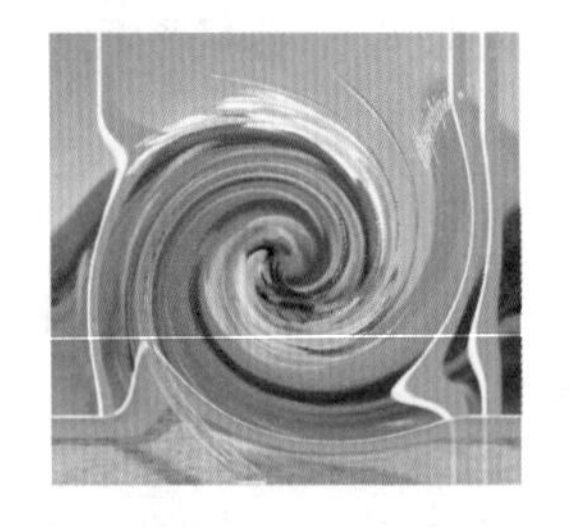

应用旋转扭曲滤镜

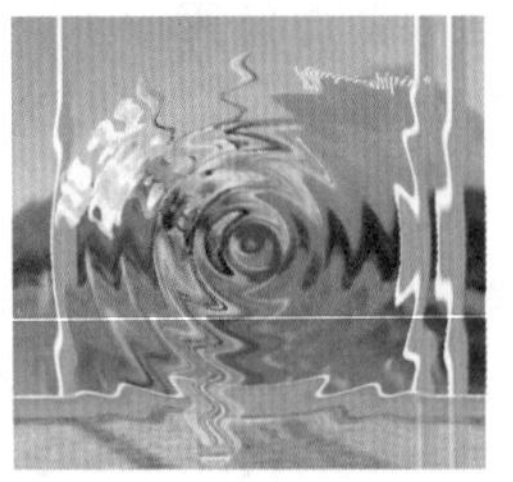

应用水波滤镜

应用海洋波纹滤镜

应用扩散亮光滤镜

图 14-117 滤镜效果

14.2.6 锐化滤镜组

锐化滤镜组通过增加相邻像素的对比度来聚焦图像，使图像更加清晰，效果更加鲜明。该滤镜组中共包含 6 种滤镜，如图 14-118 所示。

图 14-118 锐化滤镜组

打开随书光盘中的“素材 \ch14\10.jpg”文件，如图 14-119 所示，本小节将以该图为例进行介绍。

图 14-119 素材文件

1. 进一步锐化滤镜和锐化滤镜

进一步锐化滤镜和锐化滤镜都可聚集图像并提高清晰度，但前者所产生的效果比后者更加强烈。图 14-120 和图 14-121 分别是应用进一步锐化滤镜和锐化滤镜的效果。

图 14-120 应用进一步锐化滤镜

图 14-121 应用锐化滤镜

2. USM 锐化滤镜和锐化边缘滤镜

USM 锐化滤镜和锐化边缘滤镜都可查找图像中颜色发生显著变化的区域，然后将其锐化。其中锐化边缘滤镜只锐化图像的边缘，同时保留总体的平滑度，效果如图 14-122 所示。而USM锐化滤镜可以调整边缘细节的对比度，可用于更专业的色彩校正，选择【滤镜】→【锐化】→【USM 锐化】命令，打开【USM 锐化】对话框，在其中设置相关参数，如图 14-123 所示。单击【确定】按钮，即可得到应用 USM 锐化滤镜后的图像效果，如图 14-124 所示。

图 14-122　应用锐化边缘滤镜

图 14-123　【USM 锐化】对话框

图 14-124　应用 USM 锐化滤镜

3. 智能锐化滤镜

智能锐化滤镜具有 USM 锐化滤镜所没有的锐化控制功能，可以设置锐化算法，或控制在阴影和高光区域中的锐化量，而且能避免色晕等问题，起到使图像细节清晰的作用。选择【滤镜】→【锐化】→【智能锐化】命令，打开【智能锐化】对话框，在其中设置相关参数，如图 14-125 所示。单击【确定】按钮，即可得到应用智能锐化滤镜后的图像效果，如图 14-126 所示。

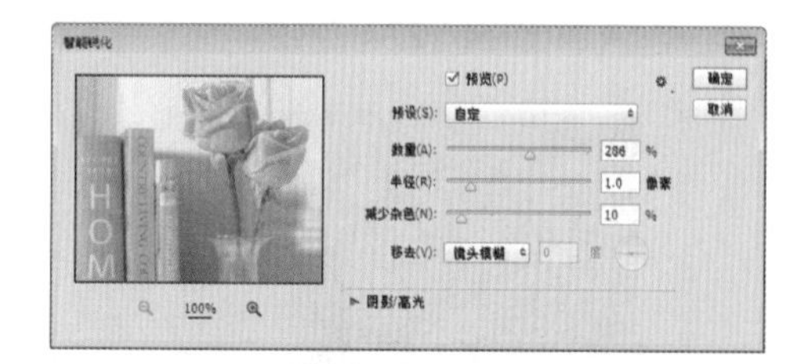

图 14-125　【智能锐化】对话框

图 14-126　应用智能锐化滤镜

4. 防抖滤镜

在拍摄时会发生由于抖动而使图片模糊的情况，为了解决该问题，Photoshop CC 版本添加了一个新功能：防抖滤镜。通过该滤镜，可有效地降低由于抖动产生的模糊，恢复图片的清晰度。打开因抖动而模糊的照片，选择【滤镜】→【锐化】→【防抖】命令，打开【防抖】对话框，在其中设置相关参数，如图 14-127 所示。单击【确定】按钮，即可得到应用防抖滤镜后的图像效果，如图 14-128 所示。

图 14-127　原图

图 14-128　应用防抖滤镜

14.2.7 素描滤镜组

素描滤镜组是使用前景色代表暗部，背景色代表亮部，使图像产生一种单色调的素描艺术效果或手绘外观。由此可知，适当地设置前景色和背景色可以得到不同的效果。该滤镜组中共包含 14 种滤镜，如图 14-129 所示。

素描滤镜组中的滤镜都保存在滤镜库中，只需打开滤镜库，就可以方便地查看和设置该组中的每个滤镜，如图 14-130 所示。

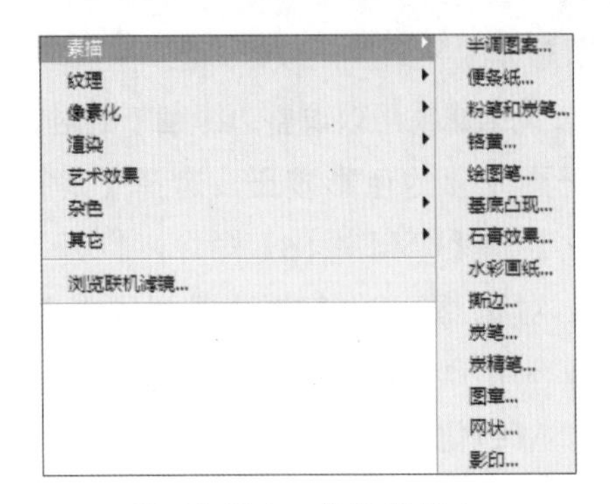

图 14-129　素描滤镜组

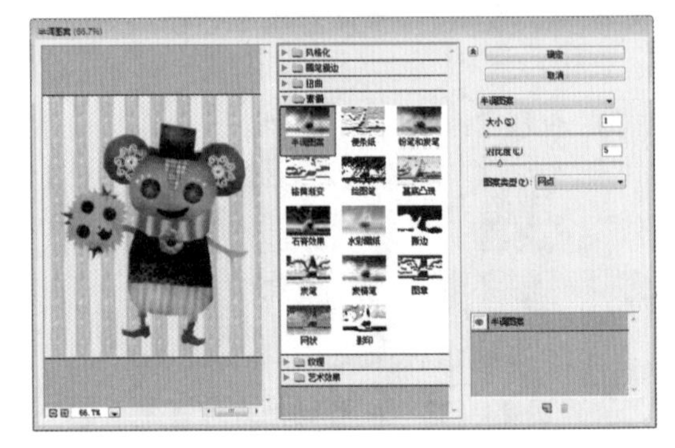

图 14-130　【滤镜库】中的素描滤镜组

打开随书光盘中的“素材\ch14\11.jpg”文件，如图 14-131 所示，本小节将以该图为例进行介绍。

图 14-131　素材文件

1. 半调图案滤镜

半调图案滤镜能够在保持连续的色调范围的同时，模拟半调网屏的效果。如图 14-132 和图 14-133 分别是半调图案滤镜的参数设置及应用效果。

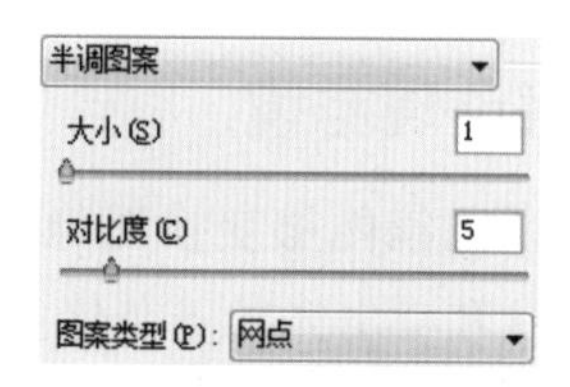

图 14-132　半调图案滤镜的参数设置

图 14-133　应用半调图案滤镜

提示　【大小】用于设置网格的大小；【对比度】用于设置前景色与背景色的对比度；【图案类型】用于设置网格图案的类型。

2. 便条纸滤镜

便条纸滤镜能够创建像是用手工制作的纸张构建的图像。该滤镜简化了图像，并结合使用浮雕滤镜和颗粒滤镜的效果，如图 14-134 和图 14-135 所示分别是便条纸滤镜的参数设置及应用效果。

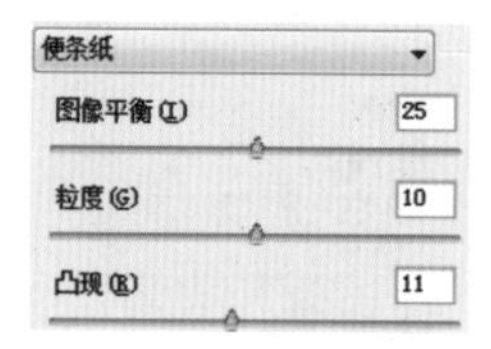

图 14-134　便条纸滤镜的参数设置

图 14-135　应用便条纸滤镜

提示　【粒度】和【凸现】分别用于设置图像颗粒的数量和浮雕效果的凹陷程度。

3. 粉笔和炭笔滤镜

粉笔和炭笔滤镜可制作出粉笔和炭笔绘制图像的效果。其中粉笔使用背景色在图像上绘制出中间色调，炭笔使用前景色绘制出粗糙的高光区。如图 14-136 和图 14-137 所示分别是粉笔和炭笔滤镜的参数设置及应用效果。

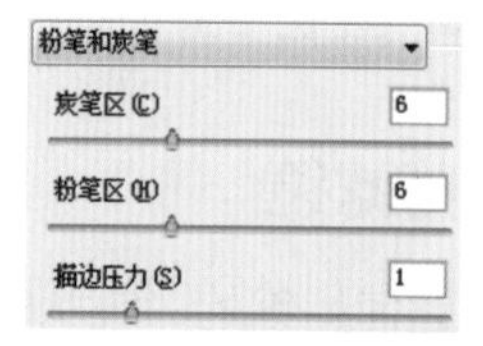

图 14-136　粉笔和炭笔滤镜的参数设置

图 14-137　应用粉笔和炭笔滤镜

提示　【炭笔区】用于设置炭笔绘制的区域范围，该值越大，前景色就越多；同理，【粉笔区】用于设置粉笔绘制的区域范围。

4. 铬黄滤镜

铬黄滤镜能够渲染图像，使图像具有发亮光的液体金属的样子。如图 14-138 和图 14-139 所示分别是铬黄滤镜的参数设置及应用效果。

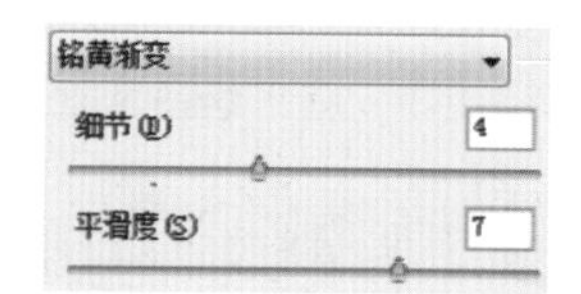

图 14-138　铬黄滤镜的参数设置

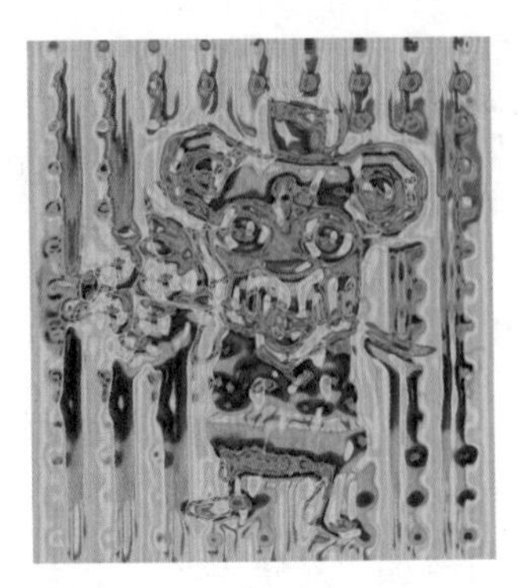

图 14-139　应用铬黄滤镜

提示　【细节】和【平滑度】分别用于设置图像细节的清晰度及光滑度。

5. 绘图笔滤镜

绘图笔滤镜使用细的、线状的油墨描边以捕捉原图像中的细节。该滤镜使用前景色作为油墨，并使用背景色作为纸张，以替换原图像中的颜色。如图 14-140 和图 14-141 所示分别为绘图笔滤镜的参数设置及应用效果。

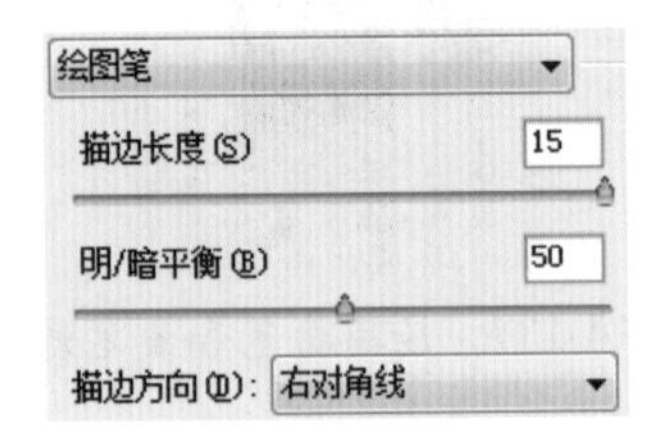

图 14-140　绘图笔滤镜的参数设置

图 14-141　应用绘图笔滤镜

提示　【描边长度】和【描边方向】分别用于设置生成的线条的长度和方向。

6. 基底凸现滤镜

基底凸现滤镜能够变换图像，使之呈现浮雕的雕刻状和突出光照下变化各异的表面。其中图像的暗区呈现前景色，而浅色使用背景色。如图 14-142 和图 14-143 所示分别是基底凸现滤镜的参数设置及应用效果。

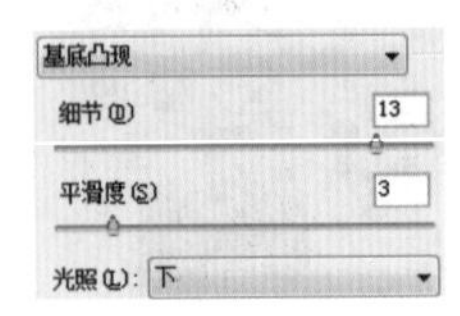

图 14-142　基底凸现滤镜的参数设置

图 14-143　应用基底凸现滤镜

7. 石膏效果滤镜

石膏效果滤镜能够按照 3D 塑料效果塑造图像，然后使用前景色与背景色为结果图像着色。如图 14-144 和图 14-145 所示分别是石膏效果滤镜的参数设置及应用效果。

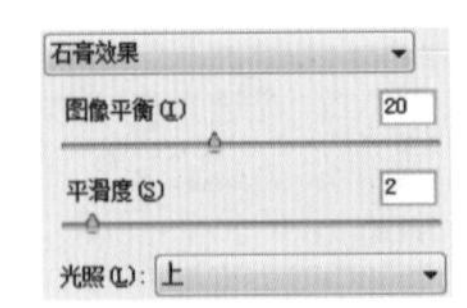

图 14-144　石膏效果滤镜的参数设置

图 14-145　应用石膏效果滤镜

8. 水彩画纸滤镜

水彩画纸滤镜可利用有污点的、像画在潮湿的纤维纸上的涂抹，使颜色流动并混合。如图 14-146 和图 14-147 所示分别为水彩画纸滤镜的参数设置及应用效果。

水彩画纸
纤维长度(F) 15
亮度(B) 60
对比度(C) 80

图 14-146　水彩画纸滤镜的参数设置

图 14-147　应用水彩画纸滤镜

> **提示**　【纤维长度】用于设置生成的纤维的长度。

9. 撕边滤镜

撕边滤镜能够重建图像，使之由粗糙、撕破的纸片所组成，然后使用前景色与背景色为图像着色。如图 14-148 和图 14-149 所示分别为撕边滤镜的参数设置及应用效果。

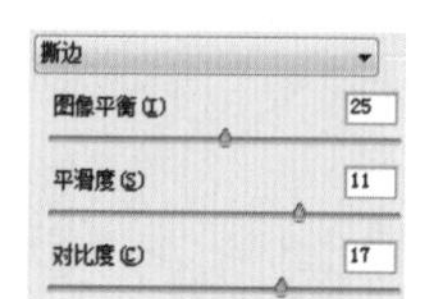

图 14-148　撕边滤镜的参数设置

图 14-149　应用撕边滤镜

10. 炭笔滤镜

炭笔滤镜能够产生色调分离的涂抹效果，其中主要边缘以粗线条绘制，而中间色调用对角描边进行素描。炭笔是前景色，背景是纸张颜色。如图 14-150 和图 14-151 所示分别为炭笔滤镜的参数设置及应用效果。

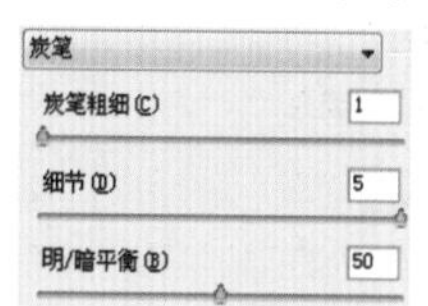

图 14-150　炭笔滤镜的参数设置

图 14-151　应用炭笔滤镜

11. 炭精笔滤镜

炭精笔滤镜在暗区使用前景色，在亮区使用背景色，能够模拟出蜡笔质感的绘画效果。如图 14-152 和图 14-153 所示分别为炭精笔滤镜的参数设置及应用效果。

图 14-152　炭精笔滤镜的参数设置

图 14-153　应用炭精笔滤镜

12. 图章滤镜

图章滤镜能够简化图像，使之看起来就像是用橡皮或木制图章创建的一样，该滤镜用于黑白图像时效果最佳。如图 14-154 和图 14-155 所示分别为图章滤镜的参数设置及应用效果。

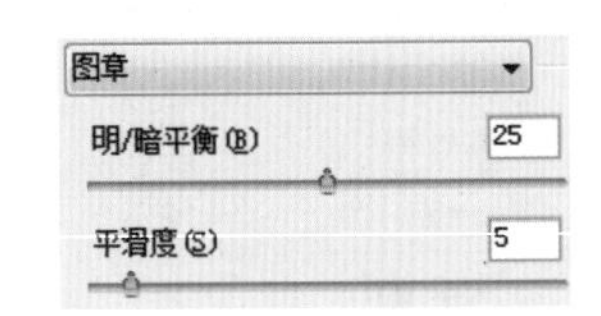

图 14-154 图章滤镜的参数设置

图 14-155 应用图章滤镜

13. 网状滤镜

网状滤镜能够产生网眼覆盖效果，使图像呈现网状结构。如图 14-156 和图 14-157 所示分别是网状滤镜的参数设置及应用效果。

网状
浓度(D) 12
前景色阶(F) 40
背景色阶(B) 5

图 14-156 网状滤镜的参数设置

图 14-157 应用网状滤镜

14. 影印滤镜

影印滤镜可模拟出使用复印机复印后的图像效果，其中前景色用于表现图像的阴影部分，背景色用于表现高光部分。如图 14-158 和图 14-159 所示分别是影印滤镜的参数设置及应用效果。

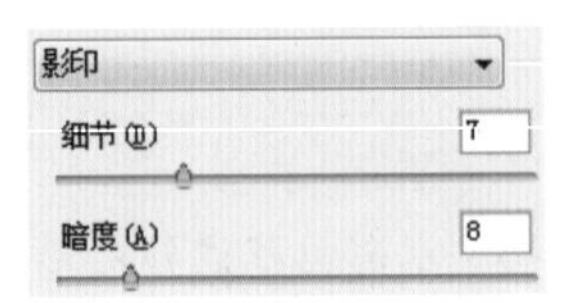

图 14-158 影印滤镜的参数设置

图 14-159 应用影印滤镜

提示 设置前景色和背景色后，影印滤镜产生的效果如图 14-160 所示。

图 14-160 设置前景色和背景色后应用影印滤镜的效果

14.2.8 纹理滤镜组

纹理滤镜组可在图像上添加特殊的纹理质感，使图像表面具有深度感或物质感。该

滤镜组中共包含 6 种滤镜，如图 14-161 所示。

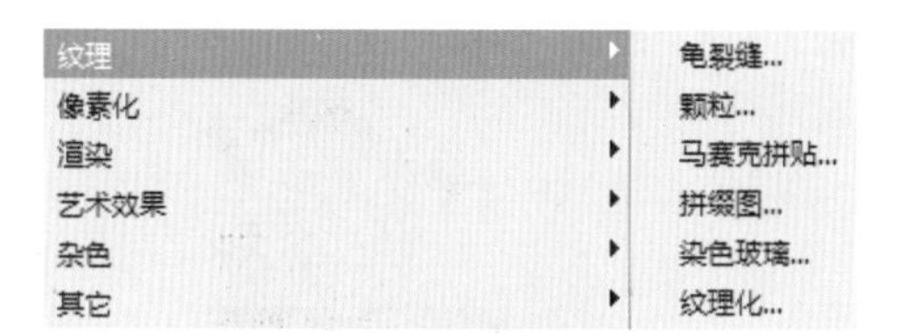

图 14-161　纹理滤镜组

纹理滤镜组中的滤镜都保存在滤镜库中，只需打开滤镜库，就可以方便地查看和设置该组中的每个滤镜，如图 14-162 所示。

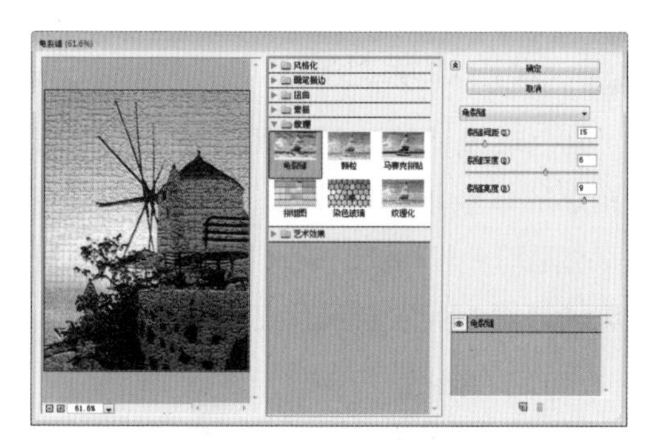

图 14-162　滤镜库中的纹理滤镜组

打开随书光盘中的“素材\ch14\12.jpg”文件，如图 14-163 所示，本小节将以该图为例进行介绍。

图 14-163　素材文件

1. 龟裂缝滤镜

龟裂缝滤镜能够将图像绘制在一个高凸现的石膏表面上，以循着图像等高线生成精细的网状裂缝。图 14-164 和图 14-165 分别是龟裂缝滤镜的参数设置及应用效果。

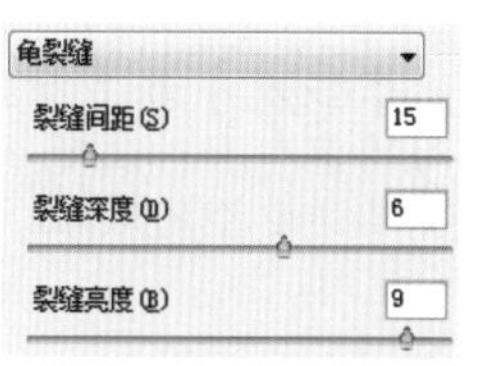

图 14-164　龟裂缝滤镜的参数设置

图 14-165　应用龟裂缝滤镜

提示

【裂缝间距】、【裂缝深度】和【裂缝亮度】分别用于设置裂缝和裂缝之间的距离、裂缝的深度和亮度。

2. 颗粒滤镜

颗粒滤镜通过在图像上添加各种类型的颗粒，从而改变图像表面的纹理效果。如图 14-166 和图 14-167 所示分别是颗粒滤镜的参数设置及应用效果。

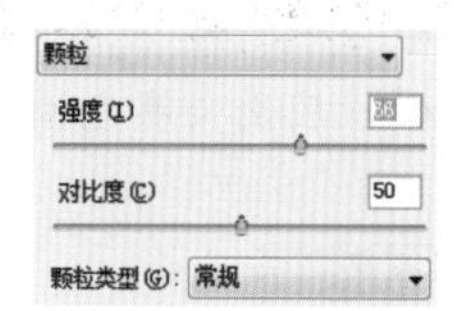

图 14-166　颗粒滤镜的参数设置

图 14-167　应用颗粒滤镜

提示 【强度】和【对比度】用于设置颗粒的密度和对比度；【颗粒类型】用于选择不同类型的颗粒。

3. 马赛克拼贴滤镜

马赛克拼贴滤镜可使图像看起来由小的碎片或拼贴组成，然后在拼贴之间灌浆。如图 14-168 和图 14-169 所示分别是马赛克拼贴滤镜的参数设置及应用效果。

马赛克拼贴
拼贴大小 (T) 12
缝隙宽度 (G) 3
加亮缝隙 (L) 9

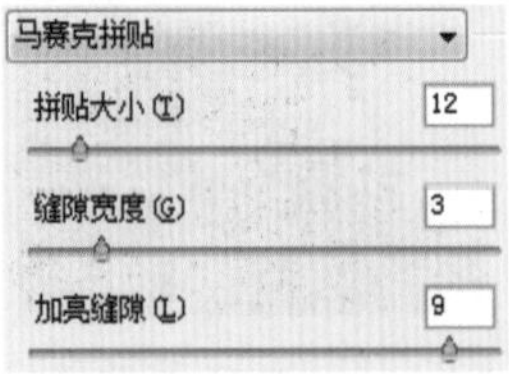

图 14-168 马赛克拼贴滤镜的参数设置

图 14-169 应用马赛克拼贴滤镜

4. 拼缀图滤镜

拼缀图滤镜能够将图像分解为用图像中该区域的主色填充的正方形。如图 14-170 和图 14-171 所示分别是拼缀图滤镜的参数设置及应用效果。

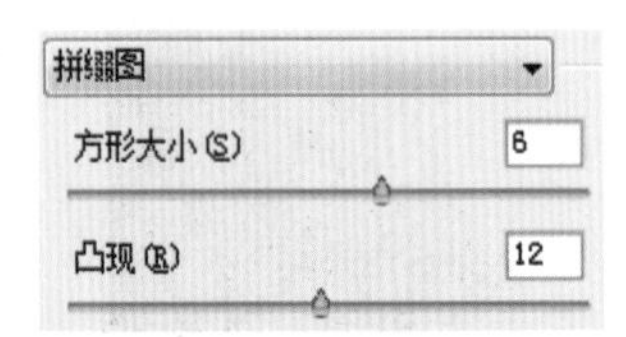

图 14-170 拼缀图滤镜的参数设置

图 14-171 应用拼缀图滤镜

5. 染色玻璃滤镜

染色玻璃滤镜能够将图像重新绘制成许多相邻的单色单元格效果，边框由前景色填充。如图 14-172 和图 14-173 所示分别是染色玻璃滤镜的参数设置及应用效果。

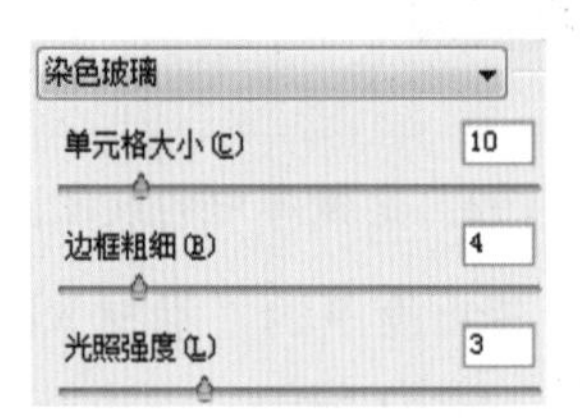

图 14-172 染色玻璃滤镜的参数设置

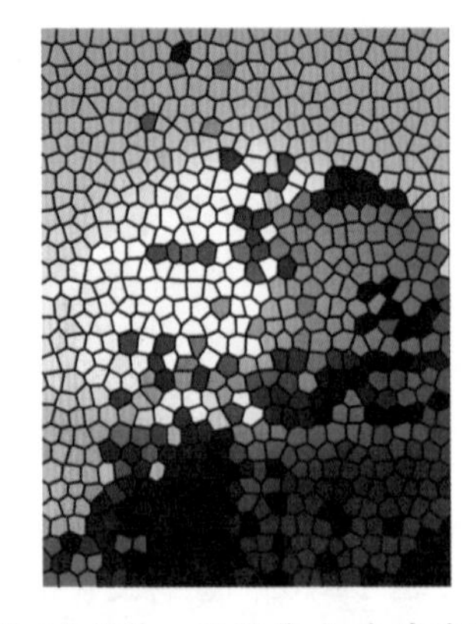

图 14-173 应用染色玻璃滤镜

6. 纹理化滤镜

纹理化滤镜能够将各种纹理应用于图像上。如图 14-174 和图 14-175 所示分别是纹理化滤镜的参数设置及应用效果。

图 14-174　纹理化滤镜的参数设置

图 14-175　应用纹理化滤镜

14.2.9 艺术效果滤镜组

艺术效果滤镜组可以为美术或商业项目制作和提供绘画效果或艺术效果。该滤镜组中共包含 15 种滤镜，如图 14-176 所示。

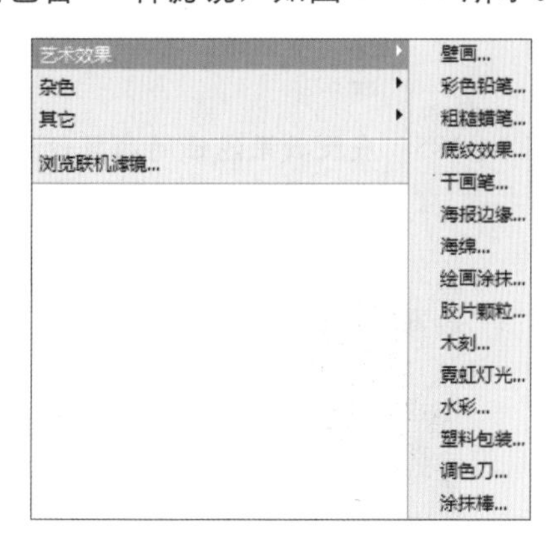

图 14-176　艺术效果滤镜组

艺术效果滤镜组中的滤镜都保存在滤镜库中，只需打开滤镜库，就可以方便地查看和设置该组中的每个滤镜，如图 14-177 所示。

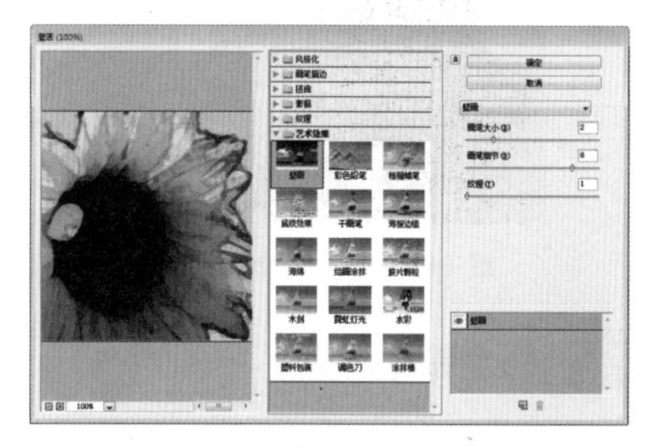

图 14-177　滤镜库中的艺术效果滤镜组

打开随书光盘中的“素材\ch14\13.jpg”文件，如图 14-178 所示，本小节将以该图为例进行介绍。

图 14-178　素材文件

1. 壁画滤镜

壁画滤镜使用短而圆的、粗略涂抹的小块颜料，以一种粗糙的风格绘制图像。如图 14-179 和图 14-180 分别是壁画滤镜的参数设置及应用效果。

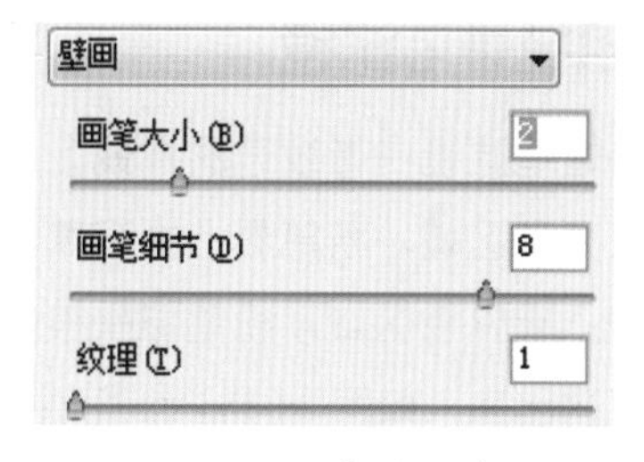

图 14-179　壁画滤镜的参数设置

图 14-180 应用壁画滤镜

2. 彩色铅笔滤镜

彩色铅笔滤镜使用彩色铅笔在纯色背景上绘制图像，可以保留重要边缘，外观呈粗糙阴影线，纯色背景色透过比较平滑的区域显示出来。如图 14-181 和图 14-182 所示分别是彩色铅笔滤镜的参数设置及应用效果。

图 14-181 彩色铅笔滤镜的参数设置

图 14-182 应用彩色铅笔滤镜

3. 粗糙蜡笔滤镜

粗糙蜡笔滤镜在带纹理的背景上应用粉笔描边。在亮色区域，粉笔看上去很厚，几乎看不见纹理；在深色区域，粉笔似乎被擦去了，使纹理显露出来。如图 14-183 和图 14-184 所示分别是粗糙蜡笔滤镜的参数设置及应用效果。

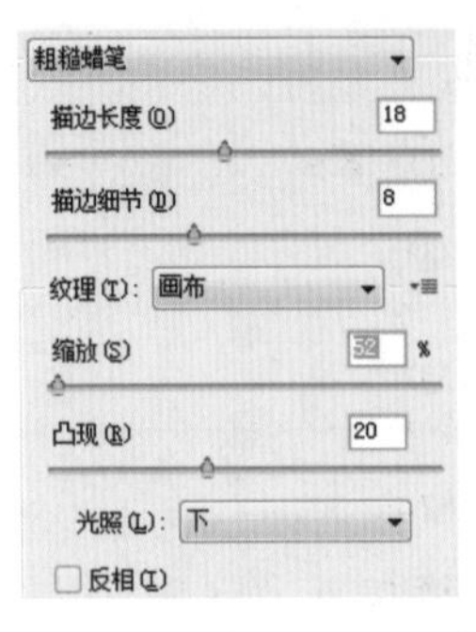

图 14-183 粗糙蜡笔滤镜的参数设置

图 14-184 应用粗糙蜡笔滤镜

4. 底纹效果滤镜

底纹效果滤镜在带纹理的背景上绘制图像，然后将最终图像绘制在该图像上。如图 14-185 和图 14-186 所示分别是底纹效果滤镜的参数设置及应用效果。

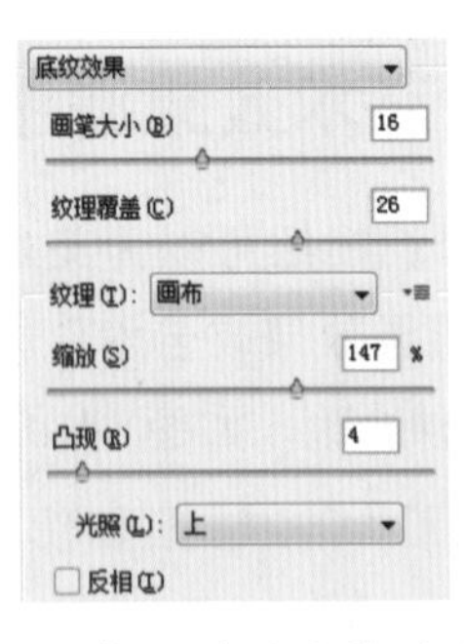

图 14-185 底纹效果滤镜的参数设置

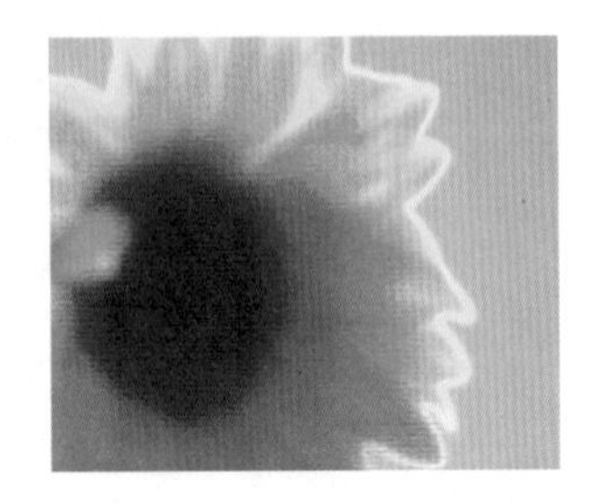

图 14-186 应用底纹效果滤镜

5. 干画笔滤镜

干画笔滤镜使用干画笔技术（介于油彩和水彩之间）绘制图像边缘。此滤镜通过将图像的颜色范围降到普通颜色范围来简化图像。如图 14-187 和图 14-188 所示分别为干画笔滤镜的参数设置及应用效果。

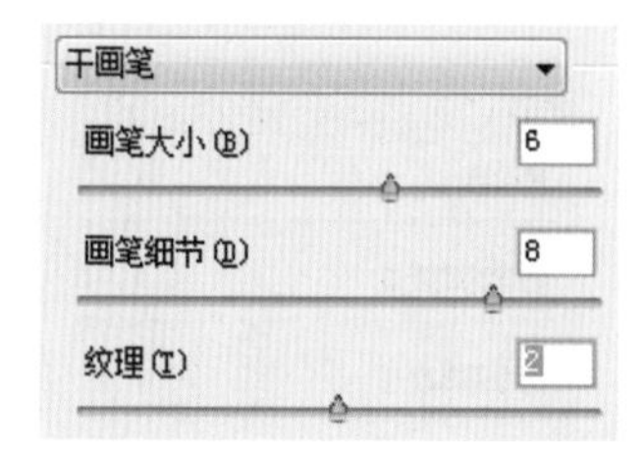

图 14-187　干画笔滤镜的参数设置

图 14-188　应用干画笔滤镜

6. 海报边缘滤镜

海报边缘滤镜根据设置的海报化选项减少图像中的颜色数量（对其进行色调分离），并查找图像的边缘，在边缘上绘制黑色线条。大而宽的区域有简单的阴影，而细小的深色细节遍布图像。如图 14-189 和图 14-190 所示分别是海报边缘滤镜的参数设置及应用效果。

图 14-189　海报边缘滤镜的参数设置

图 14-190　应用海报边缘滤镜

7. 海绵滤镜

海绵滤镜使用颜色对比强烈、纹理较重的区域创建图像，以模拟海绵绘画的效果。如图 14-191 和图 14-192 所示分别是海绵滤镜的参数设置及应用效果。

图 14-191　海绵滤镜的参数设置

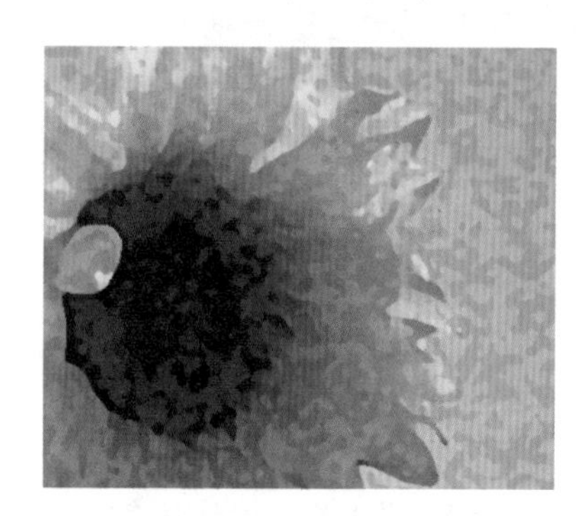

图 14-192　应用海绵滤镜

8. 绘画涂抹滤镜

绘画涂抹滤镜可以选取各种大小（从 1 ～ 50）和类型的画笔来创建绘画效果。画笔类型包括简单、未处理光照、暗光、宽锐化、宽模糊和火花。如图 14-193 和图 14-194 所示分别是绘画涂抹滤镜的参数设置及应用效果。

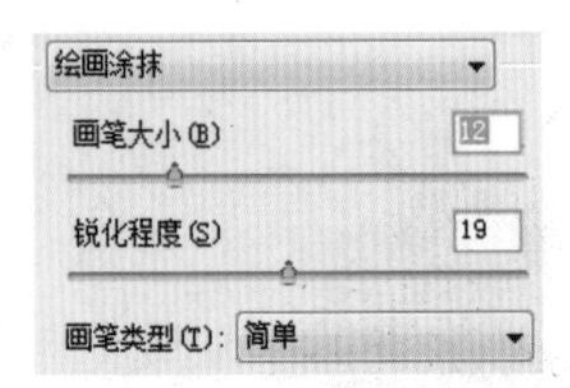

图 14-193 绘画涂抹滤镜的参数设置

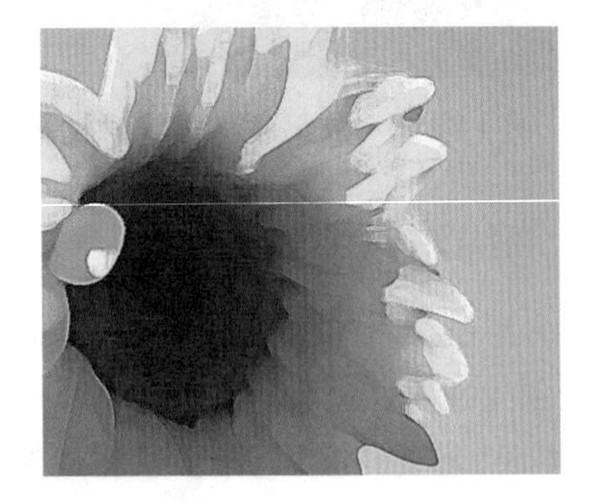

图 14-194 应用绘画涂抹滤镜

9. 胶片颗粒滤镜

胶片颗粒滤镜将平滑图案应用于阴影和中间色调，将一种更平滑、饱和度更高的图案添加到亮区。在消除混合的条纹和将各种来源的图素在视觉上进行统一时，此滤镜非常有用。如图 14-195 和图 14-196 所示分别是胶片颗粒滤镜的参数设置及应用效果。

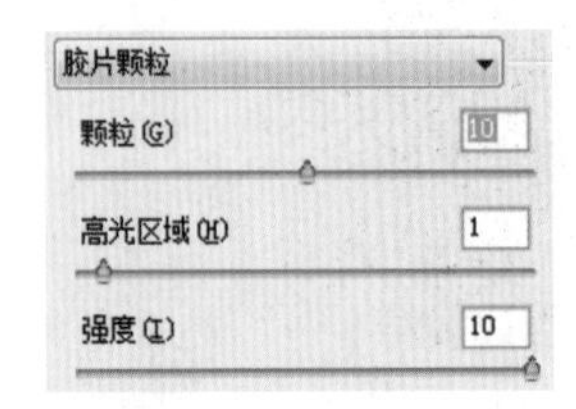

图 14-195 胶片颗粒滤镜的参数设置

图 14-196 应用胶片颗粒滤镜

10. 木刻滤镜

木刻滤镜使图像看上去好像是由从彩纸上剪下的边缘粗糙的剪纸片组成的。高对比度的图像看起来呈剪影状，而彩色图像看上去是由几层彩纸组成的。如图 14-197 和图 14-198 所示分别是木刻滤镜的参数设置及应用效果。

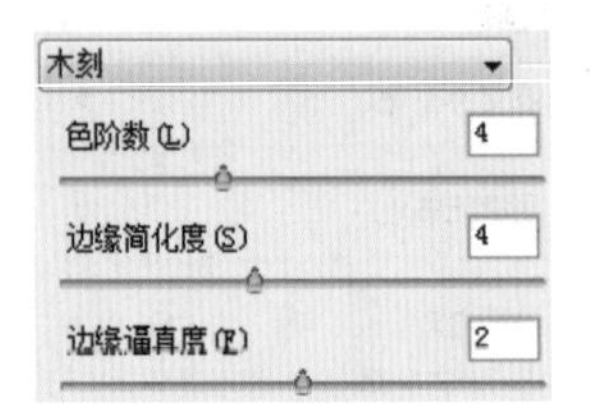

图 14-197 木刻滤镜的参数设置

图 14-198 应用木刻滤镜

11. 霓虹灯光滤镜

霓虹灯光滤镜将各种类型的灯光添加到图像中的对象上。此滤镜用于在柔化图像外观时给图像着色。要选择一种发光颜色，请单击发光框，并从拾色器中选择一种颜色。如图 14-199 和图 14-200 所示分别是霓虹灯光滤镜的参数设置及应用效果。

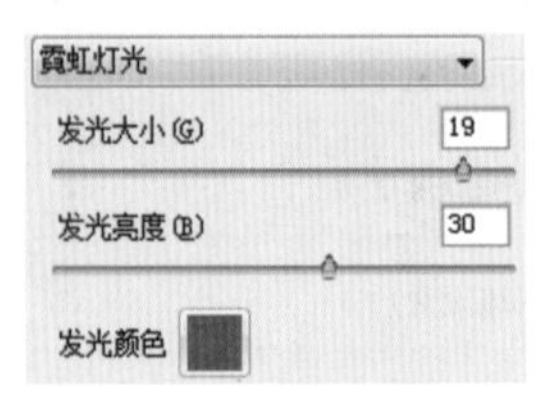

图 14-199 霓虹灯光滤镜的参数设置

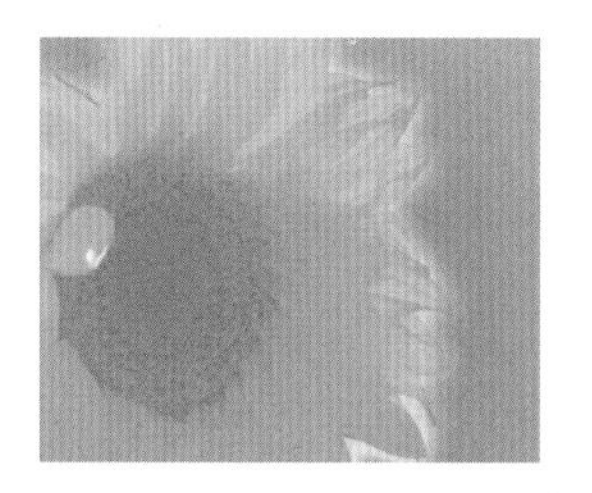

图 14-200 应用霓虹灯光滤镜

12. 水彩滤镜

水彩滤镜以水彩的风格绘制图像，使用蘸了水和颜料的中号画笔绘制以简化细节。当边缘有显著的色调变化时，此滤镜会使颜色更饱满。如图 14-201 和图 14-202 所示分别为水彩滤镜的参数设置及应用效果。

图 14-201 水彩滤镜的参数设置

图 14-202 应用水彩滤镜

13. 塑料包装滤镜

塑料包装滤镜给图像涂上一层光亮的塑料，以强调表面细节。如图 14-203 和图 14-204 所示分别为塑料包装滤镜的参数设置及应用效果。

图 14-203 塑料包装滤镜的参数设置

图 14-204 应用塑料包装滤镜

14. 调色刀滤镜

调色刀滤镜减少图像中的细节以生成描绘得很淡的画布效果，可以显示出下面的纹理。如图 14-205 和图 14-206 所示分别是调色刀滤镜的参数设置及应用效果。

图 14-205 调色刀滤镜的参数设置

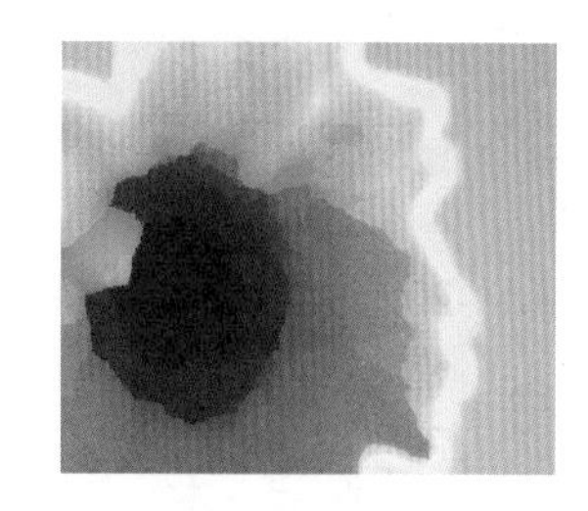

图 14-206 应用调色刀滤镜

15. 涂抹棒滤镜

涂抹棒滤镜使用短的对角描边涂抹暗区以柔化图像，亮区变得更亮，以致失去细节。如图 14-207 和图 14-208 所示分别是涂抹棒滤镜的参数设置及应用效果。

图 14-207 涂抹棒滤镜的参数设置

图 14-208　应用涂抹棒滤镜

14.2.10 像素化滤镜组

像素化滤镜组中有 7 种滤镜，如图 14-209 所示，它们可以使图像像素通过单元格的形式分布，使图像变为网点状、点状化、马赛克等效果。

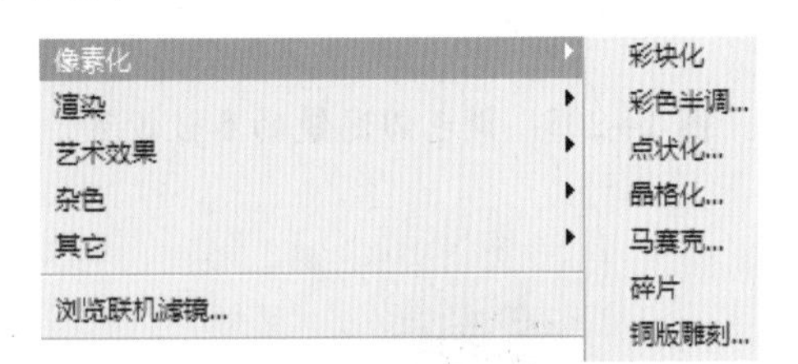

图 14-209　像素化滤镜组

打开随书光盘中的“素材 \ch14\14.jpg”文件，如图 14-210 所示，本小节将以该图为例进行介绍。

图 14-210　素材文件

1. 彩块化滤镜

彩块化滤镜使纯色或相近颜色的像素结成相近颜色的像素块，可以使用此滤镜使扫描的图像看起来像手绘图像，或使现实主义图像类似抽象派绘画。选择【滤镜】→【像素化】→【彩块化】命令，即可应用该滤镜，并得到如图 14-211 所示的图像效果。

图 14-211　应用彩块化滤镜

2. 彩色半调滤镜

彩色半调滤镜模拟在图像的每个通道上使用放大的半调网屏的效果，对于每个通道，滤镜将图像划分为矩形，并用圆形替换每个矩形，圆形的大小与矩形的亮度成比例。

选择【滤镜】→【像素化】→【彩色半调】命令，打开【彩色半调】对话框，在其中设置彩色半调的最大半径、网角（度）等参数的值，如图 14-212 所示。单击【确定】按钮，即可得到应用彩色半调后的图像显示效果，如图 14-213 所示。

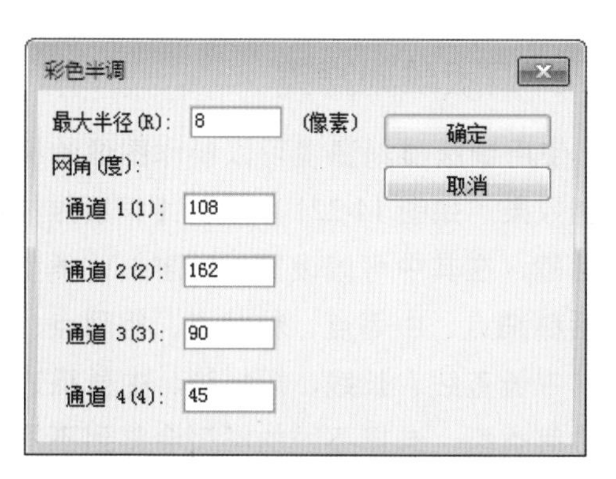

图 14-212　【彩色半调】对话框

图 14-213　应用彩色半调滤镜

3. 点状化滤镜

点状化滤镜可以使相近有色像素结为纯色多边形，通过设置【单元格大小】参数来决定点状化的大小。如图 14-214 所示为【点状化】对话框。如图 14-215 所示为应用点状化滤镜后的图像显示效果。

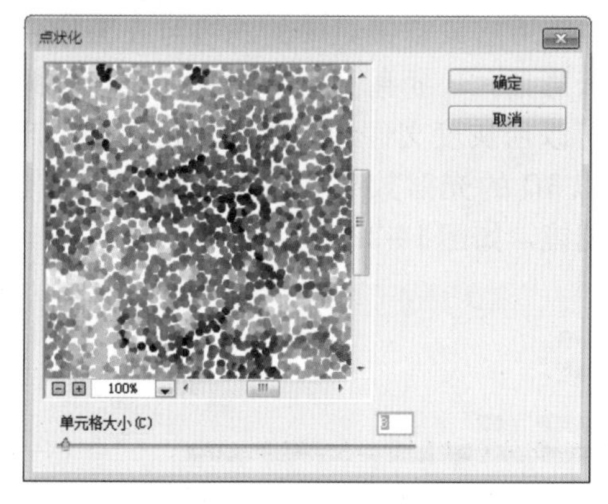

图 14-214　【点状化】对话框

图 14-215　应用点状化滤镜

4. 晶格化滤镜

晶格化滤镜与点状化滤镜的作用相同，不同之处在于点状化滤镜会在点状之间产生空隙，空隙内用背景色填充，而晶格化滤镜不会产生空隙。如图 14-216 所示为【晶格化】对话框。如图 14-217 所示为应用晶格化滤镜后的图像显示效果。

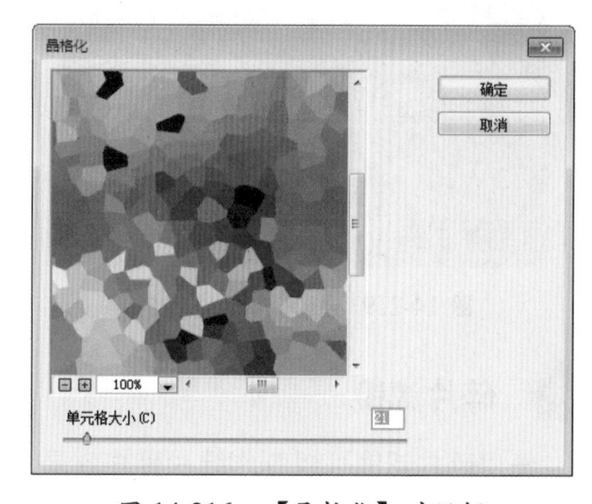

图 14-216　【晶格化】对话框

图 14-217　应用晶格化滤镜

5. 马赛克滤镜

使用马赛克滤镜可以制作图像的马赛克效果，如图 14-218 所示为【马赛克】对话框，在其中可以设置单元格大小。如图 14-219 所示为应用马赛克滤镜后的图像显示效果。

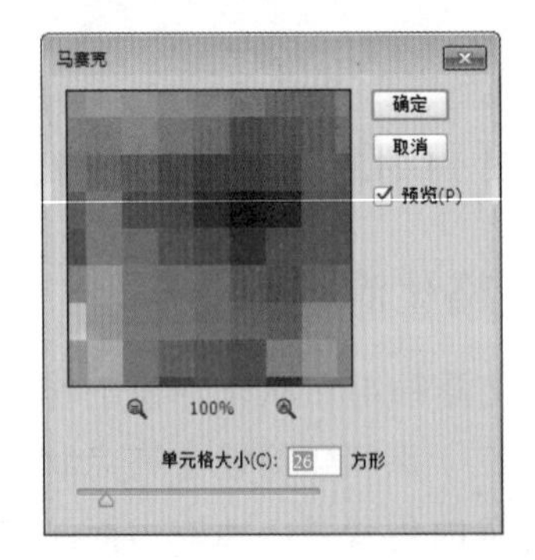

图 14-218 【马赛克】对话框

图 14-219 应用马赛克滤镜

6. 碎片滤镜

使用碎片滤镜可以制作纸片碎片效果，选择【滤镜】→【像素化】→【碎片】命令，即可为当前图层添加碎片效果，如图 14-220 所示。

图 14-220 应用碎片滤镜

7. 铜版雕刻滤镜

使用铜版雕刻滤镜可以制作图像的铜版雕刻效果。如图 14-221 所示为【铜版雕刻】对话框，在其中可以设置铜版雕刻的类型，包括精细点、中等点、粒状点、粗网点、短线、中长直线、长线、短描边、中长描边和长边等类型，选择不同的类型会得到不同的效果。如图 14-222 所示为将铜版雕刻类型设置为【精细点】而得到的图像显示效果。

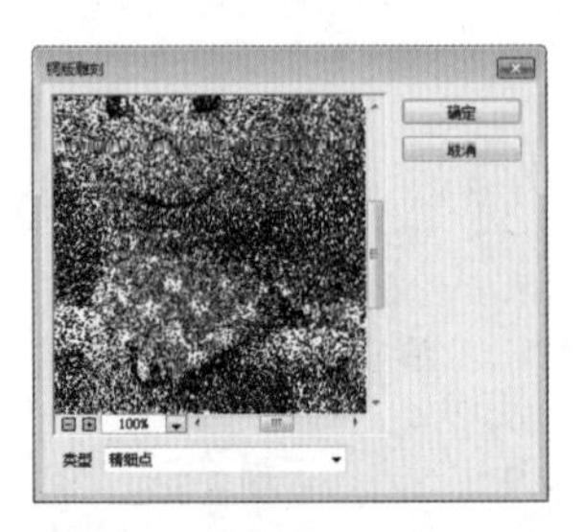

图 14-221 【铜版雕刻】对话框

图 14-222 应用铜版雕刻滤镜

14.2.11 渲染滤镜组

使用渲染滤镜组中的滤镜可在图像中创建云彩照片、折射照片和模拟光反射效果，还可以用灰度文件创建纹理进行填充以产生类似 3D 的光照效果。该滤镜组中共包含 5 种滤镜，如图 14-223 所示。

图 14-223 渲染滤镜组

打开随书光盘中的“素材\ch14\15.jpg”文件，如图 14-224 所示，本小节将以该图为例进行介绍。

图 14-224　素材文件

1. 分层云彩滤镜

分层云彩滤镜使用随机生成的介于前景色与背景色之间的值，生成云彩图案。此滤镜将云彩数据和现有的像素混合，其方式与“差值”模式混合颜色的方式相同。选择【滤镜】→【渲染】→【分层云彩】命令，即可应用该滤镜，并得到如图 14-225 所示的图像效果。

图 14-225　应用分层云彩滤镜

2. 光照效果滤镜

光照效果滤镜可以通过改变 17 种光照样式、3 种光照类型和 4 套光照属性，在 RGB 图像上产生无数种光照效果。还可以使用灰度文件的纹理（称为凹凸图）产生类似 3D 的效果，并存储自己的样式以在其他图像中使用。

选择【滤镜】→【渲染】→【光照效果】命令，进入【光照效果】设置界面，在【属性】面板中可以选择光照效果的光源样式，如图 14-226 所示。在图像中可以更改光源的位置，最后按 Enter 键，即可应用该滤镜，并得到如图 14-227 所示的图像效果。

图 14-226　【属性】面板

图 14-227　应用光照效果滤镜

3. 镜头光晕滤镜

镜头光晕滤镜可以为图像添加光晕效果。选择【滤镜】→【渲染】→【镜头光晕】命令，打开【镜头光晕】对话框，在其中可以设置亮度、镜头类型等参数，如图 14-228 所示。

最后单击【确定】按钮，即可为图像添加光晕效果，如图 14-229 所示。

图 14-228 【镜头光晕】对话框

图 14-229 应用镜头光晕滤镜

4. 纤维滤镜和云彩滤镜

渲染效果滤镜组中还有纤维、云彩两个滤镜，其中纤维滤镜主要用于制作木质条纹材质的背景图像。如图 14-230 所示为【纤维】对话框，在其中设置纤维的差异与强度，最后单击【确定】按钮，可以得到纤维效果的图像，如图 14-231 所示。云彩滤镜没有相应的对话框，直接作用于图像之上，可以得到云彩效果，如图 14-232 所示。

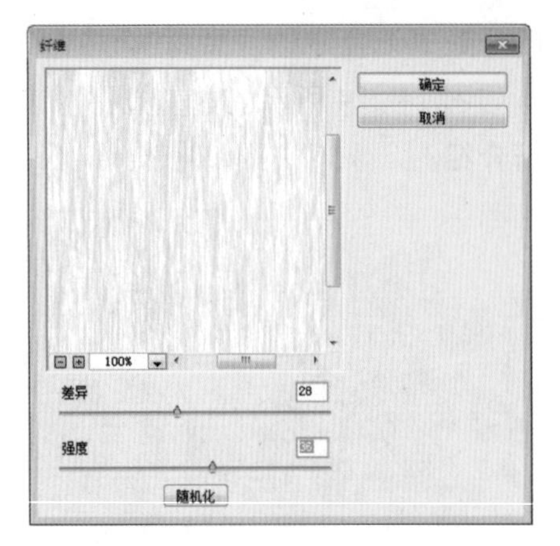

图 14-230 【纤维】对话框

图 14-231 应用纤维滤镜

图 14-232 应用云彩滤镜

14.2.12 杂色滤镜组

杂色滤镜组可以为图像添加或者除去杂色，使图像具有与众不同的纹理，通常用于修复人像照片或者扫描的印刷品。该滤镜组中有 5 种滤镜，如图 14-233 所示。

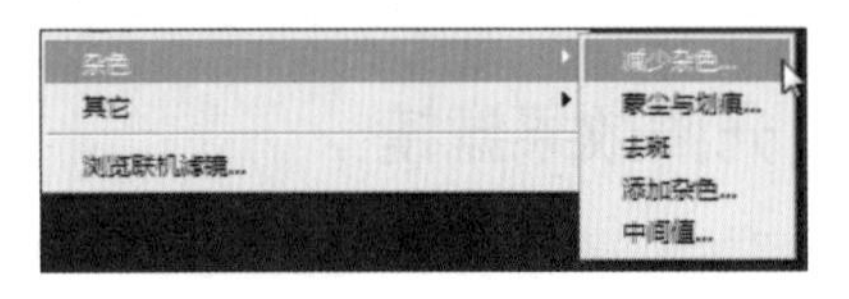

图 14-233 杂色滤镜组

1. 减少杂色滤镜

减少杂色滤镜在不影响图像边缘的同时，减少整个图像或各个通道中的杂色，使图像更为清晰。打开随书光盘中的“素材 \ch14\16.jpg”文件，如图 14-234 所示。选择【滤镜】→【杂色】→【减少杂色】命令，打开【减少杂色】对话框，在其中设置强度、保留细节等参数，如图 14-235 所示。单击【确定】按钮，即可减少图像的杂色，效果如图 14-236 所示。

图 14-234 素材文件

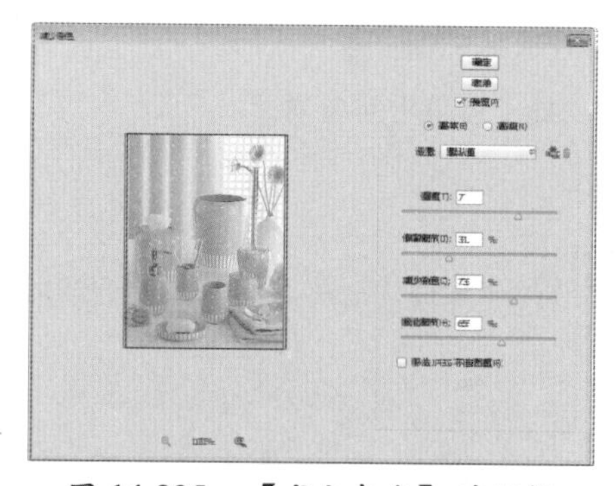

图 14-235 【减少杂色】对话框

图 14-236 应用减少杂色滤镜

2. 蒙尘与划痕滤镜

蒙尘与划痕滤镜用于更改图像中相异的像素减少杂色，它可根据亮度的过渡差值，找出突出周围像素的像素，用周围的颜色填充这些区域。需要注意的是，使用该滤镜有可能将图像中应有的亮点也清除，所以要慎重使用。

打开随书光盘中的“素材 \ch14\17.jpg”文件，如图 14-237 所示。选择【滤镜】→【杂色】→【蒙尘与划痕】命令，打开【蒙尘与划痕】对话框，在其中设置参数，如图 14-238 所示。单击【确定】按钮，即可应用滤镜，得到的图像显示效果如图 14-239 所示。

图 14-237 素材文件

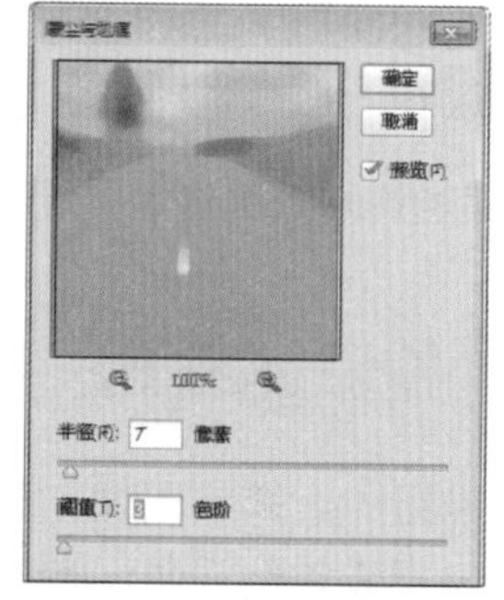

图 14-238 【蒙尘与划痕】对话框

图 14-239 应用蒙尘与划痕滤镜

3. 添加杂色滤镜

添加杂色滤镜在图像上按照像素形态产生杂点，模拟出在高速胶片上拍照的效果。如图 14-240 所示为【添加杂色】对话框，在其中设置杂色的数量与分布情况，单击【确定】按钮，即可应用滤镜，得到如图 14-241 所示的图像显示效果。

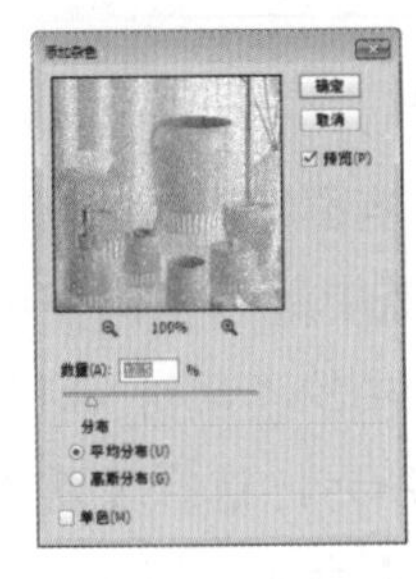

图 14-240 【添加杂色】对话框

图 14-241 应用添加杂色滤镜

4. 中间值滤镜

中间值滤镜通过混合图像中像素的亮度来减少图像的杂色，它搜索某个距离内像素颜色的平均值来平滑图像中的区域。此滤镜在消除或减少图像的动感效果时非常有用。如图 14-242 所示为【中间值】对话框，在其中设置中间值的半径大小，单击【确定】按钮，即可应用滤镜，得到如图 14-243 所示的图像显示效果。

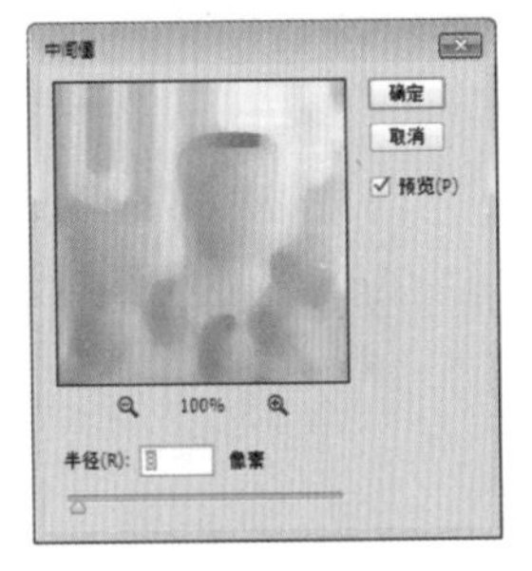

图 14-242 【中间值】对话框

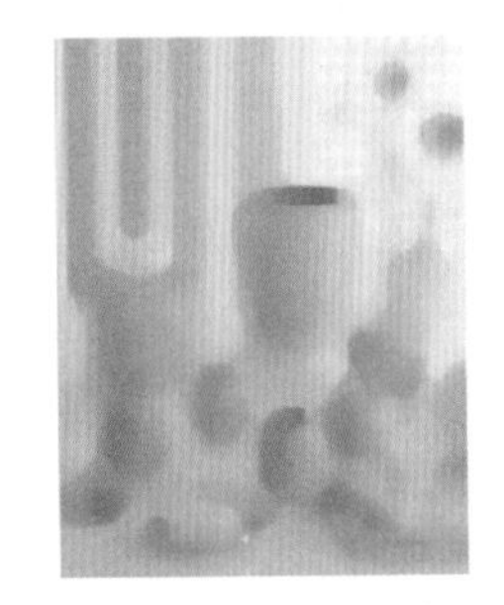

图 14-243 应用中间值滤镜

5. 去斑滤镜

去斑滤镜检测图像的边缘并模糊除边缘外的所有选区，该模糊操作会移去杂色，同时保留细节。

14.2.13 视频滤镜组

视频滤镜组用于转换图像中的色域，从而使普通图像转换为可被视频设备接收的图像。只有图像在电视或其他视频设备上播放时才会用到该滤镜组，这里不再举例说明。

14.3 使用外挂滤镜制作特效

Photoshop 的外挂滤镜是由第三方厂商开发的，以插件的形式安装在 Photoshop 中使用，也被称为第三方滤镜。它们不仅种类齐全、品种繁多，而且功能强大。在 Photoshop 中运用外挂滤镜进行图像处理和创意设计，能够实现各种神奇的图像效果。

14.3.1 安装外挂滤镜

外挂滤镜的安装方法很简单，用户只需将下载的滤镜压缩文件解压，然后放在 Photoshop CC 安装程序的“Plug-ins”文件夹下即可，具体的操作步骤如下。

步骤 1 在网上下载需要使用的滤镜，如这里下载的是 EyeCandy 滤镜，打开该滤镜所在的文件夹，选中该滤镜，按 Ctrl+C 快捷键进行复制，如图 14-244 所示。

图 14-244　复制下载的滤镜

步骤 2 找到 Photoshop 安装文件夹中的 Plug-ins 文件夹。打开该文件夹，按 Ctrl+V 快捷键将 EyeCandy 滤镜粘贴到该文件中，如图 14-245 所示。

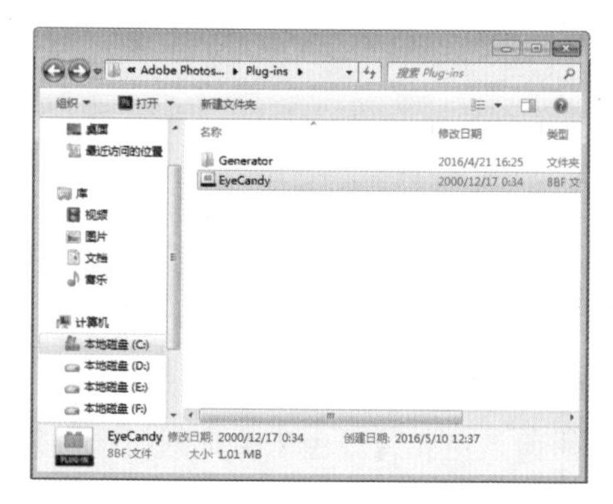

图 14-245　将滤镜粘贴到 Plug-ins 文件夹中

步骤 3 启动 Photoshop 软件，这时在【滤镜】菜单中可以找到安装的外挂滤镜，表示外挂滤镜安装成功，如图 14-246 所示。

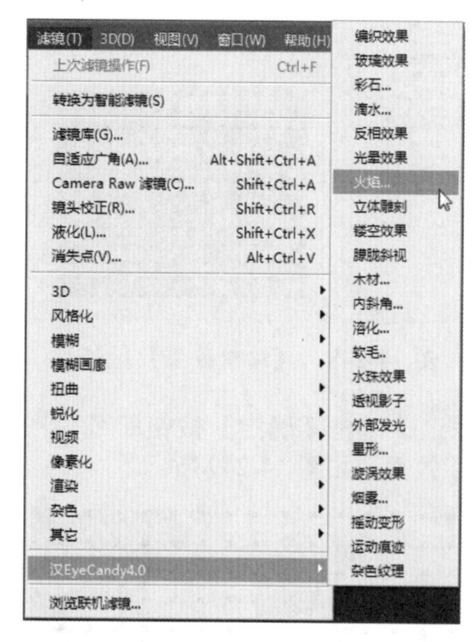

图 14-246　在【滤镜】菜单中找到安装的外挂滤镜

14.3.2 使用外挂滤镜

外挂滤镜安装成功后，就可以使用外挂滤镜制作图像特效了。下面以制作编制效果和水珠效果为例，来介绍使用外挂滤镜制作图像特效的方法，具体的操作步骤如下。

步骤 1 打开随书光盘中的“素材 \ch14\18.jpg”文件，如图 14-247 所示。

图 14-247　素材文件

步骤 2 依次选择【滤镜】→【汉 Eye Candy 4.0】→【编织效果】命令，在弹出的【编织效果】对话框中进行相应的设置，如图 14-248 所示。

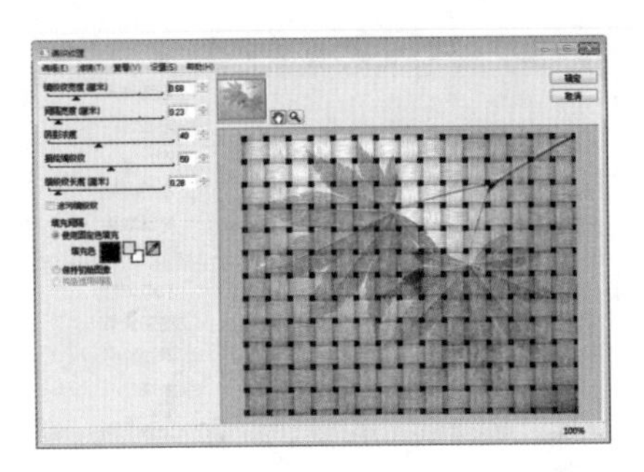

图 14-248　【编织效果】对话框

步骤 3 单击【确定】按钮即可为图像添加编织效果，如图 14-249 所示。

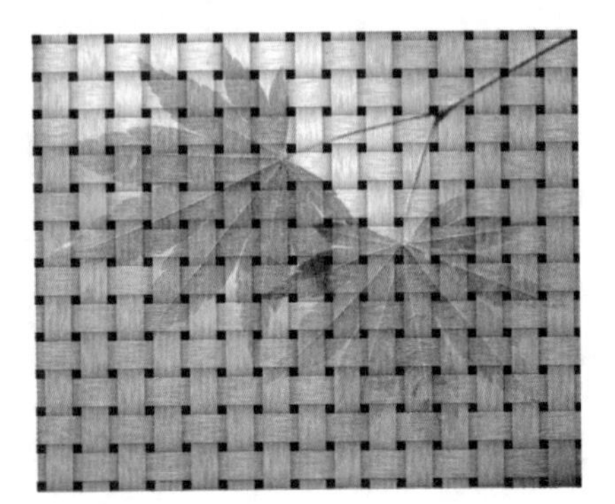

图 14-249　为图像添加编织效果

步骤 4 按 Ctrl+Z 快捷键，返回上一步操作，选择【滤镜】→【汉 EyeCandy】→【水珠效果】命令，在弹出的【水珠效果】对话框中进行设置，如图 14-250 所示。

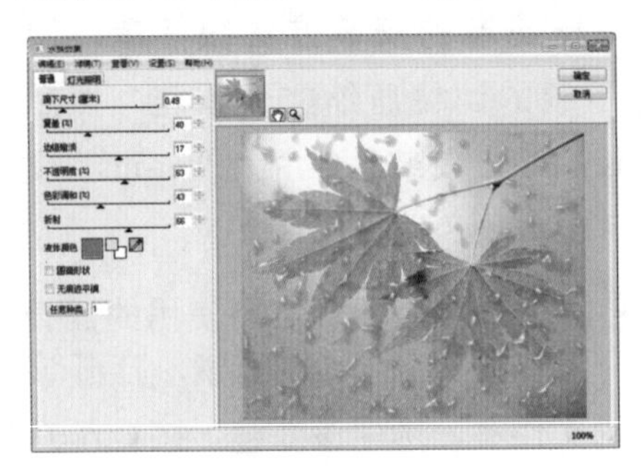

图 14-250　【水珠效果】对话框

步骤 5 单击【确定】按钮即可为图像添加水珠效果，如图 14-251 所示。

图 14-251　为图像添加水珠效果

14.4 高效技能实战

14.4.1 技能实战 1——制作蓝天白云图像

大部分的滤镜都需要有源图像作依托，在源图像基础上进行滤镜变换，但是【渲染】滤镜其自身就可以产生图形，比如分层云彩滤镜，它利用前景色和背景色来生成随机云彩效果。由于是随机，所以每次生成的图像都不相同。

下面使用分层云彩滤镜制作一个简单的云彩特效，具体操作步骤如下。

步骤 1 选择【文件】→【新建】命令，弹出【新建】对话框，设置文件的高度与宽度均为 500 像素，如图 14-252 所示。

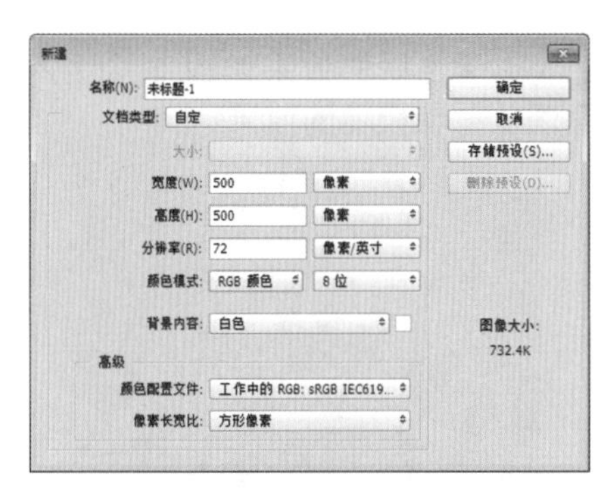

图 14-252　【新建】对话框

步骤 2 单击【确定】按钮，即可新建一个图像文件，如图 14-253 所示。

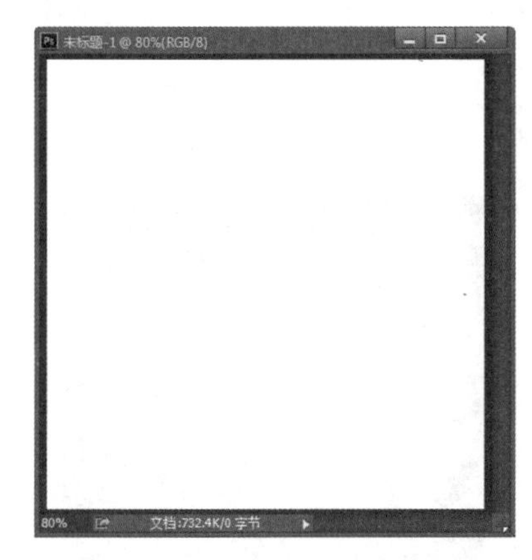

图 14-253　新建一个图像文件

步骤 3 采用默认的黑色前景色和白色背景色，选择【滤镜】→【渲染】→【分层云彩】命令，然后重复按 Ctrl+F 快捷键重复使用分层云彩 5 到 10 次，得到灰度图像，如图 14-254 所示。

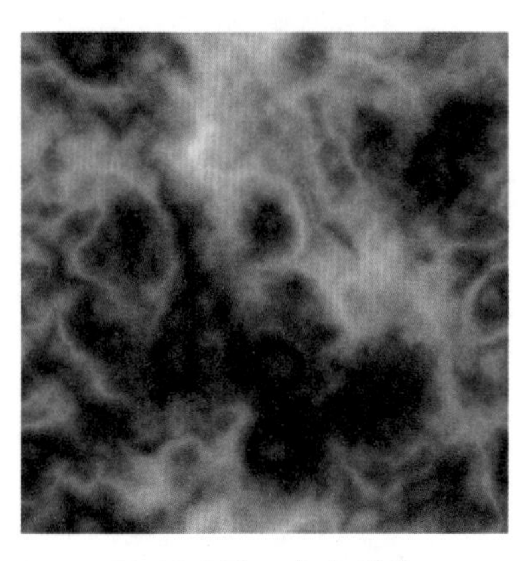

图 14-254　灰度图像

步骤 4 选择【图像】→【调整】→【渐变映射】命令，弹出【渐变映射】对话框，默认显示黑白渐变，单击渐变条，如图 14-255 所示。

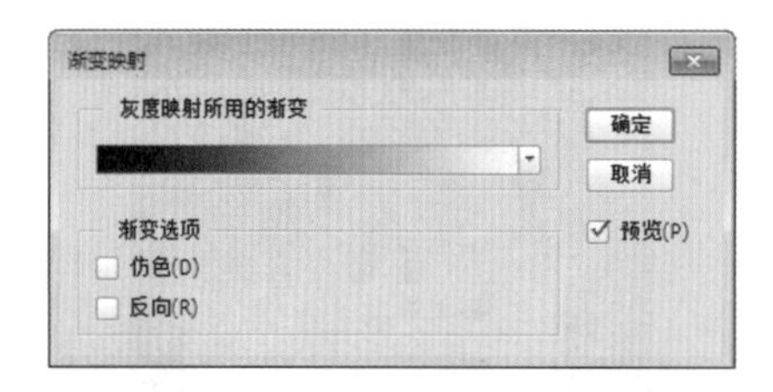

图 14-255　【渐变映射】对话框

步骤 5 弹出【渐变编辑器】对话框，在渐变条下方单击鼠标添加色标。双击色标可打开选择色标颜色的对话框，依图所示分别为色标添加蓝白两种颜色，如图 14-256 所示。

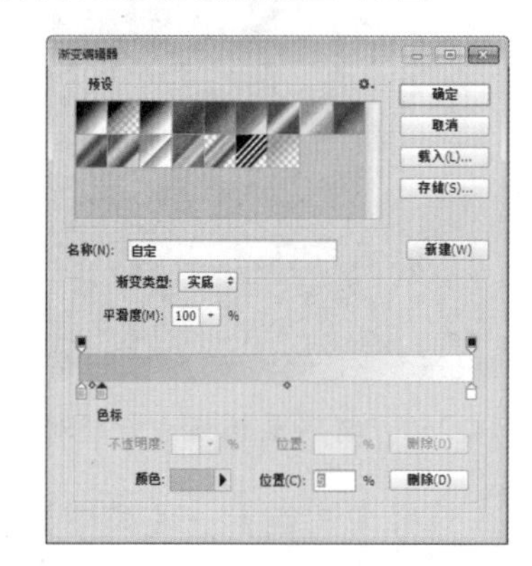

图 14-256　【渐变编辑器】对话框

步骤 6 单击【确定】按钮，返回到图像界面，显示如图 14-257 所示的云彩效果，云彩效果略显生硬。

图 14-257　得到云彩效果

步骤 7 在【图层】面板中右击图层，在弹出的快捷菜单中选择【转换为智能对象】命令，如图 14-258 所示，将图层转换为智能对象，如图 14-259 所示。

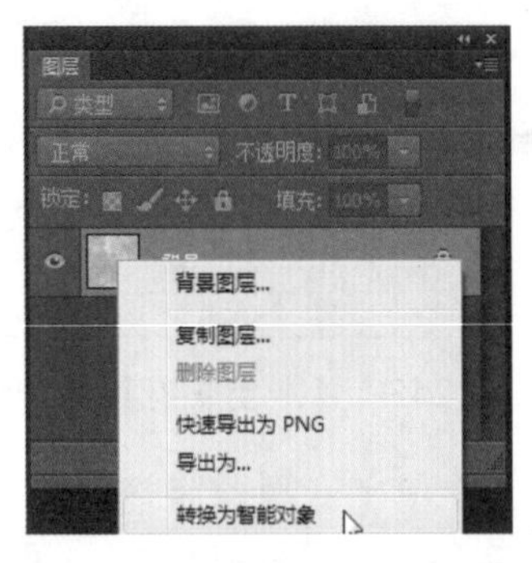

图 14-258 选择【转换为智能对象】命令

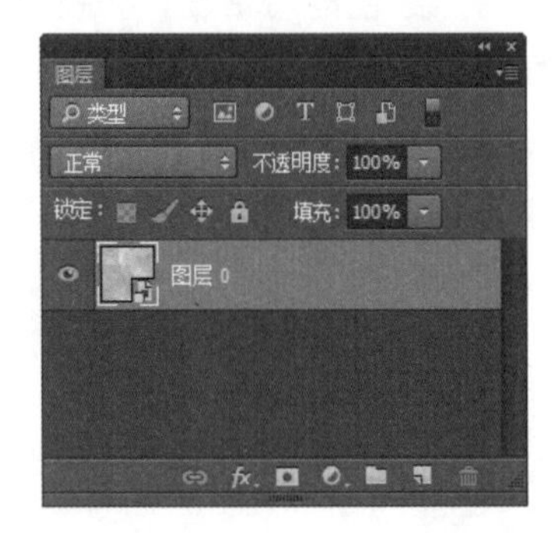

图 14-259 将图层转换为智能对象

步骤 8 选择【滤镜】→【模糊】→【径向模糊】命令，弹出【径向模糊】对话框，设置【数量】为 80，【模糊方法】为【缩放】，【品质】为【最好】，在【中心模糊】区域用鼠标拖动，调整径向模糊的中心，然后单击【确定】按钮，如图 14-260 所示。

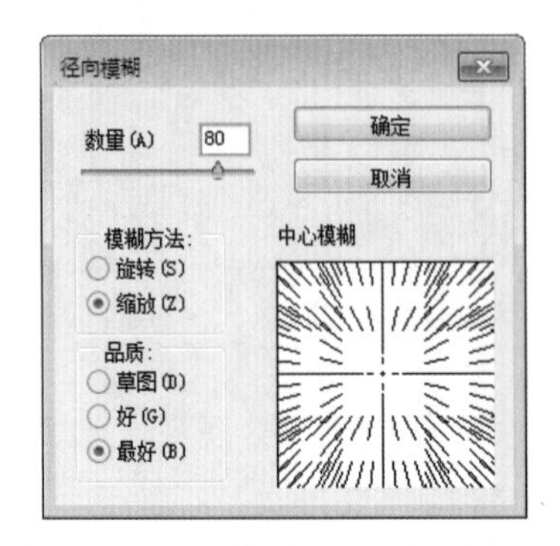

图 14-260 【径向模糊】对话框

步骤 9 调整后的效果如图 14-261 所示，云彩呈现放射状模糊的效果。

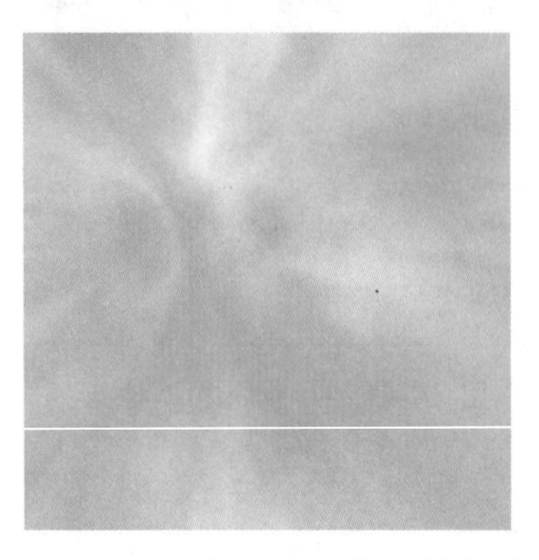

图 14-261 云彩呈现放射状模糊效果

步骤 10 双击【图层】面板中图层 0 下方【径向模糊】后的箭头，如图 14-262 所示。

图 14-262 双击【径向模糊】后的箭头

步骤 11 弹出【混合选项（径向模糊）】对话框，在【模式】下拉列表框中选择【变亮】选项，单击【确定】按钮，如图 14-263 所示。

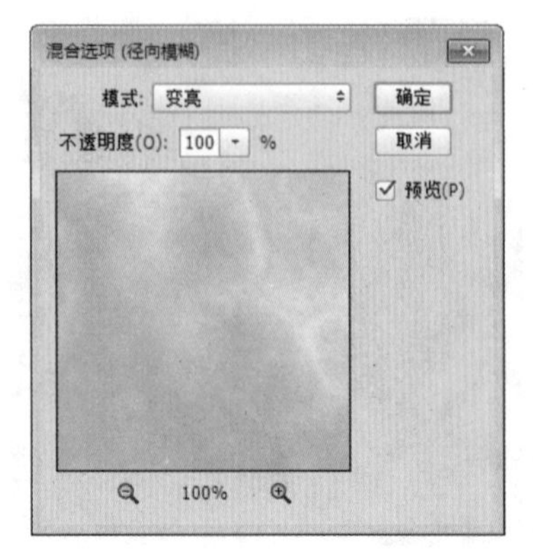

图 14-263 【混合选项（径向模糊）】对话框

步骤 12 返回到图像界面，得到最终的云彩效果，如图 14-264 所示。

图 14-264　最终效果

14.4.2 技能实战 2——制作水中倒影效果

使用扭曲滤镜组中的波浪滤镜与 Photoshop 的其他工具可以制作水中倒影效果，具体的操作步骤如下。

步骤 1 打开随书光盘中的“素材/ch14/19.jpg”文件，如图 14-265 所示。

图 14-265　素材文件

步骤 2 按 Ctrl+J 快捷键，复制背景图层，得到【图层 1】图层，如图 14-266 所示。

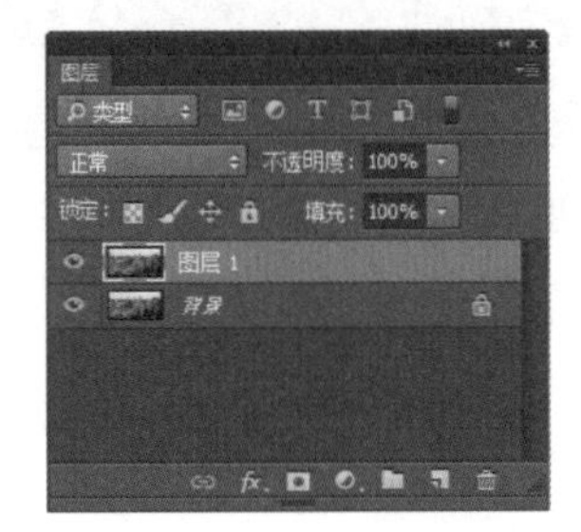

图 14-266　复制背景图层

步骤 3 选择【图像】→【画布大小】命令，打开【画布大小】对话框，单击 ↑ 图标定位后，将高度设置为原高度的两倍，如图 14-267 所示。

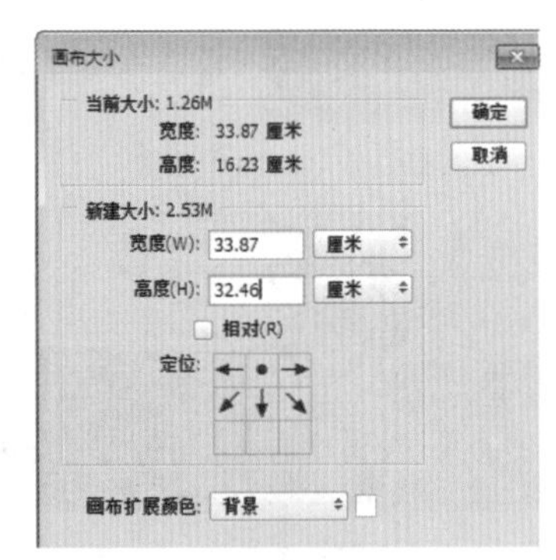

图 14-267　【画布大小】对话框

步骤 4 单击【确定】按钮，即可更改图像画布的大小，如图 14-268 所示。

图 14-268　更改图像画布的大小

步骤 5 使用移动工具将图层 1 的图像移至页面的下方，如图 14-269 所示。

图 14-269　将图像移至页面的下方

步骤 6 按 Ctrl+T 组合键自由变换图像，然后右击，在弹出的快捷菜单中选择【垂直翻转】命令，如图 14-270 所示。

图 14-270　选择【垂直翻转】命令

步骤 7 将图像垂直翻转显示，然后按 Enter 键，即可结束编辑操作，如图 14-271 所示。

图 14-271　将图像垂直翻转显示

步骤 8 选择【滤镜】→【扭曲】→【波浪】命令，打开【波浪】对话框，在其中设置波浪滤镜的相关参数，如图 14-272 所示。

步骤 9 单击【确定】按钮，即可应用该滤镜，并得到如图 14-273 所示的图像效果。

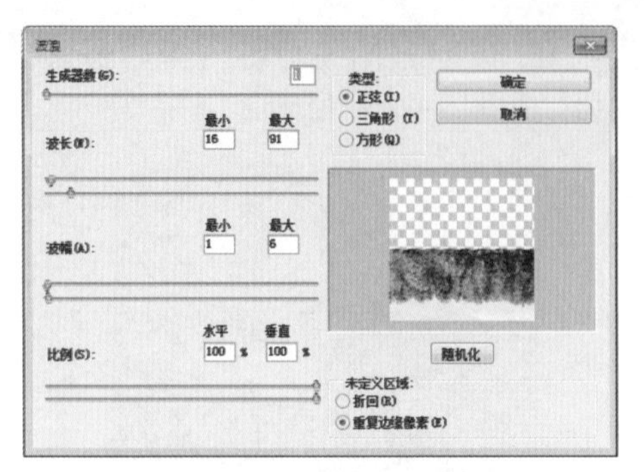

图 14-272　【波浪】对话框

图 14-273　应用波浪滤镜

步骤 10 单击【图层】面板下方的【创建新的填充或调整图层】按钮，在弹出的列表中选择【亮度 / 对比度】选项，即可添加调整图层，如图 14-274 所示。

图 14-274　添加调整图层

步骤 11 在调整图层的【属性】面板中单击 按钮后，设置亮度值为 −102，如图 14-275 所示。

图 14-275　设置亮度值为 −102

步骤 12 返回到图像文件中，可以看到降低亮度后的图像显示效果，如图 14-276 所示。

图 14-276　图像降低亮度

步骤 13 隐藏【图层 1】与【亮度 / 对比度 1 】图层，选择【背景】图层，单击【图层】面板下方的【创建新图层】按钮，得到【图层 2】图层，如图 14-277 所示。

图 14-277　新建图层 2

步骤 14 选择【背景】图层，使用魔棒工具在空白处单击，生成选区，如图 14-278 所示。

图 14-278　创建选区

步骤 15 选择工具箱中的渐变工具，设置黑色到蓝色的渐变，设置蓝色时可以吸取图像中蓝色天空的颜色，如图 14-279 所示。

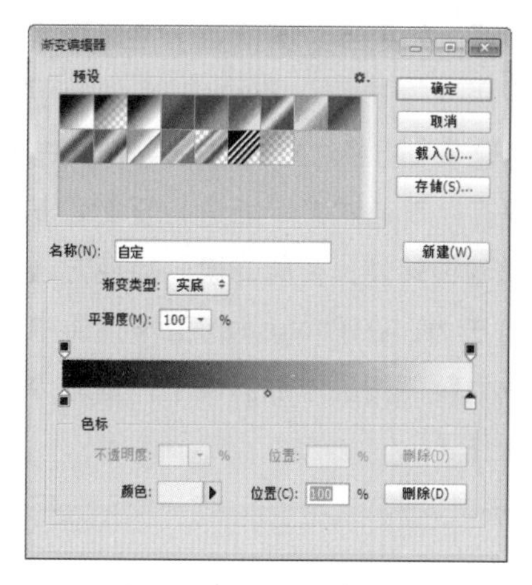

图 14-279　设置渐变色

步骤 16 选择【图层 2】图层，绘制由下到上的渐变，按 Ctrl+D 快捷键取消选区，最后得到如图 14-280 所示的图像效果。

步骤 17 选择【图层 1】图层，单击【图层】面板下方的【添加图层蒙版】按钮，为图层 1 添加图层蒙版，如图 14-281 所示。

步骤 18 选择工具箱中的渐变工具，设置黑白渐变，在图像倒影区域设置由下到上的渐变填充效果，最终得到如图 14-282 所示的水中倒影效果。

图 14-280　绘制由下到上的渐变

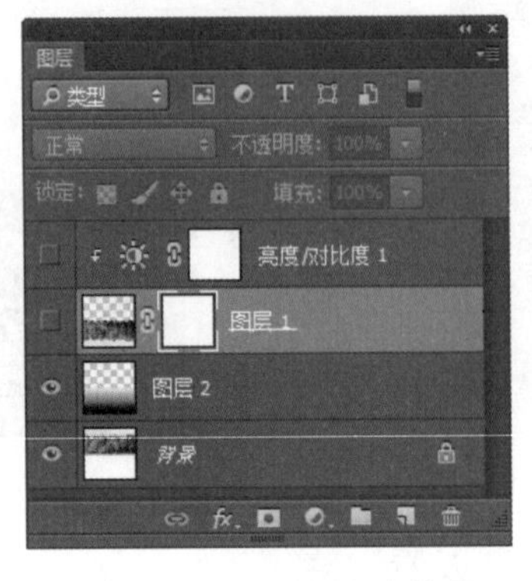

图 14-281　添加图层蒙版

图 14-282　最终效果

14.5 疑难问题解答

问题 1： 图像在什么情况下不能应用滤镜效果呢？

解答： 如果当前图像处于位置模式、索引颜色模式和 16 位 / 通道模式等颜色模式下，就不能应用滤镜效果。此外，若图像处于 CMYK 颜色模式下，部分滤镜效果也不可用。

问题 2： 能够对滤镜进行复制、粘贴操作吗？

解答： 普通滤镜不能进行复制、粘贴等操作。要想对滤镜进行复制、粘贴等操作，需要将普通滤镜转换为智能滤镜。转换方法很简单，首先需要将图像所在的图层转换为智能对象，操作方法为：在 Photoshop 工作界面中选择【滤镜】→【转换为智能滤镜】命令即可。然后就可以为智能图层添加滤镜了，这时添加的滤镜就是智能滤镜。这样就可以对滤镜进行复制、粘贴操作了。

快速制作 3D 图像

● **本 章导读 ：**

Photoshop 虽然是一款以处理图像为主的平面设计软件，但它也有一定的 3D 处理功能，尤其在制作 3D 文本和图形方面不可小觑。本章就来介绍使用Photoshop的3D功能快速制作3D图像的方法。

● **学习目标：**

◎ 了解 Photoshop CC 的 3D 功能
◎ 掌握使用网格预设创建 3D 模型的方法
◎ 掌握使用深度映射到创建 3D 模型的方法
◎ 掌握使用所选对象创建 3D 模型的方法
◎ 掌握 3D 模型的编辑与设置的方法
◎ 掌握 3D 图层应用的方法
◎ 掌握 3D 模型渲染和输出的方法

● **重点案例效果**

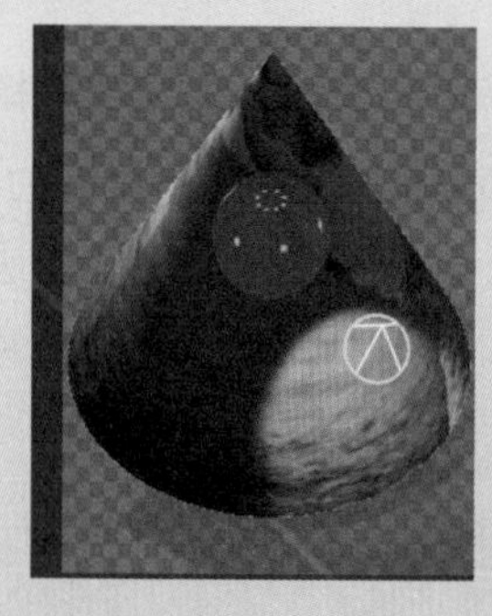

15.1 了解Photoshop CC的3D功能

Photoshop 自引入了 3D 功能，就允许用户导入 3D 格式文件，并在画布上对 3D 物体进行旋转、移动等变换操作。更重要的是，Photoshop CC 的 3D 功能可以让用户在 3D 物体上直接绘画，这大大提升了 Photoshop CC 处理图像的功能。

15.1.1 认识 3D 面板

Photoshop CC 中的 3D 面板可帮助用户轻松处理 3D 对象，3D 面板效仿【图层】面板，被构建为具有根对象和子对象的场景图。

打开 3D 面板（如图 15-1 所示）的方法有以下 3 种。

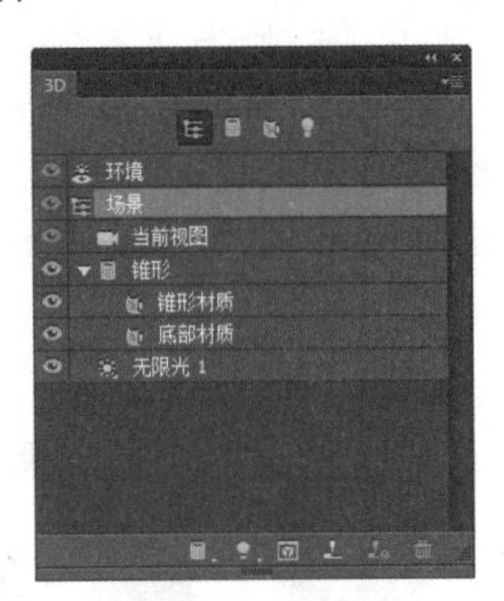

图 15-1　3D 面板

(1)　选择【窗口】→ 3D 命令。

(2)　在【图层】面板的图层缩览图上双击 3D 图层按钮，如图 15-2 所示。

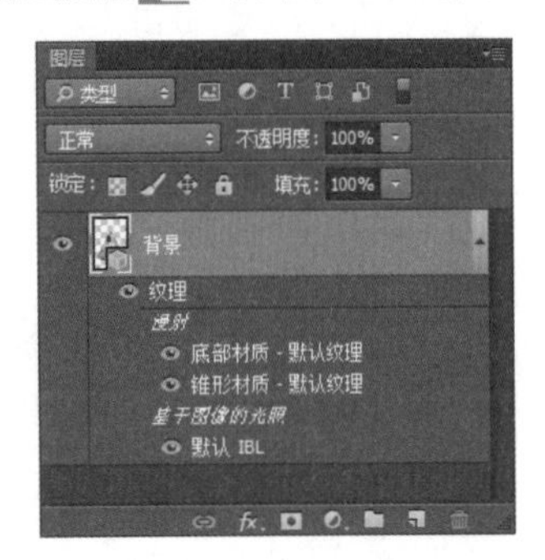

图 15-2　双击 3D 图层按钮

(3)　选择【窗口】→【工作区】→ 3D 命令，如图 15-3 所示。

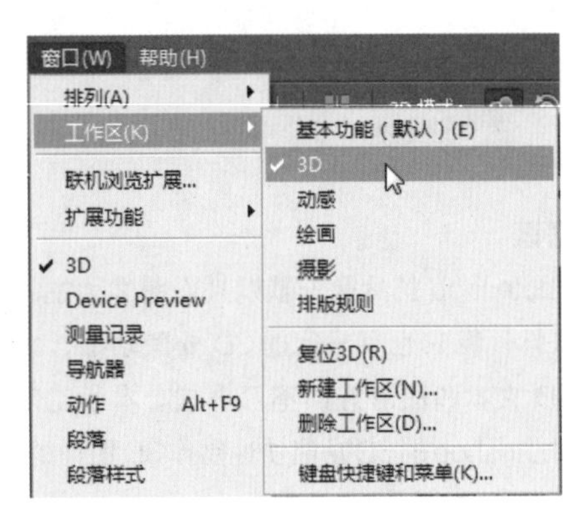

图 15-3　选择 3D 命令

15.1.2 3D 功能介绍

Photoshop CC 使用户能够设定 3D 模型的位置，并将其制成动画效果，还可以为 3D 模型添加纹理和光照，最后对 3D 模型进行渲染。一个完整的 3D 文件通常包含网格、材质、光源等组件。

1. 网格

网格提供 3D 模型的底层结构。通常，网格看起来是由成千上万个单独的多边形框架结构组成的线框。一个 3D 模型通常至少包含一个网格。在 Photoshop 中，用户可以在多种渲染模式下查看网格，还可以分别对每个网格进行操作。

如果无法修改网格中实际的多边形，则可以更改其方向，并且可以通过沿不同坐标进行缩放来变换其形状。用户还可以通过使用预先提供的形状来转换现有的 2D 图层，

创建 3D 网格。在 3D 面板中单击【网格】按钮，在打开的 3D 面板中可以查看当前 3D 模型的网格信息，如图 15-4 所示。如图 15-5 所示为锥形网格的 3D 模型。

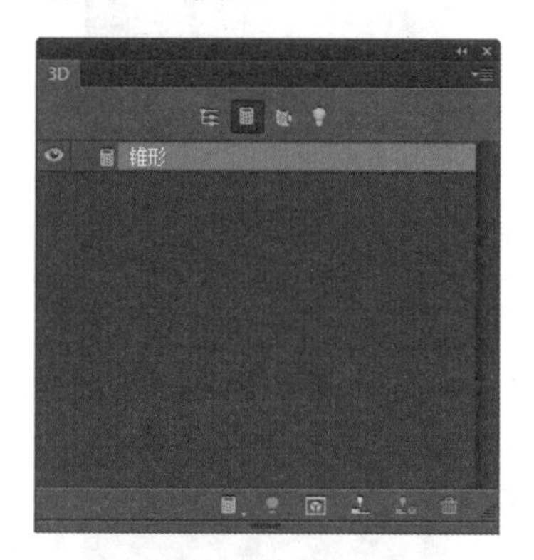

图 15-4　查看当前 3D 模型的网格信息

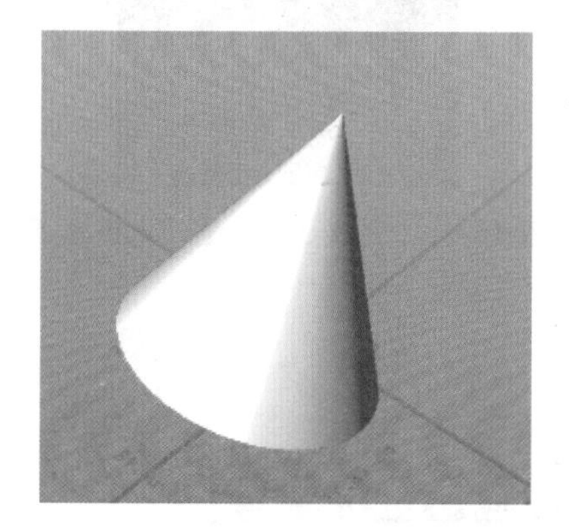

图 15-5　锥形网格的 3D 模型

2. 材质

一个网格可具有一种或多种相关的材质，这些材质控制整个网格的外观或局部网格的外观。这些材质依次构建于被称为纹理映射的子组件，它们的积累效果可创建材质的外观。纹理映射本身就是一种 2D 图像文件，它可以产生各种品质，如颜色、图案、反光度或崎岖度。

在 3D 面板中单击【材质】按钮，如图 15-6 所示，即可在【属性】面板中对材质进行编辑操作，如漫射、镜像、发光等，如图 15-7 所示。设置完毕后，返回到图像文件中，可以看到添加材质之后的 3D 模型显示效果，如图 15-8 所示。

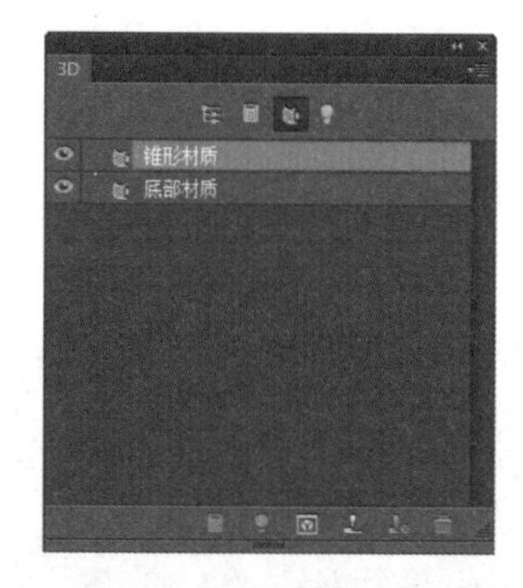

图 15-6　单击【材质】按钮

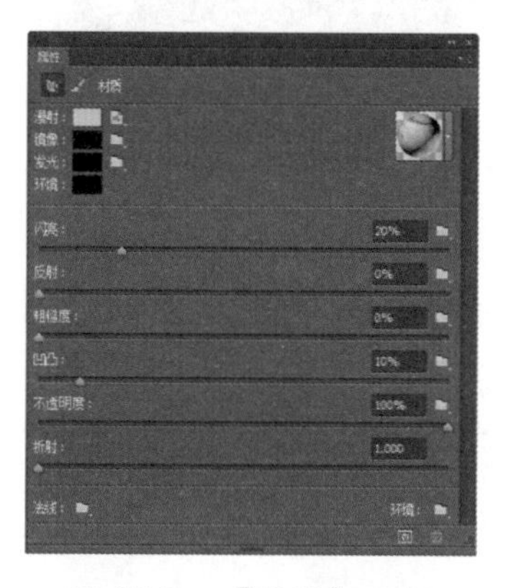

图 15-7　【属性】面板

图 15-8　添加材质后的 3D 模型

3. 光源

光源类型包括无限光、点测光、点光以及环绕场景的基于图像的光，用户可以移动和调整现有光照的颜色和强度，并且可以将新光照添加到 3D 场景中。在 3D 面板中单击底部的【光源】按钮，在弹出的下

拉列表中通过选择不同的光源类型，可以新建光源。例如这里选择【新建聚光灯】选项，如图 15-9 所示，即可为 3D 模型添加聚光灯，如图 15-10 所示。调整聚光灯的位置，即可更改 3D 模型的光照效果，如图 15-11 所示。

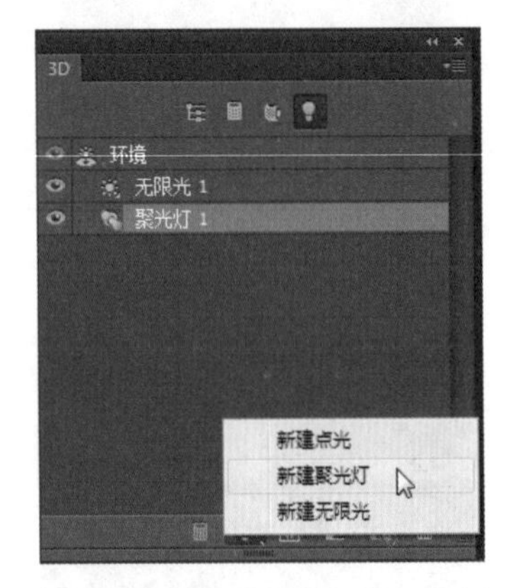

图 15-9　选择【新建聚光灯】选项

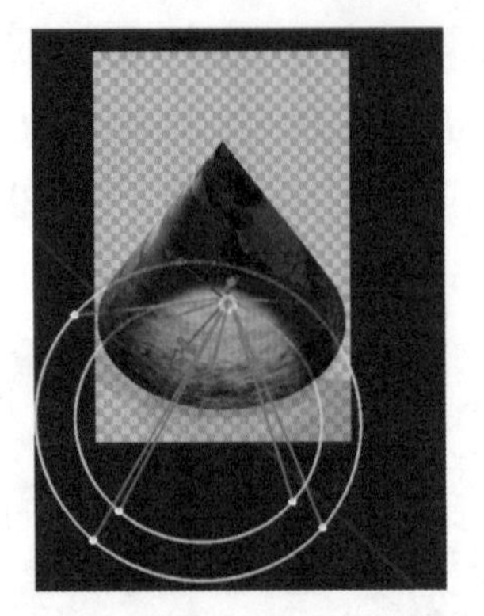

图 15-10　为 3D 模型添加聚光灯

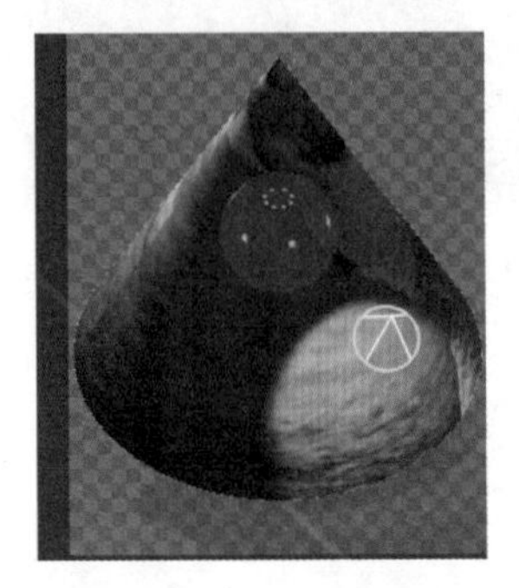

图 15-11　更改 3D 模型的光照效果

15.2 使用网格预设创建3D模型

Photoshop 为用户提供了多种预设网格效果，通过这些网格预设可以轻松创建 3D 模型，如锥形、立体环绕、圆柱体、环形等。创建 3D 模型后，可以在 3D 空间移动它、更改渲染设置、添加光源或将其与其他 3D 图层合并。

15.2.1 创建锥形

使用网格预设中的锥形可以轻松创建锥形 3D 模型，具体的操作步骤如下。

步骤 1 打开随书光盘中的“素材\ch15\01.jpg”文件，如图 15-12 所示。

图 15-12　素材文件

步骤 2 选择 3D →【从图层新建网格】→【网格预设】→【锥形】命令，如图 15-13 所示。

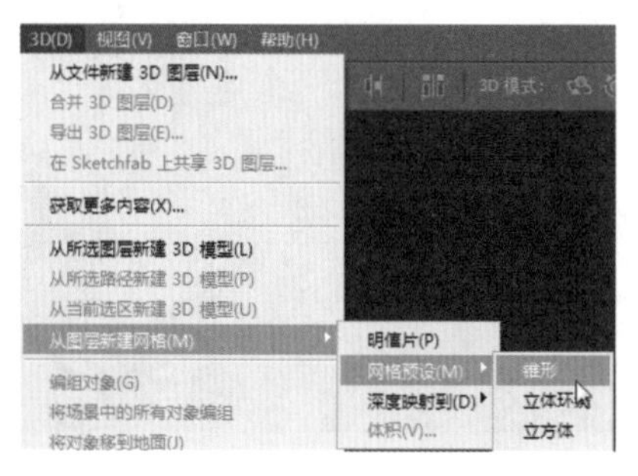

图 15-13　选择【锥形】命令

步骤 3 返回到图像文件中，即可看到 Photoshop 的工作环境进入 3D 模式中，并且图像转换为了锥形，如图 15-14 所示。

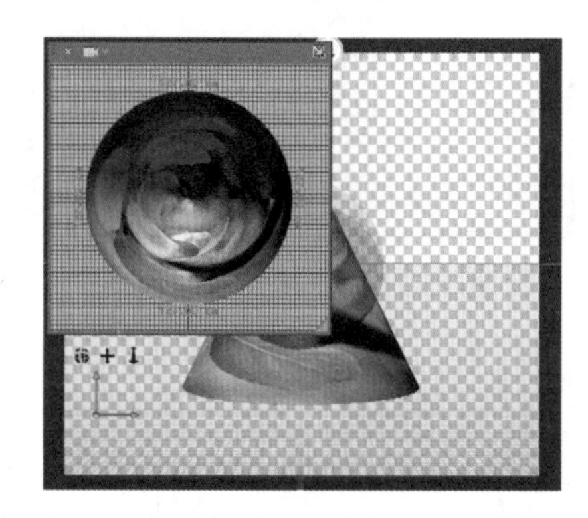

图 15-14　图像转换为了锥形

步骤 4 单击图像中左上角视图模式中的【关闭】按钮，关闭视图模式，选择工具箱中的移动工具，然后单击工具栏中 3D 模式后的【环绕移动 3D 相机】按钮，如图 15-15 所示。

3D 模式：

图 15-15　单击【环绕移动 3D 相机】按钮

步骤 5 返回到锥形图像工作环境中，鼠标指针变成形状，按下鼠标左键，拖动鼠标，即可环绕移动 3D 相机，更改锥形的显示角度，如图 15-16 所示。

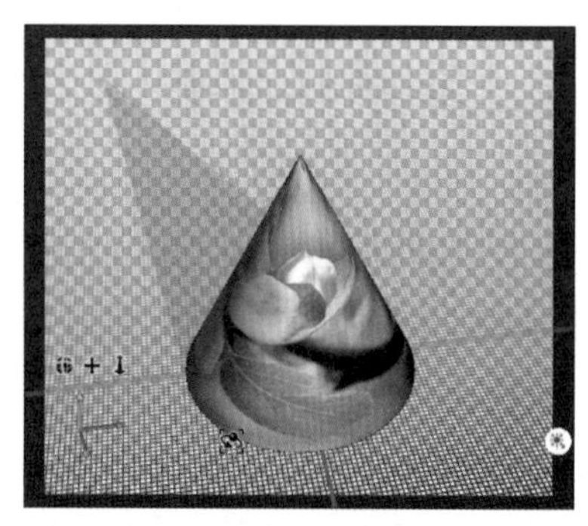

图 15-16　更改锥形的显示角度

15.2.2 创建立体环绕

使用立体环绕可以创建立体环绕 3D 模型，并且将 2D 图层作为立体环绕模型各个面板的材质。下面介绍创建立体环绕 3D 模型的操作步骤。

步骤 1 打开随书光盘中的“素材\ch15\02.jpg”文件，如图 15-17 所示。

图 15-17　素材文件

步骤 2 选择 3D →【从图层新建网格】→【网格预设】→【立体环绕】命令，进入 3D 工作界面，2D 图像变换成立体环绕模型，如图 15-18 所示。

图 15-18　创建立体环绕 3D 模型

15.2.3 创建立方体

创建立方体 3D 模型的方法是：打开随书光盘中的“素材\ch15\02.jpg”文件，选择 3D →【从图层新建网格】→【网格预设】→【立方体】命令，进入 3D 工作界面，2D 图像变换成立方体模型，如图 15-19 所示。在 3D 面板中可以查看当前 3D 模型的场景，如图 15-20 所示。

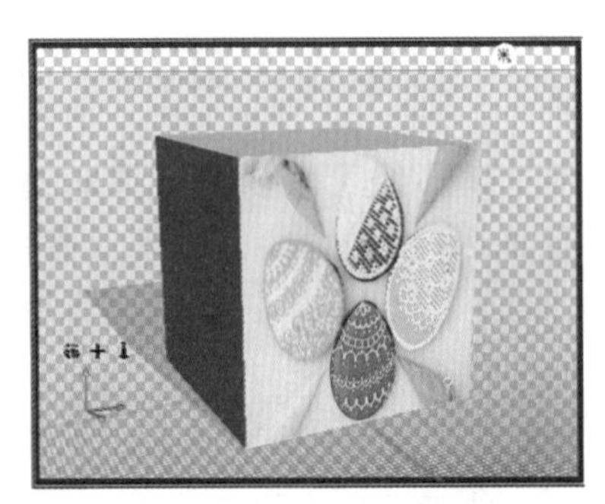

图 15-19　创建立方体 3D 模型

图 15-20　查看当前 3D 模型的场景

15.2.4 创建圆柱体

圆柱体模型的应用非常广泛，使用 Photoshop 可以轻松制作圆柱体模型，具体的操作步骤如下。

步骤 1 打开随书光盘中的“素材\ch15\03.jpg”文件，如图 15-21 所示。

步骤 2 选择 3D →【从图层新建网格】→【网格预设】→【圆柱体】命令，进入 3D 工作界面，2D 图像变换成圆柱体模型，如图 15-22 所示。

图 15-21　素材文件

图 15-22　创建圆柱体模型

15.2.5 创建圆环

使用 Photoshop 制作圆环的操作步骤如下。

步骤 1 打开随书光盘中的“素材\ch15\04.jpg”文件，如图 15-23 所示。

图 15-23　素材文件

步骤 2 选择 3D →【从图层新建网格】→【网格预设】→【圆环】命令，进入 3D 工作界面，2D 图像变换成圆环模型，如图 15-24 所示。

图 15-24　创建圆环模型

15.2.6　创建帽体

使用 Photoshop 可以轻松制作帽子模型，具体的操作步骤如下。

步骤 1 打开随书光盘中的“素材 \ch15\05.jpg”文件，如图 15-25 所示。

图 15-25　素材文件

步骤 2 选择 3D →【从图层新建网格】→【网格预设】→【帽子】命令，进入 3D 工作界面，2D 图像变换成帽子模型，如图 15-26 所示。

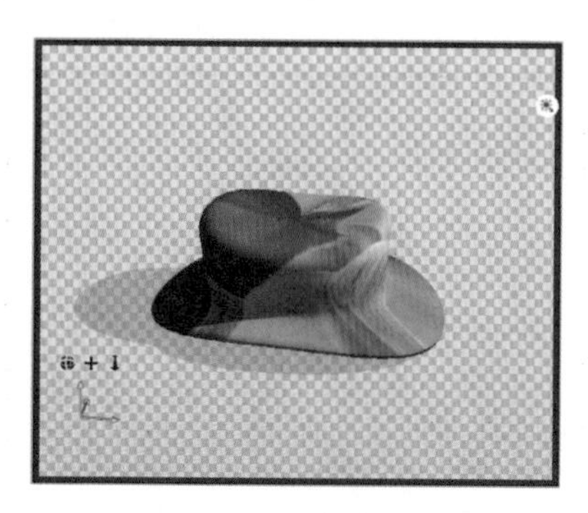

图 15-26　创建帽子模型

15.2.7　创建金字塔

使用 Photoshop 可以轻松制作金字塔模型，具体的操作步骤如下。

步骤 1 打开随书光盘中的“素材 \ch15\06.jpg”文件，如图 15-27 所示。

图 15-27　素材文件

步骤 2 选择 3D →【从图层新建网格】→【网格预设】→【金字塔】命令，进入 3D 工作界面，2D 图像变换成金字塔模型，如图 15-28 所示。

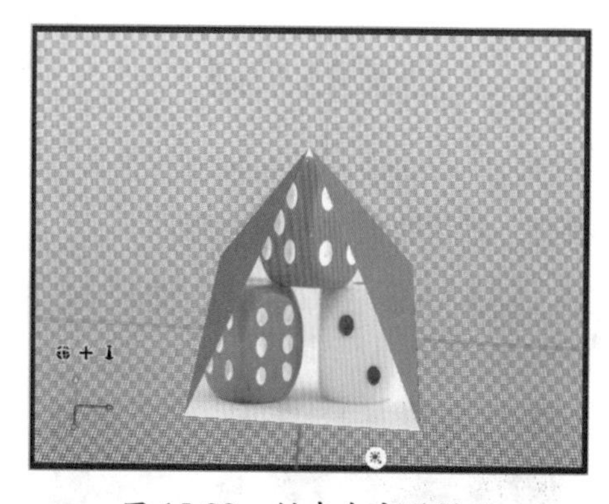

图 15-28　创建金字塔模型

15.2.8　创建环形

下面通过一个实例来介绍创建 3D 环形的具体操作步骤。

步骤 1 打开随书光盘中的“素材 \ch15\07.jpg”文件，如图 15-29 所示。

图 15-29 素材文件

步骤 2 选择 3D →【从图层新建网格】→【网格预设】→【环形】命令，进入 3D 工作界面，2D 图像变换成环形模型，如图 15-30 所示。

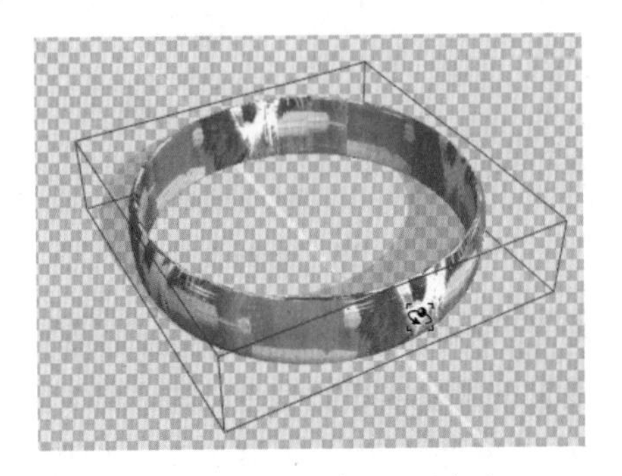

图 15-30 创建环形模型

15.2.9 创建易拉罐

使用 Photoshop 可以轻松制作汽水易拉罐 3D 模型，具体的操作步骤如下。

步骤 1 打开随书光盘中的“素材\ch15\08.jpg”文件，如图 15-31 所示。

图 15-31 素材文件

步骤 2 选择 3D →【从图层新建网格】→【网格预设】→【汽水】命令，进入 3D 工作界面，2D 图像变换成易拉罐模型，如图 15-32 所示。

图 15-32 创建汽水易拉罐模型

15.2.10 创建球体

下面通过一个实例来介绍创建球体 3D 模型的具体操作步骤。

步骤 1 打开随书光盘中的“素材\ch15\09.jpg”文件，如图 15-33 所示。

图 15-33 素材文件

步骤 2 选择 3D →【从图层新建网格】→【网格预设】→【球体】命令，进入 3D 工作界面，2D 图像变换成球体模型，如图 15-34 所示。

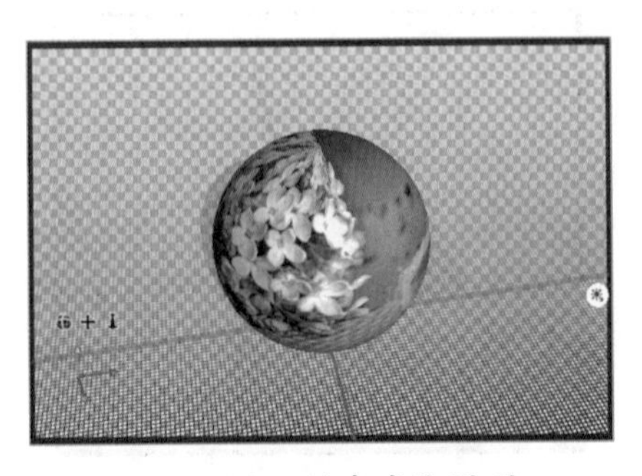

图 15-34 创建球体模型

15.2.11 创建球面全景

根据所选取的对象类型，最终得到的 3D 模型可以包含一个或多个网格，“球面全景”模型是映射 3D 球面内部的全景图像。

下面通过一个实例来介绍创建 3D 球面全景的具体操作步骤。

步骤 1 打开随书光盘中的“素材 \ch15\10.jpg”文件，如图 15-35 所示。

步骤 2 选择 3D →【从图层新建网格】→【网格预设】→【球面全景】命令，进入 3D 工作界面，2D 图像变换成球面全景模型，如图 15-36 所示。

图 15-35　素材文件

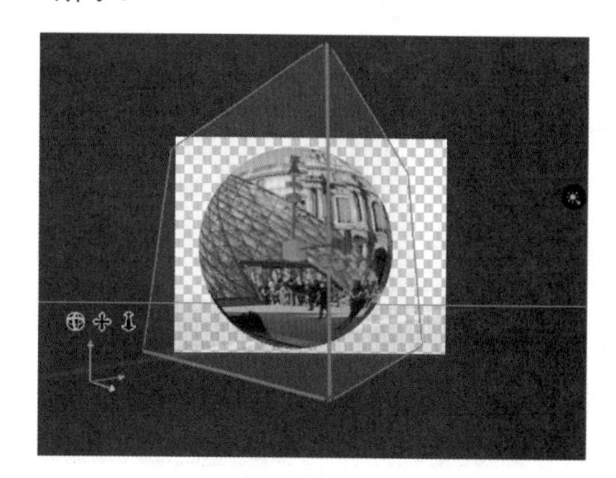

图 15-36　创建球面全景模型

15.2.12 创建酒瓶

在制作酒类广告时，可以使用 Photoshop 创建酒瓶模型，具体的操作步骤如下。

步骤 1 打开随书光盘中的“素材 \ch15\11.jpg”文件，如图 15-37 所示。

步骤 2 选择 3D →【从图层新建网格】→【网格预设】→【酒瓶】命令，进入 3D 工作界面，2D 图像变换成酒瓶模型，如图 15-38 所示。

图 15-37　素材文件

图 15-38　创建酒瓶模型

15.3 使用深度映射到创建3D模型

使用【深度映射到】命令可将图像转换为深度映射，从而将明度值转换为深度不一的表面，较亮的值生成表面上凸起的区域，较暗的值生成凹下的区域。

15.3.1 认识【深度映射到】命令

选择 3D →【从图层新建网格】→【深度映射到】命令，可以选择想要创建的 3D 网格，包括平面、双面平面、圆柱体和球体，如图 15-39 所示。

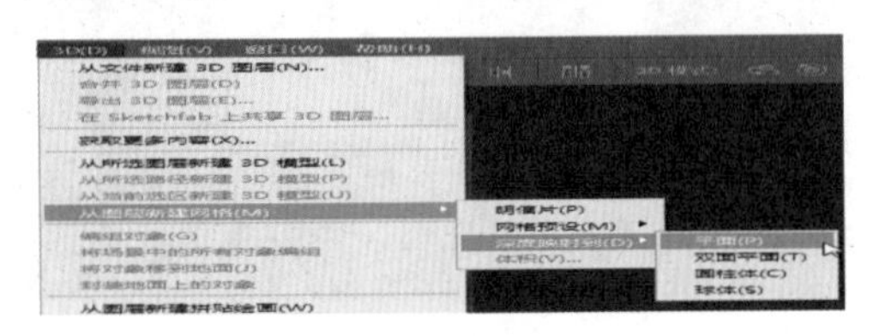

图 15-39　选择要创建的 3D 网格

(1)　【平面】：将深度映射数据应用于平面表面。

(2)　【双面平面】：创建两个沿中心轴对称的平面，并将深度映射数据应用于两个平面。

(3)　【圆柱体】：从垂直轴中心向外应用深度映射数据。

(4)　【球体】：从中心点向外呈放射状地应用深度映射数据。

15.3.2 使用【深度映射到】命令

下面通过一个实例来介绍使用【深度映射到】命令创建 3D 模型的操作步骤。

步骤 1 打开随书光盘中的“素材\ch15\12.jpg”文件，如图 15-40 所示。

步骤 2 选择 3D →【从图层新建网格】→【深度映射到】→【平面】命令，然后使用 3D 旋转工具可查看制作的平面 3D 模型，如图 15-41 所示。

图 15-40　素材文件

图 15-41　平面 3D 模型

步骤 3 如果选择 3D →【从图层新建网格】→【深度映射到】→【双面平面】命令，然后使用 3D 旋转工具可查看制作的双面平面 3D 模型，如图 15-42 所示。

图 15-42　双面平面 3D 模型

步骤 4 如果选择 3D→【从图层新建网格】→【深度映射到】→【圆柱体】命令，然后使用 3D 旋转工具可查看制作的圆柱体 3D 模型，如图 15-43 所示。

图 15-43　圆柱体 3D 模型

步骤 5 如果选择 3D→【从图层新建网格】→【深度映射到】→【球体】命令，然后使用 3D 旋转工具可查看制作的球体 3D 模型，如图 15-44 所示。

图 15-44　球体 3D 模型

15.4 使用所选对象创建3D模型

除使用【网格预设】与【深度映射到】命令来创建 3D 模型外，用户还可以使用所选对象来创建 3D 模型，包括从所选图层、从所选路径和从当前选区新建 3D 模型三种。

15.4.1 从所选图层新建 3D 模型

将 2D 图层转换成 3D 图层的方法是选择 3D→【从所选图层新建 3D 模型】命令。如果当前 2D 图层是文本图层的话，则还可以选择【文字】→【创建 3D 文字】命令或者在文字工具的选项栏中单击 3D 按钮。创建 3D 模型后，Photoshop 会自动进入 3D 场景界面，同时右侧会自动弹出 3D 面板。

使用所选图层新建 3D 模型的操作步骤如下。

步骤 1 选择【文件】→【新建】命令，打开【新建】对话框，在其中设置文件的名称、高度、宽度等参数，如图 15-45 所示。

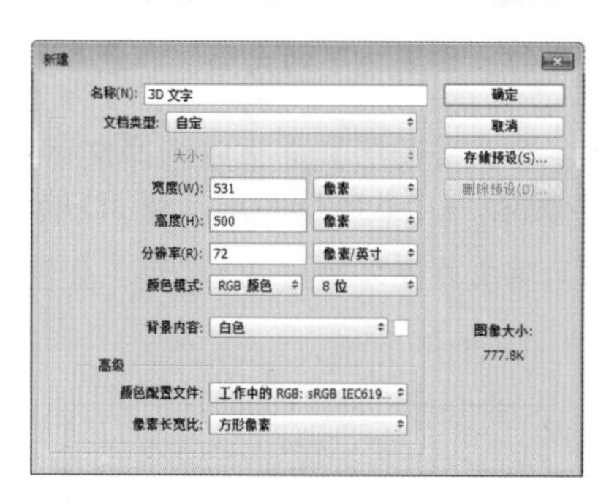

图 15-45　【新建】对话框

步骤 2 单击【确定】按钮，即可新建一个空白文档，如图 15-46 所示。

图 15-46　新建一个空白文档

步骤 3 单击工具箱中的【横排文字工具】按钮，在空白文档中输入文字，如图 15-47 所示。

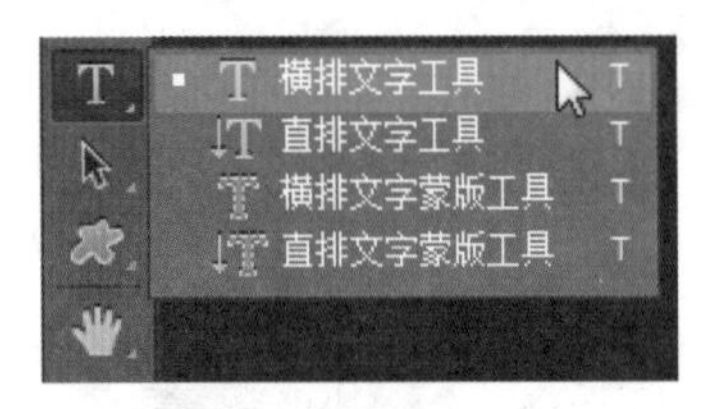

图 15-47　选择横排文字工具

步骤 4 设置文字的大小、颜色、字体样式等，使文字以较大较粗的方式显示，如图 15-48 所示。

图 15-48　设置文字的大小、颜色和样式

步骤 5 在【图层】面板中选择文字图层，然后选择 3D →【从所选图层新建 3D 模型】命令，即可将文本图层生成 3D 模型，如图 15-49 所示。

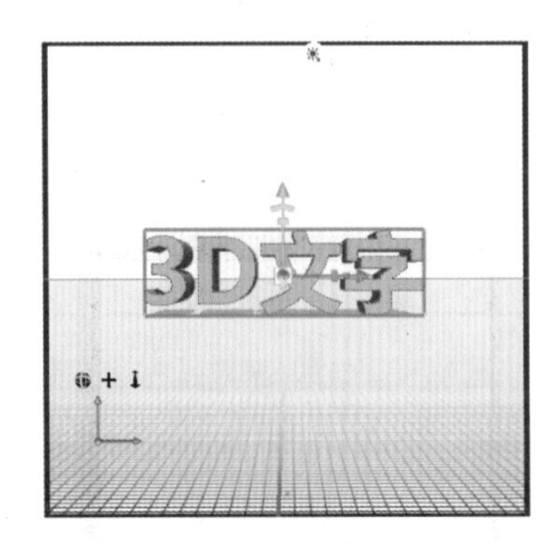

图 15-49　将文本图层生成 3D 模型

步骤 6 调整 3D 模型的位置与放置角度，即可得到最终的 3D 文字样式，如图 15-50 所示。

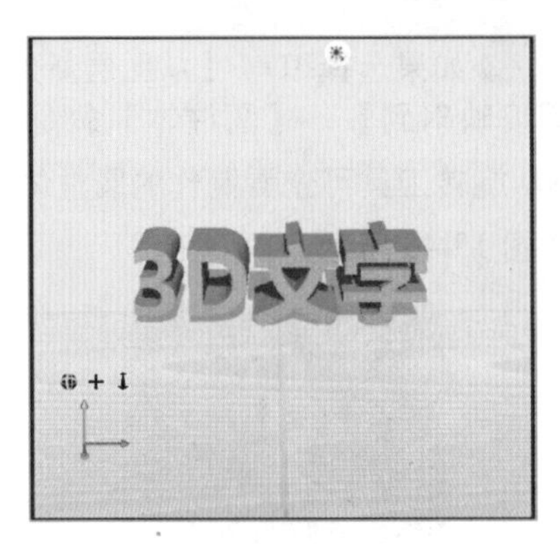

图 15-50　最终效果

15.4.2 从所选路径新建 3D 模型

在 Photoshop 中，可以使用所选路径新建 3D 模型。操作方法很简单，只需要选择 3D →【从所选路径新建 3D 模型】命令或者直接在路径上右击，从弹出的快捷菜单中选择【将路径转换为凸出】命令即可。

使用所选路径新建 3D 模型的操作步骤如下。

步骤 1 新建一个空白文档，然后使用钢笔工具或者自定义形状工具在文档中绘制形状，如这里绘制一个心形，如图 15-51 所示。

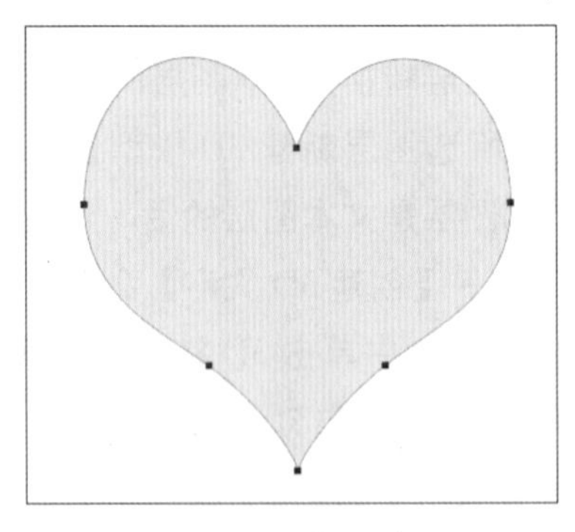

图 15-51　绘制一个心形

步骤 2 选择 3D →【从所选路径新建 3D 模型】命令，即可将路径生成 3D 模型，如图 15-52 所示。

步骤 3 调整 3D 模型的位置与放置角度，即可得到最终的 3D 模型样式，如图 15-53 所示。

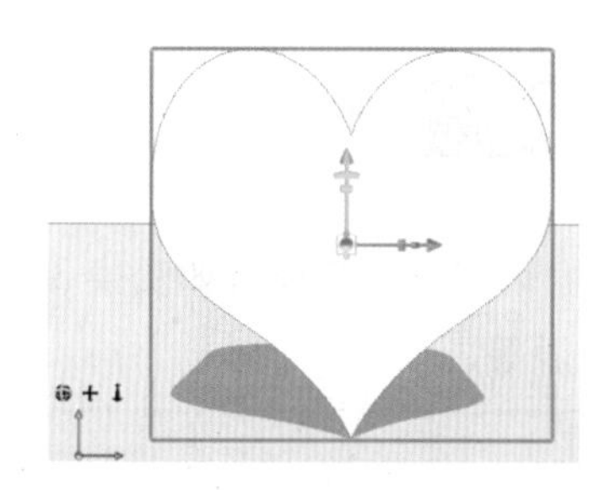

图 15-52　将路径生成 3D 模型

图 15-53　最终效果

15.4.3 从当前选区新建 3D 模型

如果在除了调整图层和透明图层之外的其他类型的图层中包含一个或数个选区，则可以选择 3D →【从当前选区新建 3D 模型】命令，或者选择【选择】→【新建 3D 模型】命令，就可以将选区内的 2D 对象转换为 3D 模型了。

使用从当前选区新建 3D 模型的操作步骤如下。

步骤 1 打开随书光盘中的“素材\ch15\13.jpg”文件，如图 15-54 所示。

图 15-54　素材文件

步骤 2 使用工具箱中的魔棒工具将图像中的绿色图案范围选择出来，如图 15-55 所示。

图 15-55　创建选区选择图案

步骤 3 选择 3D →【从当前选区新建 3D 模型】命令，即可将其转换成 3D 对象，如图 15-56 所示。

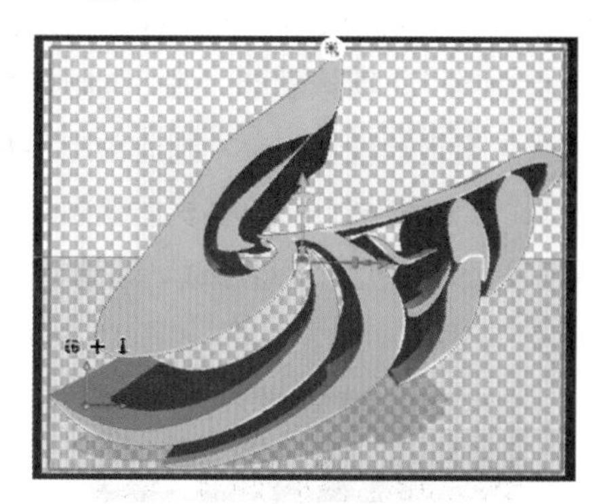

图 15-56　转换成 3D 对象

步骤 4 使用鼠标直接在 3D 场景中拖曳即可变换 3D 场景中的摄像机角度，从而可以从各个角度观察 3D 对象，如图 15-57 所示。

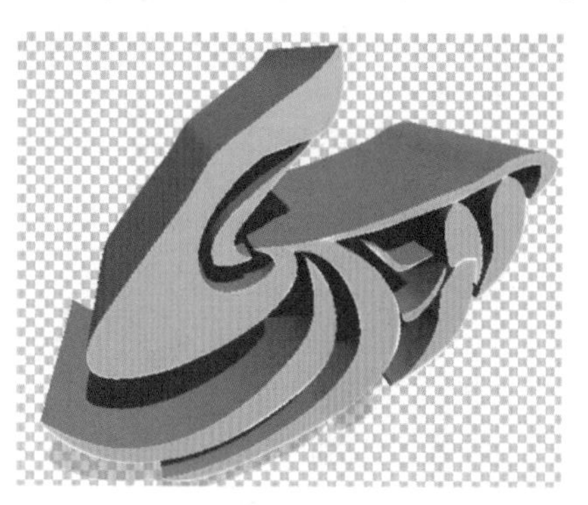

图 15-57　变换角度以观察对象

15.5 3D模型的编辑与设置

3D 模型创建完毕后，用户还可以对 3D 模型进行编辑与设置操作，如变换 3D 模型的位置、编辑 3D 模型的样式、设置 3D 模型的材质与光源等。

15.5.1 变换 3D 模型的位置

使用 3D 模式工具可以变换 3D 模型，变换 3D 模型的方法有 3 种：一种是通过变换相机的位置变换 3D 模型，一种是通过变换 3D 模型对象来变换 3D 模型，一种是通过 3D 模型控件来变换 3D 模型。下面分别进行介绍。

1. 通过变换相机变换 3D 模型

选择某个 3D 图层后，再选择移动工具，此时就会激活 3D 场景状态。在 3D 场景状态下，如果没有选择任何对象，则此时选项栏中的 3D 模式工具就是针对 3D 相机的变换工具，它们分别是 3D 相机的环绕移动、滚动、平移、滑动和变焦 3D 相机 5 个工具，如图 15-58 所示。

图 15-58　5 个 3D 相机的变换工具

单击【环绕移动 3D 相机】按钮，然后将鼠标指针放置在 3D 场景中，按下鼠标左键，拖动鼠标，即可环绕移动 3D 相机，进而变换 3D 模型的显示状态，如图 15-59 所示。

图 15-59　环绕移动 3D 相机

单击【滚动 3D 相机】按钮，然后将鼠标指针放置在 3D 场景中，按下鼠标左键，拖动鼠标，即可滚动 3D 相机，进而变换 3D 模型的显示状态，如图 15-60 所示。

图 15-60　滚动 3D 相机

单击【平移 3D 相机】按钮，然后将鼠标指针放置在 3D 场景中，按下鼠标左键，拖动鼠标，即可平移 3D 相机，进而变换 3D 模型的显示状态，如图 15-61 所示。

图 15-61　平移 3D 相机

单击【滑动 3D 相机】按钮，然后将鼠标指针放置在 3D 场景中，按下鼠标左键，拖动鼠标，即可滑动 3D 相机，进而变换 3D 模型的显示状态，如图 15-62 所示。

图 15-62　滑动 3D 相机

单击【变焦 3D 相机】按钮，然后将鼠标指针放置在 3D 场景中，按下鼠标左键，拖动鼠标，即可变焦 3D 相机，进而变换 3D 模型的显示状态，如图 15-63 所示。

图 15-63　变焦 3D 相机

注意　在变换 3D 相机的过程中，3D 模型对象的大小和位置并没有发生改变，只是用户的视角发生了改变，进而变换了 3D 模型的显示状态。

2. 通过变换 3D 模型对象变换 3D 模型

在 3D 场景状态下，如果选择某个 3D 模型，则此时选项栏中的 3D 模式工具就是针对 3D 模型的变换工具，它们分别是旋转 3D 对象、滚动 3D 对象、拖动 3D 对象、滑动 3D 对象和缩放 3D 对象 5 个工具，如图 15-64 所示。

图 15-64　5 个 3D 对象的变换工具

另外，用户在变换 3D 模型时，更快捷的方法是直接使用 3D 模型上的变换控件。当用户选择 3D 模型后，在 3D 模型中就会自动出现移动、旋转和缩放的变换控件，如图 15-65 所示。如果没有这些控件的话，则可以选择【视图】→【显示】→【3D 选区】命令将其显示出来，如图 15-66 所示。

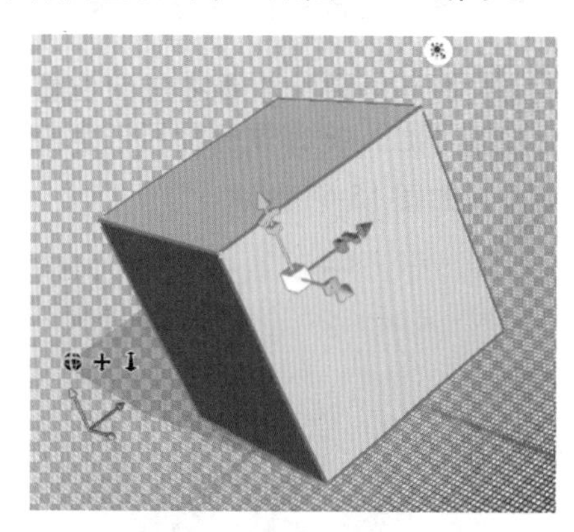

图 15-65　显示出变换控件

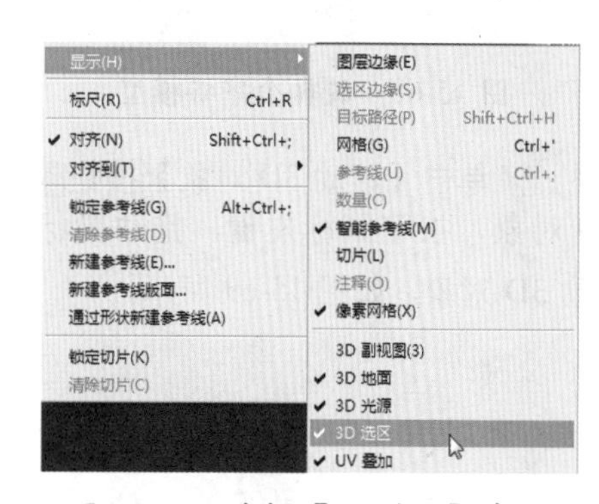

图 15-66　选择【3D 选区】命令

在 3D 变换控件中，红色代表沿着 X 轴变换，绿色代表沿着 Y 轴变换，蓝色代表沿着 Z 轴变换。

使用 3D 模式工具变换 3D 对象的操作步骤如下。

步骤 1 打开随书光盘中的“素材\ch15\金字塔.psd”文件，在移动工具的选项栏中单击【旋转 3D 对象】按钮，在场景中的金字塔上单击选中该模型，选中的模型会自动显示三色变换控件标志，如图 15-67 所示。

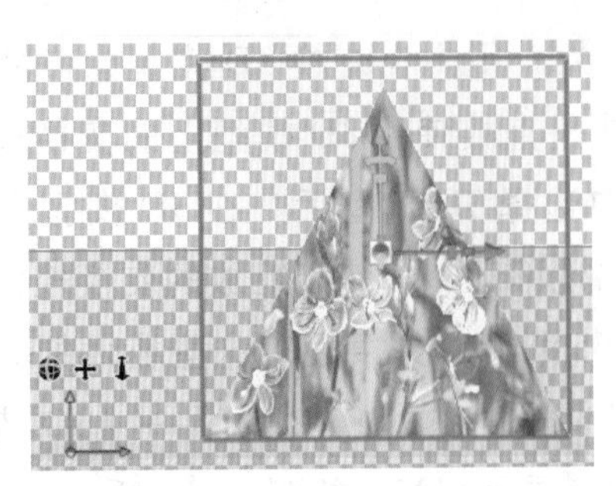

图 15-67　显示三色变换控件标志

步骤 2 将鼠标指针放置在任何位置并按下鼠标左键不放，拖曳鼠标即可任意旋转金字塔模型，如图 15-68 所示。

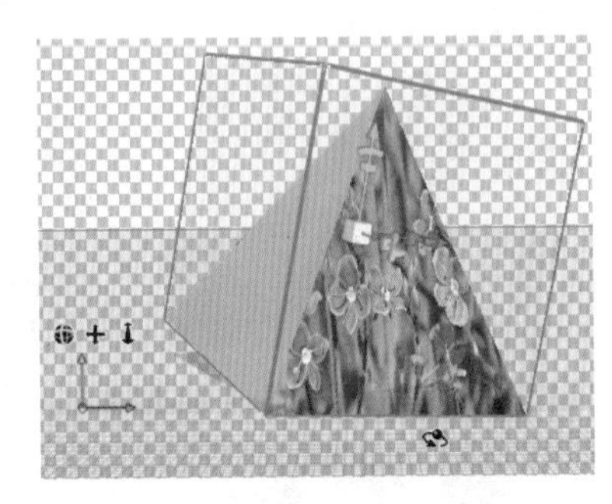

图 15-68　旋转金字塔模型

步骤 3 单击【滚动 3D 对象】按钮，选中 3D 对象，按下鼠标左键，拖动鼠标，即可滚动 3D 对象，如图 15-69 所示。

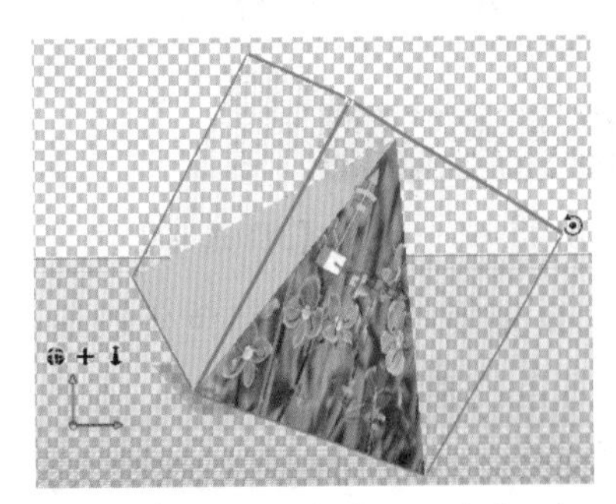

图 15-69　滚动 3D 对象

步骤 4 单击【拖动 3D 对象】按钮，选中 3D 对象，按下鼠标左键，拖动鼠标，即可拖动 3D 对象，如图 15-70 所示。

步骤 5 单击【滑动 3D 对象】按钮，选中 3D 对象，按下鼠标左键，拖动鼠标，即可滑动 3D 对象，如图 15-71 所示。

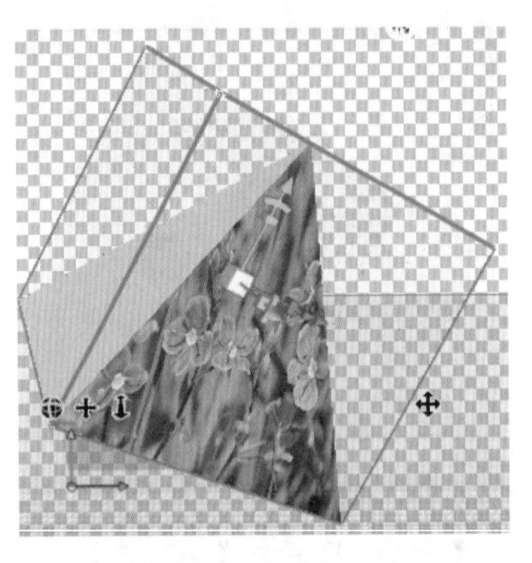

图 15-70　拖动 3D 对象

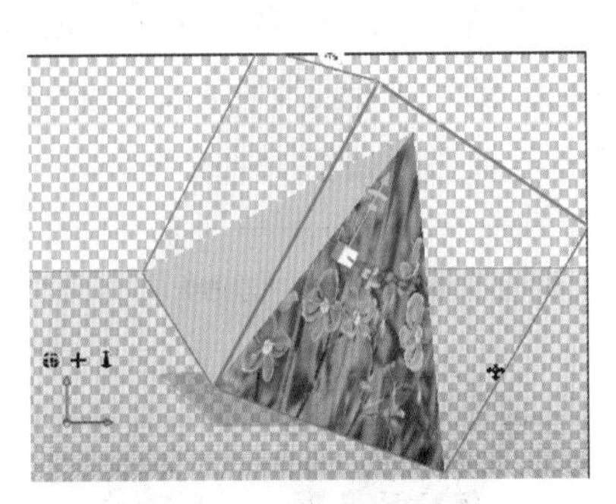

图 15-71　滑动 3D 对象

步骤 6 单击【缩放 3D 对象】按钮，选中 3D 对象，按下鼠标左键，拖动鼠标，即可缩放 3D 对象，如图 15-72 所示。

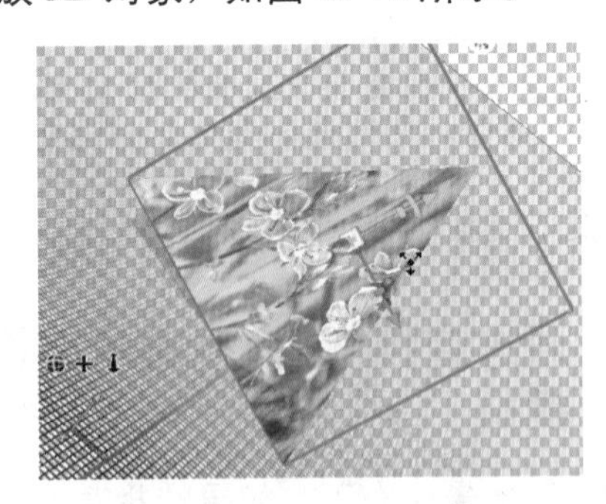

图 15-72　缩放 3D 对象

3. 通过 3D 模型控件变换 3D 模型

使用 3D 模型上显示的变换控件可以对 3D 模型进行移动、旋转和缩放等变换操作，具体的操作步骤如下。

步骤 1 选择移动工具，将鼠标指针放置

在 3D 模型对象的三个轴向中任意一个轴向的箭头处，按下鼠标左键，并拖曳鼠标，即可沿着该轴向移动模型。如图 15-73 所示为沿着 X 轴移动 3D 对象。

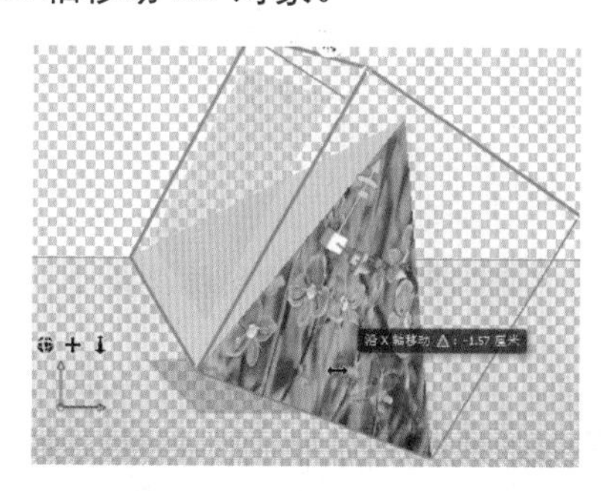

图 15-73　沿着 X 轴移动 3D 对象

步骤 2 选择移动工具，将鼠标指针放置在 3D 对象的控件中心的立方体标志处，按下鼠标左键拖动鼠标，即可等比例缩放 3D 对象，如图 15-74 所示。

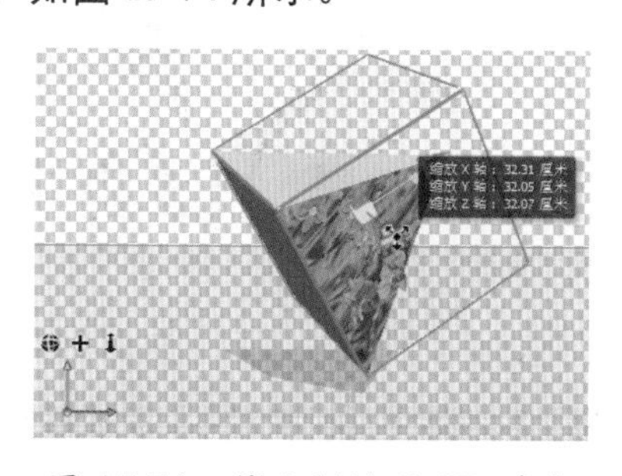

图 15-74　等比例缩放 3D 对象

步骤 3 选择移动工具，将鼠标指针放置在 3D 对象模型的三个轴向中任意一个轴向的立方体标志处，按下左键并拖曳鼠标即可沿着指定轴缩放模型，如图 15-75 所示。这种缩放是沿着某轴线非等比例缩放。

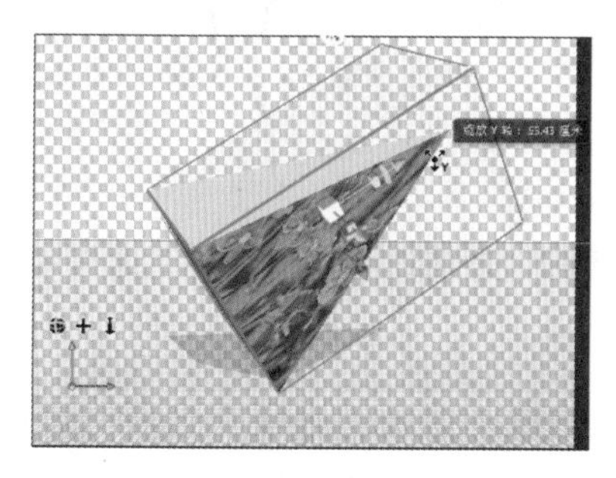

图 15-75　沿着指定轴缩放模型

15.5.2 编辑 3D 模型的样式

使用从所选图层、路径和选区而生成的 3D 对象可以看成是 3D 凸出模型，针对凸出模型，Photoshop 专门提供了修改选项参数，包括网格、变形和盖子 3 个选项。

1. 认识编辑命令

选择某个 3D 模型，在属性栏中可以看到相应的修改参数，包括网格、变形和盖子 3 个选项，如图 15-76 所示。

图 15-76　属性栏中的修改参数

另外，用户还可以直接在 3D 模型上右击，在弹出的快捷属性面板中选择并修改相应的参数，如图 15-77 所示。

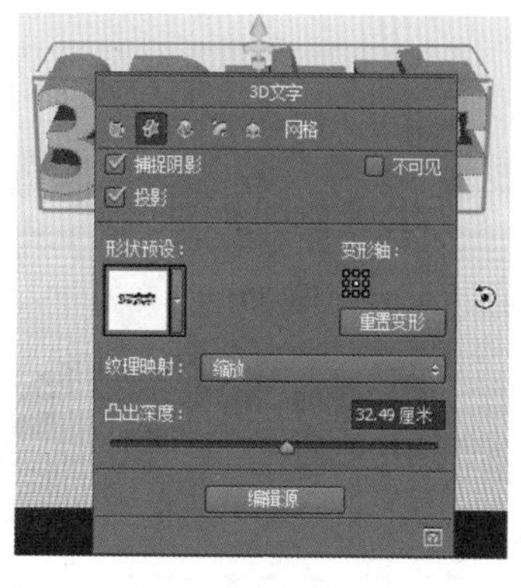

图 15-77　通过快捷属性面板修改参数

2. 网格编辑命令

在默认状态下，使用移动工具在 3D 模型上右击，从弹出的快捷属性面板中显示的就是【网格】选项卡，在该选项卡中，可以设置阴影是否显示以及形状预设和编辑源等选项。下面通过一个实例来介绍网格编辑命令的操作，具体的操作步骤如下。

步骤 1 新建一个空白文档，使用自定形状工具绘制出任意形状的路径，如图 15-78 所示。

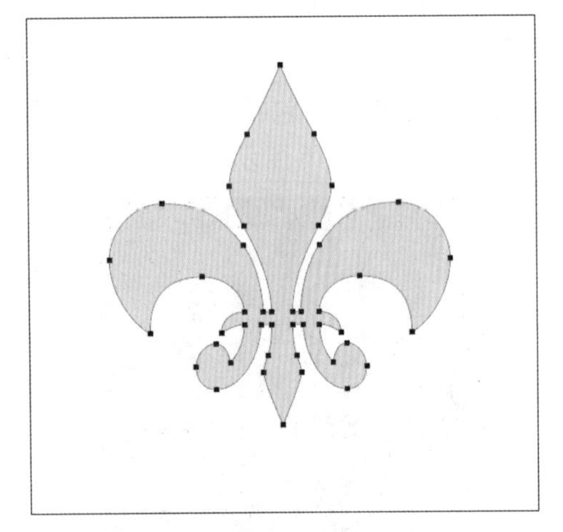

图 15-78 绘制任意形状的路径

步骤 2 使用路径选择工具在路径上右击，从弹出的快捷菜单中选择【将路径转换为凸出】命令，就可以将当前路径转换为 3D 模型，如图 15-79 所示。

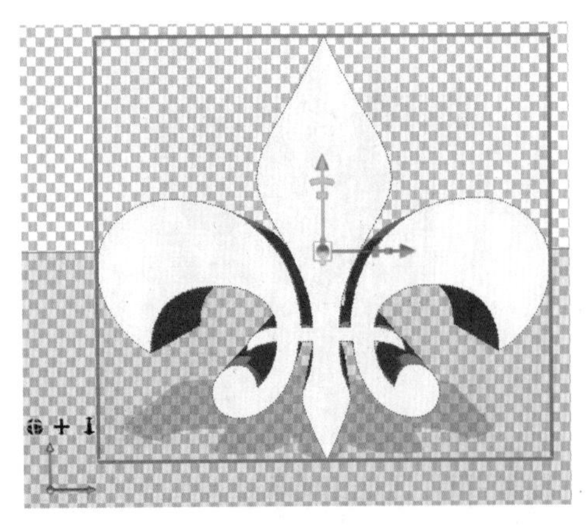

图 15-79 将当前路径转换为 3D 模型

步骤 3 使用 3D 模式工具中的【环绕移动 3D 相机】按钮调整当前的相机视角，如图 15-80 所示。

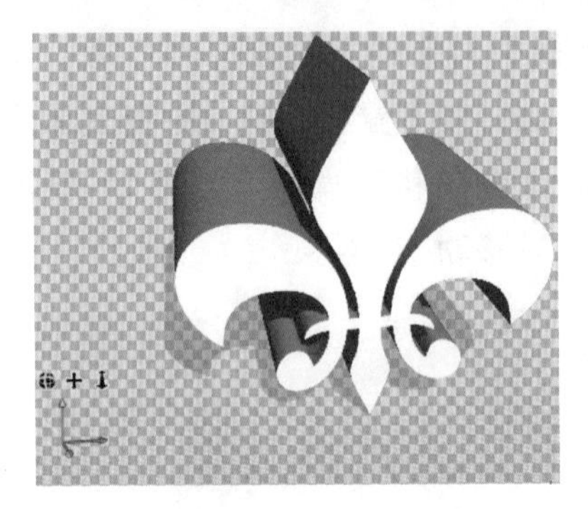

图 15-80 调整相机视角

步骤 4 使用移动工具在 3D 模型上右击，从弹出的快捷属性面板中取消选中【捕捉阴影】复选框，则 3D 模型上的阴影消失。此时，该模型表面不会接受其他任何模型投射的阴影，如图 15-81 所示。

图 15-81 取消选中【捕捉阴影】复选框的效果

步骤 5 取消选中【投影】复选框，则该模型不会投射自身的阴影，如图 15-82 所示。

图 15-82 取消选中【投影】复选框的效果

步骤 6 选中【不可见】复选框，将当前的模型隐藏，但是如果该模型有阴影，则不受该选项的影响，如图 15-83 所示。

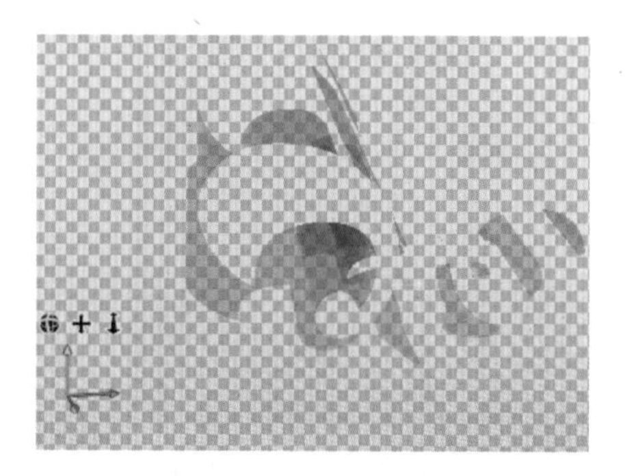

图 15-83　选中【不可见】复选框的效果

步骤 7 打开快捷属性面板，在【形状预设】列表中选择倒数第四个【向右 X 轴 180 度】选项，如图 15-84 所示。

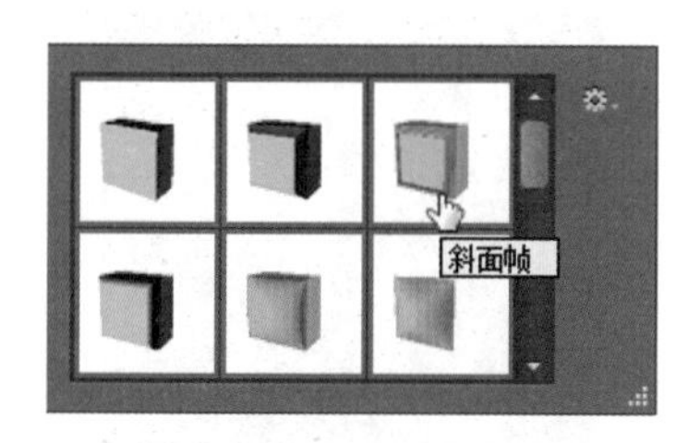

图 15-84　选择【向右 X 轴 180 度】选项

步骤 8 选择完毕后，现在的 3D 模型就会自动应用该形状预设，效果如图 15-85 所示。

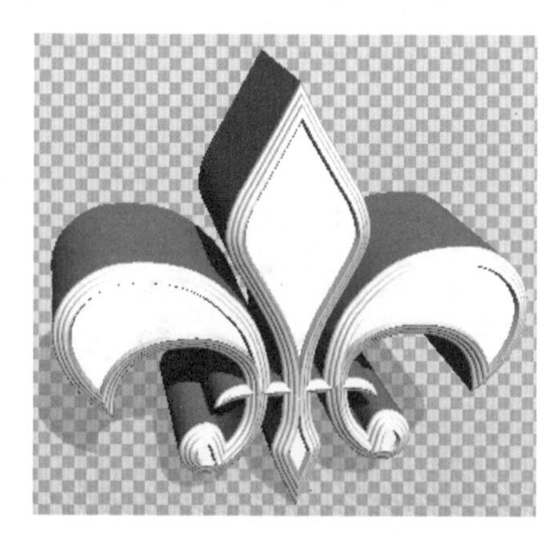

图 15-85　应用形状预设的效果

步骤 9 默认的变形轴在右侧居中的位置，可以单击变形轴的中心点位置，如图 15-86 所示。那么场景中 3D 模型就会立刻根据指定的变形轴位置发生改变，如图 15-87 所示。

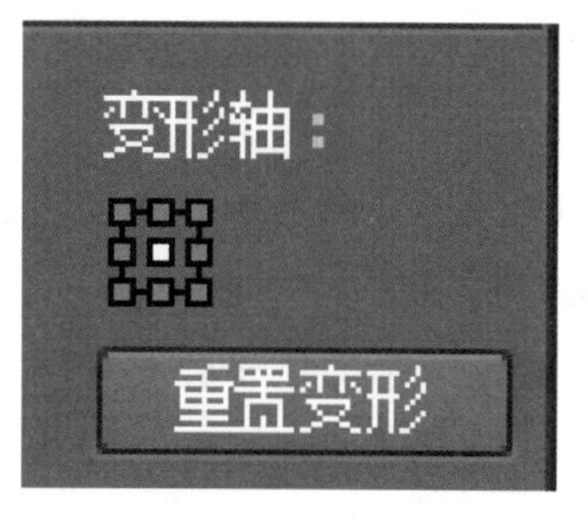

图 15-86　变形轴在右侧居中的位置

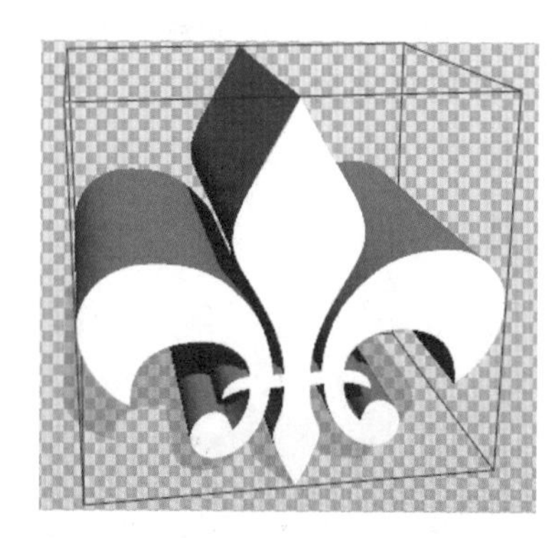

图 15-87　3D 模型根据变形轴位置发生改变

步骤 10 设置凸出深度。选择的预设形状存在默认的凸出深度，将该数值设置得越大，则当前的 3D 模型拉伸得就越长；如果将该数值设置为负数，则会按照相反的方向拉伸。如图 15-88 所示为凸出深度为 461.38 厘米的图像显示效果。

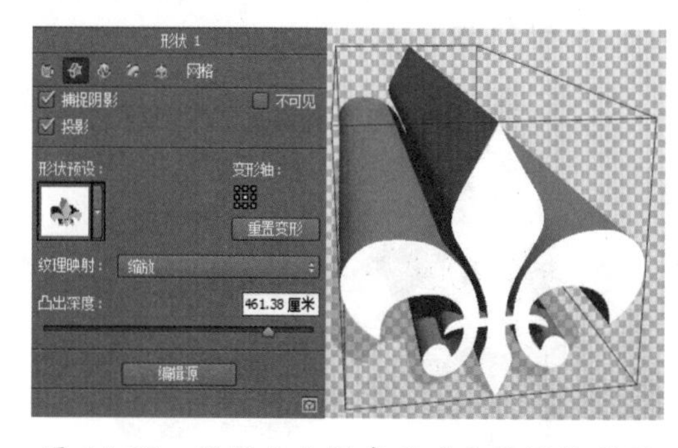

图 15-88　设置凸出深度及对应的图像效果

3. 变形编辑命令

【变形】选项卡和【网格】选项卡中的参数有许多是相同的，如【形状预设】、【变形轴】和【凸出深度】等，当然也有不同的参数。其中【扭转】可以控制沿凸出深度轴向旋转的大小，【锥形】则控制凸出深度末端锥形的大小，【弯曲】和【切边】则控制3D模型的变形方式。

下面通过一个实例来介绍如何借助【变形】选项卡来更改3D模型的形状，具体的操作步骤如下。

步骤 1 新建一个空白文档，使用自定形状工具绘制出任意形状的路径，如图15-89所示。

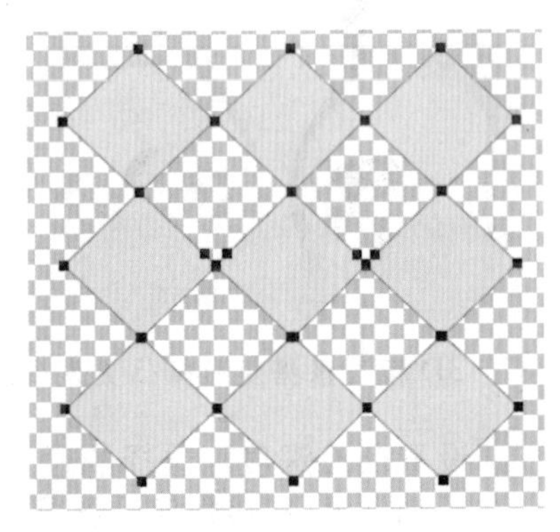

图 15-89　绘制任意形状的路径

步骤 2 使用路径选择工具在路径上右击，从弹出的快捷菜单中选择【将路径转换为凸出】命令，就可以将当前路径转换为3D模型，如图15-90所示。

图 15-90　将当前路径转换为3D模型

步骤 3 右击3D对象，在弹出的快捷属性面板中单击按钮切换到【变形】选项卡，将【凸出深度】设置为600厘米，如图15-91所示。

图 15-91　设置凸出深度

步骤 4 在快捷属性面板中将扭转角度设置为200度，如图15-92所示。如果将扭转角度设置为-200度，则按相反的方向扭转。

图 15-92　设置扭转角度

步骤 5 在快捷属性面板中将锥度设置为0，则凸出深度的末端变得最细，会成为一个尖状，如图15-93所示。

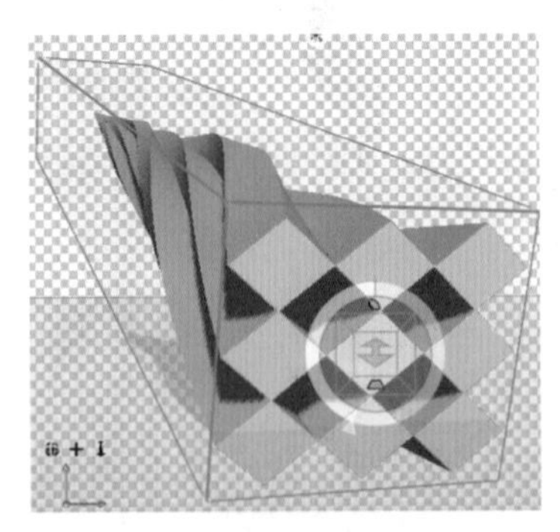

图 15-93　设置锥度后的图像效果

> **提示**　如果将锥度设置为大于100%，则凸出的末端位置会变得更粗，如图15-94所示。

步骤 6 将弯曲的【水平角度】和【垂直角度】都设置为360度，如图15-95所示。

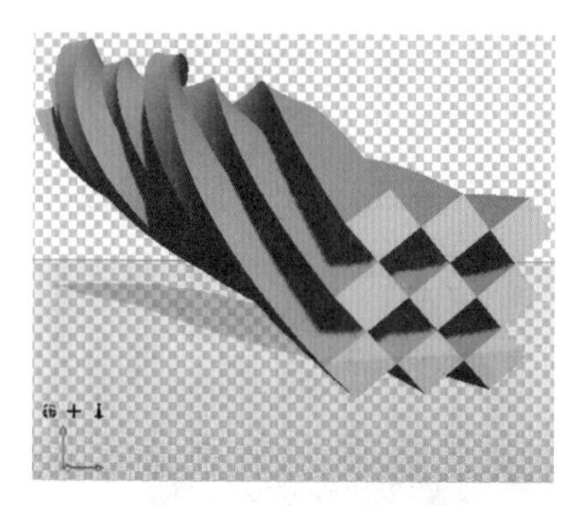

图 15-94　设置锥度大于 100% 的图像效果

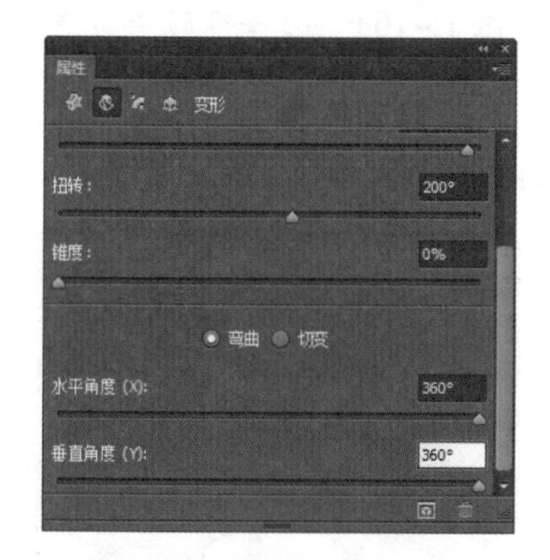

图 15-95　设置水平和垂直角度

步骤 7 返回到图像中，可以得到最终的图像显示效果，如图 15-96 所示。

图 15-96　最终效果

4. 盖子编辑命令

【盖子】选项卡中的参数可以用来设置 3D 凸出深度两端（包含顶端和底端）面的形状，包含边设置的范围、斜面大小、等高线以及膨胀等，如图 15-97 所示。从外观上看，使用该选项卡中的参数得到的 3D 模型有些类似于图层效果中的斜面和浮雕。

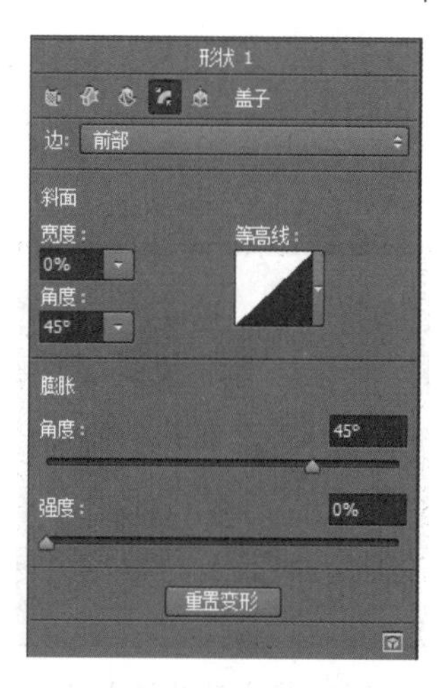

图 15-97　【盖子】选项卡中的参数

下面通过一个实例来介绍如何借助【盖子】选项卡给凸出的 3D 模型添加斜面效果，具体的操作步骤如下。

步骤 1 打开随书光盘中的“素材\ch15\14.jpg”文件，如图 15-98 所示。

图 15-98　素材文件

步骤 2 选择工具箱中的魔棒工具，单击图像中的蓝色，选择蓝色图案，如图 15-99 所示。

图 15-99　创建选区选择图案

步骤 3 选择 3D→【从当前选区新建 3D 模型】命令，即可将其转成 3D 对象，如图 15-100 所示。

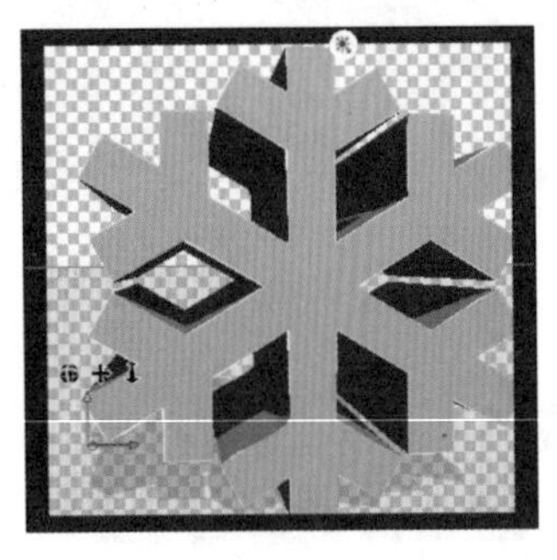

图 15-100　将选区转换成 3D 对象

步骤 4 右击 3D 对象，在弹出的快捷属性面板中单击【盖子】按钮，切换到该选项卡，然后将斜面【宽度】设置为 30%、【角度】为默认值，如图 15-101 所示。

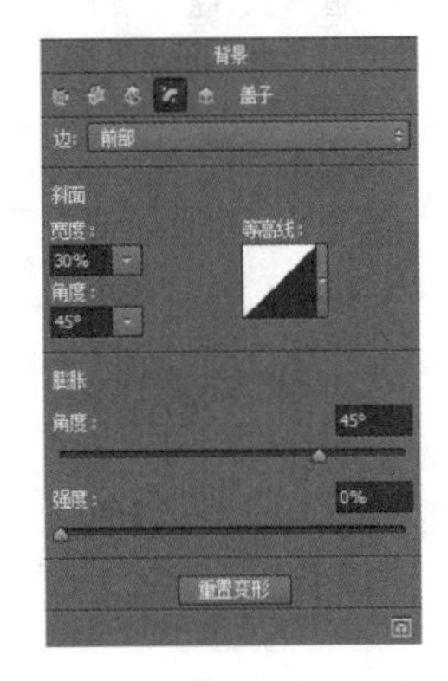

图 15-101　设置参数

步骤 5 返回到图像文件中，可以看到图案的两端与侧面的结合处添加了斜面效果，如图 15-102 所示。

图 15-102　对应的图像效果

步骤 6 在快捷属性面板中单击等高线右侧的按钮，在弹出的等高线预设列表中选择第二个锥形等高线，如图 15-103 所示。

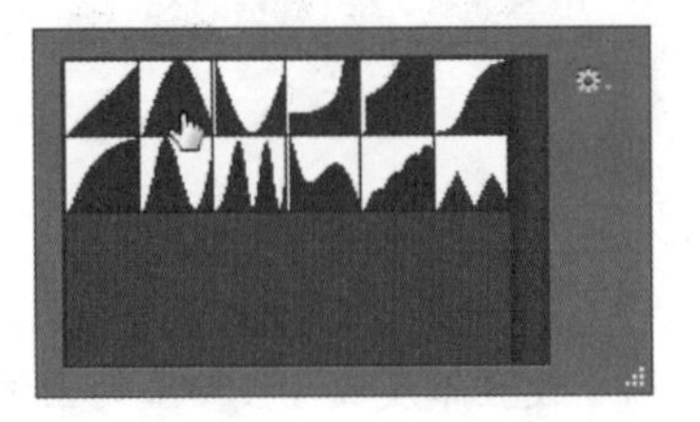

图 15-103　选择锥形等高线

步骤 7 返回到图像文件中，可以看到 3D 对象的斜面样式发生了改变，如图 15-104 所示。

图 15-104　3D 对象的斜面样式发生变化

步骤 8 在默认状态下，膨胀的角度为 45 度，但是强度为 0，所以膨胀不起作用。如果将强度设置为 15%，如图 15-105 所示。返回到图像文件中，可以看到模型的膨胀效果，如图 15-106 所示。

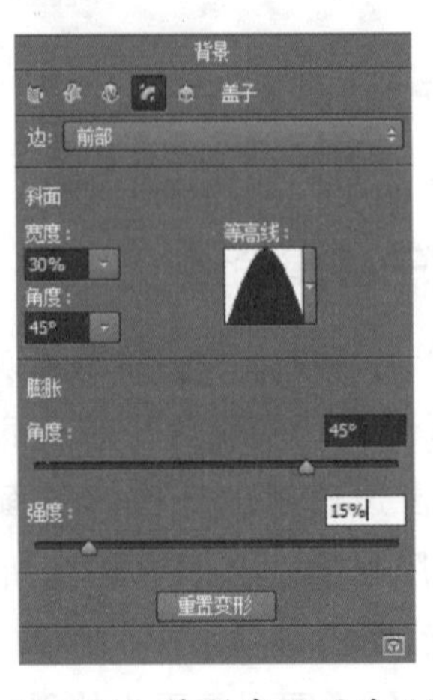

图 15-105　将强度设置为 15%

图 15-106　对应的图像效果

15.5.3 设置 3D 模型的材质

如果将模型比喻成一个人的话，那么材质就相当于人所穿的衣服，而且同一材质在不同的光源环境下表现出的效果也不一样，因此材质与灯光有着密切的关系。

1. 查看现有材质属性

在默认情况下，建立 3D 模型后，会在【图层】面板中展示出所附带的纹理和光源，如图 15-107 所示。也可以在 3D 面板中查看模型所带的材质，如图 15-108 所示。

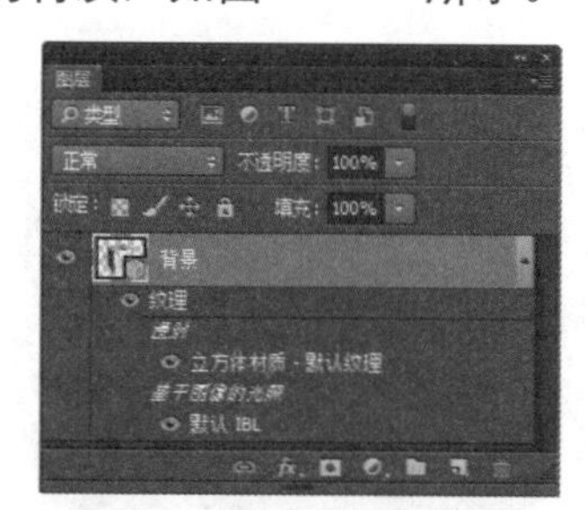

图 15-107　附带的纹理和光源

图 15-108　在 3D 面板中查看模型的材质

从【图层】和 3D 面板中可以看出，模型采用的材质是默认纹理，这种材质通常表现不出模型应有的质感效果，需要进行设置。具体的操作方法与步骤如下。

步骤 1 打开一个 3D 模型文件，在【图层】面板中选择 3D 图层，如图 15-109 所示。

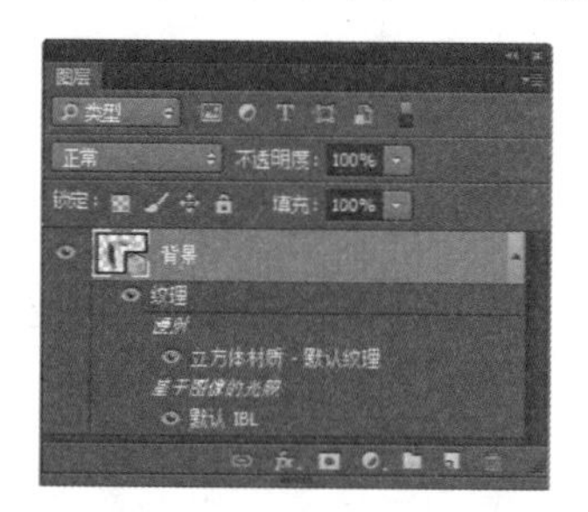

图 15-109　选择 3D 图层

步骤 2 在 3D 面板中单击【材质】按钮，切换到【材质】选项卡，在下面的列表中可以选择相应对象的材质，如图 15-110 所示。

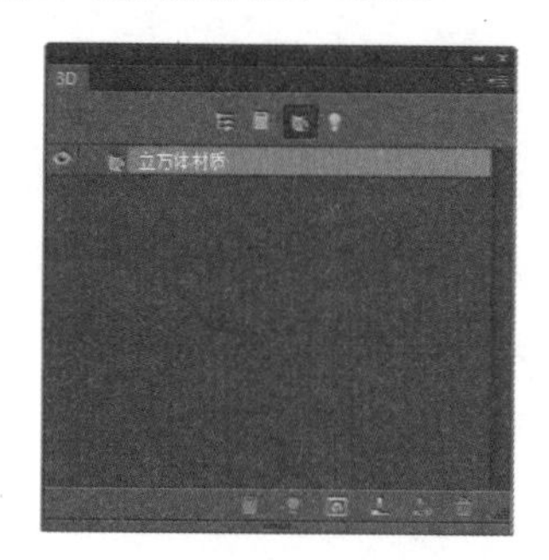

图 15-110　选择相应对象的材质

步骤 3 选择列表中的某个材质后，在其属性面板中就可以显示出材质球和该材质的所有参数设置，如图 15-111 所示。

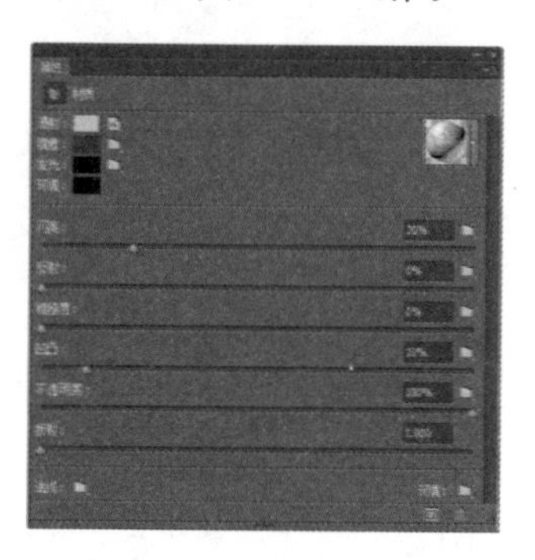

图 15-111　在【属性】面板中显示出所有参数

【属性】面板中材质属性参数的含义如下。

☆ 【漫射】：是材质本身的颜色。
☆ 【镜像】：是对周围环境的反射。
☆ 【发光】：决定模型自身发光量。
☆ 【环境】：用于模拟周围环境反射到材质本身的色调。
☆ 【闪亮】：控制模型表面高光范围。
☆ 【反射】：控制模型表面反射周围环境的大小。
☆ 【粗糙度】：控制模型表面粗糙度大小。
☆ 【凹凸】：控制模型表面凹凸大小。
☆ 【不透明度】：控制模型透明度大小。
☆ 【折射】：控制模型折射程度大小。

2. 新建与存储材质

在材质【属性】面板中单击材质球会弹出【材质预设】列表，单击列表右上角的按钮，从弹出的下拉列表中选择【新建材质】选项，可以新建一个材质，然后将新建的材质存储起来，以便后面使用。具体的操作方法与步骤如下。

步骤 1 新建一个空白文档，选择3D→【从图层新建网格】→【网格预设】→【锥形】命令，即可创建一个锥形3D模型，如图15-112所示。

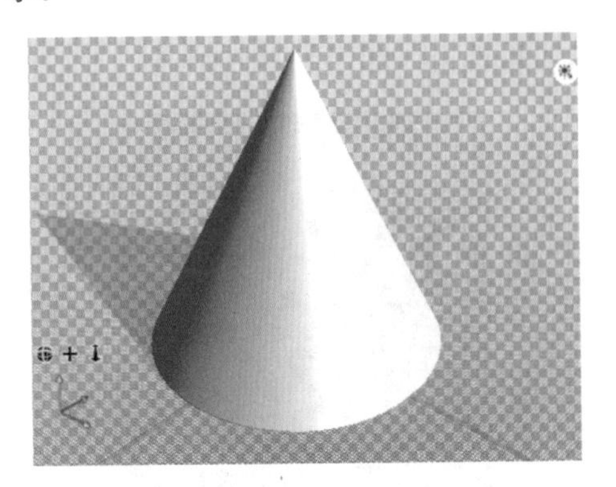

图 15-112 创建一个锥形 3D 模型

步骤 2 在【材质】属性面板中单击按钮，在弹出的下拉列表中选择【新建材质】选项，如图15-113所示。

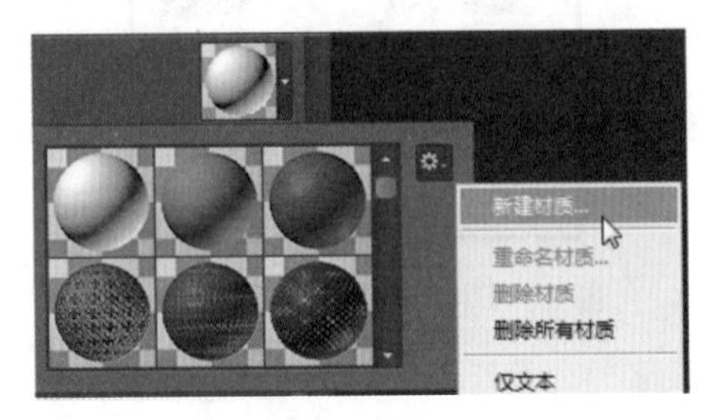

图 15-113 选择【新建材质】选项

步骤 3 弹出【新建材质预设】对话框，在其中输入材质的名称，这里输入“锥形材质”，如图15-114所示。

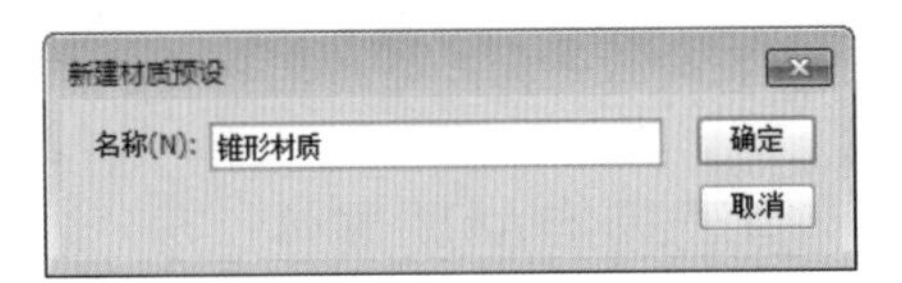

图 15-114 【新建材质预设】对话框

步骤 4 单击【确定】按钮，返回到材质【属性】面板中，可以看到新建的材质球，如图15-115所示。

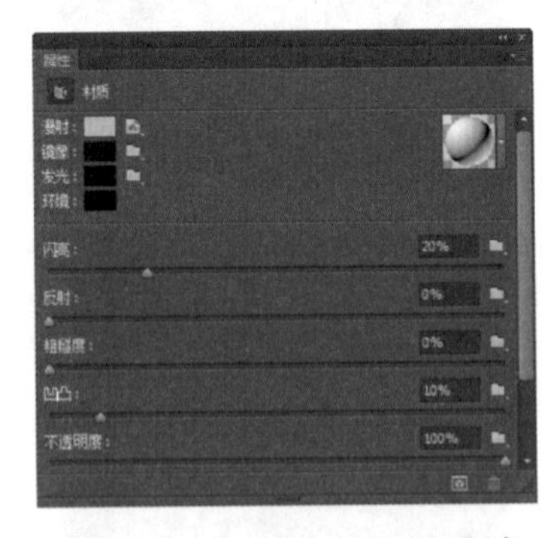

图 15-115 新建一个材质球

步骤 5 单击【漫射】右侧的按钮，在弹出的下拉列表中选择【替换纹理】选项，如图15-116所示。

步骤 6 弹出【打开】对话框，在其中选择要添加的纹理素材图片，这里选择01.jpg素材文件，如图15-117所示。

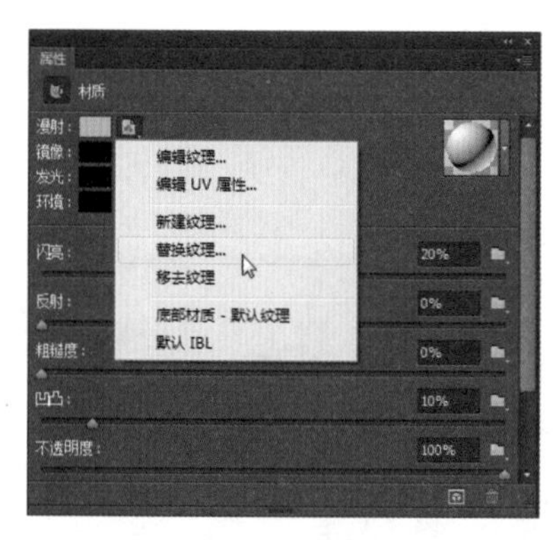

图 15-116　选择【替换纹理】选项

图 15-117　【打开】对话框

步骤 7 单击【打开】按钮，返回到材质【属性】面板中，可以看到漫射纹理已经被替换，同时锥形 3D 模型应用该素材文件为纹理，效果如图 15-118 所示。

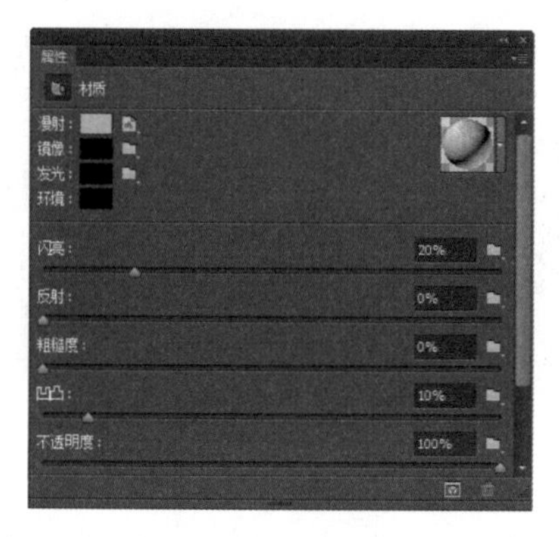

图 15-118　设置纹理

步骤 8 单击【镜像】右侧的按钮，在弹出的下拉列表中选择【载入纹理】选项，如图 15-119 所示。

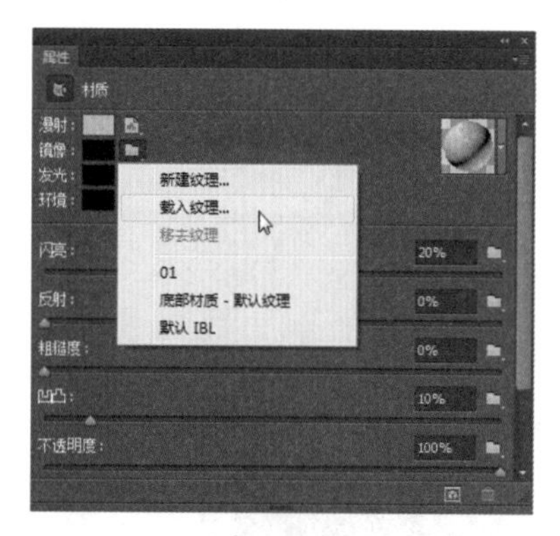

图 15-119　选择【载入纹理】选项

步骤 9 弹出【打开】对话框，在其中选择要添加的镜像素材图片，这里选择 02.jpg 素材文件，如图 15-120 所示。

图 15-120　【打开】对话框

步骤 10 单击【打开】按钮，返回到材质【属性】面板中，如图 15-121 所示。

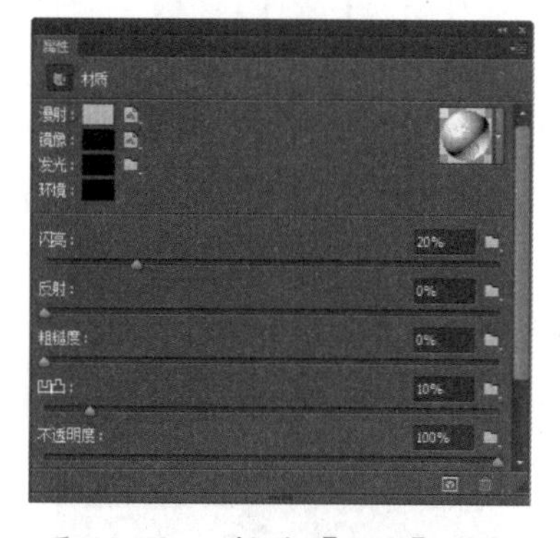

图 15-121　材质【属性】面板

步骤 11 单击【发光】右侧的颜色块，弹出【拾色器 (发光色)】对话框，在其中选择作为发光的颜色，如图 15-122 所示。

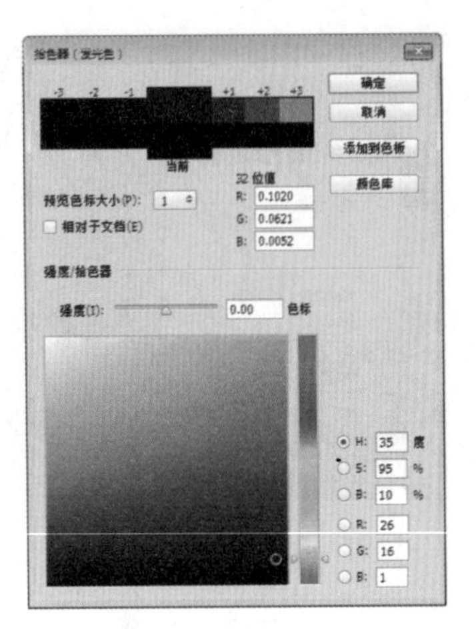

图 15-122　【拾色器（发光色）】对话框

步骤 12 设置完毕后，单击【确定】按钮，返回到材质【属性】面板中，可以看到设置发光颜色后的显示效果，如图 15-123 所示。

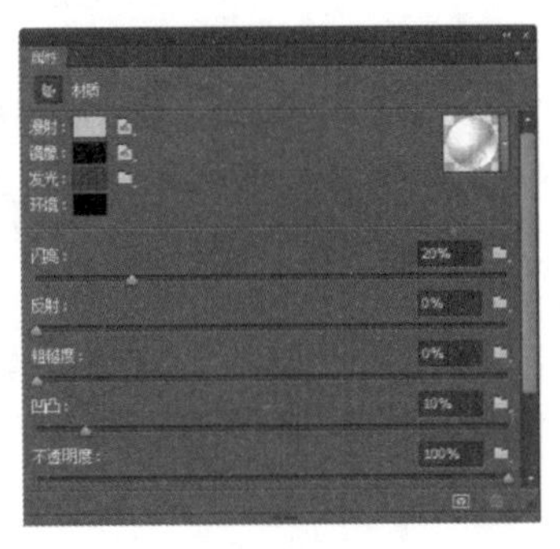

图 15-123　设置发光颜色后的效果

步骤 13 在材质【属性】面板中调整【闪亮】为 50%、【反射】为 15%，如图 15-124 所示。

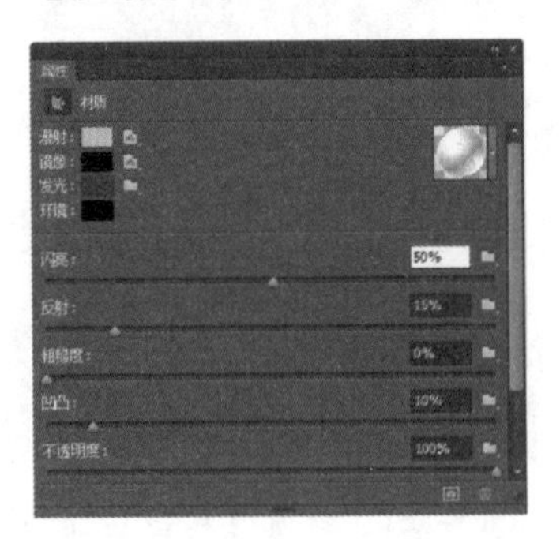

图 15-124　设置亮度和反射

步骤 14 设置完毕后，在 3D 模型图像窗口中可以看到应用材质后的显示效果，如图 15-125 所示。

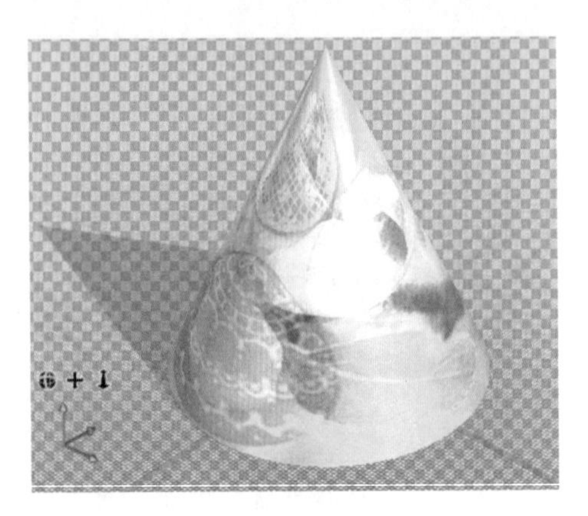

图 15-125　应用材质后的效果

步骤 15 如果当前设置的材质效果以后还要使用，可以将其存储到材质库中。在材质球下拉列表中选择【新建材质】选项，打开【新建材质预设】对话框，在其中输入材质的名称，这里输入“梦幻材质”，如图 15-126 所示。

图 15-126　【新建材质预设】对话框

步骤 16 单击【确定】按钮，新建的材质就会出现在材质球列表中了，如图 15-127 所示。

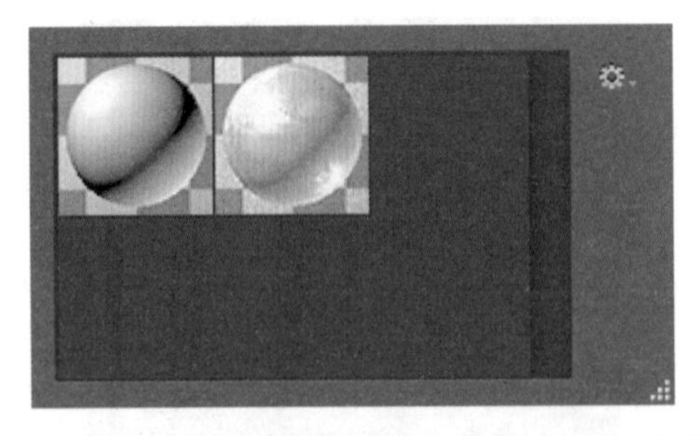

图 15-127　新建的材质出现在材质球列表中

步骤 17 在材质球下拉列表中选择【存储材质】选项，也可以存储材质，如图 15-128 所示。

步骤 18 选择该选项后，弹出【另存为】对话框，在其中输入材质的名称，并设置保

存的类型，如图 15-129 所示。最后单击【保存】按钮即可将材质保存起来。

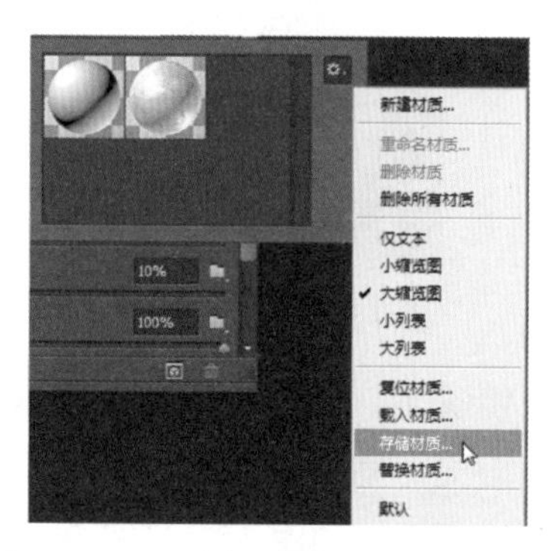

图 15-128　选择【存储材质】选项

图 15-129　【另存为】对话框

3. 使用与删除材质

保存材质之后，用户以后就可以随时选择材质球列表中的【载入材质】选项来调用保存的材质库了。如果不再需要该材质了，也可以将其删除。

使用与删除材质的操作步骤如下。

步骤 1 新建一个空白文档，选择 3D→【从图层新建网格】→【网格预设】→【立体环绕】命令，即可创建一个立体环绕 3D 模型，如图 15-130 所示。

步骤 2 在 3D 面板中切换到【材质】选项卡，然后双击某个材质后，在弹出的材质【属性】面板中选择用户自定义的梦幻材质，即可为立体环绕 3D 模型添加材质，效果如图 15-131 所示。

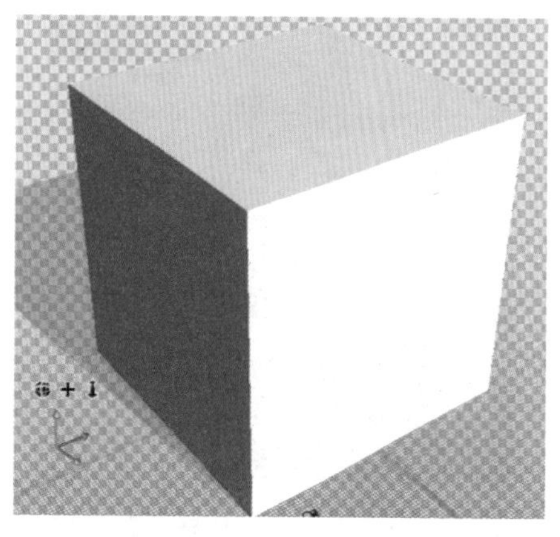

图 15-130　创建一个立体环绕 3D 模型

图 15-131　为立体环绕 3D 模型添加材质

步骤 3 如果想要删除某个材质，在材质【属性】面板中单击按钮，在弹出的材质球列表中选择要删除的材质球，单击按钮，在弹出的下拉列表中选择【删除材质】选项，即可将其删除，如图 15-132 所示。

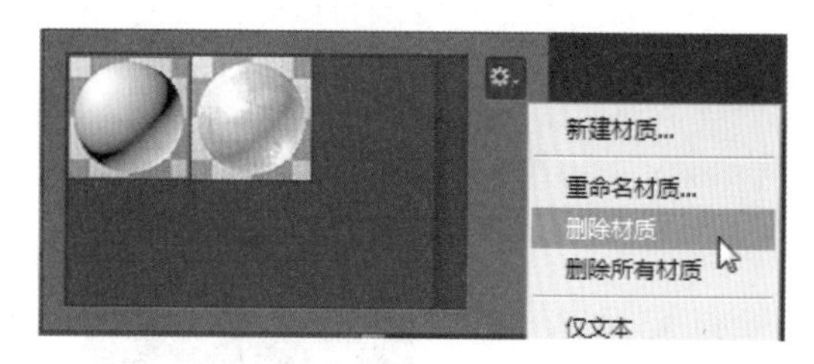

图 15-132　选择【删除材质】选项

步骤 4 如果将 Photoshop 预设的材质球都删除了，可以将其复位，方法是在材质球列表中选择【复位材质】或【默认】选项即可，如图 15-133 所示。

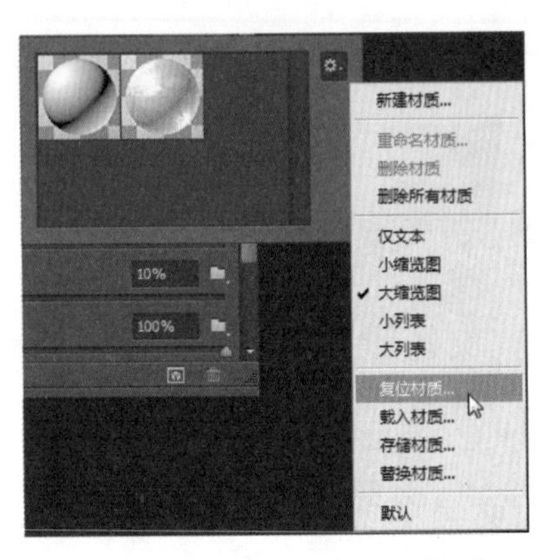

图 15-133　选择【复位材质】选项

15.5.4　设置 3D 模型的光源

材质必须依靠灯光的存在才可以表现出应有的质感，因此，3D 光源的设置同样是一门艺术，不同的光源所呈现出的 3D 模型也会不同。

1. 灯光的类型

3D 场景中主要有 3 种光源，分别是点光、聚光灯和无限光。其中无限光模仿的是太阳光，也可以叫作平行光，它发出的光线是均匀的，光线没有衰减；点光也叫泛光，向四周发光；聚光灯则是从一个点向某个角度发光，它与点光一样，都有光线的衰减。

在 3D 场景中，每类灯光都会用特有的图标来表示，如图 15-134 所示为点光；如图 15-135 所示为聚光灯；如图 15-136 所示为无限光。

图 15-134　点光

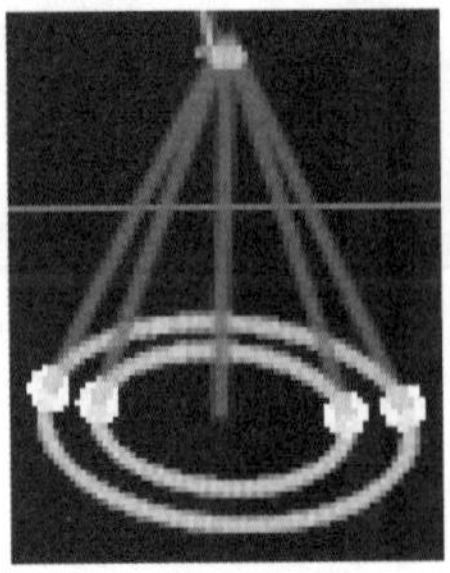

图 15-135　聚光灯

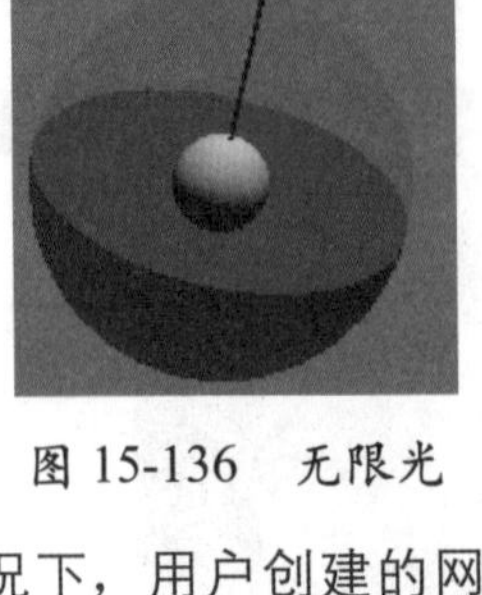

图 15-136　无限光

一般情况下，用户创建的网格模型应用的都是无限光，同时也会附带环境光，在 3D 面板中可以查看，如图 15-137 所示。

图 15-137　在 3D 面板中查看灯光类型

在 3D 场景中，如果将无限光删除，还可以查看模型，这是因为模型中还会有一种叫作基于图像的光照 IBL，这在图层面板中可以查看，如图 15-138 所示。IBL 是附加在环境光上的纹理图像，它是使用图像的色调来模拟灯光的效果。

图 15-138　查看模型

在 3D 场景中，如果想要更换灯光的类型，可以在【属性】面板中，单击【类型】右侧

的下拉按钮，在弹出的下拉列表中可以选择自己需要的灯光类型，如图 15-139 所示。

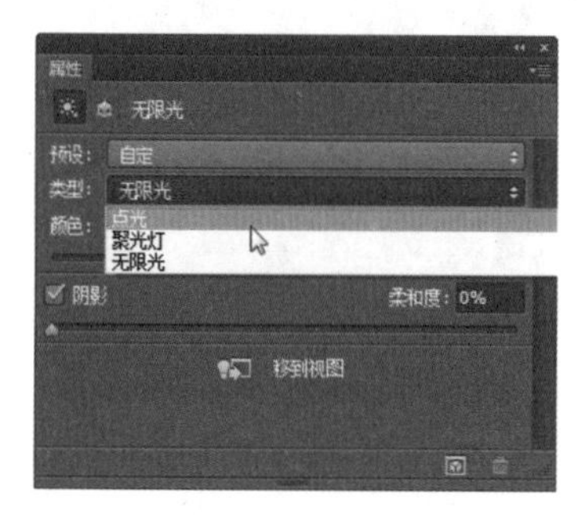

图 15-139　更换灯光的类型

2. 新建和删除灯光

新建和删除灯光的操作很简单，只需在 3D 面板中单击【光源】按钮，进入光源设置界面，单击 3D 面板下方的按钮，即可向 3D 场景中添加灯光，如图 15-140 所示；选中要删除的灯光，单击 3D 面板下方的按钮，可以删除选中的灯光，如图 15-141 所示。注意环境光是无法删除的。

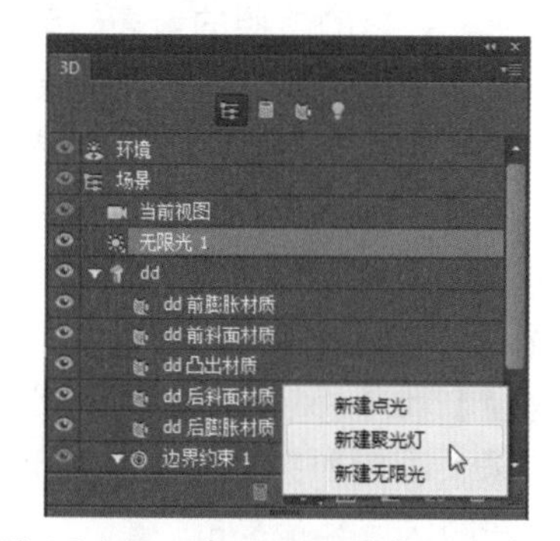

图 15-140　向 3D 场景中添加灯光

图 15-141　删除灯光

3. 变换灯光

使用 3D 模式下的按钮，如图 15-142 所示，可以变换灯光的位置、角度等。另外，选择灯光后，在其【属性】面板的底部会出现两个按钮，一个是【原点处的点】按钮（点光和无限光没有此按钮），另一个是【移到视图】按钮，使用这两个按钮还可以变换灯光的角度和位置，如图 15-143 所示。

图 15-142　3D 模式下的按钮

图 15-143　【属性】面板底部的两个按钮

单击【原点处的点】按钮，可以让聚光灯正对 3D 模型的中心，如图 15-144 所示。单击【移到视图】按钮，可以使灯光移动至与相机相同的位置，如图 15-145 所示。

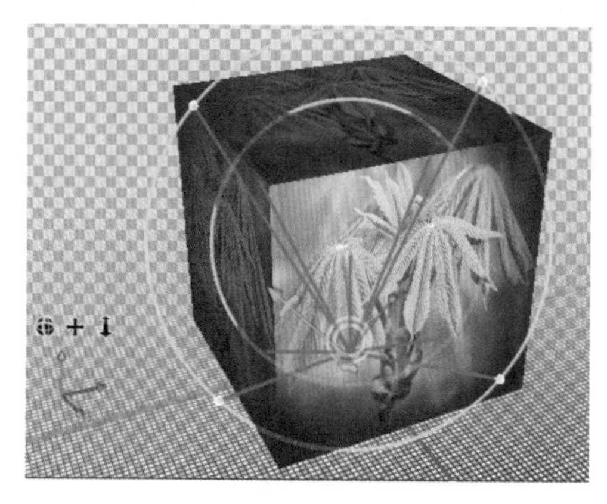

图 15-144　让聚光灯正对 3D 模型的中心

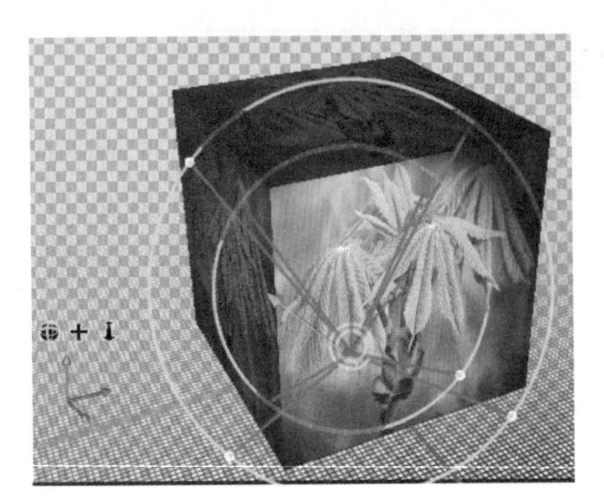

图 15-145　使灯光移动至与相机相同的位置

4. 编辑灯光参数

在 3D 面板中选择某个灯光后，在其属性面板中可以看到该灯光的相关参数。如图 15-146 所示为点光的【属性】面板，如图 15-147 所示为聚光灯的【属性】面板，如图 15-148 所示为无限光的【属性】面板。

图 15-146　点光的【属性】面板

图 15-147　聚光灯的【属性】面板

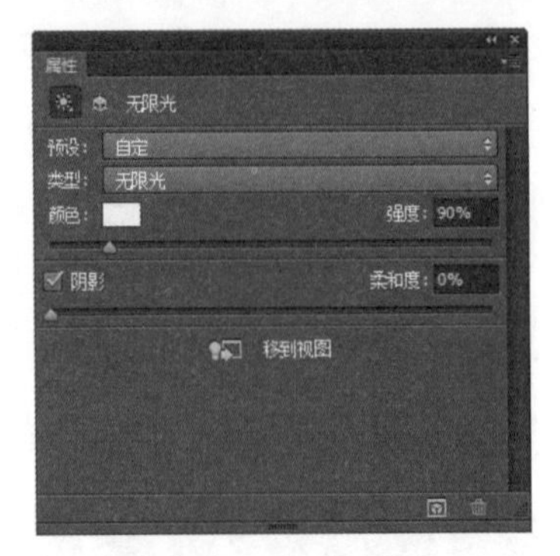

图 15-148　无限光的【属性】面板

灯光的类型不同，灯光的参数也不尽相同，下面以聚光灯为例，对灯光参数进行详细介绍。

☆ 【颜色】：单击【颜色】右侧的色块可以改变灯光的颜色。
☆ 【强度】：用于设置灯光的强度。
☆ 【阴影】：用于设置对象的投影效果，取消【阴影】复选框的选中状态，则该灯光对任何对象不会产生投影效果。
☆ 【柔和度】：用于控制阴影边缘羽化的大小。
☆ 【聚光】：指的是照的最亮的范围。
☆ 【锥形】：指的是灯光照射的最大范围。如果灯光照射在平面上，聚光是最亮的，聚光与锥形之间的区域是最亮和最暗之间的过渡区域，锥形区域之外是最暗的区域。
☆ 【内径】和【外径】：用于控制聚光灯在纵深长度内照射的远近，在光源和内径之间的区域是最亮的。

5. 存储灯光预设

设置好的灯光参数可以保存为预设，具体的方法是在灯光的属性面板中单击【预设】右侧的下拉按钮，在弹出的下拉列表中选择【存储】选项，如图 15-149 所示。打开【另存为】对话框，在其中输入灯光的名称，最后单击【保存】按钮即可，存储的灯光文件后缀名为 .P3L，如图 15-150 所示。

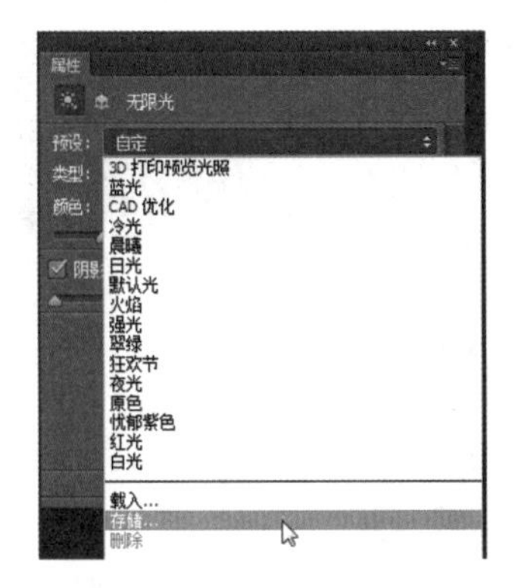

图 15-149　选择【存储】选项

图 15-150　【另存为】对话框

15.6 3D图层的应用

3D 图层应用主要体现在将 3D 图层转换为 2D 图层、将 3D 图层转换为智能对象、合并 3D 图层等方面。

15.6.1 3D 图层转换为 2D 图层

转换 3D 图层为 2D 图层可将 3D 内容在当前状态下进行栅格化，只有不想再编辑 3D 模型位置、渲染模式、纹理或光源时，才可将 3D 图层转换为常规图层。栅格化的图像会保留 3D 场景的外观，但格式为平面化的 2D 格式。

将 3D 图层转换为 2D 图层的具体操作是：在【图层】面板中选择 3D 图层，右击鼠标，在弹出的快捷菜单中选择【栅格化 3D】命令即可，如图 15-151 所示。

图 15-151　选择【栅格化 3D】命令

15.6.2 3D 图层转换为智能对象

将 3D 图层转换为智能对象，可保留包含在 3D 图层中的 3D 信息。转换后，可以将变换或智能滤镜等其他调整应用于智能对象。可以重新打开“智能对象”图层以编辑原始 3D 场景。应用于智能对象的任何变换或调整会随之应用于更新的 3D 内容。

下面通过一个实例介绍将 3D 图层转换为智能对象的具体操作。

步骤 1 打开随书光盘中的“素材\ch15\雪花.psd”文件，如图 15-152 所示，该文件的【图层】面板如图 15-153 所示。

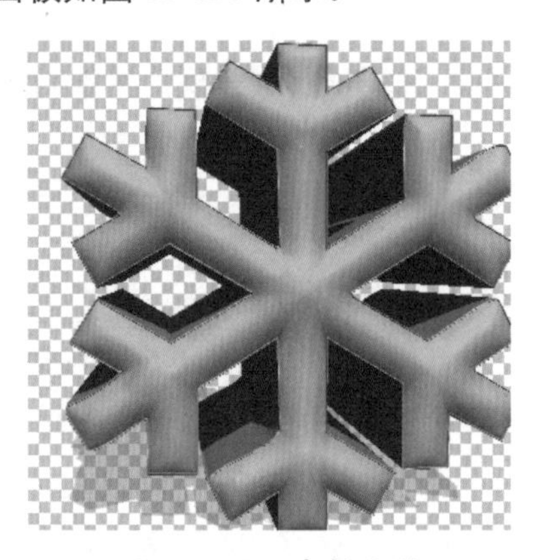

图 15-152　素材文件

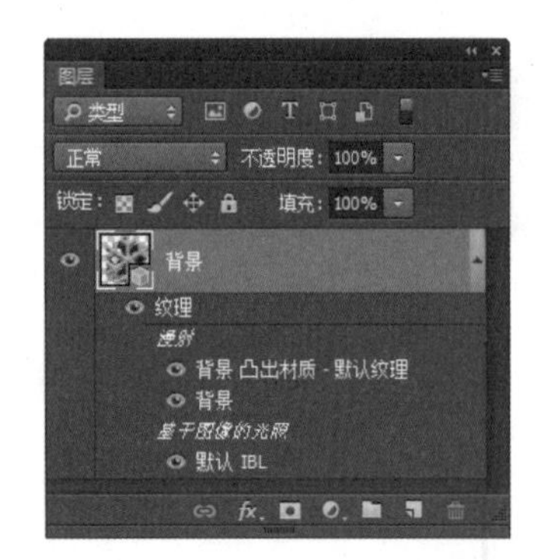

图 15-153　【图层】面板

步骤 2 在【图层】面板中选择 3D 图层，右击鼠标，在弹出的快捷菜单中选择【转换为智能对象】命令，如图 15-154 所示。

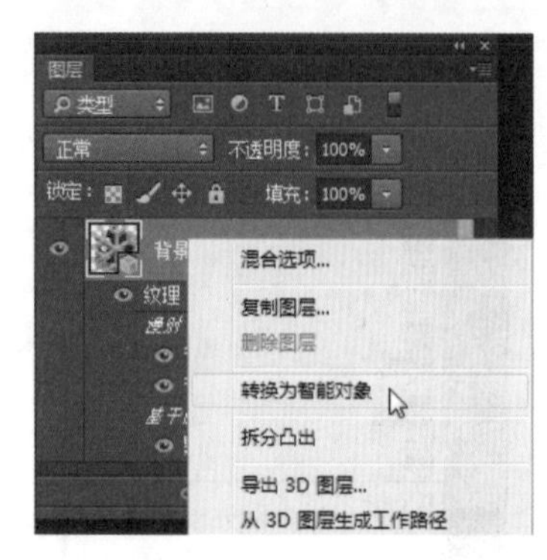

图 15-154　选择【转换为智能对象】命令

步骤 3 即可将 3D 图层转换为智能对象，如图 15-155 所示。

图 15-155　将 3D 图层转换为智能对象

注意　如果要重新编辑 3D 内容，需要双击【图层】面板中的【智能对象】图层。

15.6.3 合并 3D 图层

使用合并 3D 图层功能可以合并一个场景中的多个 3D 模型，合并后，可以单独处理每个 3D 模型，或者同时在所有模型上使用位置工具和相机工具。

下面通过一个实例来介绍合并 3D 图层的具体操作。

步骤 1 打开随书光盘中的“素材\ch15\雪花.psd”和“素材\ch15\3D 文字.psd”两个文件，如图 15-156 和图 15-157 所示。

步骤 2 将“雪花”文件拖曳到“3D 文字”文件中，如图 15-158 所示。

图 15-156 素材文件雪花 .psd

图 15-157 素材文件文字 .psd

图 15-158 将“雪花”文件拖曳到“3D 文字”文件中

步骤 3 在工具面板中选择 3D 相机工具，在其属性栏的【位置】下拉列表框中选择【图层 1】并调整“雪花”和“3D 文字”的位置和大小，如图 15-159 所示。

步骤 4 在【图层】面板中选中任意一个图层，右击，在弹出的快捷菜单中选择【合并可见图层】命令，如图 15-160 所示。即可将 3D 图层合并成一个 3D 图层，如图 15-161 所示。

图 15-159 调整图像的位置和大小

图 15-160 选择【合并可见图层】命令

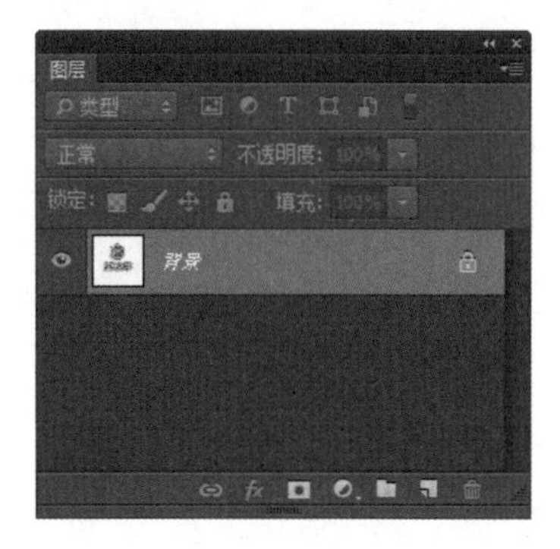

图 15-161 将 3D 图层合并成一个 3D 图层

提示 根据每个 3D 模型的大小，在合并 3D 图层之后，一个模型可能会部分或完全嵌入其他模型中。

15.7 3D模型的渲染和输出

渲染是将 3D 场景中的对象按照赋予的材质和设置的灯光以及其他参数设置转变成 2D 图像的过程。对渲染过的 3D 模型，用户可以将其输出，输出的方法有多种，如导出 3D 图层、存储 3D 文件等。

15.7.1 渲染 3D 模型

在 Photoshop CC 中渲染 3D 场景的方法有 3 种：一是选择 3D →【渲染】命令；二是在 3D 面板和【属性】面板中单击【渲染】按钮；三是在【图层】面板中右击 3D 图层，从弹出的快捷菜单中选择【渲染】命令，如图 15-162 所示。

图 15-162　选择【渲染】命令

如果通过【文件】→【导出】→【渲染视频】命令输出 3D 动画，则在弹出的【渲染视频】对话框中还可以设置输出的 3D 品质，如图 15-163 所示。

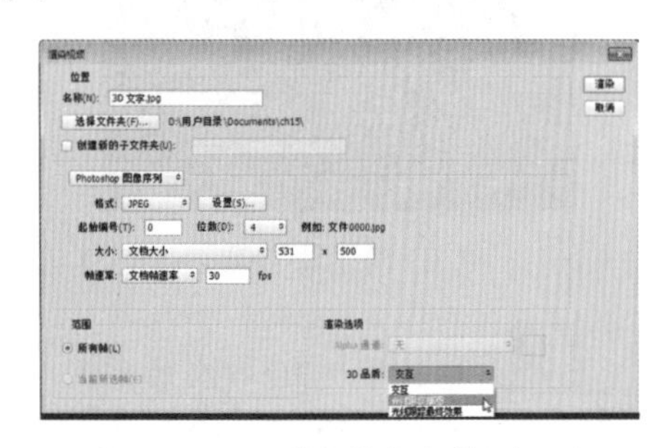

图 15-163　【渲染视频】对话框

对 3D 品质的设置有 3 个参数，具体的含义如下。

☆　【交互】：适合于视频游戏和类似用途的图像。

☆　【光线跟踪草图】：该选项的画面品质较低，但视频渲染速度很快。

☆　【光线跟踪最终效果】：该选项的画面品质较高，但视频渲染速度较慢，所用时间较长。

下面通过一个实例来具体介绍渲染 3D 模型的方法，具体的操作步骤如下。

步骤 1 打开随书光盘中的“素材\ch15\渲染文字.psd”文件，如图 15-164 所示。

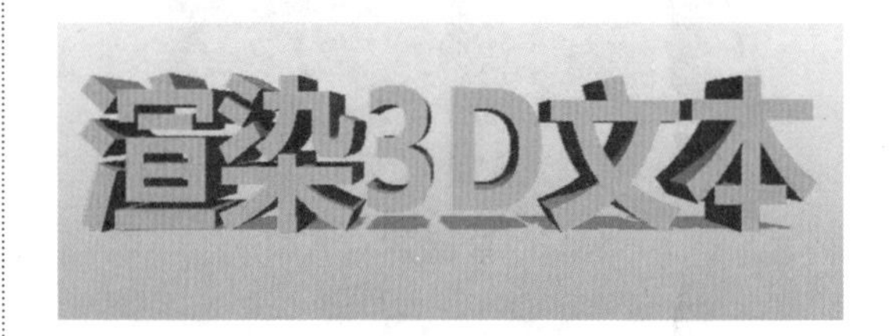

图 15-164　素材文件

步骤 2 在【图层】面板中可以看到文本处于 3D 图层中，如图 15-165 所示。

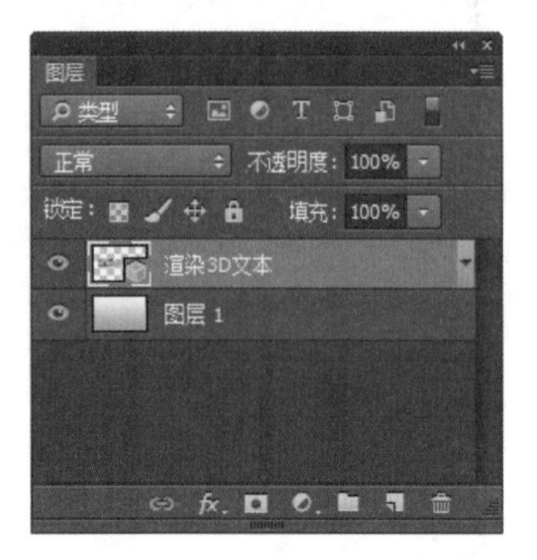

图 15-165　【图层】面板

步骤 3 在 3D 图层上右击，在弹出的快捷菜单中选择【渲染】命令，如图 15-166 所示。

图 15-166 选择【渲染】命令

步骤 4 即可渲染 3D 图层，在渲染的过程中，3D 文本会出现杂色，如图 15-167 所示。

图 15-167 渲染 3D 图层

步骤 5 渲染的过程中，图像左下角的状态栏上显示当前的渲染进度，如图 15-168 所示。

剩余时间：3:52 (27%)

图 15-168 渲染进度

步骤 6 如果想要终止渲染，可以在工具箱中选择任意一个工具或按Esc键取消渲染，如图 15-169 所示。

图 15-169 取消渲染

提示 在渲染的过程中，一般不需要将渲染的进度达到 100% 时才终止，用户可以根据当前渲染的画面质量随时按 Esc 键终止渲染进度。

步骤 7 渲染完成后，如果再使用移动工具或者进行其他参数的修改，则渲染的图像就会被取消，这时，可以将 3D 图层转换为智能对象。如图 15-170 所示为将文本图层转换为智能对象后的图层显示效果。

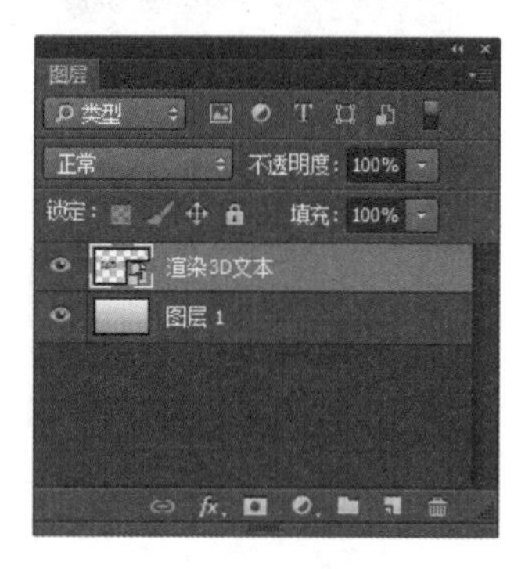

图 15-170 将文本图层转换为智能对象

步骤 8 按 Ctrl 键单击智能对象图层的缩览图载入文本及阴影选区，如图 15-171 所示。

图 15-171 载入文本及阴影选区

步骤 9 在【图层】面板中单击【创建新的填充或调整图层】按钮，在弹出的下拉列表中选择【渐变】选项，打开【渐变填充】对话框。在其中设置渐变的填充颜色、样式以及其他参数，为智能对象添加填充图层，如图 15-172 所示。

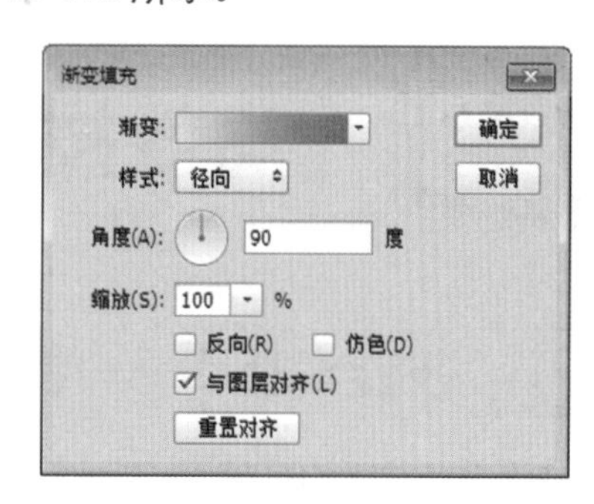

图 15-172 【渐变填充】对话框

步骤 10 单击【确定】按钮，返回到图像中，在【图层】面板中可以看到添加的填充图层，并设置填充图层的混合模式为【叠加】，如图 15-173 所示。

步骤 11 此时的 3D 文本效果就会根据指定的渐变色发生改变，最终的图像显示效果如图 15-174 所示。

图 15-173　设置填充图层的混合模式

图 15-174　最终效果

15.7.2 导出 3D 图层

在 Photoshop CC 中选择 3D →【导出 3D 图层】命令，可以将 3D 图层中的模型单独导出为其他格式的三维文件，主要包括 DAE、FL3、STL 等。如图 15-175 所示为【导出属性】对话框，在其中可以选择保存类型。

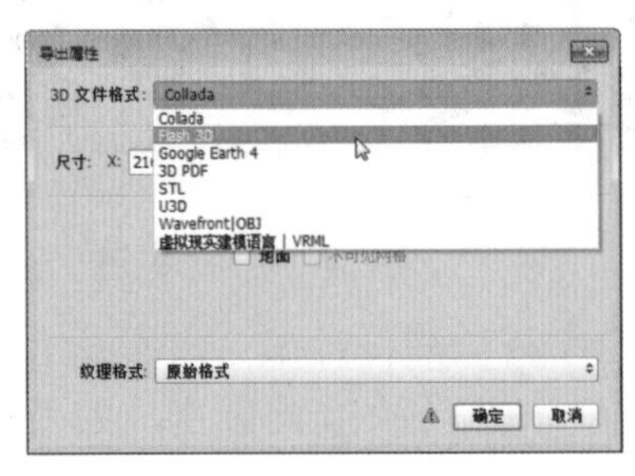

图 15-175　【导出属性】对话框

15.7.3 存储 3D 文件

如果要保留 3D 模型的位置、光源、渲染模式和横截面，应将包含 3D 图层的文件以 PSD、PSB、TIFF 或 PDF 格式储存。选择【文件】→【存储】或【文件】→【存储为】命令，在文件类型下拉菜单中选择 Photoshop(PSD)、Photoshop PDF 或 TIFF 格式，然后单击【确定】按钮即可存储 3D 文件。

15.8 高效技能实战

15.8.1 技能实战 1——制作足球模型

在制作足球模型的过程中，需要用到网格预设中的球体功能，然后对球体的材质进行设置，最后得出足球模型。具体的操作步骤如下。

步骤 1 新建一个高度、宽度均为 500 像素的空白文档，如图 15-176 所示。

图 15-176 新建一个空白文档

步骤 2 选择 3D →【从图层新建网格】→【网格预设】→【球体】命令，进入 3D 工作界面，即可得出一个球体模型，如图 15-177 所示。

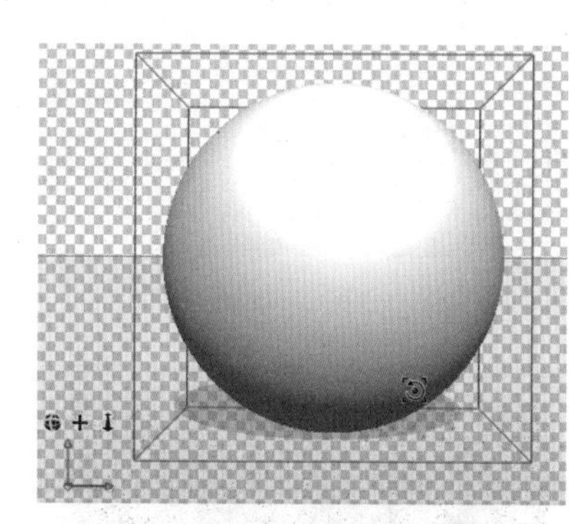

图 15-177 创建球体模型

步骤 3 选择【窗口】→ 3D 命令，打开 3D 面板，选择【场景】中的【球体材质】选项，如图 15-178 所示。

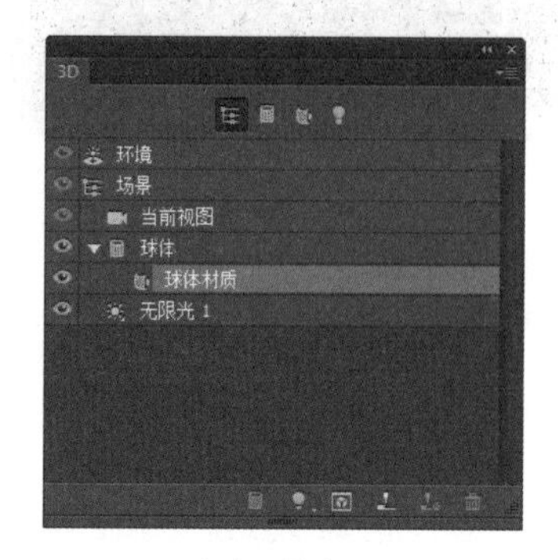

图 15-178 选择【球体材质】选项

步骤 4 打开材质【属性】面板，在其中单击【漫射】右侧的按钮，在弹出的下拉列表中选择【替换纹理】选项，如图 15-179 所示。

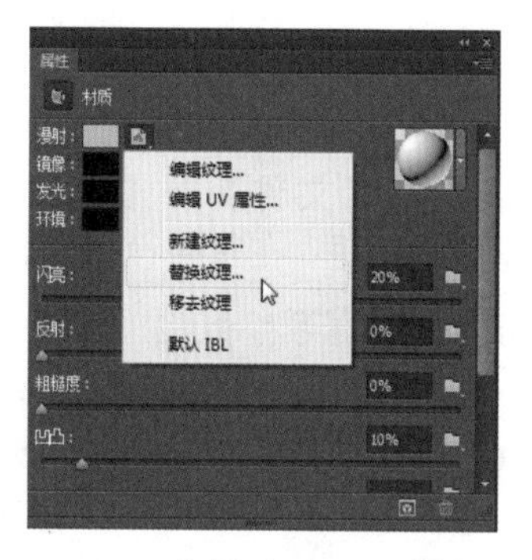

图 15-179 选择【替换纹理】选项

步骤 5 弹出【打开】对话框，选择随书光盘中的“素材 \ch15\ 足球素材 .jpg”文件，单击【打开】按钮，如图 15-180 所示。

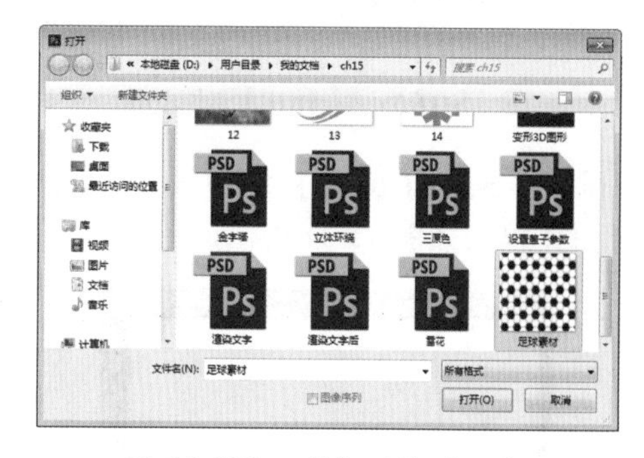

图 15-180 【打开】对话框

步骤 6 返回到图像界面，球体被设置为足球纹理的材质效果，最后将其保存起来即可完成足球模型的制作，如图 15-181 所示。

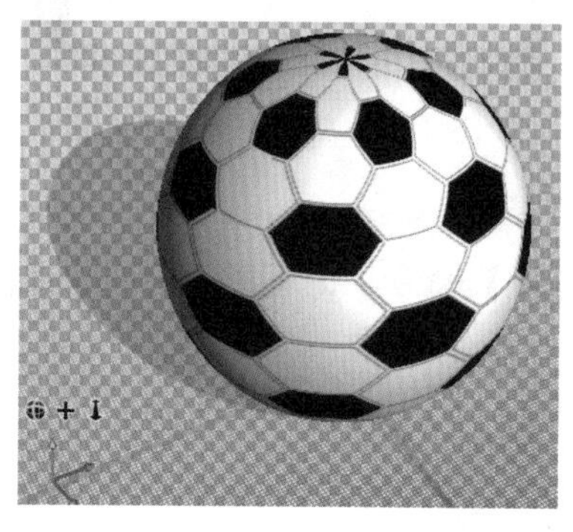

图 15-181 球体被设置为足球纹理的材质效果

15.8.2 技能实战 2——使用灯光制作三原色

使用 Photoshop 3D 场景中的灯光可以制作三原色（红、黄、蓝），具体的操作步骤如下。

步骤 1 选择【文件】→【新建】命令，打开【新建】对话框，在其中设置文件的名称、高度、宽度、分辨率等参数，如图 15-182 所示。

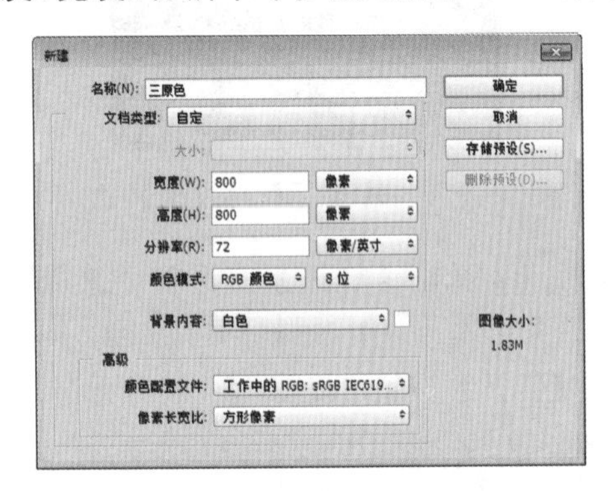

图 15-182 【新建】对话框

步骤 2 单击【确定】按钮，即可新建一个空白文档，如图 15-183 所示。

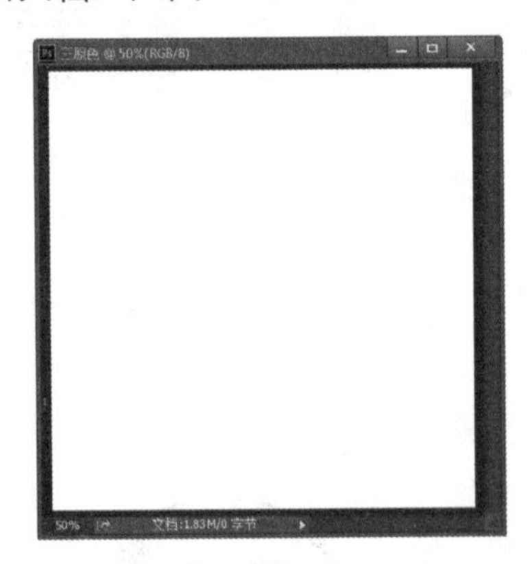

图 15-183 新建一个空白文档

步骤 3 选择 3D →【从图层新建网格】→【明信片】命令，即可得到一个 3D 图层，如图 15-184 所示。

步骤 4 在默认情况下，新建的明信片只有环境光。在 3D 面板中选择环境光，然后在【属性】面板中取消选中 IBL 复选框，并将【全局环境色】右侧的色块设置为黑色，如图 15-185 所示。此时，图像窗口中将显示为黑色，如图 15-186 所示。

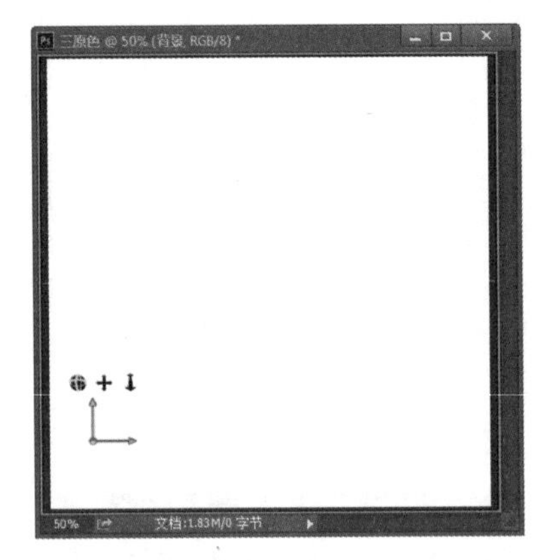

图 15-184 创建一个 3D 图层

图 15-185 设置参数

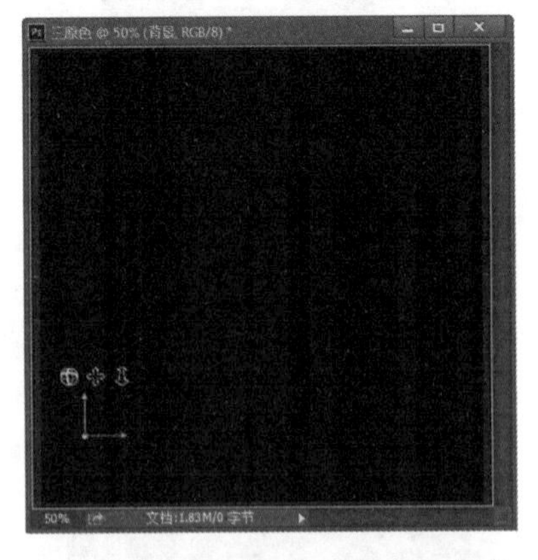

图 15-186 图像窗口中显示黑色

步骤 5 在 3D 面板中单击按钮，添加一盏聚光灯并将其命名为红色，如图 15-187 所示。

步骤 6 选择该聚光灯，在【属性】面板中将灯光的颜色设置为红色，灯光的强度为

最大值，其他参数保持不变，如图 15-188 所示。

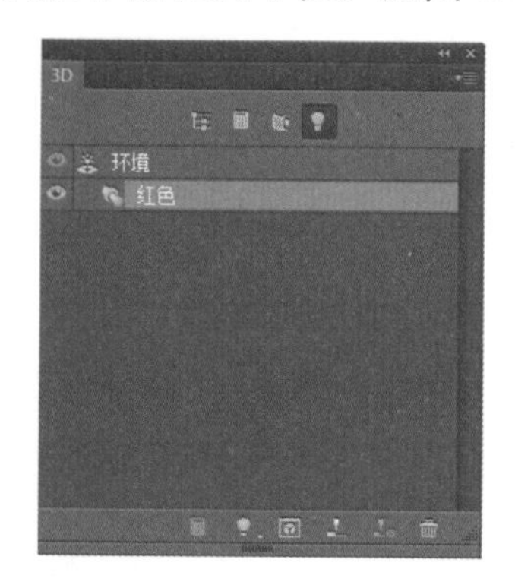

图 15-187　添加一盏聚光灯

图 15-188　设置灯光的颜色和强度

步骤 7 使用移动工具将红色聚光灯调整到图像的右上角，具体的图像显示效果如图 15-189 所示。

步骤 8 使用步骤 5 ～ 7 的方法再添加一盏绿色聚光灯，并将其调整到中间位置，如图 15-190 所示。

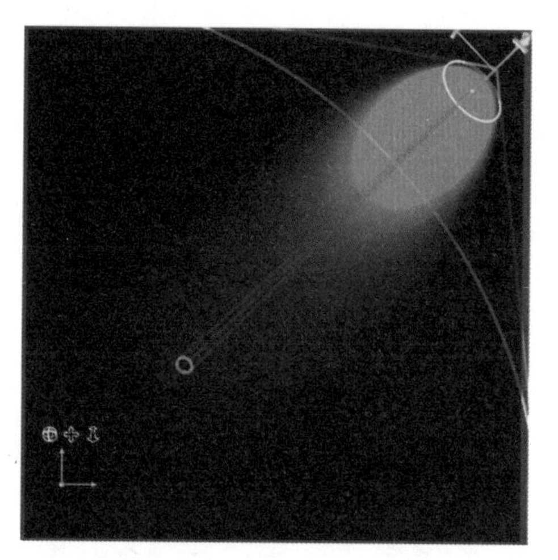

图 15-189　调整灯光的位置

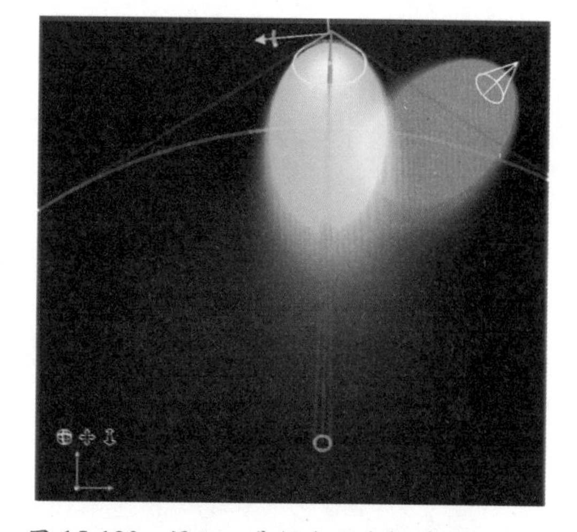

图 15-190　添加一盏绿色聚光灯并调整位置

步骤 9 使用步骤 5 ～ 7 的方法再添加一盏蓝色聚光灯，并将其调整到左上角的位置，如图 15-191 所示。

最后可以看到三盏聚光灯照射的效果，而且在两盏聚光灯共同照射的区域，颜色也发生了改变。

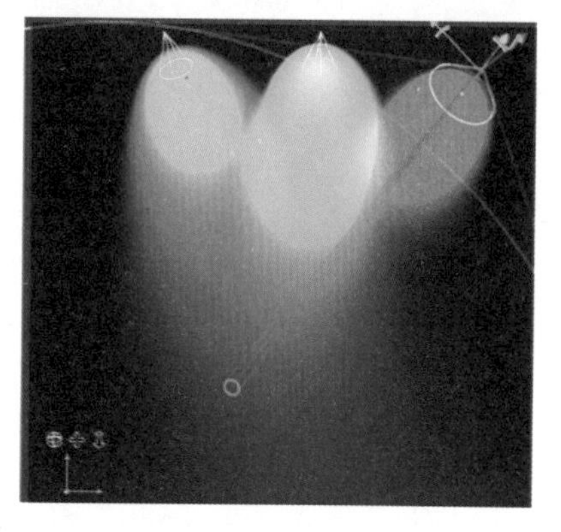

图 15-191　添加一盏蓝色聚光灯并调整位置

15.9 疑难问题解答

问题 1： 在 Photoshop 中可以编辑哪些格式的 3D 文件？

解答： 在 Photoshop 中可以打开和编辑 U3D.3DS、OBJ、KMZ、DAE 格式的 3D 文件。

问题 2： 在设置 3D 模型材质时，可以编辑漫射的 UV 属性，那么什么是 UV 属性呢？

解答： UV 属性是指让 2D 纹理漫射中的坐标与 3D 模型上的坐标相匹配，这样 3D 模型材质所使用的纹理文件（2D 纹理）便能够准确地应用于模型表面了。简单地说，就是 UV 属性可以使用 2D 纹理正确地绘制在 3D 模型上。

制作视频与动画

● **本章导读：**

在 Photoshop CC 中，动画可以在帧模式的时间轴面板里制作，也可以在视频时间轴面板中制作，针对不同的动画效果，应选择不同的制作方法。本章主要介绍【时间轴】面板、制作帧动画和视频动画，以及 Photoshop 中视频与动画文件的输出方法。

● **学习目标：**

◎ 了解【时间轴】面板的相关参数

◎ 掌握制作视频动画的方法

◎ 掌握为视频动画添加特殊效果的方法

◎ 掌握帧动画创建与编辑的方法

◎ 掌握视频与动画输出的方法

● **重点案例效果**

16.1 视频动画

Photoshop CC 中的视频动画相比以往版本功能更加强大，能够胜任大部分视频动画编辑工作，还可以为视频动画添加字幕、音频等。

16.1.1 视频时间轴面板

选择【窗口】→【时间轴】面板，在打开的【时间轴】面板中可以创建视频时间轴，或单击帧模式的【时间轴】面板下的按钮，将面板转换为视频模式的【时间轴】面板，如图 16-1 所示。

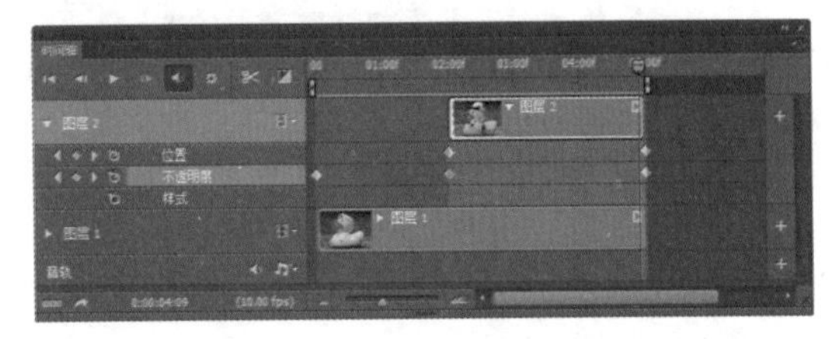

图 16-1　【时间轴】面板

视频模式的【时间轴】面板的常用参数介绍如下。

☆ 播放控件：提供了用于控制视频播放的按钮，为转到第一帧按钮，为转到上一帧按钮，为播放按钮，为转到下一帧按钮。

☆ 【音频控制按钮】：单击该按钮可以关闭或启用音频播放。

☆ 【从播放头处拆分】：单击该按钮，可以在当前时间指示器上显示所在位置拆分视频或音频。

☆ 【过渡效果】：单击该按钮，可以打开下拉菜单，选择菜单中的命令即可为视频添加过渡效果，从而创建专业的淡化或交叉淡化效果。

☆ 【当前时间指示器】：拖动当前时间指示器，可以导航帧或更改当前时间或帧。

☆ 【时间标尺】：根据文档的持续时间或帧速率，水平测量视频持续时间。

☆ 【工作区指示器】：如果要预览或导出部分视频，可以拖动位于顶部轨道两端的标签进行定位。

☆ 【图层持续时间条】：指定图层在视频上的时间位置。

☆ 【关键帧导航器】：单击轨道标签两侧的箭头按钮，可以将当前时间指示器从当前位置移到上一个或下一个关键帧；单击中间的按钮，可以添加或删除关键帧。

☆ 【时间变化秒表】：可启用或暂停图层属性的关键帧设置。

☆ 视频组：单击按钮可在其下拉菜单中添加和编辑视频。

☆ 音轨：单击按钮可以在其下拉菜单中添加音频。

☆ 【转换为帧动画】：单击该按钮，可以将【时间轴】面板转换为帧动画模式。

☆ 【渲染视频】：单击该按钮，可以打开【渲染视频】对话框。

☆ 控制时间轴显示比例，单击按钮可以缩小时间轴，单击按钮可以放大时间轴，拖动滑块，可以自由调整时间轴显示比例。

16.1.2 制作简单视频动画

在视频【时间轴】面板中可以制作简单的动画，还可以编辑和剪辑视频。下面通过制作一个简单的图像切换动画效果为例，来介绍制作视频动画的方法。具体操作步骤如下。

步骤 1 打开随书光盘中的“素材\ch16\03.jpg”和“素材/ch16/04.jpg”两个图像文件，如图 16-2 和图 16-3 所示。

图 16-2　素材文件 03.jpg

图 16-3　素材文件 04.jpg

步骤 2 选择 03.jpg 图像文件，双击【背景】图层进行解锁，并命名为“图层 1”，如图 16-4 所示。

步骤 3 将 04.jpg 图像文件移动复制到 03.jpg 文件中，图层面板中自动生成一个新图层“图层 2”，如图 16-5 所示。将图像移动复制后，图像 03.jpg 的文件显示效果如图 16-6 所示。

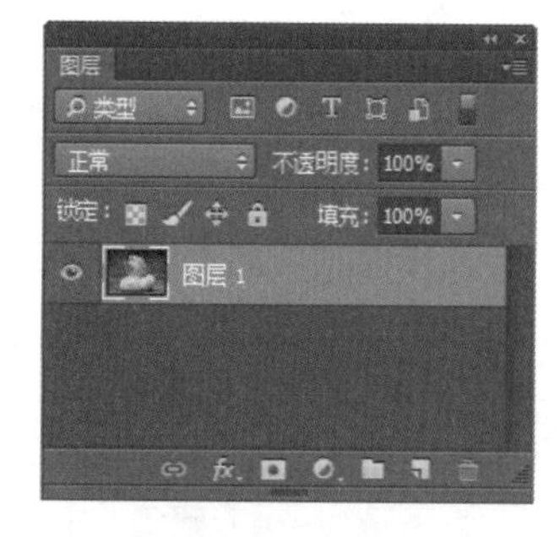

图 16-4　将背景图层转换为普通图层

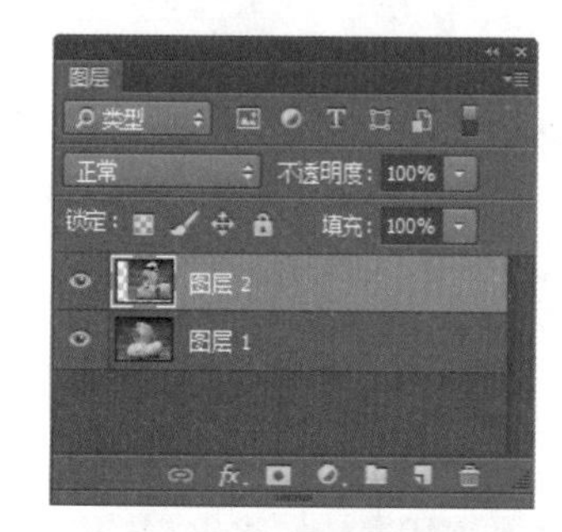

图 16-5　生成图层 2

图 16-6　复制后的图像效果

步骤 4 选择【窗口】→【时间轴】命令，打开【时间轴】面板，单击面板中间的三角按钮，从弹出的下拉列表中选择【创建视频时间轴】选项，如图 16-7 所示。

步骤 5 单击【创建视频时间轴】按钮，进入视频模式的【时间轴】面板，如图 16-8 所示。

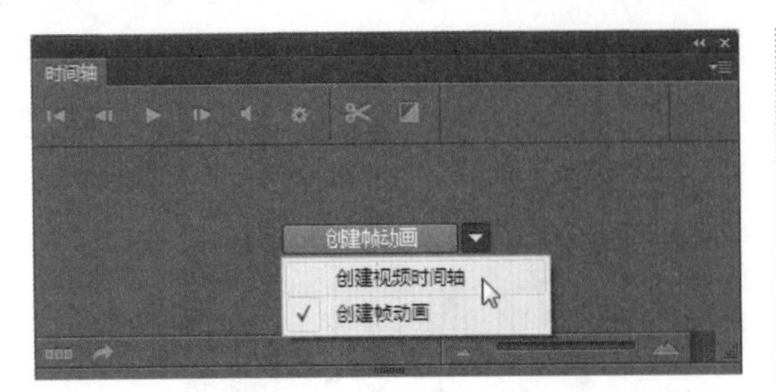

图 16-7　选择【创建视频时间轴】选项

图 16-8　进入视频模式的【时间轴】面板

步骤 6 将鼠标指针放到面板的任意一角，单击并拖动鼠标，可以调整面板的大小，如图 16-9 所示。

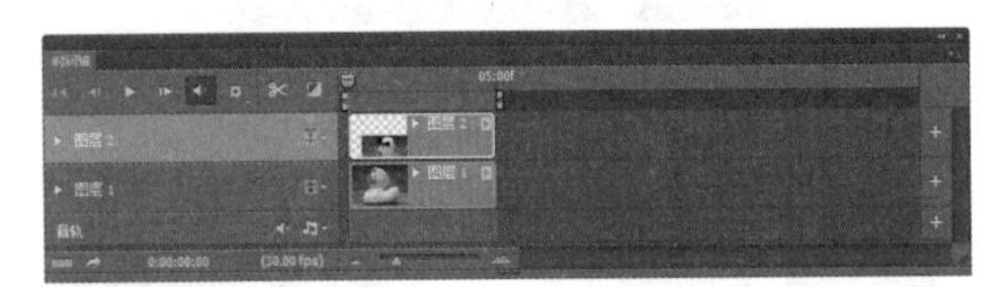

图 16-9　调整面板的大小

步骤 7 拖动面板下方的缩放滑块，将时间轴放大显示，如图 16-10 所示。

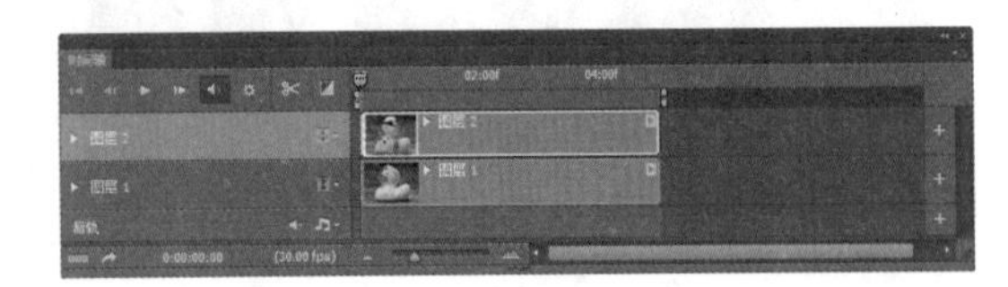

图 16-10　将时间轴放大显示

步骤 8 单击【时间轴】面板右上角的按钮，从弹出的下拉列表中选择【设置时间轴帧速率】选项，如图 16-11 所示。

步骤 9 弹出【时间轴帧速率】对话框，将【帧速率】设置为 10 fps，如图 16-12 所示。

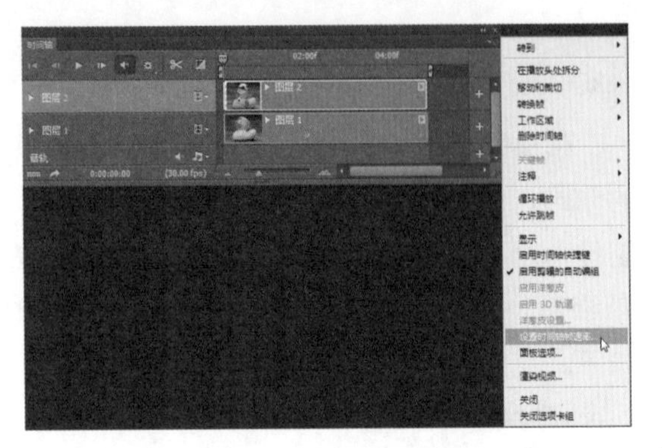

图 16-11　选择【设置时间轴帧速率】选项

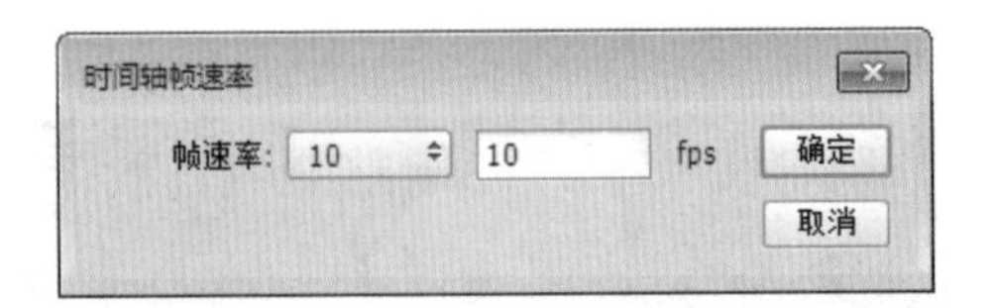

图 16-12　【时间轴帧速率】对话框

步骤 10 单击【确定】按钮，返回到时间轴中，把当前时间指示器移动到 02:00 处，如图 16-13 所示。

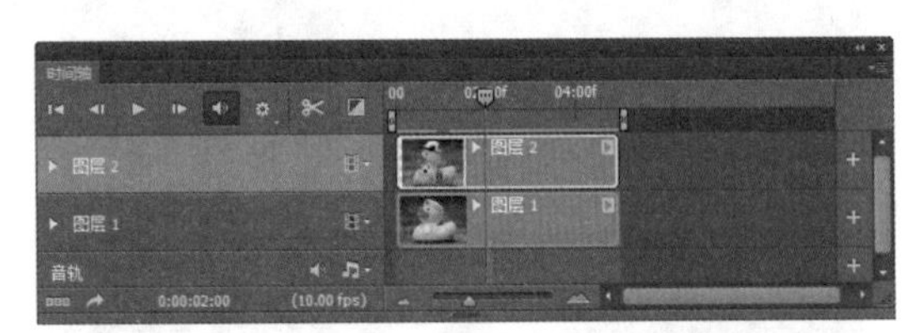

图 16-13　当前时间指示器移动到 02:00 处

步骤 11 把鼠标指针移到“图层 2”持续时间条的起点位置，当指针变成形状时，拖动【图层持续时间条】的起点到 02:00 处，如图 16-14 所示。

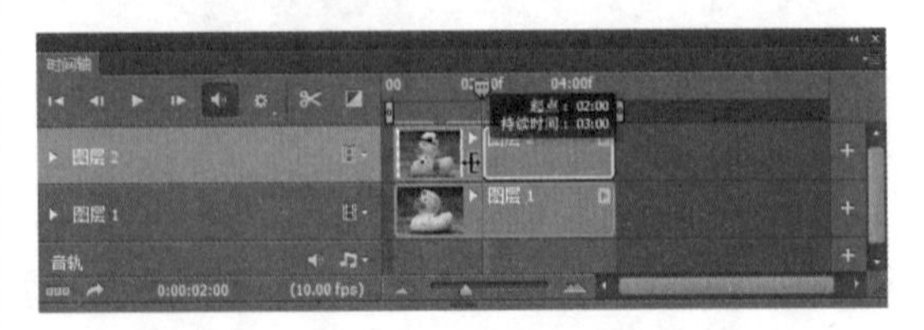

图 16-14　拖动【图层持续时间条】的起点

步骤 12 拖动完成后，释放鼠标左键，图层 2 的持续时间条如图 16-15 所示。

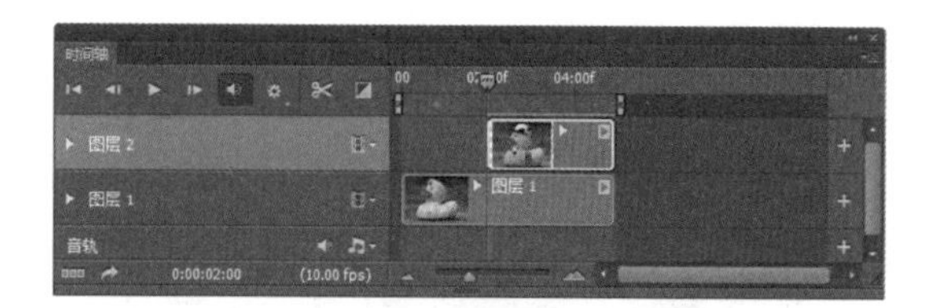

图 16-15　图层 2 的持续时间条显示效果

步骤 13 单击【时间轴】面板中【图层 2】左侧的三角折叠按钮，打开【位置】属性设置，如图 16-16 所示。

图 16-16　打开【位置】属性设置

步骤 14 把【当前时间指示器】移到 04:00 处，然后单击【位置】左侧的按钮，创建关键帧，如图 16-17 所示。

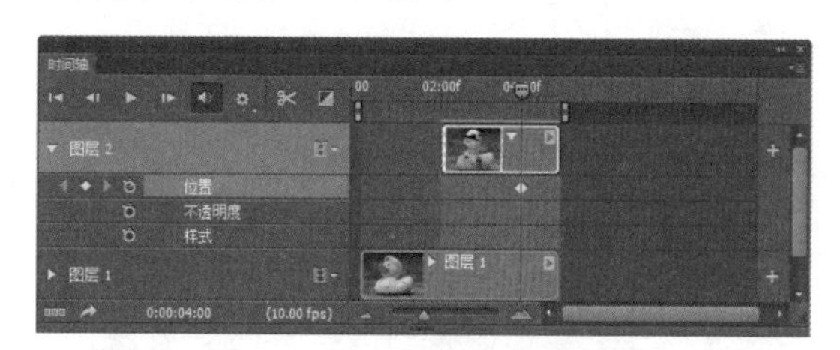

图 16-17　在 04:00 处创建关键帧

步骤 15 再把【当前时间指示器】移到 02:00 处，单击【位置】左侧的按钮，创建关键帧，如图 16-18 所示。

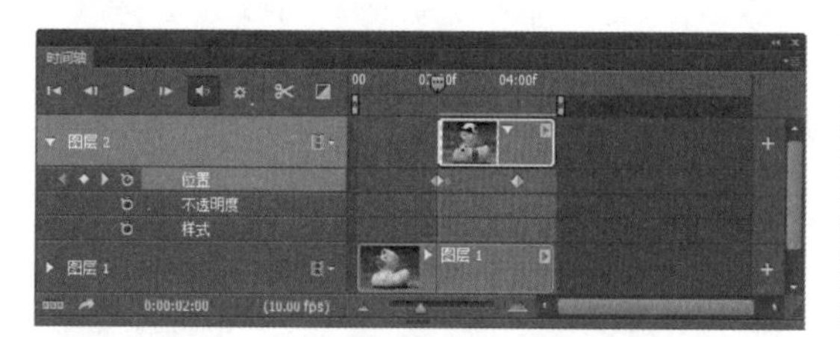

图 16-18　在 02:00 处创建关键帧

步骤 16 使用移动工具将图层 2 图像移动到图像窗口的右侧，这样就完成了图层 2 图像从图像窗口的右侧飞入画面的视频动画效果，如图 16-19 所示。

图 16-19　将图层 2 中的图像移动到窗口的右侧

步骤 17 单击【时间轴】面板中的【播放】按钮，即可播放视频动画，如图 16-20 所示。

图 16-20　播放视频动画

步骤 18 将【当前时间指示器】放置在 02:00 处，单击【不透明度】左侧的按钮，创建关键帧，如图 16-21 所示。

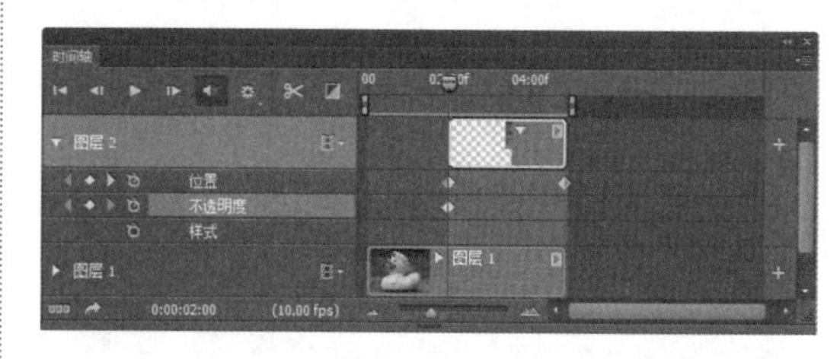

图 16-21　在 02:00 处创建关键帧

步骤 19 在【图层】面板中将图层 2 的【不透明度】设置为 0%，如图 16-22 所示。

步骤 20 将【当前时间指示器】移动到末尾处，单击【不透明度】左侧的按钮，创建关键帧，如图 16-23 所示。

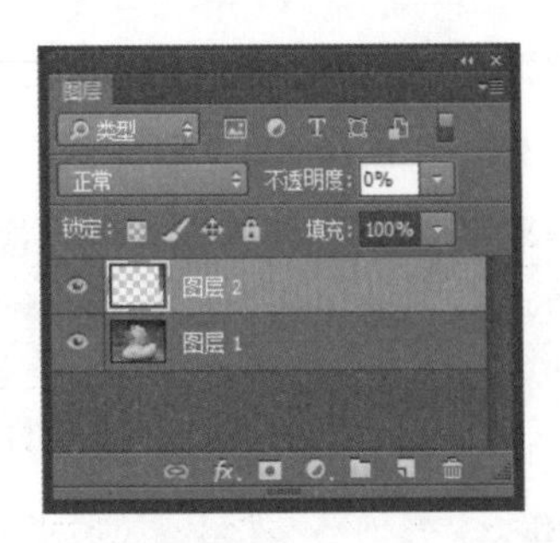

图 16-22　设置图层 2 的不透明度

图 16-23　在末尾处创建关键帧

步骤 21 在【图层】面板中将图层 2 的【不透明度】设置为 100%，如图 16-24 所示。

图 16-24　设置图层 2 的不透明度

步骤 22 单击【时间轴】面板中的【转到第一帧】按钮，将【当前时间指示器】移动到整个序列的起始点，如图 16-25 所示。

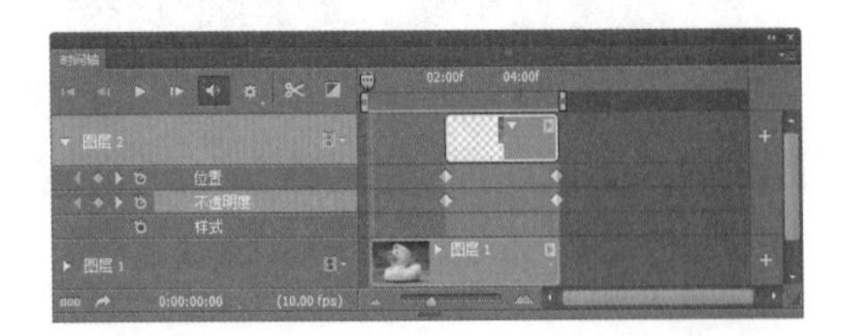

图 16-25　当前时间指示器移动到起始点

步骤 23 单击【播放】按钮，即可播放视频动画，并可以看到添加的图像淡入效果。如图 16-26 所示即为视频动画播放中的画面。

图 16-26　播放视频动画的效果

16.1.3 为视频添加特殊效果

在视频动画的【时间轴】面板中可以为图像、音频和视频添加 Photoshop 自带的一些特殊效果，如渐隐、平移和旋转等，具体的操作步骤如下。

步骤 1 打开随书光盘中的“素材 /ch16/图像切换效果 .psd”文件，其【时间轴】面板如图 16-27 所示。

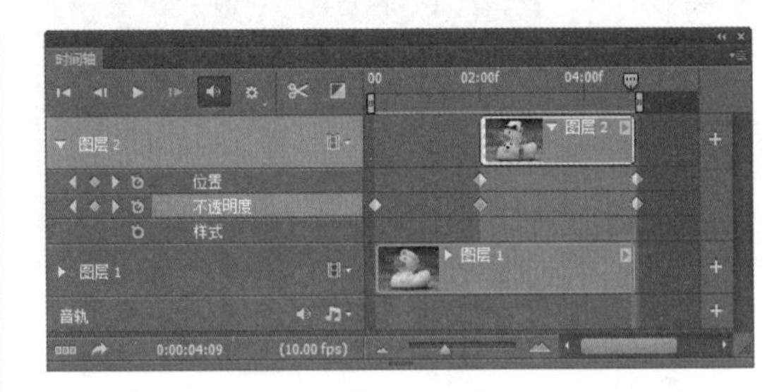

图 16-27　【时间轴】面板

步骤 2 选择【图层 1 持续时间条】，然后右击，在弹出的【动感】面板中选择【无运动】选项，再从弹出的下拉菜单中选择【旋转和缩放】选项，如图 16-28 所示。

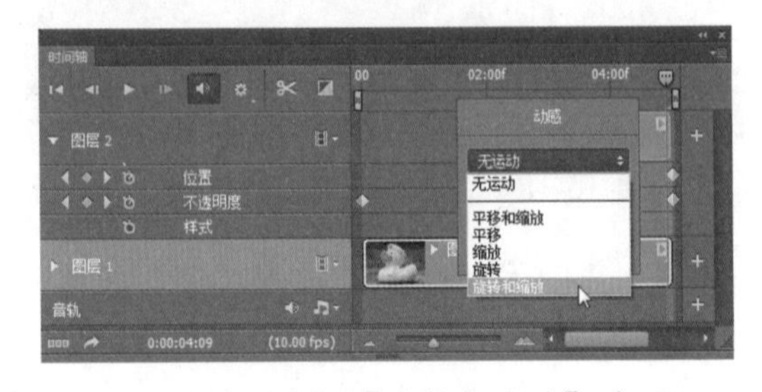

图 16-28　选择【旋转和缩放】选项

步骤 3 在【动感】面板中设置旋转的方向为【顺时针】，【缩放】为【缩小】，如图 16-29 所示。

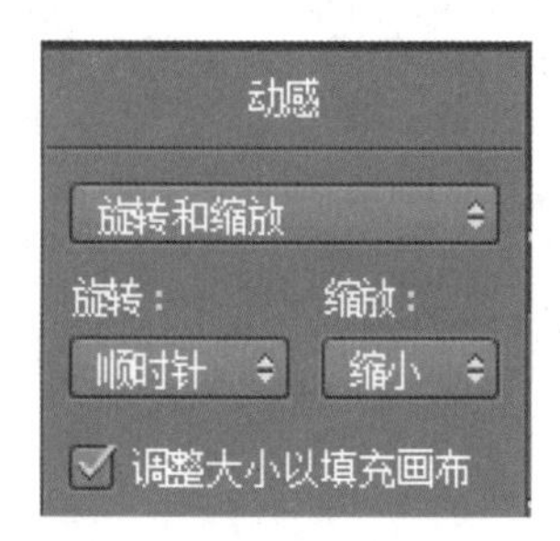

图 16-29 【动感】面板

步骤 4 按 Enter 键，即可为图像添加旋转和缩放运动效果，如图 16-30 所示。

图 16-30 为图像添加旋转和缩放运动效果

步骤 5 单击【图层 1】左侧的三角折叠按钮，即可看到 Photoshop 为图层 1 中的图像添加了关键帧，把【当前时间指示器】移动到 01:00f 处，选择 05:00f 位置的关键帧，并将其移动到 01:00f 处，如图 16-31 所示。

图 16-31 添加并设置关键帧

步骤 6 单击选择【图层 2 持续时间条】，然后在【时间轴】面板的左上方单击【选择过渡效果并拖动以应用】按钮，在弹出的【拖动以应用】面板中选择【白色渐隐】选项，如图 16-32 所示。

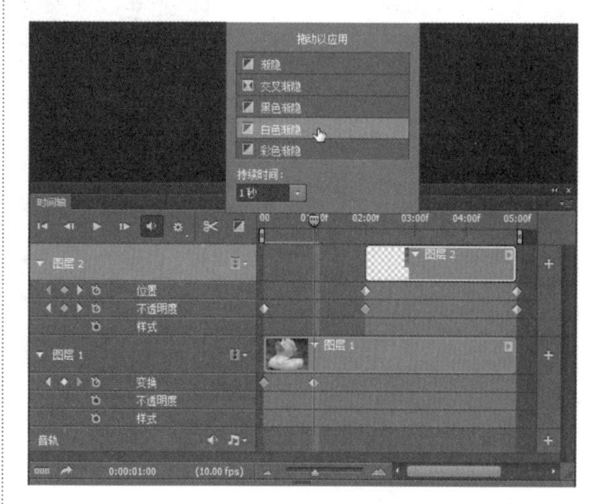

图 16-32 选择【白色渐隐】选项

步骤 7 在【拖动以应用】面板中设置【持续时间】为 2 秒，如图 16-33 所示。

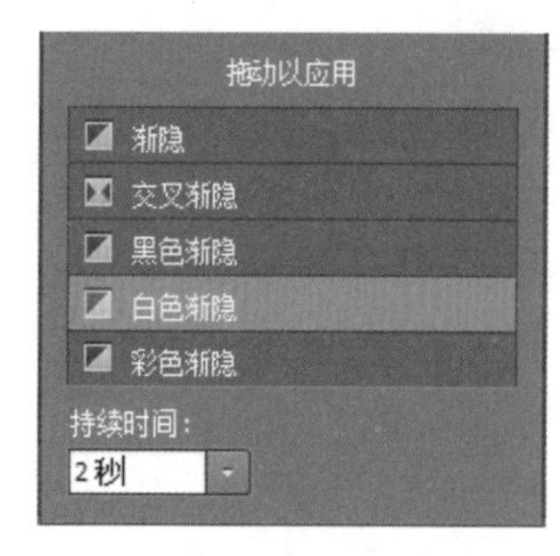

图 16-33 设置【持续时间】为 2 秒

步骤 8 使用鼠标拖动【白色渐隐】图标至【图层 2 持续时间条】的起始位置，释放鼠标左键，并按 Enter 键确认效果的添加，这时【图层 2 持续时间条】的状态如图 16-34 所示。

图 16-34 【图层 2 持续时间条】的状态

步骤 9 单击【时间轴】面板左上角的【播放】按钮，即可播放添加了特殊效果的视频动画。如图 16-35 和图 16-36 所示均为播放中的视频动画画面。

图 16-35 播放中的视频动画画面 (1)

图 16-36 播放中的视频动画画面 (2)

16.2 帧动画

动画是利用人们眼睛的视觉残像作用，通过一帧又一帧的但又是逐渐变化的图像，连续、快速地显示，就会产生运动或其他变化的视觉效果。

16.2.1 帧模式【时间轴】面板

打开一个包括视频图层的文件，然后选择【窗口】→【时间轴】命令，打开【时间轴】面板，如图 16-37 所示。单击面板左下角的按钮，即可进入帧模式的【时间轴】面板，如图 16-38 所示。

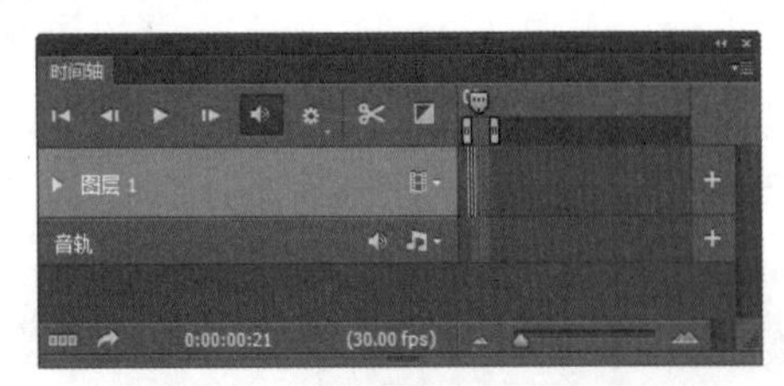

图 16-37 【时间轴】面板

图 16-38 帧模式的【时间轴】面板

帧模式【时间轴】面板的常用参数介绍如下。

☆ ：用于在帧模式的时间轴面板与时间轴面板之间相互转换，如果面板为时间轴模式，单击按钮，可以转换为帧模式。

☆ 一次：用于设置动画的播放次数，分别为【一次】、【三次】和【永远】3 个选项。选择【其他】选项，弹出【设置循环次数】对话框。在【播放】右侧的数值框中可以输入播放的次数，如果输入 4 次，那么该动画就会循环播放 4 次。

☆ ：单击该按钮，可以自动选择面板中的第一帧为当前帧。

☆ ：单击该按钮，可以自动选择当前帧的前一帧。

☆ ：单击该按钮，可在图像窗口中播放动画，再一次单击可停止播放。

☆ ：单击该按钮，可自动选择当前帧的下一帧。

☆ ：单击该按钮，可以打开【过渡】对话框，可以在两个现有帧之间添加一系列的过渡帧，并让新帧之间的图层属性均匀变化。

☆ ：单击该按钮，可以向面板中复制所选帧。

☆ ：单击该按钮，可删除当前选择的帧。

16.2.2 帧动画的创建和编辑

在【时间轴】面板中可以编辑制作帧动画，完成包括显示每个帧的缩略图、复制当前帧、添加或删除帧、播放动画等操作。

创建和编辑帧动画的操作步骤如下。

步骤 1 打开随书光盘中的“素材\ch16\01.psd”文件，如图 16-39 所示。

图 16-39 素材文件

步骤 2 在【图层】面板中选择【图层 1】，再按 Ctrl+J 快捷键复制两个图层，并重新命名为“图层 2”“图层 3”，如图 16-40 所示。

步骤 3 选择【图层 2】，然后使用移动工具将图像移动位置，如图 16-41 所示。

图 16-40 复制两个图层并为其重命名

图 16-41 移动图层 2 中图像的位置

步骤 4 选择【图层 3】，然后使用移动工具将图像移动位置，如图 16-42 所示。

图 16-42 移动图层 3 中图像的位置

步骤 5 在【图层】面板中将图层 1、图层 2、图层 3 隐藏，如图 16-43 所示。

步骤 6 选择【窗口】→【时间轴】命令，打开【时间轴】面板，单击面板中间的三角按钮，在其下拉列表中选择【创建帧动画】选项，如图 16-44 所示。

图 16-43　将全部图层隐藏

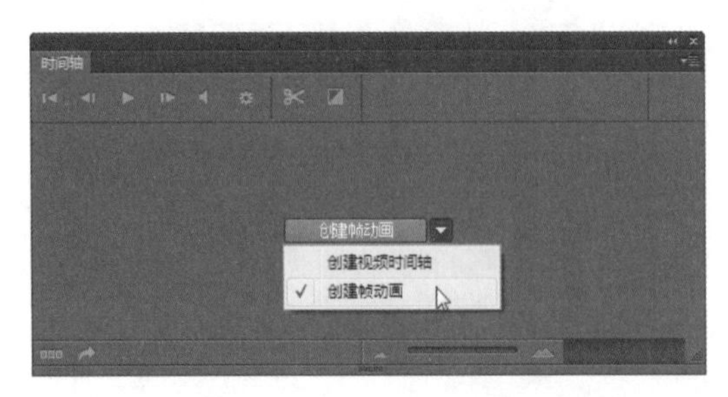

图 16-44　选择【创建帧动画】选项

步骤 7 选择背景图层，再单击【创建帧动画】按钮，打开帧模式的【时间轴】面板，如图 16-45 所示。

图 16-45　帧模式的【时间轴】面板

步骤 8 单击【0 秒】后面的下三角按钮，从弹出的下拉列表中选择【0.1 秒】选项，如图 16-46 所示。

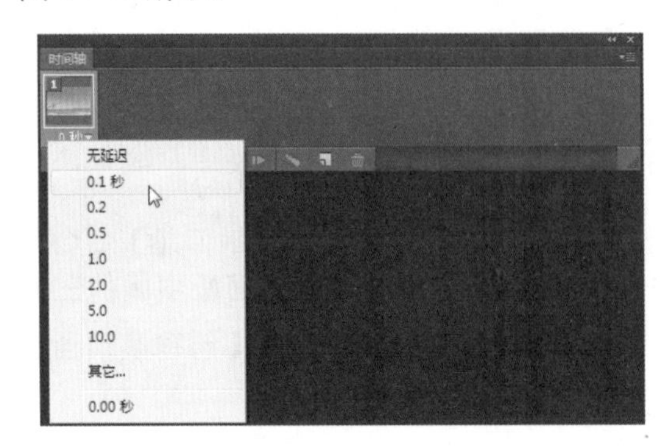

图 16-46　选择【0.1 秒】选项

步骤 9 单击【时间轴】面板下方的【复制所选帧】按钮 4 次，得到与第 1 帧图像相同的 4 帧，如图 16-47 所示。

图 16-47　复制 4 个帧

步骤 10 单击选择第 2 帧，在【图层】面板中显示【图层 1】的图像，这里需要取消移动工具属性栏中的【显示变换控件】选项，图像如图 16-48 所示。

图 16-48　选择第 2 帧并显示【图层 1】的图像

步骤 11 单击选择第 3 帧，在【图层】面板中显示【图层 2】的图像，如图 16-49 所示。

图 16-49　选择第 3 帧并显示【图层 2】的图像

步骤 12 单击选择第 4 帧，在【图层】面板中显示【图层 3】的图像，如图 16-50 所示。

图 16-50　选择第 4 帧并显示【图层 3】的图像

步骤 13 返回到【时间轴】面板中，可以看到当前时间轴面板的样式，如图 16-51 所示。

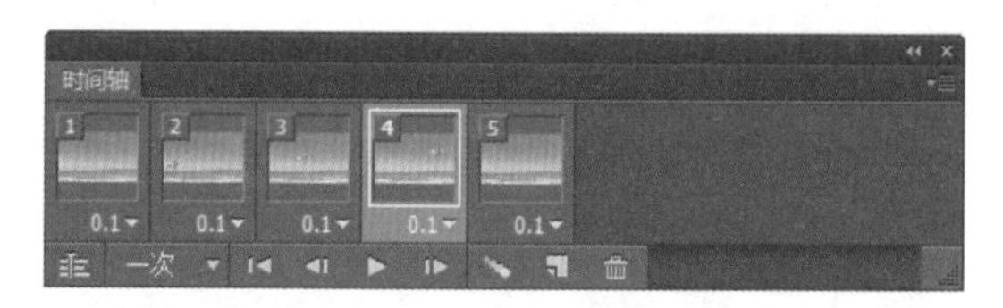

图 16-51　当前时间轴面板的样式

步骤 14 在选择循环选项中，单击【一次】右侧的下拉按钮，从弹出的下拉列表中选择【永远】选项，如图 16-52 所示。

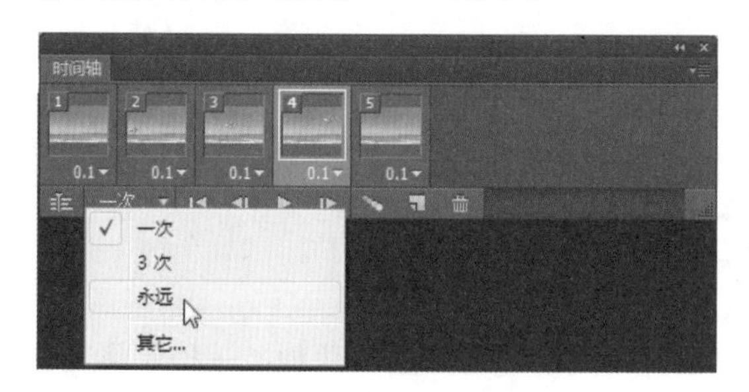

图 16-52　选择【永远】选项

步骤 15 选择第 1 帧，单击【0.1 秒】右侧的下拉按钮，在弹出的下拉列表中选择 1.0 选项，即可将帧的延迟时间设置为 1 秒，如图 16-53 所示。

步骤 16 使用同样的方法，将其他帧的延迟时间均设置为 1 秒，如图 16-54 所示。

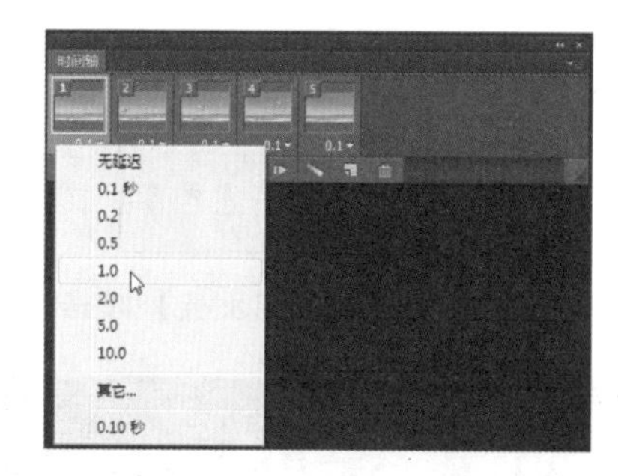

图 16-53　选择 1.0 选项

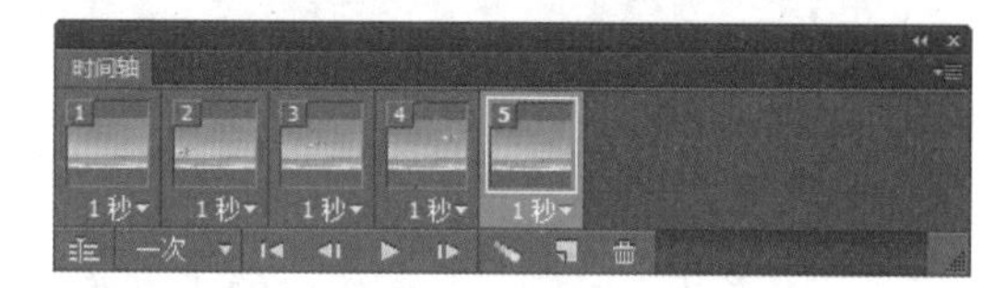

图 16-54　将其他帧的延迟时间均设置为 1 秒

步骤 17 单击【时间轴】中的【播放动画】按钮或者按空格键，即可播放动画，此时可以看到画面中的飞机从天空中飞过，如图 16-55 所示。

图 16-55　播放动画

步骤 18 如果想要设置动画播放的次数，可以单击【一次】右侧的下拉按钮，在弹出的下拉列表中选择【其他】选项，打开【设置循环次数】对话框，在其中设置动画的播放次数，如图 16-56 所示。

步骤 19 单击【确定】按钮，返回到 Photoshop CC 工作界面中，可以看到设置播放次数后的【时间轴】显示效果，如图 16-57 所示。

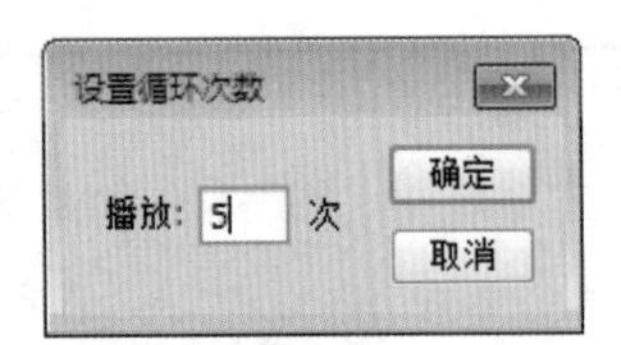

图 16-56 【设置循环次数】对话框

图 16-57 设置播放次数后的【时间轴】显示效果

步骤 20 单击【时间轴】面板中的【过渡】按钮，打开【过渡】对话框，在其中设置参数，如图 16-58 所示。

图 16-58 【过渡】对话框

步骤 21 单击【确定】按钮，可以看到添加过渡效果后的【时间轴】显示效果，如图 16-59 所示。

图 16-59 添加过渡效果后的【时间轴】显示效果

步骤 22 单击【播放动画】按钮，即可看到添加过渡效果后的动画播放效果，如图 16-60 所示。

图 16-60 添加过渡效果后的动画播放效果

16.3 视频与动画的输出

视频或者帧动画制作完成后，可以将其输出，常用的输出方法有两种：一种是将其输出为 GIF 格式的文件；另一种是将其渲染输出。

16.3.1 动画输出

动画制作完毕后，可以将其输出为 GIF 格式的文件，具体的操作步骤如下。

步骤 1 打开随书光盘中的“素材\ch16\视频动画 .psd”文件，如图 16-61 所示。

步骤 2 选择【文件】→【导出】→【存储为 Web 所用格式（100%）】命令，打开【存储为 Web 所用格式（100%）】对话框，如图 16-62 所示。

图 16-61　素材文件

图 16-62　【存储为 Web 所用格式（100%）】对话框

步骤 3 在【预设】区域中设置【颜色】为 256，【仿色】为 100%，如图 16-63 所示。

图 16-63　设置颜色和仿色

步骤 4 单击【存储】按钮，打开【将优化结果存储为】对话框，选择存储的位置，并设置文件存储的格式，如图 16-64 所示。

步骤 5 单击【保存】按钮，弹出一个信息提示框，如图 16-65 所示。

图 16-64　【将优化结果存储为】对话框

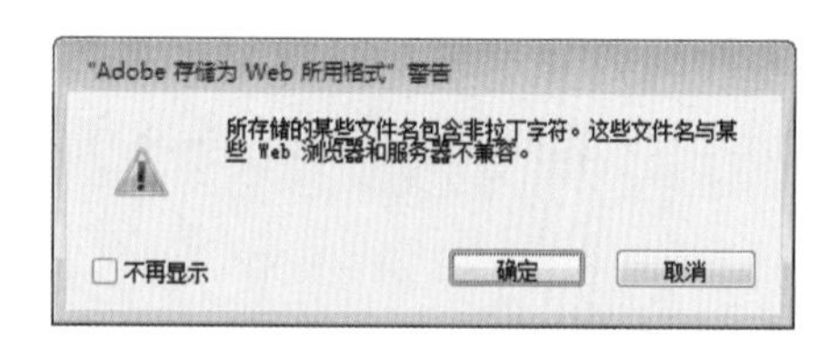

图 16-65　信息提示框

步骤 6 单击【确定】按钮，即可将视频动画保存为 GIF 格式的文件。双击该文件，可以在浏览器中预览 GIF 格式的动画，如图 16-66 所示。

图 16-66　将视频动画保存为 GIF 格式的文件

16.3.2 渲染视频

视频动画制作好后，选择【文件】→【导出】→【渲染视频】命令，可以将视频导出为影片，具体的操作步骤如下。

步骤 1 打开随书光盘中的“素材 \ch16\ 帧动画 .psd”文件，如图 16-67 所示。

图 16-67　素材文件

步骤 2 选择【文件】→【导出】→【渲染视频】命令，打开【渲染视频】对话框，设置文件的存储位置，将视频大小设置为【PAL D1/DV 宽银幕】，如图 16-68 所示。

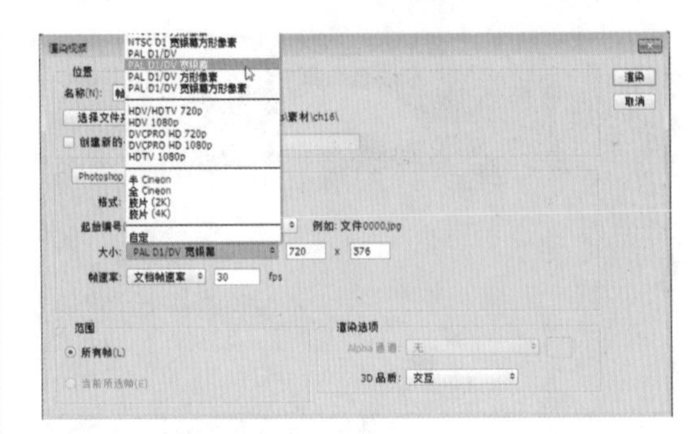

图 16-68　【渲染视频】对话框

步骤 3 单击【渲染】按钮，即可对当前文件进行渲染操作。渲染完成后，在存储的地方就会生成一个 MP4 格式的文件。

16.4 高效技能实战

16.4.1 技能实战 1——制作蝴蝶飞舞动画

通过 Photoshop 的变形功能，再结合【时间轴】面板，可以制作蝴蝶飞舞的动画效果，具体的操作步骤如下。

步骤 1 打开随书光盘中的“素材\ch16\花与蝴蝶.psd”文件，如图 16-69 所示。

图 16-69　素材文件

步骤 2 选择【蝴蝶】图层，按 Ctrl+J 快捷键复制蝴蝶图层，得到【蝴蝶拷贝】图层，如图 16-70 所示。

图 16-70　复制蝴蝶图层

步骤 3 隐藏【蝴蝶】图层，选择【蝴蝶 拷贝】图层，如图 16-71 所示。

图 16-71　选择【蝴蝶 拷贝】图层

步骤 4 按 Ctrl+T 快捷键自由变换，蝴蝶图像四周出现变换框，右击，在弹出的快捷菜单中选择【变形】命令，如图 16-72 所示。

图 16-72　选择【变形】命令

步骤 5 拖动控制杆调整蝴蝶的形状，编辑完成后，按 Enter 键结束操作，如图 16-73 所示。

图 16-73　调整蝴蝶的形状

步骤 6 在【图层】面板中将【蝴蝶 拷贝】图层隐藏，如图 16-74 所示。

图 16-74　隐藏【蝴蝶 拷贝】图层

步骤 7 选择【窗口】→【时间轴】命令，打开【时间轴】面板，如图 16-75 所示。

图 16-75　【时间轴】面板

步骤 8 单击【创建帧动画】按钮，打开帧模式的【时间轴】面板，如图 16-76 所示。

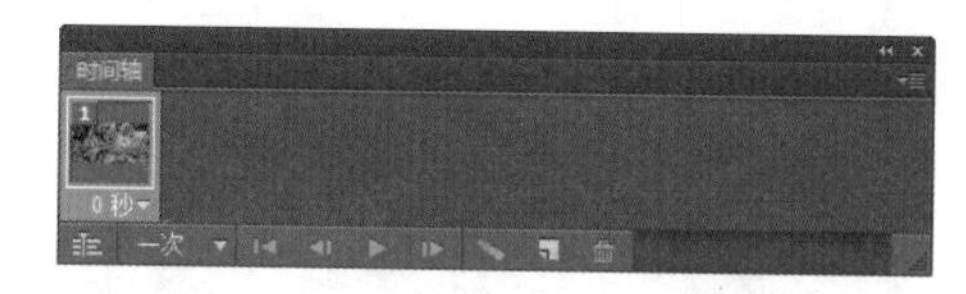

图 16-76　帧模式的【时间轴】面板

步骤 9 单击【0 秒】右侧的下三角按钮，在弹出的下拉列表中选择 0.2 选项，设置动画的延迟时间为 0.2 秒，如图 16-77 所示。

图 16-77　设置动画的延迟时间为 0.2 秒

步骤 10 单击【时间轴】面板下方的【复制所选帧】按钮，得到与第 1 帧图像相同的帧，如图 16-78 所示。

图 16-78　复制一个相同的帧

步骤 11 在【时间轴】面板中单击第 1 帧，如图 16-79 所示。然后在【图层】面板中显示【蝴蝶】图层，如图 16-80 所示。

图 16-79　单击第 1 帧

图 16-80　显示【蝴蝶】图层

步骤 12 在【时间轴】面板中单击第 2 帧，如图 16-81 所示。然后在【图层】面板中显示【蝴蝶 拷贝】图层，如图 16-82 所示。

图 16-81　单击第 2 帧

图 16-82　显示【蝴蝶 拷贝】图层

步骤 13 单击【时间轴】面板右侧的下三角按钮，在弹出的下拉列表中选择【永远】选项，如图 16-83 所示。

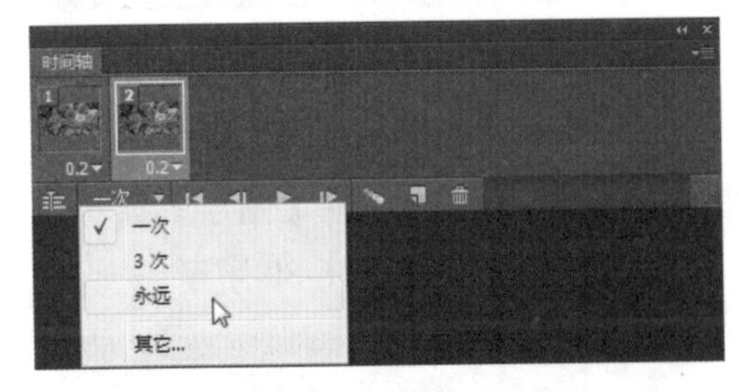

图 16-83　选择【永远】选项

步骤 14 单击【时间轴】面板中的【播放】按钮，即可在图像中看到蝴蝶飞舞的效果，如图 16-84 所示。

图 16-84　最终效果

16.4.2　技能实战 2——制作下雪动画效果

通过 Photoshop 的点状化滤镜、阈值、模糊滤镜等功能可以制作雪花效果，然后结合【时间轴】面板可以制作下雪动画效果，具体的操作步骤如下。

步骤 1 打开随书光盘中的“素材\ch16\05.jpg”文件，如图 16-85 所示。

图 16-85　素材文件

步骤 2 按 Ctrl+J 快捷键，复制一个背景图层，并命名为“图层 1”，如图 16-86 所示。

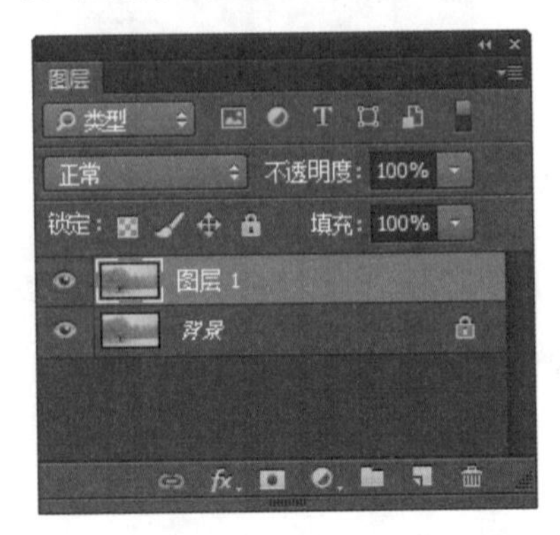

图 16-86　复制一个背景图层

步骤 3 选中【图层 1】，然后选择【滤镜】→【像素化】→【点状化】命令，打开【点状化】对话框，在其中设置【单元格大小】为 8，如图 16-87 所示。

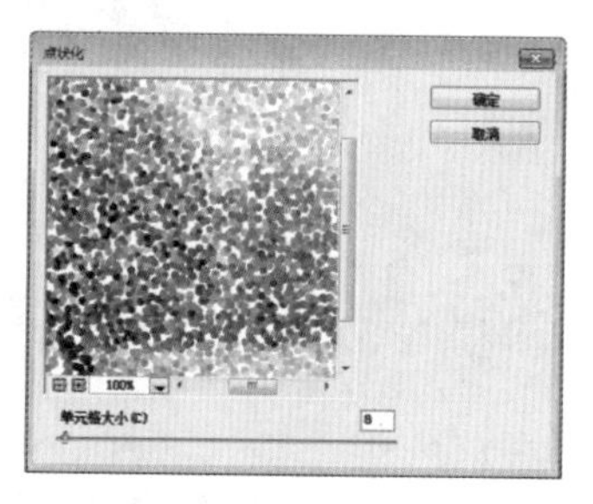

图 16-87　【点状化】对话框

步骤 4 单击【确定】按钮，即可将图层 1 像素化，得到如图 16-88 所示的图像显示效果。

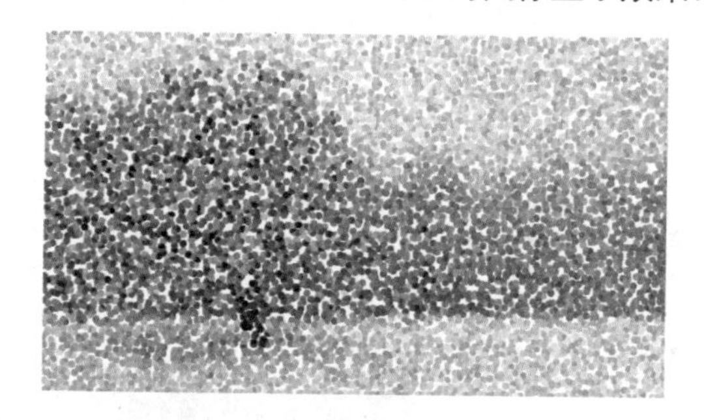

图 16-88　应用滤镜后的效果

步骤 5 选中【图层 1】，选择【图像】→【调整】→【阈值】命令，打开【阈值】对话框，在其中通过调整下方的滑块，使图像中的点状均匀显示，如图 16-89 所示。

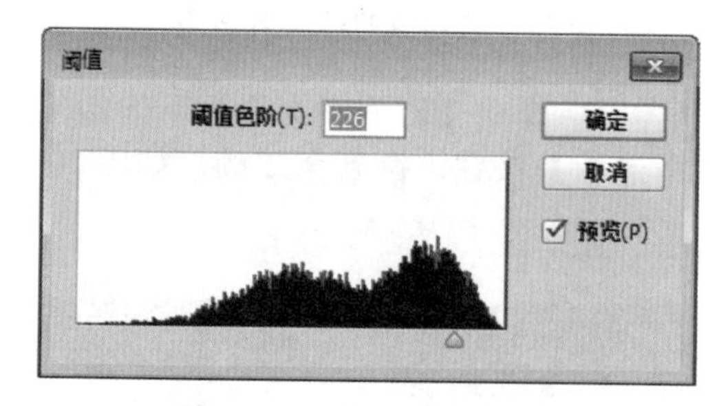

图 16-89　【阈值】对话框

步骤 6 返回到【图层】面板中，设置图层的混合模式为【滤色】，如图 16-90 所示。

图 16-90　设置图层的混合模式

步骤 7 返回到图像中，可以看到图像的显示效果，如图 16-91 所示。

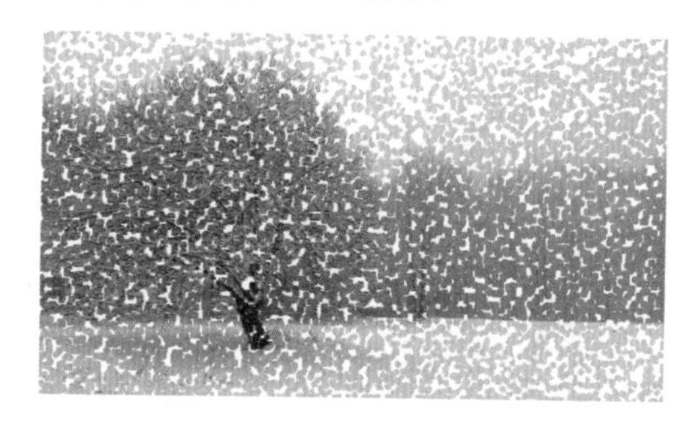

图 16-91　图像效果

步骤 8 选中【图层 1】，选择【滤镜】→【模糊】→【动感模糊】命令，弹出【动感模糊】对话框，在其中设置【角度】为 55 度，并调整模糊的距离，如图 16-92 所示。

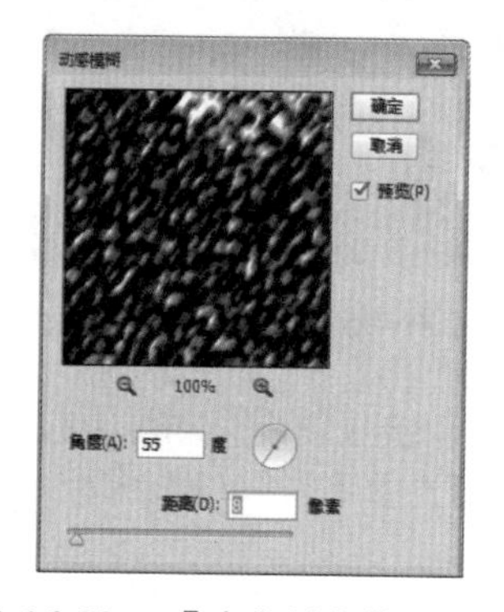

图 16-92　【动感模糊】对话框

步骤 9 单击【确定】按钮，即可为图像添加模糊效果，然后在【图层】面板中设置图层的【不透明度】为 75%，如图 16-93 所示。

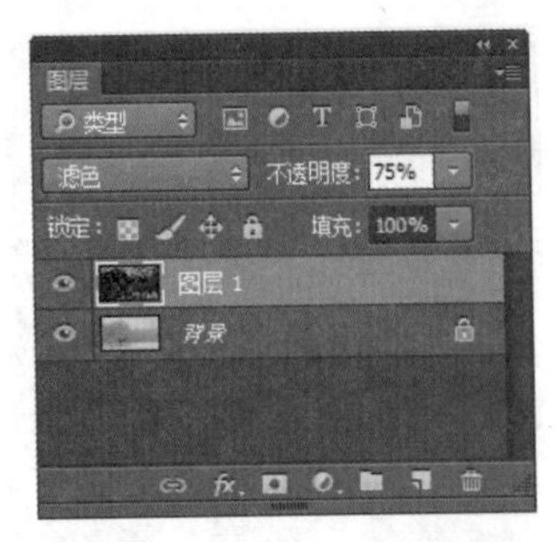
图 16-93　设置图层的不透明度

步骤 10 这时可以得到如图 16-94 所示的图像显示效果。

图 16-94　图像效果

步骤 11 选择【窗口】→【时间轴】命令，弹出【时间轴】面板，如图 16-95 所示。

图 16-95　【时间轴】面板

步骤 12 单击【创建帧动画】按钮，即可进入帧动画模式的【时间轴】面板，如图 16-96 所示。

图 16-96　帧动画模式的【时间轴】面板

步骤 13 选中【图层 1】，按 Ctrl+T 快捷键显示变换框，将图像等比例放大，然后按 Enter 键确认放大，如图 16-97 所示。

图 16-97　将图像等比例放大

步骤 14 在【时间轴】面板中单击 0.1 后面的下拉按钮，在弹出的下拉列表中选择 0.2 选项，设置当前帧的延迟时间为 0.2 秒，如图 16-98 所示。

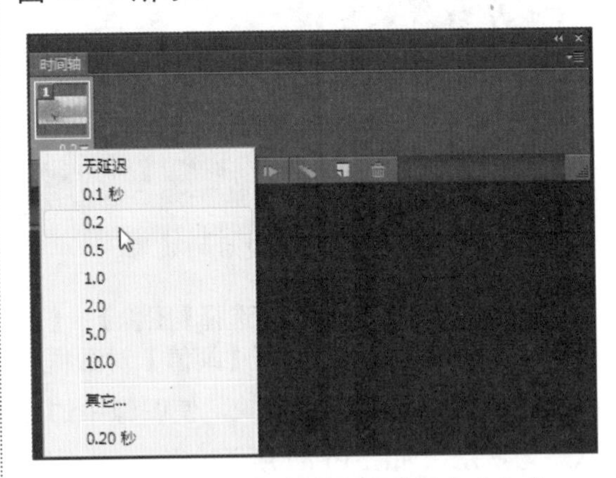

图 16-98　设置帧的延迟时间为 0.2 秒

步骤 15 单击【时间轴】面板下方的【复制所选帧】按钮，得到第二帧，如图 16-99 所示。

图 16-99　复制一个相同的帧

步骤 16 使用移动工具，将图层 1 图像的右上角与背景图层图像的右上角对齐，如图 16-100 所示。

步骤 17 单击【时间轴】面板中的【过渡】按钮，打开【过渡】对话框，在其中设置【要添加的帧数】为 3，并选择【过渡方式】为【上一帧】，如图 16-101 所示。

图 16-100　对齐图像

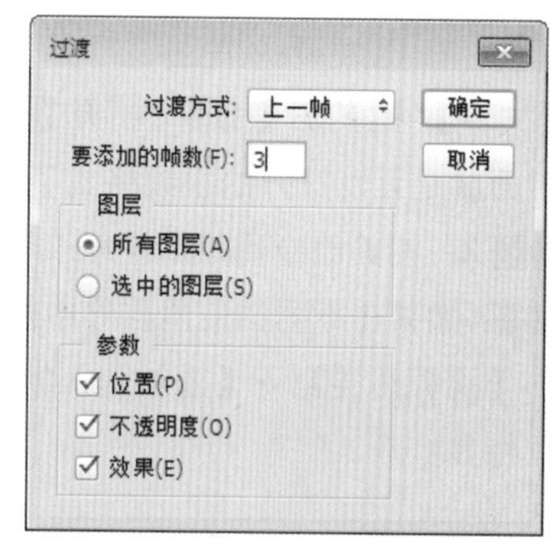

图 16-101　【过渡】对话框

步骤 18 单击【确定】按钮，即可在两帧之间添加过渡帧，如图 16-102 所示。

步骤 19 单击【时间轴】面板下方的【一次】右侧的下三角按钮，在弹出的下拉列表中选择【永远】选项，如图 16-103 所示。

图 16-102　在两帧之间添加过渡帧

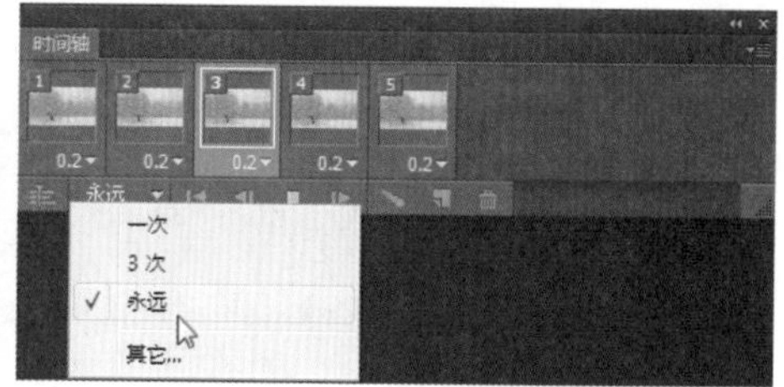

图 16-103　选择【永远】选项

步骤 20 单击【时间轴】面板中的【播放】按钮，即可播放动画。如图 16-104 所示为播放中的画面，可以看到下雪的效果。

图 16-104　最终效果

16.5 疑难问题解答

问题 1：Photoshop 支持哪些格式的视频文件？

解答：在 Photoshop 中可以打开 3GP、3G2、AVI、MP4、FLV、WAV 等格式的视频文件，选择【文件】→【打开】命令，打开【打开】对话框，在格式下拉列表中可以选择【视频】选项，在其后面就是可以打开的视频格式了。

问题 2：在其他应用程序中修改了视频图层的源文件，如何再在 Photoshop 中将其打开？

解答：如果在不同的应用程序中修改了视频图层的源文件，则需要在 Photoshop 中选择【图层】→【视频图层】→【重新载入帧】命令，然后在【时间轴】面板中重新载入和更新当前帧即可将其打开。

第17章 图像的自动化处理

- **本章导读：**

在处理图像时，我们经常需要对大量图像进行重复的操作，而且在操作过程中容易出现错误。Photoshop 提供的自动化功能能够很好地解决该问题，该自动化功能主要是使用动作来完成的，通过动作来记录处理图像的操作步骤，执行该动作便可以自动完成操作。

- **学习目标：**

◎ 掌握使用动作快速应用效果的方法
◎ 掌握使用自动命令处理图像的方法
◎ 掌握批量校正图像的方法
◎ 掌握将图像制作成 PDF 文件的方法

- **重点案例效果**

17.1 使用动作快速应用效果

在 Photoshop 中可以将一个或多个操作记录成动作，然后将这些动作应用于多个文件，即可简化重复操作，实现高效和快速地处理文件。

17.1.1 认识【动作】面板

通过【动作】面板可以记录、播放、编辑和删除动作，还可以存储和载入动作文件。选择【窗口】→【动作】命令或按 Alt+F9 组合键，即可打开【动作】面板，如图 17-1 所示。

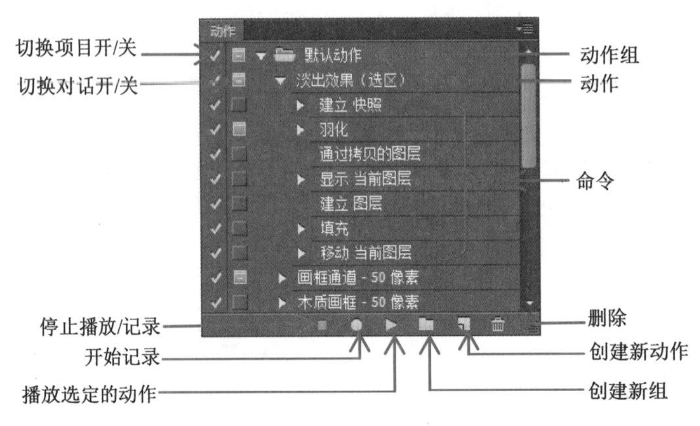

图 17-1 【动作】面板

【动作】面板中各参数或按钮的含义如下。

☆ 切换项目开 / 关：若动作或命令前显示✓图标，表示这个动作是可执行的。反之，若没有该图标，表示这个动作不可执行。

☆ 切换对话开 / 关：若命令前显示▣图标，表示动作执行到该命令时会弹出对话框，以供设置参数，设置完成后单击【确定】按钮，会继续执行动作。若动作前显示该图标，表示该动作中包含了会弹出对话框的命令。

☆ 动作组：动作组中包含了一系列的动作。

☆ 动作：每个动作中包含了一系列的命令。

☆ 【停止播放 / 记录】■：单击该按钮，可以停止播放动作或停止记录动作。

☆ 【开始记录】●：单击该按钮，可以开始录制动作。

☆ 【播放选定的动作】▶：单击该按钮，可以执行选择的动作。

☆ 【创建新组】▭：单击该按钮，可以创建一个新的动作组。

☆ 【创建新动作】◲：单击该按钮，可以创建一个新的动作。

☆ 【删除】🗑：单击该按钮，可以删除选择的动作。

另外，单击【动作】面板右上角的小三角形，弹出【动作】快捷菜单。在其中单击相应的菜单命令即可对动作进行操作，如新建动作、新建组、复制、删除等。

17.1.2 应用预设动作

在【动作】面板中可以看到，Photoshop 提供了多种类型的预设动作，如淡出效果、画框通道、木质画框等，如图 17-2 所示。

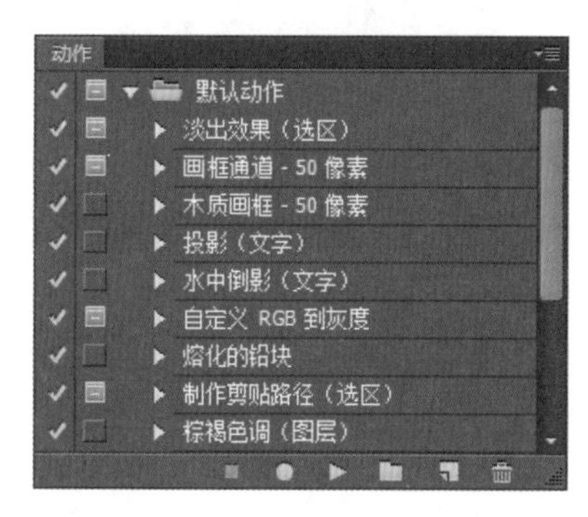

图 17-2　多种类型的预设动作

提示

单击【动作】按钮右上角的菜单图标，在弹出的下拉菜单中可选择更多的预设动作，如图 17-3 所示。只需选中这些预设动作即可将其载入到【动作】面板中。

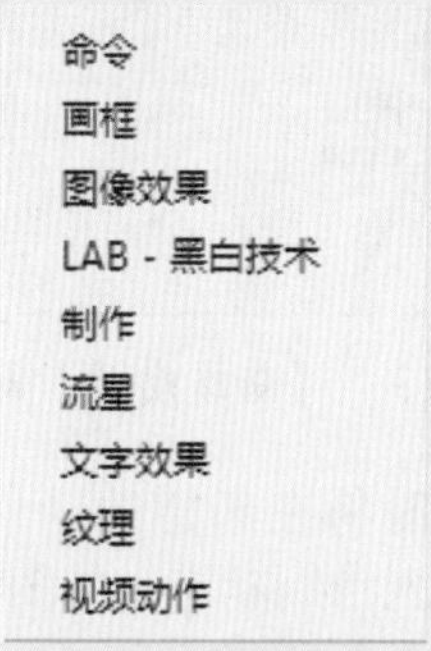

命令
画框
图像效果
LAB - 黑白技术
制作
流星
文字效果
纹理
视频动作

图 17-3　面板菜单

应用这些预设动作，可以方便快速地对图像进行设置，以得到相应的效果。下面以应用棕褐色调这一动作为例，介绍如何应用预设动作。具体的操作步骤如下。

步骤 1 打开随书光盘中的“素材\ch17\图 17.1.jpg”文件，如图 17-4 所示。

步骤 2 在【动作】面板中选择【棕褐色调（图层）】选项，然后单击底部的▶按钮，如图 17-5 所示。

图 17-4　素材文件

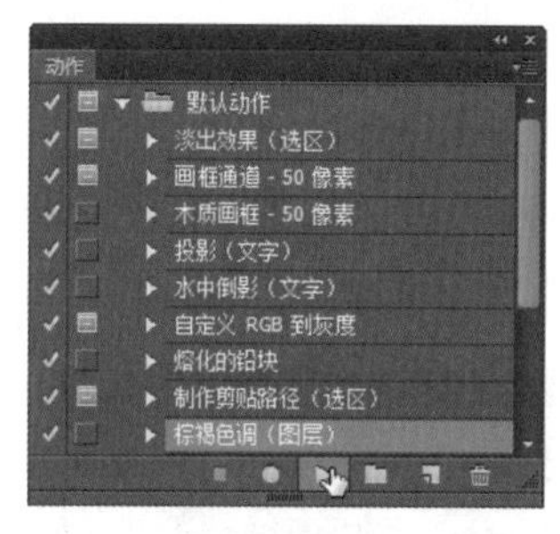

图 17-5　选择【棕褐色调(图层)】选项

步骤 3 即可执行该预设动作，使图像自动产生棕褐色，如图 17-6 所示。

图 17-6　图像产生棕褐色

在为图像应用动作后，可通过【历史记录】面板查看该动作所进行的操作。图 17-7 和图 17-8 分别是执行前和执行棕褐色调动作后的操作。

图 17-7　执行前的【历史记录】面板

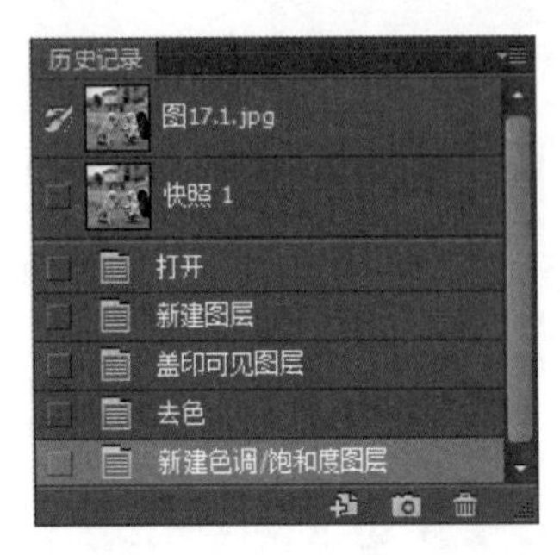

图 17-8　执行后的【历史记录】面板

在【动作】面板中单击【棕褐色调(图层)】前面的按钮，展开该动作，在其中可以查看该动作所包含的命令，它与【历史记录】面板中所执行的操作是相对应的，如图 17-9 所示。

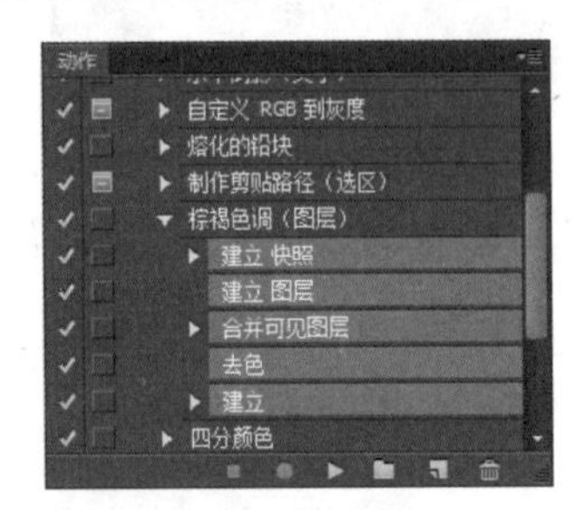

图 17-9　查看动作所包含的命令

17.1.3 创建动作

除了预设动作外，还可以根据需要创建动作。下面创建一个将图像处理成为铅笔画的动作，具体的操作步骤如下。

步骤 1 打开随书光盘中的“素材\ch17\图 17.2.jpg”文件，如图 17-10 所示。

图 17-10　素材文件

步骤 2 单击【动作】面板底部的按钮，如图 17-11 所示。

图 17-11　单击按钮

步骤 3 弹出【新建组】对话框，在【名称】文本框中输入新建的组名称，然后单击【确定】按钮，新建一个动作组，如图 17-12 所示。

图 17-12　【新建组】对话框

步骤 4 选中新建的动作组，单击【动作】面板底部的按钮，弹出【新建动作】对话框，在【名称】文本框中输入新建的动作名称，然后单击【记录】按钮，如图 17-13 所示。

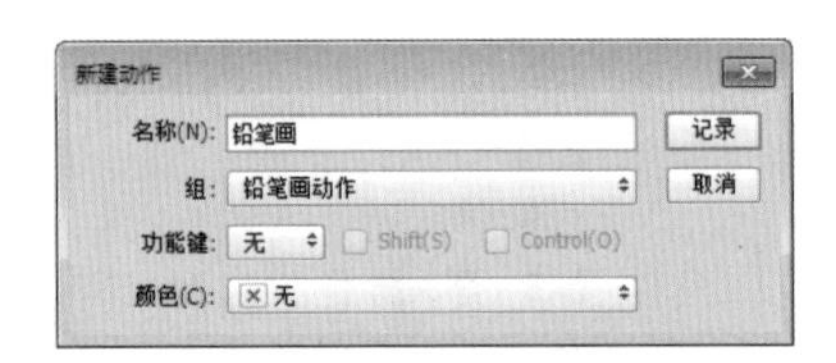

图 17-13　【新建动作】对话框

步骤 5 此时将在新建的动作组中创建一个动作，并进入录制状态，如图 17-14 所示。

图 17-14　创建一个动作并进入录制状态

步骤 6 按 Ctrl+J 组合键复制图层，在【动作】面板中可以看到，复制图层的动作已记录到新建的【铅笔画】动作中，如图 17-15 所示。

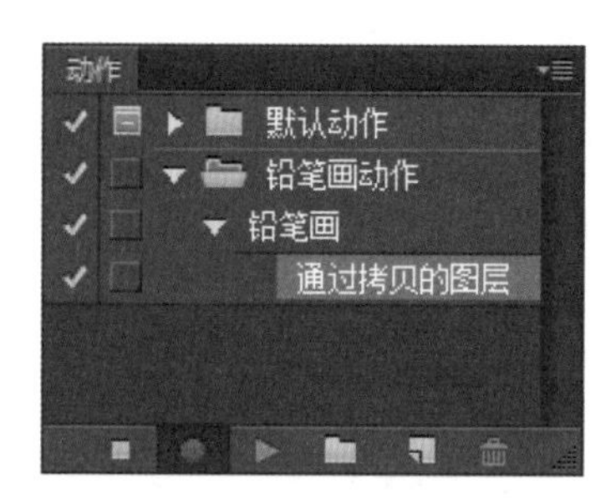

图 17-15 操作被记录到动作中

步骤 7 选中复制的图层，选择【滤镜】→【滤镜库】命令，在弹出的对话框中选择【风格化】组中的【照亮边缘】滤镜，然后设置【边缘宽度】为 1，如图 17-16 所示。

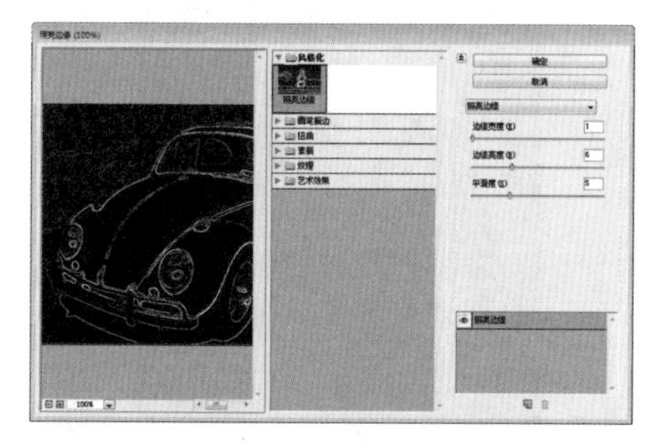

图 17-16 【照亮边缘】对话框

步骤 8 单击【确定】按钮，此时应用滤镜库的动作也被记录到【铅笔画】动作中，如图 17-17 所示。

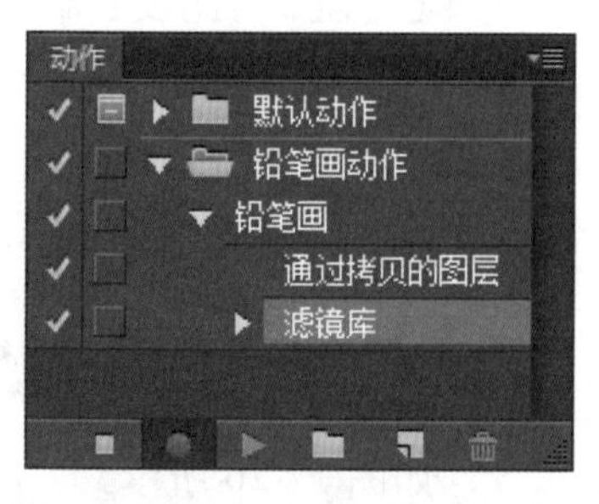

图 17-17 操作被记录到【铅笔画】动作中

步骤 9 选择【图像】→【调整】→【反相】命令，使图像反相显示，然后选择【图像】→【调整】→【去色】命令，去除图像的颜色，这两步操作同样被记录下来，如图 17-18 所示。此时图像已产生铅笔画效果，如图 17-19 所示。

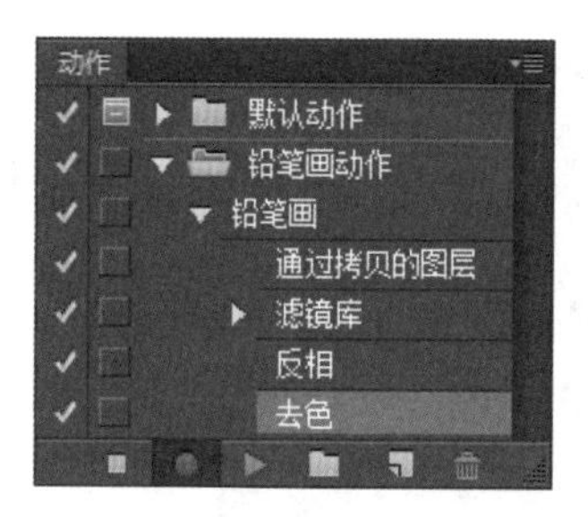

图 17-18 两步操作被记录到【铅笔画】动作中

图 17-19 图像产生铅笔画效果

步骤 10 操作完成后，单击【动作】面板底部的■按钮完成录制，如图 17-20 所示。

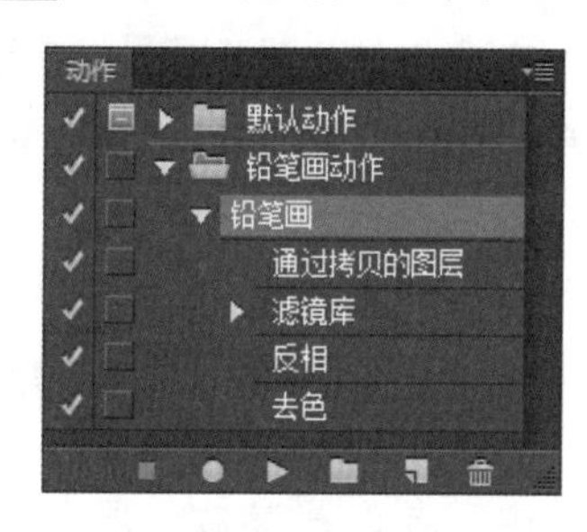

图 17-20 完成录制

17.1.4 复制、删除动作或命令

单击【动作】面板底部的■、■按钮，或者通过【动作】面板的面板菜单，可以完成复制、删除操作。

(1) 复制动作或命令。选中要复制的动作或命令，单击【动作】面板右上角的■图标，在弹出的面板菜单中选择【复制】命令，如图 17-21 所示。或者直接将其拖动到面板底部的■按钮，即可复制选中的动作或命令，如图 17-22 所示。

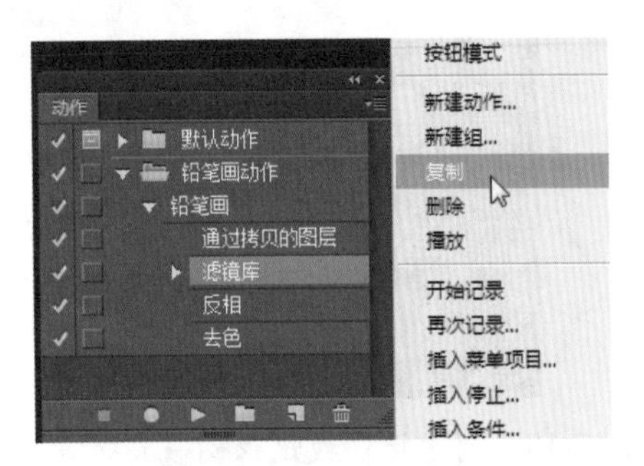

图 17-21 选择【复制】命令

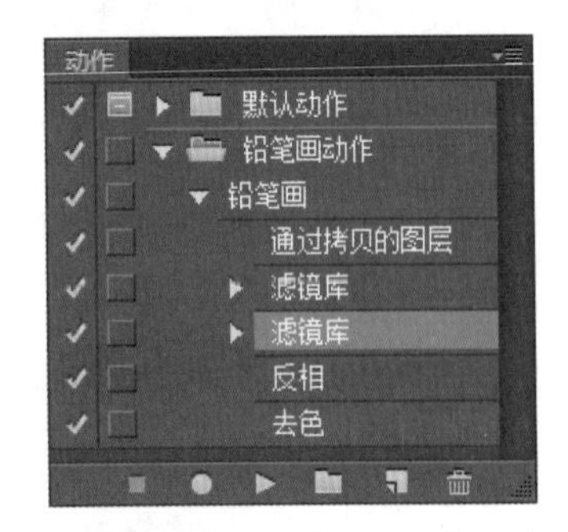

图 17-22 复制选中的动作或命令

(2) 删除动作或命令。选中要删除的动作或命令，直接将其拖动到按钮上，或者在面板菜单中选择【删除】命令，可完成删除操作。

17.1.5 更改命令中的参数

若命令中需要设置参数，那么这些参数并不是一成不变的，可以进行修改。具体的操作步骤如下。

步骤 1 双击要修改参数的命令，如图 17-23 所示。

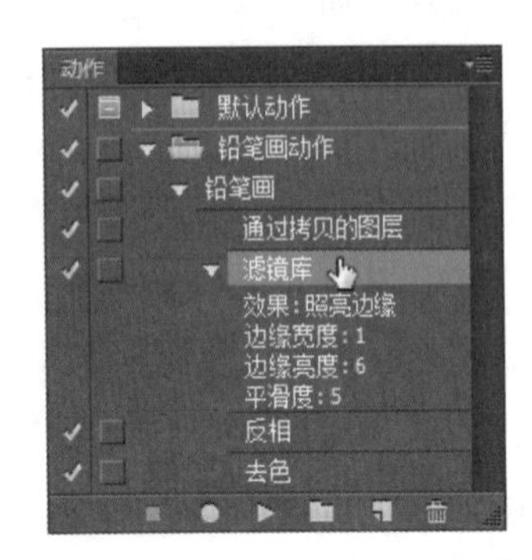

图 17-23 双击要修改参数的命令

步骤 2 弹出执行该命令时的对话框，在其中修改参数，单击【确定】按钮，如图 17-24 所示。

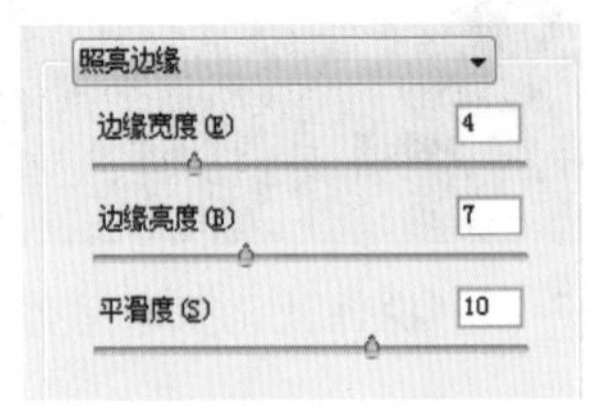

图 17-24 修改参数

步骤 3 即可修改命令的参数，如图 17-25 所示。

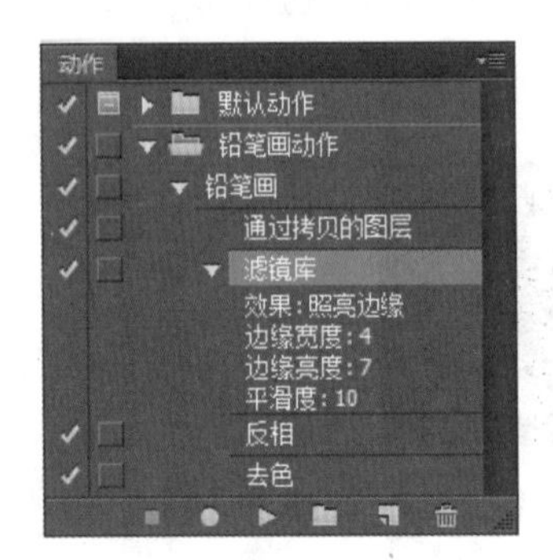

图 17-25 成功修改命令的参数

17.1.6 添加命令

下面以添加【亮度 / 对比度】命令为例，介绍如何在动作中添加命令，具体的操作步骤如下。

步骤 1 选中要在其后添加命令的某个命令，如这里选择【反相】命令，直接单击底部的按钮，或者在面板菜单中选择【开始记录】命令，如图 17-26 所示。

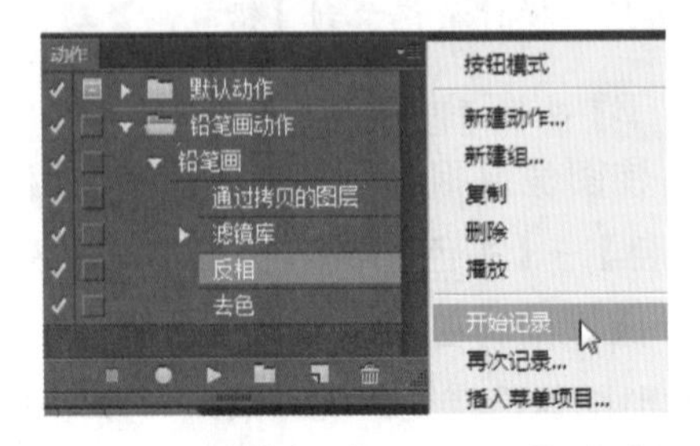

图 17-26 选择【开始记录】命令

步骤 2 此时将进入录制状态，选择【图像】→【调整】→【亮度/对比度】命令，弹出【亮度/对比度】对话框，在其中设置参数，单击【确定】按钮，如图 17-27 所示。

图 17-27 【亮度/对比度】对话框

步骤 3 即可在【反相】命令后面添加一个【亮度/对比度】命令，单击 ■ 按钮结束录制，如图 17-28 所示。

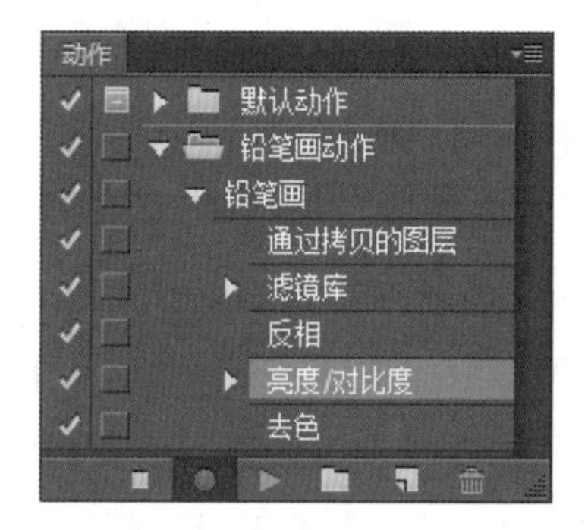

图 17-28 添加一个命令

17.1.7 插入菜单项目

在 Photoshop 中，有些操作是无法录制到动作中的，例如打开某个面板、调整视图等操作。而使用【插入菜单项目】命令则允许将许多无法录制的命令插入动作中。具体的操作步骤如下。

步骤 1 选中要在其后插入菜单项目的某个命令，在面板菜单中选择【插入菜单项目】命令，如图 17-29 所示。

步骤 2 弹出【插入菜单项目】对话框，在其中显示无选择，如图 17-30 所示。

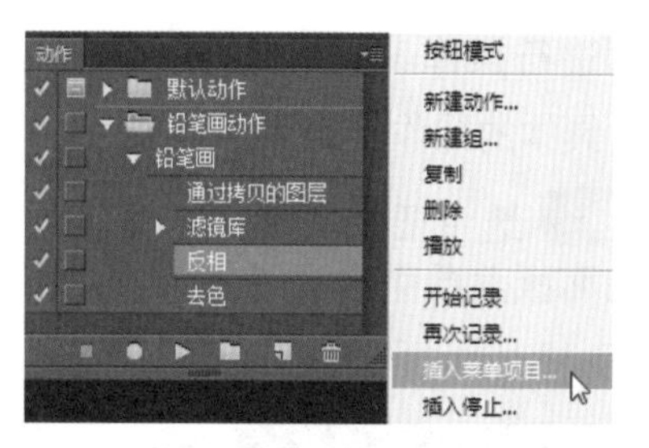

图 17-29 选择【插入菜单项目】命令

图 17-30 【插入菜单项目】对话框

步骤 3 选择【视图】→ 100% 命令，此时【插入菜单项目】对话框中显示“视图：100%”字样，如图 17-31 所示。

图 17-31 显示“视图：100%”字样

步骤 4 单击【确定】按钮，关闭对话框，调整视图的命令便被插入动作中，如图 17-32 所示。

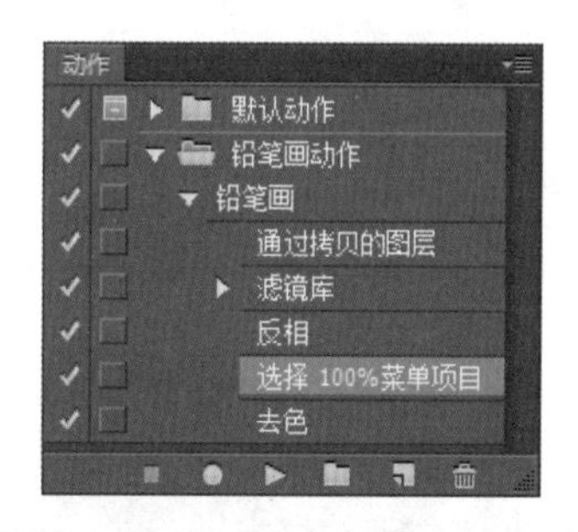

图 17-32 调整视图的命令被插入动作中

17.1.8 插入停止

在 Photoshop 中，使用画笔、铅笔等工具在图像上绘制这一类操作是不可控的，无法自动执行。而使用【插入停止】命令可以让动作在执行这类操作时自动停止，这样就可以手动进行操作，操作完成后继续执行动作即可。具体的操作步骤如下。

步骤 1 选中要在其后插入停止的某个命令，在面板菜单中选择【插入停止】命令，如图 17-33 所示。

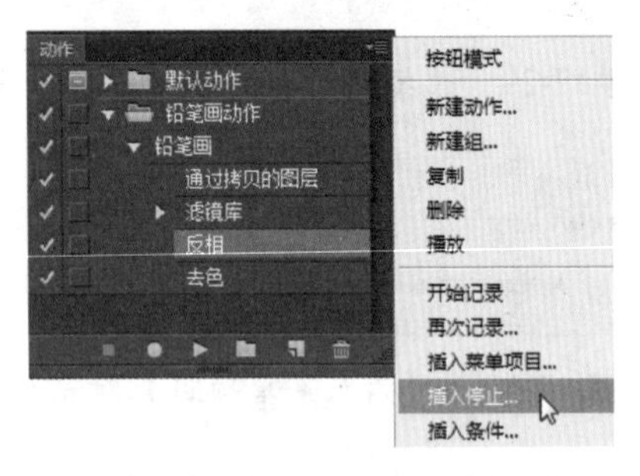

图 17-33 选择【插入停止】命令

步骤 2 弹出【记录停止】对话框，在【信息】文本框中输入动作停止时显示的提示信息，并选中【允许继续】复选框，如图 17-34 所示。

图 17-34 【记录停止】对话框

步骤 3 单击【确定】按钮，关闭对话框，即可将停止插入动作中，如图 17-35 所示。

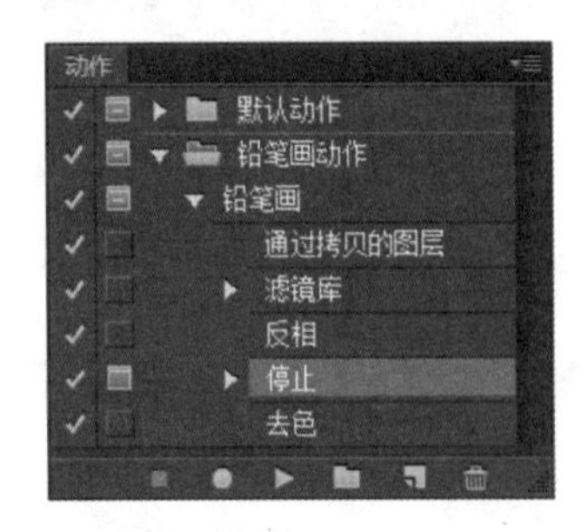

图 17-35 将停止插入动作中

步骤 4 接下来播放动作以观看效果。单击【动作】面板中的▶按钮开始播放动作，当执行完【反相】命令后，将弹出【信息】对话框，并显示设置的提示信息，如图 17-36 所示。若单击【继续】按钮，将会继续播放后面的动作；若单击【停止】按钮，则会停止播放动作，此时可使用画笔工具编辑图像。操作完成后，单击▶按钮，可继续播放后面的动作。

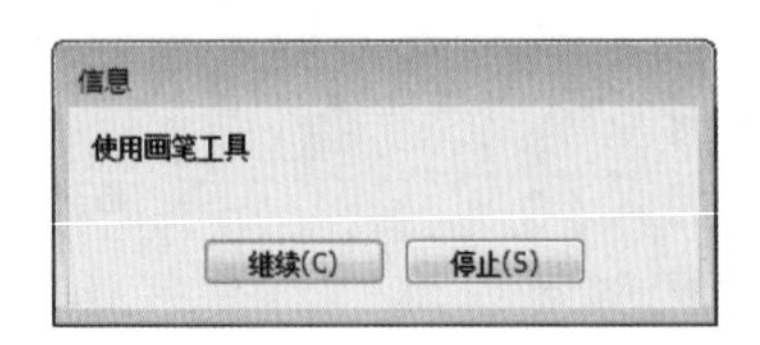

图 17-36 【信息】对话框

17.1.9 设置动作的播放速度

对于有些长而复杂的动作，当出现问题时很难发现原因。使用【回放选项】命令，可以调整动作播放的速度，从而让用户观察每一个命令执行的结果，以便对动作进行调试。

在面板菜单中选择【回放选项】命令，弹出【回放选项】对话框，在其中即可设置动作的播放速度，如图 17-37 所示。

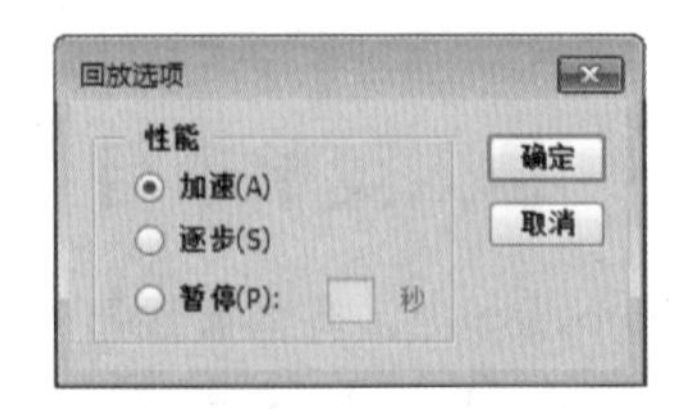

图 17-37 【回放选项】对话框

(1) 【加速】：该项为默认选项，将以正常速度来播放动作。

(2) 【逐步】：该项在完成每个命令后会显示出处理结果，然后再执行动作中的下一个命令，播放速度较慢。

(3) 【暂停】：该项可指定在播放每个命令时的间隔时间。

17.1.10 存储和载入动作

在创建动作后，可将其存储为一个 .ANT 文件，这样只需在其他计算机中载入该动作，即可直接使用。注意，在进行存储和载入操作时，只能对动作所处的动作组进行操作。

(1) 存储动作：选中要存储的动作所在的动作组，在面板菜单中选择【存储动作】命令，如图 17-38 所示。弹出【另存为】对话框，在其中选择要保存的位置，并设置名称，单击【保存】按钮，即可将动作组保存为一个 .ANT 文件，如图 17-39 所示。

(2) 载入动作：载入动作的操作与存储动作类似，只需在面板菜单中选择【载入动作】命令，然后在弹出的【载入】对话框中选择要载入的文件即可。

图 17-38 选择【存储动作】命令

图 17-39 【另存为】对话框

17.2 使用【自动】命令处理图像

选择【文件】→【自动】命令，在子菜单中可以看到，Photoshop 提供了一系列命令用于自动处理图像，以简化复杂的操作，提高工作效率，如图 17-40 所示。本小节主要介绍其中的【批处理】、【创建快捷批处理】以及 Photomerge 等命令。

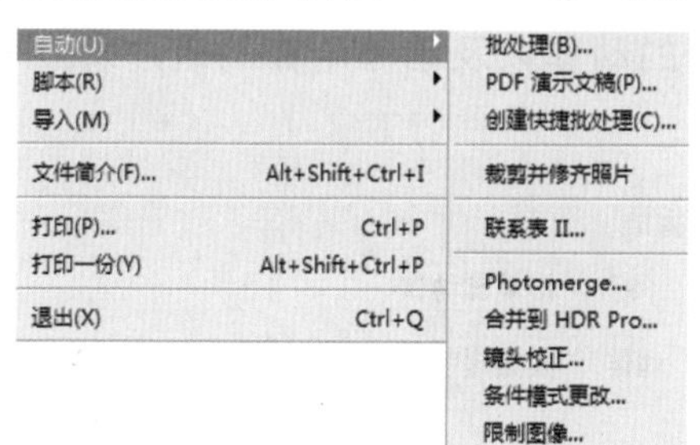

图 17-40 【自动】子菜单

17.2.1 批处理图像

【批处理】命令可以对一个文件夹下的多个文件执行动作，从而实现图像处理的自动化。注意，在使用该命令前，需要将批处理的文件存储在一个文件夹中。

1. 使用【批处理】命令

下面以为多个文件添加柔美暖色调为例，介绍如何批处理文件，具体的操作步骤如下。

步骤 1 选择【文件】→【自动】→【批处理】命令，弹出【批处理】对话框，在【动作】下拉列表框中选择要执行的动作，如这里选择【柔美暖色调】动作，如图 17-41 所示。

图 17-41 【批处理】对话框

步骤 2 将【源】设置为【文件夹】，然后单击【选择】按钮，弹出【浏览文件夹】对话框，在其中选择需要批处理图片的文件夹，如图 17-42 所示。

图 17-42 【浏览文件夹】对话框

步骤 3 单击【确定】按钮，返回到【批处理】对话框，然后将【目标】设置为【文件夹】，重复步骤 2 的操作，设置批处理后的文件所存储的位置，如图 17-43 所示。

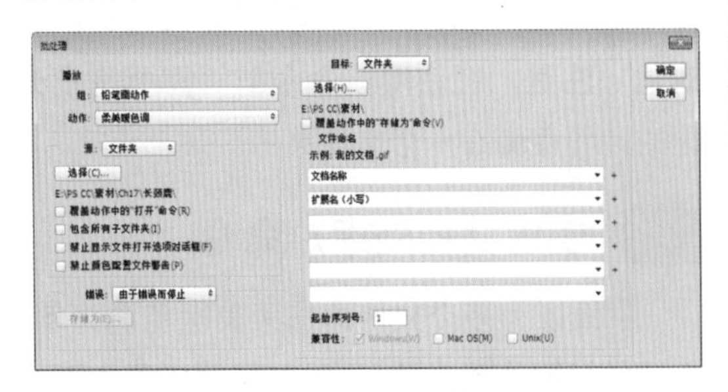

图 17-43 设置存储位置

步骤 4 单击【确定】按钮，开始批处理文件。处理完成后，可以打开文件夹查看效果。

图 17-44 和图 17-45 分别是原文件夹和批处理为柔美暖色调后的效果。

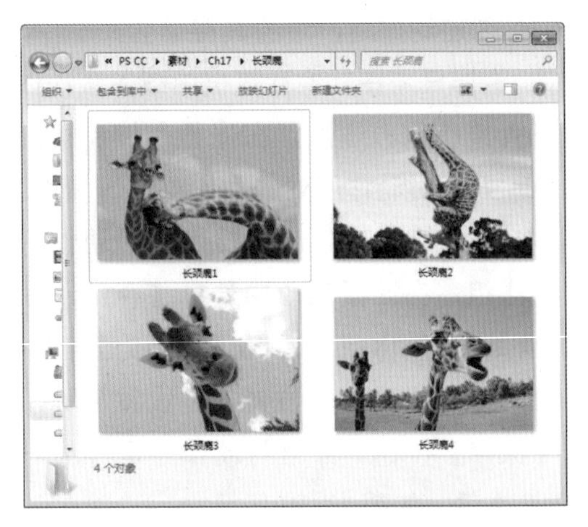

图 17-44 原文件夹

图 17-45 批处理为柔美暖色调后的效果

2. 认识【批处理】对话框

在【批处理】对话框中有许多参数可供设置，下面分别介绍。

(1) 【播放】区域：该区域用于设置要执行的动作以及动作所在的组，如图 17-46 所示。

图 17-46 【播放】区域

(2)　【源】区域：该区域用于设置源文件相关选项，如图 17-47 所示。

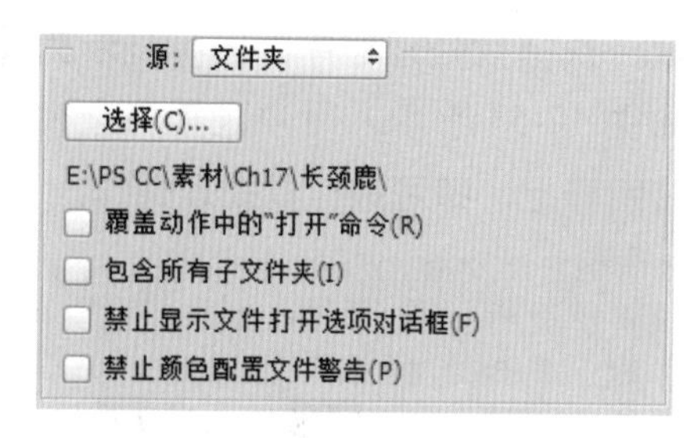

图 17-47　【源】区域

☆　【源】：指定要批处理的文件，可以是来自计算机中的文件夹，也可以导入数码相机或扫描仪中的图像，还可以处理当前打开的文件或者 Adobe Bridge 中选定的文件。

☆　【覆盖动作中的"打开"命令】：选择该项后，若动作中包含打开命令，批处理将忽略该命令。

☆　【包含所有子文件夹】：选择该项将对文件夹内包含的所有子文件夹中的图像执行动作。

☆　【禁止显示文件打开选项对话框】：选择该项将不会弹出【文件打开选项】对话框。

☆　【禁止颜色配置文件警告】：选择该项将关闭颜色方案信息的显示。

(3)　【错误】：该项用于设置遇到错误时的两种处理方式，如图 17-48 所示。【由于错误而停止】选项表示出错时将停止进程，直到用户确认错误信息为止；【将错误记录到文件】选项表示将所有的错误记录在指定的文件而不停止进程。

图 17-48　【错误】下拉列表

(4)　【目标】区域：该区域用于设置目标文件相关选项，如图 17-49 所示。

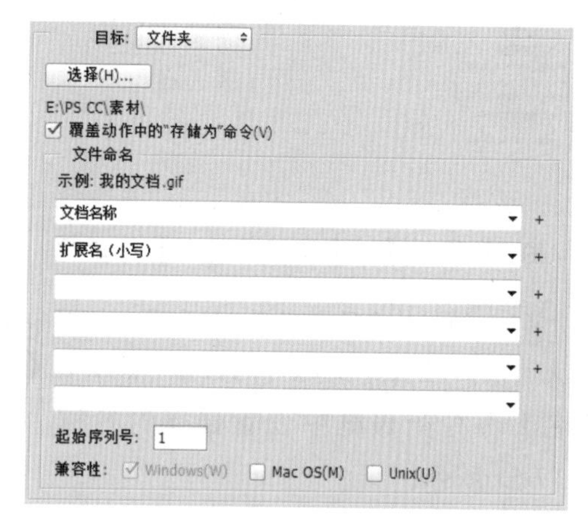

图 17-49　【目标】区域

☆　【目标】：设置目标文件的保存方式。

☆　【覆盖动作中的"存储为"命令】：若选择该项，动作中必须包含一个存储为命令。在选择该项后，动作中的存储为命令将引用批处理的文件，而不是动作中指定的文件名和位置。

☆　【文件命名】：只有将【目标】设置为【文件夹】，该区域才能够设置。主要用于指定目标文件生成的命名规则，还可指定文件名的兼容性。

17.2.2　创建快捷批处理

快捷批处理是一个小应用程序，创建快捷批处理后，只需将待处理的文件夹拖动到该程序上，即使不打开 Photoshop 软件，也可以为文件夹中的所有文件执行动作，从而完成批处理操作。具体的操作步骤如下。

步骤 1　选择【文件】→【自动】→【创建快捷批处理】命令，弹出【创建快捷批处理】对话框，在【动作】下拉列表框中选择要执行的动作，然后单击【选择】按钮，如图 17-50 所示。

图 17-50 【创建快捷批处理】对话框

步骤 2 弹出【另存为】对话框，在其中选择快捷批处理程序要保存的位置，然后在【文件名】下拉列表框中设置程序的名称，如图 17-51 所示。

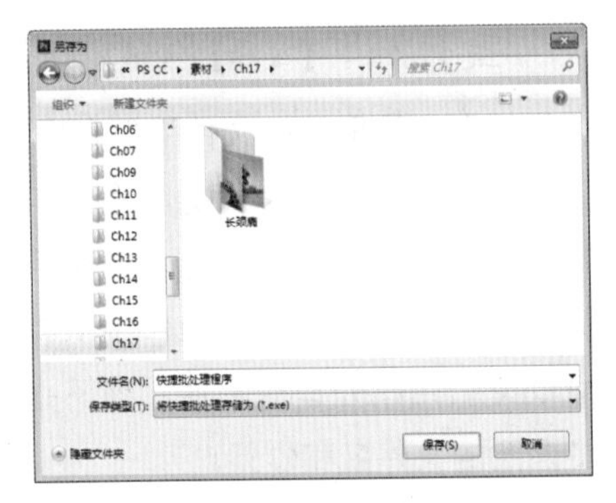

图 17-51 【另存为】对话框

步骤 3 单击【保存】按钮，返回到【创建快捷批处理】对话框，在其中可查看快捷批处理要保存的位置及名称，如图 17-52 所示。

图 17-52 查看快捷批处理要保存的位置及名称

提示 【创建快捷批处理】对话框中各参数的含义与【批处理】对话框相似，这里不再赘述。

步骤 4 单击【确定】按钮，完成创建快捷批处理的操作。在计算机中打开程序保存的位置，快捷批处理程序的图标显示为Ps形状，如图 17-53 所示。用户只需将文件夹拖动到该图标上，即可进行批处理操作。

图 17-53 快捷批处理程序的图标

17.2.3 Photomerge 命令

使用 Photomerge 命令能够将多张照片进行拼接，合并成具有整体效果的全景照片。具体的操作步骤如下。

步骤 1 将以下 3 幅图片放置在一个文件夹内，下面将对这些图片使用 Photomerge 命令，如图 17-54 所示。

图 17-54 将 3 幅图片放置在一个文件夹内

步骤 2 选择【文件】→【自动】→ Photomerge 命令，弹出 Photomerge 对话框，在左侧将【版面】设置为【自动】，然后在【源文件】区域中将【使用】设置为【文件夹】，单击【浏览】按钮，如图 17-55 所示。

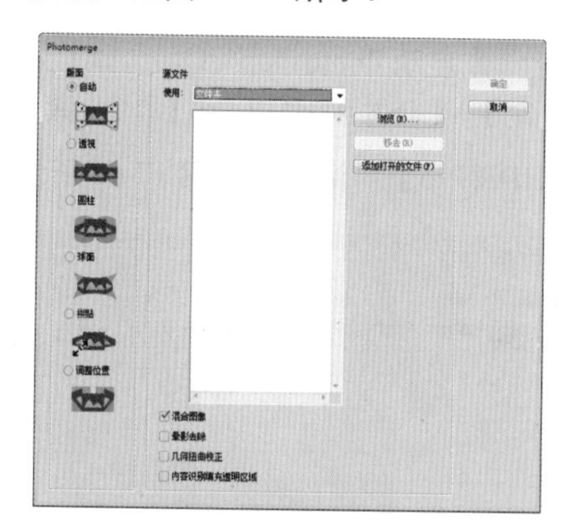

图 17-55 Photomerge 对话框

提示 【版面】用于设置拼接图片的方式，具体取决于拍摄全景图时的方式。例如，若是 360 度全景图拍摄的图像，则推荐使用【球面】方式。

步骤 3 弹出【选择文件夹】对话框，在其中选择需要合并的图片所在的文件夹，如图 17-56 所示。

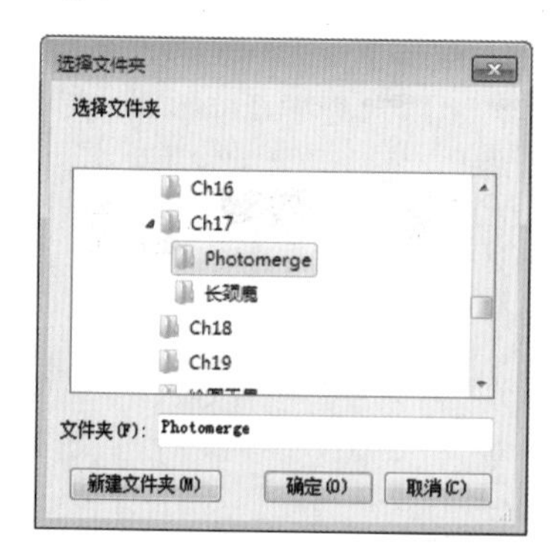

图 17-56 【选择文件夹】对话框

步骤 4 单击【确定】按钮，返回到 Photomerge 对话框，此时该文件夹中的图片已成功添加，然后选中下方的【晕影去除】复选框，如图 17-57 所示。

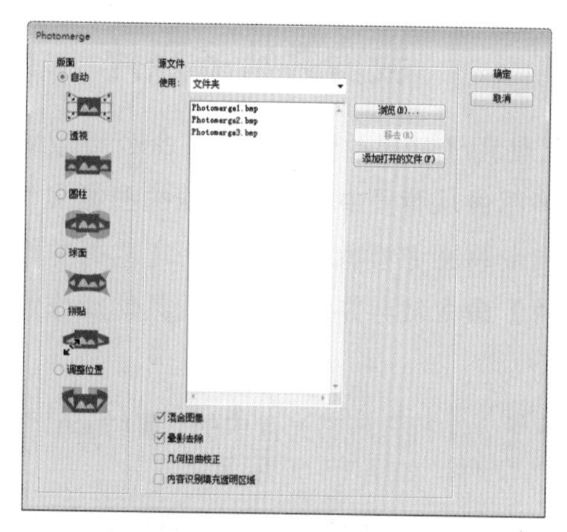

图 17-57 选中【晕影去除】复选框

提示 选中【晕影去除】复选框，可去除由于镜头瑕疵或镜头遮光处理不当而导致边缘较暗的晕影，并执行曝光度补偿；选中【几何扭曲校正】复选框，可用于校正图片中出现的桶形、枕形或鱼眼失真等扭曲。

步骤 5 单击【确定】按钮，开始将这 3 张图片整合成一个全景图，拼接完成后的效果如图 17-58 所示。

图 17-58 将 3 张图片整合成一个全景图

步骤 6 整合后的全景图四周存在一些透明像素，选择裁剪工具对图片进行适当的裁剪，最终效果如图 17-59 所示。

图 17-59 最终效果

17.2.4 裁剪并修齐照片

使用【裁剪并修齐照片】命令可以轻松地将图像从背景中提取为单独的图像文件，并自动将图像修剪整齐。使用【裁剪并修齐照片】命令裁剪并修齐图像的具体操作步骤如下。

步骤 1 打开随书光盘中的“素材\ch17\01.jpg”文件，如图 17-60 所示。

图 17-60 素材文件

步骤 2 选择【文件】→【自动】→【裁剪并修齐照片】命令，将倾斜的照片修正，效果如图 17-61 所示。

图 17-61 裁剪并修齐照片的效果

17.2.5 合并图像到 HDR

使用【合并到 HDR Pro】命令，可以创建写实的或超现实的 HDR 图像，借助自动消除叠影以及对色调映射，可更好地调整控制图像，以获得更好的效果，甚至可使单次曝光的照片获得 HDR 图像的外观。

使用【合并到 HDR Pro】命令调整图像的操作步骤如下。

步骤 1 启动 Photoshop CC，选择【文件】→【自动】→【合并到 HDR Pro】命令，弹出【合并到 HDR Pro】对话框，如图 17-62 所示。

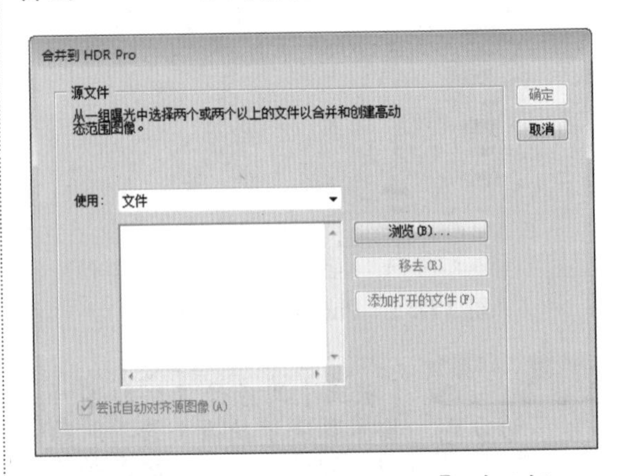

图 17-62 【合并到 HDR Pro】对话框

步骤 2 在对话框中单击【浏览】按钮，弹出【打开】对话框，在其中选择需要合并的图像，如图 17-63 所示。

图 17-63 【打开】对话框

步骤 3 单击【确定】按钮，返回到【合并到 HDR Pro】对话框，将选择的图像文件载入，确认【尝试自动对齐源图像】复选框为选中状态，如图 17-64 所示。

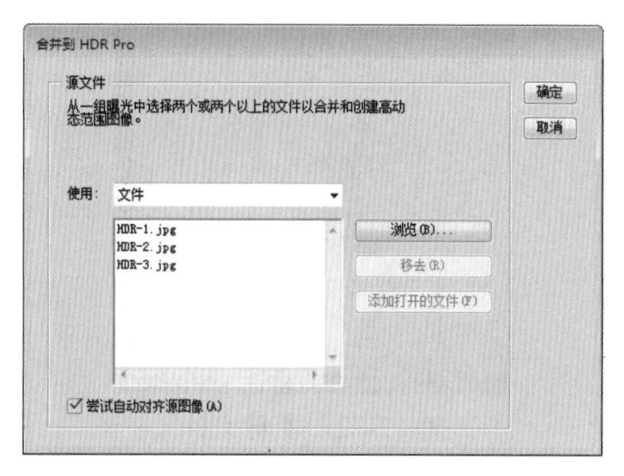

图 17-64　选中【尝试自动对齐源图像】复选框

步骤 4 单击【确定】按钮，将选择的图像分为不同的图层载入一个文档中，并自动对齐图层，如图 17-65 所示。

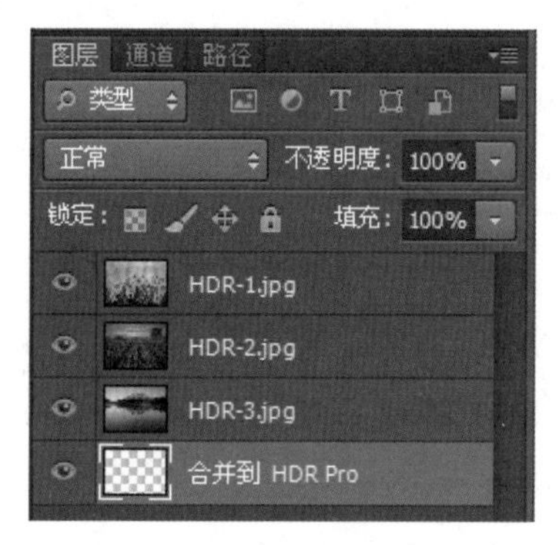

图 17-65　将图像分为不同的图层载入一个文档中

提示　要合并的图像文件，其大小必须一致，如果大小不相同，则弹出如图 17-66 所示的提示框。

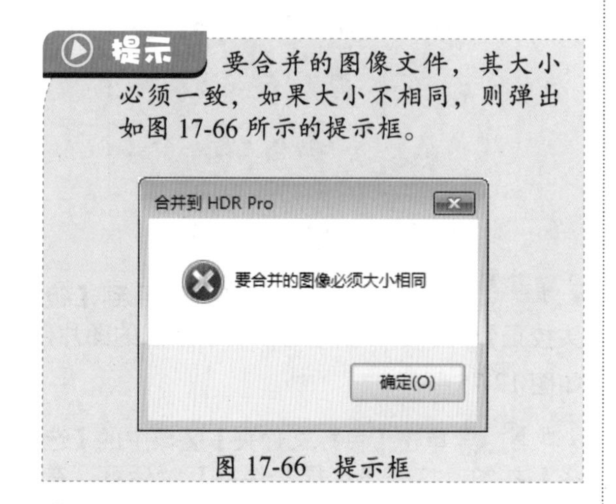

图 17-66　提示框

步骤 5 同时，Photoshop CC 将自动弹出【手动设置曝光值】对话框，如图 17-67 所示。

图 17-67　【手动设置曝光值】对话框

步骤 6 在对话框中单击 > 按钮查看图像，并选中 EV 单选按钮，在后面的文本框中输入“11.1”，如图 17-68 所示。

图 17-68　设置 EV 选项

步骤 7 单击【确定】按钮，打开【合并到 HDR Pro】对话框，在对话框中选中【移去重影】复选框，然后设置对话框中的其他参数，以合成高质量的图像效果，如图 17-69 所示。

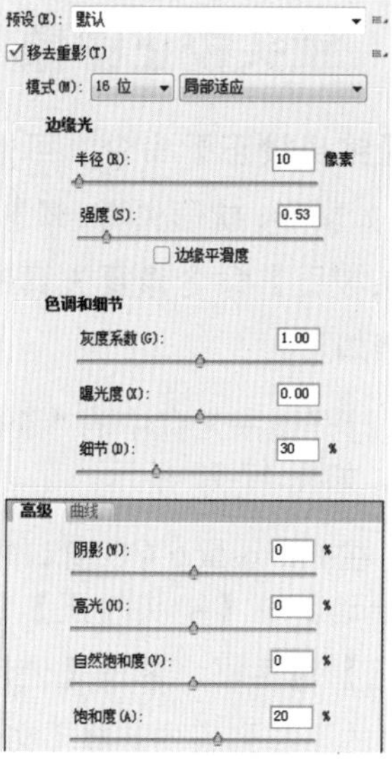

图 17-69　设置参数

步骤 8 设置完毕后单击【确定】按钮，关闭对话框，即可完成图像的合成，如图 17-70 所示。

图 17-70 最终效果

提示 如果在【手动设置曝光值】对话框中设置的参数不一样，那么得出的合成图像效果也不一样，如图 17-71 所示。

图 17-71 不同的参数所对应的图像效果

17.2.6 镜头校正图像

通过【镜头校正】命令，可修复常见的镜头瑕疵，如桶形、枕形失真、晕影和色差等。使用【镜头校正】命令修复失真的照片的具体操作步骤如下。

步骤 1 打开随书光盘中的“素材\ch17\03.jpg”文件，如图 17-72 所示。

步骤 2 在 Photoshop CC 窗口中选择【文件】→【自动】→【镜头校正】命令，打开【镜头校正】对话框，单击【使用】下拉按钮，从弹出的下拉列表中选择【文件】选项，如图 17-73 所示。

图 17-72 素材文件

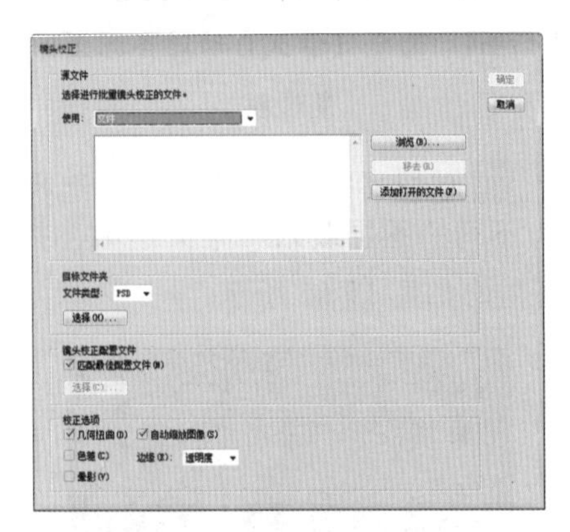

图 17-73 【镜头校正】对话框

步骤 3 单击【浏览】按钮，打开【打开】对话框，在素材文件夹中选择婚纱照，如图 17-74 所示。

图 17-74 【打开】对话框

步骤 4 单击【确定】按钮，返回到【镜头校正】对话框，在其中可以看到添加的图片，如图 17-75 所示。

步骤 5 单击【目标文件夹】区域中的【选择】按钮，打开【选择文件夹】对话框，在其中选择镜头校正之后图片保存的位置，如图 17-76 所示。

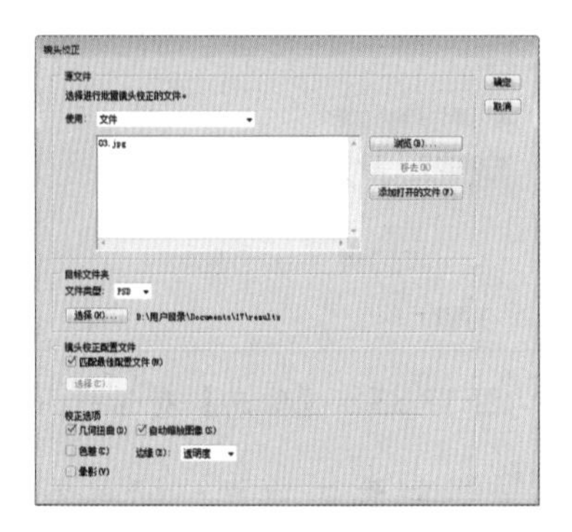

图 17-75　查看添加的图片

图 17-76　【选择文件夹】对话框

步骤 6 单击【确定】按钮，返回到【镜头校正】对话框，在其中可以看到设置好的目标文件夹，如图 17-77 所示。

图 17-77　查看设置的目标文件夹

步骤 7 单击【确定】按钮，即可将失真的照片修正完毕，找到修正完毕后图像保存的位置，如图 17-78 所示。

步骤 8 双击打开修正后的图像文件，即可查看修正完毕后的图像效果，如图 17-79 所示。

图 17-78　图像修正后的保存文件夹

图 17-79　修正完毕后的图像效果

17.2.7 更改图像模式

使用 Photoshop CC 的条件模式更改功能，可以批量自动化更改符合条件的源模式，改为目标模式。例如将所有打开文件中源模式为 RGB 的图像转换为目标模式 CMYK。具体操作步骤如下。

步骤 1 打开随书光盘中的“素材\ch17\03.psd”文件，然后选择【图像】→【模式】→【索引颜色】命令，即可更改图像的模式，如图 17-80 所示。

步骤 2 打开随书光盘中的“素材\ch17\02.jpg”，如图 17-81 所示。

图 17-80　打开素材文件并更改图像的模式

图 17-81　素材文件 02.jpg

步骤 3 选择【文件】→【自动】→【条件模式更改】命令，弹出【条件模式更改】对话框，在【源模式】区域中选中【RGB 颜色】复选框，在【模式】下拉列表框中选择【灰度】选项，单击【确定】按钮，如图 17-82 所示。

图 17-82　【条件模式更改】对话框

步骤 4 弹出【信息】对话框，提示用户是否扔掉颜色信息，单击【扔掉】按钮，如图 17-83 所示。

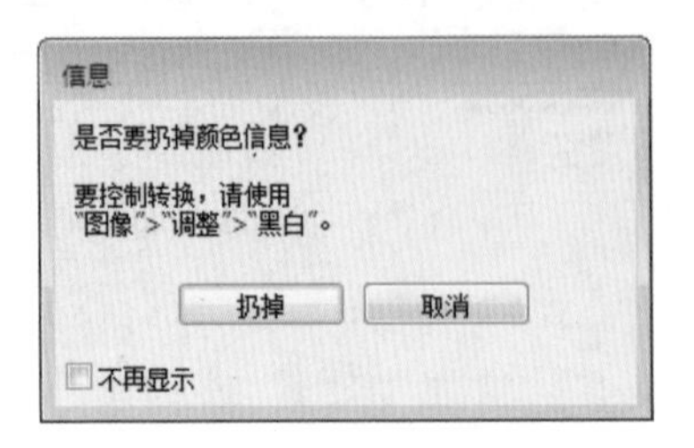

图 17-83　【信息】对话框

步骤 5 返回到主界面，即可看到 RGB 模式的图像已经转换为灰度模式的图像，而索引模式的图像没有变化，如图 17-84 和图 17-85 所示。

图 17-84　图像转换为灰度模式

图 17-85　索引模式的图像没有变化

17.2.8 限制图像大小

使用限制图像功能可以将当前图像限制为设定的高度和宽度。但是为了兼顾不更改图像长宽比的原则，在执行【限制图像】命

令时，并不会完全按照用户设置的图像宽度和高度来改变图像尺寸，执行此命令会改变图像的尺寸大小和像素数目，但不会改变图像的分辨率。

限制图像的具体操作步骤如下。

步骤 1 打开随书光盘中的“素材 \ch17\02.jpg”文件，如图 17-86 所示。

图 17-86 素材文件

步骤 2 选择【文件】→【自动】→【限制图像】命令，弹出【限制图像】对话框，输入图像的宽度和高度，单击【确定】按钮，如图 17-87 所示。

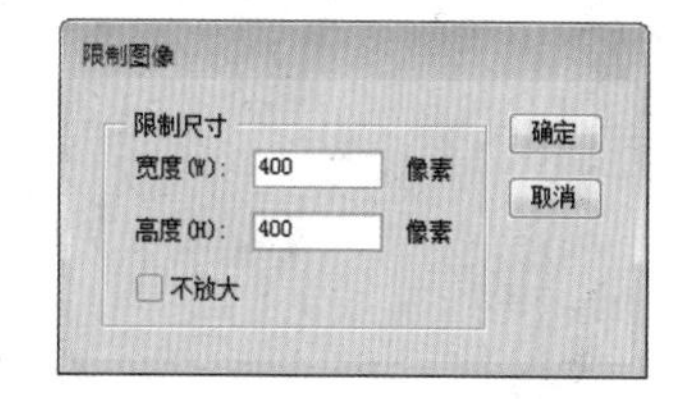

图 17-87 【限制图像】对话框

步骤 3 依次选择【图像】→【图像大小】命令，弹出【图像大小】对话框，查看当前图片的宽度和高度，已调整为最接近限定的大小，如图 17-88 所示。

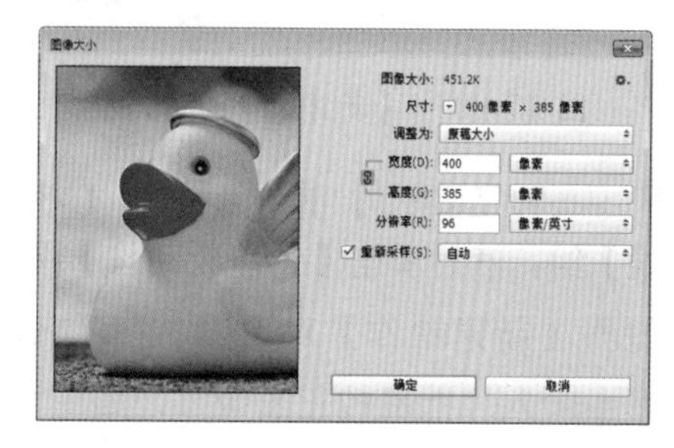

图 17-88 【图像大小】对话框

17.3 高效技能实战

17.3.1 技能实战 1——批量校正图像的颜色

将需要校正颜色的图像放置在一个文件夹中，使用 Photoshop 的动作功能可以统一校正图像的颜色或其他属性。下面以校正图像的颜色为例，来介绍批量校正图像的操作步骤与方法。

步骤 1 打开随书光盘中的“素材 \ch17\ 批处理 \04.jpg”文件，如图 17-89 所示。

步骤 2 打开【动作】面板，单击【动作】面板中的【创建新组】按钮，打开【新建组】对话框，在【名称】文本框中输入“批量校正图像”，如图 17-90 所示。

图 17-89　素材文件

图 17-90　【新建组】对话框

步骤 3 在【动作】面板中选中【批量校正图像】组，然后单击【创建新动作】按钮，即可打开【新建动作】对话框，在【名称】文本框中输入“批量校正图像”，如图 17-91 所示。

图 17-91　【新建动作】对话框

步骤 4 单击【记录】按钮，即可开始记录动作，如图 17-92 所示。

图 17-92　开始记录动作

步骤 5 分别对图片进行色阶、色相 / 饱和度和色彩平衡等处理，单击【动作】面板中的【停止播放 / 记录】按钮，动作录制完成，如图 17-93 所示。

图 17-93　动作录制完成

步骤 6 图片处理效果如图 17-94 所示。

图 17-94　图片效果

步骤 7 依次选择【文件】→【自动】→【批处理】命令，打开【批处理】对话框，在其中单击【组】下拉按钮，从弹出的下拉列表中选择【批量校正图像】选项，在【动作】下拉列表框中选择【批量校正图像】选项，如图 17-95 所示。

图 17-95　设置【组】和【动作】参数

步骤 8 分别选择处理的文件夹的位置与存放处理结果的文件夹的位置，单击【确定】

按钮即可快速完成对图像的批量自动校正，如图 17-96 所示。

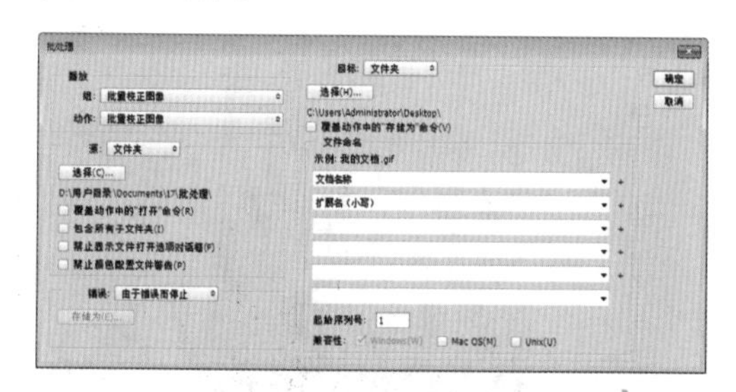

图 17-96　完成对图像的批量自动校正

提示 自动处理功能主要用于批量处理颜色模式一致、对比度不明显的图像，使用该功能能够快速实现图像的校正。

17.3.2 技能实战 2——将图像制作成 PDF 文件

使用 Photoshop CC 的自动功能可以将图像制作成 PDF 文件，以防止图像被修改，具体的操作步骤如下。

步骤 1 选择【文件】→【自动】→【PDF 演示文稿】命令，打开【PDF 演示文稿】对话框，如图 17-97 所示。

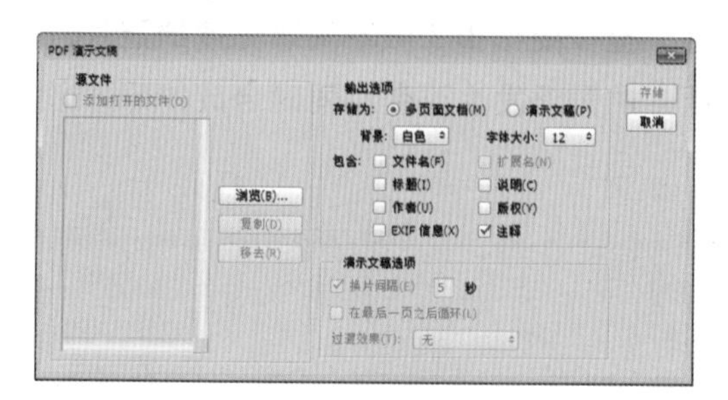

图 17-97　【PDF 演示文稿】对话框

步骤 2 单击【浏览】按钮，弹出【打开】对话框，在其中选择需要制作成 PDF 的图像，如图 17-98 所示。

步骤 3 单击【打开】按钮，返回到【PDF 演示文稿】对话框中，在左侧可查看添加的图像文件，如图 17-99 所示。

图 17-98　【打开】对话框

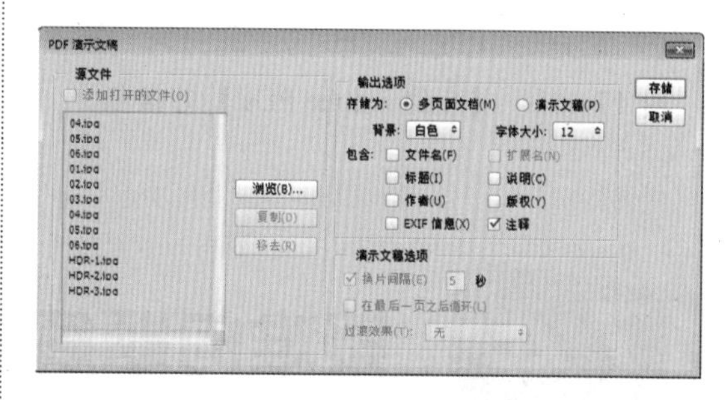

图 17-99　查看添加的图像文件

步骤 4 单击【存储】按钮，打开【另存为】对话框，如图 17-100 所示。

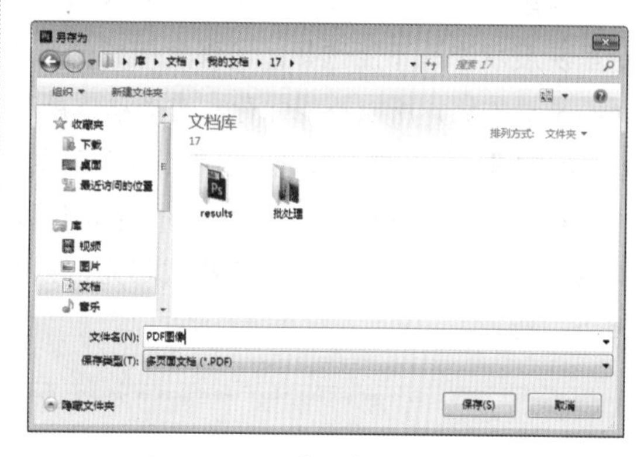

图 17-100　【另存为】对话框

步骤 5 单击【保存】按钮，弹出【存储 Adobe PDF】对话框，在其中设置相关参数，如图 17-101 所示。

步骤 6 单击【存储 PDF】按钮，即可将图像制作成 PDF 格式的文件，如图 17-102 所示。找到保存 PDF 格式文件的位置，双击该 PDF 文件，即可以 PDF 格式形式打开图像。

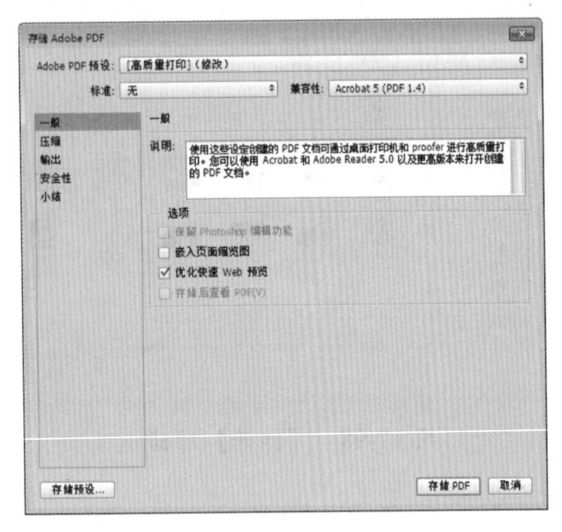

图 17-101 【存储 Adobe PDF】对话框

图 17-102 将图像制作成 PDF 格式的文件

17.4 疑难问题解答

问题 1：动作不能保存怎么办？

解答：用户在保存动作时，经常遇到的问题是不能保存动作，此时【存储动作】菜单命令呈灰度状态，不能选择。出现此问题的原因是用户选择错误所致，因为用户选择的是动作而不是动作组，所以不能保存。选择动作所在的动作组后，即可正常保存。

问题 2：什么样的照片适合制作 HDR 照片？

解答：如果想要通过 Photoshop 合成 HDR 照片，至少要拍摄 3 张不同曝光度的照片，其次要通过改变快门速度进行包围式曝光，以避免照片的景深发生改变，同时合成的照片必须大小一致。

第 4 篇

综合案例

第18章 照片处理应用实战

● **本章导读：**

Photoshop CC 在摄影中的应用很广泛，其中一个主要的用途就是用来修复照片中的瑕疵，如增加照片人物的身高、对人物照片进行磨皮、使模糊的照片变得清晰等。本章通过几个简单实例，来介绍 Photoshop CC 在照片处理中的强大功能。

● **学习目标：**

◎ 掌握增加照片人物身高的方法

◎ 掌握使用通道进行磨皮的方法

◎ 掌握使用 Camera Raw 处理照片的方法

◎ 掌握模糊照片变清晰的方法

● **重点案例效果**

18.1 增加照片人物的身高

在 Photoshop CC 中，通过创建选区并变换选区可以增加照片人物的身高，使人像有修长的感觉。增加照片人物身高的操作步骤如下。

步骤 1 打开随书光盘中的“素材 \ch18\01.jpg”文件，如图 18-1 所示。

图 18-1　素材文件

步骤 2 使用 Ctrl+J 快捷键复制背景图层，得到图层 1，如图 18-2 所示。

图 18-2　复制背景图层

步骤 3 单击工具箱中的矩形选框工具，在图层 1 中创建如图 18-3 所示的选区。

图 18-3　创建选区

步骤 4 按 Ctrl+T 快捷键显示定界框，如图 18-4 所示。

图 18-4　显示出定界框

步骤 5 将鼠标指针放置在定界框下边沿处，按住鼠标左键不放向下拖动鼠标，如图 18-5 所示。

图 18-5　向下拖动定界框的下边缘

步骤 6 拖动完成后，按 Enter 键确认变形，再按 Ctrl+D 快捷键取消选区，最后得到如图 18-6 所示的图像显示效果，可以看到图像中人物身高明显增高。

图 18-6　最终效果

18.2 为人像照片磨皮

人像照片磨皮是影楼摄影后期照片处理的重要环节，通过对人像的磨皮，可以让人像的皮肤白皙、细腻和光滑，使人物显得更加年轻、漂亮。在 Photoshop CC 中，使用通道对人像进行磨皮是比较成熟的方法。具体的操作步骤如下。

步骤 1 打开随书光盘中的“素材 \ch18\02.jpg”文件，如图 18-7 所示。

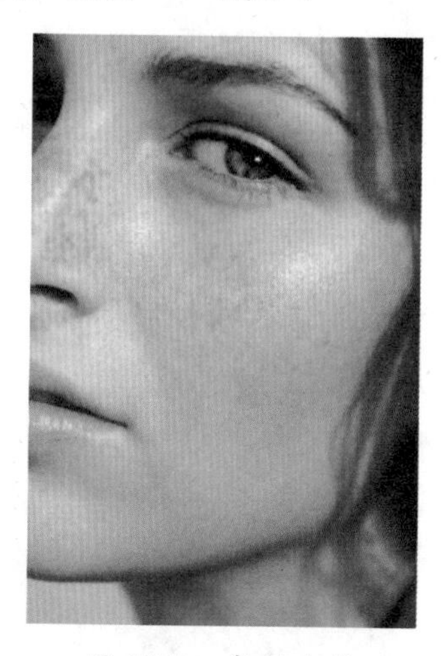

图 18-7　素材文件

步骤 2 选择【窗口】→【通道】命令，打开【通道】面板，将【绿】通道拖到【通道】面板下方的按钮上，复制绿通道，如图 18-8 所示。

图 18-8　复制绿通道

步骤 3 此时图像窗口显示的就是【绿 拷贝】通道中的图像，如图 18-9 所示。

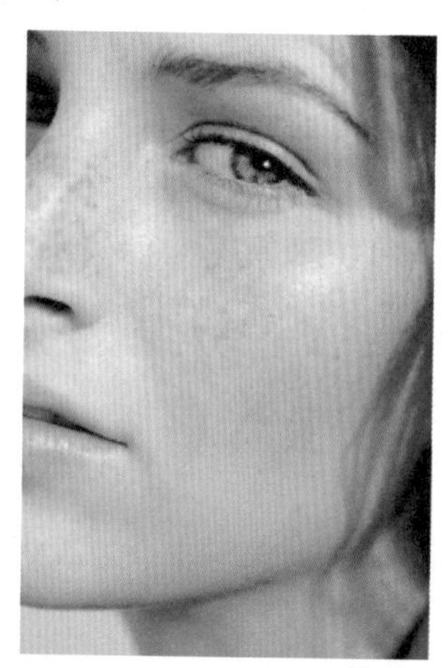

图 18-9　绿通道中的图像效果

步骤 4 选择【滤镜】→【其他】→【高反差保留】命令，打开【高反差保留】对话框，在其中设置【半径】为 20 像素，如图 18-10 所示。

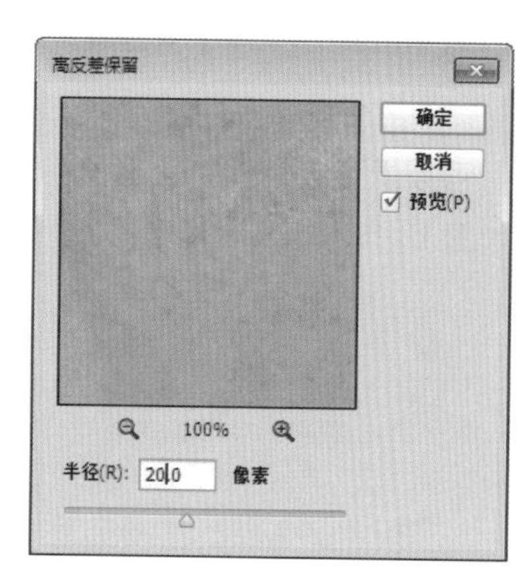

图 18-10　【高反差保留】对话框

步骤 5 单击【确定】按钮，返回到图像窗口中，可以看到应用高反差保留滤镜后的图像显示效果，如图 18-11 所示。

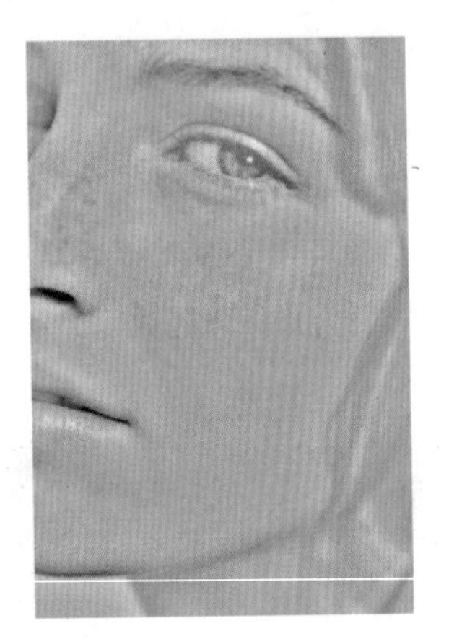

图 18-11　应用高反差保留滤镜

步骤 6 选择【图像】→【计算】命令，打开【计算】对话框，在其中设置混合模式为【强光】，【结果】为【新建通道】，如图 18-12 所示。

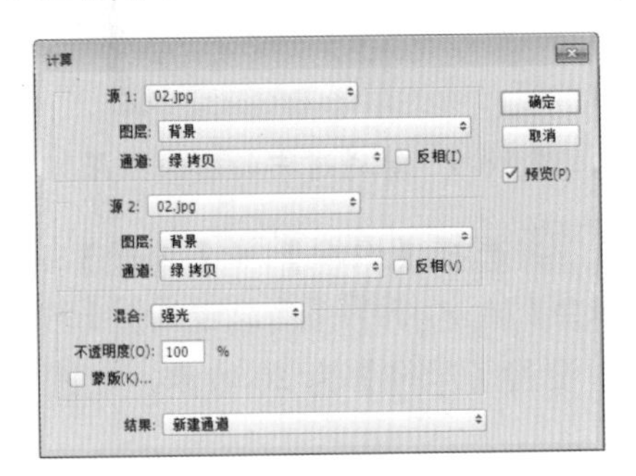

图 18-12　【计算】对话框

步骤 7 单击【确定】按钮，返回到图像窗口中，可以看到应用计算之后的图像显示效果，如图 18-13 所示。

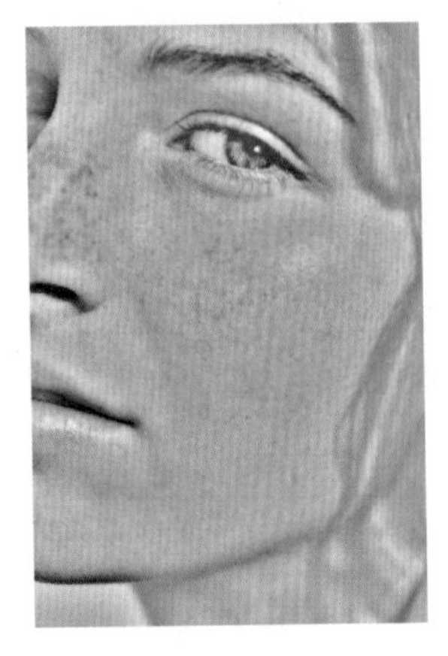

图 18-13　应用计算后的图像效果

步骤 8 应用计算后，在【通道】面板中可以看到新建的通道为 Alpha1 通道，如图 18-14 所示。

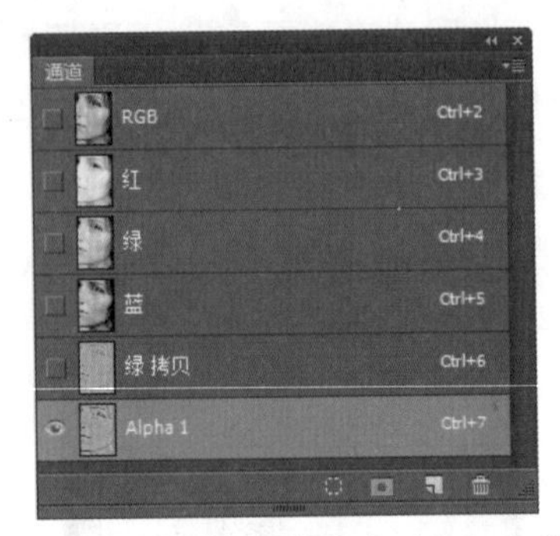

图 18-14　新建的通道为 Alpha1 通道

步骤 9 连续两次对图像应用计算命令，使色点更加强化，得到 Alpha3 通道，如图 18-15 所示。

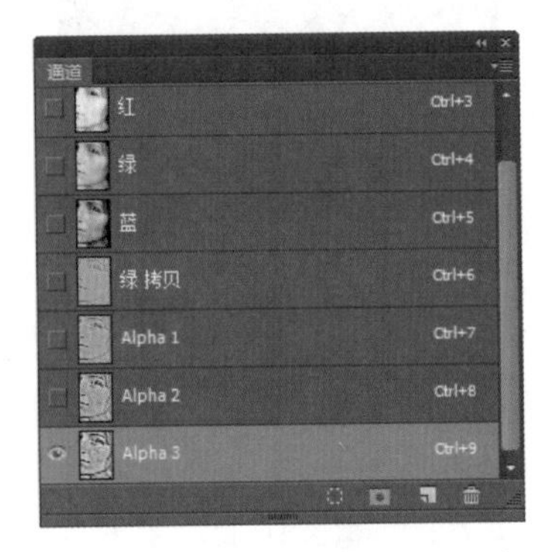

图 18-15　连续两次应用计算命令

步骤 10 连续两次执行计算命令后，图像的显示效果如图 18-16 所示。

图 18-16　相应的图像效果

步骤 11 单击【通道】面板下方的按钮，将通道作为选区载入，如图 18-17 所示。

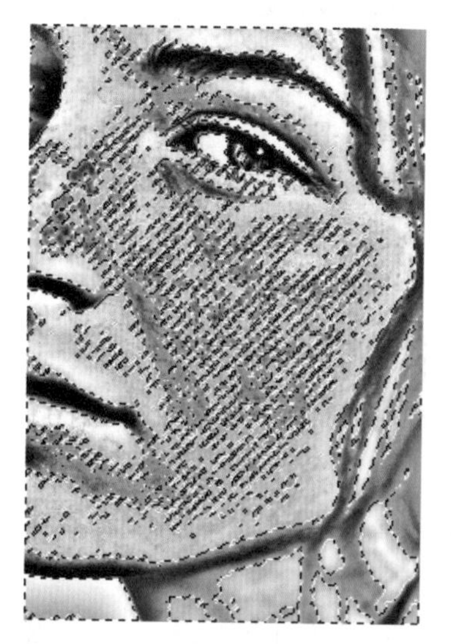

图 18-17　将通道作为选区载入

步骤 12 按 Ctrl+2 快捷键返回彩色图像编辑状态，如图 18-18 所示。

图 18-18　返回彩色图像编辑状态

步骤 13 按 Shift+Ctrl+I 快捷键反选，如图 18-19 所示。

步骤 14 按 Ctrl+H 快捷键隐藏选区，以便更好地观察图像的变化，如图 18-20 所示。

图 18-19　反选选区

图 18-20　隐藏选区

步骤 15 单击【调整】面板中的【曲线】按钮，如图 18-21 所示。

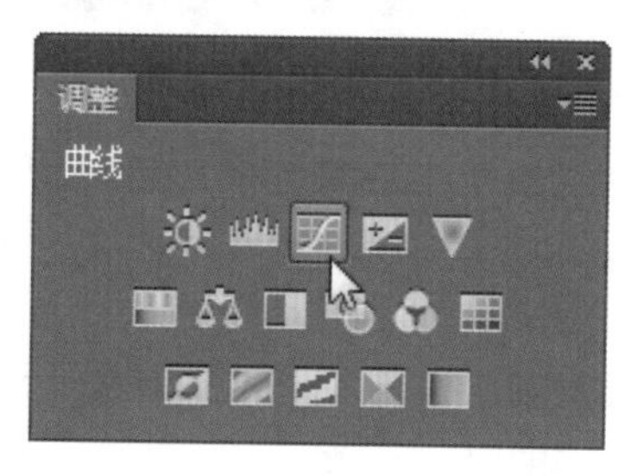

图 18-21　单击【曲线】按钮

步骤 16 创建【曲线】调整图层，在【属性】面板中将曲线略向上调整，如图 18-22 所示。

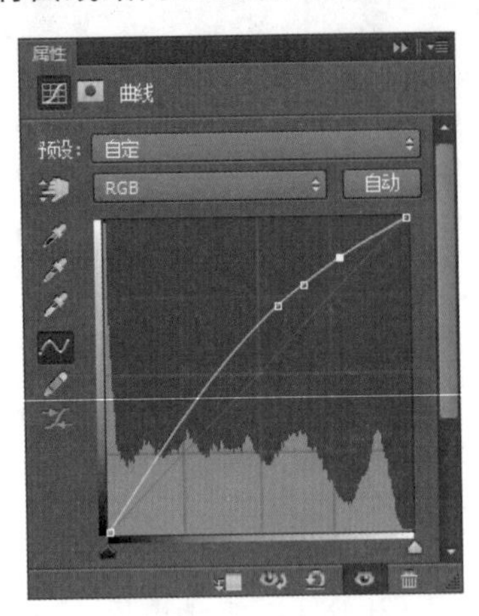

图 18-22　调整曲线

步骤 17 此时返回到图像窗口中，可以看到人物的皮肤变得光滑细腻，这样就完成了磨皮操作，如图 18-23 所示。

图 18-23　完成磨皮操作

步骤 18 为使图像更加完美，可以对人物做进一步的修复操作。按 Alt+Shift+Ctrl+E 快捷键盖印图层，将图像合并到一个新的图层中，并设置混合模式为【滤色】，【不透明度】为 33%，如图 18-24 所示。

步骤 19 此时得到的图像显示效果如图 18-25 所示。

图 18-24　设置新图层的混合模式和不透明度

图 18-25　相应的图像效果

步骤 20 单击【图层】面板底部的按钮，为图层添加图层蒙版，并使用渐变工具填充一个从左到右的白黑渐变效果，如图 18-26 所示。

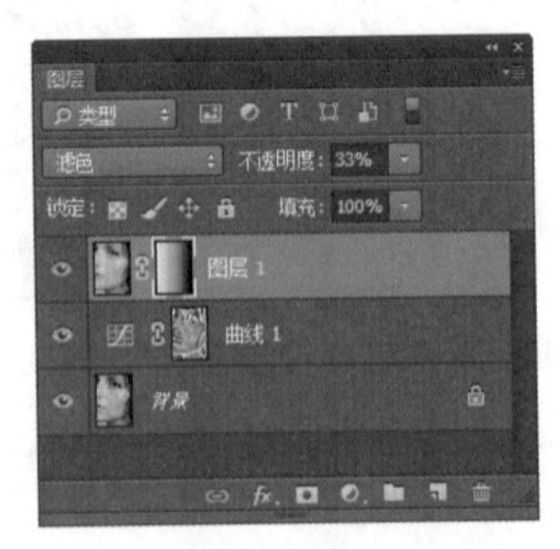

图 18-26　添加图层蒙版并填充渐变色

步骤 21 填充渐变效果完成后，返回到图像窗口，可以看到人物的显示效果，如图 18-27 所示。

图 18-27　相应的图像效果

步骤 22 单击工具栏中的【污点修复画笔工具】按钮，修复人物鼻子上的瑕疵，如图 18-28 所示。

图 18-28　修复鼻子上的瑕疵

步骤 23 选择【滤镜】→【锐化】→【USM 锐化】命令，打开【USM 锐化】对话框，在其中设置相关参数，如图 18-29 所示。

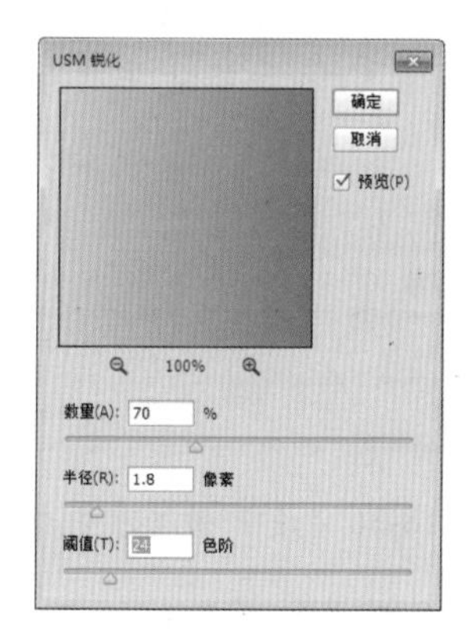

图 18-29　【USM 锐化】对话框

步骤 24 单击【确定】按钮，返回到图像窗口中，多次执行 USM 锐化滤镜，增强锐化效果，得到如图 18-30 所示的人物图像效果。

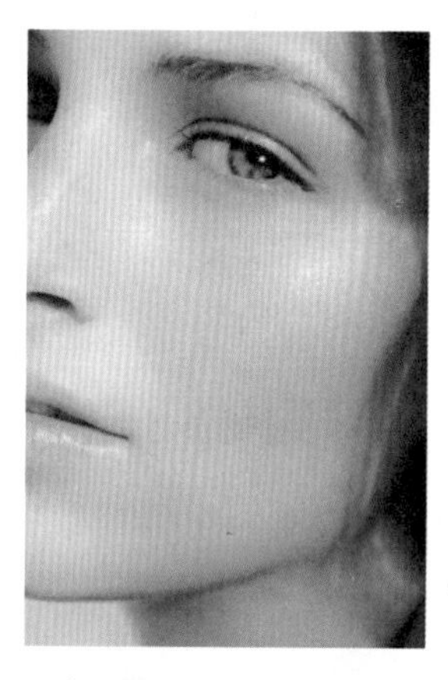

图 18-30　对图像多次执行 USM 锐化滤镜

步骤 25 单击【调整】面板中的【色阶】按钮，并在【属性】面板中设置相关参数，使人物皮肤色调变亮，如图 18-31 所示。

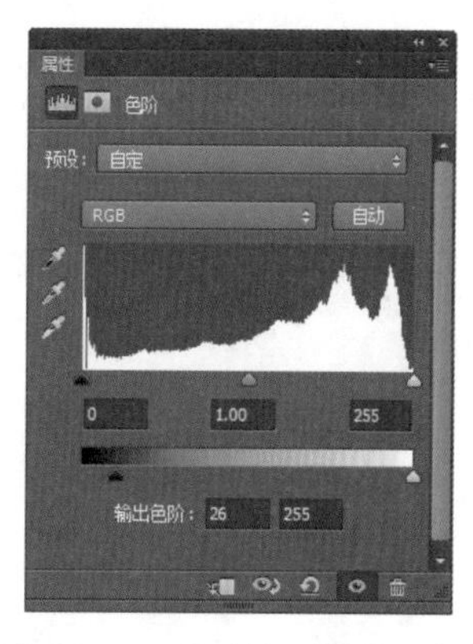

图 18-31　设置【色阶】相关参数

步骤 26 双击【色阶】调整图层，打开【图层样式】对话框，在【混合选项】面板下方的设置区域中按 Alt 键，调整下一图层的滑块，使其放置在最右端，如图 18-32 所示。

步骤 27 单击【确定】按钮，返回到人物图像窗口中，可以看到图像最终的显示效果，如图 18-33 所示。

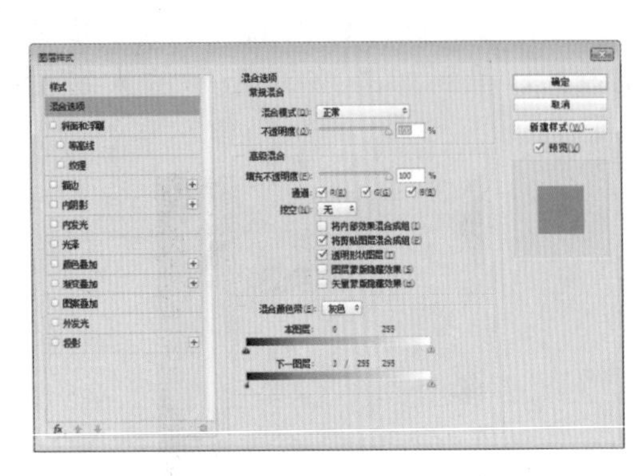

图 18-32　【图层样式】对话框

图 18-33　最终效果

18.3 使用Camera Raw处理照片

使用 Camera Raw 处理照片就像一站式服务一样，从曝光到锐化再到调整色彩都可以轻松完成。使用 Camera Raw 进行磨皮的操作步骤如下。

步骤 1 选择【文件】→【打开为】命令，弹出【打开】对话框，在其中选择 02.jpg 图像，如图 18-34 所示。

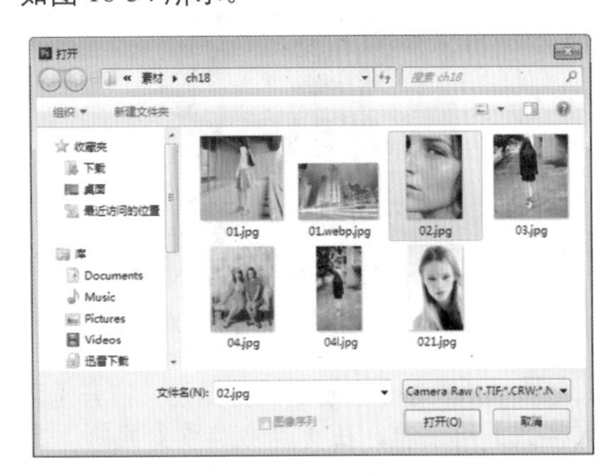

图 18-34　【打开】对话框

步骤 2 单击【打开】按钮，即可在 Camera Raw 中打开人物照片，如图 18-35 所示。

步骤 3 在 Camera Raw 的右侧是相关参数，调整图像的【曝光】为 0.35、【对比度】为 9、【高光】为 20、【阴影】为 46，如图 18-36 所示。

图 18-35　在 Camera Raw 中打开人物照片

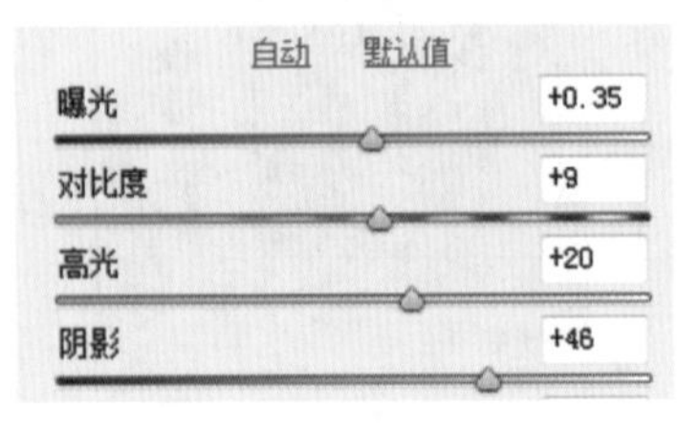

图 18-36　设置相关参数信息

步骤 4 单击【细节】按钮，进入细节设置界面，在其中设置减少杂色参数，这里

设置【明亮度】为 77、【明亮度细节】为 77、【明亮度对比】为 5，如图 18-37 所示，这时人物的皮肤变得细腻。

减少杂色
明亮度 77
明亮度细节 77
明亮度对比 5
颜色 0
颜色细节

图 18-37　设置减少杂色参数

步骤 5 对图像进行锐化处理，这里设置锐化的【数量】为 70、【半径】为 1.5、【细节】为 30，如图 18-38 所示。

锐化
数量 70
半径 1.5
细节 30
蒙版 0

图 18-38　设置锐化参数

步骤 6 单击【基本】按钮，切换到基本设置面板，设置【色调】为 3，如图 18-39 所示，【清晰度】为 4、【自然饱和度】为 56，如图 18-40 所示。

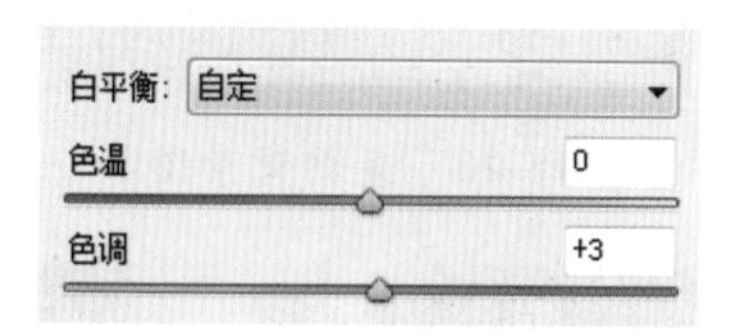

图 18-39　设置色调

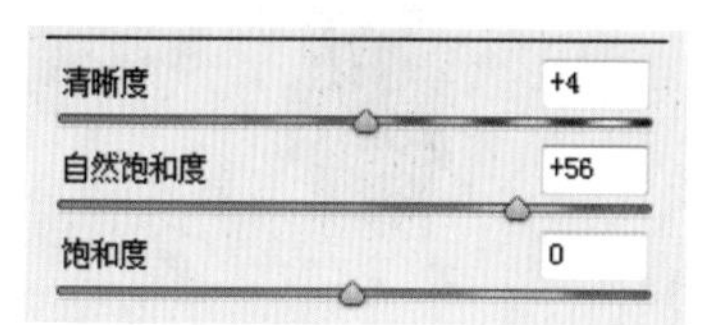

图 18-40　设置清晰度和自然饱和度

步骤 7 单击【打开图像】按钮，即可在 Photoshop 中打开人物图像，如图 18-41 所示。

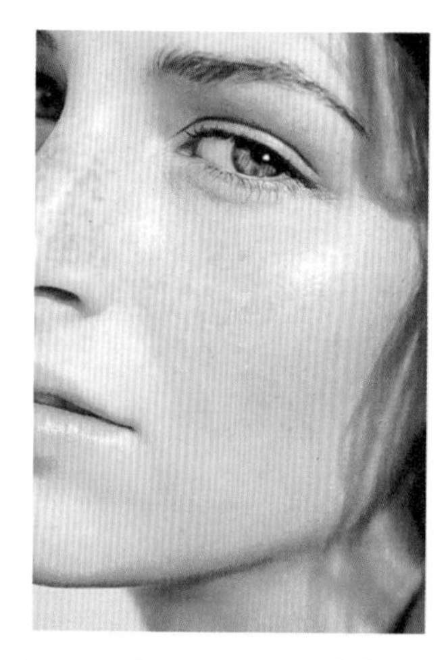

图 18-41　在 Photoshop 中打开图像

步骤 8 单击工具栏中的【污点修复画笔工具】按钮，修复人物脸上的瑕疵，如图 18-42 所示。

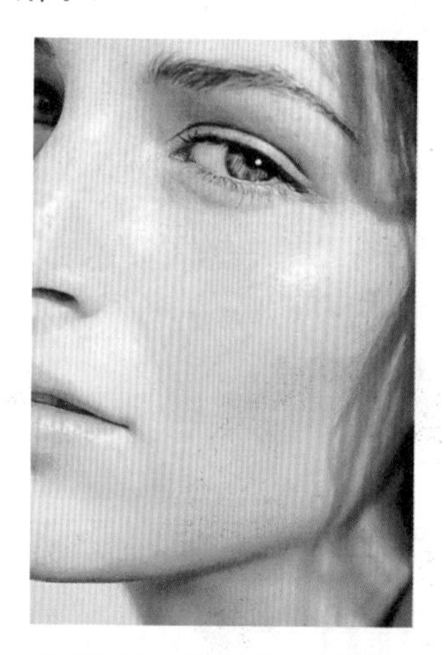

图 18-42　修复脸上的瑕疵

步骤 9 选择【图像】→【调整】→【亮度 / 对比度】命令，打开【亮度 / 对比度】对话框，在其中设置图像的亮度与对比度，如图 18-43 所示。

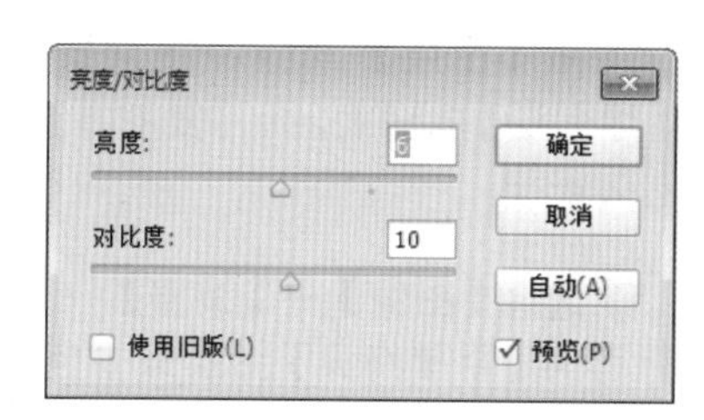

图 18-43　【亮度 / 对比度】对话框

步骤 10 单击【确定】按钮，返回到图像中，可以看到图像色调变亮，这样就完成了人物的磨皮操作，最终的图像显示效果如图 18-44 所示。

图 18-44　最终效果

18.4 模糊照片变清晰

在照片的后期处理过程中，经常会遇到模糊的照片，那么怎样才能让照片变清晰呢？使用 Photoshop CC 可以轻松让模糊的照片变清晰，具体的操作步骤如下。

步骤 1 打开随书光盘中的“素材\ch18\03.jpg”文件，如图 18-45 所示。

图 18-45　素材文件

步骤 2 在【图层】面板中将背景图层拖曳到【新建图层】按钮上，即可复制背景图层，如图 18-46 所示。

图 18-46　复制背景图层

步骤 3 选择【图像】→【调整】→【去色】命令，即可为【背景拷贝】图层做去色处理，图像显示效果如图 18-47 所示。

图 18-47　对图像做去色处理

步骤 4 在【图层】面板中设置【背景 拷贝】图层的图层混合模式为【叠加】，如图 18-48 所示。

图 18-48　设置【背景拷贝】图层的混合模式

步骤 5 设置完成后，可以看到图像的显示效果，如图 18-49 所示。

图 18-49　对应的图像效果

步骤 6 选择【滤镜】→【其他】→【高反差保留】命令，打开【高反差保留】对话框，在其中设置【半径】为 1.5 像素，如图 18-50 所示。

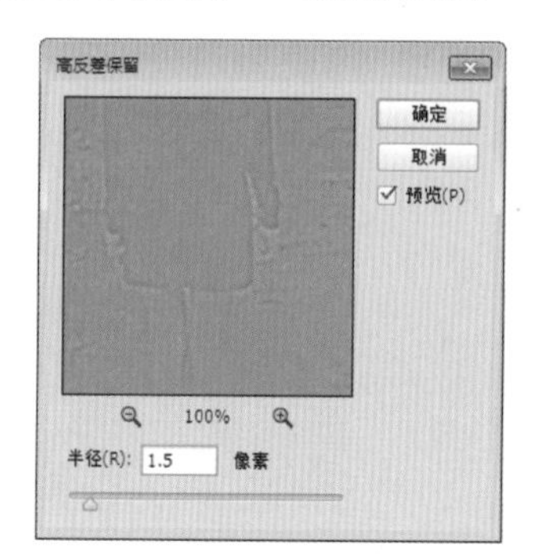

图 18-50　【高反差保留】对话框

步骤 7 单击【确定】按钮，返回到图像窗口中，可以看到应用高反差保留滤镜后的图像显示效果，如图 18-51 所示。

图 18-51　应用高反差保留滤镜的效果

步骤 8 设置高反差保留参数后，如果图像还是不够清晰，可以连续复制 3 ～ 5 次背景拷贝图层，如图 18-52 所示。

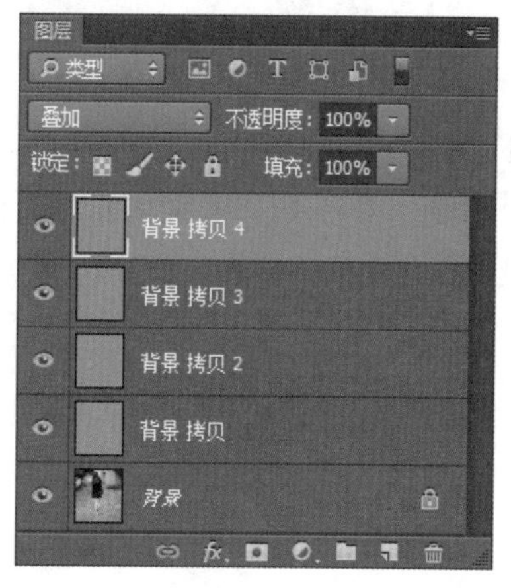

图 18-52　连续复制 3 ～ 5 次背景拷贝图层

步骤 9 为了整体调整图像，可以盖印出一个图层，这里按 Alt+Shift+Ctrl+E 快捷键，盖印图层，得到图层 1，如图 18-53 所示。

步骤 10 盖印完成后，图像窗口中的图像显示效果如图 18-54 所示。

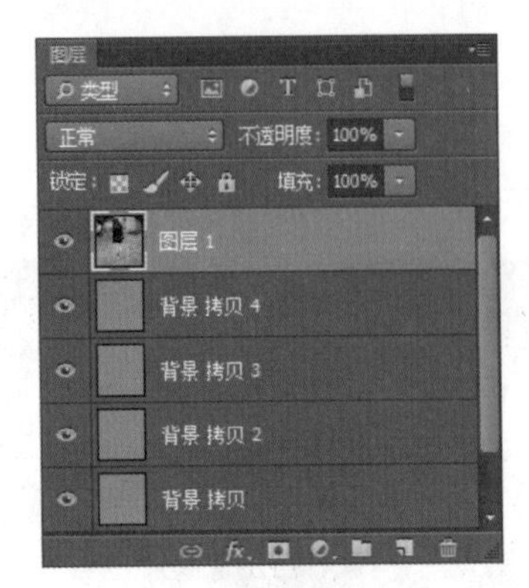

图 18-53　盖印图层

图 18-54　盖印后的图像效果

步骤 11 选择【滤镜】→【锐化】→【USM 锐化】命令，打开【USM 锐化】对话框，在其中设置锐化的相关参数，如图 18-55 所示。

图 18-55　【USM 锐化】对话框

步骤 12 单击【确定】按钮，即可得到更清晰的图像了，如图 18-56 所示。

图 18-56　最终效果

网页设计应用实战

● **本章导读：**

网页设计是 Photoshop 的一种拓展功能，是网站程序设计的好搭档。本章就来介绍如何使用 Photoshop 设计网页。

● **学习目标：**

◎ 掌握设计网页 Logo 的方法

◎ 掌握设计网页导航栏的方法

◎ 掌握设计网页 Banner 的方法

◎ 掌握设计网页正文的方法

◎ 掌握设计网页页脚的方法

◎ 掌握对网页进行切片处理的方法

● **重点案例效果**

19.1 设计网页Logo

网页 Logo 是一个网站的标志，Logo 设计得好与坏直接关系到一个网站的整体形象。下面就来介绍如何使用 Photoshop 设计在线购物网站的网页 Logo，具体的操作步骤如下。

步骤 1 打开 Photoshop CC 工作界面，选择【文件】→【新建】命令，打开【新建】对话框，在其中输入相关参数，如图 19-1 所示。

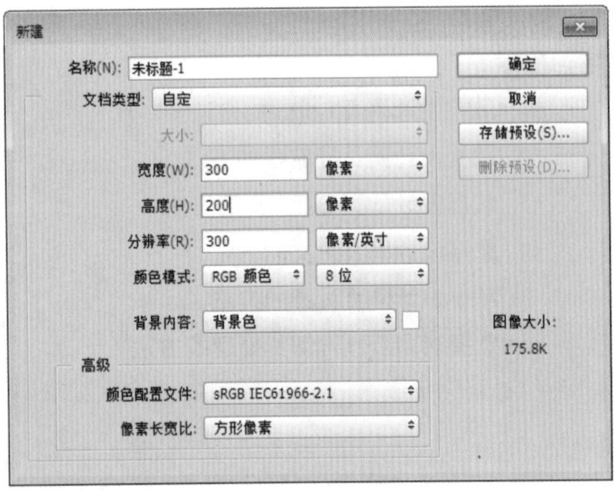

图 19-1 【新建】对话框

步骤 2 单击【确定】按钮，即可新建一个空白文档，如图 19-2 所示。

图 19-2 新建一个空白文档

步骤 3 选择【文件】→【存储为】命令，在打开的【另存为】对话框中输入文件的名称，并选择保存的类型，如图 19-3 所示。

图 19-3 【另存为】对话框

步骤 4 单击工具箱中的【横排文字工具】按钮，在空白文档中输入网页 Logo 文字“我爱美妆”，选择“我爱”两个字，在【字符】面板中设置字符的参数，如图 19-4 所示。

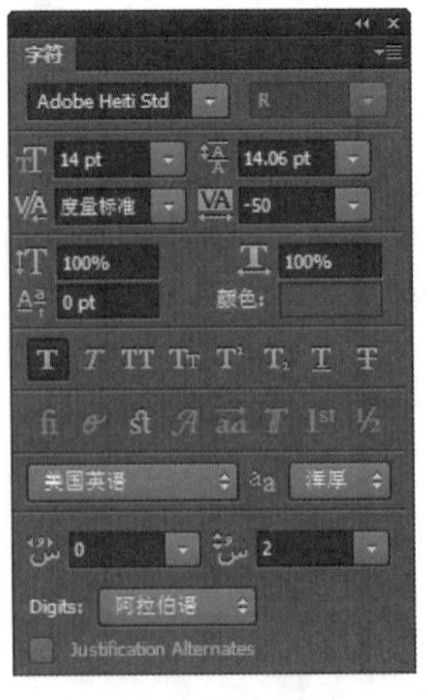

图 19-4 【字符】面板

步骤 5 选择“美妆”两个字，在【字符】面板中设置相关参数，如图 19-5 所示。

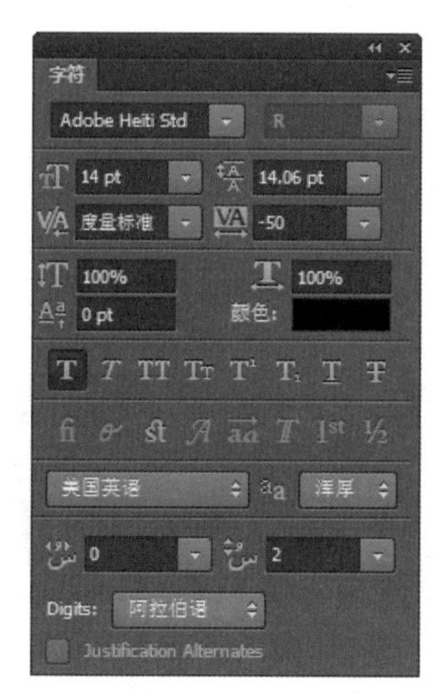

图 19-5　【字符】面板

步骤 6 设置完毕后，返回到图像工作界面，可以看到最终的显示效果，如图 19-6 所示。

我爱美妆

图 19-6　设置后的文字效果

步骤 7 双击【我爱美妆】文字图层，打开【图层样式】对话框，在其中选中【投影】复选框，并设置相关参数，如图 19-7 所示。

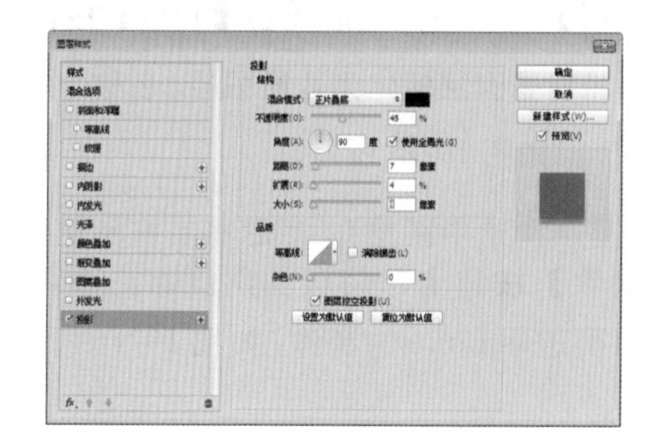

图 19-7　【图层样式】对话框

步骤 8 设置完毕后，单击【确定】按钮，即可为文字添加投影样式，如图 19-8 所示。

我爱美妆

图 19-8　投影样式

步骤 9 单击工具箱中的【横排文字工具】按钮，在文档中输入“MEIZHUANG.COM”，然后在【字符】面板中设置该文字的参数，如图 19-9 所示。

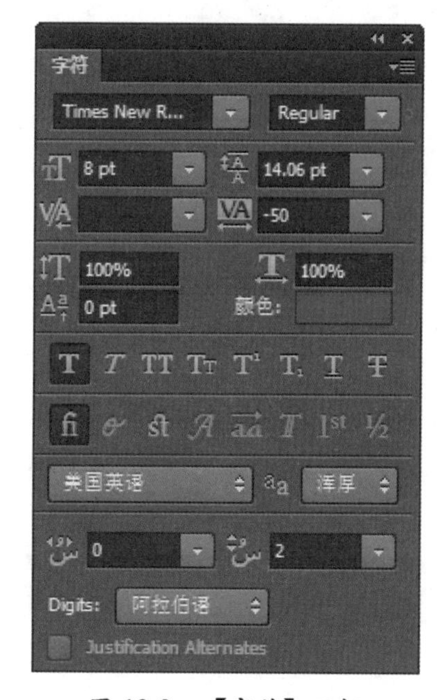

图 19-9　【字符】面板

步骤 10 返回到图像工作界面，可以看到文字的显示效果，如图 19-10 所示。然后使用移动工具调整该文字的位置。

步骤 11 双击“MEIZHUANG.COM”文字所在的图层，打开【图层样式】对话框，在其中选中【投影】复选框，并设置相关参数，如图 19-11 所示。

我爱美妆
MEIZHUANG.COM

图 19-10　文字的显示效果

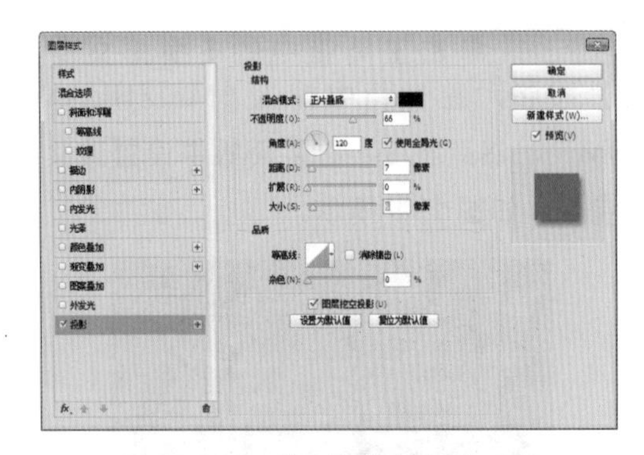

图 19-11　【图层样式】对话框

步骤 12 单击【确定】按钮，即可为该文字添加投影效果，如图 19-12 所示。

我爱美妆
MEIZHUANG.COM

图 19-12　文字投影效果

步骤 13 在【图层】面板中选中文字所在图层并右击，在弹出的快捷菜单中选择【栅格化文字】命令，将文字图层转化为普通图层，如图 19-13 所示。

图 19-13　【图层】面板

步骤 14 再次选中文字所在的两个图层并右击，在弹出的快捷菜单中选择【合并图层】命令，将文字图层合并为一个图层，如图 19-14 所示。

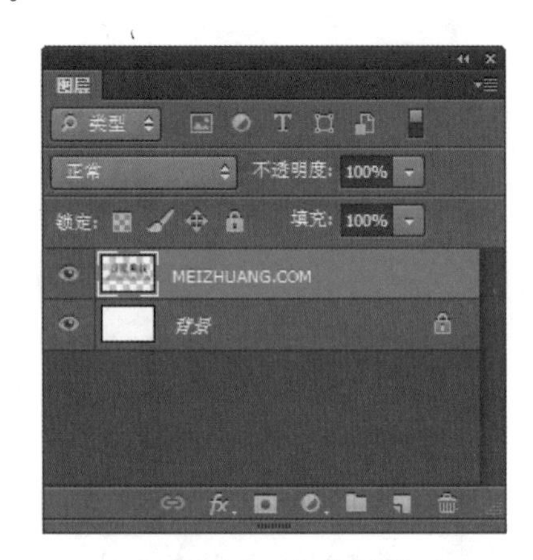

图 19-14　合并图层

步骤 15 双击【背景】图层，即可打开【新建图层】对话框，然后单击【确定】按钮，即可将背景图层转化为普通图层，名称为“图层 0”，如图 19-15 所示。

步骤 16 选中图层 0，然后将其拖曳至【图层删除】按钮上，将该图层删除，即可完成网页透明 Logo 的制作，如图 19-16 所示。

图 19-15　【新建图层】对话框

图 19-16　删除图层

19.2 设计网页导航栏

导航栏是一个网页的菜单，通过它可以了解到整个网站的内容分类，设计网页导航栏的操作步骤如下。

步骤 1 新建一个大小为 1024×36 像素 / 英寸、分辨率为 300 像素 / 英寸、背景为黑色的文档，并将其保存为“导航栏 .psd”文件，如图 19-17 所示。

图 19-17　新建文件

步骤 2 新建一个图层，使用矩形选框工具在新图层中绘制一个矩形选区，然后使用油漆桶工具为矩形选区填充玫红色（R:237、G:20、B:91），如图 19-18 所示。

图 19-18　新建图层

步骤 3 使用工具箱中的横排文字工具在文档中输入网页的导航栏文字，这里输入“特卖精选”，并根据需要调整文字的颜色为白色，字体为 STXihei，大小为 5 pt，如图 19-19 所示。

步骤 4 根据实际需要，复制多个文字图层，并调整文字图层的位置，最终的效果如图 19-20 所示。至此，一个简单的在线购物网页的导航栏就制作完成了。

图 19-19　添加文字

图 19-20　复制多个文字图层

19.3 设计网页的Banner

网页的 Banner 主要用于展示网站最近的活动，在线购物网站的 Banner 主要用于展示最近的产品销售活动。设计在线购物网站 Banner 的操作步骤如下。

步骤 1 在 Photoshop CC 的工作界面中选择【文件】→【打开】命令，在打开的【打开】对话框中选择素材文件 Banner.psd 文件，如图 19-21 所示。

图 19-21　打开素材

步骤 2 打开素材文件“图片 1.jpg”，使用移动工具将该图片移动到文件 Banner 中，然后使用自由变换工具将该图片进行自由变换，并调整其位置，如图 19-22 所示。

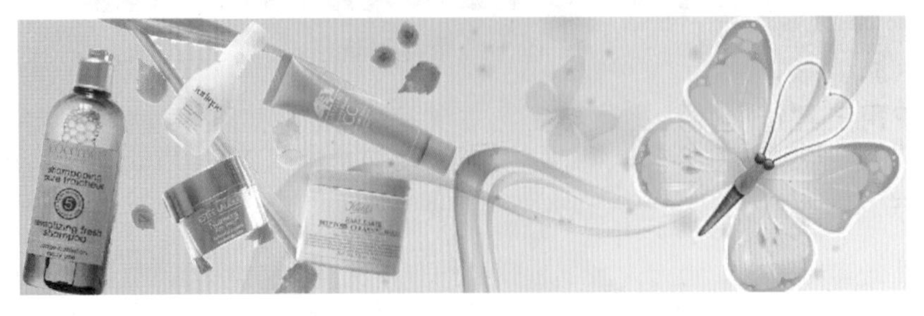

图 19-22　自由变换图片

步骤 3 双击图片 1 所在的图层，打开【图层样式】对话框，在其中选中【投影】复选框，并设置其中的参数，如图 19-23 所示。

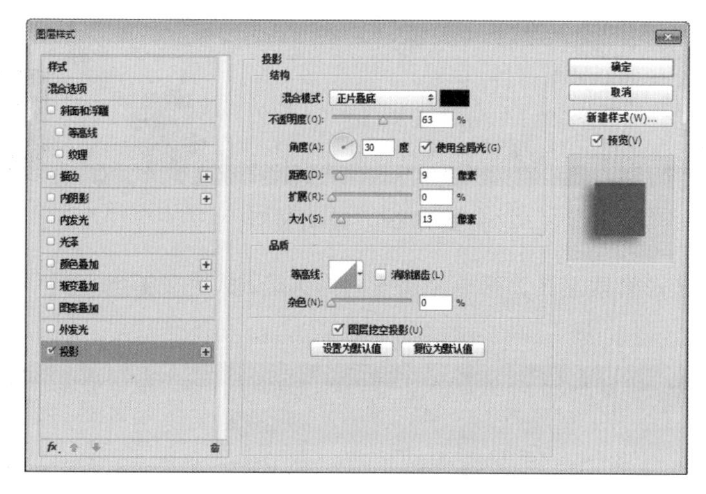

图 19-23　【图层样式】对话框

步骤 4 单击【确定】按钮，返回到 Banner 文档中，即可为图片 1 添加投影效果，如图 19-24 所示。

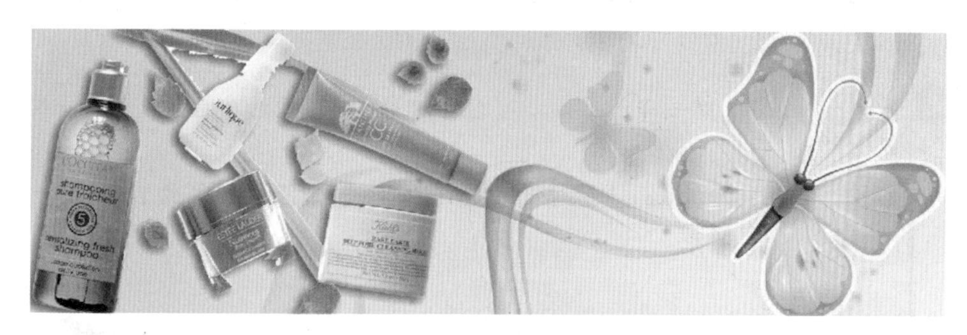

图 19-24　添加投影效果

步骤 5 参照步骤 2 的操作方法，将素材“图片 2.jpg”“图片 3.jpg”添加到 Banner 文件中，并使用移动工具和自由变换工具调整图片的位置和大小，如图 19-25 所示。

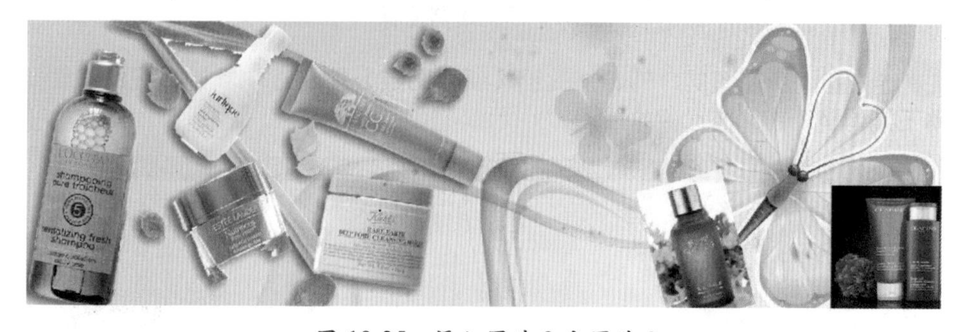

图 19-25　添加图片 2 和图片 3

步骤 6 新建一个图层，然后使用矩形选框工具在图层中绘制一个矩形，并将其填充为橘色（R:227、G:106、B:87），如图 19-26 所示。

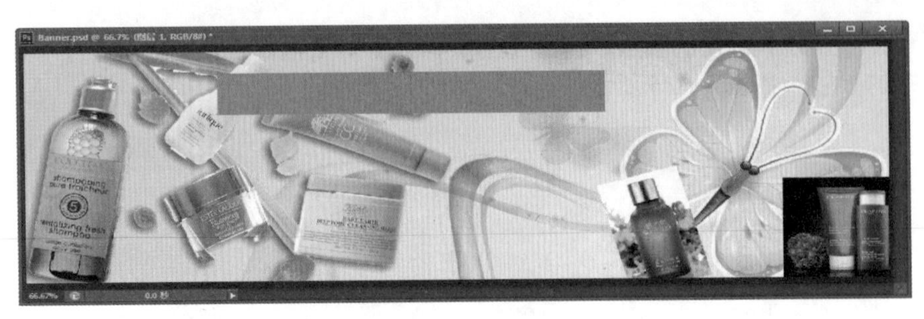

图 19-26　绘制矩形

步骤 7 使用多边形套索工具为两端添加三角形选区，然后按键盘上的 Delete 键将其删除，如图 19-27 所示。

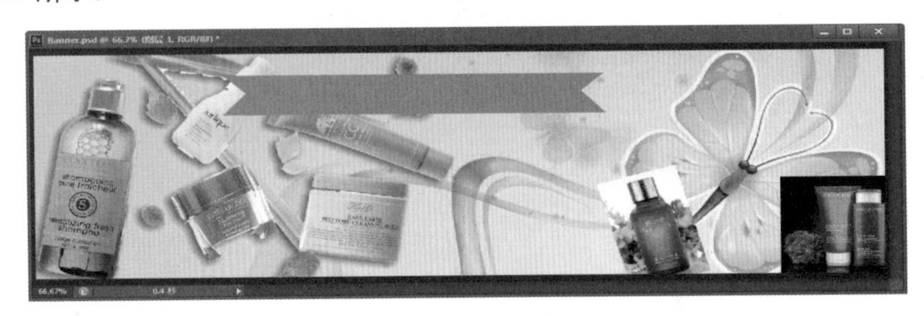

图 19-27　添加三角形选区

步骤 8 新建一个图层，然后单击工具箱中的直线工具，绘制一个直线，并设置直线的颜色为白色，如图 19-28 所示。

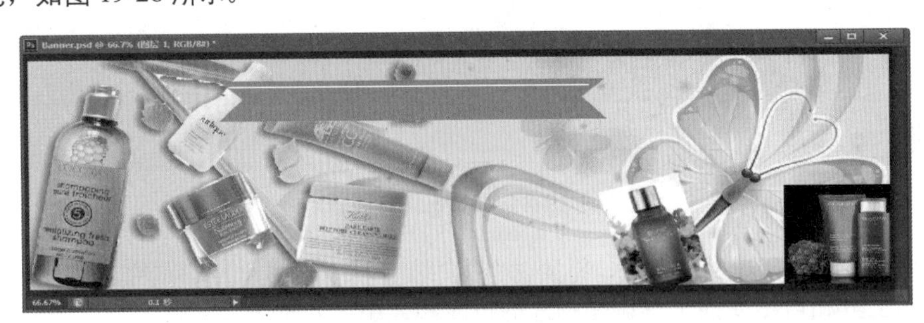

图 19-28　绘制直线

步骤 9 选中直线所在图层，将其拖曳至【新建图层】按钮上，复制直线所在图层，然后使用移动工具调整直线的位置，如图 19-29 所示。

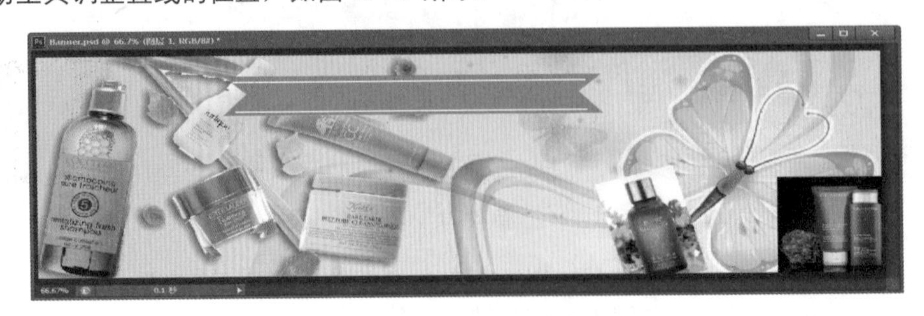

图 19-29　复制图层

步骤 10 单击工具箱中的【横排文字工具】按钮，在文档中输入文字，在【字符】面板中设置文字的大小、字形、颜色等，如图 19-30 所示。

步骤 11 在【图层】面板中调整图层的组合方式为【叠加】，如图 19-31 所示。

图 19-30　【字符】面板

图 19-31　【图层】面板

步骤 12 返回到 Banner 文档的工作界面中，可以看到最终的显示效果，如图 19-32 所示。

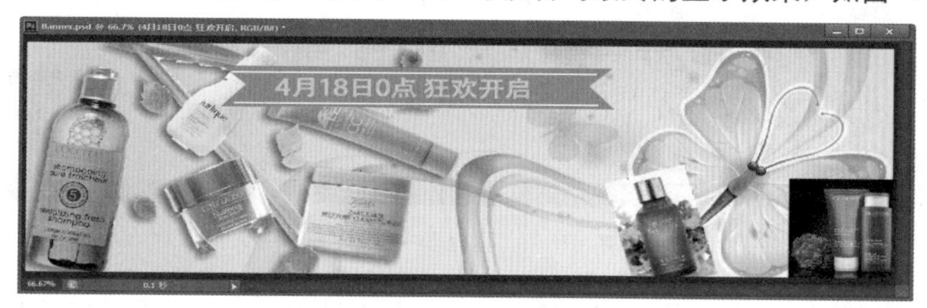

图 19-32　最终的效果

步骤 13 单击工具箱中的【横排文字工具】按钮，在 Banner 文档界面中输入活动内容文字，并在【字符】面板中设置文字的大小、颜色和字体样式等，如图 19-33 所示。

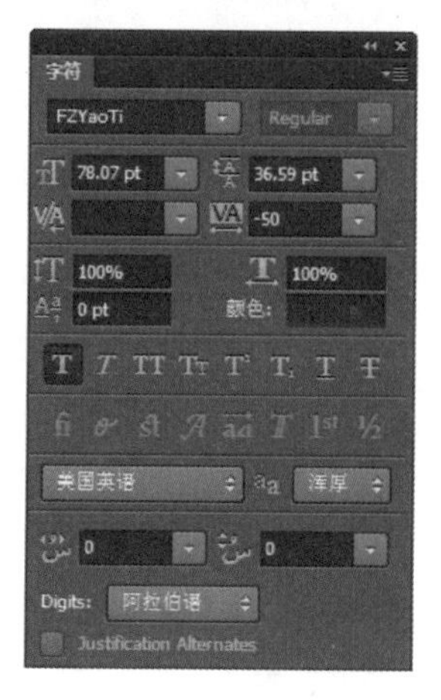

图 19-33　【字符】面板

步骤 14 双击文字所在图层，在打开的【图层样式】对话框中选中【外发光】复选框，为文字图层添加外发光效果，如图 19-34 所示。

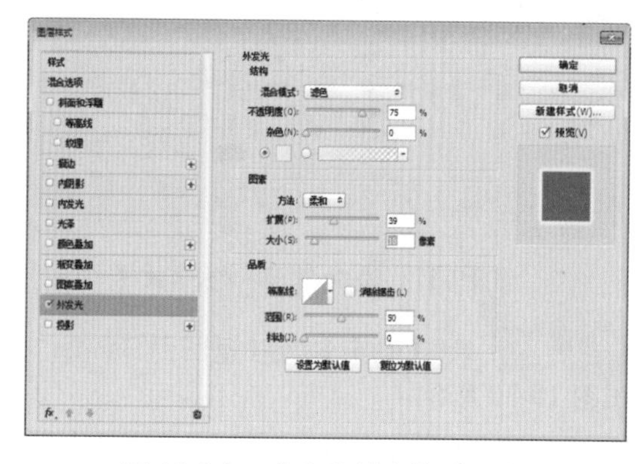

图 19-34　【图层样式】对话框

步骤 15 单击【确定】按钮，返回到 Banner 文档工作界面，可以看到添加的文字效果，如图 19-35 所示。

图 19-35　添加的文字效果

步骤 16 新建一个图层，使用矩形选框工具在图层中绘制一个矩形，并填充颜色为橘色（R:227、G:106、B:87），如图 19-36 所示。

图 19-36　绘制一个矩形

步骤 17 双击矩形所在的图层，打开【图层样式】对话框，为该图层添加斜面和浮雕以及投影效果，具体的参数设置如图 19-37 和图 19-38 所示。

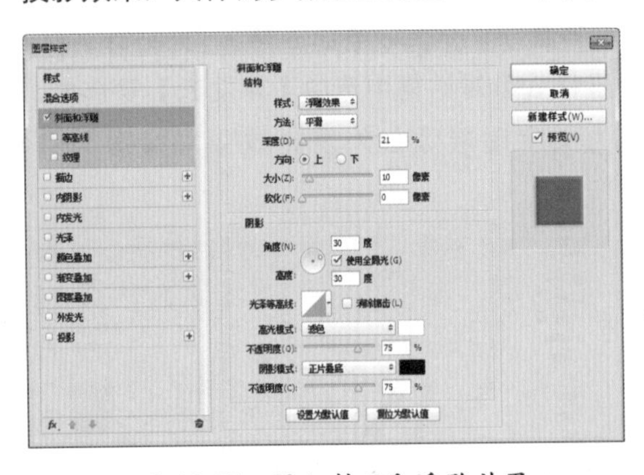

图 19-37　添加斜面和浮雕效果

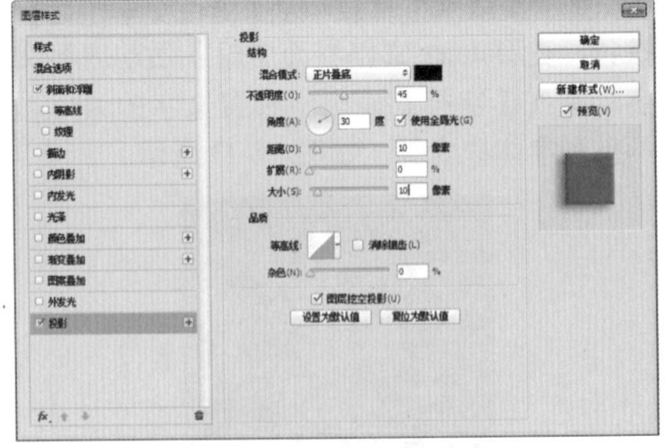

图 19-38　添加投影效果

步骤 18 单击【确定】按钮，返回到 Banner 文档工作界面中，可以看到应用图层样式后的效果，如图 19-39 所示。

步骤 19 使用横排文字工具在文档中输入文字，并调整文字的位置，然后在【字符】面板中调整文字的字体样式、颜色和大小等，最终的效果如图 19-40 所示。

图 19-39　应用图层样式后的效果

图 19-40　设置的文字效果

步骤 20 新建一个图层，使用工具箱中的自定义形状工具在文档中绘制一个心形形状，添加形状的颜色为橘色（R:227、G:106、B:87），如图 19-41 所示。

图 19-41　绘制一个心形形状

步骤 21 双击心形所在的图层，在打开的【图层样式】对话框中选中【投影】复选框，为图层添加投影效果，如图 19-42 所示。

图 19-42　添加投影效果

步骤 22 使用横排文字工具在文档中输入文字“上不封顶”，然后调整文字的位置，并在【字符】面板中设置文字的字体样式、大小、颜色等，最终的显示效果如图 19-43 所示。

图 19-43　添加文字

步骤 23 至此，在线购物网页的 Banner 就制作完成了，然后选择【文件】→【另存为】命令，打开【另存为】对话框，在其中设置文件的保存类型为 .jpg，如图 19-44 所示。

图 19-44　【另存为】对话框

19.4 设计网页正文部分

网页的正文是整个网页设计的重点，在线购物网站的正文主要用于显示产品的销售信息，下面就来设计网页的正文部分内容。

19.4.1 设计正文导航

为了更好地展示网页的正文内容，一般在正文上面会显示正文的导航，如在线购物网站的导航为产品的分类。

设计正文导航的操作步骤如下。

步骤 1 新建一个大小为 1024×92 像素、背景为白色、分辨率为 300 像素 / 英寸的空白文档，并将其保存为“导航按钮 .psd”，如图 19-45 所示。

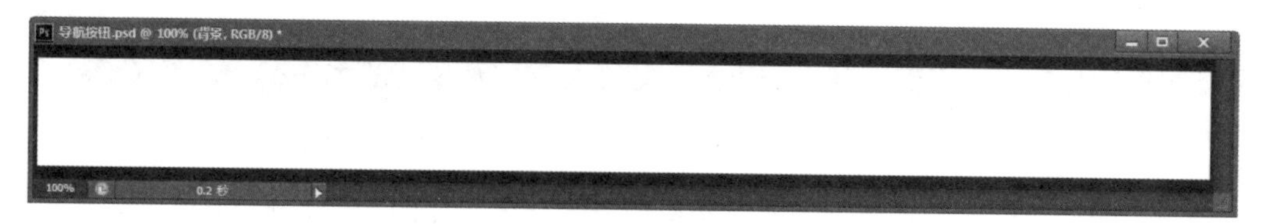

图 19-45　新建导航按钮文件

步骤 2 新建一个图层，然后单击工具箱中的【矩形选框工具】按钮，再在属性栏中设置矩形选框工具的参数，这里设置【样式】为【固定大小】、【宽度】为 1024 像素、【高度】为 7 像素，如图 19-46 所示。

图 19-46　矩形选框工具

步骤 3 单击空白文档，在其中绘制一个矩形选框，然后使用油漆桶工具将选框填充为黑色，并调整至合适位置，如图 19-47 所示。

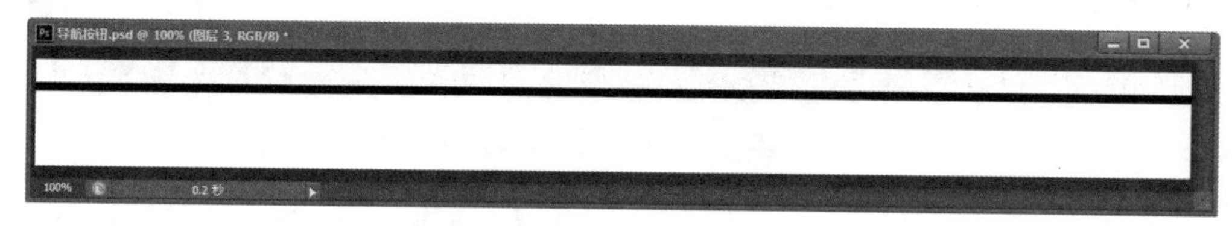

图 19-47　绘制一个矩形选框

步骤 4 新建一个图层，然后单击工具箱中的【矩形选框工具】按钮，在文档中绘制两个矩形选框，如图 19-48 所示。

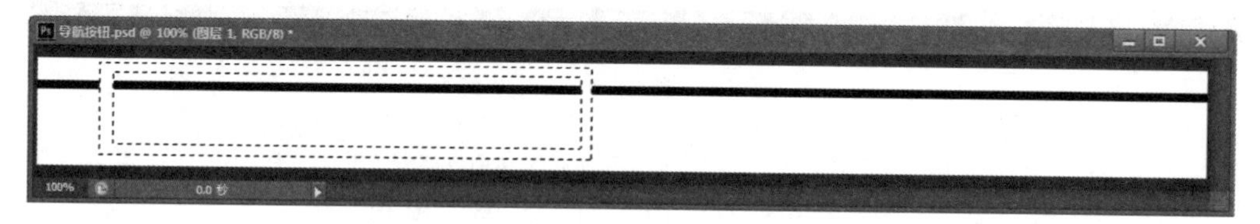

图 19-48　绘制两个矩形选框

步骤 5 设置前景色为灰色（R:197、G:197、B:197），使用油漆桶工具将选区填充为灰色，如图 19-49 所示。

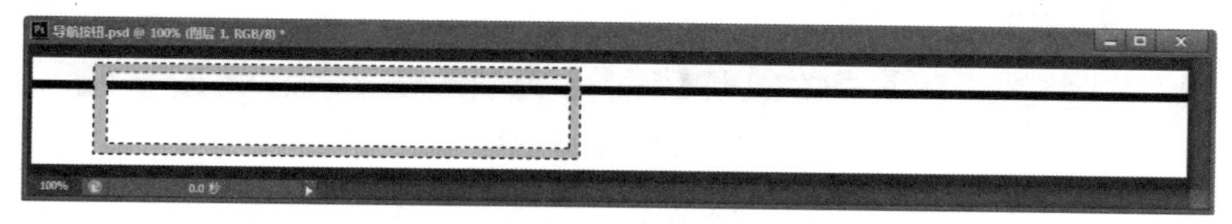

图 19-49　填充选区

步骤 6 使用魔棒工具选中灰色矩形中间的矩形，如图 19-50 所示。

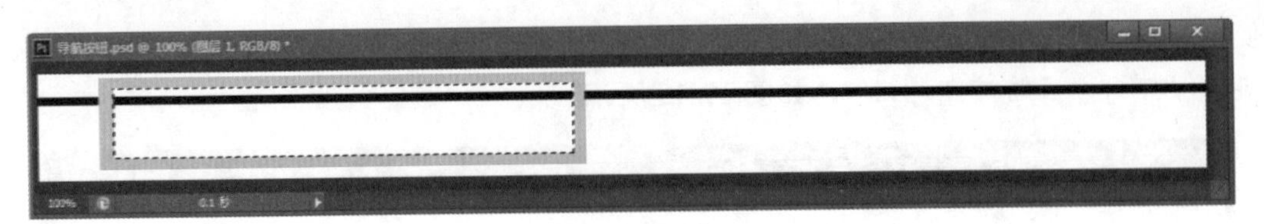

图 19-50　选中矩形

步骤 7 使用油漆桶工具将选中的灰色矩形填充为白色，如图 19-51 所示。

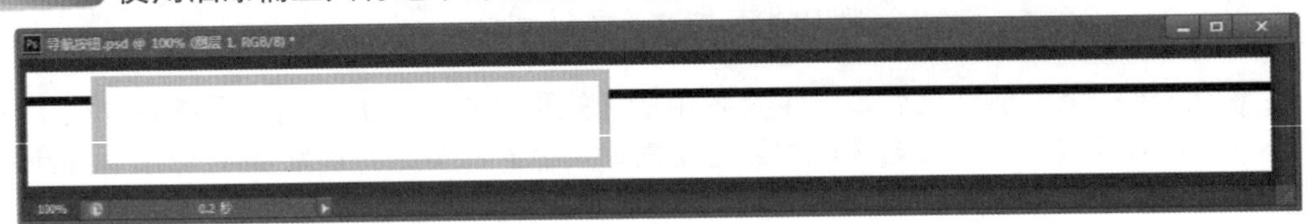

图 19-51　填充矩形

步骤 8 新建一个图层，使用矩形选框工具在文档中绘制一个 10×10 的正方形，并将其填充为黑色，如图 19-52 所示。

图 19-52　填充正方形为黑色

步骤 9 复制 4 个黑色正方形所在的图层，并调整至合适的位置，如图 19-53 所示。

图 19-53　复制 4 个正方形

步骤 10 单击工具箱中的【横排文字工具】按钮，在文档中输入文字“Point 1”，并在【字符】面板中设置文字的字体样式为 Times New Roman、大小为 10pt、颜色为黑色，如图 19-54 所示。

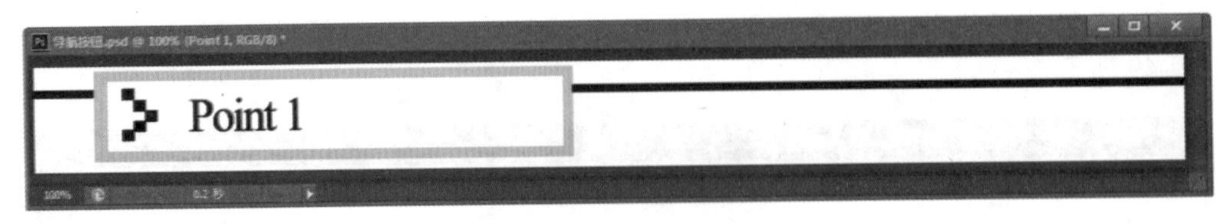

图 19-54　输入文字

步骤 11 再使用横排文字工具在文档中输入文字“全部特卖”，然后设置文字的字体样式为 STZhongsong、大小为 9pt、颜色为红色（R:255、G:112、B:163），最后将其保存起来，如图 19-55 所示。

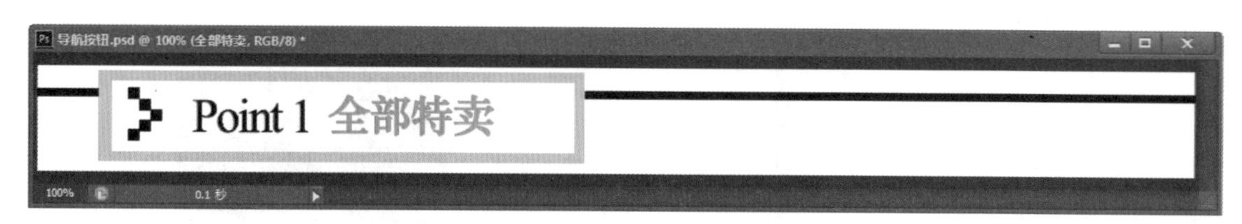

图 19-55　输入文字

步骤 12 根据需要再制作其他正文内容的导航按钮，如图 19-56 所示。

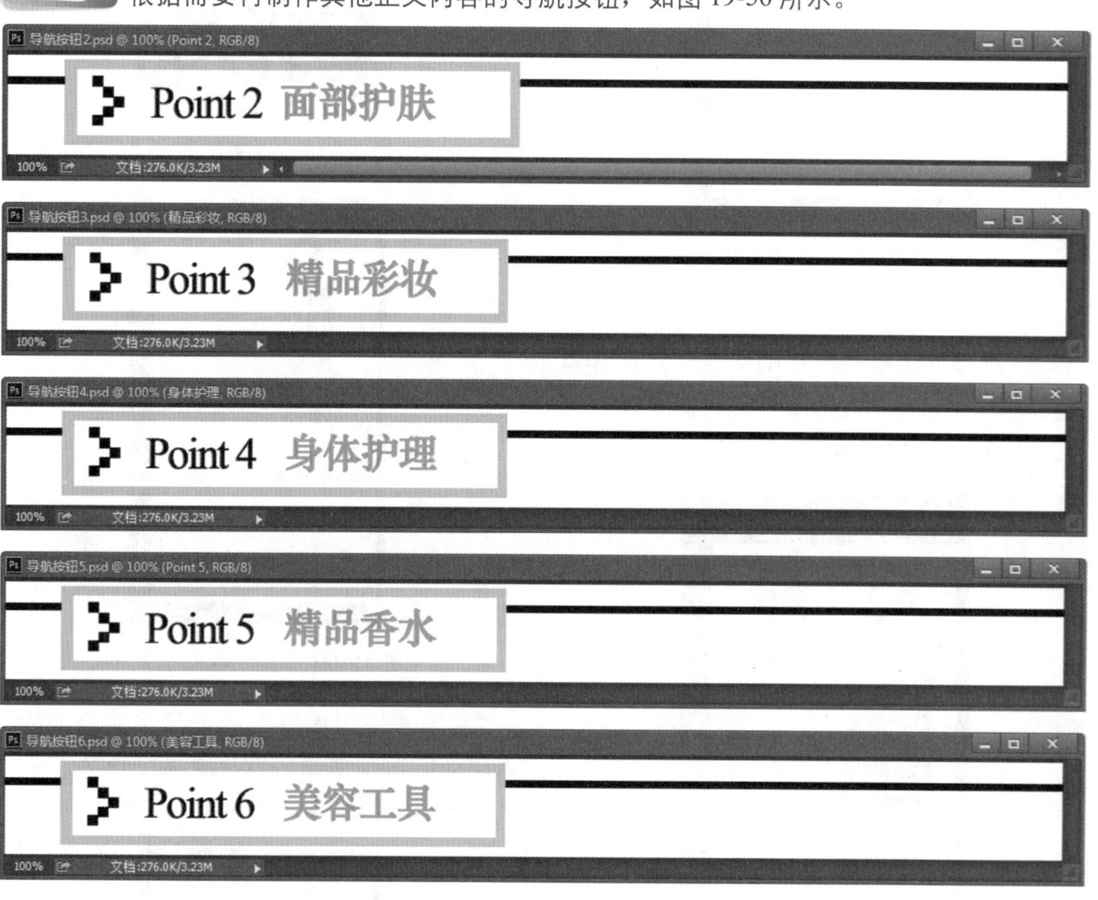

图 19-56　多个导航按钮

19.4.2 设计正文内容

在线购物网页的 6 部分正文内容分别为全部特卖、面部护肤、精品彩妆、身体护理、精品香水、美容工具。由于这 6 部分的正文内容在形式上一样，这里以设计身体护理这部分内容为例，来介绍在线购物网页正文内容的设计步骤。

步骤 1 新建一个大小为 230×380 像素、分辨率为 300 像素 / 英寸、背景为白色的文档，并将其保存为“身体护理 .psd”，如图 19-57 所示。

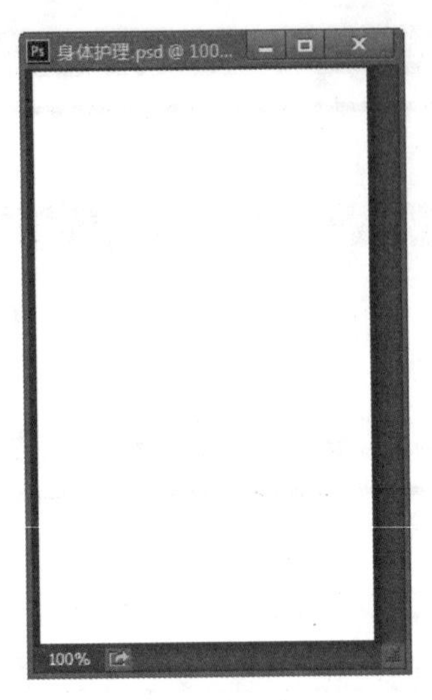

图 19-57　新建文件

步骤 2 打开素材文件“身 3.jpg”文件，然后使用移动工具将其移动到身体护理 .psd 文件中，并使用自由变换工具调整图片的大小与位置，如图 19-58 所示。

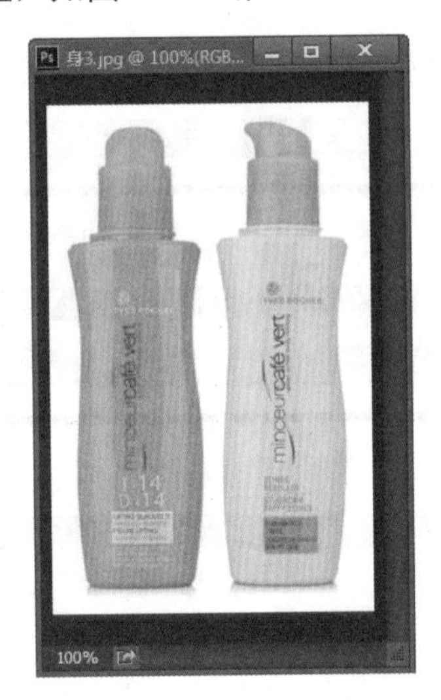

图 19-58　打开图片素材

步骤 3 使用工具箱中的横排文字工具在文档中输入该产品的说明性文字，然后在【字符】面板中设置文字的字体样式、大小以及颜色等，如图 19-59 所示。

步骤 4 返回到文档中，可以看到添加的文字的显示效果，如图 19-60 所示。

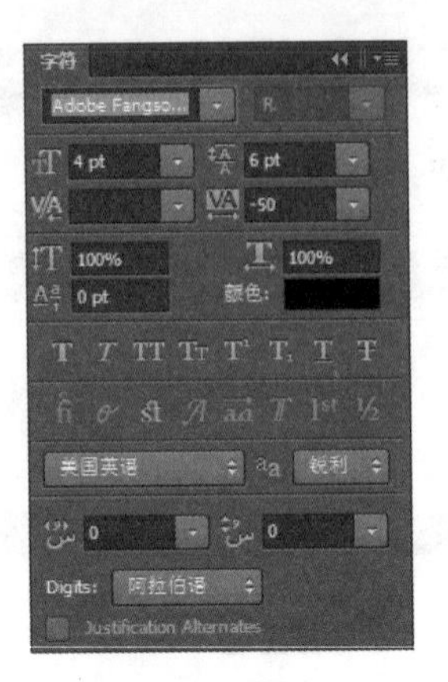

图 19-59　【字符】面板

图 19-60　添加的文字效果

步骤 5 使用横排文字工具在文档中输入该产品的价格信息，并调整文字的大小、字体样式以及颜色等，如图 19-61 所示。

图 19-61　输入价格信息

步骤 6 新建一个图层，使用矩形选框工具在该图层中绘制一个矩形，并填充矩形颜色的 RGB 值为（R:244、G:92、B:143），如图 19-62 所示。

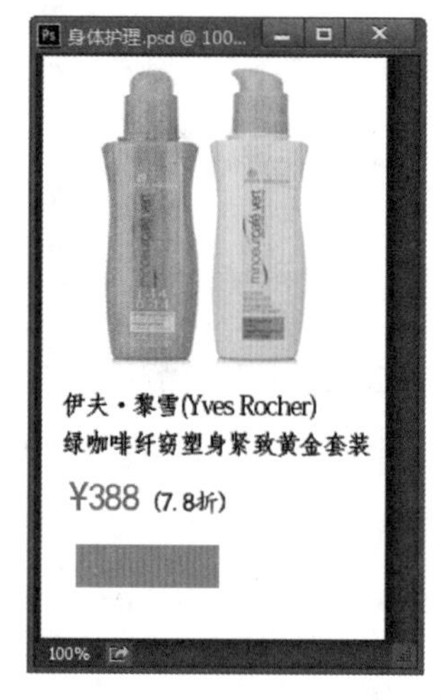

图 19-62　绘制一个矩形

步骤 7 双击矩形所在的图层，打开【图层样式】对话框，在其中选中【斜面和浮雕】复选框，为图层添加斜面和浮雕效果，如图 19-63 所示。

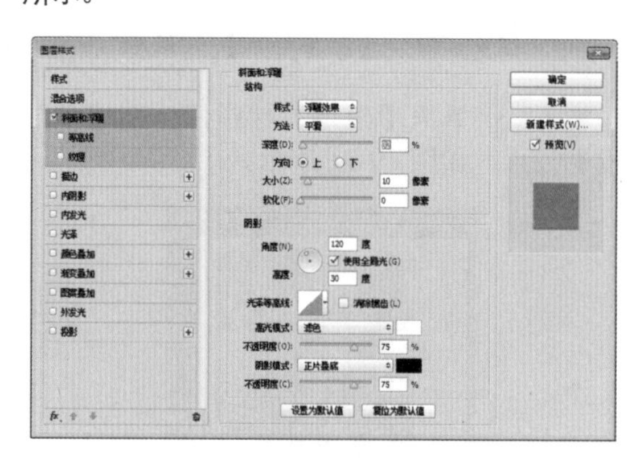

图 19-63　【图层样式】对话框

步骤 8 在【图层样式】对话框中选中【投影】复选框，在其中设置投影的相关参数，为图层添加投影效果，如图 19-64 所示。

步骤 9 设置完毕后，单击【确定】按钮，返回到文档中，可以看到最终的显示效果，如图 19-65 所示。

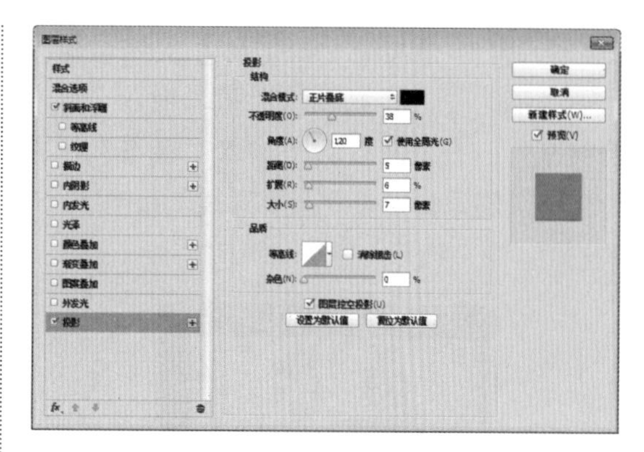

图 19-64　添加投影效果

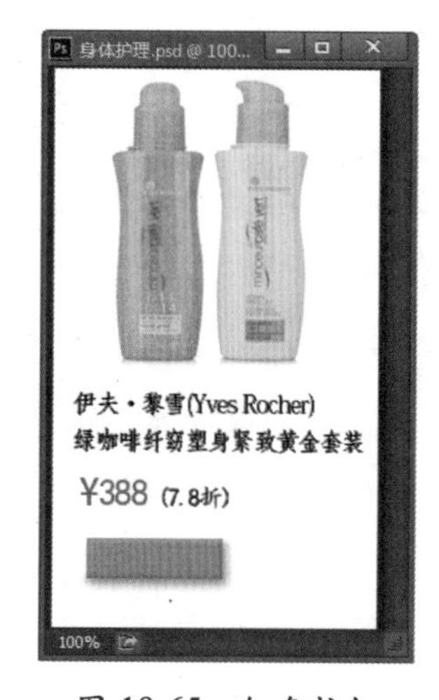

图 19-65　红色按钮

步骤 10 参照上述制作玫红色按钮的方法，再制作一个按钮，该按钮的颜色为灰色，如图 19-66 所示。

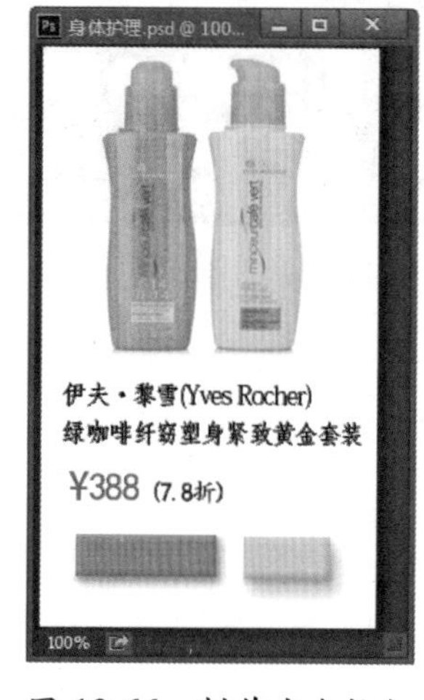

图 19-66　制作灰色按钮

步骤 11 使用横排文字工具在文档中输入按钮上的文字，在玫红色按钮上输入“放入购物车”，在灰色按钮上输入“查看”，并为文字图层添加相应的图层样式，如图 19-67 所示。

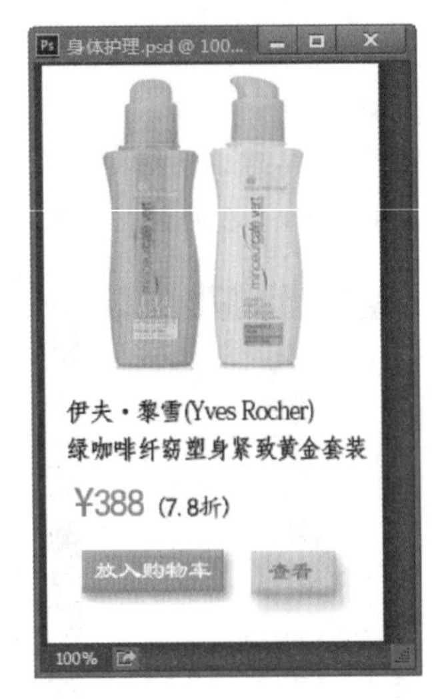

图 19-67　添加文字

步骤 12 单击工具箱中的【自定义形状】按钮，在形状预设面板中选择【会话 8】形状，如图 19-68 所示。

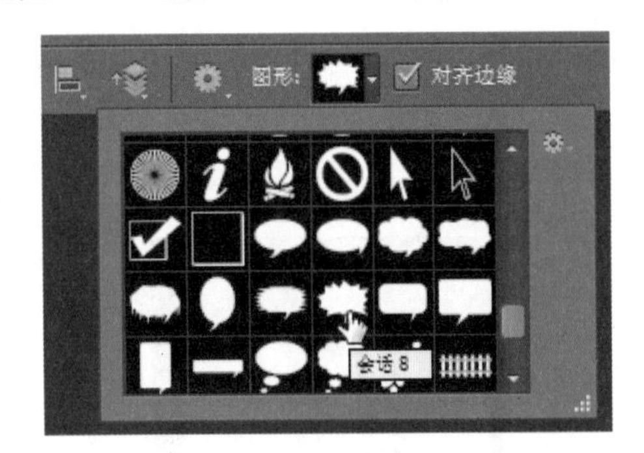

图 19-68　自定义形状

步骤 13 在文档中绘制会话 8 形状，并填充形状的颜色为红色，如图 19-69 所示。

步骤 14 双击形状所在的图层，打开【图层样式】对话框，在其中选中【投影】复选框，并设置相应的参数，如图 19-70 所示。

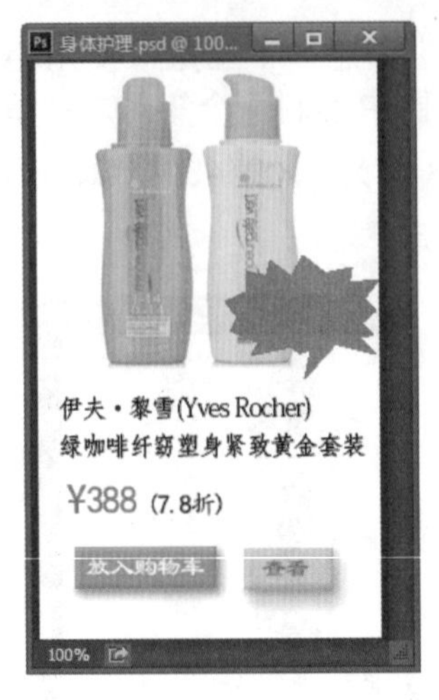

图 19-69　填充形状的颜色

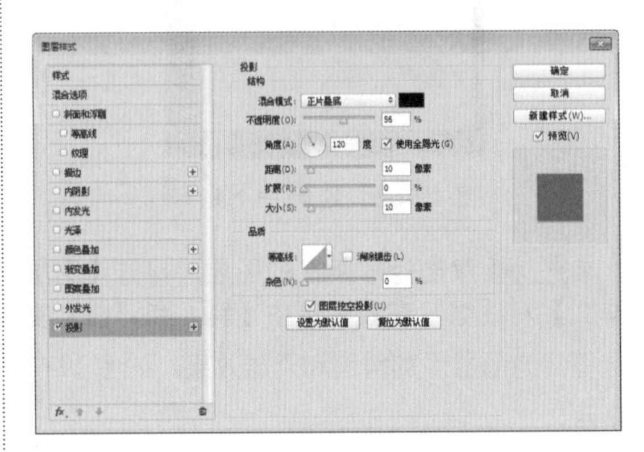

图 19-70　【图层样式】对话框

步骤 15 单击【确定】按钮，为图层添加投影效果，如图 19-71 所示。

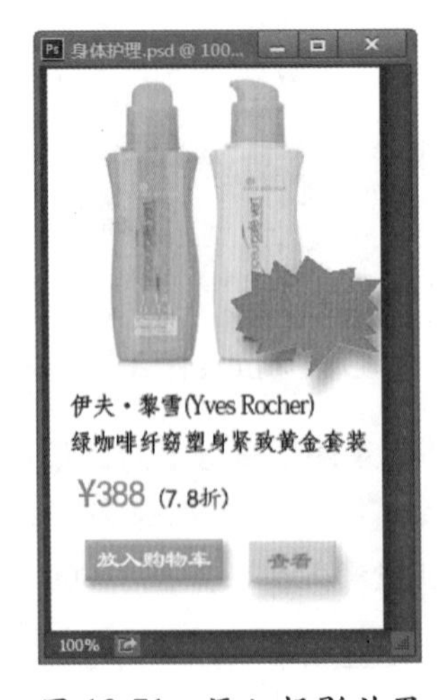

图 19-71　添加投影效果

步骤 16 使用横排文字工具在文档中输入文字“包邮！”，并调整文字的大小、颜色、字体样式等，如图 19-72 所示。至此，正文中身体护理中的第一个模块就设计完成了。

注意 参照上述制作身体护理文件的步骤，可以制作其他正文中的产品模块，这里不再赘述。

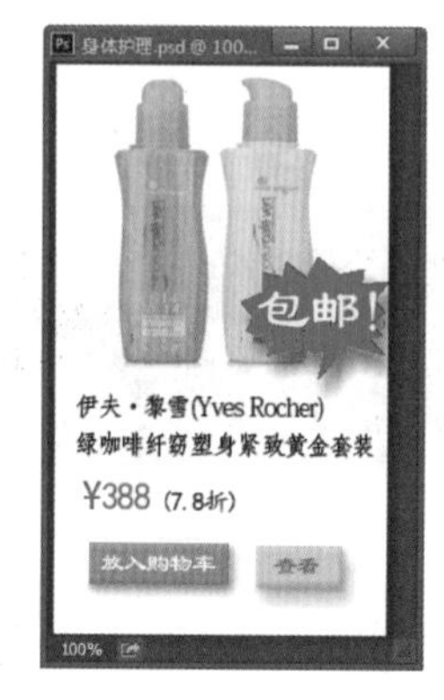

图 19-72 添加文字

19.5 设计网页页脚部分

一般网页的页脚部分与导航栏在设计风格上是一致的，其显示的主要内容为公司的介绍、友情链接等文字超链接等。设计网页页脚的操作步骤如下。

步骤 1 打开已经制作好的网页导航栏，如图 19-73 所示。

图 19-73 打开导航栏文件

步骤 2 在【图层】面板中选中玫红色矩形所在的图层并右击，在弹出的快捷菜单中选择【删除图层】命令，将其删除，如图 19-74 所示。

图 19-74 删除图层

步骤 3 将导航栏文件另存为“页脚 2”文件，选中文档中的各个文字，根据需要修改这些文字，最终的效果如图 19-75 所示。

图 19-75 修改文字

步骤 4 新建一个图层，单击工具箱中的【直线工具】按钮，在文件中绘制一个竖形直线，并填充为白色，如图 19-76 所示。

图 19-76 绘制一个竖形直线

步骤 5 复制白色直线所在的图层，然后调整白色直线至合适位置，如图 19-77 所示。至此，网页的页脚就制作完成了，将其保存为 JPG 格式的文件即可。

图 19-77 完成页脚的制作

19.6 组合在线购物网页

当网页中需要的内容都设计完成后，下面就可以在 Photoshop 中组合网页了，具体的操作步骤如下。

步骤 1 选择【文件】→【新建】命令，打开【新建】对话框，在其中设置相关参数，如图 19-78 所示。

步骤 2 单击【确定】按钮，创建一个空白文档，如图 19-79 所示。

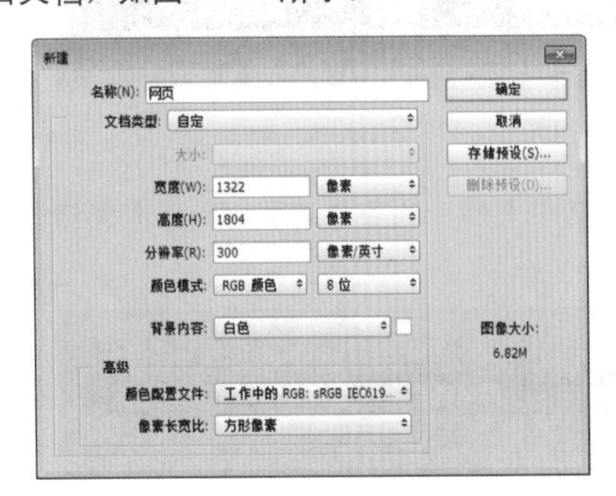

图 19-78 【新建】对话框

图 19-79 创建空白文档

步骤 3 打开素材文件“Logo.psd”，使用移动工具将其移动到网页文档中，并调整 Logo 的位置，如图 19-80 所示。

图 19-80 调整 Logo 的位置

步骤 4 打开素材文件“导航栏 .jpg”，使用移动工具将其移动到网页文档中，并调整导航栏至合适位置，如图 19-81 所示。

图 19-81 打开素材文件“导航栏 .jpg”

步骤 5 打开素材文件“Banner.jpg”，使用移动工具将其移动到网页文档中，并调整 Banner 至合适位置，如图 19-82 所示。

图 19-82 打开素材文件“Banner.jpg”

步骤 6 打开素材文件“导航按钮 1.jpg”，使用移动工具将其移动到网页文档中，并调整导航按钮至合适位置，如图 19-83 所示。

图 19-83 打开导航按钮文件

步骤 7 打开素材文件“身体护理 1.jpg”，使用移动工具将其移动到网页文档中，并调整身体护理 1 至合适位置，如图 19-84 所示。

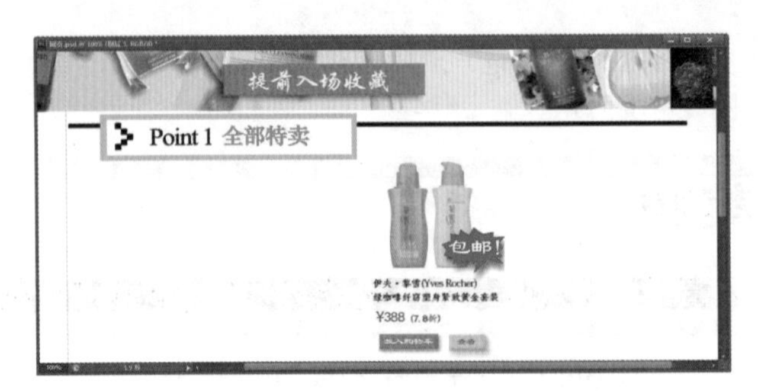

图 19-84　打开素材文件“身体护理.jpg”

步骤 8 选中身体护理图片所在的图层，按下键盘上的 Alt 键，再使用移动工具拖动并复制该图片，然后调整至合适的位置，如图 19-85 所示。

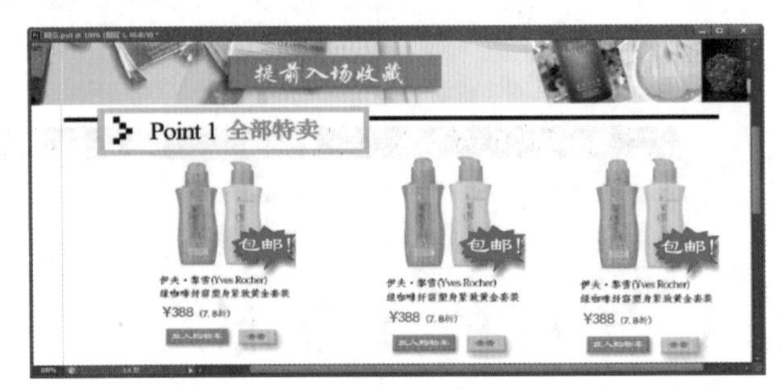

图 19-85　调整图片的位置

步骤 9 使用相同的方式，添加 Point 2 区域中的产品信息，最终的效果如图 19-86 所示。

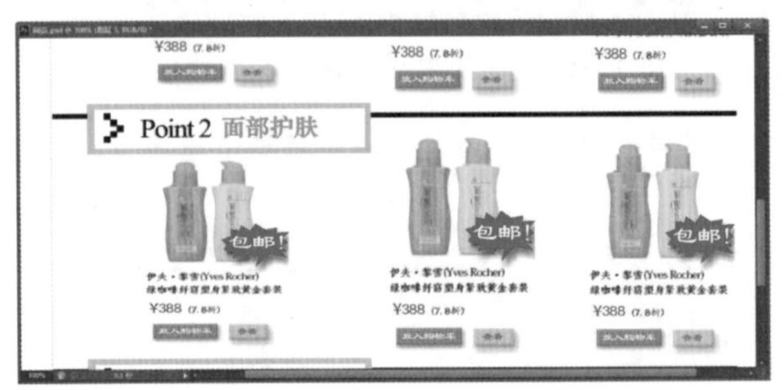

图 19-86　添加产品信息

步骤 10 打开素材文件“页脚.jpg”，使用移动工具将其移动到网页文档中，并调整页脚.jpg 至合适位置，如图 19-87 所示。至此就完成了在线购物网页的制作。

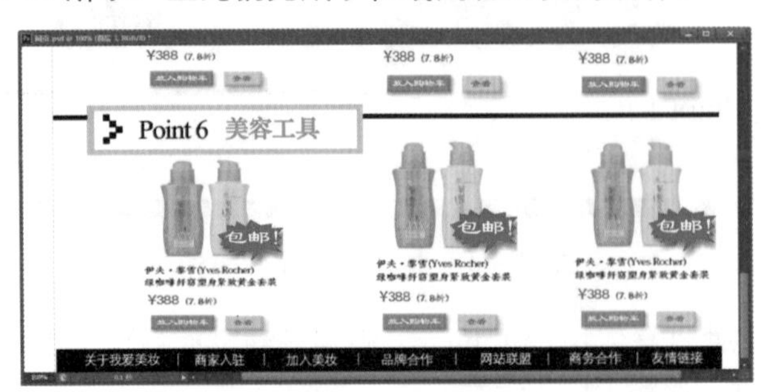

图 19-87　插入页脚文件

提示 网页中的产品信息用户可以根据需要自行调整。

19.7 保存网页

网页制作完成后，下面就可以将其保存起来了，保存网页内容与保存其他格式的文件不同，具体的操作步骤如下。

步骤 1 在 Photoshop CC 工作界面中，选择【文件】→【导出】→【存储为 Web 所用格式】命令，弹出【存储为 Web 所用格式】对话框，根据需要设置相关参数，如图 19-88 所示。

步骤 2 单击【存储】按钮，弹出【将优化结果存储为】对话框，设置文件保存的位置，单击【格式】右侧的下拉按钮，从弹出的下拉列表中选择【HTML 和图像】选项，如图 19-89 所示。

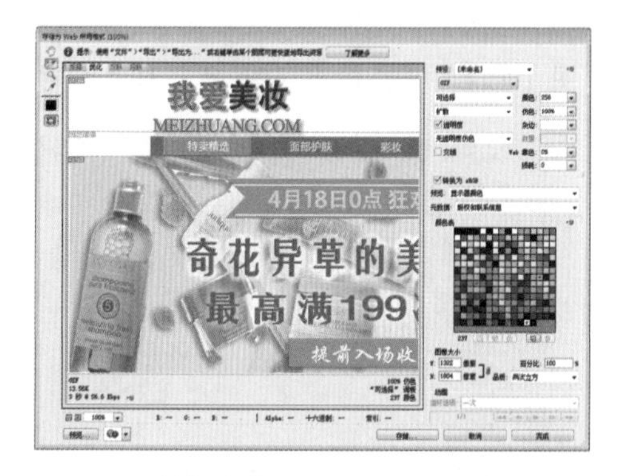

图 19-88　【存储为 Web 所用格式】对话框

图 19-89　【将优化结果存储为】对话框

步骤 3 单击【保存】按钮，即可将“网页”以 HTML 和图像的格式保存起来，如图 19-90 所示。

步骤 4 双击其中的“网页 .html”文件，即可在 IE 浏览器中打开在线购物网页，如图 19-91 所示。

图 19-90　选择保存文件的位置

图 19-91　打开在线购物网页

19.8 对网页进行切片处理

在 Photoshop 中设计好的网页素材，一般还需要将其应用到 Dreamweaver 中才能发布。为了符合网站的结构，就需要将设计好的网页进行切片，然后存储为 Web 和设备所用格式。对设计好的网页进行切片的操作步骤如下。

步骤 1 单击【文件】→【打开】命令，打开制作的在线购物网页，如图 19-92 所示。

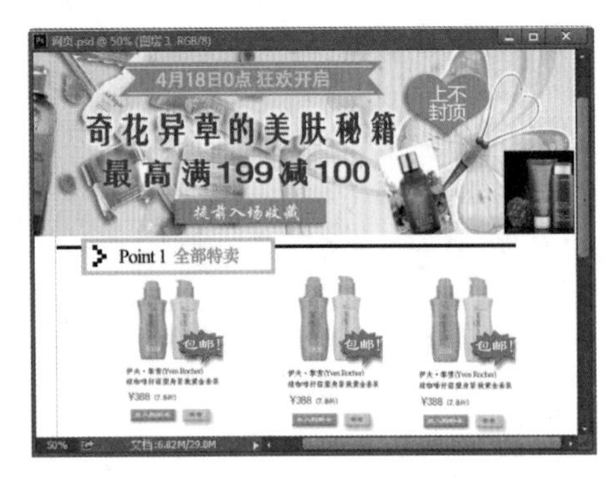

图 19-92 打开在线购物网页的文件

步骤 2 在工具箱中单击【切片工具】按钮，根据需要在网页中选择需要切割的图片，如图 19-93 所示。

图 19-93 选择需要切割的图片

步骤 3 单击【文件】→【导出】→【存储为 Web 所用格式】命令，打开【存储为 Web 所用格式】对话框，在其中选中切片 1 中的图像，如图 19-94 所示。

步骤 4 单击【存储】按钮，即可打开【将优化结果存储为】对话框，单击【切片】后面的下三角按钮，从弹出的下拉列表中选择【选中的切片】选项，如图 19-95 所示。

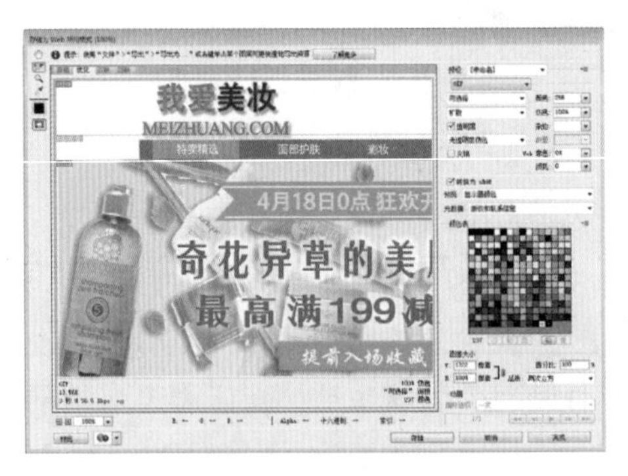

图 19-94 【存储为 Web 所用格式】对话框

图 19-95 【将优化结果存储为】对话框

步骤 5 单击【保存】按钮，即可将所有切片图像保存起来，如图 19-96 所示。

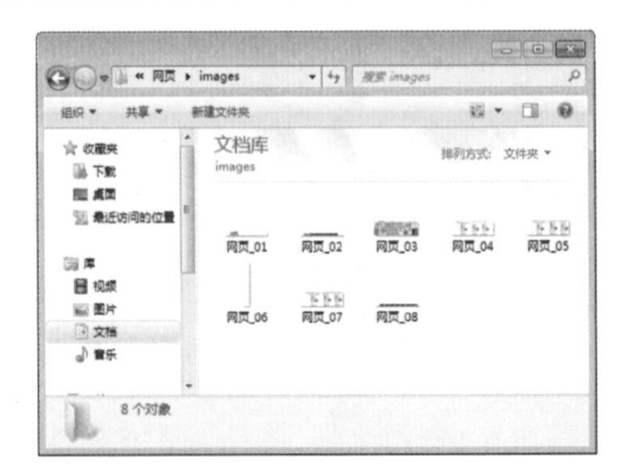

图 19-96 保存切片